Manuels et méthodes
n° 25

LE VOLCANISME

sous la direction de

Jean-Louis BOURDIER

Maître de conférence à l'Université d'Orléans

avec la collaboration pour la coordination de

Pierre BOIVIN et Alain GOURGAUD (partie I)
Guy CAMUS (partie II)
Pierre M. VINCENT (partie III)
Jean-François LENAT (partie IV)

du Centre de Recherches Volcanologiques de Clermont-Ferrand

Éditions BRGM
AVENUE DE CONCYR - B.P. 6009
45060 ORLÉANS Cedex 2

Ouvrage rédigé avec le concours du Ministère de l'Enseignement Supérieur et de la Recherche (Délégation à l'Information Scientifique et Technique et des Bibliothèques).

LISTE DES AUTEURS

ALLARD Patrick - Chargé de recherche CNRS (1)
AUBERT Maurice - Physicien des IPG (2,3,4)
BACHELERY Patrick - Maître de conférence (5,3)
BINARD Nicolas - Docteur d'Université (6)
BOIVIN Pierre - Chargé de recherche CNRS (2,3,4)
BOUGAULT Henri - Directeur de recherche (6)
BOURDIER Jean-Louis - Maître de conférence (7,3)
CAMUS Guy - Maître de conférence (2,3,4)
CANTAGREL Jean-Marie - Directeur de recherche CNRS (2,3,4)
CLOCHIATTI Robert - Chargé de recherche CNRS (8)
CONDOMINES Michel - Physicien des IPG (2,3,4)
DOREL Jacques - Physicien des IPG (3,4)
FERNANDEZ Angel - Professeur (9,4)
GERBE Christine - Maître de conférence (10)
de GOER de HERVE Alain - Maître de conférence (2,3)
GOURGAUD Alain - Professeur (2,3,4)
HEKINIAN Roger - Directeur de recherche (6)
JAUPART Claude - Professeur (11)
KIEFFER Guy - Chargé de recherche CNRS (2,3,4)
LAPIERRE Henriette - Professeur (12)
LENAT Jean-François - Physicien des IPG (2,3,4)
LE PENNEC Jean-Luc - Docteur d'Université (2)
PICHAVANT Michel - Directeur de recherche CNRS (13)
RANÇON Jean-Philippe - Chef de projet BRGM (14)
ROBIN Claude - Directeur de recherche (15,3,4)
RUEGG Jean-Claude - Physicien (11)
THOURET Jean-Claude - Professeur (16,3,4)
VANDEMEULEBROUCK Jean - Maître de conférence (17,3)
VERGNIOLLE Sylvie - Chargée de recherche CNRS (11)
VIDAL Philippe - Professeur (2,3,4)
VINCENT Pierre M. - Professeur (2,3,4)
ZLOTNICKI Jacques - Chargé de recherche CNRS (11)

(1) Centre des Faibles Radioactivités, CNRS-CEA, 91198 Gif/Yvette.
(2) Université Blaise Pascal, Département des Sciences de la Terre, 5 rue Kessler, 63038 Clermont-Ferrand cedex.
(3) Centre de Recherches Volcanologiques (OPGC, Université Blaise Pascal et CNRS), Clermont-Ferrand
(4) URA 10 CNRS, 5 rue Kessler, 63038 Clermont-Ferrand cedex
(5) Université de la Réunion, Département des Sciences de la Terre, 15 av. René Cassin, 97489 Saint Denis, Réunion.
(6) IFREMER, Centre de Brest, Département des Géosciences marines, BP 70, 29280 Plouzané.
(7) Université d'Orléans, Département des Sciences de la Terre et URA 1366 CNRS, BP 6759, 45067 Orléans cedex.
(8) Laboratoire Pierre Süe, CEN Saclay bât. 637, 91191 Gif/Yvette cedex.
(9) Université de Limoges, Faculté des Sciences, 123 av. A. Thomas, 87060 Limoges cedex.
(10) Université J. Monnet, Département de Géologie, Pétrologie et Géochimie et URA 10, 23, rue du Dr Paul Michelon, 42023 Saint-Étienne cedex.
(11) Institut de Physique du Globe de Paris, 4 place Jussieu, 75252 Paris cedex 05.
(12) Université Joseph Fourier, Institut Dolomieu et URA CNRS 69, 15 rue M. Gignoux, 38031 Grenoble cedex.
(13) CRSCM, 1A rue de la Férollerie, 45071 Orléans cedex 2.
(14) Département Géophysique et Imagerie géologique, Direction de la Recherche, BRGM, avenue de Concyr, BP 6009, 45060 Orléans cedex 2.
(15) ORSTOM, UR 1F, BP A5, Nouméa, Nouvelle-Calédonie.
(16) Université Blaise Pascal, Département de Géographie, 29 bd Gergovia, 63037 Clermont-Ferrand cedex.
(17) Université de Savoie, Laboratoire d'Instrumentation géophysique, Domaine scientifique, Route de Chambéry, 73370 Le Bourget du Lac.

TABLE DES MATIÈRES

Partie III - LES VOLCANS ET LEUR ÉVOLUTION

AVANT-PROPOS

Le volcanisme est un phénomène planétaire. Il traduit l'incessant transfert de matière et de chaleur de l'intérieur d'une planète vers sa surface. Quand ce transfert n'est plus possible, on dit que la planète est morte.

Notre planète est toujours bien vivante, avec ses centaines de volcans actifs et ses milliers d'autres éteints depuis peu, ou simplement dormants.

Dans l'esprit de beaucoup de gens, la volcanologie est l'étude de l'activité de surface. Mais il est en réalité indispensable, pour espérer comprendre cette activité, de "redescendre" aux complexes processus qui la précèdent : la genèse des magmas, leur longue ascension, et leurs avatars jusqu'à l'éruption. Au-delà, la volcanologie s'intéresse aussi au devenir des matériaux injectés par les éruptions explosives jusque dans la haute atmosphère, perturbant son bilan radiatif, et donc le climat.

L'étude du volcanisme est donc de nos jours un travail pluridisciplinaire, qui doit faire appel à toutes les ressources des Sciences de la Terre : géologie, géophysique, géochimie, pour ne citer que les principales, chacune d'elles comportant en fait bien des approches et des techniques différentes.

Un traité de volcanologie se voulant complet nécessiterait plusieurs volumes, dont chacun serait rédigé par une équipe de spécialistes. Il n'existe pas actuellement d'ouvrage de cette ampleur. Les auteurs jusqu'ici se sont rangés selon deux approches, pour rester dans les limites d'un seul volume. Les uns, dans la tradition du "précis", traitaient l'ensemble du sujet, en acceptant une nécessaire schématisation. D'autres au contraire faisaient oeuvre de spécialistes en traitant en détail un domaine qu'ils maitrisaient bien. Ces deux choix ont donné quelques excellents livres, dont certains - anciens ou récents - sont des classiques internationaux de la volcanologie.

Nous n'avons pas voulu faire double emploi avec la littérature existante. Nous avons tenté de traiter la plupart des aspects du volcanisme, mais sans souci d'exhaustivité. L'esprit de l'ouvrage a été de présenter un état des méthodes et des connaissances actuelles en volcanologie. Nous avons cherché tout particulièrement à rendre compte de la contribution à la volcanologie des différentes disciplines, en associant dans le même ouvrage les aspects géologiques, géophysiques et géochimiques. Pour chaque sujet, et dans chaque discipline, il a été fait appel à des spécialistes. Il s'agit donc d'un ouvrage pluridisciplinaire et collectif. Les auteurs - ils sont 32 - représentent la plupart des équipes de recherche françaises en volcanologie. Nous sommes conscients des risques liés à une telle formule, et nous avons pu en mesurer les difficultés au cours de l'élaboration de l'ouvrage.

Pour limiter la longueur de l'ouvrage, nous avons supposé connues certaines données de base, ou certaines méthodes dont seuls les résultats ou les applications volcanologiques sont présentés. En particulier ne sont pas détaillées les données ou méthodes sur lesquelles sont déjà disponibles des ouvrages en français : c'est le cas, par exemple, de la pétrologie magmatique ou de la tectonique des plaques, comme de l'essentiel des principes des méthodes géophysiques. A l'intérieur du plan général de l'ouvrage et de ces contraintes de place, les auteurs ont gardé une bonne part de liberté - et donc de responsabilité - pour traiter leur sujet. Il leur est souvent apparu qu'il était plus intéressant et plus conforme à l'esprit de l'ouvrage de s'appuyer sur un nombre restreint d'exemples démonstratifs. Certains volcans servent ainsi d'illustration à différents chapitres et sont des fils conducteurs dans l'ouvrage, chaque chapitre en détaillant un aspect particulier. Sont ainsi largement traités les volcans français (Piton de la Fournaise, volcans des Antilles françaises, mais aussi du Massif central) et d'autres "volcans-laboratoires" sur lesquels la recherche est particulièrement avancée (Etna, Hawaï, par exemple). Une bibliographie importante doit permettre au lecteur intéressé d'aborder d'autres exemples, ou de compléter ses connaissances de base.

Le volcanisme est un des acteurs principaux de l'évolution de notre planète, et ceci depuis le tout début de son histoire. Ses produits conservent le souvenir brouillé des milieux de leur genèse et de ceux qu'ils ont traversés au cours de leur transfert vers la surface. Ces messages commencent à être décryptés : c'est l'objet de la première partie de l'ouvrage. Les deuxième et troisième parties traitent de l'activité volcanique et des volcans. Cette volcanologie plus "classique" continue néanmoins de faire de grands progrès et s'achemine vers des modèles de comportement et d'évolution des volcans. L'évaluation des risques volcaniques et la surveillance des volcans restent notre préoccupation essentielle. La dernière partie de l'ouvrage est consacrée à cette volcanologie "appliquée", étroitement dépendante des progrès de la volcanologie "fondamentale".

Il n'était pas dans notre projet d'analyser les bienfaits du volcanisme, ni de rappeler le spectacle naturel inégalé des volcans en activité, et leur irremplaçable contribution à la beauté du monde. Mais qui n'en est pas convaincu ?

RÉSUMÉ

Ce traité de volcanologie est divisé en quatre parties sensiblement égales. La première traite des magmas, des conditions de leur genèse et de leur stockage et transfert dans la croûte. Les principaux types de magmas primaires sont d'abord définis, sur le plan pétrologique et géochimique : basaltes des dorsales médio-océaniques, basaltes intraplaques, andésites d'origine mantellique, rhyolites de fusion crustale. Ensuite, les mécanismes de transfert des magmas, aux différentes échelles microscopique et macroscopique, sont détaillés avec une analyse de leurs propriétés rhéologiques. En dernier lieu, l'analyse des processus de stockage permet de traiter la différenciation des magmas sous ses aspects pétrologiques (mécanismes de cristallisation fractionnée, de contamination, de mélanges magmatiques en particulier) comme sous ses aspects structuraux et chronologiques (temps de séjour des magmas en profondeur, géométrie et structure des réservoirs magmatiques).

La deuxième partie traite des produits volcaniques (gaz, coulées et dômes de lave, pyroclastites) et des mécanismes éruptifs. La composition des gaz magmatiques est d'abord décrite, puis leur comportement et leur influence sur la dynamique éruptive des magmas, ou dans des "éruptions" purement gazeuses. Les formes d'activité effusive et extrusive sont décrites d'un point de vue phénoménologique, en montrant comment différents paramètres (débit éruptif et viscosité de la lave principalement) contrôlent leur variabilité. Les coulées et dômes qui résultent de cette activité rendent compte, par leur diversité, de cette variabilité des conditions éruptives, mais aussi de conditions externes comme la topographie ou le caractère aérien ou subaquatique de la mise en place. Les aspects explosifs des éruptions dépendent des conditions du dégazage et de l'interaction, sous certaines conditions, des magmas avec des eaux superficielles. Leur grande diversité apparente peut elle aussi être reliée aux variations d'un nombre réduit de paramètres qui sont explicités. On montre ensuite comment les mêmes paramètres éruptifs, en commandant les conditions éruptives, influencent directement la mise en place des produits pyroclastiques, que ce soit les retombées aériennes ou les écoulements. Enfin, les éruptions particulières que sont les éruptions phréatiques, explosives mais sans émission de magma, sont présentées dans leur mécanisme et à travers un exemple, celui des éruptions de la Soufrière de Guadeloupe en 1975-1977.

Dans la troisième partie de l'ouvrage, sont présentés les volcans eux-mêmes ainsi que différents problèmes directement liés à leur étude : cartographie des régions volcaniques, datation des phénomènes volcaniques, utilisation des méthodes géophysiques pour préciser la structure interne des volcans. Les volcans sont décrits dans leur forme, leur structure et leur évolution temporelle, en relation avec l'évolution magmatologique et structurale de leur système d'alimentation. Pour ce faire, la présentation distingue les grands types d'appareils ou de structures volcaniques : volcans sous-marins, volcans "monogéniques", calderas, stratovolcans andésitiques, volcans-boucliers basaltiques, trapps.

La dernière partie traite des problèmes de risque volcanique, ainsi que de la surveillance instrumentale des volcans pour la prévision et le suivi des éruptions. Les concepts présidant à l'évaluation des menaces et des risques volcaniques, ainsi que les méthodes de zonage, sont d'abord présentés, qui s'appuient sur les connaissances générales des volcans et de leurs éruptions présentées dans les parties précédentes. Des illustrations sont ensuite données, sur les exemples des volcans actifs français : Soufrière de Guadeloupe, Montagne Pelée à la Martinique, Piton de la Fournaise à la Réunion. La surveillance instrumentale des volcans repose sur différentes méthodes, les unes largement répandues et plus ou moins routinières, d'autres au développement plus récent et au potentiel largement inexploré. Ces méthodes sont présentées successivement (sismologie, étude des déformations, volcanomagnétisme, microgravimétrie, étude de la convection hydrothermale, géochimie des gaz et des eaux, thermographie infra-rouge) avec des exemples d'application. La mise en œuvre de ces méthodes dans des réseaux de surveillance permanents ou mobiles est également décrite, et les limites actuelles de la surveillance sont discutées.

ABSTRACT

This book consists of four parts. The first part (part. I) deals with magmas, the conditions of their genesis, and their ascent and evolution within the crust. We firstly present the main types of primary magmas, including the relevant petrological and geochemical characteristics of each type : mid-oceanic ridge basalts, intraplate basalts, mantle-derived andesites (boninites), and rhyolitic magmas resulting from crustal melting (examplified by the Macusani ignimbrites from Peru). Then we consider the different processes of magma transport in the crust, at both microscopic and macroscopic scales, and we look at some of the physical properties that are relevant to their rheological behaviour (viscosity, tensile strength). Thereafter we present some aspects of the magma storage and evolution in the crust. This includes the major petrological processes of magmatic differentiation (crystal fractionation, magma mixing, contamination) as well as some insights into the geometry and structure of magmatic transport and storage systems under volcanoes. We address also the use of short-lived radioactive disequilibria in the study of magma storage and dynamics.

In part II, we consider volcanic gases and primary volcanic products (lava flows and domes, pyroclastic deposits). We also address the varied eruptive mechanisms that produce the observed variety of volcanic products. Volcanic gases have variable composition and emission rate from which we learn about magmatic processes in general, and about the current activity of a given volcano. Lavas have variable geometry, morphology, internal structure, mobility and flow behaviour, which depend on physical and chemical properties of magmas, on environmental factors (e.g. subaerial or subaqueous emplacement) and on effusion rate. Pyroclastic products are erupted as pyroclast-gas mixtures fragmented then accelerated by decompression, either at depth or at the Earth's surface. Explosive eruptions need exsolution of magmatic gases (magmatic eruptions) and/or interaction of magma with ground or external water (hydrovolcanic eruptions). Phreatic eruptions are a particular kind of eruption in which steam is explosively decompressed but no magma is erupted. Upon eruption, pyroclastic products may be emplaced as pyroclastic fall, flow or surge deposits.

In part III, we firstly document the main types of volcanoes and volcanic systems. This includes monogenetic volcanoes (scoria cones, maars, tuff-rings and tuff-cones) as exemplified by the Chaîne des Puys field, stratovolcanoes with emphasis on the wide-world andesitic ones, basaltic shield volcanoes, flood basalt plateaux, submarine seamounts and ridges, and large calderas. Volcanoes and volcanic systems are described in their form, internal structure and their temporal evolution in response to the magmatic and structural evolution of the system. We then address some of the major tools currently used in studying modern and ancient volcanic systems : mapping and remote sensing in volcanic areas, datation of volcanic rocks by geochronological methods, geophysical investigation of the internal structure and plumbing system of volcanoes by seismic, gravity, magnetic and electric methods.

Part IV finally addresses volcanic hazards and the geophysical and geochemical monitoring of active volcanoes. General concepts and methods guiding the hazards assessment and zonation are firstly presented, then applications are given to the french active volcanoes of the Lesser Antilles arc (Montagne Pelée, Soufriere of

Guadeloupe) and Réunion (Piton de la Fournaise). Monitoring of active, potentially hazardeous volcanoes is conducted by the mean of various instrumental methods, some being commonly used almost as a matter of routine, other ones being as yet in a pioneering stage of development. These methods are presented in their basic principles and with examples of application to selected volcanoes. These are the seismic, ground deformation, volcanomagnetic, gravity, electric, geochemical and remote-sensing monitoring. The logistical aspects of the implementation of monitoring equipments and permanent or mobile networks are finally discussed, along with the current state of the art in short-term prediction of volcanic eruptions.

Partie I

LES MAGMAS : DU MANTEAU À LA SURFACE

INTRODUCTION

Les volcans et leurs manifestations résultent de transferts de matière et d'énergie entre l'intérieur du Globe et son enveloppe atmosphérique. Le vecteur principal de ces transferts est le **magma**. Ce terme qualifie un liquide de composition généralement silicatée contenant souvent des cristaux en suspension et une phase fluide dissoute, cette dernière s'exprimant sous forme de bulles au voisinage de la surface. Après dégazage, le magma se transforme en lave. Pour rester liquide, le magma doit avoir une température élevée, entre 600°C et 1 300°C dans les cas les plus courants.

Le critère essentiel permettant la caractérisation d'un magma est sa composition chimique. De manière traditionnelle, on oppose les magmas basiques ferro-magnésiens et calciques, pauvres en silice, aux magmas acides, riches en silice. Cette dénomination est cependant un abus de langage puisqu'elle suppose un acide silicique qui n'existe pas.

Ces deux types de magmas peuvent être associés ; il n'est pas rare de rencontrer dans un même ensemble volcanique des basaltes et des rhyolites ainsi que de nombreux termes intermédiaires. Dans ce cas, il est généralement possible de démontrer une liaison génétique entre toutes ces laves, qui dériveraient, par des processus physico-chimiques variés, d'un magma primitif unique. Cet ensemble de laves constitue une série magmatique de différenciation. A l'échelle du Globe, on constate que les caractéristiques chimiques de ces séries ne varient pas au hasard, mais qu'elles dépendent au contraire étroitement du contexte géodynamique. Le tableau 1 montre de façon succincte les principales séries magmatiques. Pour plus de détails, nous renvoyons le lecteur aux ouvrages spécialisés en pétrologie et à la classification internationale des roches magmatiques (Le Maître, 1989).

Le devenir d'un magma comprend schématiquement quatre grandes étapes :

- sa **genèse**, dont les modalités dépendent du contexte géodynamique et du matériel parental. Ce matériel, d'origine mantellique ou crustale, donne le magma considéré par fusion partielle ;
- son **transfert**, qui dépend de ses propriétés rhéologiques et des contraintes tectoniques locales ;

- son **stockage**, qui dépend du contexte tectonique local ;
- son **éruption**, qui dépend de sa composition chimique, de ses caractéristiques physiques et de la structure de l'édifice.

Une fois généré, le magma subit au cours de son ascension un ensemble de processus, regroupés sous le terme de **différenciation magmatique**, qui modifient ses caractéristiques chimiques et physiques.

Pour étudier l'évolution des magmas à partir des laves observées en surface, différentes méthodes sont utilisées :

(1) L'étude texturale des paragenèses, réalisée systématiquement, permet de caractériser minéralogiquement les laves et de cerner les conditions de cristallisation et de refroidissement.

(2) La minéralogie et la cristallochimie permettent de quantifier les étapes de l'évolution des magmas et les conditions thermodynamiques de leur cristallisation (température, pression, cinétique).

(3) La pétrologie expérimentale complète les méthodes précédentes, en particulier par l'utilisation des diagrammes de phases. Elle autorise de plus, la reproduction en laboratoire des mécanismes contrôlant l'évolution des magmas - la cristallisation fractionnée ou à l'équilibre, les mélanges magmatiques, l'effet Soret, etc.- afin d'en définir les paramètres-clés, utilisables dans les cas naturels.

(4) La géochimie des éléments majeurs ou en traces et de leurs isotopes permet de caractériser les laves (nomenclature, classification) et de déterminer leur origine. Elle fournit aussi des contraintes quantitatives pour les modèles pétrogénétiques. Une application importante de la géochimie isotopique concerne les datations absolues des formations volcaniques (voir chap. III.3).

Seules les trois premières des étapes citées plus haut seront abordées, successivement, dans cette partie I de l'ouvrage : la genèse (chap. I.1), le transfert (chap. I.2), enfin le stockage (chap. I.3) dans le cadre duquel les processus de différenciation magmatique seront traités. Dans la réalité, ces différentes étapes ne sont pas dissociables et interfèrent largement, rendant d'autant plus complexes les modèles pétrogénétiques. Les phénomènes éruptifs quant à eux font l'objet de la partie II.

Tabl. 1 - Les principales séries magmatiques. Les coupures en SiO_2 sont approximatives.

SERIES	CONTEXTE GEODYNAMIQUE	PRINCIPAUX TYPES PETROGRAPHIQUES %SiO2 50	60		70	CARACTE-RISTIQUES
Tholéiitique	zones en distension: rift, ride médio-océanique.	basalte tholeiitique	ferro-basaltes	islandite		quartz normatif, enrichissement en fer au cours de la différenciation, présence d'ortho-pyroxènes, de pigeonite
Calco-alcaline	zones de subduction: arc insulaire, marge continentale active	basalte	andésites	dacite	rhyolite	quartz normatif, riche en alumine, parfois en potasse (shoshonite), présence d'hypersthène et d'amphibole
Alcaline	volcanisme intraplaque	basalte alcalin basanite	trachy-basalte téphrite	trachy-andésites téphri-phonolites	trachyte rhyolite phonolite	feldspathoïdes normatifs fréquents

I.1. - LA GENÈSE DES MAGMAS

INTRODUCTION

Il est généralement admis que les magmas primaires naissent en profondeur par fusion plus ou moins complète d'un matériel solide préexistant. Nous réserverons le terme de "genèse" pour les seuls processus de **fusion**. La fusion partielle produit en particulier les magmas les plus basiques qui, par différenciation (*cf.* I.3), pourront donner des magmas plus évolués et qui sont, de ce fait, appelés **magmas primaires, ou primitifs**. Ils se caractérisent par de fortes teneurs en MgO, Ni, Cr, et par leur pauvreté en éléments incompatibles (Th, U, Rb, etc.)

Deux questions fondamentales se posent immédiatement : où apparaissent les magmas et comment ? Ces questions sont liées, puisque les modalités de la genèse d'un magma dépendent de son lieu de naissance.

Au sein du Globe, il existe des sites privilégiés, favorables à la production de magma. Ces sites sont en relation avec la tectonique globale et avec la structure du manteau terrestre. Dans le cadre de la tectonique des plaques, deux domaines sont remarquables de ce point de vue : les zones d'accrétion et les zones de subduction.

Au niveau des zones d'accrétion, des courants ascendants selon des plans plus ou moins inclinés, amènent à la base de la croûte océanique un mélange de matériel mantellique cristallisé et de liquide silicaté. En profondeur ce matériel peut être entièrement cristallisé, mais au cours de sa remontée, le rapport solide/liquide diminue en même temps que la pression (fig. 1). Au sommet du manteau, le liquide se sépare du résidu solide et se rassemble dans des chambres à l'aplomb des rides médio-océaniques. Cette venue de matière est accompagnée d'une remontée des isothermes qui se traduira par une anomalie thermique positive en surface.

Dans les zones de subduction, les processus sont probablement beaucoup plus complexes (fig. 2). La plaque plongeante entraîne en profondeur du matériel hydraté d'origine sédimentaire et océanique (basaltes et gabbros de la croûte océanique). Par réchauffement et métamorphisme, ce matériel se déshydrate puis peut entrer en fusion. Les fluides et les liquides éventuels, issus de la plaque plongeante doivent traverser un "coin" de manteau. Ils y induisent des transformations métasomatiques, voire une fusion. Les magmas résultant de ces processus continuent leur ascension et perturbent thermiquement et chimiquement la croûte océanique ou continentale sus-jacente. Ils peuvent y induire des fusions partielles conduisant à des magmas siliceux.

En dehors des frontières de plaques, on trouve du volcanisme en position intraplaque. Celui-ci jalonne des zones de rift ou des "points chauds" (*hot spots*) comme les îles Hawaï et La Réunion. La genèse des magmas est alors très profonde, probablement associée à la limite manteau-noyau. Cette genèse témoigne de mécanismes actuellement très étudiés, intéressant le manteau, tels que le diapirisme et la convection.

Comme évoqué dans l'introduction générale, la nature du magma primaire varie selon le contexte géodynamique. Les facteurs suivants contrôlent directement la composition des magmas : nature du matériel solide parental, degré de la fusion partielle, profondeur, présence ou non de fluides (H_2O, CO_2, etc.). Il faut rappeler aussi que le manteau terrestre, qui constitue fréquemment le matériel parental, n'a

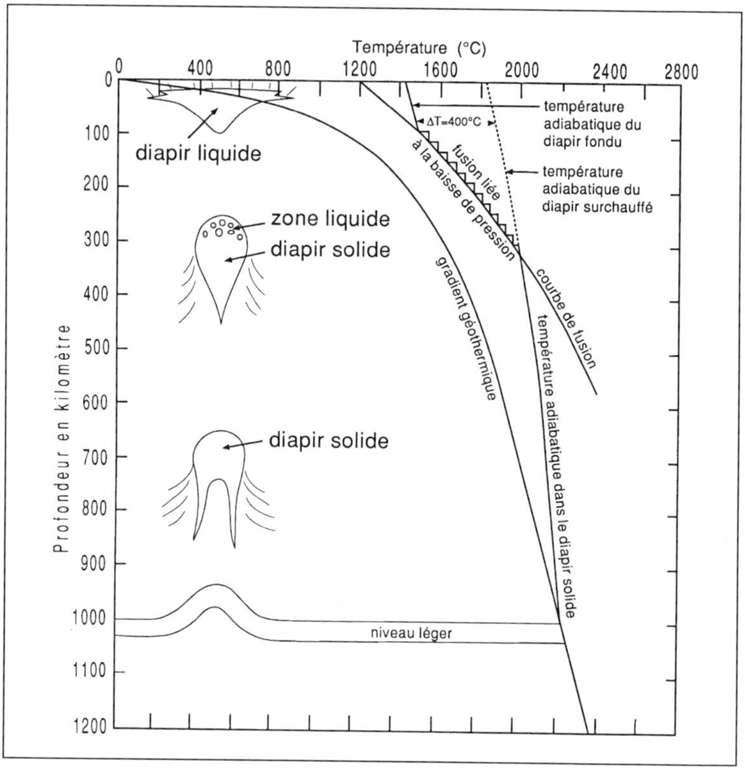

Fig. 1 - Modèle simplifié de genèse des basaltes à l'aplomb d'une ride océanique (d'après Ramberg, 1972).
Un niveau plus léger que son environnement donne naissance à un diapir solide qui fond au cours de son ascension.

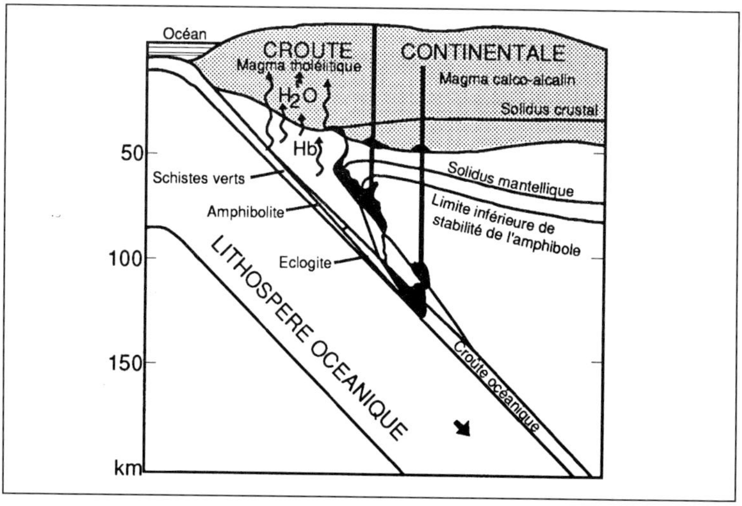

Fig. 2 - Modèle de genèse des magmas dans une zone de subduction (d'après Wyllie, 1983). Hb : zone à hornblende.

pas une composition homogène. Les études géochimiques récentes révèlent des hétérogénéités à différentes échelles qui se traduisent par des signatures géochimiques caractéristiques des magmas résultant.

Les magmas tholéiitiques, typiques des zones d'accrétion, impliqueraient une fusion partielle importante (environ 30 %) d'une péridotite de type lherzolite à spinelle. Cette fusion se développerait à des profondeurs comprises entre 20 et 80 km environ et probablement avec une phase fluide peu abondante.

Au contraire des magmas tholéiitiques, les magmas alcalins, souvent en position intraplaque, seraient engendrés par une fusion plus réduite, limitée à quelques %, d'une péridotite à grenat. Cette fusion se déroulerait probablement en présence de fluides riches en CO_2 et à des profondeurs supérieures à 100 km.

Dans les zones de subduction, les lieux de naissance des magmas sont variables, comme il a été précisé précédemment. De plus, des phénomènes postérieurs de métasomatisme et de mélange magmatique compliquent le modèle de genèse de ces magmas. En majorité, ils sont de type calco-alcalin. Les andésites magnésiennes (boninites) seraient issues directement de la fusion partielle des péridotites du "coin mantellique", les andésites potassiques (shoshonites) traduiraient la plus grande participation des sédiments de la plaque plongeante, tandis que les grandes nappes d'ignimbrites rhyolitiques proviendraient le plus souvent de la fusion partielle de la croûte continentale inférieure. Les andésites banales résulteraient quant à elles de la combinaison de tous ces processus.

Les chapitres suivants (I.1.1 à I.1.5) illustrent les principaux contextes géodynamiques de la fusion lithosphérique et de la genèse magmatique, et font le point des connaissances actuelles sur les signatures pétrologiques et géochimiques de ces différents contextes dans les magmas "primaires".

I.1.1. - LES BASALTES DES DORSALES MÉDIO-OCÉANIQUES

par Henri BOUGAULT

L'une des découvertes géologiques les plus importantes des années soixante fut la remarquable uniformité des basaltes produits à l'axe des dorsales médio-océaniques. On a longtemps considéré que le plancher océanique était constitué de basaltes alcalins, par analogie avec le volcanisme des îles océaniques. En fait, l'échantillonnage des dorsales médio-océaniques a révélé un volcanisme de composition tholéiitique (Engel *et al.*, 1965). Les compositions en éléments majeurs des liquides basaltiques produits à l'axe des dorsales, ainsi que celles des phénocristaux lorsqu'ils sont présents (plagioclase, olivine et plus rarement clinopyroxène) ont été considérées si voisines dans tous les océans que l'acronyme MORB (*Mid-Ocean Ridge Basalt*) fut proposé pour caractériser ces basaltes. Pourtant, les travaux à l'axe des dorsales se poursuivant, certaines sections du système "dorsale médio-océanique" se révélèrent être formées d'une croûte océanique basaltique à tendance alcaline (ex. : 45°N sur la dorsale médio-atlantique ; Aumento, 1968). Depuis, les teneurs en certains éléments-traces et les rapports isotopiques radiogéniques ont montré que les MORB couvrent un spectre de propriétés beaucoup plus large que l'acronyme MORB le laissait initialement supposer. On a vu ainsi apparaître les termes de "MORB typique", de "MORB transitionnel" et de "MORB à tendance alcaline".

La distribution de ces différents types de MORB le long de l'axe d'une dorsale n'est pas aléatoire. Dans l'Atlantique Nord, ces caractéristiques sont rencontrées sur des sections de dorsale peu profondes : la dorsale de Reykjanes entre 60°N et l'Islande (Schilling, 1973) ou au voisinage du Point Triple des Açores (Schilling, 1975 ; Bougault et Treuil, 1980). On observe de plus un gradient de propriétés corrélé à la variation de la profondeur axiale. Ce gradient est particulièrement bien illustré au sud de l'Islande le long de la dorsale de Reykjanes (fig. 3).

Les études des abondances en isotopes radiogéniques des éléments strontium, néodyme et plomb ont contribué d'une façon déterminante à interpréter les différentes propriétés de ces MORB. Les variations des rapports isotopiques $^{87}Sr/^{86}Sr$ (Tatsumoto *et al.*, 1965 ; Hart *et al.*, 1973 ; O'Nions et Pankhurst, 1974), $^{206}Pb/^{204}Pb$, $^{207}Pb/^{204}Pb$, $^{208}Pb/^{204}Pb$ (Gast *et al.*, 1964 ; Sun, 1973 ; Sun et Jhan, 1975 ; Sun *et al.*, 1979 ; Tatsumoto, 1978) et $^{143}Nd/^{144}Nd$ (De Paolo et Wasserburg, 1976 ; Richard *et al.*, 1976 ; O'Nions *et al.*, 1977) ont permis de démontrer que les propriétés des MORB ne peuvent pas simplement être interprétées en termes de processus pétrogénétiques, fusion partielle et (ou) cristallisation fractionnée. Les différentes compositions isotopiques en Sr, Nd et Pb traduisent des sources mantelliques différentes.

Les abondances relatives des éléments hygromagmaphiles (Treuil, 1973), ces éléments dont les coefficients de partage entre minéraux et liquides silicatés sont faibles (Schneitzler et Philpotts, 1970), sont un autre critère de distinction entre MORB "typiques", "transitionnels" ou "à tendance alcaline". Les éléments les plus étudiés entrant dans cette catégorie sont les terres rares (Gast, 1968 ; Frey *et al.*, 1968, 1974 ; Schilling, 1973 ; Sun *et al.*, 1975). Les MORB typiques sont appauvris en terres rares légères par rapport aux terres rares lourdes tandis que les MORB à tendance alcaline présentent la propriété inverse ; les basaltes transitionnels présentent des caractéristiques intermédiaires (fig. 4), de telle sorte que l'ensemble des MORB couvre un large intervalle de variation du rapport La/Sm.

Sur le plan théorique, la variation d'abondance relative des terres rares légères (le rapport La/Sm) peut être due à la caractéristique du manteau source ou (et) aux processus de fusion partielle, degré de fusion ou type de fusion (Langmuir *et al.*, 1977). Néanmoins, une variation régulière de la fusion partielle qui rendrait compte des variations régionales du rapport La/Sm (ex : sud de l'Islande, fig. 3) paraît difficilement envisageable. La corrélation à l'échelle régionale qui existe entre les rapports isotopiques et le rapport La/Sm (White *et al.*, 1976 ; White et Schilling, 1978) tend à montrer que l'enrichissement ou l'appauvrissement relatif en terres rares légères (rapport La/Sm élevé ou faible) est largement hérité de la propriété du manteau source. Ainsi, les gradients de La/Sm et de rapports isotopiques associés à des hauts topographiques axiaux ont été interprétés en termes de mélange de deux sources mantelliques : une source associée à un Point Chaud (*Hot Spot*, Morgan, 1971) et une source mantellique "appauvrie" caractéristique du manteau sub-océanique (Schilling, 1973, 1975 ; White *et al.*, 1976 ; White et Schilling, 1978).

Néanmoins, l'interprétation classique de la variabilité des propriétés des MORB en termes de mélanges entre deux sources trouve assez rapidement une limite. Au fur et à mesure que les données se sont accumulées, la nécessité de considérer des caractéristiques de sources mantelliques de plus en plus nombreuses et intéressant des échelles très variables, s'est imposée. L'anomalie DUPAL (Dupré et Allègre, 1983 ; Hart, 1984) identifie une propriété spécifique à l'échelle de l'hémisphère Sud. Sur la dorsale médio-atlantique, au sud-ouest des Açores, le programme international de forages profonds DSDP (*Deep Sea Drilling Project*) a permis d'identifier dans le même puits des MORB "appauvris" et des MORB "enrichis"

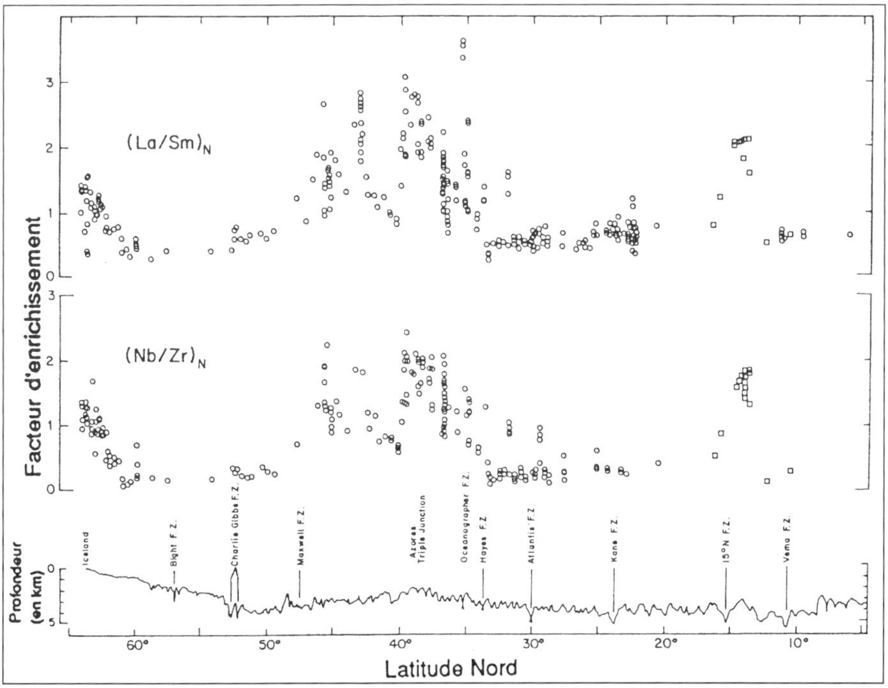

Fig. 3 - La structure chimique de la dorsale médio-atlantique (MAR) (Bougault *et al.*, 1988). Les rapports $(La/Sm)_N$ et $(Nb/Zr)_N$ normalisés aux chondrites et la profondeur axiale "âge zéro" sont portés en fonction de la latitude. Noter la corrélation entre les paramètres chimiques eux-mêmes et la bathymétrie âge zéro conduisant à la notion de structure chimique de la dorsale. L'anomalie chimique de 14°N correspond également à une anomalie bathymétrique.

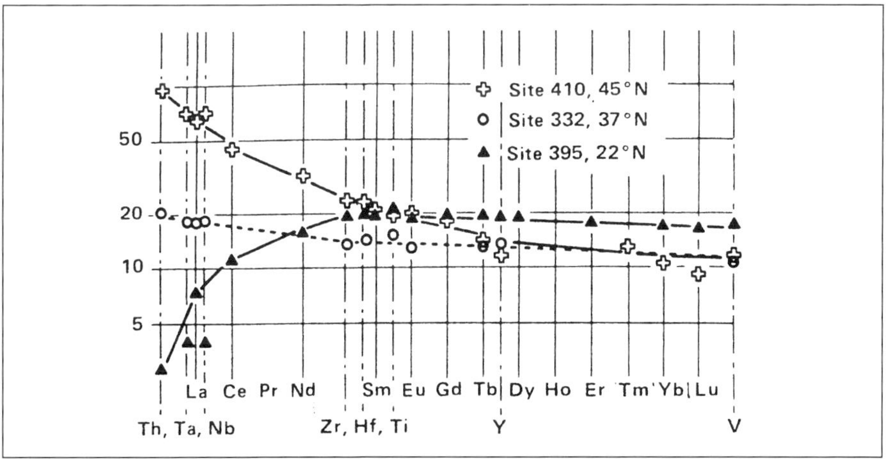

Fig. 4 - Diagramme de Coryell-Masuda élargi montrant des exemples de MORB de la dorsale médio-atlantique typiquement appauvris (site 395, Melson *et al.*, 1979), *enrichis* (à tendance alcaline, site 410, Luyendyk *et al.*, 1978) *et transitionnels* (site 332, Aumento *et al.*, 1977).
Ce diagramme "élargi" inclut les terres rares et d'autres éléments hygromagmaphiles (Bougault *et al.*, 1985).

(Bougault et Cande, 1985 ; Bougault *et al.*, 1985). Les données concernant les "jeunes *seamounts*" du Pacifique, associés à la construction de la dorsale Est-Pacifique, conduisent à introduire la notion de manteau "*marble cake*" (Zindler *et al.*, 1984). La dispersion des données isotopiques sur un segment d'une vingtaine de kilomètres à 13°N sur la dorsale Est-Pacifique, constitué de MORB "typiques", est très significativement plus grande que la précision des mesures : cette observation implique une hétérogénéité à l'intérieur même du champ des MORB "typiques appauvris" (Prinzhofer *et al.*, 1989). Plus récemment un segment "anormal" a été découvert à 14°N sur la dorsale médio-atlantique (fig. 3) (Bougault *et al.*, 1988). Les caractéristiques isotopiques des échantillons représentatifs de ce segment sortent du champ classique des MORB du *Mantle Array* connu jusqu'ici (fig. 5) (Dosso *et al.*, 1991). En dépit de ce que peut laisser supposer la figure 5, l'ensemble des données relatives à ce segment (les données sur le plomb notamment) ne permet pas une

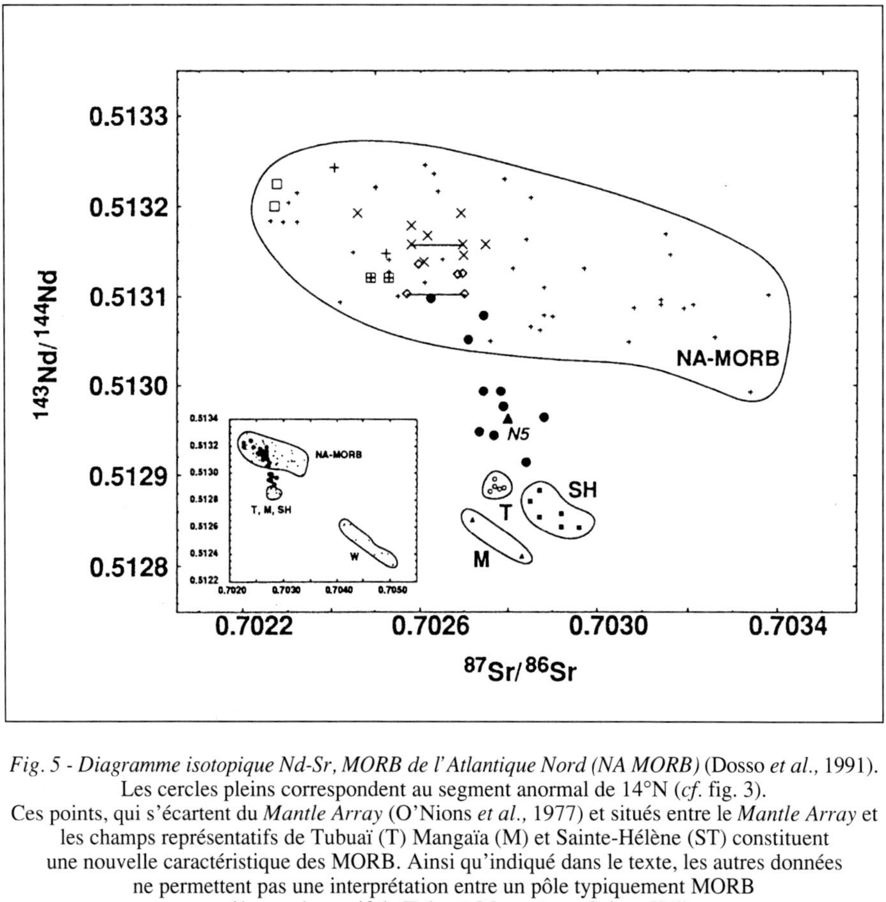

Fig. 5 - Diagramme isotopique Nd-Sr, MORB de l'Atlantique Nord (NA MORB) (Dosso *et al.*, 1991). Les cercles pleins correspondent au segment anormal de 14°N (*cf.* fig. 3). Ces points, qui s'écartent du *Mantle Array* (O'Nions *et al.*, 1977) et situés entre le *Mantle Array* et les champs représentatifs de Tubuaï (T) Mangaïa (M) et Sainte-Hélène (ST) constituent une nouvelle caractéristique des MORB. Ainsi qu'indiqué dans le texte, les autres données ne permettent pas une interprétation entre un pôle typiquement MORB et un pôle représentatif de Tubuaï, Mangaïa ou Sainte-Hélène.

interprétation simple en termes de mélange à partir de deux sources mantelliques dont les caractéristiques seraient déjà connues.

L'identification d'hétérogénéités locales (rapports isotopiques et rapports de concentrations d'éléments hygromagmaphiles) et de propriétés difficilement interprétables en termes de mélange entre deux sources mantelliques, sauf à être obligé de multiplier le nombre de sources mantelliques, conduit à repenser l'interprétation classique des propriétés des MORB en termes de mélange à partir d'un nombre fini de sources mantelliques. Les cellules de convection qui se sont mises en place dans le manteau depuis la formation de la Terre, probablement extrêmement actives au cours des deux premiers milliards d'années, ont nécessairement eu pour effets à la fois d'individualiser des domaines mantelliques et de mélanger des éléments de domaines mantelliques préexistants. Le nombre de sources mantelliques identifiables à partir de certains rapports de concentrations d'éléments hygromagmaphiles et des rapports isotopiques radiogéniques (qui incluent la notion de fractionnement d'un couple d'éléments père-fils et de temps à compter d'un ou plusieurs épisodes ayant provoqué le fractionnement père-fils) peut ainsi être très grand.

L'hétérogénéité du manteau sub-océanique, à partir notamment des rapports isotopiques radiogéniques Sr, Nd et Pb, est un fait acquis. La recherche dans ce domaine aujourd'hui porte donc moins sur la caractérisation d'une nouvelle source ou sur une interprétation des caractéristiques d'une source en termes de mélange de sources de caractéristiques différentes, que sur l'identification d'ensembles et de sous-ensembles de propriétés communes à différentes sources, en se servant de différents traceurs. Le but de cette démarche est d'identifier les processus mantelliques, en nombre nécessairement fini, responsables de la diversité des propriétés du manteau. La figure 6 fournit un exemple de cette approche. Les données Nb, Ta et K qui y sont reportées concernent un segment de la dorsale médio-atlantique (MAR) et un segment de la dorsale est-pacifique (EPR). En matière de rapports isotopiques radiogéniques, chacun de ces deux segments recouvre pratiquement tout le spectre connu des MORB (Prinzhofer *et al.,* 1989 ; Dosso *et al.,* 1991). Par contre, chaque segment possède le même rapport Nb/Ta, tandis que chaque segment est caractérisé par un rapport K/Nb (ou K/Ta) différent (Bougault *et al.,* non publié). Ce résultat montre que le rapport Nb/Ta a été insensible à tous les processus ayant affecté les deux domaines mantelliques EPR et MAR considérés depuis la formation de la Terre : ce rapport Nb/Ta est le rapport chondritique. Par contre, un processus au moins a été capable de fractionner le rapport K/Nb (ou K/Ta), donnant une propriété spécifique à chacun de ces segments, tandis qu'un ou plusieurs processus (possiblement à des époques différentes) ont fractionné les rapports père-fils dans des proportions variables pour produire pratiquement tout le spectre des rapports isotopiques connus des MORB.

Les propriétés différentes des éléments permettent d'enregistrer différents messages de l'évolution de la Terre. L'exemple ci-dessus montre qu'un choix d'éléments en fonction de leurs propriétés physico-chimiques, permet une description du manteau en termes de domaines et de sous-domaines. Ce type de description permettra d'identifier les processus responsables de la diversité des domaines mantelliques, dont le mode de convection, le mélange, la transition à 600 km, le fonctionnement d'une zone de subduction, l'interaction de fluides et autres processus du type interaction noyau-manteau.

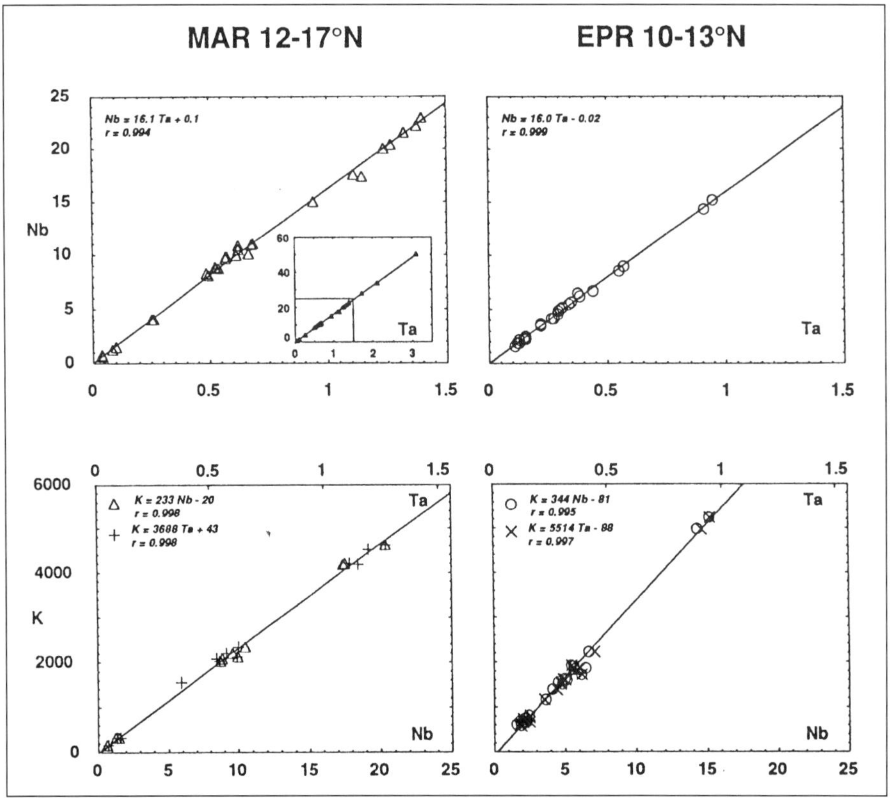

Fig. 6 - Rapports d'éléments hygromagmaphiles Nb/Ta et K/Nb pour deux segments de dorsales, la dorsale médio-atlantique entre 12 et 17°N (MAR 12-17°N) et la dorsale est-pacifique entre 10 et 13°N (EPR 10-13°N).

Pour tenir compte du résultat de la partie supérieure de la figure, l'axe x des deux figures inférieures est gradué en Ta et en Nb en utilisant la relation Nb = 16,1 Ta.

I.1.2. - LES BASALTES EN DOMAINE INTRAPLAQUE

par Philippe VIDAL

Le problème de l'origine du volcanisme intraplaque océanique et continental est loin d'être élucidé. Si l'existence de panaches d'origine aussi profonde que l'interface noyau-manteau est assez largement acceptée, il serait simpliste d'y voir la seule source possible du magmatisme intraplaque. Le manteau lithosphérique sous-continental, vaste volume échappant à la convection et longtemps considéré comme passif, est probablement le lieu où sont produits des types volcaniques aussi variés que les kimberlites, les lamproïtes, les basaltes des plateaux. Toutefois, les meilleures conditions d'étude de la genèse du volcanisme intraplaque demeurent en domaine océanique puisque l'on s'y affranchit d'une éventuelle contamination continentale. On se limitera donc ici à cette situation, en décrivant le cas d'Hawaï, le mieux étudié à l'heure actuelle.

Parmi les problèmes auxquels la géochimie des isotopes, couplée à celle des éléments en traces, peut apporter quelque réponse, on peut citer :

- les relations génétiques entre basaltes des îles et des dorsales (MORB) ;
- les relations génétiques, au sein d'une même île, entre basaltes tholéiitiques et alcalins, et la structure pétrologique des panaches ;
- l'identification des sources mantelliques impliquées dans la genèse des basaltes ;
- les interactions entre panaches, asthénosphère, lithosphère océanique.

• Le volcanisme d'Hawaï

La séquence éruptive du volcanisme hawaïen est la suivante : néphélinites et basanites, puis basaltes alcalins, ensuite tholéiites, le terme de loin le plus abondant, basaltes alcalins à nouveau, et enfin néphélinites (voir synthèse par Wyllie, 1988). Tout modèle voulant rendre compte de cette succession doit considérer l'ensemble des données isotopiques, dont celles sur l'hélium (Kurz *et al.*, 1983), qui indiquent des sources mantelliques à trois composants, primitif, appauvri, et enrichi en éléments incompatibles, ces deux derniers ayant été individualisés depuis au moins un milliard d'années (Carlson, 1987 ; Frey et Roden, 1987).

Plusieurs hypothèses ont été formulées à Hawaï quant aux relations entre basaltes alcalins et tholéiitiques, dont : (1) les basaltes alcalins dérivent d'un matériel tholéiitique initial par cristallisation fractionnée ; (2) les basaltes alcalins et tholéiitiques dérivent d'une source homogène, mais les premiers sont produits à plus grande profondeur par une fusion partielle très limitée du manteau. Dans certains cas, les rapports isotopiques du strontium sont en accord avec la deuxième hypothèse, mais dans d'autres, ils impliquent au contraire des sources différentes. Ainsi, dans l'île de Maui, comme d'ailleurs dans celle d'Oahu (Roden *et al.*, 1984 ; Stille *et al.*, 1983), les tholéiites présentent des rapports $^{87}Sr/^{86}Sr$ plus élevés et $^{143}Nd/^{144}Nd$ plus faibles que ceux des basaltes alcalins qui leur succèdent (fig. 7), alors que les rapports Rb/Sr et Sm/Nd de ceux-ci sont respectivement plus élevés et plus faibles (Chen et Frey, 1983). Le paradoxe peut être expliqué par un degré de fusion partielle beaucoup plus faible engendrant les basaltes alcalins qui, malgré une source plus appauvrie en éléments incompatibles que celle des tholéiites, comme révélé par les rapports isotopiques, sont finalement plus riches en ces éléments.

En intégrant les données sur les éléments majeurs, les éléments en traces et les isotopes, ainsi que les relations temporelles entre les différents types de basaltes, Chen et Frey (1983) ont élaboré un modèle suivant lequel le volcanisme hawaïen est causé par un panache d'origine profonde, provenant d'un manteau enrichi. Sous l'effet de la chaleur libérée par le panache, le manteau supérieur de type appauvri, et plus précisément dans sa partie lithosphérique, est soumis à une fusion partielle limitée. Les liquides produits sont mélangés à ceux provenant du panache, et ces mélanges, en proportions variables, rendent compte du spectre de composition des laves. Les calculs permettent de montrer que les variations des rapports La/Ce et $^{87}Sr/^{86}Sr$ peuvent être expliquées par l'addition de moins de 20 % de produits issus de très faibles pourcentages de fusion partielle (0,05 à 2 %) du manteau appauvri, à un manteau enrichi ou à ses produits de fusion (fig. 8). La phase tholéiitique correspond, dans ce modèle, au mélange le plus riche en matériel du panache. Lorsque le volcan s'éloigne du point chaud, les basaltes alcalins deviennent alors dominants, car le degré de fusion partielle du manteau appauvri ainsi que la contribution du panache diminuent.

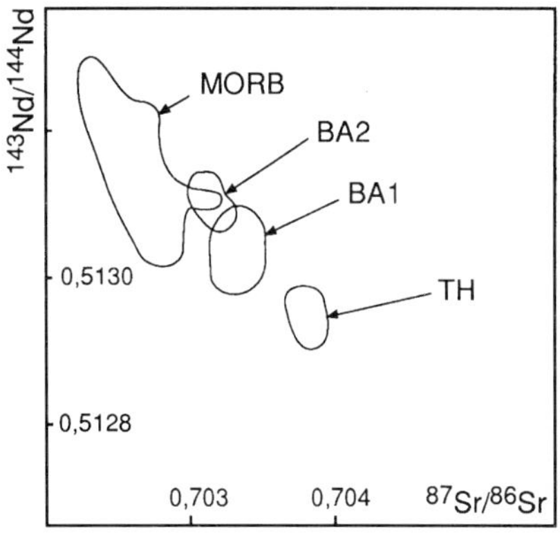

Fig. 7 - Relations entre les rapports $^{143}Nd/^{144}Nd$ et $^{87}Sr/^{86}Sr$ pour des laves de l'île Maui (Hawaï)
(d'après Chen et Frey, 1983).
L'ordre d'émission des laves est : basaltes tholéiitiques (TH), basaltes alcalins 1 (BA1) puis basaltes alcalins 2 (BA2).

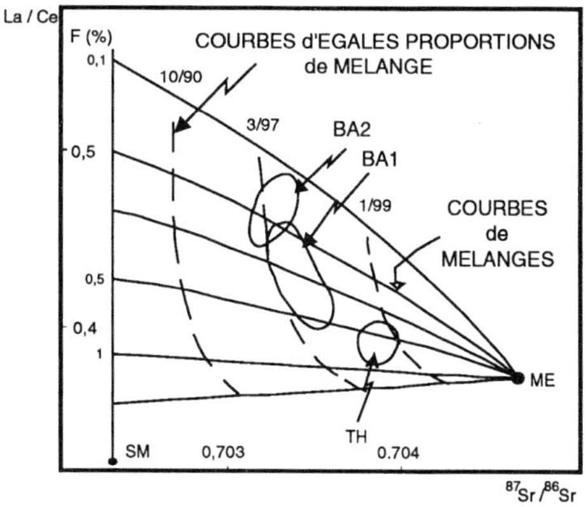

Fig. 8 - Relations La/Ce vs $^{87}Sr/^{86}Sr$ dans l'île de Maui (Chen et Frey, 1983).
ME : manteau enrichi ; SM : source des MORB ; F : degré de fusion partielle de la région source des MORB.

Bien que le type de relations entre basaltes alcalins et tholéiites ait été retrouvé en Islande (Elliott *et al.,* 1991), le modèle hawaïen ne peut pas être généralisé à l'ensemble des îles océaniques. Les modalités de la construction des îles océaniques, en d'autres termes l'ampleur des interactions entre panaches, asthénosphère et lithosphère dépendent en effet de nombreux paramètres comme l'âge de la lithosphère, la vitesse de la plaque, le débit du panache. Ainsi en Polynésie, dans l'archipel des Marquises, les basaltes alcalins proviennent-ils d'une région source enrichie en éléments incompatibles (Vidal *et al.,* 1984, 1987 ; Dupuy *et al.,* 1987) ; à l'exception des tholéiites de l'île d'Ua Pou, marquées par le réservoir HIMU (recyclage de croûte océanique altérée), l'ensemble des données peut être interprété comme le mélange entre un panache provenant du réservoir EM II enrichi en éléments incompatibles (recyclage de sédiments) et la région source des MORB.

I.1.3. - UN EXEMPLE D'ANDÉSITES D'ORIGINE MANTELLIQUE : LES BONINITES

par Pierre BOIVIN et Henriette LAPIERRE

Le problème des boninites, andésites très magnésiennes, a été traité très récemment de manière exemplaire (voir en particulier l'ouvrage collectif édité par Crawford, 1989, et les résultats scientifiques du Leg ODP 126 : Taylor et Fujioka, 1990). Ceci a conduit à l'élaboration d'un modèle pétrogénétique remarquablement cohérent.

• Contexte géodynamique et caractères "primaires" des boninites

Les boninites, se présentant en laves en coussins et hyaloclastites, forment la base d'un certain nombre d'îles de l'archipel des Bonin (Pacifique Ouest), partie de l'arc

Izu-Marianne dû à la subduction de la plaque Pacifique sous celle des Philippines. Les boninites typiques, qui ne se rencontrent que dans cette région, sont en position d'avant-arc et associées au fonctionnement précoce de l'arc. Aucune croûte d'origine continentale ne vient compliquer le système.

La pétrographie de ces roches est exceptionnelle (Kuroda et Shiraki, 1975 ; Shiraki et Kuroda, 1977 ; Shiraki *et al.*, 1981) et se caractérise par l'abondance des phases magnésiennes, du verre, et la quasi absence de plagioclase (tabl. 2). Sur le plan géochimique, on note les valeurs élevées en MgO, SiO_2, Cr, Ni et les teneurs faibles en TiO_2, alcalins et Terres Rares.

Parmi ces caractères, certains sont considérés comme primitifs et indiquent que ces laves sont proches d'un magma "primaire" essentiellement issu du manteau ; ce sont : des minéraux riches en magnésium, le rapport Mg/Mg+Fe > 0,70, les teneurs élevées en Ni et Cr (spinelle chromifère), et faibles en Rb.

La variété des laves de ce type, depuis les boninites *s.s.* jusqu'aux andésites magnésiennes, pour une île donnée, semble s'expliquer simplement par la cristallisation à basse pression de l'orthopyroxène, ce qui fait croître les teneurs en CaO et Al_2O_3 aux dépens du pourcentage de MgO (Howard et Stolper, 1981).

• Approches expérimentales du problème

La genèse des boninites directement à partir du manteau, peut être testée avec deux types d'expériences utilisant, les unes des systèmes synthétiques, les autres des roches naturelles.

Les travaux de Kushiro (1969, 1972) relèvent, par exemple, de la première approche. Le système étudié, forstérite-diopside-quartz avec et sans eau, est fondamental pour étudier la genèse des basaltes à partir des péridotites puisqu'il représente au moins 80 % de la composition de ces dernières.

Tabl. 2 - Caractéristiques chimico-minéralogiques des boninites
(d'après Shiraki *et al.*, 1981 ; Urano *et al.*, 1981).

Minéralogie	Mode	Géochimie (moyenne)
Olivine (Fo_{87-91})	<10%	SiO_2 57,70 %
		TiO_2 0,16
Clinoenstatite (Mg_{90-92})	)	Al_2O_3 11,00
	10-30%	FeO 8,47
Bronzite (Mg_{80-90})	)	MnO 0,20
		MgO 12,40
Augite, Pigeonite	20-60%	CaO 7,27
		Na_2O 1,50
Verre hydraté de		K_2O 0,50
composition andésitique		H_2O 5-7
ou dacitique	20-60%	Ni, Cr, Cl élevés
		Rb, F faibles

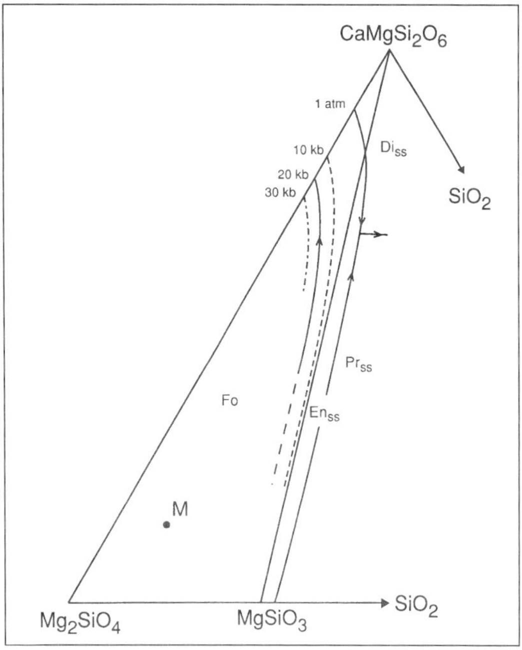

Fig. 9 - Déplacement du cotectique forstérite - pyroxène en fonction de la pression ; système Forstérite-Diopside-Quartz (Fo-Di-Qz) anhydre (Kushiro, 1969).

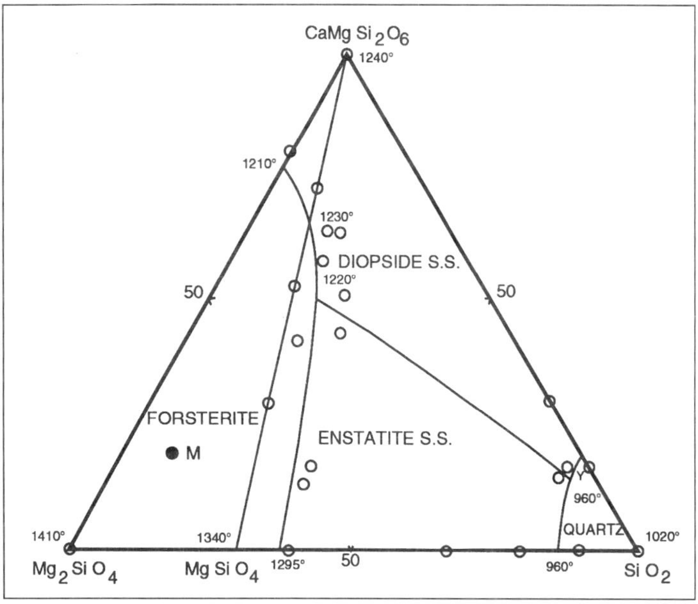

Fig. 10 - Diagramme de phases dans le système Fo-Di-Qz-H_2O à 20 kb (PH_2O = P totale) (Kushiro, 1969).

Les résultats obtenus pour le système anhydre (fig. 9) indiquent que le premier liquide P, obtenu par la fusion d'une péridotite M, entre dans le champ Fo-Di-En et donc devient sous-saturé en SiO_2, dès que la pression dépasse 6-7 kb. Il sera dès lors incapable de conduire à des compositions de type boninite. Par contre, en présence d'eau (fig. 10), le joint diopside-enstatite n'est plus une barrière thermique et le premier liquide sera saturé en silice. D'une façon plus générale, n'importe quel liquide sous-saturé pourra évoluer par cristallisation fractionnée vers des liquides riches en silice. Les résidus de fusion partielle seront constitués d'enstatite, de diopside et de forstérite, les deux premiers minéraux disparaissant successivement pour des taux croissants de fusion.

Ces expériences ont été conduites avec $P_{H2O} = P_{totale}$, mais il semble que même si $P_{H2O} < P_{totale}$ on puisse avoir une évolution similaire.

A partir de compositions naturelles très proches des boninites, Tatsumi (1981, 1982, 1991) a montré qu'avec $P_{H2O} = P_{totale}$, les magmas correspondants devaient être en équilibre avec les minéraux du manteau aux environs de 1 080°C et 15-16 kb. Si la quantité d'eau est moindre, l'équilibre se déplace vers de plus basses pressions et de plus hautes températures (par exemple 11 kb - 1 110°C avec 8 % d'eau) (fig. 11).

De ces expériences, il a été conclu que les magmas de type boninite peuvent naître de la fusion partielle d'une lherzolite mantellique, pour des pressions supérieures à 6 kb et en présence d'eau ($P_{H2O} = < P_{totale}$). Par ailleurs, il est clair que plus les liquides seront magnésiens, plus ils impliqueront un taux de fusion important, donc des températures élevées.

• Contraintes géochimiques

En conjonction avec les travaux précédents, la géochimie des terres rares (TR) et celle des isotopes du strontium et du néodyme ont été mises à contribution pour essayer de définir plus précisément le matériel source des boninites (voir par exemple : Hickey et Frey, 1982 ; Cameron *et al.*, 1983 ; Karpenko *et al.*, 1985).

Les teneurs en Ti, Y et TR lourdes des boninites sont inférieures ou, au maximum, égales à celles des péridotites dites "fertiles". Ceci implique que le matériel ultrabasique de la source ait été particulièrement appauvri en ces éléments, ou bien qu'ils soient restés dans le résidu de fusion, piégés dans des minéraux particuliers comme le clinopyroxène, l'amphibole ou le grenat. Cette dernière hypothèse doit être repoussée car elle est en contradiction avec (a) les résultats expérimentaux présentés précédemment, qui indiquent que les boninites se forment par la fusion partielle avancée de péridotite en laissant un résidu d'olivine, et avec (b) les rapports élevés Ti/Sc et Ti/V qui seraient faibles, au contraire, si le clinopyroxène, l'amphibole ou le grenat étaient présents dans le résidu de fusion.

Les spectres de TR des boninites, normalisés aux chondrites (fig. 12) ont fréquemment une forme en "selle" caractéristique, et présentent un très faible enrichissement par rapport aux chondrites. Ceci s'explique soit par un profil similaire de la source (quelques exemples en sont connus), soit par un enrichissement en TR légères (par métasomatisme ou altération hydrothermale) d'une source préalablement appauvrie en éléments incompatibles. Cette dernière possibilité serait la plus vraisemblable car on observe, par ailleurs, des enrichissements en Zr, Sr, Ba et alcalins (fig. 13).

Les isotopes du strontium sont assez délicats à interpréter car ils ont pu être modifiés au cours d'interactions avec l'eau de mer ou d'un début de métamorphisme (fig. 14).

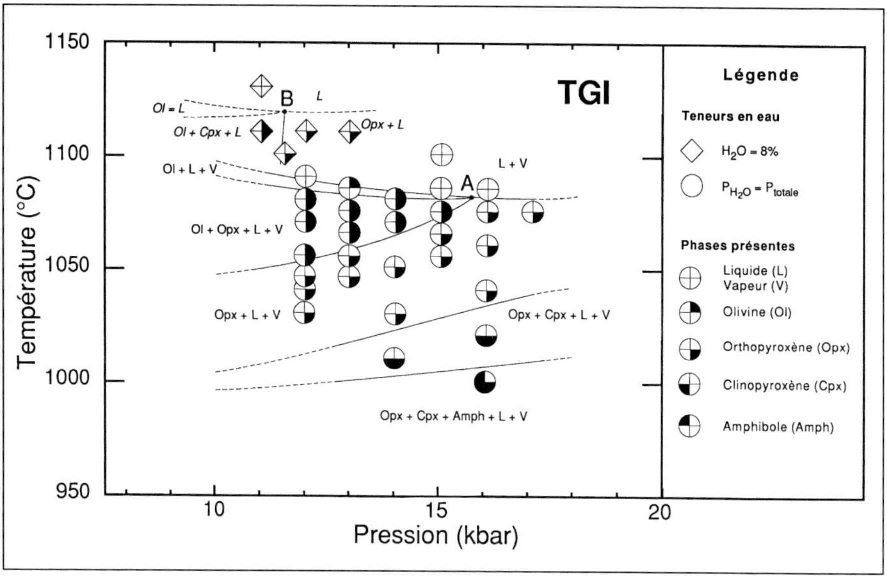

Fig. 11 - Position du point péritectique olivine-orthopyroxène en fonction de P, T et de la teneur en H_2O pour une andésite très magnésienne de Teraga-Ike (Tatsumi, 1981).
Ronds : charges saturées en eau ; carrés : charges sous-saturées.

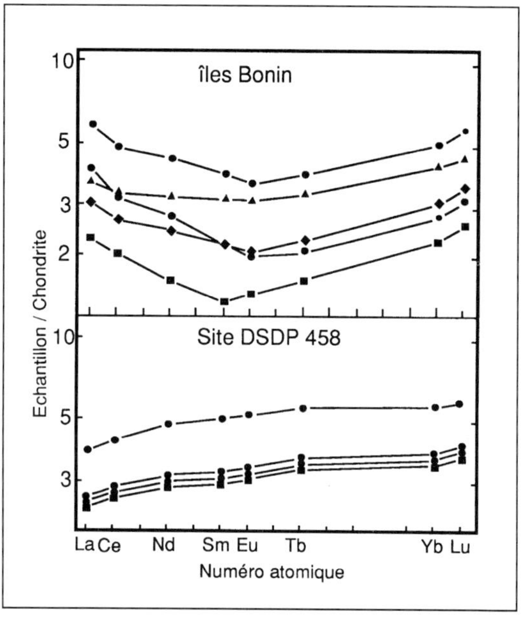

Fig. 12 - Abondances normalisées des Terres Rares des boninites (d'après Hickey et Frey, 1982).
Les différents symboles représentent différents échantillons.

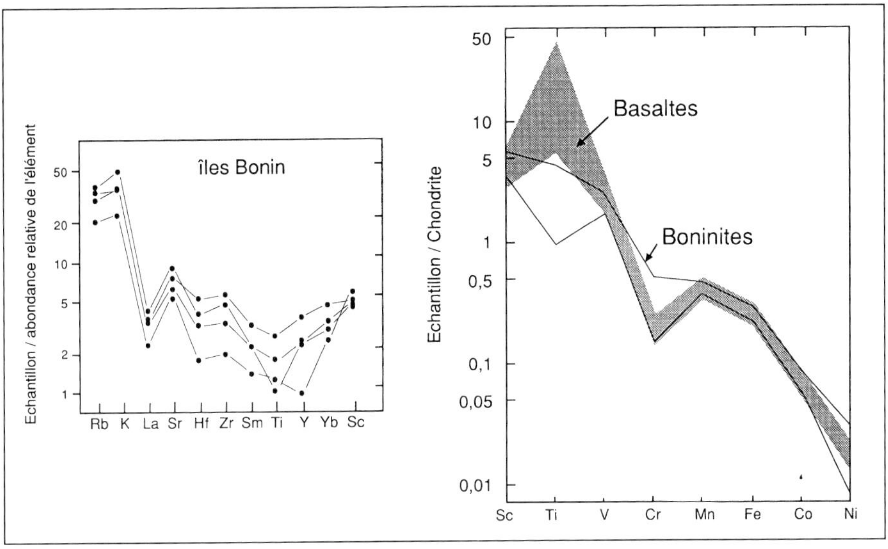

Fig. 13 - Abondances normalisées d'éléments en traces dans les boninites (Hickey et Frey, 1982).

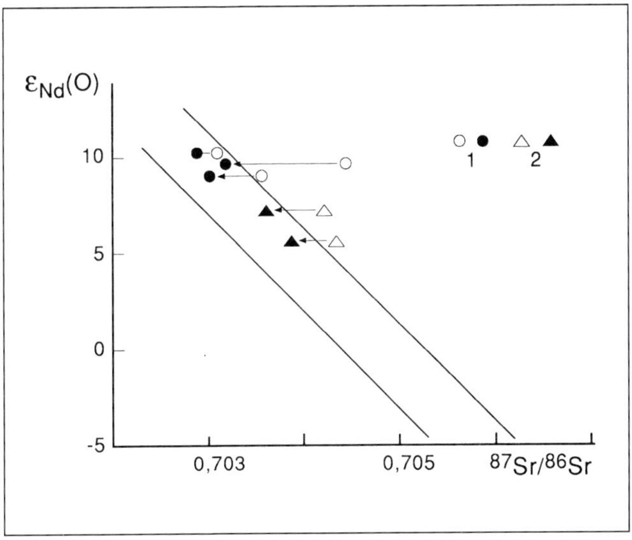

Fig. 14 - Effet du lavage acide sur le rapport $^{87}Sr/^{86}Sr$ de tholéiites abyssales (1) et de boninites (2) (d'après Karpenko *et al.*, 1985).

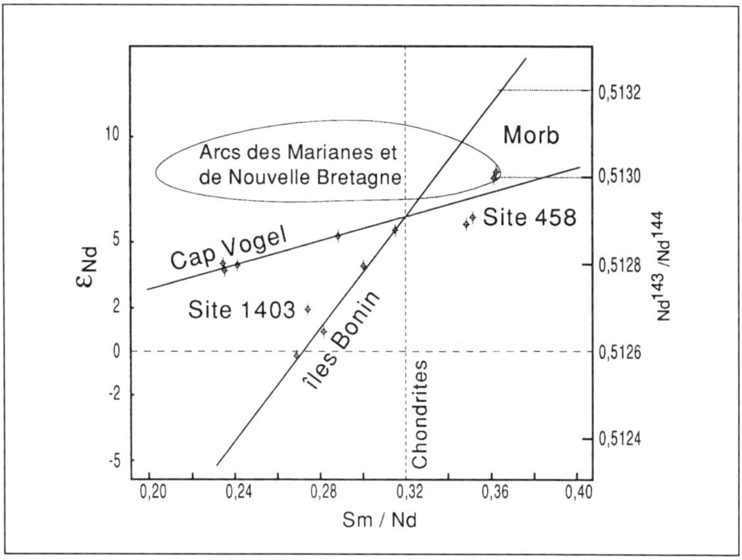

Fig. 15 - Variations de ε_{Nd} *et de Sm/Nd pour différentes boninites* (d'après Hickey et Frey, 1982).

Par contre, ceux du néodyme sont beaucoup plus stables et donc plus fiables. Ces données isotopiques confirment l'origine essentiellement mantellique des boninites avec une faible participation de matériel enrichi en éléments incompatibles. D'ailleurs, la corrélation de $^{143}Nd/^{144}Nd$ avec Sm/Nd (fig. 15) ou Ti/Zr suggère que, pour une série de boninites donnée, la source de ces laves puisse être représentée, au minimum, par le mélange d'une faible quantité d'un composant très enrichi en TR légères avec un composant appauvri, majoritaire. Enfin, au sein de la série boninitique, les boninites *s.s.* sont paradoxalement plus marquées isotopiquement par le composant enrichi que les andésites magnésiennes, qui sont plus proches du type MORB. La série boninitique représenterait alors un mélange en proportions variables, entre un magma boninitique majoritaire et d'autres composants provenant de la fusion partielle de la plaque océanique subductée (Stern *et al.,* 1991 ; Pearce *et al., ODP Leg 126 Scientific Results, in prep.*).

• Conclusions

Les boninites, qui sont des andésites très magnésiennes, naissent donc essentiellement par la fusion partielle avancée de péridotites mantelliques appauvries. Ceci exige des températures élevées et la présence d'eau. L'origine de cette dernière n'est pas connue, cependant il paraît vraisemblable de la faire venir de la plaque océanique plongeant sous l'arc insulaire. Les éléments enrichis (TR légères, Zr, etc.) peuvent soit accompagner l'eau dans son transit et provenir alors des sédiments subductés, soit être déjà présents dans la lherzolite par suite d'un métasomatisme antérieur. L'existence d'un manteau chaud implique, quant à lui, des situations géodynamiques particulières, comme par exemple une subduction au voisinage d'un rift océanique actif. Dès lors, la découverte de boninites dans des zones orogéniques, par exemple, sera un marqueur précieux pour la paléogéodynamique.

I.1.4. - FUSION CRUSTALE ET VOLCANISME : LES SÉRIES IGNIMBRITIQUES DE MACUSANI, PÉROU

par Michel PICHAVANT

Les séries volcaniques d'origine crustale sont relativement rares mais présentent des caractéristiques exceptionnelles. Elles se distinguent de l'énorme majorité des autres séries par leur genèse uniquement à partir de matériaux crustaux. A ce titre, elles apportent des informations précieuses sur les mécanismes de la fusion crustale et sur l'origine des granites, ainsi qu'un éclairage original sur les phénomènes volcaniques en général. Les ignimbrites plio-quaternaires de Macusani, Pérou, constituent une des séries les plus démonstratives de ce type (Noble *et al.*, 1984 ; Valencia *et al.*, 1984 ; Pichavant *et al.*, 1987, 1988a, b ; Cheilletz *et al.*, 1991 ; Pichavant, 1992) et elles seront prises comme exemple dans la présentation qui suit.

• Géologie

Les ignimbrites de Macusani remplissent principalement deux bassins intramontagneux (Macusani, Picotani) de la Cordillère Orientale (SE du Pérou). A Macusani, leur puissance est de 400-500 m pour une surface d'affleurement de 800-900 km^2. La série, à stratification sub-horizontale, comporte plusieurs nappes de tufs ignimbritiques non soudés, de couleur claire, friables, riches en phénocristaux (45 % vol.), à éléments ponceux et rhyolitiques et pouvant contenir localement de nombreux fragments des roches encaissantes (pélites, quartzites, calcaires). Les tufs sont massifs, mal classés et ne montrent généralement pas de stratification nette. Des obsidiennes (Macusanites) se rencontrent dans les dépôts alluvionnaires de remobilisation des tufs ou, plus rarement, dans les niveaux supérieurs de la pile ignimbritique. La matrice des tufs, composée de cendres et de lapilli est fortement altérée, alors que les phénocristaux sont, sauf exception, dans un état de fraîcheur remarquable. La composition minéralogique est très constante (tabl. 3) et il en est de même pour la composition chimique de la série, de nature rhyolitique.

Les données K-Ar et $^{40}Ar/^{39}Ar$ montrent que l'activité magmatique s'est manifestée de façon intermittente entre 10 et 4 Ma. Malgré le volume relativement important des produits émis (400-450 km^3), les données de terrain et les images satellite n'ont, pour l'instant, pas fourni d'évidence nette de l'existence de calderas.

• Genèse des magmas

Les mécanismes de la fusion crustale génératrice des magmas ont été reconstitués à partir de la combinaison des données minéralogiques et géochimiques (tabl. 3). L'étude minéralogique détaillée a permis de reconnaître un stade magmatique précoce qui correspond à l'évolution dans, et au voisinage immédiat de la zone d'anatexie crustale. Cette paragénèse précoce apporte des informations directes sur la nature lithologique de la roche source ainsi que sur les réactions de fusion. L'anatexie crustale intervient, dans le cas des magmas de Macusani, à des températures assez élevées et en conditions de sous-saturation en eau, ce qui confère aux magmas produits une mobilité verticale importante. Les roches sources présumées sont pour l'essentiel des paragneiss alumineux. L'eau nécessaire à la fusion est considérée comme provenant essentiellement de la déshydratation-fusion de la muscovite et d'une partie de la biotite. La zone anatectique est localisée dans la croûte moyenne, la mise en place de magmas d'origine mantellique fournissant l'apport de chaleur. Toutefois, les données géochimiques permettent d'exclure toute participation directe (par assimilation) de ces magmas mantelliques dans les produits

Tabl. 3. - Reconstitution des conditions de la fusion crustale dans les magmas de Macusani.

Méthode	Résultats	Implications
minéralogie : paragénèse magmatique précoce	sillimanite*, biotite*, cordiérite, tourmaline, hercynite*, plagioclase (An_{40})	roche source = paragneiss alumineux
minéralogie : calcul des conditions thermodynamiques	T max. = 800°C P max. = 5-7.5 kbars aH_2O = 0.45 fO_2 < QMF	fusion à haute température dans la croûte moyenne ; conditions sous-saturées en H_2O et fO_2 basses
géochimie des éléments majeurs	SiO_2 = 70-73 % Co normatif = 3-5 % Qz + Or + Ab normatif > 90 % (composition felsique et peralumineuse)	taux de fusion faible (15 %) ; faible participation de la biotite dans la fusion
géochimie des éléments traces	enrichissements en F, Li, B et lithophiles (Be, Rb Nb, Sn, Cs, W, Ta, U)	roche source chimiquement spécialisée
géochimie isotopique	Sr_i > 0.720, $\delta^{18}O$ > 10‰ $^{206}Pb/^{204}Pb$ = 19 $^{207}Pb/^{204}Pb$ = 15.6 ε_{Nd} = - 9	origine crustale de la roche source avec temps de résidence > 1 Ga ; très important composant métasédimentaire de type croûte supérieure

* phases en partie ou totalement restitiques. Les autres phases sont d'origine magmatique (phénocristaux).

de fusion. En particulier, les compositions isotopiques du strontium, de l'oxygène, du plomb et du néodyme confirment l'origine exclusivement crustale des magmas à partir d'une source de nature métasédimentaire mature de type croûte supérieure. La fugacité d'oxygène basse des magmas s'accorde également avec une source métasédimentaire à graphite. La méthodologie mise en oeuvre pour tester l'origine par anatexie crustale des séries de Macusani est, à titre de référence, détaillée dans le tableau 3.

• Évolution des magmas

Une fois formés, les magmas des ignimbrites de Macusani subissent une évolution à pression et température décroissantes qui correspond à leur ascension. Les magmas sont ensuite stockés dans des "chambres" superficielles où ils cristallisent. L'assemblage minéralogique évolue profondément : l'andalousite remplace la sillimanite, le plagioclase An_{10-20} croît sur les nuclei de composition An_{40} et la muscovite, le quartz et le feldspath potassique apparaissent dans la course de cristallisation. Les conditions d'évolution dans les chambres magmatiques, fixées à partir des assemblages minéralogiques sont les suivantes : T = 630°C, P = 1.5 kbar, aH_2O = 1 (saturation en eau). La cristallisation s'accompagne d'une différenciation magmatique en présence de quantités importantes d'eau, fluor, bore, lithium et phosphore comme le montre la composition des obsidiennes (Macusanites), seuls analogues volcaniques connus de liquides magmatiques riches en éléments lithophiles de type pegmatitique (fig. 16). L'éruption est favorisée par la teneur en eau importante des magmas (environ 5-6 % d'eau en poids) et est étroitement

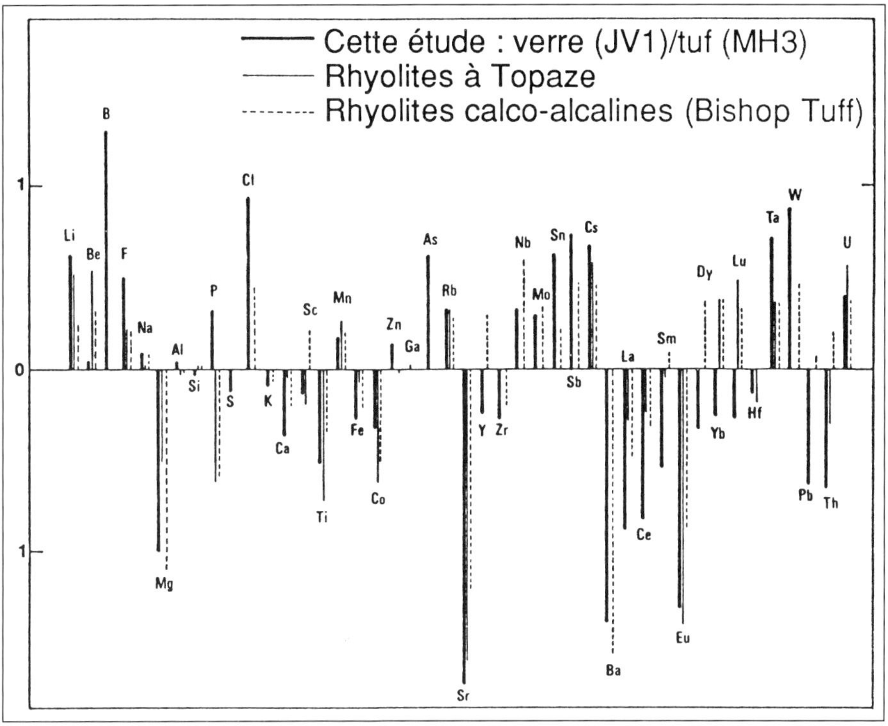

Fig. 16 - Facteurs d'enrichissement et d'appauvrissement pour certains éléments majeurs et traces des séries volcaniques de Macusani, Pérou, calculés à partir des rapports de concentration Macusanites/tuf et comparés aux rhyolites à topaze de l'ouest des USA et aux rhyolites calco-alcalines (Bishop Tuff).

corrélée (sur la base des datations K-Ar et $^{40}Ar/^{39}Ar$) avec les épisodes tectoniques de la phase incaïque dans cette partie des Andes centrales.

• Conclusion : apport des séries d'anatexie crustale à l'étude du volcanisme

Cette présentation des séries ignimbritiques de Macusani illustre bien les caractéristiques minéralogiques et géochimiques originales de ce type de série : présence de phases minérales magmatiques (et également restitiques) inhabituelles dans les roches volcaniques et typiques de leur origine crustale, signatures chimiques et isotopiques distinctives. De même, les températures d'évolution des magmas à Macusani sont nettement inférieures à la plupart des systèmes rhyolitiques. Toutefois, malgré ces quelques points originaux, les phénomènes volcaniques mis en jeu sont, sur l'exemple de ces séries, assez classiques : fusion partielle, remontée des magmas formés, cristallisation partielle dans des chambres superficielles, déclenchement des éruptions. Il faut également souligner que les types pétrographiques émis (tufs ignimbritiques non soudés, fragments d'obsidiennes) sont typiques des systèmes rhyolitiques, qu'ils soient formés par anatexie crustale ou non. Malgré leur origine particulière, les séries volcaniques issues d'une anatexie crustale ne doivent donc pas être, sur le plan du dynamisme volcanique, traitées comme des anomalies.

I.1.5. - CONTRIBUTION DE LA CROÛTE OCÉANIQUE SUBDUCTÉE À LA GENÈSE DES ANDÉSITES

par Philippe VIDAL

L'origine des magmas andésitiques reste matière à discussion. Les hypothèses actuelles peuvent être résumées comme suit : (1) cristallisation fractionnée à partir d'un magma primaire basaltique, (2) fusion partielle de la croûte océanique subductée, (3) fusion partielle du coin de manteau situé au-dessus de la zone de subduction sous l'effet des fluides libérés par la déshydratation de la plaque plongeante, (4) fusion partielle de la croûte continentale inférieure.

Dans toutes ces situations, spécialement (2) et (3), l'eau de mer peut jouer un rôle dans le déclenchement de la fusion partielle ; elle peut aussi contribuer aux caractéristiques chimiques et isotopiques des magmas andésitiques engendrés.

Le rôle des sédiments est également une question importante, puisque la couche sédimentaire recouvrant la croûte océanique est impliquée dans la subduction. Les conséquences de la subduction des sédiments dépassent d'ailleurs le problème même de la genèse des andésites, puisque le taux de croissance continentale dépend de ce processus (Armstrong, 1981) et que les sédiments recyclés dans le manteau peuvent être pour partie à l'origine des caractéristiques isotopiques des magmas des îles océaniques (White et Hofmann, 1982).

Les isotopes radiogéniques (Pb, Sr, Nd, Hf) et stables (O), ainsi que la géochimie des éléments traces fournissent la base de l'évaluation de la proportion de sédiments impliqués dans la genèse des laves. Pour les laves très récentes, la mesure de l'abondance du ^{10}Be représente un outil supplémentaire extrêmement puissant (Tera *et al.*, 1986), surtout d'ailleurs lorsque couplée à celle du déséquilibre ^{230}Th - ^{238}U (Sigmarsson *et al.*, 1990).

Le problème de la genèse des andésites en contexte d'arc insulaire sera illustré par l'exemple de l'arc des petites Antilles (Davidson, 1985 ; White et Dupré, 1986 ; White *et al.*, 1985) et plus particulièrement par les andésites et dacites du volcan quaternaire de la Soufrière de Sainte Lucie (Vidal *et al.*, 1991). Les études ont porté aussi bien sur les laves que sur les sédiments de la plaque caraïbe dont les équivalents latéraux ont été entraînés dans la subduction.

La figure 17 permet d'individualiser deux groupes parmi les laves. Un premier ensemble, qui représente l'essentiel des îles, possède des caractéristiques isotopiques proches des basaltes des rides médio-océaniques (MORB), bien que les rapports ^{87}Sr/^{86}Sr y soient en moyenne significativement plus élevés et les rapports ^{143}Nd/^{144}Nd plus faibles. C'est là une observation classique à l'échelle de l'ensemble du magmatisme lié aux zones de subduction, qui atteste la contribution d'un composant enrichi. Le second ensemble est celui de certaines laves de la Martinique et des laves andésitiques et dacitiques du volcan quaternaire de la Soufrière de Sainte-Lucie. Les rapports isotopiques y sont exceptionnellement élevés pour le strontium (jusqu'à 0,7102 à la Martinique) et faibles pour le néodyme. L'intérêt particulier des données sur la Soufrière de Sainte-Lucie est la corrélation quasi-parfaite et à tendance hyperbolique entre les isotopes du néodyme et ceux du strontium. Elle est l'indication d'un mélange binaire entre un composant mantellique ou de type MORB et un composant sédimentaire. Les isotopes du plomb (fig. 18) témoignent encore plus clairement du rôle important joué par les sédiments dans la genèse de ces laves. Cependant, comme le montrent les deux diagrammes présentés

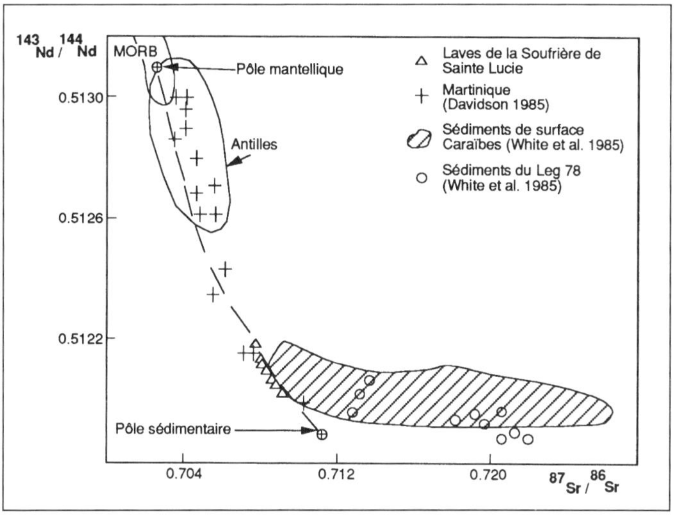

Fig. 17 - Variations de $^{143}Nd/^{144}Nd$ en fonction de $^{87}Sr/^{86}Sr$ pour des laves et des sédiments du domaine Caraïbe (Vidal *et al.*, 1991).

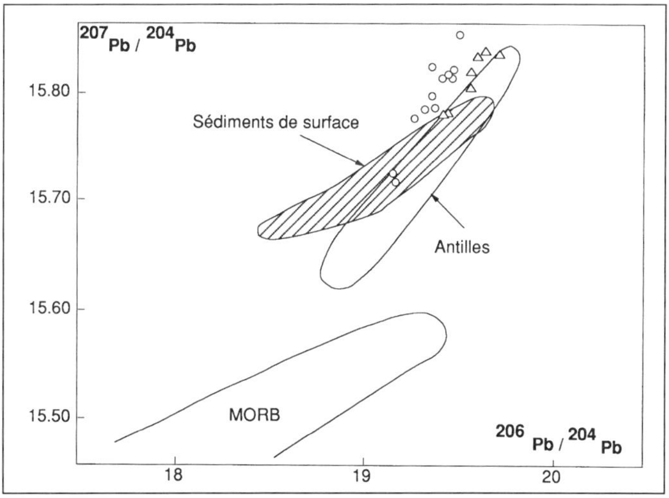

Fig. 18 - Variations de $^{207}Pb/^{204}Pb$ en fonction de $^{206}Pb/^{204}Pb$ pour des laves et des sédiments du domaine Caraïbe. Mêmes figurés que sur la fig. 17 (Vidal *et al.*, 1991).

ici, ni les sédiments de surface ni ceux des legs DSDP de la plaque caraïbe ne fournissent le candidat approprié. L'intervention de sédiments plus carbonatés, plus riches en strontium et donc à rapport $^{87}Sr/^{86}Sr$ plus faible que les sédiments analysés, pélitiques pour la plupart, rendrait mieux compte des résultats.

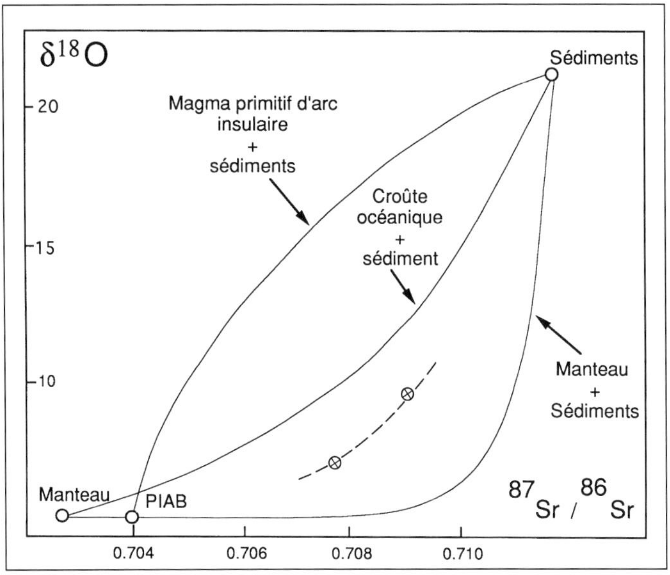

Fig. 19 - Courbes de variations de $\partial^{18}O$ *en fonction de* $^{87}Sr/^{86}Sr$ *pour différentes hypothèses de mélange* (Vidal *et al.*, 1991).
Position des laves de Sainte-Lucie. PIAB signifie basalte primitif d'arc insulaire. En tirets, les données de Davidson, 1985

Des calculs de mélanges ont été effectués (Vidal *et al.*, 1991) à partir de l'équation suivante :

$R_{i(mélange)} = (R_{i1} \bullet C_1 \bullet a + R_{i2} \bullet C_2 \bullet (1\text{-}a))/(C_1 \bullet a + C_2 \bullet (1\text{-}a))$

avec

R_{i1} : rapport isotopique du composant 1

R_{i2} : rapport isotopique du composant 2

C_1 : teneur du composant 1 pour l'élément considéré

C_2 : teneur du composant 2 pour l'élément considéré

a : proportion du composant 1 dans le mélange.

avec les valeurs :

	Sr	Nd	Pb	$^{87}Sr/^{86}Sr$	$^{143}Nd/^{144}Nd$	$^{206}Pb/^{204}Pb$
Croûte océanique	130	10	1	0,7027	0,5131	18
Sédiments	400	30	25	0,7115	0,51187	20

Ces bilans de masse permettent de montrer que les résultats sur la Soufrière de Sainte-Lucie peuvent être expliqués par une proportion de 30 à 50 % de sédiments, contre moins de 5 % pour la plupart des laves des Antilles. Ils montrent aussi que les sédiments imposent leurs rapports isotopiques du plomb, étant donné leur richesse relative en cet élément par rapport aux MORB.

Les données des isotopes de l'oxygène apportent de nouvelles précisions. Les valeurs du $\partial^{18}O$, comprises entre +8,2 et +10,4 ‰ impliquent une proportion de sédiments (dont le $\partial^{18}O$ est de +20 ‰) comprise entre 15 et 30 %. Les estimations sont inférieures à celles déduites des relations Sr-Nd ce qui indique qu'au moins un des paramètres utilisés dans les calculs ci-dessus, n'a pas été correctement évalué.

La contamination par les sédiments peut prendre place à la source même de la genèse des andésites ou dans la croûte, lors de l'ascension d'un magma primitif d'arc insulaire. Dans le diagramme $\delta^{18}O$ en fonction de $^{87}Sr/^{86}Sr$ (fig. 19), la concavité dirigée vers le haut de l'hyperbole de mélange est un argument décisif en faveur de la première hypothèse (James, 1981). Cependant, le tracé de l'hyperbole ne correspond pas exactement à ce que l'on pourrait attendre d'un mélange binaire entre un sédiment et la croûte océanique, puisqu'il est légèrement déplacé vers l'hyperbole du mélange binaire manteau-sédiment.

Il faut donc considérer un modèle plus complexe de mélange ternaire, dans lequel des fluides, libérés par la déshydratation des sédiments et de la croûte océanique subductés, induisent la fusion du manteau sus-jacent. Ce modèle rend mieux compte aussi de l'enrichissement en éléments incompatibles observé dans les magmas d'arcs insulaires (White et Dupré, 1986), enrichissement particulièrement remarquable dans les laves de la Soufrière de Sainte-Lucie (Vidal *et al.*, 1991).

I.2. - LE TRANSFERT DES MAGMAS

par Angel FERNANDEZ

Depuis la fusion qui donne naissance au magma, nombre de processus tels que rassemblement, migration, interaction avec l'encaissant, etc., jouent ensemble ou en succession jusqu'à l'arrêt du magma dans son gisement définitif.

Le terme transfert est compris ici dans le sens de processus de migration du magma depuis la source jusqu'au niveau de l'intrusion ou de l'éruption. Les déplacements qui ont lieu à l'échelle des minéraux constituent le microtransfert ; ceux qui ont lieu entre des niveaux structuraux différents et impliquent la migration de masses importantes de matière constituent le macrotransfert (ou transfert pour simplicité).

I.2.1. - LES MOTEURS DU TRANSFERT

Quel que soit le niveau où prend naissance le magma, ses déplacements sont contrôlés principalement par quatre facteurs, pouvant agir à différents niveaux structuraux et à différentes échelles : tension superficielle, contraintes d'origine tectonique, déséquilibres de densité et dégazage. Le microtransfert est déterminé essentiellement par les deux premiers facteurs. Le macrotransfert est déterminé par l'action de forces extérieures au système, gravitaires et tectoniques dans les niveaux les plus profonds, auxquelles peut se surimposer l'effet du dégazage dans les niveaux les plus superficiels.

• La tension superficielle

Lors du début de la fusion, les déplacements de la phase fondue sont contrôlés par l'énergie de surface du système : dès l'apparition de la phase liquide, le système tend à évoluer spontanément dans le sens d'une diminution de l'énergie de surface totale et vers l'acquisition d'une "texture" d'équilibre.

Des considérations théoriques (Smith, 1964 ; Bulau *et al.*, 1979) et des travaux expérimentaux (Waff et Bulau, 1979 ; Watson, 1982 ; Jurewicz et Watson, 1985) montrent que la fusion commence préférentiellement au niveau de "contacts triples" entre cristaux voisins. La distribution des "contacts triples" et par conséquent des points de fusion initiale, est statistiquement homogène dans la masse de la roche. Théoriquement, dans un système statique idéal (roche monominérale à cristaux d'énergie de surface isotrope) soumis à une contrainte isotrope, le microtransfert du liquide formé au début de la fusion est contrôlé par l'angle de mouillage à l'équilibre entre le liquide et les phases solides présentes (fig. 20). La valeur de cet angle est fonction du rapport entre l'énergie de surface liquide-cristaux (γ_{lc}) et cristaux-cristaux (γ_{cc}) selon la relation :

$$2 \cos \left(\frac{\Theta}{2}\right) = \frac{\gamma cc}{\gamma lc}$$

Dans un système idéal, le microtransfert est contrôlé par l'angle de mouillage caractéristique du système. Si l'angle de mouillage est inférieur à 60°, le liquide tend à se disperser sous forme d'un réseau de chenaux ; dans le cas contraire, il migre vers des "poches" liquides ou des microfissures. Quand le processus de fusion est plus avancé, la tendance du liquide à se disperser dans le système ou à se rassembler dans des sites de "micro-stockage" dépend de l'angle de mouillage et du taux de fusion (fig. 21). Le sens du microtransfert est alors contrôlé par les relations entre énergie de surface et taux de fusion, tandis que le flux dépend d'une part du "potentiel de transfert" déterminé par les paramètres précédents et d'autre part de la résistance qui s'oppose à la circulation de la phase liquide, déterminée notamment par la viscosité, le taux de fusion et la taille moyenne des cristaux.

Les résultats expérimentaux sur des systèmes leucocrates "quasi idéaux" partiellement fondus, suggèrent que les angles moyens de mouillage "liquide acide-cristaux" sont significativement supérieurs aux angles correspondants des systèmes "liquide basique-cristaux". On peut donc s'attendre à un comportement différent des phases mobiles acide et basique au début de la fusion. Tandis que les premières sont stables comme phase en "dispersion hétérogène" rassemblée soit le long d'intersections triples de joints intergranulaires, soit dans de petites "poches" ou microfissures isolées, les secondes présentent une tendance marquée à la dispersion homogène en s'infiltrant dans la matrice solide sous forme d'un réseau de chenaux, voire d'un film interstitiel continu baignant la totalité des grains. Le travail expérimental de Laporte et Watson (1985) sur la ségrégation de liquides dans des systèmes proches, par leur composition, des sources crustales réelles, montre que des minéraux tels que la biotite et l'amphibole, fréquents dans de telles sources, présentent une forte anisotropie de l'énergie de surface. Dès lors, le modèle de source idéale ne peut être appliqué raisonnablement qu'à des sources leucocrates composées essentiellement de tectosilicates, caractérisés par une faible anisotropie de l'énergie de surface. Dans les sources crustales contenant une proportion significative de biotite et/ou d'amphibole, la distribution du liquide interstitiel est plus hétérogène et l'angle de mouillage n'est plus une caractéristique définie du système. La différence de comportement des systèmes basiques et acides lors de la fusion partielle est telle que le taux de fusion requis pour atteindre la sursaturation nécessaire au microtransfert, est de l'ordre de 1 % dans les premiers et probablement de 10 à 30 % dans les seconds, selon que la roche est plus ou moins riche en biotite ou amphibole.

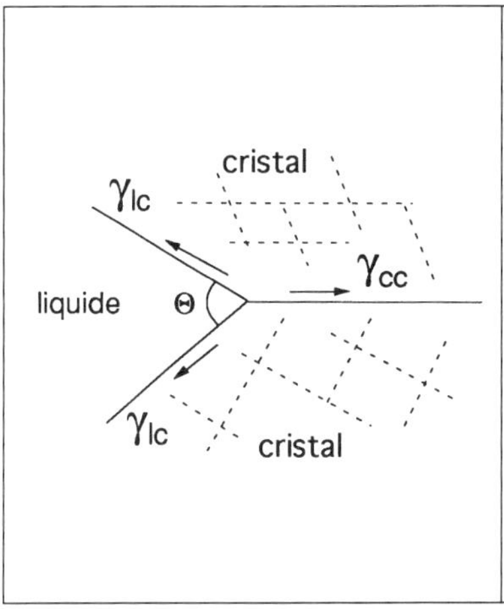

Fig. 20 - Relation d'équilibre dans un contact "liquide-cristal-cristal" idéal. γ_{lc}, γ_{cc} et Θ définis dans le texte.

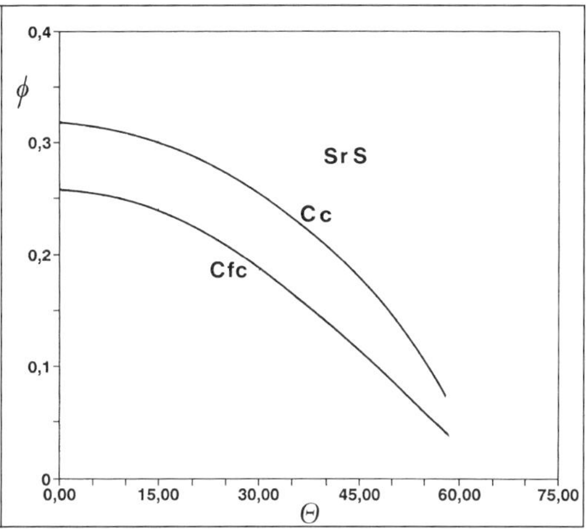

Fig. 21 - Courbe d'équilibre d'énergie de surface dans un système idéal partiellement fondu, en fonction du taux de fusion Φ et de l'angle de mouillage Θ, pour deux configurations différentes (Cc = cubique centré ; Cfc = cubique à faces centrées).
Dans le domaine sursaturé (Sr S), le magma interstitiel tend à migrer vers des sites de microstockage (d'après Jurewicz et Watson, 1985, pour des systèmes à 2 dimensions).

La vitesse d'infiltration du fluide interstitiel dans un système basique (liquide = basalte ; solide = péridotite) a été évaluée expérimentalement à 1 à 2 mm/jour (Watson, 1982).

Etant donné les caractéristiques de la distribution de la phase fondue pour des taux de fusion faibles, le rapport "surface mouillée / volume fondu" par unité de volume et pour un même taux de fusion est plus élevé dans les systèmes basiques qu'acides. Ceci a une conséquence importante au niveau de l'évolution géochimique des deux types de systèmes : la séparation de la phase fondue en équilibre textural avec la matrice solide, peut entraîner des changements de la distribution des éléments plus importants dans les systèmes basiques que dans les systèmes acides.

• Les forces gravitaires

Le potentiel de transfert gravitaire joue aussi bien au niveau des déplacements de magma à l'intérieur de systèmes partiellement fondus (circulation pénétrative), qu'à celui des déplacements par des fractures (circulation par voies préférentielles). Il est lié directement à la différence de densité (δ_l - δ_s), entre la fraction fondue et la matrice solide dans le premier cas, ou entre le magma circulant par les fractures et la roche encaissante dans le second.

Dans les systèmes partiellement fondus, le transfert ascendant du magma interstitiel, en régime de circulation pénétrative, s'accompagne de la compaction de la matrice (diminution de la porosité) ; cette compaction progresse de bas en haut (McKenzie, 1984). Pour un taux de fusion faible et pour une épaisseur donnée du niveau qui subit la fusion partielle, la vitesse de séparation du magma (v_m) est reliée à la porosité (Φ) (fraction volumique de la phase fondue), à la différence de densité entre la phase solide et le magma (δ_s-δ_l) et à la viscosité de la phase fondue (η_l) par une relation de la forme

$$v_m = \frac{k\,\Phi^2\,(\delta_s-\delta_l)}{\eta_l}$$

où k est une constante qui dépend de la taille des cristaux.

Ici encore, l'effet des propriétés physiques des systèmes acides et basiques partiellement fondus se traduit en différences de comportement très importantes. A titre d'exemple, le calcul montre que le liquide produit par la fusion partielle d'un niveau crustal de 10 km d'épaisseur, contenant de 1 à 2 % d'eau et composé de cristaux d'une taille moyenne de 1 mm, ne subit pas de séparation géologiquement significative par compaction et circulation pénétrative dans une période de l'ordre de 1 million d'années, même si le taux de fusion atteint une valeur de 10 %. Dans ces conditions, la séparation ne peut être réellement significative que si le grain de la roche source est grossier et si la température et la teneur en constituants volatils (l'eau en particulier) sont suffisamment élevées pour diminuer significativement la viscosité de la phase liquide à des valeurs de l'ordre de 10^3-10^4 poises.

A l'opposé, un magma interstitiel de composition basique a une capacité de compaction et de transfert par circulation pénétrative très grande. Le calcul montre que compte tenu de la grande vitesse de séparation et de circulation du magma interstitiel, le taux de fusion des 50 km supérieurs du manteau en dessous des rides médio-océaniques ne peut pas être supérieur à 1 %.

Dans le cas du transfert le long de fractures, la différence de densité entre le magma et la roche traversée pendant sa montée produit, au niveau de l'intrusion ou de l'émission, une surpression d'injection (ΔP_i) qui, pour les magmas à comportement rhéologique newtonien (voir plus loin), est donnée par la relation

$$\Delta P_i = h\,(\delta_s - \delta_l)\,g$$

où h est la hauteur de la colonne de magma dans la fracture depuis la source jusqu'au niveau considéré et g l'accélération de la pesanteur.

• Les contraintes d'origine tectonique

L'effet des contraintes sur le transfert du magma se manifeste de deux façons :

- en favorisant le développement de la microfissuration et des fractures macroscopiques ;
- en favorisant le déplacement du magma des zones en compression vers des zones en extension.

La nature et les caractéristiques de la fracturation dépendent de la valeur du déviateur des contraintes et de la pression des fluides. Compte tenu de l'incompressibilité élevée des liquides et de l'augmentation de volume qui accompagne la fusion des minéraux, la fusion partielle d'une roche se traduit par l'apparition d'une pression de fluide importante. Nicolas et Jackson (1982) évaluent par exemple à environ 15 kbars la pression de fluide résultant de la fusion de 10 % en volume d'un niveau de lherzolite. Les effets les plus importants en relation avec la pression de fluide créée par la fusion partielle sont les suivants (fig. 22) :

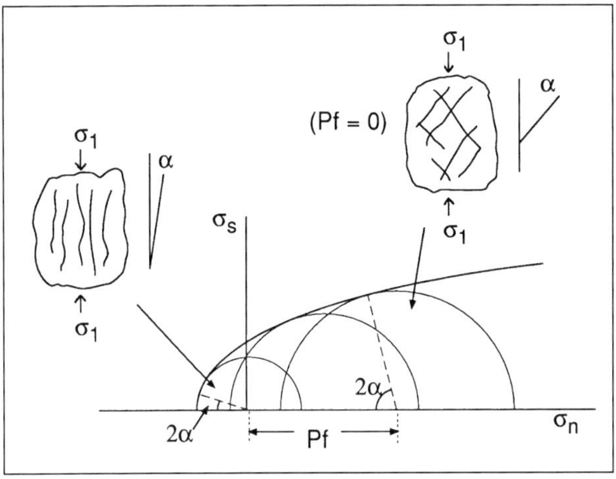

Fig. 22 - Effet de la pression de fluides sur la fracturation.
Un déviateur de contrainte élevé (cercle de Mohr à droite) produit des fractures en cisaillement caractérisées par un angle α élevé. Si le déviateur est faible (cercle à gauche) et la pression de fluides élevée, l'angle α est faible et la fracturation se produit en extension.

a) une pression de fluides élevée entraîne la diminution des contraintes différentielles nécessaires pour fracturer les roches ; la fracturation cassante peut ainsi avoir lieu dans des niveaux d'autant plus profonds ;

b) un régime caractérisé par des contraintes différentielles élevées et par une basse pression de fluide tend à produire des fractures de cisaillement ;

c) un régime caractérisé par une haute pression de fluide et une contrainte différentielle faible tend à provoquer des fractures en extension.

Si les fractures de cisaillement jouent un rôle relativement passif par rapport au transfert, les fractures en extension facilitent l'extraction du magma interstitiel et son transfert vers des niveaux plus superficiels.

Le développement des fractures macroscopiques est précédé par le développement d'une microfissuration extensive plus ou moins homogène en fonction de la pression de fluides. Cette microfissuration joue un rôle très important aussi bien pour la "structure" de la matrice lors de la fusion partielle que pour la localisation des macrofractures. Une répartition homogène des microfissures dans la matrice facilite le microtransfert du magma interstitiel sous l'effet des contraintes différentielles et détermine par là, un premier niveau de circulation par voies préférentielles : les microfissures peuvent se concentrer selon des bandes plus ou moins bien définies ("incubation" de la macrofracturation) qui vont déterminer la localisation des fractures majeures.

C'est ainsi que par le jeu de la fusion partielle et des contraintes d'origine tectonique, le magma trouve par l'intermédiaire de la fracturation, les voies d'acheminement vers la surface.

• Le dégazage

Lorsque le magma issu de la fusion partielle se sépare de la matrice, il contient une certaine quantité de constituants volatils en solution (H_2O, CO_2, etc.). Pendant la migration du magma vers des niveaux plus superficiels, la concentration des constituants volatils varie sous l'effet de la cristallisation, de la contamination, etc. Lorsque le magma atteint des niveaux structuraux élevés, la pression partielle des constituants volatils peut égaler la pression hydrostatique. La saturation est alors atteinte et une phase gazeuse indépendante peut s'exprimer dans le magma.

L'apparition d'une phase gazeuse exprimée a plusieurs conséquences :

1) des effets sur l'encaissant : altération hydrothermale, minéralisation, injection de veines et filons, etc. ;

2) une diminution importante de la densité globale du magma qui est maintenant un système "cristaux + liquide + gaz" ;

3) une augmentation corrélative de la viscosité du magma.

I.2.2. - LES MÉCANISMES DE TRANSFERT

• Compaction et circulation pénétrative

On peut définir la compaction comme un processus de réduction de la porosité d'une roche partiellement fondue accompagnant la séparation du liquide interstitiel de la matrice cristalline (McKenzie, 1984). La compaction est donc un mécanisme d'extraction du magma, le transfert ayant lieu par circulation pénétrative. Dans ce mécanisme, le seul potentiel de transfert qui entre en jeu est la gravité.

La compaction joue un rôle très important dans le transfert des magmas basiques. Compte tenu de la vitesse de compaction et d'infiltration de ces magmas, la circulation pénétrative activée par le potentiel gravitaire est capable d'assurer le transfert de grandes masses de magma basique vers la surface. Le volcanisme des rides médio-océaniques par exemple, est alimenté dans sa plus grande partie par compaction et transfert par circulation pénétrative, tout au moins en profondeur, le transfert par fractures étant de plus en plus important vers la surface.

La circulation pénétrative est contrôlée essentiellement par la viscosité de la fraction fondue. Pour cette raison, il est probable que dans les systèmes acides peu hydratés partiellement fondus, la circulation pénétrative est pratiquement nulle.

Il est clair que si la compaction est un mécanisme capable d'assurer la séparation de masses importantes de magmas basiques qui seront transférés par circulation pénétrative (tout au moins dans une première phase), il n'en est pas de même dans les systèmes acides (tabl. 4). Les vitesses de séparation des magmas acides sont si basses que la seule circulation pénétrative ne peut assurer le transfert des volumes de matière mis en jeu dans le magmatisme acide, plutonique ou volcanique. D'autres mécanismes entrent alors en jeu : circulation par voies préférentielles et diapirisme.

• Circulation par voies préférentielles

Deux niveaux de fracturation doivent être distingués : la microfissuration et les macrofractures. Dans le cas de la microfissuration, le potentiel de transfert est assuré

Tabl. 4. - Caractéristiques comparées de quelques magmas types dans le mécanisme de compaction et circulation pénétrative.

Type de magma	Néphélinite	Basalte picritique	Pegmatite		Granite
Viscosité (poises)	≈ 1 - 10	$\approx 10^2$	$\approx 10^4$		10^6 - 10^8 (1-2% H_2O)
Vitesse de séparation	>>10 mm/an	≈10 mm/an	≈1 mm/siècle	≈1 mm/an	≈0.01 mm/siècle
pour taux de fusion	<------------------- 1 % ------------------>			<----------- 10 % --------->	
circulation pénétrative	très forte	forte	faible		pratiquement nulle

par l'énergie de surface et par les contraintes différentielles ; dans les macrofractures, il l'est essentiellement par les forces gravitaires.

Microfissuration

La présence de constituants volatils ou simplement d'une phase fondue favorise d'abord l'apparition et ensuite la propagation des microfissures, par diminution de la résistance de la roche et par corrosion sous contraintes. Des travaux expérimentaux (Paquet *et al.*, 1981) montrent que la simple libération d'une partie de l'eau contenue dans une roche favorise le développement du réseau de microfissures.

La circulation préférentielle de l'eau dans les microfissures en voie de développement facilite en même temps l'apparition des premières fractions fondues. L'augmentation du taux de fusion détermine une diminution progressive de la cohésion intergranulaire et corrélativement favorise le développement de fractures de tension parallèles à σ_1 (contrainte maximale). Si le système est soumis à des contraintes différentielles, la phase fondue migre des zones en compression vers celles en extension. Dans tout système partiellement fondu soumis à des contraintes différentielles, se produit alors un microtransfert de la phase fondue vers les microfractures d'extension.

Macrofractures

Le réseau de microfissures constitue alors un premier niveau de "stockage" du magma en cours de séparation. Sous l'effet des contraintes différentielles, le magma migre progressivement vers des fractures majeures où sa dynamique de transfert est contrôlée essentiellement par le potentiel gravitaire. La vitesse de montée du magma dépend alors des caractéristiques géométriques du conduit, de la différence de densité entre roche encaissante et magma, et de la viscosité du magma.

Pour des magmas de faible viscosité (basiques), on peut s'attendre à des vitesses de transfert très élevées. Si la fracture est suffisamment large (>10 m) le régime d'écoulement peut être turbulent, donnant lieu à d'importants phénomènes de contamination par "corrosion dynamique" de l'encaissant crustal.

• Diapirisme

Lorsqu'un magma accumulé en profondeur ou un niveau profond partiellement fondu a une densité inférieure à celle des roches qui le surmonte, il résulte une instabilité gravitaire qui tend à évoluer vers une configuration stable à stratification normale de densité. Le diapirisme est le mécanisme de transfert qui résulte de telles instabilités. A la différence du transfert par voies préférentielles, le diapirisme s'accompagne fréquemment d'une déformation importante de l'encaissant.

Le tableau 5 résume les différents mécanismes de séparation et transfert au niveau de la source, ce qui n'exclut pas que d'autres mécanismes puissent prendre le relais à des niveaux structuraux plus élevés.

Tabl. 5 - Tableau synthétique des mécanismes de transfert.

		Séparation	Transfert	Exemples
Magma basique		compaction (séparation liquide - solide complète)	circulation pénétrative dominante ; transfert par fractures dominant	volcanisme des rides médio-océaniques ; volcanisme intraplaque
Magma acide	très hydraté	compaction (séparation liquide - solide incomplète)	circulation pénétrative faible ; transfert par fractures dominant	pegmatites et aplites
	peu hydraté	pas de séparation	transfert par fractures ; diapirisme	plutonisme granitique orogénique

I.2.3. - COMPORTEMENT RHÉOLOGIQUE DES MAGMAS

Les changements de propriétés physiques des magmas qui ont lieu lors de leur évolution (cristallisation, dégazage, etc.), sont de grande importance vis-à-vis de la

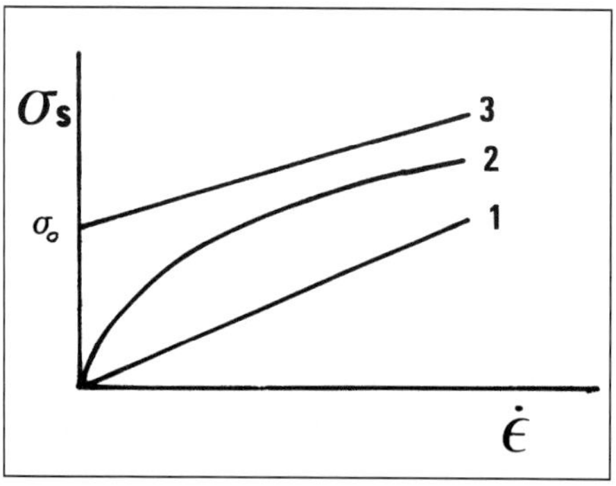

Fig. 23 - Courbes caractéristiques des différentes lois rhéologiques d'intérêt pétrologique.
1 : comportement newtonien ; 2 : comportement pseudo-plastique ; 3 : corps de Bingham. σ_s = contrainte de cisaillement, σ_0 = cohésion interne, $\dot{\varepsilon}$ = vitesse de déformation.

nature et de la succession des phénomènes qui peuvent avoir lieu au cours de leur transfert et de leur mise en place. Il faut souligner cependant l'importance majeure du comportement rhéologique du magma (newtonien, de Bingham, pseudo-plastique, etc.), ainsi que des paramètres physiques directement liés à ce comportement comme la viscosité (η) et la cohésion interne (σ_0) (dans le cas des corps de Bingham).

Le comportement rhéologique d'un matériau est défini par sa réponse à la déformation. Les lois "de comportement" expriment une relation entre les contraintes appliquées et la vitesse de déformation (fig. 23). Les matériaux magmatiques en voie de cristallisation, ont un comportement qui s'approche de l'une ou l'autre des trois lois suivantes (Johnson et Pollard, 1973) :

1) comportement visqueux ou "newtonien"

$$\dot{\varepsilon}_s = \frac{\sigma_s}{\eta}$$

2) comportement pseudoplastique

$$\dot{\varepsilon}_s = A\,\sigma_s^n$$

3) comportement visco-plastique ou "de Bingham"

$$|\sigma_s| = \sigma_0 + \eta_b\,|\dot{\varepsilon}_s| \qquad \text{pour } |\sigma_s| > \sigma_0$$

où η est la viscosité "newtonienne", η_b la viscosité "de Bingham", σ_s la contrainte de cisaillement, $\dot{\varepsilon}_s$ la vitesse de déformation, A et n deux constantes caractéristiques du milieu et σ_0 la cohésion interne ou résistance cohésive du matériau ou encore seuil de déformation *(yield strength* des auteurs anglo-saxons).

Les corps à comportement pseudoplastique sont dits "épaississants" si la viscosité apparente du système augmente avec l'accroissement de la vitesse de déformation ($n<1$), et "fluidifiants" si la viscosité apparente diminue dans les mêmes conditions ($n>1$).

• La viscosité

Cette propriété dépend essentiellement de la composition chimique du magma, de sa teneur en eau et de son taux de cristallisation.

L'effet de la composition chimique est connu (Bondi, 1967 ; Bottinga et Weill, 1972 ; Shaw, 1972) : les magmas basiques sont moins visqueux que les magmas acides, à teneur en eau égale. Cet effet est dû essentiellement au degré de polymérisation du magma. Dans un bain silicaté, le silicium détermine des ponts O-Si-O très solides en raison de sa forte charge et de son rayon ionique très petit. La viscosité, qui exprime la résistance opposée à la déformation par la matière fondue, sera très élevée dans les milieux riches en silice fortement polymérisés, car la déformation implique nécessairement la rupture des liaisons O-Si-O. La présence de H_2O et de métaux "modificateurs de réseau" (rayon ionique plus grand et de charge plus petite) tels que Na, K, Ca, Mg, etc. dans le bain silicaté, détermine une diminution de la viscosité car les liaisons de type O-MR-O sont sensiblement plus faibles. Pour cette raison, la viscosité de la fraction fondue résiduelle augmente généralement au cours de la cristallisation, sauf si la teneur en H_2O augmente en même temps, par cristallisation de minéraux anhydres par exemple.

L'effet des fluides en général et de l'eau en particulier, sur la viscosité est très marqué (Friedman *et al.,* 1963 ; Shaw, 1963 ; Burnham, 1964). Dans le domaine des faibles teneurs en eau, une augmentation de 1 % d'eau en poids, peut abaisser la valeur de la viscosité de près de 10 fois (Shaw, 1963, 1965).

L'effet du taux de cristallisation est plus complexe. Lorsque la cristallisation avance, la viscosité augmente progressivement en même temps que le magma acquiert les propriétés rhéologiques des substances pseudo-plastiques fluidifiantes, puis celles des "corps de Bingham".

La modification produite par une certaine charge de particules sphériques de taille uniforme sur la viscosité d'un liquide newtonien, est donnée par les relations de Roscoe (1952). Cet auteur donne deux relations différentes, selon que la taille des particules qui constituent la charge solide de la suspension, est uniforme (éq. 1) ou non (éq. 2) :

$$\eta = (1 - 1{,}35\Phi)^{-2{,}5}\,\eta_0 \qquad (1)$$

$$\eta = (1 - \Phi)^{-2{,}5}\,\eta_0 \qquad (2)$$

où Φ est la fraction volumique solide.

Pendant la cristallisation, la viscosité tend à augmenter sous l'effet de la dérive des liquides résiduels vers des compositions de plus en plus acides et de la charge volumique croissante de la fraction cristallisée (Murase et Mc Birney, 1973). L'effet de l'eau est alors très important et peut déterminer des évolutions assez différentes en fonction de la nature des minéraux en voie de cristallisation (minéraux hydroxylés ou minéraux anhydres), du dégazage plus ou moins complet du magma au fur et à mesure que la cristallisation progresse, etc.

• La cohésion interne

La réalité de l'existence de la cohésion interne (σ_0) et par là, celle des corps de Bingham, a été mise en doute par Barnes et Walters (1985). Ces auteurs ont mis en évidence que certains composés organiques purs censés être des corps de Bingham, ont en réalité un comportement pseudo-plastique fluidifiant, avec une très haute viscosité apparente à basse vitesse de déformation. Des travaux réalisés sur des systèmes contenant des particules solides en suspension (Wildemuth et Williams, 1985), ont démontré que si la distribution de taille des particules est hétérogène, une cohésion interne bien définie apparaît pour une charge solide d'environ 30 % en volume.

Les liquides silicatés ont un comportement newtonien (Bockris *et al.,* 1955 ; Shaw, 1963). Cependant, une faible charge de cristaux détermine une évolution sensible vers un comportement pseudo-plastique fluidifiant, puis vers celui des corps de Bingham. La résistance cohésive σ_0 déterminée expérimentalement par Shaw *et al.* (1968) et Sparks *et al.* (1977) sur des magmas basaltiques faiblement cristallisés, est de l'ordre de 10^2- 10^3 dynes/cm^2. D'après Spera (1977), σ_0 augmente avec la fraction volumique cristallisée Φ, selon la relation de Soo (1967) :

$$\sigma_0 = k\Phi^3 \qquad \text{où } k = 3.10^4 \text{ dynes/cm}^2.$$

Les valeurs calculées à partir de cette relation sont en bon accord avec les résultats des mesures expérimentales citées plus haut. Les conséquences du développement des caractéristiques des corps de Bingham avec la progression de la cristallisation sont très importantes, particulièrement au niveau des phénomènes de ségrégation gravitaire tels que la différenciation, la formation de cumulats, de litages, etc. L'augmentation de σ_0 au cours de la cristallisation limite progressivement les possibilités de "sédimentation" des cristaux et des enclaves. Le calcul montre qu'une enclave de 15 cm de diamètre ne peut pas se sédimenter dans un magma basaltique si la fraction volumique cristallisée est supérieure à 35 - 38 %. La cohésion interne est, au moins en partie, une propriété "macroscopique", c'est-à-dire une propriété qui se manifeste pour des objets de taille supérieure à celle des particules que détermine ce comportement (rapport minimal des diamètres = 10). Les cristaux de taille moyenne en cours de croissance (0,5 à 4 mm, par exemple), peuvent même rester en suspension dans le magma si la vitesse de nucléation est relativement élevée, car la charge volumique de cristaux de petite taille peut être déjà suffisante pour déterminer le blocage de la sédimentation des cristaux plus grands.

• Stades majeurs de l'évolution rhéologique des matériaux magmatiques

Les considérations précédentes montrent que le comportement rhéologique des matériaux magmatiques change de façon importante au cours de la cristallisation. L'arrangement compact de particules qui se produit lorsque la fraction volumique cristallisée atteint une valeur proche de 70 % (variable en fonction de la forme et de la distribution de taille des particules) détermine une barrière rhéologique importante à partir de laquelle la "viscosité apparente" augmente brusquement. D'après des résultats expérimentaux, Arzi (1978) place cette barrière à 20 ± 10 % de liquide. De la même façon, les expériences de Molen et Paterson (1979) montrent qu'à des vitesses de déformation constantes (10^{-5} s^{-1}), la contrainte différentielle diminue brutalement avec l'augmentation de la fraction fondue : 250 MPa pour 5 % de fraction fondue (en volume), 60 MPa pour 15 % et moins de 1 MPa au-delà de 24 % (fig. 24). Ces auteurs placent cette barrière rhéologique à 30 - 35 % de fraction fondue (en volume).

Diagramme de comportement rhéologique

Sur la base des différentes relations théoriques applicables à l'évolution de la viscosité et de la cohésion interne du magma en fonction du taux de cristallisation, et sur la base de nombreuses observations naturalistes, on peut proposer le diagramme de comportement rhéologique de la figure 25 (Fernandez, 1984).

Le calcul montre en effet que jusqu'à un taux de cristallisation de 30 à 35 %, les caractéristiques essentielles du milieu sont une viscosité réduite et une cohésion interne très faible (elle commence à augmenter sensiblement à partir de 20 % de cristallisation). A ce stade I, la mobilité du magma est grande. Ces conditions sont très favorables aux phénomènes de ségrégation gravitaire qui peuvent se manifester ici avec ampleur. C'est à ce stade qu'ont lieu essentiellement la différenciation magmatique, la formation de cumulats, de litages, etc.

Au-delà d'un taux de cristallisation de 35 % (première "barrière rhéologique"), la viscosité est déjà beaucoup plus élevée (10 à 30 fois supérieure à la viscosité initiale), en raison de la chute de température, de la dérive de la composition du liquide résiduel vers le pôle acide et de la charge cristalline. En même temps, la cohésion interne est aussi très élevée. L'effet conjugué de ces deux propriétés détermine un ralentissement considérable, voire la disparition des phénomènes de ségrégation. Les cristaux ne sédimentent pas et se trouvent "suspendus" dans le magma dont ils peuvent accompagner les mouvements en tant que "marqueurs actifs". Ce stade II se caractérise par des propriétés très favorables au développement

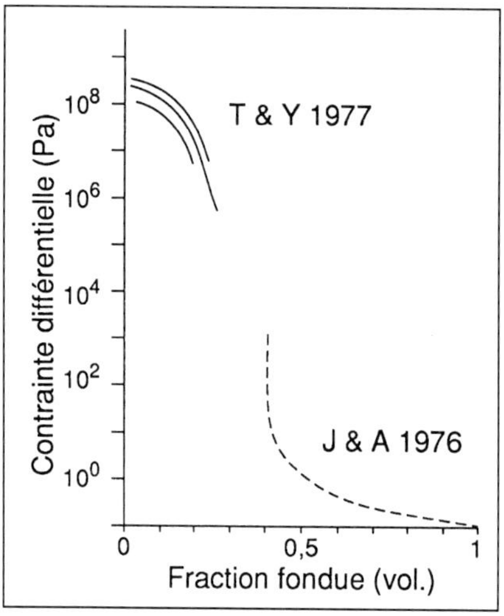

Fig. 24 - Effet de la fraction fondue sur la contrainte différentielle à vitesse de déformation constante égale à 10^{-5} s^{-1} (modifié de Van der Molen et Paterson, 1979). T&Y : données de Tullis et Yund, 1977 ; J&A : données de Jeffrey et Acrivos, 1976).

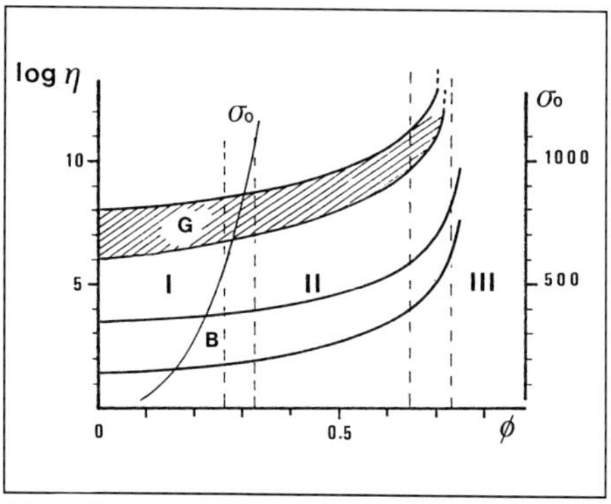

Fig. 25 - Diagramme généralisé du comportement rhéologique des matériaux magmatiques. η = viscosité, ϕ = fraction volumique cristallisée (*cf.* texte). Champ des viscosités apparentes : G, granites ; B, basaltes. En tirets, intervalles de cristallisation correspondant aux deux barrières rhéologiques. Courbe σ_0 : évolution théorique de la cohésion interne selon la relation de Soo (échelle σ_0 en dynes/cm^2). I : domaine de la ségrégation gravitaire ; II : domaine du développement de l'orientation préférentielle ; III : domaine de la fracturation synmagmatique (modifié de Fernandez, 1984).

de l'orientation préférentielle des cristaux sous l'effet des contraintes de mise en place.

Lorsque la fraction volumique cristallisée atteint 65 à 75 % (deuxième barrière rhéologique), la viscosité effective augmente brusquement et la réponse du matériau devient très sensible à la vitesse de déformation : c'est le domaine des déformations plastiques de très haute température et de la fracturation synmagmatique (stade III).

Évidences naturalistes

De nombreuses observations confirment les lignes générales de l'évolution rhéologique proposée :

Stade I : les litages magmatiques apparaissent très souvent associés à des phénomènes impliquant une viscosité très basse et une mobilité élevée du milieu :

- figures de stratification entrecroisée ;
- cisaillements "précoces" qui ne présentent pas la moindre trace de fracturation ou de déformation plastique (fig. 26 A) ;
- structures en "doigt de gant" qui "intrudent" et dérangent les litages (fig. 26 B);
- figures de "slumping" affectant des litages, ce qui implique une mobilité encore élevée du milieu après la formation de ceux-ci (le milieu présente un comportement thixotrope) (fig. 26 C).

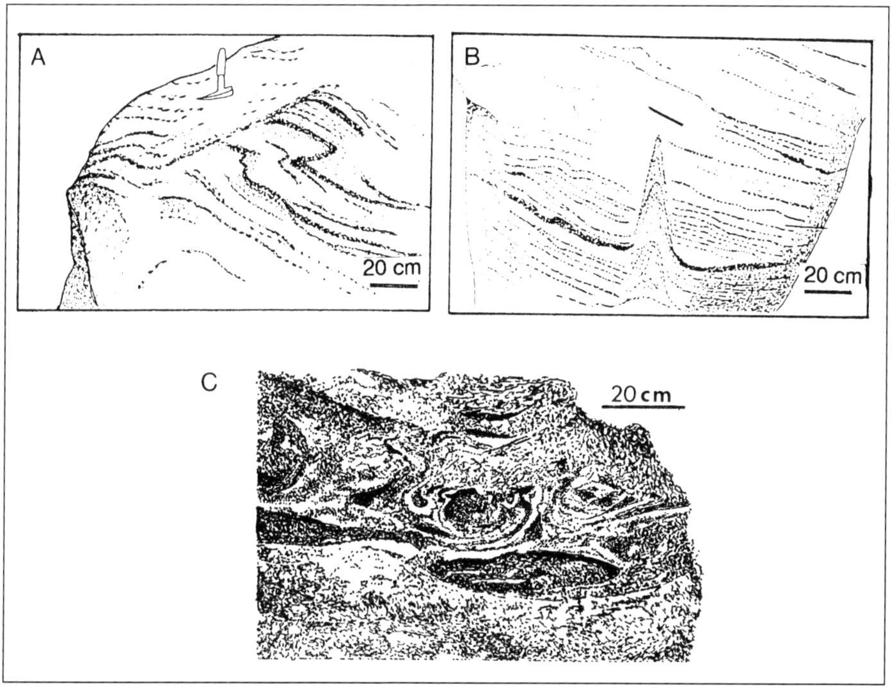

Fig. 26 - Évidences de la mobilité du matériau magmatique pendant le stade rhéologique I.
A : cisaillements intramagmatiques très précoces désorganisant des litages biotitiques ;
B : digitation en doigt de gant affectant un ensemble rubané (granite de Geres, Espagne ; d'après Cottard, 1979) ; C : figure de "slumping" dans un gabbro lité de l'île de Rhum ; d'après une photographie de Wager, 1968).

D'autres observations permettent de placer l'origine des structures gravitaires (litages), comme antérieures au développement des propriétés des corps de Bingham dans le magma. C'est le cas, en particulier, des enclaves de taille moyenne (10 à 20 cm de diamètre) qui dérangent l'organisation du litage en le repoussant vers le bas (sens de la chute) (fig. 27). Le calcul suggère que ces structures se sont développées probablement avant que le magma ait acquis une cohésion interne de l'ordre de 1,5 x 10 dynes/cm^2, correspondant à une fraction volumique cristallisée de l'ordre de 30 %.

Stades II et III : la phase principale du développement de l'orientation préférentielle est clairement postérieure au stade majeur de la formation des structures d'origine gravitaire. Nous pouvons citer ici le cas du granite de Tempio (Sardaigne) (Le Gall, 1985 ; Le Gall *et al.*, 1985), où les fluidalités planaire et linéaire recoupent presque perpendiculairement un contact décakilométrique entre deux faciès consanguins.

Le développement de caractéristiques favorables à la fracturation avant la fin de la cristallisation, est démontré par "l'effet Sederholm", c'est-à-dire l'existence de filons intrusifs synmagmatiques disloqués et pénétrés par le matériau encaissant. Ceci témoigne d'un changement des propriétés rhéologiques du milieu, lorsque la phase mobile résiduelle est encore présente. Une observation réalisée dans le Tizi

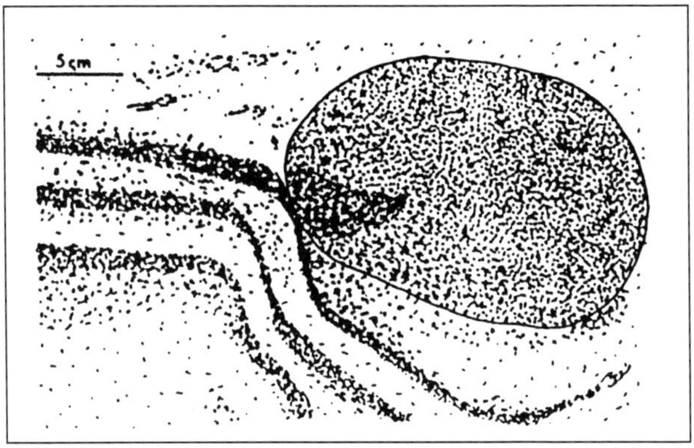

Fig. 27 - Chute d'une enclave repoussant vers le bas un litage magmatique précoce (Adamello, Italie).

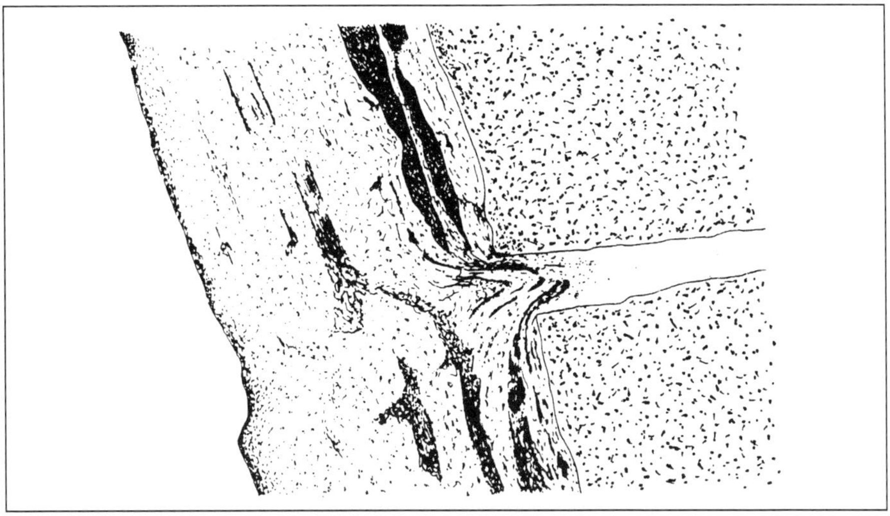

Fig. 28 - Au contact d'une roche basique (diorite) et d'un granite, est injecté un filon de composition intermédiaire de quelques décimètres de puissance.
L'orientation préférentielle des minéraux dans le filon est très marquée et apparaît soulignée par des enclaves basiques très allongées. Le filon émet vers la diorite une veine pegmatitique qui, au niveau des racines, "pousse" et incurve la fluidalité qui semble bien avoir joué le rôle d'une véritable passoire. Ces relations indiquent que la fabrique d'orientation préférentielle des minéraux dans le filon était déjà parfaitement structurée, à un moment où la phase résiduelle était encore abondante.

n'Igourramène (secteur ouest du massif du Tichka, Haut Atlas occidental, Maroc), fournit une belle évidence de la succession de stades I et II (fig. 28).

Conclusion

En définitive, les évidences théoriques, expérimentales et naturalistes indiquent que les matériaux magmatiques passent par trois stades majeurs de comportement rhéologique au cours de la cristallisation :

- un premier stade qui s'étend du début de la cristallisation jusqu'à un contenu de 30-35 % de cristaux (en volume) ; durant ce stade la viscosité est relativement réduite et les phénomènes de ségrégation gravitaire (différenciation, formation de cumulats, de litages, etc.) sont dominants.
- un stade intermédiaire qui s'étend depuis la limite précédente jusqu'à un taux de cristallisation de 65-75 % (Arzi, 1978 ; Molen et Paterson, 1979). Pendant ce stade, le magma présente une viscosité assez élevée - particulièrement dans le cas des magmas acides - et une cohésion interne importante. Les mouvements de cristaux induits par la gravité sont sensiblement moins importants que les rotations et les déplacements induits par la déformation de mise en place : c'est le stade du développement majeur de l'orientation préférentielle de forme.
- un troisième stade qui s'étend de cette dernière limite jusqu'à la fin de la cristallisation. La viscosité effective est ici très élevée (log 12), les cristaux étant jointifs ; les déformations de la masse magmatique tendent à se bloquer et l'orientation préférentielle évolue très peu, avec surimposition de déformations plastiques. Pendant ce stade se produit la fracturation synmagmatique, sous l'effet des contraintes de mise en place ou d'origine thermique.

Ceci n'est qu'un schéma général de l'évolution du comportement rhéologique. Il est certain que chaque matériau aura une évolution propre, avec des limites qui peuvent être très différentes de celles présentées dans le diagramme. Dans tous les cas cependant, l'évolution détermine le passage du matériau par ces trois stades, le développement de l'orientation préférentielle étant essentiellement lié au stade II.

I.3 - LE STOCKAGE ET LA DIFFÉRENCIATION DES MAGMAS

INTRODUCTION

Les magmas s'étant individualisés, ils peuvent au cours de leur migration marquer des temps d'arrêt dans divers pièges, appelés réservoirs, où ils se différencient. Si le transfert se fait directement depuis la zone de genèse vers la surface, les magmas expulsés seront proches des magmas primitifs.

Les **réservoirs magmatiques** peuvent *a priori* se localiser à toutes profondeurs, entre la zone de genèse et le voisinage immédiat de la surface (quelques centaines de mètres). En fait leur position dépend des discontinuités de l'encaissant ; en profondeur, l'interface croûte-manteau est privilégiée ; au sein de la croûte, des champs de contraintes favorables sont nécessaires (réseaux de fractures, rifts, niveaux élastiques et "étanches", etc.).

La forme de ces réservoirs dépend du rapport de deux paramètres : la taille des éléments structuraux et la dimension du réservoir.

Quand la dimension du réservoir est petite par rapport à celle des éléments structuraux, ces derniers contrôlent directement sa forme : dykes, filons plus ou moins anastomosés, réservoirs linéaires (zones de rift) ou lenticulaires, etc. Dans le cas contraire, la forme du réservoir se rapprochera d'une symétrie sphérique, les traits structuraux n'intervenant qu'au niveau du détail des parois. Dans ce cas, le terme de chambre magmatique peut remplacer celui de réservoir. La définition de ces géométries s'appuie sur quelques travaux géophysiques de réservoirs actifs (Hawaï, Aléoutiennes, etc.) et sur l'étude géologique de chambres fossiles (Skaergaard au Groenland, Hébrides, Nigéria, complexes ophiolitiques, etc.) (*cf.* I.3.1). Dans les zones volcanisées, les travaux géophysiques, pétrologiques et géochimiques conduisent souvent à supposer la coexistence de multiples chambres à diverses profondeurs.

La durée de vie d'un réservoir magmatique sera le temps pendant lequel un magma est susceptible d'en être expulsé. A partir du moment où le réservoir est constitué, sa durée de vie maximum sera le temps nécessaire à sa solidification par refroidissement. Les paramètres qui interviennent dans ce refroidissement sont bien sûr la taille et la forme du réservoir, mais aussi les conditions des transferts de chaleur, soit par conduction, soit plus souvent par convections internes et par convections de systèmes hydrothermaux à leur périphérie (utilisables éventuellement pour la géothermie). Cette espérance de vie maximum est souvent perturbée par les émissions en surface qui prélèvent un stock de magma variable, ce qui réduit d'autant la durée de refroidissement. En contre-partie, des réalimentations peuvent rajeunir le système. La périodicité de ces remplissages et vidanges est variable et dépend beaucoup du contexte géodynamique : remplissages et vidanges sub-permanents sous les rifts actifs, plus discontinus au niveau des points chauds (*hot-spots*) type Hawaï ou La Réunion ; dans ce dernier cas, la périodicité est de l'ordre de 18 mois. Pour les volcans d'arcs, cette périodicité est souvent plus longue et peut atteindre quelques milliers d'années. Certaines méthodes (déséquilibres radioactifs) permettent d'évaluer les temps de transfert et de stockage des magmas (*cf.* I.3.2.).

Pendant la période de stockage, le magma subit une évolution (ou différenciation), conséquence d'une multitude de processus physico-chimiques ; il se refroidit, ce qui entraîne la cristallisation de phases solides. Le liquide résiduel n'a plus la composition du magma initial, il se différencie. Le processus qui semble le plus banal, la **cristallisation fractionnée**, est la séparation des phases solides du liquide résiduel, généralement sous l'action de la gravité (*cf.* I.3.3.). Typiquement, les conséquences de ce processus sont la formation d'accumulations plus ou moins litées de cristaux (cumulats) à la base et sur les parois des chambres, alors que le magma résiduel se rassemble au coeur du réservoir. Ce magma résiduel peut, dans des circonstances favorables, être piégé au sein de cristaux en formation. L'étude de ces inclusions permet de retracer l'histoire de cette différenciation (*cf.* I.3.7.). Le magma résiduel peut présenter simultanément diverses compositions selon le niveau considéré du réservoir ; on parle alors de chambres stratifiées (*cf.* I.3.4.). Ce système est souvent perturbé par des brassages dus à la convection et à des courants, d'origine thermique ou gravitaire. Dans les cas extrêmes, il peut y avoir mélange, souvent lié à un nouvel apport de magma juvénile et conduisant parfois à une réhomogénéisation totale du système (*cf.* I.3.5.). Il existe d'autres processus qui, dans l'état actuel des connaissances, paraissent avoir une importance secondaire. Le principal semble être l'échange de matière avec l'encaissant (*cf.* I.3.6.) ; ce dernier peut être incorporé au magma sous forme d'inclusions solides, de liquides nés de la fusion partielle des parois, ou d'éléments chimiques privilégiés apportés sélectivement par des fluides ; dans l'autre sens, le magma peut perdre de la matière dans l'encaissant, sous forme d'intrusions limitées et d'éléments chimiques drainés par les fluides.

Les gradients de température, conséquence du refroidissement de la chambre, peuvent engendrer aussi une différenciation par migration sélective d'éléments chimiques (thermodiffusion). Pour certains magmas, par exemple riches en sulfures, en fer ou très alcalins, deux liquides de compositions contrastées peuvent s'individualiser ; c'est l'immiscibilité liquide. De façon plus systématique, vers la fin de la différenciation, les liquides deviennent saturés en gaz dissous qui s'expriment alors en tant que phase fluide, en entraînant vers le haut du réservoir les éléments chimiques les plus volatils (alcalins, métalloïdes, etc.). Ce processus peut provoquer le déséquilibre du champ de contraintes du système réservoir-encaissant et favoriser l'éruption du magma.

I.3.1. - EXEMPLES DE SYSTÈMES DE TRANSFERT ET DE STOCKAGE DE MAGMA

par Jean-François LENAT

L'étude des systèmes anciens exposés par l'érosion et l'étude des systèmes actifs constituent deux approches complémentaires. Dans le premier cas, la géométrie, la structure et la lithostratigraphie des systèmes peuvent être décrites en détail, alors que dans le second cas leur fonctionnement dynamique peut être appréhendé.

• Réservoirs anciens

Dès le début du siècle, les complexes de plutons et intrusions annulaires d'Ecosse ont été reconnus comme des structures hypovolcaniques sous-jacentes aux calderas (Clough *et al.*, 1909). De nombreuses autres structures similaires ont depuis été étudiées à travers le monde (voir l'ouvrage de Bonin, 1982, dans cette collection).

L'intrusion du Skaergaard (Groenland), représentant une épaisseur de 2,5 km de gabbros lités, est probablement l'exemple le mieux connu d'une chambre magmatique basique de grande dimension. De nombreux travaux de géologie, pétrographie, géochimie et géophysique ont permis de reconstituer la géométrie de cette intrusion, sa mise en place et son refroidissement (voir McBirney, 1989 et Norton *et al.*, 1984). C'est la discontinuité entre le socle gneissique et une pile de 7 à 9 km d'épaisseur de coulées basaltiques qui a servi de guide à l'intrusion. La modélisation mécanique montre que cette intrusion s'est développée comme un sill dans un premier temps, puis, l'épaississement devenant plus facile que la progression latérale à partir d'une certaine dimension, elle a évolué en un laccolithe de près de 200 km^3 (fig. 29). Au bas de cette chambre, les filons d'alimentation se sont évasés par dislocation thermique et mécanique du gneiss.

• Le système magmatique du Kilauea (Hawaï)

Le Kilauea est probablement le volcan actif pour lequel les structures d'alimentation et de stockage du magma sont les mieux connues. Ceci s'explique à la fois par un fort taux de transfert de magma, de l'ordre de 3 m^3/s pour les dernières décennies (Swanson, 1972 ; Dzurisin *et al.*, 1984) et par la densité des observations réalisées depuis des décennies (Klein *et al.*, 1987).

C'est principalement au travers de la sismicité du volcan que sont décrites les zones de production, transport et stockage de magma. Les déformations apportent également des informations sur les parties les plus superficielles ($\leq$ 5 km).

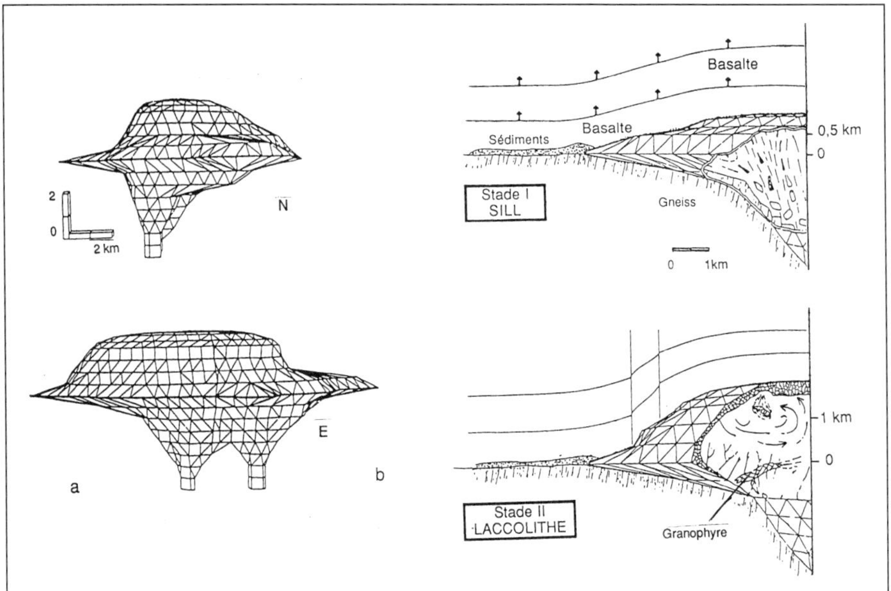

Fig. 29 - Intrusion du Skaergaard (d'après Norton *et al.*, 1984)
(a) reconstitution en trois dimensions de l'intrusion (laccolithe) selon deux angles de vue montrant sa forme allongée.
(b) mise en place de l'intrusion ; à partir d'un certain stade, l'épaississement devient plus facile que la progression latérale et le sill évolue en laccolithe.

Dans la lithosphère, la zone de migration du magma est assimilable à un cylindre de moins de 4 km de diamètre (fig. 30) qui s'enfonce jusqu'à une profondeur de l'ordre de 20 km. Au-delà, jusqu'à environ 50-60 km, une zone sismique beaucoup plus étalée, à l'aplomb des trois volcans les plus actifs (Mauna Loa, Kilauea et Loihi), est interprétée comme la zone de génération de magma du point chaud. En sub-surface, plusieurs conduits et réservoirs sont reconnus (fig. 30). Le réservoir principal, situé sous la zone centrale, s'étend entre 2 et 6 km. Il est conçu non pas comme un volume continu de magma, mais comme un complexe de sills et de dykes anastomosés. Des conduits magmatiques, capables de stocker temporairement des magmas, constituent des dérivations du réservoir principal vers la très active rift-zone orientale.

Au cours de l'activité volcanique, les mouvements de magma sont détectés :

- par l'activité sismique générée dans les conduits et les intrusions superficielles (fracturation hydraulique, trémor) ;
- par l'activité sismique autour du réservoir principal (fracturation) qui, lui-même, constitue une zone partiellement asismique (milieu macros-copiquement plastique) ;
- par les déformations en surface créées par les augmentations, ou les baisses, de volume dans les zones réservoirs et les conduits dans l'édifice.

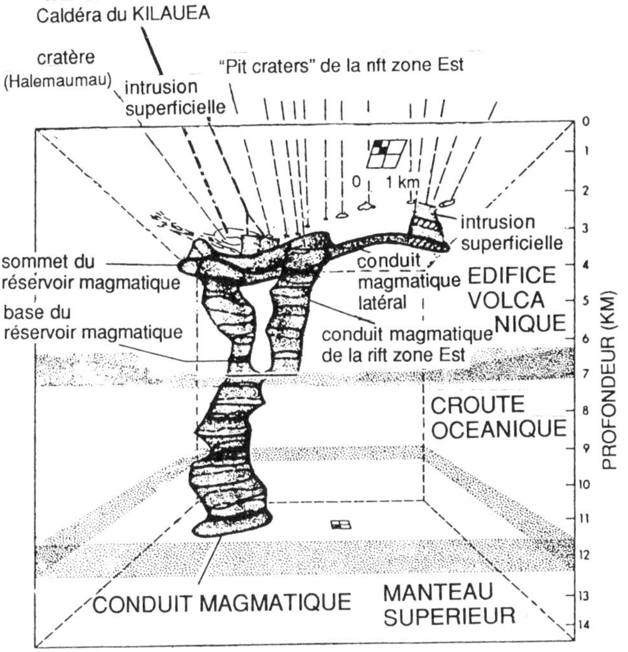

Fig. 30 - Reconstitution en trois dimensions des systèmes de transport et de stockage de magma entre le manteau supérieur et l'édifice du Kilauea, Hawaï (d'après Ryan *et al.*, 1981).

• Éléments sur le fonctionnement du réservoir superficiel du Piton de la Fournaise (Réunion)

La présence d'un réservoir magmatique actif à faible profondeur (~1-3 km) sous le sommet du Piton de la Fournaise est attestée par un ensemble d'arguments géologiques et géophysiques (Lénat et Bachèlery, 1990).

Quelle peut-être la structure d'un réservoir magmatique de faible dimension à une profondeur de quelques kilomètres dans un bouclier basaltique ? L'observation des affleurements au centre des massifs érodés d'Hawaï montre à la fois la présence de dykes (en majorité), de sills et de petits laccolithes (Macdonald et Abott, 1970 p.120-126 ; Walker, 1987). D'autre part, un des meilleurs modèles rendant compte des déformations du sol lors des cycles "inflation-déflation" de la chambre superficielle du Kilauea est celui de sills dont l'épaisseur varie en fonction de la pression magmatique (Ryan *et al.*, 1983). Il semble donc que dans un tel milieu, où les déformations horizontales favorisent l'ouverture de joints pour la mise en place des dykes, mais où aussi, l'anisotropie de l'empilement de coulées est propice à la formation de sills, un réservoir magmatique correspond à un volume occupé par un complexe de dykes et de sills en partie interconnectés (fig. 31). La conservation de magma fluide dans les intrusions implique que le volume soit à haute température ; un système hydrothermal convectif doit donc exister à sa périphérie.

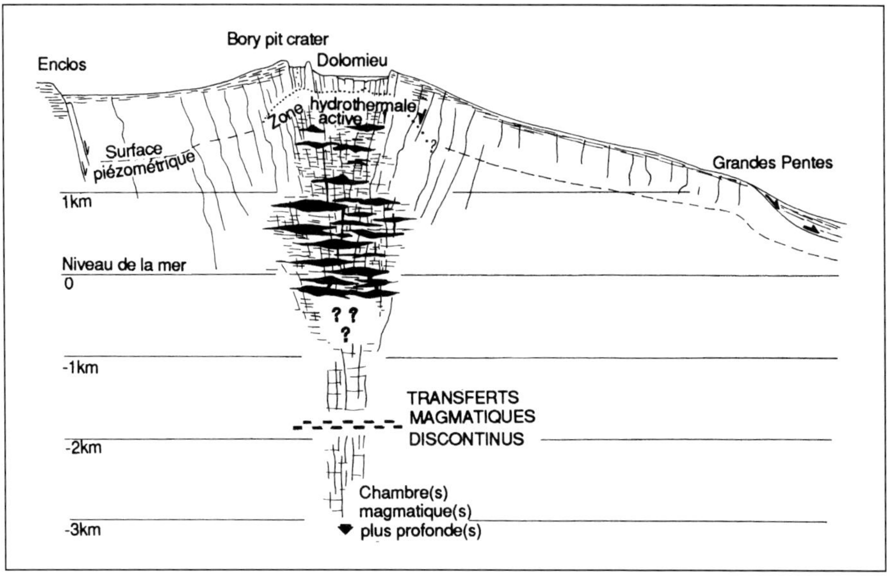

Fig. 31 - Représentation schématique du réservoir intravolcanique du Piton de la Fournaise, Réunion.

Des informations sur le fonctionnement du réservoir magmatique du Piton de la Fournaise ont été apportées par l'étude de son activité historique et par la surveillance mise en œuvre depuis 1980 (Lénat et Bachèlery, 1990 ; voir aussi IV.1.4 et IV.2). Tout d'abord, on remarque qu'à l'échelle de quelques décennies, le taux d'émission de magma est plus irrégulier que la fréquence des éruptions. Parmi la soixantaine d'éruptions qui se sont produites depuis 1930, trois éruptions majeures (1931, 1961, 1977) ont produit autant de laves que toutes les autres réunies. Comme les laves qu'elles ont amené à la surface sont moins évoluées que celles des autres éruptions, on admet que ces éruptions majeures ont été la répercussion d'arrivées importantes de magma dans l'édifice, depuis des zones plus profondes. Ce schéma de réalimentation périodique se précise avec les données de surveillance et les études pétrologiques et géochimiques.

Depuis 1980, date de l'installation d'un observatoire, toutes les éruptions ont été “ordinaires” par rapport aux trois éruptions majeures citées plus haut. On a pu mettre en évidence que les phénomènes pré-éruptifs de ces crises (sismicité, déformations) n'ont intéressé que la partie superficielle du volcan, à des profondeurs de 1 à 3 km sous le sommet. L'absence, ou quasi-absence, de sismicité plus profonde avant ces crises suggère qu'il n'y a pas eu de transferts significatifs vers le réservoir superficiel. La nature des laves de ces éruptions conforte ce modèle : toutes ont des compositions proches et la légère différenciation mise en évidence entre elles est en accord avec des prélèvements successifs dans un même stock de magma, stagnant à faible profondeur (Boivin *et al.,* 1990).

Pour expliquer ces faits, on propose que les transferts de magma entre les zones profondes et le réservoir intra-volcanique du Piton de la Fournaise sont discontinus et périodiques (Lénat et Bachèlery, 1988). Le réservoir n'est pas, dans ce cas, systématiquement réalimenté avant chaque éruption. Ce modèle diffère du modèle de transfert quasi-continu du Kilauea (Dzurisin *et al.*, 1984).

I.3.2. - TEMPS DE SÉJOUR DES MAGMAS EN PROFONDEUR

par Michel CONDOMINES

Un des facteurs essentiels de l'évolution des magmas en profondeur est le temps qui s'écoule entre leur création par fusion partielle et leur émission à la surface. Ce temps de séjour est lié à l'architecture du système magmatique depuis la région source jusqu'à l'appareil volcanique, en particulier à la présence ou l'absence de réservoirs profonds ou superficiels. C'est un paramètre déterminant dans les phénomènes de différenciation des magmas ou de contamination par l'encaissant. L'utilisation de nuclides radioactifs naturels de moyenne et courte période a permis dans les dernières années d'aborder avec succès ces problèmes. Les données les plus nombreuses concernent le ^{230}Th, appartenant à la chaîne de désintégration de ^{238}U. Sa période de 75 400 ans est particulièrement bien adaptée à la durée de vie d'un grand volcan.

• Déséquilibres ^{230}Th - ^{238}U

Le principe de cette méthode est relativement simple et nous l'exposerons brièvement en prenant l'exemple d'un magma basaltique créé par fusion partielle dans le manteau. Si ce dernier n'a pas subi de perturbation préalable récente (moins de 300 000 ans), l'équilibre radioactif est établi entre ^{238}U et son descendant le ^{230}Th, c'est-à-dire que les activités de ces deux nuclides, comme celles de tous les nuclides de la chaîne, sont égales ($\lambda_{238}.\ ^{238}U = \lambda_{230}.\ ^{230}Th$). Lors de la fusion partielle, un fractionnement chimique se produit entre U et Th et un déséquilibre se crée donc entre ^{238}U et ^{230}Th, dont le rapport d'activités devient différent de 1. Si le magma ainsi formé séjourne en milieu clos pendant un temps suffisant, le rapport ($^{230}Th/^{238}U$) va à nouveau tendre vers 1, suivant une équation chronométrique de remise à l'équilibre, obtenue à partir des lois simples de la radioactivité.

Ce magma peut être périodiquement prélevé lors des éruptions. En analysant des laves d'âges différents du même édifice volcanique, on peut alors suivre l'évolution du déséquilibre ^{230}Th-^{238}U dans le magma. En pratique, il s'agit de dater des laves anciennes du volcan, ce que permet l'analyse des déséquilibres ^{230}Th-^{238}U dans les minéraux de la roche : on obtient ainsi une isochrone interne dans un diagramme ($^{230}Th/^{232}Th$) - ($^{238}U/^{232}Th$), qui fournit l'âge de la roche et son rapport initial $(^{230}Th/^{232}Th)_o$. C'est l'évolution de ces rapports au cours du temps, traduisant l'évolution du déséquilibre ^{230}Th - ^{238}U dans le magma, qui permet d'estimer le temps de séjour de celui-ci en profondeur.

Sur la figure 32 sont représentés deux modèles simples :

- Dans le premier cas (A), les rapports initiaux restent constants au cours du temps : cela indique un transfert rapide (par rapport à la période du ^{230}Th) du magma vers la surface (moins de quelques milliers d'années) et donc l'absence probable d'un réservoir profond sous le volcan.
- Dans le second cas (B), une évolution linéaire des rapports $(^{230}Th/^{232}Th)_o$ en fonction de $\varepsilon^{\lambda t}$ traduit une évolution du magma en milieu clos dans un réservoir profond, sans fractionnement du rapport U/Th lors de la différen-

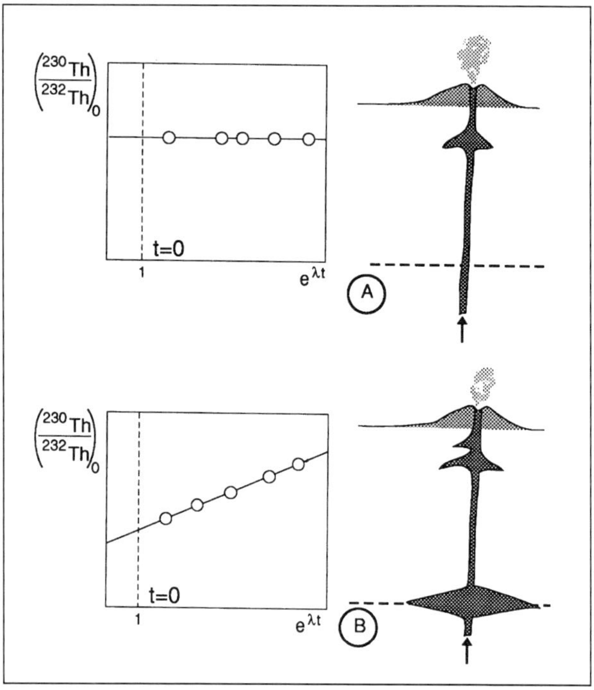

Fig. 32 - Relation $(^{230}Th/^{232}Th)_0$ en fonction de $e^{\lambda t}$.
(A) pas de réservoir profond ; temps de transfert du magma rapide. (B) réservoir profond permanent.

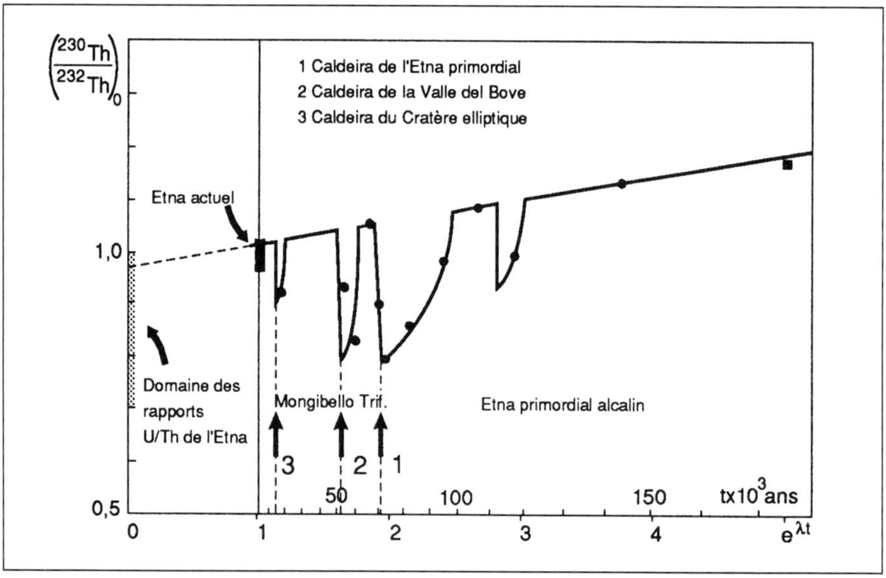

Fig. 33 - Évolution complexe des rapports $(^{230}Th/^{232}Th)_0$ dans les laves anciennes de l'Etna.

ciation. On a donc là un moyen de mesurer le temps de séjour de ce magma en profondeur.

Le dernier modèle (B) semble pouvoir être appliqué à certains volcans andésitiques tels que l'Irazu au Costa Rica (Allègre et Condomines, 1976). Un modèle plus complexe a été invoqué pour l'Etna (Condomines *et al.*, 1982). Un réservoir profond de magma alcalin semble avoir été présent sous le volcan pendant au moins 200 000 ans. Périodiquement, des magmas à affinité tholéiitique s'injecteraient dans celui-ci, se mélangeant avec le magma alcalin au cours d'épisodes assez brefs de l'histoire du volcan. Ces derniers paraissent liés à la formation des grandes caldeiras de l'Etna. La figure 33 représente l'évolution complexe de ce volcan.

Cette étude sur l'Etna a en outre permis, en couplant la géochimie isotopique du thorium et l'analyse des éléments-traces des laves, de bien mettre en évidence l'existence de deux niveaux dans l'évolution magmatique, correspondant à deux échelles de temps différentes : évolution dans un réservoir profond sur des durées de l'ordre de la centaine de milliers d'années, et dans un réservoir plus superficiel où le magma doit séjourner au maximum quelques milliers d'années, mais où se produit l'essentiel de la différenciation par cristallisation fractionnée. Notons qu'un grand volcan complexe peut avoir au cours de son histoire des types d'évolution différents : par exemple épisodes sans réservoir profond avec temps de transfert des magmas rapide (modèle A), puis création d'un réservoir profond et temps de séjour important du magma dans celui-ci (modèle B). L'étude des rapports initiaux $(^{230}Th/^{232}Th)_0$ en fonction du temps permettra là encore de suivre cette évolution.

• Nuclides de courte période : ^{226}Ra, ^{228}Ra, ^{210}Pb, ^{228}Th

Lorsque les temps de séjour et de transfert des magmas sont inférieurs à quelques milliers d'années, il est en principe possible de les déterminer en analysant des nuclides de courte période. Quatre d'entre eux apparaissent utilisables : le ^{226}Ra (T = 1 600 ans) et le ^{210}Pb (T = 22 ans) de la chaîne de l' ^{238}U ; le ^{228}Ra (T = 5,77 ans) et le ^{228}Th (T = 1,91 ans) de la chaîne du ^{232}Th. La mesure des déséquilibres ^{226}Ra-^{230}Th, ^{210}Pb-^{226}Ra , ^{228}Ra-^{232}Th, ^{228}Th-^{228}Ra permet d'accéder ainsi au paramètre temps de l'évolution magmatique.

L'étude couplée des déséquilibres ^{226}Ra-^{230}Th et ^{228}Ra-^{232}Th est particulièrement intéressante, car elle permet de fixer des limites de temps pour les fractionnements Ra-Th qui se produisent dans le magma, lors de la fusion partielle ou durant son séjour dans un réservoir magmatique. L'équilibre radioactif est en effet atteint à des vitesses très différentes pour ces deux couples (environ 8 000 ans et 30 ans respectivement). Le principe de ces études a été exposé en 1976 par Capaldi *et al.*, mais rares sont encore les travaux sur le sujet. Citons cependant les résultats remarquables obtenus par Williams *et al.* (1986) sur les carbonatites actuelles du volcan Oldoinyo Lengai en Tanzanie. L'existence d'excès très importants de ^{226}Ra et ^{228}Ra dans ces laves a permis de dater le fractionnement Ra-Th ; celui-ci s'est produit moins de 20 ans avant l'éruption de 1960-1966 et est probablement lié à l'exsolution d'un liquide carbonatitique à partir d'un magma néphélinitique.

Une autre étude sur les laves des éruptions récentes de l'Etna (Condomines *et al.*, 1987) montre que le fractionnement Ra-Th s'est produit entre 100 et 8 000 ans et que l'enrichissement en Ra varie au cours des éruptions. On peut ainsi mettre en évidence un phénomène d'injection et de mélange d'un magma basique profond très enrichi en ^{226}Ra (celui de l'éruption de 1974) avec un magma plus différencié et moins enrichi en ^{226}Ra (fig. 34). L'apport des déséquilibres U-Th-Ra à l'étude du

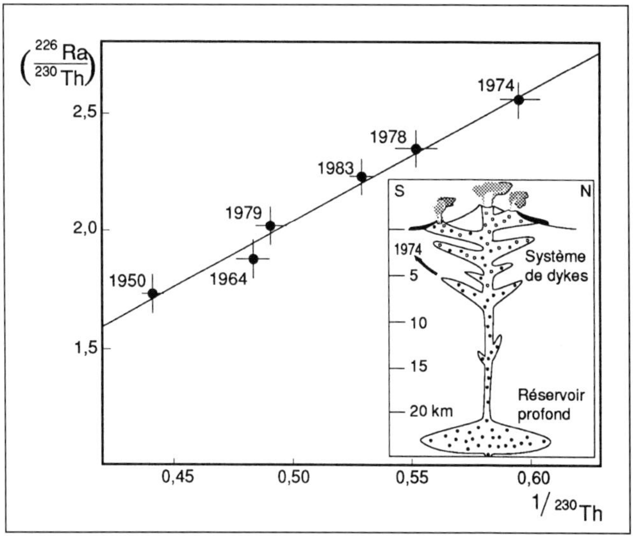

Fig. 34 - Évolution des rapports ($^{226}Ra/^{230}Th$) dans les laves récentes de l'Etna.
Encart : modèle de mélange de deux magmas (cercles pleins et vides), déduit de la variation des rapports ($^{226}Ra/^{230}Th$).

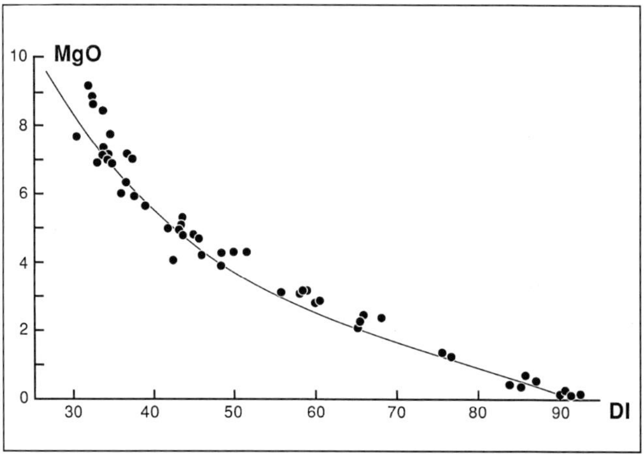

Fig. 35 - Variations de MgO en fonction de l'indice de différenciation DI (DI = Qz+Ab+Or+Ne+Le normatifs) dans les laves de la Chaîne des Puys (d'après Foury, 1983, modifié).

temps de transfert des magmas est discuté en détail dans un article récent (Condomines *et al.*, 1988).

Notons également que des nuclides à périodes encore plus courtes, comme le ^{210}Po (T = 138 jours) ou le ^{210}Bi (T = 5 jours), sont utilisés pour étudier le dégazage des magmas dans les volcans actifs, grâce à des mesures sur les laves et les aérosols volcaniques. On peut à partir de là estimer les taux d'émission de différents métaux, le temps nécessaire au dégazage du magma, et le volume de magma dégazé (Lambert *et al.*, 1985 ; Le Cloarec *et al.*, 1984, 1986).

L'utilisation des nuclides de courtes périodes pour l'étude des phénomènes magmatiques dans les volcans actifs est actuellement en plein développement.

I.3.3. - UN EXEMPLE DE CRISTALLISATION FRACTIONNÉE : LA SÉRIE DE LA CHAÎNE DES PUYS (MASSIF CENTRAL FRANÇAIS)

par Pierre BOIVIN

La Chaîne des Puys est la manifestation la plus récente du volcanisme de France métropolitaine. Son activité s'est étalée entre 100 000 et 6 000 ans BP environ (Brousse *et al.*, 1969 ; Condomines, 1978 ; Condomines *et al.*, 1982 ; Guérin, 1983 ; De Goër *et al.*, 1991 ; *cf.* chapitre III.1.2). Ses dimensions sont réduites : 30 par 4 km environ.

De nombreux travaux ont été réalisés sur cet ensemble (voir *in* Camus, 1975) et nous nous bornerons à citer ceux ayant argumenté l'hypothèse de l'évolution de la série par cristallisation fractionnée : Brousse, 1971 ; Batard, 1974 ; Camus, 1975 ; Maury, 1976 ; Villemant, 1979 ; Maury *et al.*, 1980 ; Villemant *et al.*, 1980, 1981 ; Foury, 1983 ; El Arabi, 1987 ; Arnaud *et al.*, 1992). Seuls, les travaux les plus récents ont servi à l'élaboration de ce qui suit.

• **Arguments permettant de proposer la cristallisation fractionnée comme processus d'évolution majeur de la série**

1) La série de la Chaîne des Puys, qui est alcaline et faiblement potassique, présente pratiquement sans lacune, la totalité des faciès de lave depuis les basaltes alcalins jusqu'aux trachytes quartzifères, en passant par les hawaïtes, les mugéarites et les benmoréites.

2) Cette continuité et cette régularité s'observent aussi sur les diagrammes rendant compte de la composition des laves en éléments majeurs comme par exemple MgO/DI (fig. 35).

3) Les teneurs en éléments-traces montrent à la fois des corrélations linéaires entre éléments "hygromagmaphiles" (comme Th, U, Rb) et des variations fortes et anticorrélées des éléments "compatibles" (tels Sc, Co) et hygromagmaphiles, caractéristiques d'un processus de cristallisation fractionnée (fig. 36).

4) Les phénocristaux montrent des variations régulières de leurs pourcentages normatifs et de leurs compositions (fig. 37 et 38).

5) Les évolutions minéralogique et géochimique montrent des corrélations significatives (fig. 39 et 40).

6) L'évaluation des paramètres T, P, fH_2O, fO_2, contrôlant la cristallisation des magmas, conduit à un schéma cohérent d'évolution en deux temps :

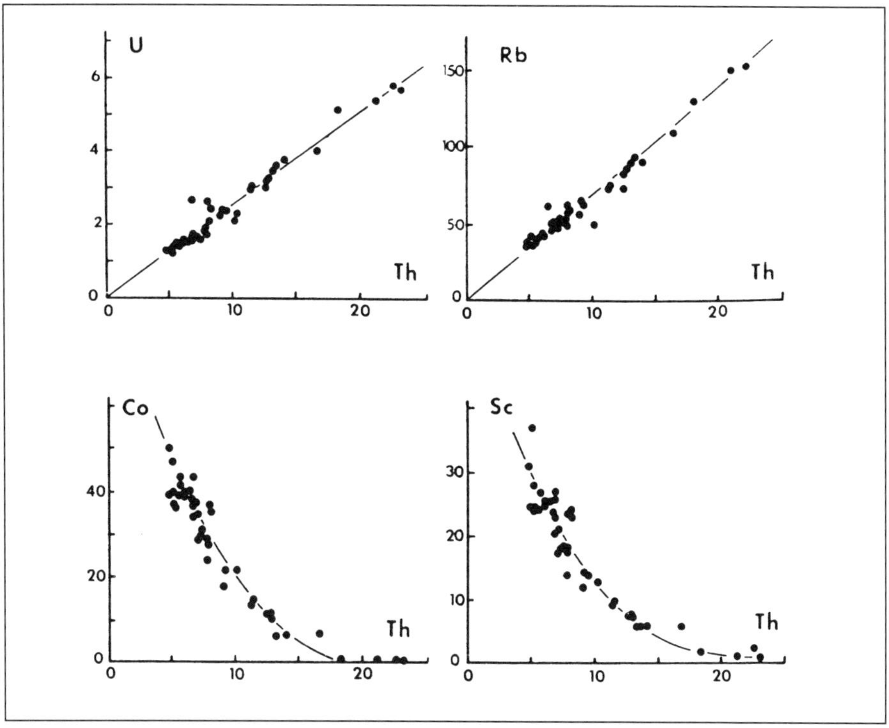

Fig. 36 - Corrélation des éléments hygromagmaphiles U, Th, Rb et entre éléments compatibles (Co, Sc) et Th dans les laves de la Chaîne des Puys (Villemant *et al.*, 1981).
Concentrations en ppm.

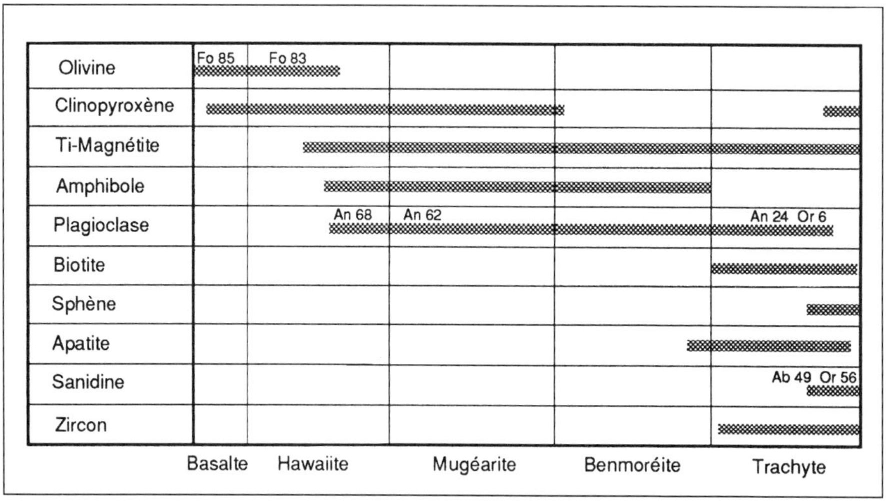

Fig. 37 - Minéralogie des phénocristaux des laves de la Chaîne des Puys
(modifié d'après Foury, 1983).

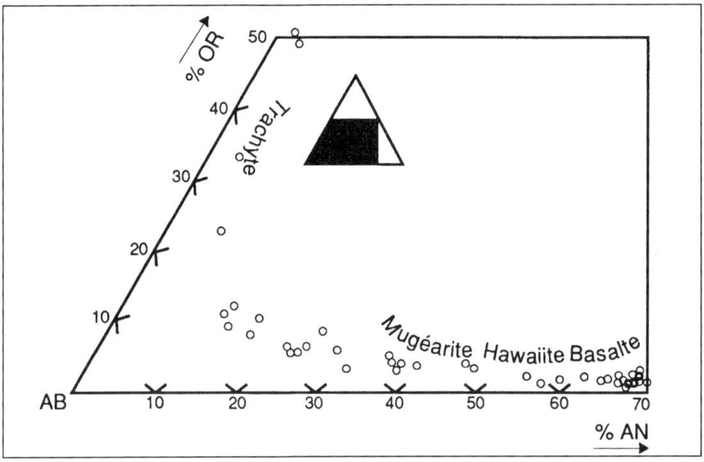

Fig. 38 - Composition des feldspaths des laves de la Chaîne des Puys (Foury, 1983).

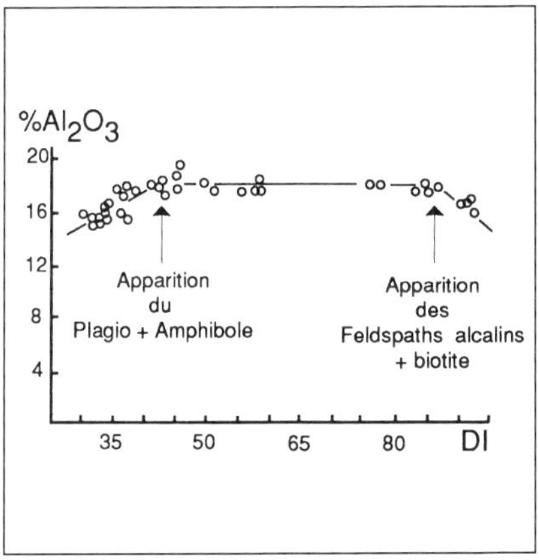

Fig. 39 - Contrôle de la teneur en Al_2O_3 des laves de la Chaîne des Puys par la cristallisation des feldspaths, de l'amphibole et de la biotite (Foury, 1983).

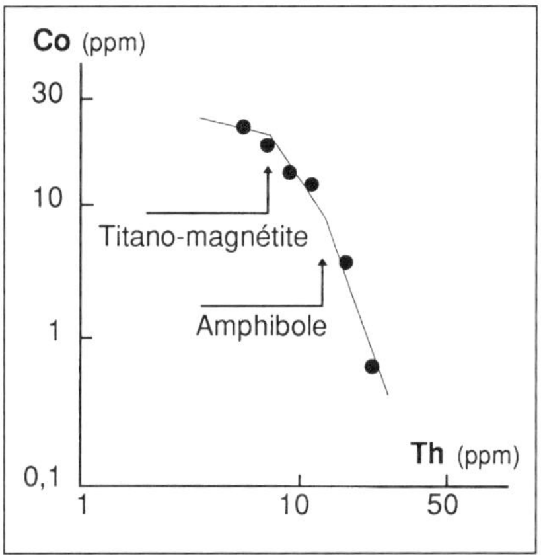

Fig. 40 - Contrôle de la teneur en Co des laves de la Chaîne des Puys par la cristallisation de la titanomagnétite et de l'amphibole (d'après Villemant *et al.*, 1980).

a) les premiers stades de la différenciation, qui ne concernent que les basaltes et les hawaïtes sans amphibole, se feraient à haute température (1 150-1 200°C), à pression comprise entre 7 et 10 kbars, à faible fH_2O et moyenne fO_2 (près du tampon Quartz-Fayalite-Magnétite) ;

b) ultérieurement, en relation probable avec un transfert dans des chambres moins profondes, fH_2O augmenterait fortement ainsi que fO_2, favorisant ainsi la cristallisation de l'amphibole, du plagioclase et des oxydes FeTi. La température décroîtrait régulièrement, des hawaïtes à amphibole jusqu'aux trachytes.

7) Ce schéma évolutif est compatible avec des expériences réalisées à 1 atmosphère. Les écarts observés entre ces résultats expérimentaux et les échantillons naturels s'expliquent aisément en faisant intervenir P et fH_2O, paramètres gardés constants au cours des expériences (respectivement à 1 bar et << 1 bar).

8) Ce processus mis en évidence pour l'ensemble de la chaîne explique aussi parfaitement la pétrologie d'un appareil pris isolément comme le Pariou, par exemple (El Arabi, 1987) (*cf.* III.1.2).

• Arguments favorables à l'existence d'autres processus que la cristallisation fractionnée

1) De nombreux auteurs ont évoqué une contribution plus ou moins importante du socle cristallin pour expliquer l'évolution des laves de la Chaîne des Puys. Néanmoins, seuls les travaux récents apportent la preuve d'une légère contribution du socle à la géochimie de ces laves. Elle n'intéresse que certains éléments comme Th, U, Sr, O (Condomines *et al.*, 1982) et les petites inclusions éparses de substratum trouvées systématiquement dans les laves suffisent à en rendre compte. Cette contamination n'a apparemment aucune incidence sur la pétrogenèse des laves de la Chaîne des Puys.

2) Les benmoréites sont peu représentées dans la Chaîne des Puys. Celle de la Nugère est associée à des pyroclastites à rubanements acides-basiques et possède des phénocristaux montrant des signes d'instabilité : feldspaths nébuleux, amphibole résorbée, olivine auréolée d'orthopyroxène, etc. Ces anomalies sont interprétées comme la trace d'un mélange plus ou moins achevé de deux magmas, trachytique et basique (Gourgaud et Camus, 1984) (*cf.* III.1.2). Ce processus de mélange, même s'il est à l'origine de quelques benmoréites, ne remet pas en question la cristallisation fractionnée qui seule, peut engendrer les pôles évolués de ces mélanges.

• Quantification du modèle de cristallisation fractionnée

La cristallisation fractionnée semblant en définitive le processus majeur d'évolution des laves de la Chaîne des Puys, il est possible de le quantifier en considérant qu'une lave donnée engendre une lave plus différenciée en fractionnant une certaine quantité de ses phénocristaux. Le calcul est répété de proche en proche, des basaltes aux trachytes. L'outil mathématique souvent utilisé est la méthode des moindres carrés qui permet, en outre, d'estimer la qualité de l'ajustement, donc la validité des hypothèses. Dans le cas qui nous intéresse, la faible valeur des résidus (r^2) est remarquable et conforte le modèle (fig. 41).

• Test et affinement du modèle de cristallisation fractionnée

Le modèle de cristallisation fractionnée ayant été quantifié, il est nécessaire de le tester en prédisant le comportement d'éléments non pris en considération lors de son élaboration et de comparer les résultats de ce calcul avec les courbes réellement mesurées. Le calcul est mené en utilisant les équations théoriques de la cristallisation fractionnée, avec pour paramètres les coefficients de répartition solide global/liquide obtenus dans le calcul précédent et les coefficients de répartition minéraux/liquide mesurés sur les phases séparées (minéraux et matrice associée). Dans le cas de la Chaîne des Puys, cette comparaison est parfaitement satisfaisante dans la limite des diverses erreurs de mesure (fig. 42) et conduit au modèle final d'évolution du tableau 6.

LIQ. PARENT	CHA.1	LOU.5	SOL.3	COM.1	LEM.3	LEM.3	CLI.A	SAR.2		
LIQ. FILS	LOU.5	SOL.3	COM.1	LEM.3	CLI.A	CLI.A	SAR.2	CHO.1	P1	P2
Olivine	6.43	-	-	-	-	-	-	-	6.43	7.56
Spinelle	0.56	-	-	-	-	-	-	-	0.56	0.66
Clinopyroxène	17.24	3.16	-1.16	5.77	1.26	-1.40	-	1.42	22.20	27.64
Plagioclase	-	4.03	7.38	6.91	11.91	9.13	6.88	-	18.53	22.06
Magnétite	-	2.40	3.12	3.35	3.14	3.14	1.32	1.74	6.48	7.71
Amphibole	-	1.37	9.15	7.92	14.92	7.78	8.10	-	19.83	23.61
Biotite	-	-	-	-	-	-	-	1.42	0.30	0.36
Sanidine	-	-	-	-	-	-	-	6.14	1.29	1.53
CLI .B	-	-	-	-	-	22.90	-	-	-	-
Oligoclase K	-	-	-	-	3.90	-	7.34	16.46	7.06	9.05
L1 %	75.75	88.16	81.49	75.61	66.84	61.23	76.34	72.80	-	-
L2 %	75.75	66.78	54.40	41.14	27.50	-	20.99	15.28	15.28	-
$\sum r^2$	0.28	0.18	0.31	0.29	0.15	0.40	0.29	0.11	-	-
								TOTAL	99.29	100.00

Fig. 41 - Quantification du modèle de cristallisation fractionnée pour la Chaîne des Puys (Foury, 1983).

Calcul par la méthode des moindres carrés. L1 = proportion du liquide résiduel par rapport au liquide précédent. L2 = proportion du liquide résiduel par rapport au liquide initial CHA1. P1 = proportion cumulée des différents minéraux au cours de la cristallisation fractionnée depuis la composition CHA1 (basalte du Puy de Chaumont, 46,5 % SiO_2) jusqu'à CHO1 (trachyte du Puy Chopine, 68,4 % SiO_2). La composition CLI B correspond à des enclaves basiques congénères de la benmoréite du Puy de Clierzou.

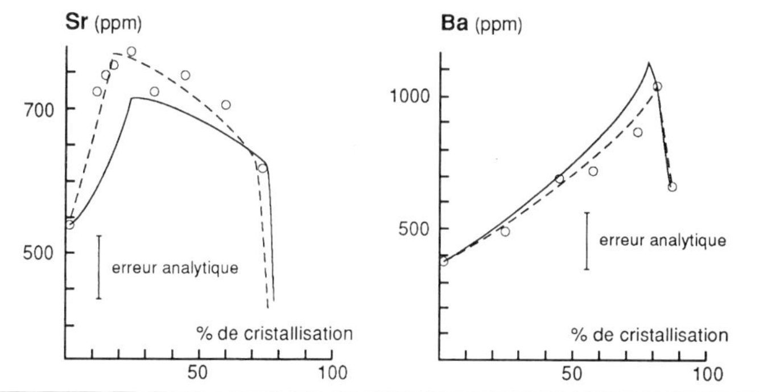

Fig. 42 - Comparaison du comportement mesuré (tiretés) et calculé (trait continu) du strontium (Sr) et du baryum (Ba) dans la série des laves de la Chaîne des Puys (Foury, 1983).

Avec les mêmes paramètres et en tenant compte de leur erreur, Villemant *et al.* (1981) ont utilisé une approche plus globale fondée sur la résolution par la méthode du maximum de probabilité, d'un système d'équations surdéterminé. Lorsque le système admet une solution, il permet de retrouver les proportions des minéraux qui fractionnent à chacune des étapes. Dans le cas de la Chaîne des Puys, les résultats calculés sont parfaitement cohérents avec les observations, exception faite des proportions théoriques d'amphibole, supérieures à celles observées dans les termes basiques. Cette anomalie a été interprétée par les auteurs comme une évidence de la destabilisation de l'amphibole au cours de la remontée des magmas.

• Exemples d'applications

A partir de ce modèle de cristallisation fractionnée et compte tenu de l'abondance des différentes laves en surface, il est possible d'estimer des volumes minimum et la composition des cumulats qui doivent être restés à telle ou telle profondeur (tabl. 7). Ceux-ci peuvent alors servir de contraintes minimum pour l'élaboration de modèles géophysiques (magnétiques ou sismiques).

Moyennant un certain nombre d'hypothèses sur la vitesse de refroidissement de ces cumulats, il serait possible d'évaluer leur température résiduelle actuelle, ce qui peut avoir un intérêt pour une éventuelle exploitation géothermique.

Tabl. 6 - Modèle de cristallisation fractionnée des laves de la Chaîne des Puys (d'après Foury, 1983).

% cristallisation	modalités	laves
0	Cristallisation à l'équilibre de Ol + Sp + Cpx	basalte hawaiite sans amph.
25	------ 1er fractionnement -------	
	Cristallisation à l'équilibre de Pl + Amp + Mt + Cpx	hawaiite à amphibole mugéarite
75	----- 2ème fractionnement -----	(benmoréite)
85	Cristallisation à l'équilibre de Pl + San + Bi + Cpx + Mt	trachyte

Tabl. 7 - Volumes (en km^3) des laves de la Chaîne des Puys et des cumulats correspondants.

	LAVES		CUMULATS	
	%	volume (km^3)	%	volume (km^3)
Basalte	62,5	5,57	23,3	1,5
Hawaïte Mugéarite	32,2	2,87	35,5	1,9
Benmoréite	0,5	0,04	1,8	0,1
Trachyte	4,8	0,43	36,4	2,0
Total		8,91		5,5

I.3.4. - LES CHAMBRES MAGMATIQUES ZONÉES

par Marie-Christine GERBE et Alain GOURGAUD

Les grandes ignimbrites (volume > 1 km^3) associées aux calderas, comme de nombreux dépôts pyroclastiques associés à des éruptions de faible volume, présentent des variations verticales de composition chimique et minéralogique. Ces éruptions témoignent de la vidange partielle de chambres magmatiques thermiquement et chimiquement hétérogènes (Hildreth, 1981). En général, les produits les plus différenciés se situent à la base de la séquence éruptive alors que les plus basiques apparaissent au sommet.

L'analyse des produits permet dans de telles séquences de démontrer l'existence d'une zonation pré-éruptive de la chambre et d'identifier les processus à l'origine de la différenciation magmatique et des gradients observés.

• Chambres magmatiques de grand volume

L'exemple du Katmaï

L'éruption du Katmaï (Alaska) en 1912, à l'origine des ignimbrites de la vallée des Dix Mille Fumées, a produit selon Hildreth (1983) 7 km^3 de magma rhyolitique sub-aphyrique (77 % de SiO_2, 1 à 2 % de phénocristaux) et un volume équivalent de magma intermédiaire, porphyrique et zoné (58 à 66 % de SiO_2, 30 à 45 % de phénocristaux). Il existe donc une lacune de composition de 10 % de SiO_2 (fig. 43). Les zonages de composition des phénocristaux de la rhyolite ne recouvrent pas les gammes de composition des magmas intermédiaires. Par conséquent, les dacites ne sont pas le produit d'un mélange entre les magmas rhyolitique et andésitique. La gamme continue des températures et des fugacités d'oxygène des rhyolites aux andésites, l'homogénéité des rapports isotopiques du strontium, l'évolution des teneurs en éléments en trace, indiquent que ces magmas sont cogénétiques et issus d'une chambre zonée. Les andésites et les dacites dérivent d'un magma basique

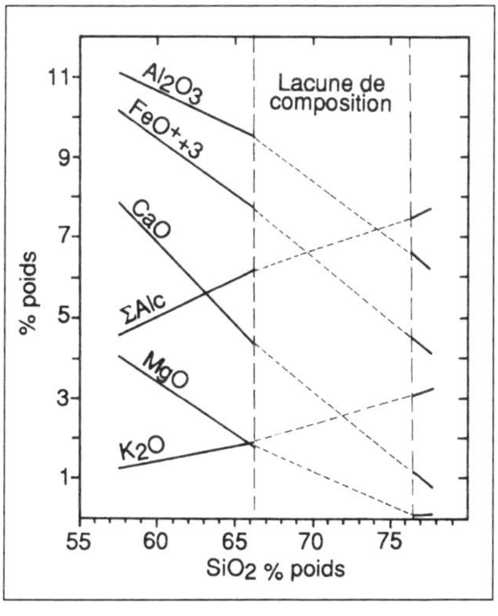

Fig. 43 - Variations des teneurs en éléments majeurs des produits de l'éruption de 1912 dans la Vallée des Dix Mille Fumées (d'après Hildreth, 1983).

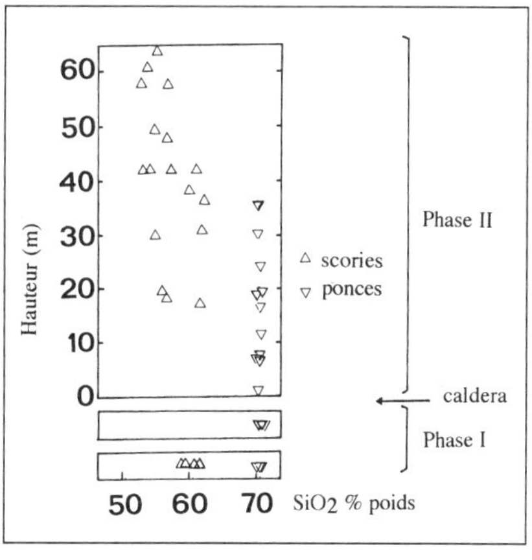

Fig. 44 - Séquence stratigraphique synthétique des dépôts pyroclastiques liés à la formation de la caldera de Crater Lake (modifié d'après Bacon et Druitt, 1988).

essentiellement par cristallisation fractionnée. Les rhyolites sont le résultat soit de la refusion du toit de la chambre magmatique, soit de l´extraction de liquides rhyolitiques à partir des magmas dacitiques.

L'exemple de Crater Lake

Les dépôts pyroclastiques associés à l´effondrement de la caldera de Crater Lake (USA) (*cf.* III.1.3.) sont liés à l´éruption du Mont Mazama, il y a 6 845 ± 45 années BP, et représentent environ 50 km^3 de magma émis (fig. 44). Bacon (1983) a distingué deux phases éruptives. La première phase est caractérisée par des retombées ponceuses et des ignimbrites soudées de composition quasi-homogène rhyodacitique (70,4 ± 0,3 % SiO_2) et se termine par la formation de la caldera. La seconde est marquée par l´émission de nombreuses coulées pyroclastiques à ponces et scories, qui présentent une zonation de composition depuis des rhyodacites homogènes similaires à celles de la première phase jusqu'à des andésites et basaltes (48-61 % SiO_2).

Ritchey (1980) a étudié l´évolution chimique et minéralogique à travers une coulée pyroclastique de la seconde phase. Les rhyodacites contiennent moins de 20 % de phénocristaux alors que les andésites sont très porphyriques, avec 60 à 80 % de phénocristaux. Outre la zonation chimique de la séquence magmatique, apparaissent des variations de la nature et de la composition des phénocristaux (fig. 45) et une évolution continue des valeurs estimées de la température (850 à 960°C) et de la pression totale (gradient d´1 kbar). Les relations de phase déduites d´études expérimentales et pétrographiques révèlent qu´au moment de l´éruption, des phénocristaux d´olivine, de clinopyroxène, d´orthopyroxène et de hornblende coexistaient avec un liquide résiduel dacitique peralumineux en base de chambre alors que des phénocristaux de plagioclase sodique, d´orthopyroxène et de hornblende coexistaient dans un liquide résiduel rhyolitique. Compte tenu du gradient continu de température et de l´évolution continue des compositions des verres, la lacune de composition des roches totales reflète principalement la différence d´abondance des cristaux (Bacon et Druitt, 1988).

L´étude pétrogénétique suggère que les magmas dérivent principalement d´un liquide andésitique par cristallisation fractionnée mais que les rhyodacites contiennent une composante liée à la fusion partielle de l´encaissant. Ces liquides andésitiques sont périodiquement injectés dans la chambre magmatique superficielle (6 à 10 km de profondeur). Le contraste des densités est tel que les alimentations successives en liquides andésitiques se placent à un niveau intermédiaire entre le magma rhyodacitique et les cumulats de base de chambre. Le refroidissement par convection de ces liquides andésitiques provoque une cristallisation rapide et une migration des liquides résiduels vers les couches sus-jacentes. L´apport de chaleur par les liquides andésitiques provoque la convection des magmas rhyodacitiques, ce qui explique leur homogénéité de composition (fig. 46)

• Chambres magmatiques de faible volume

L'exemple de l'éruption du Galunggung (Indonésie), 1982-1983

Les dépôts pyroclastiques de cette éruption présentent une variation verticale des compositions chimique et minéralogique qui correspond à une zonation pré-éruptive de la chambre magmatique (Gerbe, 1989 ; Gerbe *et al.*, 1992).

L´éruption a duré 9 mois, avec trois phases successives : (1) des écoulements pyroclastiques de cendres et scories ; (2) des explosions phréatomagmatiques

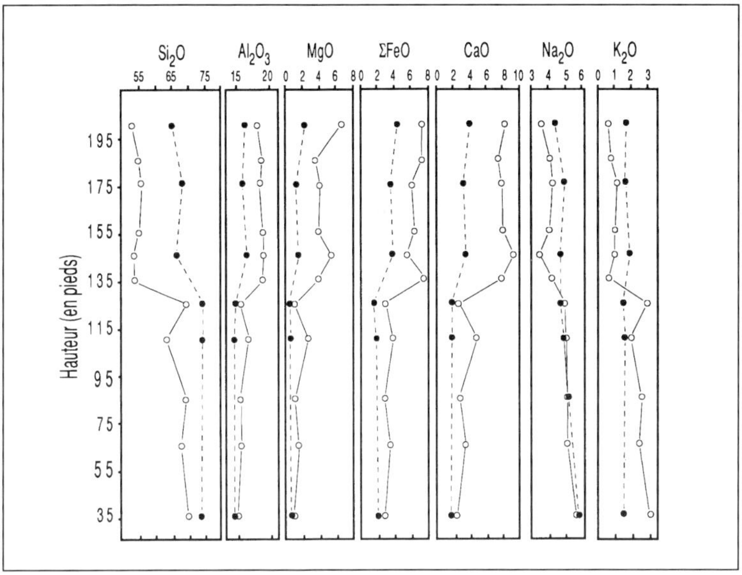

Fig. 45 - Variation verticale des compositions (éléments majeurs) des pyroclastes juvéniles dans les dépôts pyroclastiques de la seconde phase éruptive associée à la formation de la caldera de Crater Lake (d'après Ritchey, 1980).

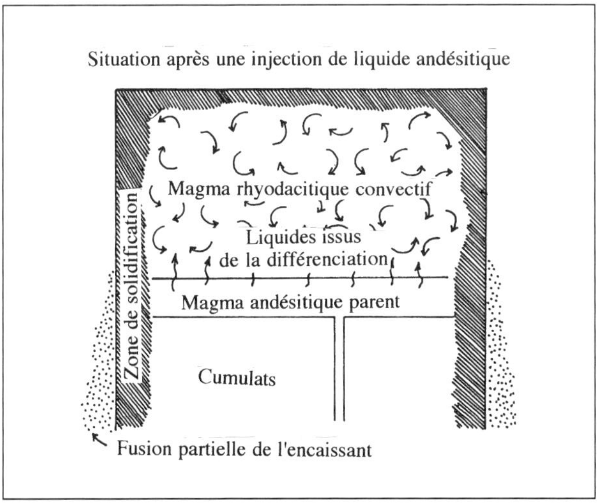

Fig. 46 - Coupe schématique de la chambre magmatique de Crater Lake avant la formation de la caldera
(Bacon et Druitt, 1988).

caractérisées par la mise en place de déferlantes basales alternées avec des retombées aériennes ; (3) des éruptions stromboliennes. Parallèlement à cette évolution des dynamismes éruptifs, la composition des 0,3 km^3 de magma émis a varié depuis des andésites jusqu'à des basaltes magnésiens (58 à 47 % de SiO_2).

Les magmas émis sont très porphyriques (25 à 50 % de phénocristaux). Les paragenèses minérales évoluent au fur et à mesure de l´augmentation de la teneur en silice (fig. 47). Les basaltes magnésiens contiennent des phénocristaux d´olivine (Fo90-80), de diopside et de plagioclase (An90-80) ; les andésites basiques, des phénocristaux d´olivine (Fo85-80), de diopside et de plagioclase (An80-70) ; les andésites, des phénocristaux d´hypersthène, d´augite, de plagioclase (An75-60) et de titanomagnétite. L´évolution des concentrations en éléments majeurs en fonction de la teneur en SiO_2 (fig. 48) est progressive et quasi-linéaire, sans lacune de composition. Elle se marque par une diminution importante des teneurs en MgO (12 à 4 %) et en CaO (12 à 7,5 %) et par une augmentation des teneurs en alcalins (Na_2O entre 2 et 4 %). Cette évolution n´est pas un artefact dû au pourcentage élevé de cristaux puisque les compositions des verres résiduels présentent également une variation continue de 60 à 71 % de SiO_2. La teneur en thorium varie de 0,76 ppm dans les basaltes magnésiens à 2,01 ppm dans les andésites. Le thorium définit des corrélations positives avec les autres éléments-traces hygromagmaphiles (par exemple U, Ba, La, Hf) et des corrélations négatives avec les éléments-traces fortement compatibles (par exemple Ni, Cr ; fig. 48).

L´évolution progressive des compositions des minéraux, leur distribution unimodale dans chaque type pétrographique, l´abondance de cumulats gabbroïques associés aux laves de 1982-1983 et le comportement des éléments majeurs et traces suggèrent une différenciation essentiellement par cristallisation fractionnée. Les mélanges de magma et la cristallisation *in situ* sont intervenus dans les dernières phases de la différenciation mais restent des processus secondaires. Les volumes de magma émis sont compatibles avec la modélisation quantitative de la cristallisation fractionnée, excepté les basaltes magnésiens dont une fraction importante (environ 2/3) reste dans la chambre magmatique. L´ensemble des données permet de reconstituer des modèles hypothétiques de structure de la lithosphère à l´aplomb du Galunggung. Le plus vraisemblable est l´existence d´un réservoir magmatique profond en base de croûte (environ 20 km), qui alimente une chambre magmatique superficielle (entre 5 et 10 km) par un système complexe de dykes. Les éruptions vident très partiellement cette chambre superficielle zonée et très rarement atteignent les niveaux de magmas primitifs. Pour cette raison, l´éruption de 1982-1983 est un événement remarquable dans l´activité du Galunggung.

• Conclusion

La zonation minéralogique et géochimique de nombreux dépôts pyroclastiques, avec une gradation des plus différenciés aux plus primitifs de la base au sommet de la séquence éruptive, et les gradients de température continus sont autant d´arguments en faveur de l´existence des chambres zonées. Si les processus magmatiques de la différenciation sont assez bien connus, les mécanismes physiques conduisant aux hétérogénéités de composition dans le réservoir magmatique sont largement débattus. De nombreux auteurs s´emploient à résoudre ce problème en particulier en développant des expérimentations (Hildreth, 1981 ; Spera et Crisp, 1981 ; Mc Birney *et al.*, 1985 ; Spera, 1984 ; Nilson *et al.*, 1985 ; Huppert et Sparks, 1988 ; Tait *et al.*, 1989 ; Trial et Spera, 1990).

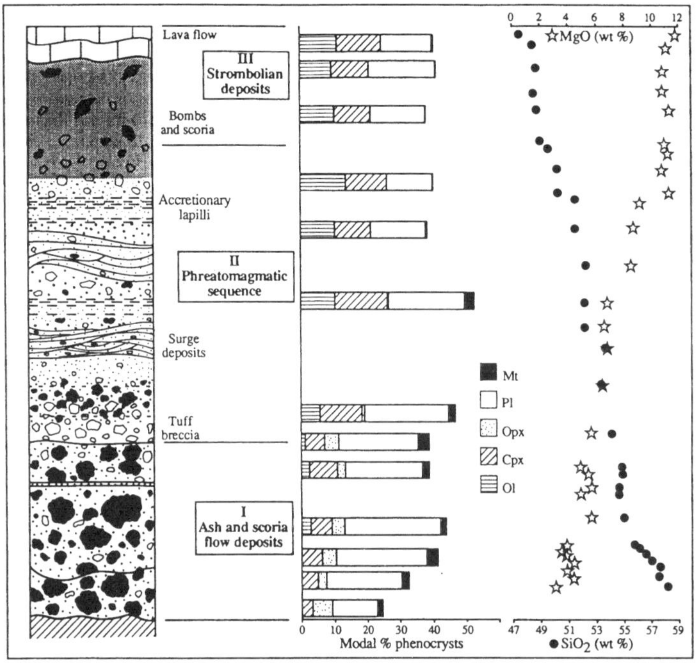

Fig. 47 - Stratigraphie des produits de l'éruption de 1982-1983 du Galunggung, corrélée à l'évolution des proportions modales des phénocristaux et à la teneur des laves en SiO_2 *et MgO* (Gerbe *et al.*, 1992). Mt : titanomagnétite, Pl : plagioclase, Opx : orthopyroxène, Cpx : clinopyroxène, Ol : olivine.

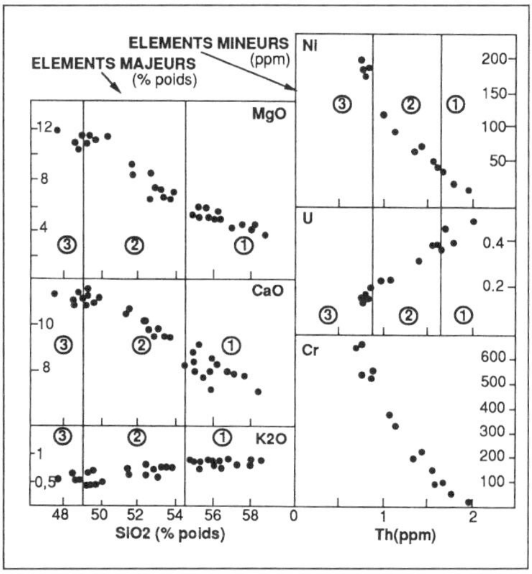

Fig. 48 - Variations de la composition en quelques éléments majeurs et traces des produits de l'éruption de 1982-1983 du Galunggung (Gerbe *et al.*, 1992).

Plusieurs processus peuvent être invoqués :

1- Les hétérogénéités se développent alors que la chambre magmatique se forme : la stratification se produit au cours du processus de fusion partielle à l´équilibre, avec pour moteur le contraste de densité entre liquides premiers extraits légers et jus tardifs plus denses ; ou alors, la fusion partielle de l´encaissant au toit de la chambre aboutit à la génération de liquides siliceux.

2- Les hétérogénéités se développent *in situ* dans la chambre à partir d´un magma initialement homogène : transport de la silice et des alcalins par une phase volatile dans un liquide sursaturé en eau, ou cristallisation dans les zones marginales de la chambre ayant pour effet de séparer les liquides légers qui migrent vers le haut.

Le dernier processus est le plus souvent invoqué mais il reste à définir les lois physiques qui le régissent (Trial et Spera, 1990).

I.3.5. - LES MÉLANGES MAGMATIQUES

par Alain GOURGAUD

L'hypothèse selon laquelle les magmas de composition intermédiaire résulteraient d'un mélange basalte-rhyolite n'est pas nouvelle (Bunsen, 1851). Par la suite, les idées sur la genèse des andésites et trachyandésites ont beaucoup évolué et les modèles où la cristallisation fractionnée prédomine, sont devenus prépondérants (Bowen, 1928). Toutefois, depuis une quinzaine d'années, on note un net regain d'intérêt pour le processus de mélange magmatique. Le rôle majeur de ce processus dans la genèse de nombreuses laves intermédiaires est étayé par quatre types d'arguments (Gourgaud, 1985) :

- la fréquence des laves hétérogènes et l'évolution du mélange mécanique (aspects texturaux) ;
- la position des laves issues d'un mélange dans l'histoire d'un volcan (chronostratigraphie) ;
- le rôle des transferts de phénocristaux (minéralogie) ;
- le contrôle géochimique.

• Les principaux stades de l'évolution d'un mélange mécanique

L'interaction de deux magmas physiquement et chimiquement contrastés se traduit par des figures de mélange variées dont on peut suivre l'évolution, éventuellement jusqu'à l'aboutissement du processus (hybridation) ; cette évolution passe par différents stades :

1ᵉ stade: enclaves volcaniques congénères (fig. 49)

Dans un premier temps, le magma basique se débite en boules dont les caractéristiques morphologiques et texturales rappellent les laves en coussins (bordure figée, vésiculation plus développée au coeur, fissuration radiale). Le contact avec la lave hôte acide est digité. Ces enclaves particulières sont appelées enclaves congénères ou co-magmatiques (pour les distinguer des xénolithes). Elles ont été expulsées à l'état liquide, en même temps que la lave hôte acide (co-éruption de magmas contrastés). Elles peuvent induire une vésiculation de contact qui affecte la roche hôte sur quelques centimètres. A ce stade d'interaction, le mélange mécanique n'est pas encore développé. On note seulement des variations de paramètres physiques

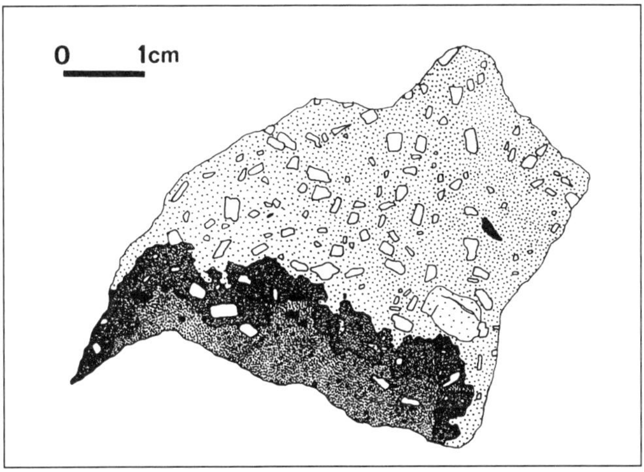

Fig. 49 - Enclave congénère à contour lobé et bordure figée. Trachyte hétérogène (carrière Monnéron, Monts Dore).

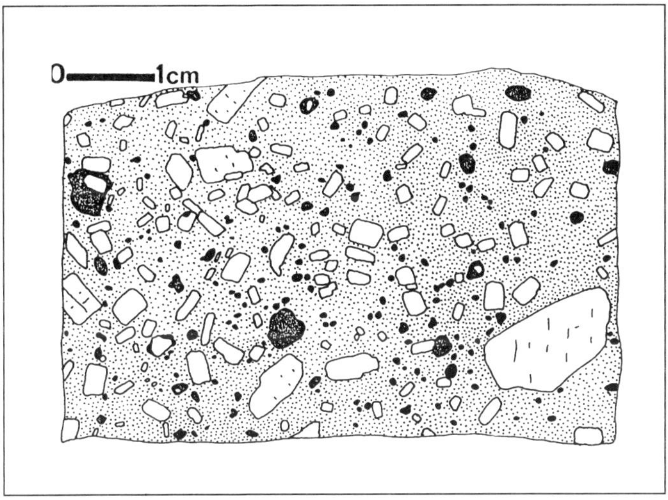

Fig. 50 - Faciès émulsionné : globules basiques inégalement répartis. Trachyte hétérogène (Durbise, Sancy).

comme la température (phénomènes de “trempe” ou de “surchauffe”), la densité (vésiculation) et la viscosité.

2e stade: fragmentation des enclaves congénères et faciès émulsionnés (fig. 50)

Les enclaves congénères ont tendance à se fragmenter en globules millimétriques, conférant à la roche résultante un faciès plus ou moins émulsionné. A ce stade, de discrètes auréoles de diffusion peuvent se développer autour des globules, traduisant une interaction chimique entre les milieux en présence.

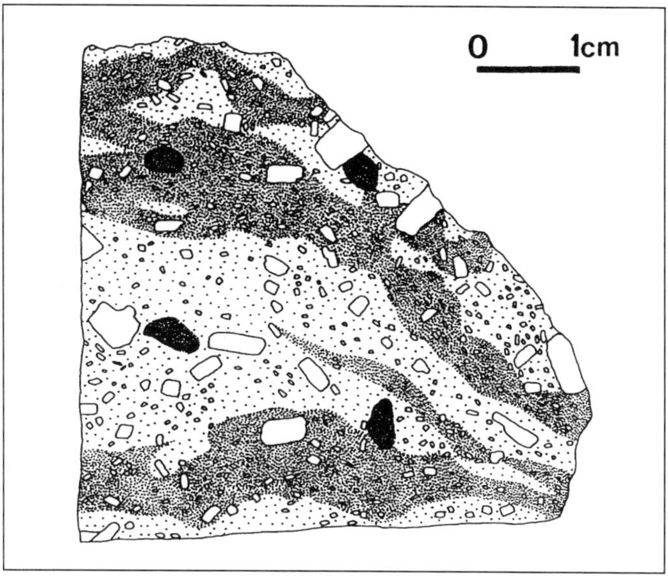

Fig. 51 - Texture rubanée et globules basiques. Trachyte hétérogène du Puy de la Tache (Monts Dore).

3e stade: apparition des rubanements (fig. 51)

Ils se manifestent d'abord discrètement, parallèlement à la formation des globules. Ces derniers, ainsi que les enclaves régressent et des rubanements francs, à diverses échelles caractérisent ce stade (ponces et laves massives rubanées).

4e stade: l'homogénéisation (fig. 52)

Par disparition progressive de toute trace d'hétérogénéité texturale, on passe insensiblement à un faciès homogène qui représente l'aboutissement du processus de brassage mécanique.

• Place des laves hétérogènes dans l'histoire d'un volcan

L'évolution progressive d'un mélange mécanique peut s'observer au sein d'une même formation, comme la coulée trachyandésitique de la Grande Cascade (Massif du Sancy, Monts Dore). Elle peut également se suivre au niveau d'une séquence éruptive et à cette évolution texturale et magmatologique se superpose tout naturellement une évolution des dynamismes éruptifs, en particulier par l'incorporation croissante du matériel basique impliqué. Cela nous amène à définir des cycles volcano-magmatiques, dont la durée de vie est relativement brève (le temps d'une éruption par exemple) et la périodicité variable (quelques dizaines à quelques milliers d'années). Ces cycles débutent toujours par l'émission de pyroclastites texturalement hétérogènes, et se terminent par des produits effusifs ou extrusifs homogénéisés par mélange. Les trachyandésites basiques du cycle de la Grande Cascade représentent le terme d'un processus de mélange basalte-trachyte.

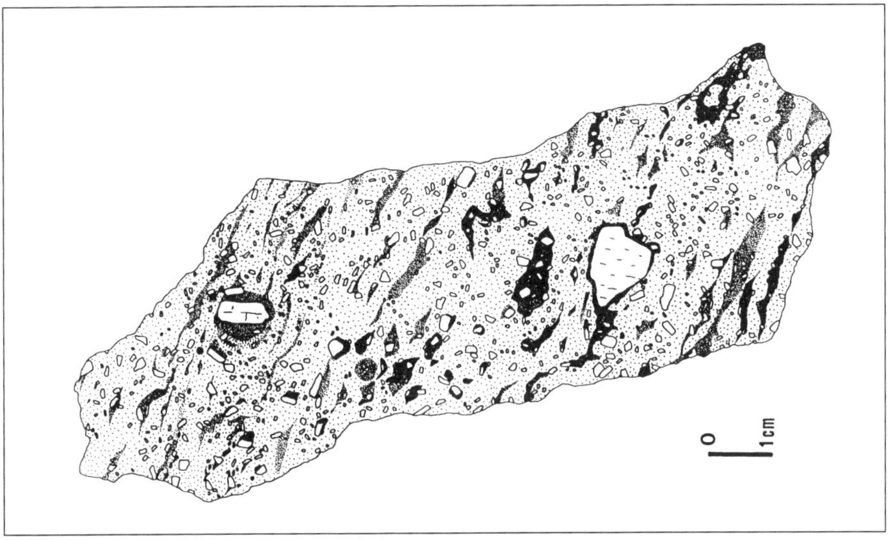

Fig. 52 - Stade sub-terminal d'un mélange mécanique basalte-trachyte. Coulée de trachyandésite de la Grande Cascade (Massif du Sancy).

Les andésites des dômes terminaux de 1902 et 1929 à la Montagne Pelée, sont l'aboutissement d'un mélange basalte-dacite (Gourgaud *et al.*, 1989), dont les pôles sont exprimés dans les grandes nuées ardentes précoces (8 et 20 mai 1902 par exemple).

• Transferts de phénocristaux

L'argumentation minéralogique en faveur du processus de mélange magmatique repose essentiellement sur les transferts de phénocristaux entre magmas de composition différente, au cours du brassage mécanique (fig. 53). Ces échanges s'effectuent dans les deux sens avec les conséquences suivantes : complexité des paragenèses où les pôles minéraux peuvent être représentés, larges gammes de compositions pour les minéraux "marqueurs" des changements géochimiques de l'environnement (comme les plagioclases et les pyroxènes), distribution polymodale de ces compositions, zonages complexes (souvent inverses) et très marqués (fig. 54).

• Contrôle géochimique

Le contrôle géochimique passe par la linéarité des tendances évolutives observées (au niveau de la formation hétérogène, de la séquence éruptive, voire de la série ; fig. 55) et par la validité des tests de mélange (éléments majeurs et en traces ; fig. 56). Dans le volcan du Sancy par exemple, les pôles sont trachytiques d'une part, basaltiques à hawaiitiques d'autre part ; ils sont considérés comme cogénétiques. La figure 56 illustre un test de mélange pour le cycle volcano-magmatique de la Grande Cascade. Des résultats similaires ont été obtenus sur les produits des éruptions de

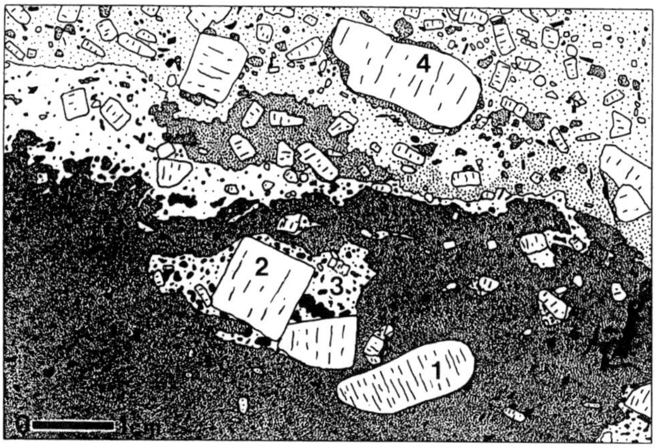

Fig. 53 - Contact "persillé" entre une enclave congénère (sombre) et sa matrice trachytique (claire), illustrant les transferts de phénocristaux.
Des phénocristaux de sanidine (1) de l'enclave ont acquis un contour arrondi alors que d'autres (2) sont encore auréolés d'une gaine trachytique très vésiculée (3) après introduction dans le milieu basique. D'autres sanidines (4) ont conservé une gaine de verre basique sombre, dernier témoin de leur séjour en milieu basaltique. Nuées ardentes de la Durbise (Massif du Sancy).

1902 et 1929 à la Montagne Pelée (Gourgaud *et al.*, 1989) : les dômes andésitiques terminaux sont l'aboutissement d'un mélange basalte-dacite.

• Mécanismes du mélange magmatique

Différents types de mécanismes ont été proposés pour expliciter le processus de mélange mécanique. Ils permettent de préciser le fonctionnement des chambres magmatiques. Le modèle le plus classique fait appel à des convections dans une chambre superficielle et différenciée, suite à des réalimentations périodiques en magma basique plus chaud (Sparks *et al.*, 1977). C'est ce modèle qui est proposé pour le fonctionnement de la chambre superficielle des Monts Dore (période 0,8 à 0,2 Ma), celles de la Montagne Pelée (éruptions de 1902 et 1929) et du Nevado del Ruiz (éruption de novembre 1985, Gourgaud et Thouret, 1990). Des travaux expérimentaux (Kouchi et Sunagawa, 1983, 1985) ont montré que le mélange de liquides basaltique et dacitique, en système convectif, permet de générer des andésites (mélange chimique). Les travaux récents, sur la base d'expérimentations, tendent à montrer que le mélange mécanique a pu aussi se développer dans le conduit d'alimentation, à partir d'une chambre préalablement zonée (Koyaguchi, 1985, 1987 ; Koyaguchi et Blake, 1989).

• Implications pour l'évaluation des risques volcaniques

En conclusion, des laves de composition intermédiaire peuvent résulter de la combinaison de deux processus, la cristallisation fractionnée et le mélange magmatique. Le modèle de réservoir le plus apte à intégrer l'ensemble des données

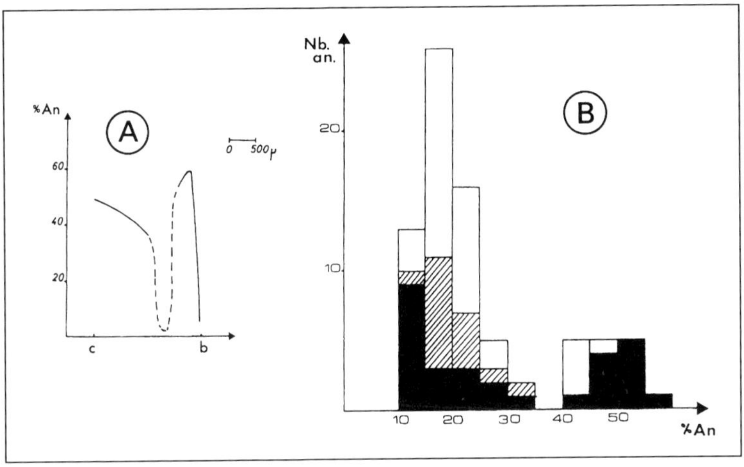

Fig. 54 - (A) *Zonage inverse d'un phénocristal de plagioclase d'une enclave congénère de la Durbise (Sancy).*
c : cœur du cristal. b : bordure. Le pointillé correspond à la zone trouble, riche en inclusions diverses. (B) *Histogramme des teneurs en anorthite (% An) des plagioclases des trachyandésites basiques du volcan du Sancy.*

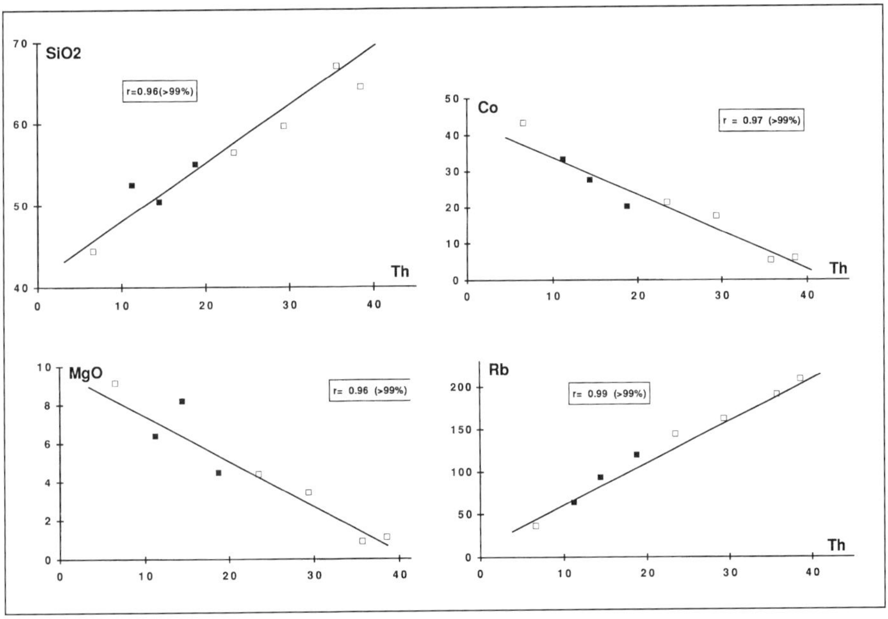

Fig. 55 - Corrélation linéaire entre le thorium Th, élément hygromagmaphile, et quelques éléments majeurs (SiO_2, MgO) et traces (Rb, élément hygromagmaphile ; Co, élément de transition).
Carrés blancs : lave hétérogène de la Grande Cascade (Sancy) ; carrés noirs : trachyandésites basiques du cycle volcano-magmatique de la Grande Cascade, considérées comme l'aboutissement d'un processus de mélange basalte-trachyte ; r : coefficient de corrélation.

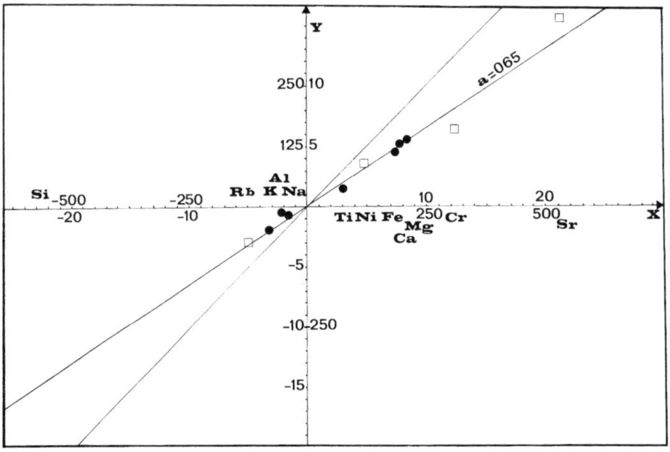

Analyse de départ (trachyandésite basique)		Mélange estimé pôles 1 + 2	Ecarts
SiO_2	52.55	52.70	-0.16
Al_2O_3	15.45	14.76	0.68
FeO_t	7.70	7.97	-0.28
MgO	6.40	6.21	0.18
CaO	7.25	7.23	0.01
Na_2O	4.00	3.85	0.14
K_2O	3.10	3.18	-0.09
TiO_2	2.00	2.53	-0.54
MnO	0.15	0.13	0.01

Somme des carrés des écarts : 0.91
Variance : 0.13

Pôles	Pourcentages
1	35.9
2	64.4
Total	100.3

Eléments en traces

Analyse de départ		Mélange estimé	Ecarts
Rb	90	82.5	7.5
Sr	700	665	35
Cr	190	247	-57
Ni	110	108	2

Solution avec contrainte sur la somme égale à 100
phase n° 1 : 32.7
phase n° 2 : 67.3

Fig. 56 - Test de mélange magmatique pour un trachyandésite basique du cycle de la Grande Cascade (Gourgaud, 1985).
Pôle n° 1, acide : trachyte. Pôle n° 2, basique : basalte en enclaves congénères. En haut : méthode graphique (Fourcade et Allègre, 1981). La pente de la droite (0,65) donne la proportion du pôle basique, soit 65 %. $X = c^i_B - c^i_A$; $Y = c^i_m - c^i_A$. En bas : méthode des moindres carrés. Noter la faible valeur des résidus dans le calcul concernant les éléments majeurs et le bon accord avec la méthode graphique.

fait appel à deux chambres séparées ; le réservoir superficiel de volume restreint, différencié, peut-être zoné, est périodiquement recoupé par des montées de matériel basique venues de la chambre profonde. La déstabilisation de ce réservoir superficiel entraîne l'émission de laves hétérogènes dans un premier temps, puis de produits intermédiaires homogènes après mélange mécanique et chimique. Les premières

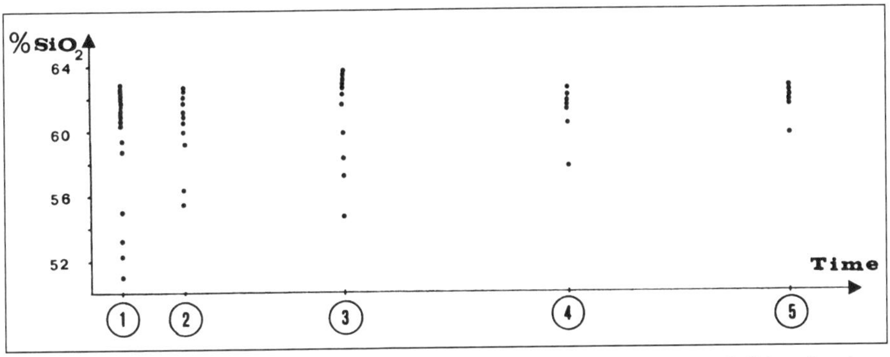

Fig. 57 - Variations de la teneur en silice en fonction du temps dans les laves de l'éruption de 1902-1905 de la Montagne Pelée (Martinique).
(1) 8 mai 1902, (2) 20 mai 1902, (3) 6 juin - 9 juillet 1902, (4) 30 août 1902, (5) automne 1902 à 1905. Cette évolution magmatique synéruptive se traduit par une décroissance progressive de la participation du magma basique (basalte, andésite basaltique) et du magma acide (dacite) pour aboutir à un terme andésitique issu du mélange basalte-dacite (Gourgaud *et al.*, 1989).

manifestations éruptives liées aux injections profondes sont d'emblée très explosives (émission de pyroclastites, type nuées ardentes du 8 mai au 30 août 1902 à la Montagne Pelée), alors que par la suite, avec l'incorporation progressive du magma basique, les compositions évoluent vers des termes intermédiaires (andésites) et corrélativement, l'explosivité a tendance à décroître (formation d'un dôme, comme celui de l'automne 1902 à la Montagne Pelée) (fig. 57).

Ces résultats mettent en évidence le risque majeur lié aux montées de magma basique, pour les volcans à laves différenciées. En effet, compte tenu du temps de réponse relativement bref de la chambre superficielle après réalimentation, l'éruption résultante risque d'être immédiatement paroxystique. Il serait donc important que ces injections magmatiques d'origine profonde puissent être détectées par les moyens de surveillance.

I.3.6. - CONTAMINATION RÉCIPROQUE D'UN MAGMA ET DE SON ENCAISSANT : L'EXEMPLE DES NODULES MIXTES DE TALLANTE (ESPAGNE)

par Pierre BOIVIN

Longtemps négligées, les interactions entre des magmas basiques et leur encaissant de péridotite au sein du manteau supérieur, ont été, depuis 1975, plus largement étudiées. Ces travaux ont permis d'aborder précisément la nature des hétérogénéités mantelliques, les processus de leur genèse (voir par exemple Rodgers *et al.*, 1980 ; Hawkesworth et Norry, 1983 ; Kornprobst, 1984 ; Berger, 1985) et de les replacer dans le cadre général du métasomatisme mantellique.

Un matériel de choix pour mettre en évidence les effets de ces interactions est fourni par des échantillons présentant les deux types de roche en contact. Ils proviennent généralement de massifs ultrabasiques recoupés par des filons basiques (ex. Podvin *et al.*, 1985) ou d'enclaves remontées par les basaltes alcalins (bibliographie *in* Boivin, 1982 et Nixon, 1987). C'est à ce dernier type qu'appartiennent les échantillons décrits ici (Boivin, 1982 ; Dupuy *et al.*, 1986).

• Contexte géologique et pétrographie des enclaves mixtes de Tallante

Dans la région de Tallante (près de Carthagène, Espagne) existe un volcanisme quaternaire basaltique et alcalin, qui a ramené en surface une collection considérable de xénolites : fragments du substratum schisteux, granulites, péridotites, diorites, amphibolites et pyroxénites alcalines, ainsi que des nodules mixtes constitués par des filons de roches basiques dans de la péridotite et des brèches basiques à éléments ultrabasiques.

Les péridotites sont des lherzolites à spinelle de la variété “à gros grains” isométriques, avec peu de déformation. Elles contiennent surtout de l’olivine (Fo_{90}), de l’orthopyroxène (En_{90}), un peu de diopside chromifère et des traces de spinelle riche en chrome (Cr_2O_3 = 13 à 17 % en poids).

Les roches basiques constituent une série alcaline. Elles se composent de clinopyroxène et d’amphibole en proportion variable, auxquels s’adjoignent l’olivine, le plagioclase et le phlogopite en quantités plus restreintes. Leur structure est très grossière (certains cristaux atteignent 2 cm) et montre tous les caractères d’une origine magmatique : phase cumulative automorphe, intercumulus poecilitique et parfois adcumulus.

• Modifications des péridotites au contact des roches basiques

Selon les modalités du contact, ces modifications sont plus ou moins visibles. Dans le cas de petites enclaves de péridotite dans les pyroxénites, tous les minéraux des enclaves sont remobilisés et l’on aboutit à un assemblage homogène, d’aspect spongieux, d’olivine et de clinopyroxène. Les compositions de ces nouveaux minéraux se rapprochent de celles de leurs homologues présents dans la roche basique. Ceci rappelle le comportement des enclaves de péridotites au sein des laves basaltiques.

Aux épontes des filons basiques, les transformations s’atténuent lorsqu’on s’éloigne du contact. L’orthopyroxène se résorbe pour donner du clinopyroxène, le spinelle se déstabilise et s’auréole de phlogopite, d’olivine et même de liquide (verre). A ces transformations minéralogiques plus ou moins développées, se superposent toujours des variations chimiques qui permettent de suivre précisément la contamination (fig. 58).

La composition globale de la péridotite subit également des modifications qui s’atténuent en s’éloignant du filon. C’est ainsi que la lherzolite est évidemment enrichie en calcium et fer, mais aussi en éléments incompatibles (thorium en particulier) et en terres rares légères (La-Sm).

• Les modifications au sein des intrusions basiques

Les roches basiques contiennent de nombreuses petites inclusions de péridotite, plus ou moins résorbées et souvent réduites à un seul cristal d’olivine. Cette incorporation de matériel très magnésien, sans doute contemporaine de la mise en place du filon, a laissé des traces dans les minéraux cristallisant à partir du magma basique ; l’olivine, par exemple, montre un zonage inverse, le coeur étant moins magnésien que la périphérie.

Près des épontes, tous les minéraux de la roche basique (cumulus et intercumulus) s’enrichissent en magnésium, ce qui implique que les échanges Fe-Mg se soient poursuivis après la consolidation totale du dyke.

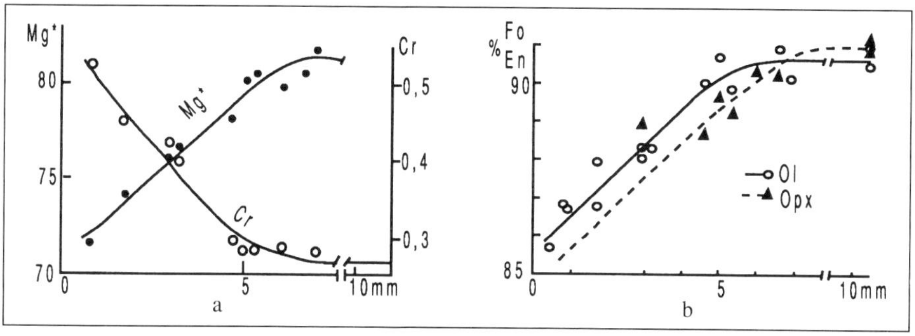

Fig. 58a (à gauche) - *Variations de la composition du spinelle dans la péridotite en fonction de sa distance (en mm) à un filon de pyroxénite.*
Mg, Fe et Cr exprimés en nombre d'atomes. $Mg^* = 100\ Mg / Mg+Fe$.
Fig. 58b (à droite) - *Variations de la composition de l'olivine et de l'orthopyroxène de la péridotite en fonction de la distance (en mm) à un filon basique.*
Ol = olivine ; Opx = orthopyroxène ; En = enstatite ; Fo = forstérite

• Conclusions

Les observations rapportées ci-dessus montrent que lorsqu'un magma basique recoupe une péridotite, les échanges concernent principalement le fer et les éléments incompatibles, qui migrent au sein de la péridotite, et le magnésium, qui s'incorpore à la fraction basique. Tout indique aussi que cette interdiffusion se fait de façon isotrope et en grande partie à l'état solide.

Le développement, au sein de la péridotite, de nouveaux minéraux interstitiels, comme par exemple le phlogopite, implique la migration d'autres éléments (Ti, K, mais aussi Ca, Na, H_2O) le long des joints intergranulaires. L'eau a dû favoriser ces échanges, mais n'est pas indispensable comme le montrent des expériences reproduisant ces interactions. Les conséquences de ce métasomatisme mantellique sont multiples. Elles doivent être prises en compte lors de l'étude géochimique d'un ensemble de laves (surtout s'il s'agit de basaltes) et conditionnent directement les modèles de genèse des magmas dits "primaires".

Par ailleurs, les modifications chimiques subséquentes (et thermiques lorsque le phénomène est récent) qui affectent le manteau, doivent perturber plus ou moins ses propriétés physiques (sa densité par exemple) et donc son image géophysique. Il est possible qu'elles aient aussi des conséquences géodynamiques visibles, tel un bombement crustal. Ce serait peut-être le cas du Massif central français, sous l'Auvergne, où le manteau supérieur a été pénétré par de multiples intrusions de basaltes alcalins qui l'ont échauffé et en ont modifié la composition. L'allègement ainsi provoqué pourrait être à l'origine du bombement anté effondrement des limagnes (Boivin, 1982).

I.3.7. - UTILISATION DES LACUNES DE CRISTALLISATION À REMPLISSAGE VITREUX EN MAGMATOLOGIE

par Robert CLOCCHIATTI

• Introduction et considérations d'ordre général

Les inclusions vitreuses sont des petites quantités de magma piégées dans les lacunes de cristallisation des cristaux des laves. Ces inclusions peuvent être considérées comme des prises d'essai du milieu générateur à un instant donné de la croissance cristalline. Le processus de fermeture de la lacune de cristallisation va induire une modification plus ou moins importante de la composition du liquide inclus, d'où le terme de "reliquat magmatique" utilisé par Deicha (1955). Les modifications subies par les inclusions seront d'autant plus importantes que la composition du minéral hôte sera complexe et que le déséquilibre entre la paroi de la cavité et le liquide inclus va être prolongé.

Le devenir de l'inclusion, après son piégeage, sera conditionné par l'établissement d'un état stationnaire à l'interface liquide-solide. De manière générale, mais très significative, on constate que les inclusions vitreuses sont nombreuses et de dimensions importantes dans les minéraux qui cristallisent à faible profondeur et qui subissent une trempe naturelle lors de la mise en place de la lave. Le brusque refroidissement a pour effet de figer l'état d'équilibre ou de déséquilibre existant avant l'éruption.

Les basaltes des rides médio-océaniques apportent une illustration claire de ce phénomène. Lorsqu'on compare les inclusions des minéraux contenus dans la bordure figée à celles des zones les plus internes des coussins, on observe une évolution progressive de la composition des liquides inclus, qui dépend uniquement de la vitesse de refroidissement des cristaux (Clocchiatti, 1978). Dans les systèmes éruptifs anciens, la confrontation des inclusions des minéraux des retombées ponceuses à celles des minéraux des coulées de ponces ou bien des dômes (Clocchiatti et Mervoyer, 1976) conduit aux mêmes conclusions. Aussi dans le cas du volcanisme actif, les échantillons de lave sont prélevés à chaud et trempés (Tanguy et Clocchiatti, 1984) afin de réduire les effets de la "cristallisation interne".

Lorsque la croissance cristalline a lieu plus profondément que dans le cas précédent, ou bien que le refroidissement des matériaux à la surface est lent, la cristallisation sur les parois de la cavité et la nucléation dans le liquide résiduel piégé épuisent tout le magma disponible. L'inclusion est alors formée par un agrégat de cristaux associés à une phase fluide exprimée sous forme d'une ou plusieurs bulles de gaz. Ce type d'inclusions affecte les minéraux des coulées épaisses et ceux des roches à caractères subvolcanique et plutonique.

Les généralités ci-dessus énoncées trouvent un support dans les données expérimentales (Clocchiatti et Massare, 1985) qui démontrent qu'après leur formation, les inclusions sont particulièrement sensibles aux variations de la température. Il convient aussi de ne pas négliger le rôle de la pression (pression lithostatique et pression de fluides) qui est, jusqu'ici, resté inexploré pour des raisons instrumentales. Ces considérations ont abouti à une classification qui subdivise les inclusions en deux catégories (Clocchiatti, 1975 ; Lin Qi Xia et Clocchiatti, 1985) répondant à des critères morphologiques, thermiques et chimiques.

Les inclusions non ou peu évoluées, formant la première catégorie, sont typiques des matériaux ayant cristallisé à faible profondeur ($P_{totale} = P_{fluides} < 4\text{-}5$ kb) et se trouvent dans des formations liées à une activité de type explosif. Si l'étanchéité des cavités est préservée lors de l'éruption, le magma inclus conserve ses fluides contrairement à la lave qui va se dégazer. Autre conséquence de l'étanchéité des cavités, la réversibilité des phénomènes que l'on observe au cours des expériences de thermométrie optique (voir ci-dessous).

La seconde catégorie est représentée par les inclusions évoluées des minéraux des roches ayant cristallisé à pression élevée ($P_{totale} = P_{fluides} > 4$-5 kb) ou bien dans les laves peu profondes s'étant solidifiées très lentement. La composition de l'inclusion est alors fort différente de celle du liquide initial (Clocchiatti et Krasov, 1979). La cristallisation sur les parois de la cavité et dans le liquide entraîne une sursaturation des fluides qui se séparent du magma inclus. Fragilisées par les tensions créées par la cristallisation et par la surpression des fluides, les inclusions se fracturent et perdent leur étanchéité. Ce type d'inclusions sera systématiquement écarté de toute étude pétrogénétique.

• Thermométrie optique - barométrie et fluides

Détermination des températures de cristallisation

Le principe est simple et repose sur la réversibilité des phénomènes qui se produisent dans l'inclusion au cours de son refroidissement. Ces phénomènes sont dus à la contraction différentielle du minéral hôte et du verre inclus, ce qui se manifeste par l'apparition d'une bulle de gaz (ou vide de retrait) et par la nucléation des germes cristallins. A l'aide de platines chauffantes, placées sous le microscope, par élévation progressive de la température, on ramène l'inclusion à l'homogénéisation, c'est-à-dire à son état initial. La température mesurée Th est considérée comme une valeur minimale de la température de cristallisation (Sobolev et Kostyuk, 1975). Les problèmes inhérents à la méthode sont discutés de manière exhaustive par Roedder (1984). La thermométrie optique est particulièrement intéressante en l'absence de géothermomètres usuels (exemple du volcanisme potassique ; Metrich, 1985).

Barométrie et fluides

La détermination des pressions est basée sur la connaissance de la solubilité (Burnham, 1975 ; Dingwell *et al.*, 1984, etc.) des composés gazeux dans les magmas. Elle est donc dépendante des données expérimentales dans ce domaine d'une part, et, d'autre part, de la capacité à quantifier les espèces fluides en solution (dissoutes) dans les inclusions vitreuses. La microsonde électronique permet de doser avec une précision acceptable le chlore et le soufre, avec des limites de détection qui sont de l'ordre de la centaine de ppm, le dosage du fluor est plus problématique. L'eau était jusqu'ici estimée de manière semi-quantitative par le déficit présenté par l'analyse à la microsonde électronique. Des progrès récents ont été réalisés à l'aide des microsondes ioniques et des méthodes de spectrométrie d'IR ; les teneurs en eau mesurées dans des inclusions vitreuses des cristaux de quartz varient entre 2 et 5 % (Kovalenko *et al.*, 1988 ; Westrich *et al.*, 1988 ; Hervig *et al.*, 1989 ; Newmann *et al.*, 1988 ; Anderson, 1990, etc.).

D'importants progrès dans l'analyse des éléments légers ($N < 11$) devraient être réalisés par le développement de techniques nucléaires ponctuelles comme la microsonde nucléaire (Engelmann, 1981 ; Engelmann et Bardy, 1983). La spécificité des réactions nucléaires est susceptible de permettre la quantification avec une très grande sensibilité des éléments tels que le carbone, l'azote, l'hydrogène et le fluor (fig. 59) qui constituent les éléments dominants de la phase gazeuse volcanique. La mise au point du dosage de ces éléments dans les verres naturels a fait l'objet de recherches par le Groupe des Sciences de la Terre du Laboratoire Pierre Süe de Saclay (Mosbah, 1988 ; Tirira, 1990 ; Tirira *et al.*, 1991 ; Mosbah *et al.*, 1991a). A titre d'exemple, les verres basaltiques inclus dans les olivines (Fo 82-83) de

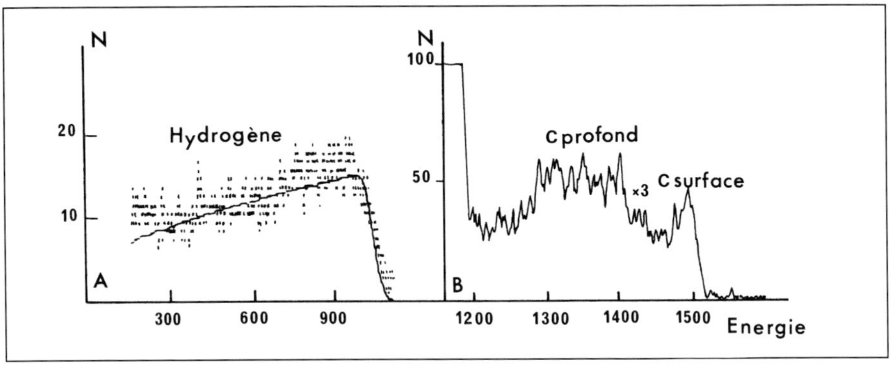

Fig. 59 - Quelques exemples de spectres obtenus par microsonde nucléaire montrant la distribution du carbone et de l'hydrogène dans des inclusions vitreuses.
A gauche, spectre ERDA (*Elastic Recoil Detection Analysis*) obtenu à partir d'une inclusion vitreuse piégée dans un quartz de Guadeloupe, bombardée avec ^4He à 3 MeV. La teneur en hydrogène est de 0,96±0,09 10^{22}atomes/cc, soit environ 6 % en H_2O (Mosbah *et al.*, 1980 et données inédites). A droite, spectre de particules chargées issues de la réaction $^{12}C(d,p)^{13}C$ obtenu à partir d'une inclusion vitreuse contenue dans une olivine de l'Etna (Metrich et Mosbah, 1988). La teneur en carbone est proche de 600 ppm. En abscisse, un canal correspond à une énergie donnée de particule détectée. En ordonnée, N représente le nombre d'événements détectés dans un canal.

l'éruption de 1892 à l'Etna contiennent environ 600 ppm de carbone (Metrich et Mosbah, 1988), 560 ppm de fluor (Mosbah *et al.*, 1991b), les teneurs en soufre atteignent 3 500 ppm et celles du chlore 2 200 ppm (Metrich et Clocchiatti, 1989). La quantité d'eau mesurée dans les inclusions vitreuses de composition dacitique de Guadeloupe est proche de 6 %, tandis que dans les verres hyperalcalins des quartz de Pantelleria la teneur en eau ne dépasse pas 3 % (Mosbah *et al.*, données inédites).

• Un exemple d'application pétrogénétique : le cas de l'Etna

Par le biais des inclusions vitreuses et fluides on peut aborder indifféremment l'étude de matériaux anciens et altérés et celle de matériaux actuels parfaitement sains. Pour illustrer ce propos, nous avons choisi les inclusions vitreuses et fluides des olivines contenues dans les premiers et les derniers produits de l'activité etnéenne, à savoir les tholéiites d'Aci Castello (Tanguy, 1980) et les basaltes historiques.

Les inclusions des olivines des tholéiites d'Aci Castello

Considérées comme constitutives de l'édifice préetnéen (voir aussi III.1.4), les tholéiites d'Aci Castello sont âgées, selon les auteurs de 400 000 à 600 000 ans. Les roches se présentent sous forme de laves en coussins (*pillow-lavas*) et de hyaloclastites fortement zéolitisées. Des petits cristaux d'olivine (Fo 86-83) de dimension voisine du millimètre, contenant des inclusions vitreuses et fluides à CO_2 dense, ont résisté à l'altération. La thermométrie optique appliquée aux inclusions vitreuses nous indique que la température du magma au moment de la cristallisation de l'olivine était proche de 1 200-1 220°C. L'étude cryométrique (Poty *et al.*, 1976) permet de diagnostiquer que les inclusions fluides sont constituées par du CO_2 quasiment pur, leur température d'homogénéisation est comprise entre +7 et +25°C,

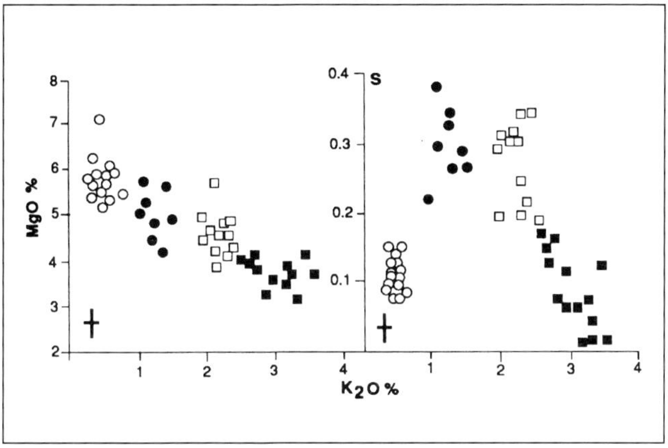

Fig. 60 - Distribution du magnésium et du soufre en fonction de K_2O (indice de différenciation) dans les inclusions vitreuses de laves de l'Etna.
Inclusions de composition tholéiitique (ronds évidés) et basaltique (ronds pleins) contenues dans les cristaux d'olivine (Fo 85) des tholéiites d'Aci Castello (laves préetnéennes, Tanguy, 1980). Inclusions de composition à la limite Basaltes alcalins-Hawaïtes (carrés évidés) et Hawaïte-Mugéarite (carrés pleins) respectivement dans les olivines Fo 82 et Fo 75 contenues dans les matériaux de l'éruption de 1989-1990 au Cratère Sud-Est de l'Etna. En bas à gauche, la longueur des barres donne la précision des mesures.

correspondant à des densités de 0,86 g/cm^3 à 0,69 g/cm^3. Le couplage de la température, estimée précédemment par les inclusions vitreuses, et de la densité du fluide carbonique (Touret et Bottinga, 1979) permet le calcul de la pression en CO_2. Cette pression est de l'ordre de 660 Mpa (6,6 kb) pour les inclusions les plus denses, ce qui, traduit en pression lithostatique, correspond à une profondeur de piégeage du fluide de l'ordre de 22 km. Ainsi, on a la température de cristallisation de l'olivine et la profondeur minimale où a eu lieu cette cristallisation. Les données obtenues sont en accord avec les résultats de la pétrologie et de la sismique qui situent le réservoir profond de l'Etna à une profondeur comprise entre 20 et 30 km (Tanguy, 1980 ; Sharp, 1982).

La composition chimique, obtenue par microsonde électronique, nous indique que les liquides les plus primaires de l'Etna ne sont pas des véritables tholéiites (fig. 60) ; ils s'en distinguent, entre autres, par leur teneur élevée en K_2O ($\approx$0,40 %). Ces liquides affichent des variations de composition (forte variation de K_2O, MgO quasi constant) qui reflètent à ce stade précoce de la cristallisation, une évolution dominée par un processus de fusion partielle, conformément aux hypothèses formulées par Joron et Treuil (1984) à partir des roches totales.

Le caractère anormal des tholéiites etnéennes est aussi marqué par des teneurs élevées en certains éléments volatils (chlore, soufre). La teneur en soufre varie entre 900 et 1 400 ppm, celle du chlore entre 700 et 1 100, avec un rapport Cl/S = 0,7-0,8 bien différent de celui, généralement inférieur à 0,1, de la majeure partie des tholéiites océaniques (Michael et Schilling, 1989). Cet enrichissement en fluides semble directement hérité d'un manteau anormal, où la présence de minéraux hydratés a été démontrée aussi bien par les études pétrologiques (Tanguy, 1980) que géochimiques (Condomines *et al.*, 1982 ; Joron et Treuil, 1984).

Les inclusions des olivines des basaltes historiques

De manière simplifiée, on peut distinguer dans les matériaux de l'activité récente de l'Etna (1669-1990) deux types de liquides magmatiques piégés dans les cristaux d'olivine.

Les premiers que l'on désignera de "précoces" sont caractéristiques des olivines basiques (Fo 85-80) que l'on trouve dans les matériaux principalement liés à une activité explosive du type fontaine de lave (éruptions de 1669, 1763, 1892, 1989-1990) ayant édifié d'importants cônes volcaniques (M. Rossi, Montagnola, M. Silvestri, Cratère Sud-Est). Ces liquides sont des basaltes alcalins et des Hawaïtes basiques, avec un rapport K_2O/Na_2O compris entre 0,3 et 0,4, des teneurs en éléments volatils élevées, 3 000 à 3 500 ppm de soufre, 2 000 à 2 500 ppm de chlore et un rapport Cl/S = 0,7 à 1, analogue à celui des inclusions vitreuses des tholéiites ce qui souligne leur source mantellique commune. Des travaux en cours (Metrich, données inédites) confirment les teneurs élevées en H_2O (= 2,5 %) initialement supposées (Metrich et Clocchiatti, 1989 ; Clocchiatti et Weisz, 1989). Les inclusions fluides à CO_2 sont rares dans ces matériaux (exception faite de ceux de l'éruption de 1989-1990), les pressions de CO_2 sont proches de 150 MPa (1,5 kb), indiquant un piégeage relativement superficiel (3 à 5 km).

Les expériences d'homogénéisation des inclusions vitreuses n'ont pu être réalisées en raison de la sursaturation en fluides, qui lors de la montée en température, provoque l'éclatement des cavités.

Les seconds liquides silicatés, que l'on désignera de "tardifs", sont caractéristiques d'olivines évoluées (Fo 76-70) contenues dans des formations de l'activité à dominante lavique, par exemple, des années 1983 à 1986. Les inclusions ont des compositions d'Hawaïte à Mugéarite, avec des rapports $K_2O/Na_2O > 0,40$, des teneurs en soufre ne dépassant pas 1 500 ppm et un rapport Cl/S fortement variable, traduisant le dégazage préférentiel du soufre par rapport à celui du chlore. Les variations régulières des compositions chimiques au sein des liquides "précoces" et des liquides "tardifs" et la transition d'un liquide à l'autre obéissent à des processus de cristallisation fractionnée et de mélange.

Données sur l'éruption de 1989-1990

En août 1988 (Clocchiatti et Weisz, 1989) la présence simultanée d'inclusions vitreuses de composition proche de celle d'un basalte alcalin et d'autres de composition hawaiitique, dans des minéraux émis par l'activité strombolienne péri-cratérique de la Bocca Nuova (cratère central), a permis de démontrer que le conduit central était en cours de réalimentation par un magma plus basique, plus chaud et plus riche en éléments volatils (Cl, S) que celui émis au cours de la période 1983-1986. Ce fait a trouvé confirmation dans l'épisode éruptif qui se déclencha en septembre 1989 au cratère du Sud-Est et qui dura jusqu'en février 1990. L'étude des produits a révélé la coexistence de deux familles d'olivines (Fo 84-80) et (Fo 76-70) contenant respectivement les deux liquides définis précédemment. En d'autres termes, les inclusions vitreuses voient un mélange intime entre un liquide basique profond et un liquide superficiel plus évolué que la composition chimique de la roche totale est incapable de révéler. L'abondance des éléments volatils contenus

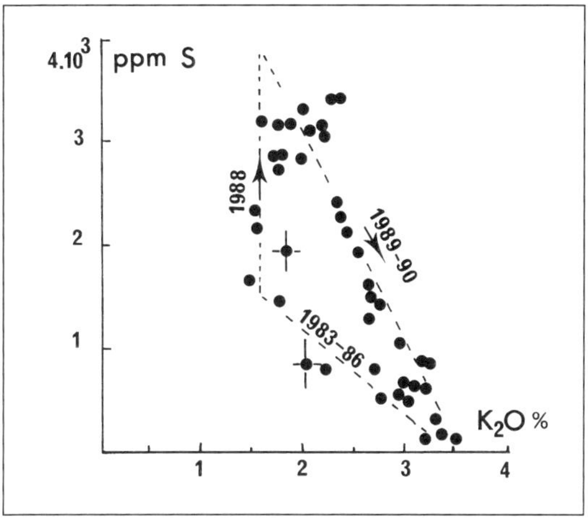

Fig. 61 - Évolution des teneurs en soufre mesurées dans les inclusions vitreuses des matériaux émis à l'Etna dans la période 1983-1990.
Au cours de l'activité essentiellement fissurale, la teneur en soufre du magma ne dépasse pas 1 500 ppm. En 1988, a été remarquée une brusque augmentation de la teneur en soufre, 3 000-3 500 ppm ; elle accompagne une remontée de magma basique (Clocchiatti et Weisz, 1989). Ce magma a été émis lors de l'éruption de 1989-1990 et a donné lieu à une activité de type fontaines de lave.

dans le magma basique de température élevée (S = 3 500 ppm, Cl = 2 500 ppm, présence d'inclusions fluides à CO_2, pCO_2 = 1,5 kb, température en moyenne égale à 1 150°C) (fig. 61) a eu comme conséquence une activité explosive de type fontaine de lave et une activité lavique avec des débordements de cratère qui ont donné des coulées très fluides (Armienti *et al.*, 1989). En faisant la différence entre la teneur en soufre des inclusions vitreuses et de la mésostase et en la rapportant à la quantité de magma émis, on calcule un taux minimal de dégazage journalier de SO_2 de 10^4 tonnes. Ce chiffre est en bon accord avec les mesures directes faites par COSPEC sur le panache (Bruno *et al.*, 1989). Ce taux, mesuré par la méthode des inclusions est supérieur d'un facteur 10 à celui obtenu par la même méthode lors de l'éruption latérale de 1983 (Tanguy et Clocchiatti, 1984).

• Conclusions

L'étude des liquides silicatés inclus dans les minéraux des laves est complémentaire des méthodes pétrographiques et minéralogiques classiques. Particulièrement bien adaptée à l'investigation des matériaux volcaniques de type projections, elle présente un certain nombre d'avantages. Elle permet notamment de suivre l'évolution de la composition chimique du magma au cours de la solidification d'une lave, d'obtenir des données thermométriques et barométriques et surtout d'accéder à la quantification et au comportement des fluides dissous dans les liquides silicatés fondus. Comme toute méthode, elle a ses limites et ses inconvénients, en particulier l'absence ou la rareté des inclusions dans les matériaux profonds, la perte d'étanchéité des cavités, la diffusion de certains éléments volatils à travers le réseau du minéral hôte, des modalités de préparation des échantillons contraignantes et des techniques analytiques lourdes et coûteuses.

Partie II

L'ACTIVITÉ VOLCANIQUE ET SES PRODUITS

INTRODUCTION

Lorsqu'un magma pénètre dans les niveaux superficiels de la Terre, les relations avec son encaissant deviennent très différentes de celles qui prévalaient à plus grande profondeur. Ce nouveau régime est lié à la baisse progressive de la pression et de la température, et à la rencontre possible avec des fluides superficiels, l'eau en particulier.

Ces conditions nouvelles vont provoquer une vésiculation et un dégazage du magma, en même temps qu'une cristallisation. Au moment de l'éruption, l'activité est à dominante explosive ou effusive, selon que les gaz exprimés sont capables ou non de fragmenter le magma.

Si le magma entre en contact avec des eaux superficielles, il échange avec celles-ci sa chaleur, au point d'engendrer éventuellement des explosions hydromagmatiques, par détente de la vapeur.

Enfin, si l'on inclut dans l'activité volcanique toute perturbation superficielle liée à la présence d'un magma en sub-surface, on doit considérer aussi le cas de certaines éruptions phréatiques (vaporisation d'eaux superficielles sans éjection de magma), ou de certaines éruptions gazeuses (émission de gaz carbonique piégé jusqu'à saturation dans une structure qui le libère brutalement).

II.1. - GAZ VOLCANIQUES ET ÉRUPTIONS GAZEUSES

II.1.1. - LES GAZ VOLCANIQUES

par Patrick ALLARD

L'ascension des magmas s'accompagne de l'exsolution progressive de leurs constituants les plus volatils (CO_2, He, SO_2, H_2O, HCl, etc.), sous la forme d'une phase gazeuse séparée (bulles). Bien que mineurs en masse (quelques pour cent au plus), ces constituants jouent un rôle fondamental dans le volcanisme : ils conditionnent les propriétés intrinsèques des liquides (densité, viscosité), donc leur comportement dans les réservoirs et les conduits vers la surface, et surtout ils constituent la force motrice des éruptions. C'est en effet la détente des gaz, jusqu'à l'éclatement des bulles, qui transforme une fraction de l'énergie thermique magmatique en énergie mécanique (énergie potentielle élevant le liquide depuis son niveau de saturation, et énergie cinétique de l'éruption elle-même).

Par conséquent, toute éruption s'accompagne d'émissions gazeuses, dont la puissance et l'ampleur dépendent en premier lieu de la viscosité du magma et de sa richesse en volatils. L'éventail des manifestations s'étend depuis le bullage effusif des lacs de basalte liquide jusqu'aux éruptions explosives des magmas différenciés, dont les panaches peuvent atteindre 20-30 km d'altitude. Ces dernières sont capables de perturber le bilan radiatif de la haute atmosphère, et donc le climat, pendant quelques années. Cependant, même en dehors des éruptions, des gaz s'échappent de façon persistante des volcans actifs, sous forme de fumerolles, d'émanations diffuses à travers les édifices (et le long de failles), ou encore de bulles dans les sources thermales. Ces émissions résultent à la fois d'un dégazage magmatique souterrain (des constituants les moins solubles, tels CO_2, He ou SO_2) et d'un flux de chaleur élevé, provoquant notamment la vaporisation des eaux d'infiltration. L'émission de gaz est donc symptomatique de l'activité potentielle d'un volcan.

Tabl. 8 - Composition chimique de gaz volcaniques de haute température, issus de différents types de magma (modifié de Allard, 1983).

Volcan	Nyiragongo Zaïre	Kilauea Hawaii	Erta'Ale Ethiopie	Merapi Indonésie	W. Island N. Zélande	S.Shinzan Japon
magma	néphélinite	tholéiite	tholéiite	andésite	andésite	dacite
SiO_2 (% poids)	41,0	46,9	48,4	56,0	62,0	63,0
T°C gaz	1020	1200	1130	900	700	760
Gaz (% mole)						
(H) H_2O	47,1	58,6	79,4	94,0	79,6	99,2
H_2	0,8	1,0	1,5	0,5	0,16	0,2
(C) CO_2	44,6	23,8	10,4	4,3	13,9	0,5
CO, CH_4 COS, CS_2	2,7	0,9	0,5	0,01	0,001	0,001
(S) SO_2	4,8	15,6	7,0	0,5	4,8	0,012
H_2S, S_2	-	-	0,4	0,5	1,5	0,0004
(Cl) HCl	-	0,1	0,4	0,2	0,11	0,04
(F) HF	-	-	-	0,01	0,01	0,02
N_2 + gaz rares (% total)	8,3	10,1	0,2	0,1	0,1	0,1
H_2O/C+S	0,9	1,4	4,3	18	4,0	190
C/S	9,8	1,6	1,5	4,3	2,5	32
Cl/S	-	0,006	0,05	0,2	0,02	3,3

• Composition et origine des gaz volcaniques

La composition chimique de ces gaz est contrôlée par de nombreux facteurs, liés à la fois à l'activité volcanique (conditions thermodynamiques, profondeur du magma) et à la nature de leurs sources (Anderson, 1975).

En premier lieu, elle varie avec la température d'émergence des gaz (degré de proximité avec le magma). Les gaz prélevés au contact même des laves (T = 1 000°± 200°C ; tabl. 8) sont majoritairement constitués de vapeur d'eau (entre 60 % et 99 % du total en volume), le complément anhydre se partageant, en proportions variables, entre CO_2, composés soufrés (SO_2, H_2S) et halogénés (HCl, HF), H_2, CO, plus un très grand nombre de constituants mineurs (N_2, gaz rares, hydrocarbures, vapeurs de sels métalliques, alcalins, etc. ; tabl. 9). Leur composition moléculaire indique qu'ils sont généralement en équilibre thermodynamique avec leur magma parent dans les conditions de T, P, et fO_2 à l'émission (ex.: Ellis, 1957 ; Gerlach, 1983). Les gaz émis à plus basse température (source distante ou plus profonde) ont un spectre chimique plus restreint, dû à la condensation des espèces les moins volatiles. C'est le cas des fumerolles, généralement dominées par la vapeur d'eau, CO_2, et des composés dont la formation est favorisée à basse température ou/et haute pression (H_2S, CH_4). Quant aux émanations diffuses "froides" provenant du sol des édifices, elles sont constituées surtout de CO_2 et, secondairement, de gaz rares et d'hydrogène. Au cours de son transfert, et selon la proximité du magma, la phase gazeuse subit donc une différenciation chimique, les produits de sublimation pouvant s'accumuler dans les édifices et conduire progressivement à la formation de dépôts métallifères notamment.

La composition des gaz volcaniques est également contrôlée par les différences de solubilité des constituants dans le magma (par ordre croissant dans des conditions de P et T données : $CO_2 < Ar < He \leq H_2 < SO_2 < H_2O < HCl < HF$). Ainsi, CO_2 est préférentiellement enrichi dans la phase gazeuse initiale, telle qu'on l'observe en période pré-éruptive ou bien dans les témoins de piégeage sous forte pression (inclusions des phénocristaux, vésicules des basaltes sub-océaniques), alors que HCl et HF sont enrichis dans les stades tardifs de dégazage. A température d'émergence constante, des rapports élémentaires comme H/C, S/C ou Cl/S vont ainsi évoluer en

Tabl. 9 - Emissions gazeuses moyennes (tonnes/an) de deux volcans en activité magmatique persistante : Etna (basalte alcalin), Italie et Mérapi (andésite), Indonésie. Le flux de chaque espèce est déterminé à partir du flux intégré de SO_2 dans le panache, mesuré par spectrométrie de corrélation (précision moyenne : ± 25 %), et de son rapport de concentration au SO_2, mesuré soit dans le panache lui-même (analyses *in situ* ou prélèvement sur filtres), soit dans les gaz chauds à la source (ampoules, condensats aqueux). Les éléments en traces ont été analysés par activation neutronique. Données Etna : Buat-Ménard et Arnold, 1978 ; Allard *et al.*, 1991. Données Merapi : Symonds *et al.*, 1987 ; Allard, 1986 ; * Allard, 1981 (données non publiées).

Connaissant la fraction massique de soufre dégazée du magma, obtenue par différence entre la teneur initiale (inclusions vitreuses) et résiduelle (mésostase) de cet élément, on peut calculer le volume de magma alimentant le flux de soufre de chaque volcan. A l'Etna et au Merapi, comme pour la plupart des volcans, on constate que le flux provient surtout d'un dégazage magmatique intrusif. Par ce biais, on peut contraindre la dimension des réservoirs sous-jacents, de même que leur dynamique (taux d'alimentation et de convection). Références : § Metrich et Clocchiatti, 1989 ; Allard *et al.*, en préparation.

fonction du degré d'avancement du dégazage magmatique (fig. 62). Par ce biais, on peut suivre l'appauvrissement en volatils d'un réservoir de volume fini ou, au contraire, déceler sa réalimentation en magma.

La composition des gaz volcaniques dépend ensuite de la nature des magmas (tabl. 8). En règle générale, les gaz issus des volcans andésitiques-dacitiques (zones

	ETNA	MERAPI
H_2O	$5{,}5 \times 10^7$	$7{,}7 \times 10^6$
CO_2	$1{,}3 \times 10^7$	$8{,}8 \times 10^5$
SO_2	$1{,}5 \times 10^6$	$1{,}5 \times 10^5$
H_2S	$1{,}0 \times 10^5$	$7{,}3 \times 10^4$
HCl	$1{,}1 \times 10^5$	$3{,}3 \times 10^4$
HF	$5{,}5 \times 10^3$	$1{,}1 \times 10^3$
K	$1{,}0 \times 10^4$	22,6
Na	$9{,}5 \times 10^3$	29,9*
Ca	$7{,}3 \times 10^3$	-
Br	$2{,}3 \times 10^3$	51,1
Al	$2{,}2 \times 10^3$	131
Fe	$1{,}1 \times 10^3$	28,8
Zn	$1{,}1 \times 10^3$	32,5
Cu	360	0,3
Mn	230	0,6
Pb	130	2,6
As	40	1,7
Ni	36	0,3
Hg	27	0,6*
Cd	10	0,07
V	9	0,55
Cr	7	0,26
Sb	3,6	0,19
Ag	3,3	0,32*
Au	0,7	0,0006*
Flux volatil total (t/an)	$7{,}0 \times 10^7$	$8{,}7 \times 10^6$
V magma émis (m^3/an)	$2{,}5 \times 10^7$	$7{,}3 \times 10^6$
Teneur initiale S (% poids)	0,15 à 0,30§	0,095±0,014&
Teneur résiduelle (% poids)	0,01§	0,01&
Fraction dégazée (% poids)	0,14-0,29	0,09
V magma dégazé (m^3/an)	$2{,}5 \times 10^8$	$5{,}8 \times 10^7$
Magma dégazé/magma émis	5 à 10	8±2

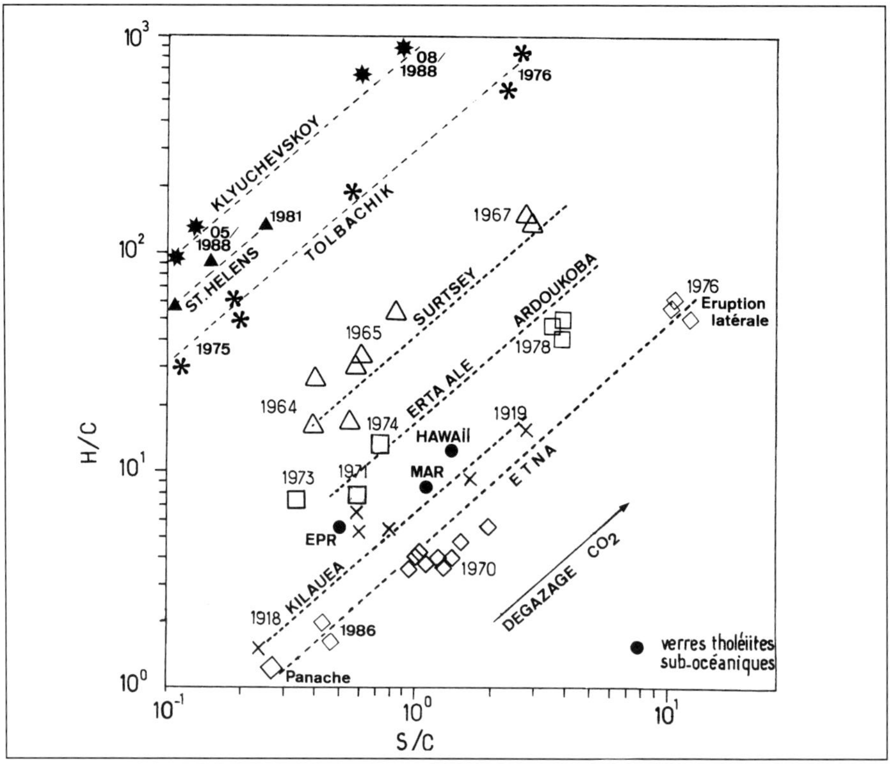

Fig. 62 - Évolution des rapports H/C et S/C des gaz volcaniques de haute température (700°-1 200°C) au cours d'activités éruptives de différents volcans : Etna (Sicile), Kilauea (Hawaï), Erta Ale et Ardoukoba (Afar), Surtsey (Islande), Tolbachik et Klyuchevskoy (Kamchatka), Saint-Helens (USA). Modifié de Gerlach (1983) et Allard (1986), avec addition de données récentes (Gerlach et Casadevall, 1986 ; Taran *et al.*, 1991 ; Allard *et al.*, 1991).

On peut faire deux observations :

1) Quelle que soit la nature du magma, les rapports H/C ($\approx H_2O/CO_2$) et S/C (SO_2+H_2S/CO_2) varient approximativement selon une droite de pente 1, qui atteste un dégazage précoce et, par conséquent, un appauvrissement progressif du CO_2, beaucoup moins soluble que H_2O et S, lesquels dégazent à peu près simultanément. Cette variation s'observe au cours d'une même éruption (ex.: Surtsey, Tolbachik, Klyuchevskoy) ou lors de stades éruptifs différents sur un même volcan (Etna, Kilauea). On peut ainsi distinguer un dégazage primaire (initial, ou central) d'un dégazage secondaire (tardif ou latéral). La même remarque s'applique aux gaz dissous dans les basaltes sub-océaniques, reportés pour comparaison.

2) Les proportions de H, C et S dans les échantillons représentatifs d'un dégazage primaire pour chaque volcan (partie gauche du graphique) varient avec la composition et l'origine des magmas. Les gaz issus de basaltes tholéiitiques (Kilauea, Erta Ale, Ardoukoba, Surtsey) à alcalins (Etna) sont comparativement moins hydratés mais plus riches en soufre que les gaz issus de magmas calco-alcalins, tels Tolbachik (basalte calco-alcalin) et Saint-Helens (dacite).

de subduction) sont plus riches en eau et en chlore, mais sont moins riches en soufre, que les gaz des volcans de type tholéiitique (rifts, îles océaniques intra-plaque) (White et Waring, 1963 ; Anderson, 1975 ; Allard, 1983). Les gaz de volcans alcalins se distinguent par une richesse particulière en CO_2, halogènes, K, Na. Ces observations sont conformes avec ce que l'on sait des variations d'abondance et de solubilité des mêmes constituants dans les silicates liquides (pétrologie expérimentale, analyse des inclusions fluides et/ou vitreuses).

Enfin, l'origine même des éléments, identifiable d'après leur rapport isotopique, varie en fonction des contextes géotectoniques (Allard, 1983 ; Taylor, 1986). Dans le cas du volcanisme basaltique des zones de rift ou des îles océaniques intra-plaque associées à des points chauds, le carbone, le soufre, l'azote ou l'hélium proviennent à l'évidence du manteau : leurs rapports isotopiques sont distincts de ceux des matériaux de surface et sont comparables à ceux de matériaux de référence tels que péridotites, MORB, diamants, ou bien météorites. C'est particulièrement net pour l'hélium, dont le rapport $^3He/^4He$ est presque toujours supérieur à celui de l'atmosphère (ex.: Lupton, 1983), jusque d'un facteur 15-30 dans les gaz de points chauds issus des couches plus profondes du manteau (ex.: Hawaï, Islande, Réunion). Les gaz de volcans d'arc montrent fréquemment des valeurs isotopiques intermédiaires, marquées par une teneur plus élevée en isotope lourd du carbone (^{13}C), du soufre (^{34}S), de l'eau (D), voire de l'hélium (^4He). En plus des fractionnements isotopiques propres aux processus de dégazage, certains de ces enrichissements indiquent l'influence d'une composante crustale : fluides recyclés de la croûte océanique et des sédiments en subduction (C, S, H_2O), voire fluides extraits de la croûte en place sous les arcs (He radiogénique, eau météorique).

Les caractéristiques chimiques et isotopiques des gaz qui s'échappent des volcans fournissent donc des indications précieuses sur la source même des magmas et, plus généralement, sur les échanges de matière volatile entre l'intérieur et la surface de la planète.

• Flux volatils

La mesure des flux de gaz volcanique, par télédétection, apporte des contraintes quantitatives essentielles pour la compréhension des processus.

D'abord, elle permet d'établir des bilans géochimiques de la contribution du volcanisme à l'atmosphère : comme le montre le tableau 9, les volcans émettent des quantités considérables de nombreuses espèces majeures, mineures ou traces, sous forme de gaz et d'aérosols. Les bilans globaux disponibles, extrapolés à partir de mesures locales, suggèrent que le volcanisme est une des sources naturelles significative à importante pour quelques espèces (SO_2, HCl, HF, Mn, Ni, Cu, As, Se, Cd, Bi), mais généralement mineure par rapport à la source anthropique (Stoiber *et al.*, 1987 ; Symonds *et al.*, 1988 ; Nriagu, 1989).

Ensuite, connaissant l'abondance initiale des volatils dans les liquides, par analyse des inclusions piégées dans les phénocristaux (ex. : Metrich et Clocchiatti, 1989), la mesure des flux volatils permet d'évaluer les volumes totaux de magma dégazant. Les résultats montrent que les émissions volcaniques sont toujours alimentées par des volumes de magma beaucoup plus larges (de 5 à plus de 1 000 fois) que les seuls volumes de lave émis à la surface (ex.: Stoiber *et al.*, 1987 ; Allard, 1983). Ceci démontre l'importance des dégazages magmatiques intrusifs et du transfert préférentiel des volatils au travers des réservoirs. Le même phénomène est à l'origine des émissions diffuses - invisibles - de CO_2 et He au travers des édifices volcaniques, dont l'importance en termes de flux peut être comparable à celle des émissions visibles (Allard *et al.*, 1991).

Enfin, le flux gazeux émis par un volcan est un paramètre sensible des variations d'activité. L'Etna, par exemple, émet en moyenne 4 000 tonnes de SO_2 par jour

(Allard *et al.*, 1991), mais le flux varie entre 1 000 et 25 000 t/j selon le niveau d'activité. Cas extrême, l'éruption cataclysmale du Pinatubo (Philippines, 15-16 juin 1991) a injecté dans l'atmosphère environ 20 millions de tonnes de SO_2 en 48 heures, soit autant que la production volcanique annuelle globale (Stoiber *et al.*, 1987) ou celle de douze Etna pendant une année entière.

II.1.2. - QUELQUES ASPECTS DU DÉGAZAGE EN VOLCANOLOGIE

par Pierre M. VINCENT

Les fluides magmatiques jouent un rôle essentiel dans de nombreux aspects de la volcanologie. Ils interviennent dès la genèse des magmas, dans leur ascension -par l'influence qu'ils ont sur la rhéologie (voir I.2.)- et, de façon déterminante, dans le dynamisme des éruptions. Ils sont responsables des altérations volcaniques, de l'essentiel de la métallogenèse, de l'évolution de l'atmosphère et de l'hydrosphère.

Leur grande mobilité, très supérieure à celle des magmas, en fait les précurseurs de toute reprise d'activité en surface, et leur étude semblait la méthode privilégiée de surveillance des volcans.

Depuis les travaux des pionniers de Hawaï (Jaggar, Shepherd) au début du siècle, et jusqu'au début des années 1980, des centaines d'analyses de gaz ont été effectuées. Elles montraient une gamme de compositions très large, et même des fluctuations qui, pour une même bouche, pouvaient être considérables dans un intervalle de quelques minutes (par exemple de 0 à 50 % de H_2O au Stromboli ; Tazieff et Tonani, 1963). L'utilisation des gaz pour la compréhension de l'évolution des volcans et pour leur surveillance paraissait alors compromise. Les travaux de Gerlach, à partir de 1979, ont débloqué la situation. Il a montré que les analyses brutes traduisaient des altérations secondaires des gaz dues à des causes diverses (contamination, oxydation, condensation, réaction avec l'appareillage), altérations qui pouvaient être minimisées pour les analyses les plus complètes de gaz prélevés à haute température. Ses procédures de traitement ("restauration") ont pu être appliquées à 150 analyses anciennes de gaz associés à des laves basaltiques (Gerlach, 1982) et étendues ultérieurement à des gaz de magmas plus différenciés. On constate alors la quasi-disparition des variations à courte période et l'apparition de variations plus lentes, significatives, comme le dégazage fractionné.

• Le dégazage fractionné

Les travaux expérimentaux ont montré que le CO_2 est le gaz le moins soluble dans les magmas basaltiques, suivi des gaz soufrés, de H_2O et HCl. Au cours de l'ascension d'un magma, à pression décroissante, le CO_2 doit donc se dégager le premier. C'est bien ce qui est observé dans les basaltes dragués jusqu'à 4 000 m de fond, dont les vésicules contiennent du CO_2 pur, ou dans celles des inclusions vitreuses des premiers cristaux formés, où au CO_2 peut s'ajouter déjà un peu de soufre (Clocchiatti *et al.*, 1979).

Les conséquences en sont nombreuses. Par exemple au cours d'une même éruption, la proportion des gaz va varier dans le même sens, avec plus de CO_2 au début et plus de SO_2 et H_2O à la fin : le rapport C/S va diminuer (Gerlach, 1982). Un prélèvement en cours d'éruption n'est pas significatif et l'établissement d'un bilan suppose le suivi de l'éruption du début à la fin. Le rapport C/S peut augmenter, traduisant un dégazage plus profond et l'arrivée d'un nouveau magma. D'autres rapports provenant d'analyses restaurées peuvent être utilisés pour la surveillance d'un volcan et la compréhension des mécanismes éruptifs (II.1.1. et IV.2.6).

• Le dégazage "occulte"

On conçoit que le suivi complet d'une éruption, utilisant des techniques complémentaires, puisse être riche d'enseignements. Les exemples en sont rares.

Au cours de l'éruption du Fuego (Guatemala) en 1974, une étude complète du soufre et du chlore, gazeux et particulaire, a été faite à la fois aux évents, sur des cendres, et dans le panache par spectrométrie de corrélation (COSPEC ; *cf.* IV.2.6) et prélèvements aéroportés. Les gaz magmatiques initiaux ont été déterminés par analyse à la microsonde des verres piégés dans les cristaux précoces de la lave (Rose *et al.*, 1982). Les mesures ont été poursuivies pendant trois ans, jusqu'à la reprise d'activité de 1977. La comparaison des résultats est surprenante : le volume de lave épanché n'a pu produire que le 1/5 des gaz émis en surface. Il faut conclure que les 4/5 du magma sont restés en profondeur mais se sont néanmoins dégazés.

Le cas du Fuego ne semble pas exceptionnel : des études récentes confirment l'importance du dégazage de magma non parvenu -ou non encore parvenu- à la surface, à l'Etna (Carbonnelle *et al.*, 1985 ; Allard *et al.*, 1991) et ailleurs (*cf.* II.1.1). Pour la contribution du volcanisme à l'atmosphère, les chiffres proposés antérieurement ne tenaient pas compte de ce dégazage diffus et pêchaient donc par défaut. Pour le CO_2, les volcanismes aérien et sous-marin pourraient ensemble émettre de l'ordre de 130-170 10^6 t/an (Gerlach, 1991).

• L'ébullition rétrograde ("*second boiling*")

Ce phénomène essentiel pour l'évolution d'une chambre magmatique et le déclenchement d'une éruption, est connu depuis longtemps de façon qualitative. Quand une chambre refroidit et commence à cristalliser, les éléments volatils qui n'entrent pas dans la formation des minéraux hydroxylés se concentrent dans le liquide résiduel en accroissant sa tension de vapeur. Quand celle-ci dépasse la pression lithostatique, le liquide sursaturé vésicule avec augmentation de volume. Burnham (1979) a traité le problème quantitativement. Il montre que pour une andésite du Mont Hood, si la cristallisation parvenait à terme, l'augmentation de volume serait de 10 % à 2kb, 30 % à 1kb et 60 % à 0,5kb ; l'augmentation de pression totale correspondante serait considérable. Dès que la pression sera supérieure à la résistance des roches du toit, il y aura fracturation, qui pourra se propager jusqu'en surface -à la manière d'une fracturation hydraulique- et déclenchera une éruption explosive. Une certaine déformation élastique précédera l'éruption, permettant éventuellement de la prévoir. Pour les grandes chambres, la déformation pré-éruptive peut être importante, et mener dans certains cas à la formation d'une "pré-caldera" par extension du toit, avant toute éruption (Vincent, 1963), ou au bombement du bloc effondré dans une caldera : c'est vraisemblablement le mécanisme, ou un des mécanismes, menant à la formation des "dômes résurgents" (Smith et Bailey, 1968) et aux éruptions intra-caldériques à la périphérie de ces dômes structuraux (*cf.* III.1.3).

Le petit étang de lave d'Alae formé en 1963 au Kilauea (Hawaï), de 15 m de profondeur, montre en modèle réduit la réalité du phénomène. Au cours de l'année qu'a mis à se consolider le basalte, pourtant pauvre en gaz, la partie centrale de l'étang s'est soulevée en un "dôme résurgent" de 30 cm de haut (Peck *et al.*, 1984).

II.1.3. - LES ÉRUPTIONS GAZEUSES

par Guy CAMUS et Patrick ALLARD

Le gaz carbonique, composant majeur des exhalaisons volcaniques provient des réactions de décarboxylation dans le manteau terrestre et, additionnellement, de réactions métamorphiques dans la croûte. Il s'échappe par toutes les zones de faiblesse de l'écorce, en particulier les zones distensives (sources thermo-minérales, mofettes). Les tragiques éruptions de Dieng (Java, Indonésie, 1979) et des lacs Monoun et Nyos (Cameroun, 1984 et 1986) ont révélé la possibilité de piégeage de ce gaz en sub-surface dans des conditions telles qu'une perturbation mineure peut entraîner une déstabilisation du système et une libération massive du CO_2.

Dans le cas de "l'éruption" de Dieng (142 victimes par asphyxie) il semblerait (Zen et Alzwar, 1982) que le gaz, dont l'origine magmatique a été démontrée (Allard *et al.*, 1989), ait été libéré le long d'une faille ouverte lors de séismes (Le Guern *et al.*, 1982), entraînant la décompression du système hydrothermal dans lequel le gaz participait à la phase vapeur. On sait en effet que dans la plupart des gisements géothermiques, l'eau à haute température reste liquide, et le gaz carbonique, s'il existe, forme une phase indépendante susceptible d'être libérée brutalement si le gisement est ouvert naturellement (séisme) ou artificiellement (forage). Le terme d'éruption "pneumatique" pourrait être attribué aux événements du type Dieng (Giggenbach *et al.*, 1991).

Dans le cas des lacs camerounais (respectivement 37 et 1 750 victimes), le gaz se serait accumulé à l'état dissous dans les eaux profondes, jusqu'à un état proche de la saturation (Sigurdsson *et al.*, 1987 ; Kling *et al.*, 1989 ; Kusakabe *et al.*, 1989). L'état méromictique d'un lac (caractérisé par une stratification densitaire et chimique des eaux due à une absence de brassage) est facilité par son "creux" (rapport de la racine carrée de la surface à la profondeur), et par l'absence de cycle climatique marqué. Au lac Monoun c'est un écroulement de falaise qui aurait rompu l'équilibre et déclenché le brassage, tandis qu'il n'a été reconnu aucun facteur évident, susceptible d'être à l'origine de l'évènement de Nyos. L'hypothèse d'un retournement "limnique" du lac est la plus généralement admise (Sigvaldasson, 1989). Elle est toutefois contestée par Tazieff (1989) qui interprète l'événement de Nyos comme dû à une éruption phréatique sous-lacustre. Dans les deux interprétations, il est clair que le gaz carbonique devait être préalablement stocké dans les eaux profondes du lac.

Enfin, certains auteurs ont émis l'hypothèse selon laquelle le dégagement brutal de CO_2 gazeux sous haute pression, ou éventuellement liquide, pourrait jouer un rôle important dans la formation explosive de certains maars (*cf.* II.3.3), tels que celui du Mont Gambier en Australie (Chivas *et al.*, 1987).

II.2. - L'ACTIVITÉ EFFUSIVE ET EXTRUSIVE ET SES PRODUITS

II.2.1. - L'ACTIVITÉ EFFUSIVE ET EXTRUSIVE : ASPECTS PHYSIQUES

par Pierre M. VINCENT

Coulées et dômes de lave sont à la fois les produits liquides des éruptions, puis le résultat de la solidification du magma liquide. Ils constituent des milieux laviques continus, même si leur progression n'est parfois permise que par une mince semelle résiduelle de lave au sein d'une gangue de brèche. Les coulées ont une grande extension latérale par rapport à leur épaisseur. Par contre, si la lave n'est pas capable de s'écouler sous son propre poids, elle s'accumule en dôme à pentes raides dont l'expansion latérale n'est due qu'à la poussée du matériel qui continue à sortir. Dans le premier cas, on parle d'effusion, dans le second d'extrusion. On passe d'un type à l'autre quand la viscosité de la lave atteint environ 10^8 poises.

• Les coulées basaltiques aériennes

Parmi les coulées aériennes, environ 90 % sont basaltiques au sens large. Leur morphologie et leur structure sont d'une étonnante variété (*cf.* II.2.2). Il sera question ici des facteurs physiques qui mènent à cette diversité.

Influence des facteurs externes

La topographie influe de façon évidente sur le comportement et la morphologie finale de la coulée. La pente contrôle la vitesse de l'écoulement. Une coulée aura tendance à s'étaler sur les surfaces planes et peu pentues et elle se canalisera dans les vallées, pour éventuellement s'étaler à nouveau à leur débouché en plaine. L'examen de la carte de la Chaîne des Puys (Glangeaud, 1913 ; Camus *et al.*, 1983) est instructive à cet égard, avec le contraste marqué entre les vastes "cheires" à l'Ouest et les coulées étroites canalisées à l'Est qui s'élargissent brusquement en Limagne. La présence d'eau peut mener à des phénomènes secondaires parfois spectaculaires (*cf.* II.2.2).

Influence du taux d'effusion

Les débits de lave varient de façon considérable d'un volcan à l'autre, et même d'une éruption à l'autre pour le même volcan. Le taux d'effusion dépendant d'abord des dimensions du conduit et de la viscosité de la lave, il n'est pas surprenant que les valeurs les plus élevées viennent des éruptions basaltiques fissurales : près de 5 000 m^3/s en moyenne pour le Laki (1783) pendant les 50 premiers jours (Thorarinsson, 1970). Une surface de 565 km^2 a été couverte par les 12,3 km^3 de lave, en faisant la plus grande effusion historique observée.

A une autre échelle, l'éruption latérale d'avril 1977 au Piton de la Fournaise (Réunion) a produit 100 millions de m^3 de lave, mais les 3/4 de ce volume ont été émis en 36 heures, soit un débit moyen pendant cette période d'environ 500 m^3/s. On cite à Hawaï, au Mauna-Loa, une éruption exceptionnelle qui a eu un taux d'émission deux fois et demi supérieur. A l'inverse, des émissions ayant des débits inférieurs au m^3/s sont fréquentes.

Le taux d'émission est le principal facteur qui détermine l'extension des coulées. Les débits faibles mènent à des "champs de lave" plutôt qu'à des coulées bien individualisées. A l'opposé, les éruptions à forts débits donnent des coulées qui se déplacent rapidement, et il a été montré que la longueur atteinte par une coulée dépend avant tout du taux d'effusion (Walker, 1973). Il faut admettre que les immenses coulées de basalte de plateau (*cf.* III.1.6), dont certaines couvrent des surfaces de plusieurs milliers de km^2, résultent d'éruptions sans équivalent historique dont les débits étaient très supérieurs à ceux de la fissure du Laki.

Influence des propriétés rhéologiques des laves

La viscosité : c'est la propriété physique la plus importante des laves. Elle est très liée à leur composition chimique et à la température (fig. 63). On sait que les magmas

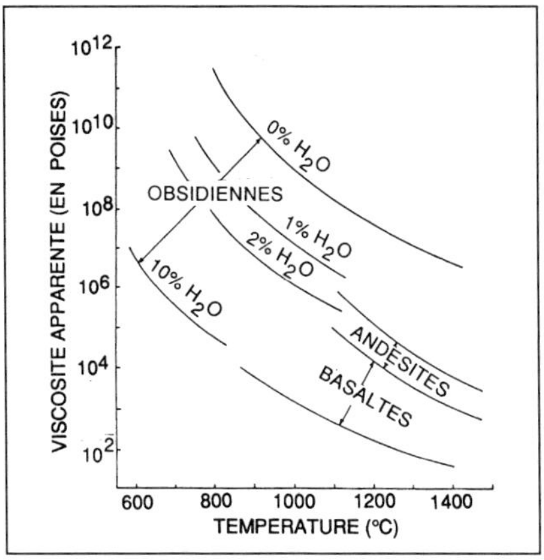

Fig. 63 - Courbes généralisées de la viscosité en fonction de la température pour des obsidiennes avec différentes teneurs en eau, des andésites et des basaltes (compilé par Johnson et Pollard, 1973).

acides sont plus visqueux que les magmas basiques à teneur d'eau égale, et à même température. Mais leur comportement est très différent : une lave basaltique se solidifie à haute température, rapidement dans un intervalle de température faible - un peu à la manière d'un corps pur - alors que les laves acides sont encore déformables à des températures beaucoup plus basses (respectivement 1 000°C et 600-700°C).

La viscosité augmente beaucoup quand la température diminue : en moyenne de 1 à 10 % par °C. Pour une même pente, la vitesse des coulées diminue vers l'aval et leur épaisseur augmente ; le front d'une coulée aa n'avance plus en général qu'en s'écroulant, poussé par la partie amont encore fluide.

La viscosité peut être calculée sur le terrain avec la formule de Jeffreys pour un écoulement laminaire :

$$\mu = \frac{\rho . g . h^2 . \sin\alpha}{k . V}$$

où ρ est la densité du fluide,
g l'accélération de la pesanteur,
h l'épaisseur,
α l'angle de la pente et
V la vitesse moyenne d'écoulement. On utilise k = 3 pour de larges coulées, 4 pour des chenaux étroits d'après Williams et McBirney (1979). Ce n'est qu'une évaluation approximative ; la vitesse "moyenne" en particulier est difficile à estimer à partir de la vitesse mesurée en surface, et l'écoulement ne peut être qu'imparfaitement laminaire. Néanmoins, les valeurs obtenues par cette méthode ont des ordres de grandeur comparables à celles obtenues en laboratoire.

Les mesures directes sur le terrain sont rares. Celles de Shaw *et al.* (1968) ont été faites dans la partie fluide d'un lac de lave (basalte tholéiitique) à Hawaï en forant la croûte solidifiée. La lave a un comportement non-newtonien, avec une cohésion interne, attribuée à la présence de 25 % de cristaux et 5 % de bulles. La viscosité plastique est de 7.10^3 poises, pour une température de 1 130°C. Il est intéressant de noter que la croûte est entièrement solidifiée à 980°C, et déjà rigide entre 980° et

1 070° bien qu'ayant encore 50 % de liquide piégé entre les cristaux (Peck *et al.*, 1979).

La cohésion interne : si les magmas à une température au-dessus du liquidus ont un comportement newtonien, il semble que la majorité des laves basaltiques ont un comportement de Bingham, avec une cohésion interne (un seuil de déformation). Le refroidissement augmente la viscosité et aussi la valeur de la cohésion interne, par cristallisation et vésiculation. Pour progresser sur une pente donnée, une coulée de ce type doit avoir une contrainte de cisaillement (contrainte parallèle à la pente) suffisante pour vaincre le seuil de déformation ($\sigma_s > \sigma_0$, *cf.* I.2.3). Comme cette contrainte augmente avec la profondeur, la coulée doit avoir une épaisseur minimum pour s'écouler ; elle s'immobilisera si l'épaisseur est inférieure - ou si la pente diminue. Hulme (1974) a montré théoriquement et expérimentalement qu'un fluide à cohésion interne qui s'écoule sur une pente donnée acquiert une épaisseur caractéristique et forme latéralement des dépôts stationnaires : les levées. Celles-ci se produisent au moment où la composante latérale de la vitesse est devenue insuffisante pour maintenir à la base de l'écoulement une contrainte de cisaillement supérieure au seuil de déformation. La largeur du chenal, entre les levées, est donc elle aussi caractéristique. Les mesures effectuées à l'Etna au cours de l'éruption subterminale lente de 1975 (Sparks *et al.*, 1976) ont confirmé ces vues, mais ont montré que seules les levées "initiales" étaient caractéristiques ; ultérieurement, elles sont surélevées par accrétion ou débordement - en raison par exemple du freinage de la coulée qui se refroidit en aval - et la profondeur de la coulée entre les levées n'est plus caractéristique. Pour les coulées à levées initiales conservées, il a été montré qu'il est possible de calculer les valeurs de la cohésion interne, valeurs confirmées par des mesures de laboratoire. Pratiquement, il semble que le modèle s'applique bien aux longues coulées de plusieurs mètres d'épaisseur.

La viscosité d'une lave augmente quand sa température diminue ; le progrès de la cristallisation et l'enrichissement du liquide résiduel en silice qui en résulte jouent dans le même sens pour augmenter la viscosité. Cependant la "barrière rhéologique" (*cf.* I.2.3) peut ne pas être atteinte avec un taux de cristaux élevé s'il s'agit d'une phase cumulative. Au cours de l'éruption d'avril 1977 au Piton de la Fournaise, des laves à 40 % d'olivine (océanites) se sont écoulées avec des vitesses exceptionnelles dans des chenaux sur des pentes fortes. Il n'a toutefois pas été constaté de sédimentation des cristaux à la base des coulées, ce qui atteste que la lave avait une cohésion interne notable. La vitesse d'écoulement de cette lave devait tenir, outre sa densité élevée, à sa température maintenue très haute en raison de l'absence de dégazage à l'évent des coulées. On sait que le dégazage initial est la principale cause de refroidissement de la lave : il a été montré que le dégagement de 1 % d'eau - teneur tout à fait réaliste en début d'éruption - refroidit la lave de 50°C (Sparks *et al.*, 1978). C'est une observation constante à la Fournaise que les coulées des premiers jours d'une éruption, accompagnées d'un fort dégazage par fontaines de lave, sont toujours de type aa ; les coulées pahoehoe, plus chaudes, ne viennent qu'après.

• Les coulées de lave acide

Sur les 10 % de coulées non basaltiques, l'essentiel est formé de laves de basicité intermédiaire. Les coulées de rhyolite représentent probablement moins de 1 % du total et il n'y a pratiquement pas d'exemples historiques. Leur viscosité élevée (10^8 à 10^{10} poises d'après les mesures effectuées en laboratoire par Carron, 1968) les destine à former normalement des dômes.

La grande viscosité des obsidiennes, émises sans cristaux intratelluriques, a empêché la croissance normale des germes cristallins et la vésiculation. On sait le rôle de ces cristaux pour l'acquisition d'une cohésion interne. Ces laves pourraient alors conserver un comportement proche de celui d'un fluide newtonien avec une viscosité élevée mais maintenue sous le seuil où l'on passe des coulées aux dômes (environ 10^8 poises).

Le comportement en laboratoire de cubes de roches supportant une charge constante et chauffés progressivement jusqu'à la fusion (Carron *et al.*, 1965) pourrait s'expliquer de cette façon. Alors que le basalte passe brutalement de l'état solide à l'état liquide, l'obsidienne y passe progressivement sur un intervalle de température de 150°C. D'autres roches, comme les phonolites, ont un comportement intermédiaire.

• Les extrusions

Un dôme volcanique est une accumulation de lave qui se forme au-dessus d'un point de sortie par poussée interne. Dans le cas extrême, la lave est suffisamment visqueuse pour qu'il n'y ait pas d'expansion latérale : il se forme des protrusions (bélonites) dont le diamètre est celui de la cheminée et dont la hauteur peut alors être nettement supérieure au diamètre. Dans les autres cas, il y a expansion latérale, et la forme du dôme va dépendre des propriétés rhéologiques de la lave : ce sont des dômes d'accumulation ou, plus brièvement, des cumulo-dômes.

Des considérations théoriques et une étude expérimentale (Blake, 1990) ont montré que l'on peut modéliser un cumulo-dôme comme un corps visco-plastique (corps de Bingham) où s'établit un équilibre statique entre le poids du dôme et sa cohésion interne, au cours de sa croissance interne - c'est-à-dire par apport continu de magma à l'intérieur. Cette approche permet, en bon accord avec les données volcanologiques, de ramener la grande variété des cumulo-dômes à deux types fondamentaux : les dômes péléens, à cohésion interne élevée, et les dômes surbaissés, à cohésion interne plus faible, la coupure entre les deux se situant entre $\sigma_0 = 10^5$ et 10^6 Pa (Blake, 1990) (fig. 64).

Les dômes péléens dans la terminologie de Blake, ont un rapport hauteur/rayon entre 0,6 et 0,9, donc des pentes fortes, et une couronne d'éboulis très développée ; leur morphologie est généralement tourmentée, hérissée d'injections au travers de la

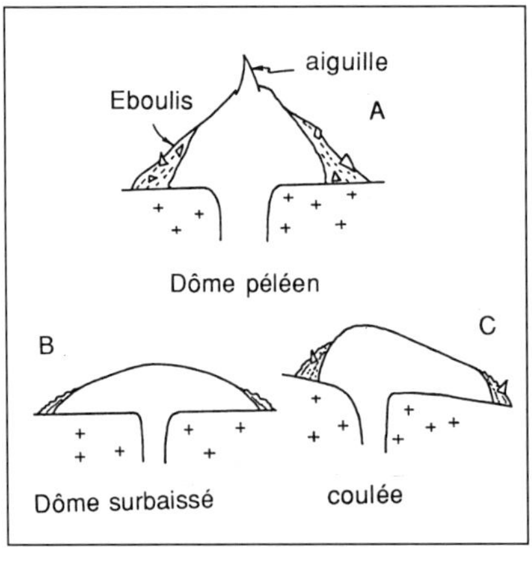

Fig. 64 - Les différents types de cumulo-dômes (d'après Blake, 1990) ;
(a) dôme péléen au sens de Blake, rapport hauteur/rayon > 0,6 ; (b) dôme surbaissé, H/R < 0,6, habituellement andésite ou andésite basaltique ; (c) dôme-coulée ; si la pente est faible, correspond à un dôme surbaissé.

carapace solide. Du fait de la forte cohésion interne de la lave, les gaz doivent atteindre des pressions élevées pour leur expansion, et des nuées ardentes accompagnent donc normalement la croissance du dôme (*cf.* II.3.2). Après une phase destructrice, l'équilibre se rétablit, les arrachements se cicatrisent et le dôme reprend sa forme d'équilibre. Un bel exemple en est donné par le Sarcoui, dans la Chaîne des Puys, où l'on peut voir de la lave massive recouvrir les dépôts de nuées ardentes dans les carrières au nord de l'appareil (de Goër de Herve *et al.,* 1991).

Les dômes surbaissés ont, à rayon égal, une hauteur plus faible. C'est le cas de celui de la Soufrière de Saint-Vincent, 1979, (H/R=0,3), ou de celui du Galunggung, 1918. La couronne d'éboulis est peu développée et la morphologie est plus régulière. Ces caractères traduisent une viscosité et une cohésion interne moins fortes. Leur croissance ne s'accompagne pas de l'émission de nuées ardentes, l'expansion des gaz se faisant sous des pressions insuffisantes pour cela.

Quand un dôme s'est installé sur une pente, il peut avoir débordé latéralement en donnant une coulée épaisse (anglais : "*coulee*"). Si la pente est faible, cela ne peut se produire qu'avec un dôme surbaissé. Le terme "dôme-coulée" traduit bien ce passage d'une extrusion à une effusion.

Le modèle visco-plastique rend ainsi compte avec une approximation satisfaisante des caractères des cumulo-dômes. La distinction entre deux types fondamentaux a une réalité géologique, et une signification du point de vue des risques.

II.2.2 - COULÉES ET DÔMES : ASPECTS MORPHOLOGIQUES ET STRUCTURAUX

par Guy KIEFFER

• Unités laviques, coulées, champs de lave

Dans nombre de descriptions, une "coulée" est considérée comme une langue de lave unique du cratère à son extrémité. En fait, si l'on peut rencontrer des coulées correspondant à ce schéma simple, la plupart sont composées d'un nombre plus ou moins grand d'unités laviques.

Une **unité lavique** suppose une émission régulière et continue de lave. Son expression la plus élémentaire peut être vue dans les protubérances bulbeuses ("*toes*") ou tubes, de quelques mètres de longueur, qui s'individualisent dans les ensembles "pahoehoe". Mais, des laves très fluides, émises avec de forts taux d'émission, peuvent constituer des unités laviques de plusieurs dizaines de kilomètres. Dans ce cas, avec une topographie régulière, une langue de lave va s'élargir et s'épaissir vers l'aval, en raison du dégazage et du refroidissement progressifs qui augmentent sa viscosité.

Une **coulée,** au sens large (qui est aussi le plus habituel), correspond aux produits, assez liquides pour couler, d'une éruption. On parle communément, par exemple à l'Etna, de la "coulée" de telle éruption. Il s'agit le plus souvent d'un ensemble d'unités laviques superposées et juxtaposées. Dans une vallée, elle peut être formée par l'empilement de plusieurs nappes de lave, comme celle des puys de La Vache et de Lassolas (Chaîne des Puys, Auvergne) qui en compte quatre dans sa partie moyenne (Auriat, 1957). Dans un volcan comme l'Etna, la mise en place d'une coulée peut correspondre d'abord à l'étalement d'une ou plusieurs langues principales, généralement émises dans les premières phases de l'éruption où le taux d'effusion est le plus fort. Puis, la diminution et les fluctuations de ce taux n'assurant plus une alimentation suffisante, les fronts d'avancée se figent, tandis qu'à l'amont se forment des langues plus petites, soit depuis les points de sortie, soit depuis des nappes déjà en place, dont la gangue durcie est traversée par des laves restées fluides à l'intérieur ("*bocca di forno*"). La "coulée" résultante est plus large et épaisse dans ses sections amont et moyenne, à l'inverse de ce qui se passe pour une seule unité lavique.

Le volume et l'extension des coulées sont variables. Dans les zones de rifting intense, les volumes et les taux d'émission sont importants. La plus longue langue de lave du Laki (Islande), en 1783, a atteint 88 km. Des coulées du Queensland australien ont dépassé 100 km (Stephenson et Griffin, 1976). Des distances record d'environ 300 km, impliquant des volumes colossaux, ont été estimées pour des laves miocènes des plateaux de la Columbia River (USA), ce qui a permis de supposer des taux d'émission de l'ordre de 100 km^3/jour, à partir de fissures éruptives fonctionnant sur plusieurs dizaines de kilomètres de longueur (Swanson *et al.*, 1975). Par contre, les coulées des éruptions latérales de l'Etna ont entre 3 et 10 km de longueur, pour 20 à 100 millions de m^3; celles du Mauna Loa (Hawaï) sont longues en moyenne de 25 km, pour des volumes souvent supérieurs à 100 millions de m^3.

Certaines nappes basaltiques n'ont que quelques dizaines de centimètres d'épaisseur. D'autres, logées dans de profondes vallées, approchent exceptionnellement la centaine de mètres : pour ces types de laves, des épaisseurs de 3 à 20 m sont plus courantes.

Les coulées visqueuses sont plus courtes : celles de nature trachytique ou rhyolitique dépassent rarement 2 à 3 km. Elles sont par contre beaucoup plus épaisses, dépassant parfois 100 m de puissance, comme la coulée de Zara (Ischia, Italie). La coulée de "sancyite" (trachy-andésite proche des trachytes) de Bozat (Monts Dore, Auvergne) atteint 200 à 250 m d'épaisseur et 2,5 km de long.

Un **champ de lave** ("*compound lava field*") est une accumulation d'unités laviques réparties en éventail depuis les points de sortie. Sa formation demande des mois ou des années. Elle suppose des effusions lentes, à faibles taux d'émission, de laves fluides. Les unités laviques parcourent de faibles distances. L'exemple en est donné par les éruptions "subterminales" de l'Etna qui construisent des champs de lave en contrebas des cônes terminaux. La phase éruptive du Cratère Nord-Est de janvier 1966 à avril 1971 a produit une multitude d'unités laviques, surtout "aa", pour édifier une coupole d'environ 2 km de rayon et 200 m d'épaisseur.

Le développement d'un champ de lave se fait souvent grâce à des tunnels qui distribuent le magma de plus en plus vers l'aval. Ces tunnels ne résultent pas d'un "éclusage" brutal. Ils sont dus à la formation progressive de croûtes à la surface de laves canalisées qui conservent un écoulement interne. Ils sont susceptibles de fonctionner pendant des mois, voire des années, et peuvent conduire un magma resté très chaud et fluide jusqu'à des kilomètres de distance. Ce processus a été illustré à l'Etna par les éruptions de 1975 et 1985 : il a permis à des langues de lave de s'avancer jusqu'à 4 km des points de sortie les plus élevés, alors que le parcours à l'air libre n'a généralement pas dépassé 2 km.

• Coulées de lave fluide : pahoehoe et aa

Pahoehoe et aa, deux termes empruntés à la langue hawaïenne, désignent des aspects caractéristiques de coulées fluides, en général basaltiques (fig. 65-1 et 2). Ces types ne peuvent guère être dissociés. Rares sont les ensembles volcaniques qui présentent l'un sans l'autre. Et, surtout, il existe entre eux des liens génétiques, une même éruption, une même coulée, voire une même unité lavique, étant capables de les réunir sur le terrain.

Le **pahoehoe** se caractérise par des surfaces lisses, souvent continues. Il présente des irrégularités résultant de la déformation ou de la fragmentation de cette surface, ou encore de l'édification de formes qui offrent elles-mêmes des surfaces lisses. Ce caractère résulte du fait que les laves pahoehoe se déplacent à la manière d'un sucre fondu, en se recouvrant d'une peau de refroidissement capable, comme la peau du lait, de se déformer.

On a classiquement décrit les laves *cordées*, les laves *en tripes*, les *orteils ("toes")* et les *tubes* formés d'un manchon autour du vide laissé par l'écoulement d'une lave interne. Des *plans unis* se forment lorsque la lave est retenue derrière un obstacle ou dans une dépression. La fragmentation de la croûte superficielle crée des zones à dalles basculées et instables *("slab lava "* ou *"slab pahoehoe")*. Les *tumuli* ou dômes fissurés (1 à 4 m de hauteur pour 5 à 15 m de largeur en moyenne) sont dus au soulèvement et à la fragmentation d'une croûte sous la poussée hydrostatique de la lave demeurée fluide à l'intérieur. Lorsqu'ils sont allongés, ils correspondent à des *crêtes de pression ("pressure ridges")*. Par les cassures de la croûte peut s'injecter de la lave qui souvent se fige sans déborder *("squeeze up")*, mais peut dégouliner sur les flancs du tumulus pour construire un petit *cône de lave* (sans racine), encore appelé *conelet* ou *"driblet cone"*. Un *hornito* est une petite construction turriforme résultant de l'amoncellement de projections fluides autour d'un point de dégazage.

Au cours d'une éruption suffisamment longue, la mise en place de laves pahoehoe tend à s'effectuer par des *tunnels*. Ce type d'écoulement est habituel dans bien des éruptions du Kilauea à Hawaï. Les tunnels constituent l'un des traits du pahoehoe. Ils peuvent dépasser la dizaine de kilomètres de longueur. Certains atteignent 10 à 20 m de diamètre ("*Jameos*" des coulées du volcan Corona, Lanzarote, Canaries).

Le **aa** présente une surface chaotique, formée d'éléments meubles scoriacés (*gratons* ou *clinkers*) de la taille du poing à celle d'une tête. Mais, au sein d'une unité lavique et au moment de la mise en place, existe toujours au moins une semelle de lave continue qui assure le mouvement tant qu'elle reste fluide. Une coulée aa se meut à la façon d'un char sur ses chenilles : avec l'avancée, la partie meuble superficielle tombe au pied du front de progression, formant un talus mobile que la coulée recouvre au fur et à mesure de son déplacement. Aussi, les coulées aa possèdent toujours à leur base une brèche (*brèche de progression*) formée des mêmes éléments scoriacés que ceux de la couverture. Parmi les gratons peuvent aussi se trouver des *boules de lave* ("*accretionary lava balls*") spécifiques des coulées aa.

Dans les laves aa, on rencontre des *chenaux d'écoulement* installés dans l'axe des unités laviques, de quelques mètres à quelques dizaines de mètres de largeur pour quelques mètres de profondeur. Ces chenaux se forment mieux lorsque les pentes sont fortes et aux endroits où celles-ci s'accélèrent. Ils constituent un mode habituel d'écoulement des laves aa. Ils sont souvent encaissés dans la partie massive et continue de la coulée et leurs rebords constitués de lave franche correspondent à des *levées*. On a parlé de "laves en rails" pour les figures offertes par des ensembles de coulées aa à chenal axial juxtaposées, comme il en existe autour du Cratère Nord-Est de l'Etna. Des bourrelets constitués de gratons, en bordure de chenaux ou sur des rides modelées par l'écoulement, ont reçu l'appellation imagée de *moraines*.

Rapports entre pahoehoe et aa

L'existence de rapports entre le pahoehoe et le aa apparaît avec évidence lorsque l'on suit des unités laviques qui, d'abord pahoehoe, se transforment en aa. Lors d'éruptions (avril 1977 au Piton de la Fournaise par exemple), on a pu assister à la mise en place, d'abord de laves aa, puis de laves pahoehoe, et à nouveau de laves aa. Les éruptions "subterminales" de l'Etna, comme celles de 1975, 1983 et 1985, produisent des langues de lave aa, à chenal bien développé, levées et moraines, et des laves pahoehoe, à tubes et cordes. On pourrait multiplier les exemples où se mêlent ces deux types.

Une même lave peut donc donner du pahoehoe aussi bien que du aa, mais dans des conditions assez précises. En plus des données physiques exposées plus haut (*cf.* II.2.1), il y a lieu de préciser quelques observations (Kieffer, 1979) :

- Dans les ensembles volcaniques à laves très fluides, émises à des températures de l'ordre de 1 150 à 1 200°C, le pahoehoe est plus fréquent que le aa et présente des formes plus fines et plus lisses. Ceci se vérifie avec les magmas tholéiitiques ou transitionnels, comme en produisent le Kilauea, le Mauna Loa ou le Piton de la Fournaise. Dans ces volcans, le aa est néanmoins abondant et typique. Les laves alcalines, comme celles de l'Etna, émises à des températures souvent inférieures à 1 100° C, révèlent une meilleure aptitude à donner du aa et montrent un pahoehoe aux formes plus lourdes et à la surface accidentée de micro-aspérités. Mais, il serait inexact de considérer que le pahoehoe est spécifique du dynamisme "hawaïen" et que le aa caractérise le dynamisme "strombolien".
- Le passage du pahoehoe au aa est possible et souvent habituel, alors que le passage du aa au pahoehoe ne se produit jamais (MacDonald, 1953). Il existe en fait plusieurs types de laves pahoehoe : certaines évoluent facilement en aa (coulées d'avril 1977 du Piton de la Fournaise) ; d'autres semblent incapables de devenir aa (plancher de l'Enclos Fouqué et pentes occidentales du cône terminal du Piton de la Fournaise).
- L'apparition du aa, c'est-à-dire la formation des gratons, résulte du développement et de la fragmentation d'une écume superficielle, plus visqueuse que la lave interne. Le processus s'amplifie au cours du déplacement jusqu'à ne laisser parfois qu'une mince lame de lave continue au sein d'une épaisse gangue de gratons.
- La formation du aa est donc un processus d'autofragmentation. Le passage à l'état discontinu paraît correspondre à un seuil dépendant de plusieurs facteurs. La viscosité doit être suffisante, sans être trop grande. A l'Etna, elle est celle des coulées (proches des hawaiites) des éruptions subterminales, environ 10^5 poises, pour des températures de l'ordre de 1 070° C (Tanguy, 1980). Les laves très fluides ne peuvent retenir les gaz qui composent les vésicules de l'écume : si elles se figent rapidement, elles donnent du pahoehoe; si elles s'écoulent plus longtemps, elles peuvent ensuite donner du aa avec l'augmentation progressive de leur viscosité. Les laves trop visqueuses empêchent la montée des gaz vers la surface et les conservent occlus ou en bulles : elles donnent du pahoehoe plus fruste et massif. Il faut admettre qu'il existe un rapport viscosité/teneur en gaz optimum pour un taux d'effusion et une topographie donnés, pour le déclenchement du processus.
- Pour un rapport viscosité/teneur en gaz convenable, la transition pahoehoe - aa est facilitée par l'augmentation de la pente ou une augmentation du débit.

Ainsi, lors d'éruptions de l'Etna (Pinkerton et Sparks, 1976), du Kilauea et du Mauna Loa (Rowland et Walker, 1990), il a été remarqué que les mises en place successives de aa puis de pahoehoe, se font à des débits décroissants.

• Coulées de laves visqueuses

Les laves à blocs ("block lavas")

Ces coulées (fig. 65-3) caractérisent surtout les laves acides (andésites, dacites, trachytes, rhyolites). Elles peuvent aussi se rencontrer avec des laves basaltiques, en général alcalines. Leur surface est irrégulière et grossièrement comparable à celle des coulées aa. Elle correspond à des chaos de blocs décimétriques qui se distinguent des gratons par des formes polyédriques et anguleuses. Ces blocs sont formés de lave peu ou non vésiculée et parfois d'obsidienne compacte (coulées rhyolitiques de Pantelleria ou trachytiques du Teide, Tenerife, Canaries).

En coupe et lorsqu'elles ne sont pas trop épaisses, les coulées de laves à blocs montrent une disposition générale rappelant celle des coulées aa, avec un ou plusieurs niveaux de lave non fragmentée au sein d'une gangue de blocs. La formation des blocs correspond également à un processus d'autofragmentation. Le passage possible de surfaces continues, proches du pahoehoe, à des surfaces à blocs ("cheire" du Puy de Come, Chaîne des Puys) et la configuration anguleuse des blocs montrent qu'il s'agit de la division de laves continues déjà solidifiées ou trop visqueuses pour être déformées. Le processus a aussi besoin du mouvement assuré par la poussée de la lave restée suffisamment fluide à l'intérieur. Il s'amplifie avec la progression, amenuisant peu à peu les volumes de lave continue.

Autres aspects des laves visqueuses

Des coulées très épaisses ont des aspects que l'on rencontre aussi sur les dômes. Leur surface, irrégulière et bréchique, est hérissée de crêtes ou de petites aiguilles injectées à travers les fractures d'une gangue déjà durcie. Les rebords sont raides et correspondent à des talus d'éboulis (coulées d'obsidienne des Mono Craters, Californie, USA).

Certaines coulées, en particulier d'obsidienne, montrent une disposition d'ensemble en grands lobes sur lesquels se dessinent de larges rides, d'échelle hectométrique, concentriques et convexes vers l'aval (Big Obsidian Flow, Oregon, USA). Dans le détail, leur surface est chaotique et fragmentée, de type "laves à blocs", souvent traversée par des excroissances de lave vitreuse qui présentent des figures de fluidalité et des rubanements caractéristiques (coulée du Monte Pelato, Lipari, Italie).

• Particularités liées à la présence d'eau

Lorsqu'une coulée fluide pénètre dans une nappe d'eau, son front se résout parfois en *lave en coussins* (*"pillow lava"*) (fig. 65-4). Le phénomène a été observé en 1973 lors de l'entrée en mer de coulées du Kilauea (Moore, 1975). Il en existe aussi des exemples dus à l'avancée de laves dans des lacs (Ly *et al.*, 1979) ou des rivières (Kieffer, 1975).

L'arrivée en mer d'une coulée peut provoquer la construction de *cônes littoraux* (sans racine) due à l'échappement explosif et répété, au point de pénétration, de vapeur d'eau formée sous la nappe de lave en fusion. Il a été recensé une cinquantaine de ces formes sur des coulées du Kilauea et du Mauna Loa (Moore et Ault, 1965).

Fig. 65 - Morphologies de coulées et dômes :
1 - laves pahoehoe, avec un tumulus (diamètre 15 m), Kilauea, Hawaï.
2 - juxtaposition de laves pahoehoe et de laves aa, Kilauea, Hawaï.

Fig. 65 - (Suite)

3 - laves en blocs : coulée d'obsidienne de Little Glass Mountain, Medecine Lake, Californie.

4 - coussin de lave (*pillow-lava*) (diamètre 40 cm), Aci Castello, Sicile.

Fig. 65 - (Suite)
5 - dôme composite : Santiaguito, Guatemala.
6 - protrusion : suc du Petit Gerbier, Velay.

Fig. 65 - (Suite)

7 - coulée de lave prismée : colonnade régulière à la base, verticale sur un substratum horizontal, inclinée sur un ancien versant ; faux-prismes au-dessus passant à une zone scoriacée vers le haut (Islande).

8 - sections de prismes, Chaussée des Géants, Irlande.

Des explosions comparables sont susceptibles de se produire lorsqu'une coulée s'étale sur une zone imprégnée d'eau. Il peut alors se construire des *champs de hornitos* ou de petits *cônes* (également sans racine) dont il existe de beaux exemples en Islande (Thorarinsson, 1953). Mais, dans la croûte de coulées pahoehoe ou à la surface de laves très visqueuses, il peut aussi s'ouvrir de simples *entonnoirs cratériques*, comme sur la coulée d'obsidienne de Glass Mountain, Californie, USA (Green et Short, 1971).

Lorsque la vapeur produite sous une coulée ne parvient pas à s'échapper à travers les niveaux laviques continus sus-jacents, sa pression provoque parfois la formation de cavités dont le développement "en cloche" décolle la base de la coulée de son substratum. Ce type de cavités, métriques à décamétriques, correspond à des *blisters* ("*steam bubble*") (Grotte des Laveuses à Royat, Creux de Soucy près du lac Pavin, Auvergne). Il doit être distingué d'un autre type de blisters, formes mineures de surface de coulées pahoehoe très fluides.

• Dômes, aiguilles et protrusions

Dômes (tholoïdes), aiguilles et protrusions (bélonites) sont des formes que la terminologie géomorphologique classique nomme *péléennes*. Les laves sont des andésites, dacites, trachytes, phonolites ou rhyolites qui, aux températures d'éruption (habituellement 800-900° C), présentent une viscosité élevée qui les rend pâteuses, les obligeant à s'accumuler sur place, ou assez rigides pour s'ériger à la façon d'un piston (*cf.* II.2.1).

Ces formes sont extrusives, construites à l'air libre. Mais, il existe des structures intrusives, comme les *crypto-dômes* ("*roof-mountains*"), tels ceux de l'Usu (Japon), en particulier le Showa-Shinzan développé en 1910 sous une nappe alluviale.

Le *cumulo-dôme* ou *dôme endogène*, croît par alimentation interne. Sur des topographies horizontales ou dans des cratères évasés, la forme est, selon la viscosité de la lave, celle d'une galette (Novarupta, Alaska) ou d'un chaudron renversé (Sarcoui, Chaîne des Puys). Fraîche, la surface est chaotique et bréchique, avec des excroissances latérales hérissées, dues à des injections de lave à travers la gangue fissurée par l'inflation. Les rebords sont raides et leur base disparaît sous des éboulis.

Bien des dômes ne présentent pas la même régularité. Ils s'allongent selon la pente pré-éruptive ou le long d'une fissure éruptive. Certains ont un profil élancé. Leur partie centrale peut se fracturer et s'ouvrir "en bouton de rose" sous l'effet d'explosions ou de pulsations dans la production magmatique.

Le *dôme-coulée* résulte d'une plus grande expansion latérale d'un ou de plusieurs flancs d'un dôme. Il existe toutes les transitions entre la coulée de lave visqueuse et le cumulo-dôme : les Mono Craters (Californie, USA) illustrent plusieurs de ces possibilités. La coulée sancyitique de Bozat (Monts Dore), déjà citée, pourrait encore être interprétée comme un dôme-coulée.

L'évolution d'un dôme, pendant des années, donne plutôt un *dôme composite* (fig. 66). L'histoire de celui apparu dans le cratère du Mont Saint-Helens, après l'éruption du 18 mai 1980, avec des phases explosives qui l'ont plusieurs fois partiellement détruit et l'apparition d'intumescences parasites sur le dôme principal, illustre comment il est possible de passer de la forme simple à la forme composite. Les dômes de grande taille sont en général composites : ainsi, le Santiaguito (Guatemala), qui évolue depuis 1922, est constitué de cinq dômes coalescents, avec de petites coulées associées (fig. 65-5).

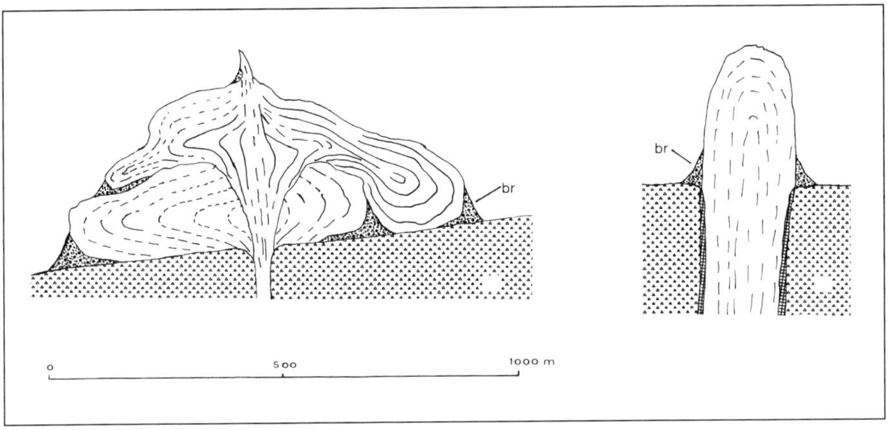

Fig. 66 - Coupes schématiques d'un dôme composite (à gauche) et d'une protrusion (à droite).
br : figurés représentant les dépôts d'écroulement.

L'*aiguille* est une excroissance de lave très visqueuse, émergeant du sommet d'un dôme, générée et poussée en son sein depuis le conduit d'alimentation. Quelques-unes ont atteint des dimensions considérables : celle de la Montagne Pelée, en 1903, s'est élevée, malgré les écroulements, à plus de 300 m au-dessus du dôme. Lacroix (1904) a estimé que, sans ces écroulements, elle aurait dépassé 850 m de hauteur. A la fin de sa mise en place, elle présentait une face convexe, lissée et rainurée par les frictions du mouvement ascensionnel.

La *protrusion* (fig. 65-6 et 66) correspond à la montée d'une lave très visqueuse soulevée à la manière d'un piston. Sa rigidité lui interdit toute expansion latérale et le monolithe conserve la section acquise à la sortie du conduit d'alimentation. Ses parois peuvent montrer des stries de friction (Lassen Peak, Californie, USA). Elles ont parfois incorporé des écailles arrachées à l'encaissant. Le profil est celui d'un pain de sucre plus ou moins élancé, dont la base disparaît sous les éboulis. Le Puy Chopine (Chaîne des Puys), dressé au milieu d'un large cratère phréatomagmatique, illustre ce type de forme.

Le *dôme exogène* est construit par l'accumulation, depuis le sommet de l'édifice, de niveaux laviques successifs, ce qui suppose des laves de viscosité modérée et de faibles taux d'émission. La majorité des dômes exogènes sont formés par des laves peu ou non différenciées, comme le Colle Umberto du Vésuve et les coupoles ou "mamelons" (cônelets de lave) que l'on rencontre dans le volcanisme "hawaïen". Le dôme du Saint-Helens fournit l'exemple d'un dôme en partie exogène édifié avec une lave acide (dacite).

• Structure interne des coulées et dômes : la prismation

La partie interne et massive des coulées et dômes peut présenter une division polygonale à l'origine de prismes qui apparaissent sur la tranche des reliefs recoupés par l'érosion. Cette division résulte d'une diminution de volume ou retrait de la lave au cours de son refroidissement (Tomkeief, 1940 ; Spry, 1962), qui provoque l'ouverture de diaclases. En fait, ces dernières peuvent être très diversement disposées (régularité, orientation, densité, largeur) et ne délimitent pas toujours des prismes.

Dans un schéma simple, les prismes se développent perpendiculairement aux surfaces isothermes de refroidissement. Ils sont logiquement verticaux dans les nappes de laves étalées sur des surfaces horizontales et inclinés dans les volumes laviques qui moulent des versants (fig. 65-7). Mais la réalité n'est pas toujours aussi simple. Divers facteurs facilitent ou au contraire s'opposent à leur formation (Kieffer, 1977) : faciès pétrographique et surtout texture microscopique (dont dépendent la compacité et la porosité de la roche), vitesse de refroidissement, tensions et pressions dues aux conditions de mise en place et enregistrées par la lave au moment de sa solidification.

Toutes les laves ne se prisment pas. Si l'on prend l'exemple des basaltes, on peut distinguer trois types de roches (Kieffer, 1968, 1971). Les basaltes doléritiques (gris) se prisment d'autant plus mal qu'ils sont plus poreux. Les basaltes à mésostase microcristalline (bleutés et peu poreux) se prisment bien : ce sont eux, avec quelques autres roches dont les phonolites, qui donnent les alignements de prismes ("orgues") les plus remarquables. Les basaltes riches en verre brun (noirs compacts et non poreux) donnent des prismes minces, irréguliers et enchevêtrés ("faux prismes"). Ces deux derniers types s'associent fréquemment dans une même coulée pour présenter une architecture superposant une *colonnade* de prismes réguliers (basalte bleuté), un *entablement* de "faux prismes" (basalte noir compact) et une *fausse colonnade* de prismes plus grossiers que ceux de la colonnade (basalte bleuté) (Kieffer, 1969). La fausse colonnade est parfois peu importante et il arrive que les "faux prismes" passent directement à une couverture superficielle scoriacée (fig. 65-7). Dans les lacs de lave, comme ceux qui remplissent d'anciens maars, l'entablement de "faux prismes" peut dépasser 100 m d'épaisseur et montrer de spectaculaires faisceaux de prismes en gerbe, rosaces, etc. Dans les coulées des plateaux de la Colombia River (Oregon et Washington, USA), la texture vitreuse des "faux prismes" a été vue comme la conséquence d'une mise en place dans l'eau (Degraff *et al.,* 1989), interprétation qui peut difficilement être étendue à toutes les coulées de ce type.

Comme les basaltes bleutés sont beaucoup plus altérables que les basaltes noirs compacts, la fausse colonnade sommitale est facilement supprimée et la colonnade basale accuse un recul à l'origine d'abris sous roche au-dessous de l'entablement de "faux prismes". Dans le Massif central français, cette disposition a fourni le site de plusieurs habitats préhistoriques.

Les laves différenciées montrent, dans l'aptitude à la prismation, la même opposition entre faciès poreux et faciès compacts que les basaltes. Par exemple, on peut noter le contraste entre deux variétés de trachy-andésite des Monts Dore (Auvergne), la "sancyite", claire et poreuse, incapable de se prismer, et la "doréite", mésocrate et compacte, dont les coulées exposent des prismes bien formés. Le même contraste existe, dans des dômes ou protrusions du Massif central, entre des trachytes poreux (type domite) et des phonolites compactes. Mais, les obsidiennes franches, qui comptent parmi les plus compactes des roches, ne se prisment guère.

Les prismes présentent des dimensions variables : quelques dizaines de centimètres à plus d'une centaine de mètres de longueur et quelques centimètres à plus de 3 m de diamètre. Les plus larges appartiennent plutôt à des roches visqueuses dont le refroidissement a dû être lent. Cette remarque comporte toutefois des exceptions.

La plupart des prismes possèdent cinq à sept faces, alors que dans un milieu isotrope idéal ils devraient tendre à être tous hexagonaux. Il est aussi possible d'en rencontrer à quatre ou huit faces et même, dans des intrusions, à trois faces. Leurs faces peuvent porter les empreintes des ruptures successives qui ont conduit à les individualiser. Lorsqu'elles sont régulières, ces empreintes correspondent à des bandes rectangulaires, perpendiculaires à l'axe du prisme et juxtaposées comme les lames d'un parquet. Ces ruptures, concomitantes de la rétraction, interviennent alors que la lave a déjà acquis une viscosité élevée, peut-être après une phase d'augmentation de volume liée aux derniers stades de cristallisation avant la solidification. Ainsi, des enclaves noyées dans la lave sont sectionnées sans difficulté par le développement des diaclases, chaque moitié d'entre elles apparaissant ensuite sur les faces opposées de prismes voisins. Après leur formation, les prismes sont susceptibles d'être segmentés en “articles” superposés. Cette division se révèle avec l'altération qui exploite les plans de fluidalité de la lave. Les plans ainsi mis à jour apparaissent parfois, tantôt concaves, tantôt convexes, ce qui peut s'interpréter comme la conséquence d'une déformation tardive du plan de fluidalité, liée à la poursuite du retrait ou à une évolution rhéologique de la lave à l'intérieur du caisson formé par les bords plus vite solidifiés du prisme après l'ouverture des diaclases. De tels aspects convexes ou concaves apparaissent spectaculairement sur certaines nappes de lave prismées recoupées par l'érosion, comme sur la Chaussée des Géants (Irlande) qui correspond à la colonnade basale, tranchée par l'abrasion marine, d'une coulée à entablement de “faux-prismes” (fig. 65-8).

II.3. - L'ACTIVITÉ VOLCANIQUE EXPLOSIVE

II.3.1. - MODÉLISATION DES MÉCANISMES ÉRUPTIFS ET ÉRUPTIONS BASALTIQUES

par Sylvie VERGNIOLLE et Claude JAUPART

Les éruptions volcaniques sont souvent dévastatrices et modifient la structure et la géométrie de l'édifice. Elles ne se reproduisent donc jamais tout à fait dans les mêmes conditions, ce qui ne facilite pas les généralisations et l'établissement de lois phénoménologiques. Elles font intervenir des liquides complexes : les laves. Les éruptions volcaniques se déclenchent souvent après de longues périodes de repos, pendant lesquelles le système magmatique profond évolue. Elles sont le résultat brutal de longs processus de différenciation chimique que nous ne comprenons qu'imparfaitement.

Les modèles physiques des phénomènes éruptifs n'en sont encore qu'aux balbutiements. La phénoménologie n'est bien établie que depuis une quinzaine d'années, les mesures des variables physiques importantes ne sont disponibles en nombre suffisant que depuis une dizaine d'années et enfin, le nombre de géologues et physiciens qui s'y essayent reste faible. Faute de place, on n'essaiera pas d'expliquer tous les phénomènes physiques qui se produisent dans les volcans. On cherchera à montrer pourquoi il est nécessaire de comprendre la physique pour interpréter les observations faites en surface, et à donner l'exemple d'un système simple qui reproduit un certain nombre de phénomènes volcaniques.

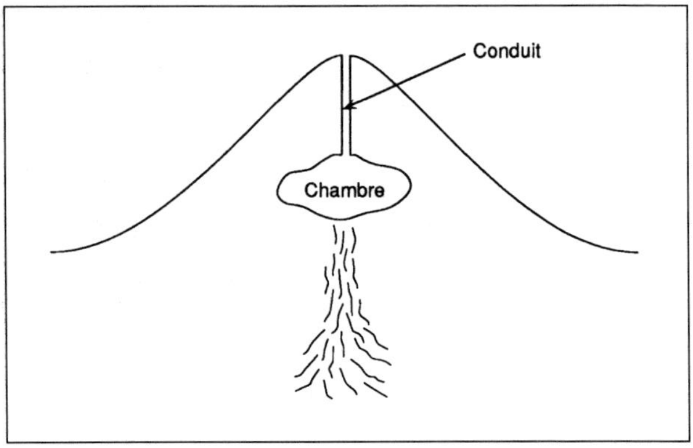

Fig. 67 - Les différentes parties d'un volcan.
Le magma est formé en profondeur et s'injecte dans une chambre magmatique située près de la surface. Après un séjour d'une durée variable dans la chambre, le magma monte vers la surface par un conduit volcanique. Au cours de cette évolution, le magma subit une baisse importante de pression et une baisse de température qui s'accompagne de cristallisation fractionnée.

• Caractéristiques principales des éruptions volcaniques

Dimensions des systèmes volcaniques

Le système d'alimentation d'un volcan comprend en général plusieurs zones de stockage de magma reliées à plusieurs bouches éruptives. Très schématiquement, on peut séparer un système volcanique en trois parties : une source profonde de magma, une chambre superficielle située à quelques kilomètres de profondeur et un conduit d'éruption (fig. 67). En ce qui nous concerne ici, la source profonde ne joue pas de rôle important, si ce n'est bien entendu l'apport de magma dans la chambre superficielle.

Les complexes plutoniques que l'on trouve à la surface terrestre dans les provinces géologiques anciennes sont vraisemblablement des chambres magmatiques fossiles. Leurs dimensions vont de quelques kilomètres à quelques centaines de kilomètres dans un plan horizontal et de quelques centaines de mètres à une dizaine de kilomètres dans un plan vertical : leur volume est donc au minimum de 10^{10} m^3. Dans les volcans actifs, des études géophysiques indiquent la présence de réservoirs superficiels de magma. Les volumes trouvés au Kilauea dans l'île de Hawaii (Koyanagi *et al.*, 1976), au Krafla en Islande (Einarsson, 1978) et dans les volcans andésitiques et dacitiques de la chaîne des Cascades des Etats-Unis d'Amérique (Evans et Zucca, 1988 ; Stauber *et al.*, 1988) sont tous du même ordre de grandeur de quelques 10^{10} m^3. Ces volumes sont bien plus grands que ceux des laves émises par une éruption : entre 10^7 et 10^8 m^3 pour le Kilauea (Swanson, 1972) et 3 x 10^8 m^3 pour l'éruption de mai 1980 du Mont Saint-Helens (Carey et Sigurdsson, 1985). Donc, une éruption n'échantillonne qu'une faible partie du réservoir : moins de 1 % dans la plupart des cas. De rares éruptions cataclysmiques évacuent des volumes beaucoup plus importants, comme par exemple celle du mont Katmai en Alaska qui a produit en 1912 un volume de 10^{10} m^3 (Fierstein et Hildreth, 1986). Il est probable que de telles éruptions vidangent une grande partie du réservoir magmatique.

Les dimensions des conduits volcaniques ne sont pas bien connues. A la surface, des conduits approximativement cylindriques ont été décrits dans la caldera sommitale du Kilauea (Richter *et al.*, 1970), au Mont Saint-Helens (Swanson *et al.*, 1987) et à la base des dômes d'Inyo en Californie (Eichelberger *et al.*, 1986), avec des rayons moyens de 7, 12 et 16 m respectivement. Les forages faits dans les dômes d'Inyo et les études de déformation détaillées au Mont Saint-Helens montrent que ces dimensions ne changent pas significativement sur des profondeurs de quelques centaines de mètres. Dans le cas des éruptions fissurales, les bouches éruptives ont des largeurs de quelques mètres et des longueurs qui peuvent parfois dépasser deux kilomètres. Dans tous ces cas, les conduits éruptifs sont bien plus petits que les réservoirs.

Vitesses et flux de masse des éruptions

Pour les régimes effusifs produisant des coulées de laves, les vitesses sont faibles : de 10^{-3} à 10^{-2} m/s pour les basaltes, et de 10^{-3} à 10^{-5} m/s pour les andésites, dacites et rhyolites. Ces vitesses sont à peu près proportionnelles aux viscosités, comme le prédit la théorie (Jaupart et Tait, 1990). Les vitesses sont plus élevées dans les éruptions explosives plus riches en gaz. Dans une éruption plinienne à lave riche en silice, la vitesse à la sortie du conduit est de l'ordre de 300 m/s (Wilson *et al.*, 1980). La vitesse des fontaines de lave est légèrement plus faible, entre 100 et 200 m/s (Wilson et Head, 1981). Dans ces régimes explosifs, la vitesse ne dépend pas de la viscosité car c'est essentiellement le gaz qui s'échappe.

Comme nous le montrerons plus loin, la variable la plus significative pour décrire une éruption est le flux de masse. Au Kilauea, à Hawaii, il atteint des valeurs de 10^5-10^6 kg/s lors des phases de fontaines de lave, et de 10^4 kg/s pendant les phases effusives (Vergniolle et Jaupart, 1986). Au cours de l'éruption de mai 1980 du Mont Saint-Helens, le flux de masse était d'environ 10^7 kg/s pendant les phases pliniennes initiales (Carey et Sigurdsson, 1985) et de moins de 10^3 kg/s lors de la formation d'un dôme de lave dans le cratère (Swanson *et al.*, 1987).

Conservation du flux de masse lors d'une éruption

La vitesse d'éruption à la sortie du conduit atteint des valeurs très élevées. Toutefois, cette seule donnée n'est pas révélatrice du processus éruptif, c'est-à-dire des conditions dans la chambre magmatique. La variable utile est le flux de masse, qui est constant en régime permanent : la masse totale de matière contenue dans un conduit de volume donné ne varie pas et donc les flux entrants et sortants sont égaux.

Les observations montrent que les éruptions atteignent effectivement un régime permanent. La conservation du flux de masse a des conséquences importantes. Soient W la vitesse verticale moyenne, S la section du conduit, α la fraction volumique de gaz et ρ_1 la densité de liquide à un niveau quelconque dans le conduit. Le flux de masse de liquide s'écrit :

$$G_1 = \rho_1 \, (1-\alpha) \, W \, S \qquad (1)$$

La densité du liquide ne varie pas de façon significative en fonction de la température, pression et contenu en gaz dissous. Donc, si les indices 1 et 2 correspondent aux valeurs des variables au fond du conduit et à la sortie, on obtient :

$$W_2 = W_1 \, . \, S_1 \, (1-\alpha_1) \, / \, S_2 \, (1-\alpha_2) \qquad (2)$$

Ainsi, les variations des dimensions du conduit et de la fraction volumique de gaz ont pour effet de changer la vitesse. On ne dispose pas de mesures du rapport S_1/S_2, mais il est probablement supérieur à 1. En montant dans le conduit, le magma subit une décompression qui conduit à l'exsolution des volatils dissous et à la dilatation du gaz formé. Donc, la fraction volumique de gaz augmente au cours de la montée. Pour une fontaine hawaïenne, α_2 est égal à 99 % et α_1 ne dépasse pas 1 % (Tait *et al.*, 1989 ; Vergniolle et Jaupart, 1990). Cette différence est responsable d'une accélération d'un facteur 100 entre la chambre magmatique et la surface.

Éruption et phénomènes dans la chambre magmatique

Deux faits importants émergent de la discussion précédente. Le volume d'une éruption est très petit devant celui de la chambre. La vitesse de l'éruption et l'état du mélange magma-gaz sont considérablement changés pendant l'ascension dans le conduit volcanique. Une éruption représente en définitive une petite perturbation de la chambre magmatique. Pour ces raisons, il n'est pas facile de relier le régime éruptif aux processus profonds qui en sont responsables.

Pour comprendre la physique des éruptions, il faut étudier les phénomènes à la fois dans la chambre et le conduit. Les fluides volcaniques contiennent des cristaux et des bulles de gaz, qui modifient les propriétés rhéologiques du liquide silicaté pur et qui ont un mouvement différentiel par rapport à celui-ci. Ces deux aspects ne sont pas encore bien compris et les outils traditionnels de la physique des milieux continus ne sont pas adaptés. Les équations qui décrivent les interactions entre phases ne sont connues que dans des cas particuliers et des conditions spécifiques qui ne sont en général pas celles des systèmes volcaniques. La modélisation numérique sur ordinateur est une méthode puissante qui est appelée à se développer, mais qui nécessite des équations fiables. Pour progresser dans le problème, la modélisation analogique est donc nécessaire car elle permet de visualiser les phénomènes directement et de vérifier la validité des hypothèses théoriques.

Pour illustrer le côté à la fois simple et complexe des phénomènes volcaniques, la partie suivante résume brièvement divers régimes volcaniques et traite un exemple particulier de modélisation analogique des éruptions basaltiques.

• Les éruptions basaltiques

Les différents régimes d'écoulement diphasique

Pour simplifier, on ne considère que l'influence de la phase gazeuse. On peut définir quatre régimes d'écoulement diphasique en fonction de leurs caractéristiques géométriques, qui peuvent être classés dans un ordre croissant de fraction volumique de gaz (Wallis, 1969 ; Butterworth et Hewitt, 1977) (fig. 68). Dans le régime bulleux, le liquide comprend quelques bulles de gaz en suspension. Dans le régime intermittent, le gaz est rassemblé dans des poches dont le diamètre est voisin de celui du conduit. Le régime annulaire est tel que le gaz s'écoule dans un jet au centre du conduit et que le liquide s'écoule dans des films qui tapissent les bords. Dans le régime dispersé, des gouttes de liquide sont transportées par le jet de gaz. Bien entendu, tous les régimes intermédiaires existent.

On peut effectivement répartir les éruptions volcaniques entre ces régimes. L'activité effusive où le volcan émet des coulées continues de lave est dans le régime bulleux. L'activité strombolienne, caractérisée par des explosions régulières, est à l'évidence dans le régime intermittent. Les éruptions explosives sont dans le régime dispersé. Le régime annulaire n'est en général pas réalisé, mais on peut l'observer dans les

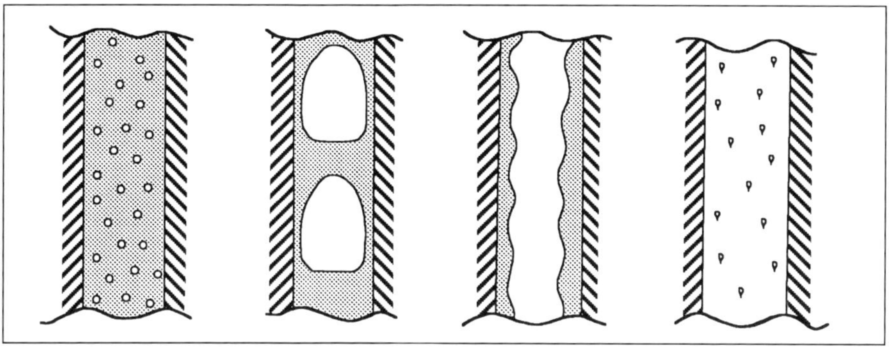

Fig. 68 - Les différents régime d'écoulement diphasique.
De gauche à droite, par ordre de fraction volumique de gaz croissante : les régimes bulleux, intermittent, annulaire et dispersé.

phases initiales de fontaines de lave (volcanisme hawaïen) et, à petite échelle, lorsque des gaz magmatiques s'échappent par les fractures d'un cône de scories et entraînent des fragments de basalte.

La transition vers le régime dispersé peut être réalisée de deux manières. Dans le premier cas, les bulles de gaz ont une vitesse non négligeable par rapport au liquide. Les bulles se rencontrent et coalescent, engendrant des poches isolées qui se rassemblent éventuellement en un jet continu de gaz dans le régime annulaire. A son tour, le jet de gaz finit par pulvériser les films de liquide aux bords du conduit et le régime devient dispersé. Ces transitions peuvent en principe se produire lors de la montée du magma, au fur et à mesure que la fraction volumique de gaz augmente en fonction de la baisse de pression. Dans le deuxième cas, le mouvement des bulles de gaz est trop lent et le mécanisme précédent ne peut agir. Le régime dispersé n'est atteint que lorsque le magma fortement vésiculé devient instable et se fragmente. Dans ce cas, on passe directement du régime bulleux au régime dispersé. Cette discussion introduit naturellement l'importance de la viscosité du magma, qui détermine la vitesse relative de la phase gazeuse. Dans le cas des liquides riches en silice à forte viscosité, c'est le deuxième scénario qui se produit. Ce sont les basaltes qui ont les régimes intermédiaires.

On a mentionné que, dans le premier cas, les transitions de régime sont dues au mouvement de la phase gazeuse par rapport au liquide et peuvent se produire dans le conduit. La séparation de la phase gazeuse peut aussi se produire dans le réservoir lui-même. En fait, elle devrait y être plus efficace parce que la vitesse du liquide y est plus faible (voir précédemment). Nous allons voir que c'est ce qui se passe dans le volcanisme strombolien et hawaïen.

Le volcan Kilauea (Hawaï)

Les éruptions du Kilauea sont souvent de longue durée : la dernière en date, nommée Puu Oo, a débuté en janvier 1983 et s'est arrêtée en 1988. Elles se distinguent par le régime de "fontaine de lave" où un jet de gaz puissant entraîne des fragments de lave dans l'atmosphère jusqu'à des hauteurs de plus de cinq cents mètres (Williams et McBirney, 1979). Ce régime spectaculaire ne représente en fait qu'une faible partie de l'activité du volcan. Une fontaine de lave ne dure en moyenne qu'une dizaine d'heures et se produit environ une fois par mois. Entre deux épisodes de fontaine, l'éruption semble s'arrêter, le conduit restant ouvert et rempli de lave jusqu'à une centaine de mètres de la surface. De temps en temps, la lave remonte et déborde, engendrant des coulées de faible débit. Un autre fait important est que, au bout d'un certain temps, le volcan ne produit plus de fontaine et entre dans une phase effusive continue. Le régime explosif intermittent se limite donc à une phase initiale. L'intérêt du volcan Kilauea est que les différents régimes observés se produisent dans le même système, avec le même conduit. Il ne sont pas dus à des mécanismes opérant lors du transit de la lave vers la surface et traduisent donc des phénomènes profonds. C'est dans le réservoir du volcan qu'ils trouvent leur origine.

Le volcan Stromboli (îles Éoliennes)

Ce volcan émet des laves basaltiques de composition différente de celles du Kilauea et de viscosité légèrement plus élevée. Son dynamisme éruptif est tout aussi intéressant par sa stabilité et sa répétitivité. Le Stromboli n'a pas changé depuis que l'Homme l'observe, soit environ deux mille ans. Ses éruptions prennent la forme d'explosions et de jets de gaz qui projettent la lave en dehors du conduit. Ces explosions durent quelques secondes en général et se répètent toutes les vingt minutes à peu près. On peut se les représenter comme de mini-fontaines de lave. Entre deux explosions, les bouches éruptives restent ouvertes et on peut aller y observer la lave à quelques dizaines de mètres de profondeur.

Quelques principes de base

La chambre magmatique est alimentée plus ou moins régulièrement par la source profonde. En son sein, le magma refroidit au contact des roches encaissantes et subit une cristallisation fractionnée. Avant une éruption, l'édifice volcanique gonfle, ce qui indique que la pression augmente dans la chambre. Deux phénomènes peuvent être invoqués : l'arrivée de nouveau magma ou la cristallisation fractionnée. Au fur et à mesure que le magma cristallise, la concentration en éléments volatils du résidu augmente. Au-delà du seuil de saturation, une phase gazeuse de faible densité apparaît, dont la quantité augmente à chaque incrément de cristallisation.

Dans les cas du Kilauea et du Stromboli, en fait, une phase gazeuse existe déjà lorsque les magmas sont injectés dans la chambre. La solubilité des gaz est une fonction croissante de la pression, que l'on connait bien pour les deux espèces chimiques les plus importantes, H_2O et CO_2 (Burnham, 1979 ; Stolper et Holloway, 1988). Dans les basaltes, leurs teneurs sont respectivement de 0,5 % et 0,4 % (Gerlach et Graeber, 1984). Ces teneurs correspondent à des pressions de saturation de 100 bars et 10 kilobars, c'est-à-dire des pressions qui règnent à des profondeurs de 350 m et 35 km environ. On en déduit que les basaltes sont saturés en CO_2 dans les chambres magmatiques du Kilauea et du Stromboli, dont les profondeurs n'excèdent pas trois kilomètres. Etant donné que la pression ne varie pas de manière importante au cours des éruptions de ces volcans, le caractère intermittent de l'activité volcanique ne peut être expliqué que par une variation du contenu en gaz à l'entrée du conduit. Un indice important est que la teneur en gaz des fontaines de lave du Kilauea est de 2 % en poids. Cette valeur est plus élevée que la teneur des basaltes au moment de leur formation à la source, ce qui montre qu'un mécanisme d'accumulation de gaz opère dans le réservoir. Le même raisonnement peut être fait au Stromboli.

• Dynamique du dégazage dans une chambre magmatique

Expériences en laboratoire

Nous avons étudié en laboratoire les phénomènes induits par des bulles de gaz dans la chambre magmatique. Les bulles montent verticalement et viennent s'accumuler

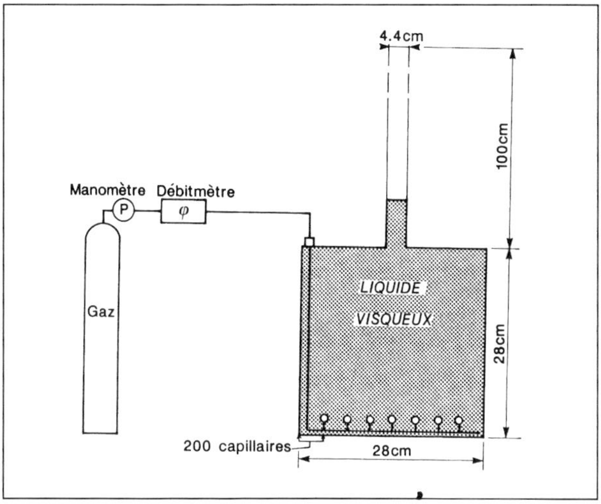

Fig. 69 - Le dispositif expérimental utilisé pour étudier le dégazage dans les chambres magmatiques.
Une cuve surmontée d'un conduit vertical est remplie d'un liquide visqueux. A sa base, un ensemble de tubes capillaires relié à une bonbonne de gaz permet d'injecter des bulles de gaz avec un flux volumique donné mesuré à l'aide d'un débitmètre.

au toit. La figure 69 donne le schéma de l'expérience : une cuve cylindrique de 28 cm de diamètre est surmontée d'un toit qui communique avec un conduit de plus petit diamètre (4,4 cm). La cuve est remplie d'un liquide de propriétés connues, huile silicone ou glycérol. A la base de la cuve, un ensemble de 200 capillaires permet d'injecter des bulles de gaz de taille connue avec un flux connu. Les paramètres variables de l'expérience sont les suivants : la viscosité et la tension superficielle du liquide, le flux de gaz. A l'aide d'une autre cuve et d'un autre ensemble de capillaires, nous avons vérifié que les phénomènes n'étaient pas affectés par le dispositif.

Cette expérience simple donne lieu à trois régimes différents de dégazage, que l'on peut décrire en fonction de deux variables : le flux de gaz et la viscosité. Pour plus de détails, le lecteur peut se référer à deux articles (Jaupart et Vergniolle, 1989 ; Vergniolle et Jaupart, 1990).

Pour un liquide de viscosité faible et un flux de gaz faible, on observe un régime permanent après une phase initiale. Les bulles s'accumulent dans une couche de mousse qui s'écoule dans le conduit. La mousse adopte une forme stable et constante, telle que le flux de mousse vers le conduit est égal au flux de bulles qui arrivent au toit. A la sortie du conduit, on observe l'écoulement d'un liquide chargé de bulles : c'est le régime effusif.

Lorsque le flux de gaz dépasse une valeur critique qui dépend de la tension superficielle et de la taille des bulles, on observe un régime intermittent (fig. 70). A partir de l'instant où on commence à injecter le gaz, la couche de mousse s'épaissit progressivement. Lorsqu'elle atteint une épaisseur critique, elle devient instable et les bulles qu'elle contient coalescent de manière catastrophique, formant une grosse

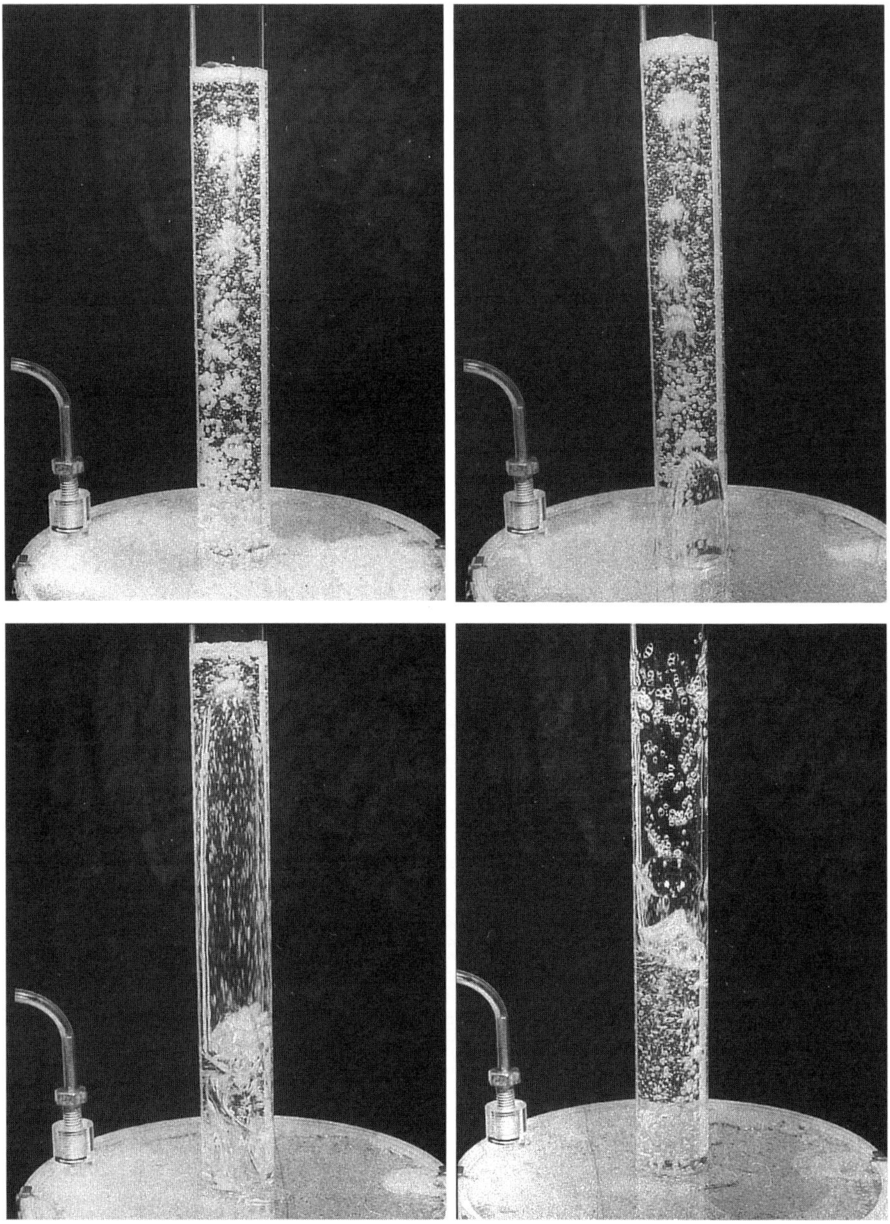

1 2

3 4

Fig. 70 - Photographies montrant les phénomènes observés dans une expérience avec un liquide de viscosité modérée (huile au silicone dont la viscosité est cent fois celle de l'eau) et un flux de gaz supérieur à une certaine valeur critique.

Le temps qui sépare les prises de vue est de quelques dizièmes de secondes. Le comportement observé est semblable à celui des éruptions de fontaine de lave hawaïennes. (1) Les bulles de gaz s'accumulent au toit de la cuve en une couche de mousse de couleur blanchâtre. En compensation, le niveau de liquide monte dans le conduit. (2) La mousse a atteint l'épaisseur critique et les bulles qu'elle contient coalescent brutalement pour former une poche de gaz, dont le nez peut être aperçu à la base du conduit. (3) La poche de gaz entre en éruption. (4) L'éruption de la poche de gaz est terminée et le niveau de liquide dans le conduit redescend (comparer avec la photo 1).

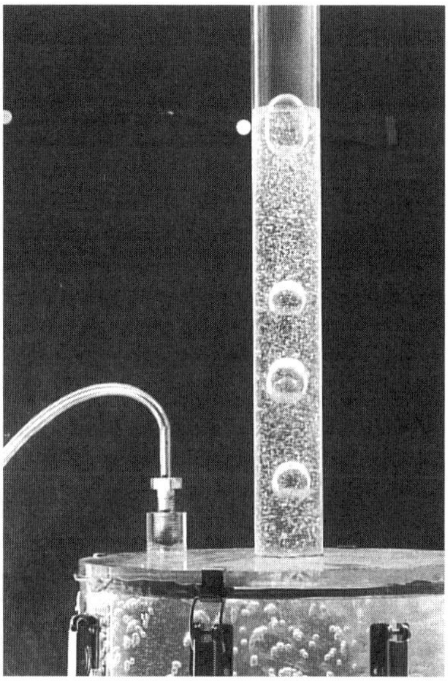

Fig. 71 - Expérience avec une viscosité élevée (huile au silicone mille fois plus visqueuse que l'eau).
Les bulles de gaz qui s'accumulent dans une couche de mousse au toit coalescent et forment plusieurs poches de gaz qui passent dans le conduit. Ce comportement rappelle celui du volcan Stromboli.

poche de gaz qui rentre en éruption dans le conduit. Dans ce régime, toute la mousse disparaît au profit de la poche de gaz. Après l'éruption de cette poche, un cycle identique se reproduit : on observe une alternance entre éruptions riches en gaz et périodes de calme. L'intermittence se signale par des variations du niveau de liquide dans le conduit. Le volume total du réservoir étant fixé, au fur et à mesure que les bulles de gaz s'accumulent au toit, le liquide monte dans le conduit pour compenser l'augmentation de volume dans le réservoir. Au moment de l'éruption de la poche de gaz, le niveau de liquide redescend parce que le volume stocké dans la couche de mousse a disparu. De telles variations de niveau de liquide sont observées au Kilauea.

Un troisième régime est enfin observé lorsque la viscosité du fluide est plus élevée. Pour une épaisseur de mousse supérieure à la valeur critique, les bulles de la mousse coalescent, mais au ralenti : au lieu de former rapidement une poche unique de gaz, les bulles engendrent plusieurs poches de plus petit volume qui se déplacent vers le conduit avec la mousse résiduelle. Ces poches passent dans le conduit où on les observe espacées d'une distance étonnamment constante (fig. 71). Elles arrivent régulièrement au sommet du conduit et y produisent une série d'explosions qui rappellent le comportement Strombolien.

Les expériences reproduisent les trois régimes éruptifs observés dans les volcans hawaïens et stromboliens. A l'origine, il n'y a qu'un seul mécanisme : le dégazage du magma dans un réservoir relié à un conduit de petite dimension. Les différences de régime à la surface sont dues à des variations des variables "internes" du système : flux de gaz, propriétés du liquide. Le régime effusif continu se produit à faible flux de gaz, c'est-à-dire lorsque le dégazage n'est pas intense. Il est donc naturel de le voir dans la phase finale d'une éruption, lorsque le réservoir s'est bien dégazé et qu'il ne contient plus que de petites bulles de gaz en faible quantité.

Discussion

Les expériences permettent de rassembler dans le même cadre explicatif le fait que le gaz s'accumule en profondeur avant les phases explosives et la cause du régime éruptif lui-même. Elles peuvent être interprétées de manière quantitative à l'aide de la théorie, et appliquées aux données recueillies sur le Kilauea. On peut alors en déduire la taille des bulles de gaz dans la chambre magmatique située à plusieurs kilomètres de profondeur. L'application numérique donne des valeurs de quelques dizièmes de millimètres en accord avec des prédictions reposant sur la théorie de la nucléation et de la croissance de bulles dans les basaltes (Vergniolle et Jaupart, 1990). Un résultat important est qu'un régime éruptif intermittent est dû à un phénomène continu en profondeur, grâce au toit de la chambre magmatique qui joue le rôle d'accumulateur de gaz. Dans cette situation, une partie du gaz produit par l'éruption n'était pas dissoute dans le magma qui est éjecté en même temps. Ce fait doit être pris en compte lors de l'établissement de bilans chimiques.

Le modèle de laboratoire est bien entendu plus simple que la réalité (pour une discussion approfondie des conditions d'application, se reporter aux articles déjà cités). Mais il a permis de mettre en évidence des phénomènes qui n'avaient pas été décrits auparavant et qui rappellent fortement ceux qui sont observés sur les volcans basaltiques. De tels phénomènes auraient été très difficiles à trouver en intégrant directement les équations de la mécanique des fluides : le mouvement des bulles de gaz et le comportement de la couche de mousse sont compliqués et nécessitent des hypothèses simplificatrices qui ne peuvent être vérifiées que par l'expérience.

II.3.2. - LES MÉCANISMES EXPLOSIFS DANS LES ÉRUPTIONS A MAGMAS DIFFÉRENCIÉS

par Jean-Louis BOURDIER

Dans toute éruption magmatique explosive, on retrouve la même séquence de processus : (1) exsolution des composés volatils et croissance des bulles, par diffusion puis par décompression lors de l'ascension du magma vers la surface (Sparks, 1978) ; (2) fragmentation du milieu liquide + bulles par éclatement des bulles, lorsque celles-ci représentent une fraction volumique suffisante du milieu et/ou lorsque leur pression interne permet de vaincre la résistance du liquide ; (3) éjection des pyroclastes dans un flux gazeux.

• Observations directes et données géologiques

Malgré une apparente diversité, il n'existe qu'un nombre restreint de "styles" ou régimes d'éruptions magmatiques explosives : d'une part, les éruptions en régime soutenu, d'autre part les éruptions brèves (parfois dites "instantanées"), soit verticales soit dirigées latéralement. A chacun de ces types, correspondent des magnitudes (volumes émis), des intensités (débits massiques ou volumiques) et des violences (vitesses d'éjection à l'évent) d'éruption caractéristiques.

Une éruption volcanique peut conserver le même style (ou régime) pendant toute sa durée ou, très souvent, passer d'un style à un autre, en fonction de la modification de paramètres éruptifs comme le débit ou la teneur en gaz.

Les éruptions en régime soutenu

Ces éruptions, dites *pliniennes*, sont des émissions verticales continues pendant quelques dizaines de minutes à quelques heures, formant des colonnes éruptives de plusieurs dizaines de kilomètres de haut. Le tableau 10 rassemble des données chiffrées sur quelques éruptions pliniennes historiques.

Les volumes émis par les éruptions historiques restent modestes, de l'ordre de quelques km^3, mais les grandes éruptions ignimbritiques connues géologiquement représentent des volumes plus élevés d'un à deux ordres de grandeur. Les débits volumiques moyens des éruptions historiques, de l'ordre de 10^4 à 10^5 m^3/s, sont compatibles avec des évents sub-circulaires de quelques dizaines de mètres de rayon. Les grands volumes ignimbritiques supposent des débits en rapport, nécessitant probablement des évents multiples ou des conduits fissuraux.

Les éruptions "instantanées"

Ce sont des phases éruptives brèves ("explosions"), dont la durée est typiquement de quelques secondes à quelques minutes. Le volume émis par chaque "explosion" est donc modeste (10^5-10^8 m^3). Ces éruptions peuvent précéder une phase plinienne (Mont Saint-Helens, 1980 ; El Chichon, 1982) ou se répéter, à intervalles variables, dans des crises éruptives s'étalant sur des jours, des mois, voire des années (fig. 72).

- les éruptions "instantanées" verticales : la colonne éruptive est moins élevée (typiquement 5-10 km) que dans les éruptions pliniennes, sauf si les "explosions" sont suffisamment rapprochées pour qu'une colonne convective s'établisse (tabl. 11). Des phases d'éruption soutenue peuvent éventuellement s'adjoindre, indiquant les transitions possibles avec le régime plinien (fig. 73). Parfois, elles présentent un caractère intermittent assez régulier (activité récente du Sakurajima, Japon, ou du Semeru, Java ; éruption du Ngauruhoe 1975, fig. 73).

Ces éruptions sont classiquement qualifiées de "*vulcaniennes*". Le terme regroupe en fait indistinctement, dans l'usage actuel, à la fois des éruptions à cheminée ouverte ou fermée, essentiellement magmatiques ou nettement phréatomagmatiques.

Tabl. 10 - Données chiffrées sur quelques éruptions pliniennes historiques.

La durée et la hauteur de colonne correspondent à des témoignages d'observation. Le volume est reconstitué par l'étude géologique. Le débit volumique moyen est calculé à partir du volume et de la durée. Pour le volume et le débit volumique, le premier chiffre correspond aux produits émis, le chiffre entre parenthèses correspond à l'équivalent en magma non vésiculé ("*dense rock equivalent*"). (1) d'après Cas et Wright, 1987, complété ; (2) *in* Varekamp *et al.*, 1984 ; (3) inédit.

éruption	composition	volume (km^3)	durée (heures)	débit moyen (m^3/s)	haut colonne (km)
Vésuve 79 (1)	phonolite	6.0 (1.4)	24	$6.9\ 10^4$ ($1.6\ 10^4$)	
Askja 1875 (1)	rhyolite (mélange)	1,0 (0.2)	6.5	$4.3\ 10^4$ ($8.5\ 10^3$)	
Santa Maria 1902 (1)	dacite (mélange)	20 (8.5)	18-20	$2.9\ 10^5$ ($1.2\ 10^5$)	28
Soufrière St Vincent 1902 (1)	andésite basique (mélange)	(1.4)	2.5-3.5	(1.1-$1.5\ 10^5$)	15
Hekla 1947 (1)	andésite	0.4 (0.1)	1	$1.1\ 10^5$ ($8.5\ 10^4$)	24
El Chichon 1982 A1 (2)	trachyandésite	0.6	5	$3.3\ 10^4$ ($1.6\ 10^4$)	>17 (27)
El Chichon 1982 B (2)	trachyandésite	0.7 9	4	$5.6\ 10^4$ ($2.8\ 10^4$)	>17 (32)
El Chichon 1982 C (2)	trachyandésite	0.8	7	$3.2\ 10^4$ ($1.6\ 10^4$)	>17 (29)
Mont St-Helens 1980(1)	dacite	1.1 (0.2)	9	$3.4\ 10^4$ ($6.2\ 10^4$)	16

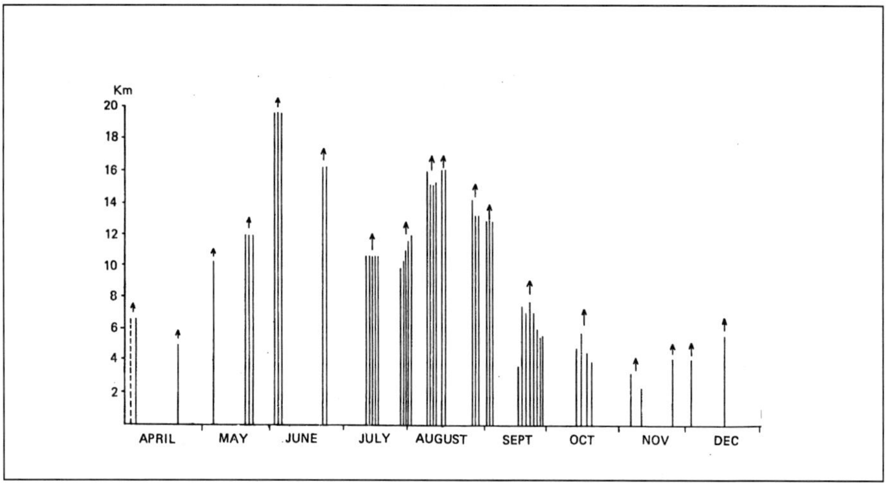

Fig. 72 - Les principales éruptions "vulcaniennes" du Galunggung, Java, en 1982 avec hauteur de la colonne (Katili et Sudradjat, 1984).

Tabl. 11 - Données chiffrées sur quelques éruptions "vulcaniennes" historiques.
(1) *in* Nairn et Self, 1978 ; (2) *in* Brazier *et al.*, 1982.

éruption	composition	volume (m^3)	durée (minutes)	débit moyen (m^3/s)	haut colonne (km)
Ngauruhoe (1) 19 février 1975	andésite basique	$1.8\ 10^6$			4
Soufrière St Vincent (2)	andésite basique				
17 avril 1979			22		18.7
22 avril 1979			14		18
26 avril 1979		$4.0\ 10^5$	6	10^3	7.6

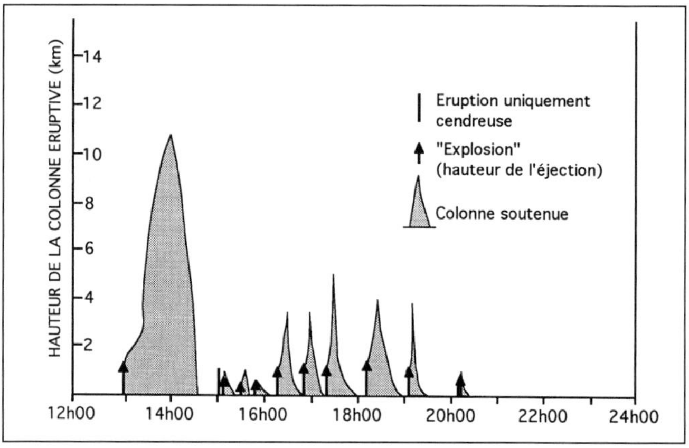

Fig. 73 - Phases éruptives du 19 février 1975 au Ngauruhoe, Nouvelle-Zélande (d'après Nairn et Self, 1978).
Noter que la première éruption est une phase en régime soutenu d'une heure et demie, et que les éruptions "vulcaniennes" suivantes se succèdent à intervalles assez réguliers, avec des durées variables qui les rapprochent plus ou moins du type "instantané".

- les éruptions dirigées latéralement à partir d'une lave en surface, un dôme le plus souvent : elles ne se produisent que dans les dômes ou dômes-coulées, voire coulées visqueuses, ayant une cohésion suffisante (de l'ordre de 10^6 Pa). La composante latérale importante de la décompression provient de la nature superficielle même de l'éruption. La direction empruntée par l'éjection est contrôlée par différents facteurs, en particulier la pente du substratum de la lave, et dans les cas où le niveau de fragmentation descend dans le conduit, la géométrie de celui-ci (cas des éruptions de la Montagne Pelée en 1902 et 1929 ; Lacroix, 1904 ; Perret, 1935). Les explosions se répètent généralement au cours de la croissance du dôme, à intervalles irréguliers, avec comme tendance générale un déclin de leur fréquence et de leur violence, en relation avec le dégazage progressif et la croissance de plus en plus lente du dôme. Les matériaux sont dispersés par des écoulements pyroclastiques plus ou moins canalisés selon la vitesse d'éjection initiale (*cf.* II.4.3). On ne dispose pas de données directes sur ces vitesses d'éjection. Les vitesses moyennes des écoulements varient quant à elles, selon les éruptions, entre environ 10 m/s et peut-être 100 m/s ou plus pour des éruptions violentes, comme celle du 8 mai 1902 à la Montagne Pelée.

Dans l'exemple de référence constitué par les éruptions de la Montagne Pelée en 1902, se sont produites à la fois des explosions très violentes, par exemple le 8 mai, le 20 mai ou le 30 août, et des explosions beaucoup plus modestes (Lacroix, 1904). Une coupure terminologique a été introduite pour ce type d'éruption entre les explosions dirigées violentes, le type "Pelée", et les formes peu violentes ou les simples écroulements gravitaires sur le dôme, le type "Mérapi". Il y a néanmoins une difficulté pratique à définir une coupure précise entre ces deux types (*cf.* II.4.3). En outre, comme pour les éruptions vulcaniennes, il peut exister des complications phréatomagmatiques.

- les éruptions dirigées latéralement à partir d'un cryptodôme : les données d'observation directe sur ces éruptions reposent actuellement sur le seul exemple de l'éruption du "blast" du Mont Saint-Helens, USA, le 18 mai 1980. Les reconstitutions géologiques effectuées depuis ont néanmoins montré qu'il s'agit d'un type d'éruption courant sur les stratovolcans andésitiques (*cf.* III.1.5).

L'éruption du *blast* du Mont Saint-Helens a résulté de la décompression d'une intrusion dacitique mise en place durant les mois précédents dans le flanc nord de l'édifice. Cette décompression a elle-même résulté du glissement et de l'écroulement de ce flanc nord, déformé par l'intrusion et devenu instable. Le volume de dépôt du *blast* représente environ 0,2 km^3, dont 0,1 km^3 d'une dacite juvénile moyennement vésiculée (densité moyenne 1,7 ; Hoblitt *et al.*, 1980), ces 0,1 km^3 étant l'équivalent du volume d'intrusion déduit de la déformation du flanc nord avant l'éruption (Moore et Albee, 1981). Le *blast* a couvert et largement détruit une surface de 500 km^2 (fig. 74) et atteint une distance maximale de 25 km à partir de l'évent. Des données directes (séquences de photographies) ou indirectes indiquent des durées d'émission à l'évent de l'ordre de 10-20 secondes, ainsi que des vitesses d'émission ou de parcours sur les premiers kilomètres comprises entre 100 et 250 m/s selon les estimations (Eichelberger et Hayes, 1982). On peut en déduire un débit volumique moyen de 0.5-2 10^7 m^3/s. Ce débit, supérieur de deux ordres de grandeur à celui des éruptions pliniennes, semble s'expliquer en grande partie par la dimension de l'évent, estimée à 2.5 10^5 m^2, l'équivalent d'un conduit circulaire de 280 m de rayon. L'utilisation de ces chiffres conduirait toutefois à une vitesse d'éjection (20-

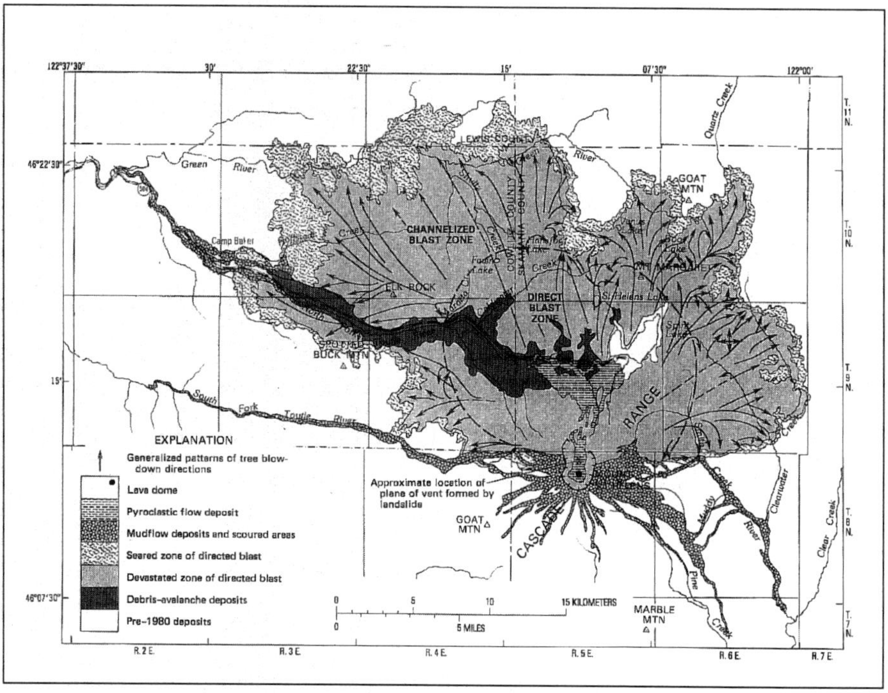

Fig. 74 - Carte schématique de la zone affectée par le "blast" du Mont Saint-Helens le 18 mai 1980 (Kieffer, 1981).
Les flèches représentent les directions locales d'écoulement indiquées par l'alignement des arbres abattus. La zone dévastée est subdivisée en une zone proximale ("*direct blast zone*") et une zone distale ("*channelized blast zone*") séparées par une ligne en tiretés.

80 m/s) inférieure à la réalité, ce qui suggère que soit la dimension du conduit, soit la durée d'éjection, ont été surestimées.

• Les modèles d'éjection

Des modèles physiques cherchent à rendre compte des paramètres éruptifs à l'évent ou dans la colonne, paramètres estimés directement par l'observation ou par l'intermédiaire des données géologiques. Ici, mécanismes plinien et vulcanien se réfèrent respectivement aux éruptions en régime soutenu et aux éruptions "instantanées" verticales (magmatiques ou phréatomagmatiques), selon l'acception de Wilson (1980).

Le mécanisme plinien

Dans une éruption plinienne, la dispersion des pyroclastes pour former un dépôt de retombée ponceux est contrôlée par la hauteur de la colonne, la direction du vent et son profil vertical de vitesse (*cf.* II.4.2). Des modèles théoriques permettent d'une part d'estimer la hauteur de la colonne à partir de la distribution des retombées (Carey et Sparks, 1986), d'autre part de remonter au facteur qui contrôle principalement cette hauteur, à savoir le débit massique (Wilson *et al.*, 1978, 1980 ; Sparks, 1986) (fig. 75).

En outre, une corrélation empirique apparaît, en utilisant les données géologiques, entre le débit à l'évent et le volume émis (Carey et Sigurdsson, 1989) (fig. 75).

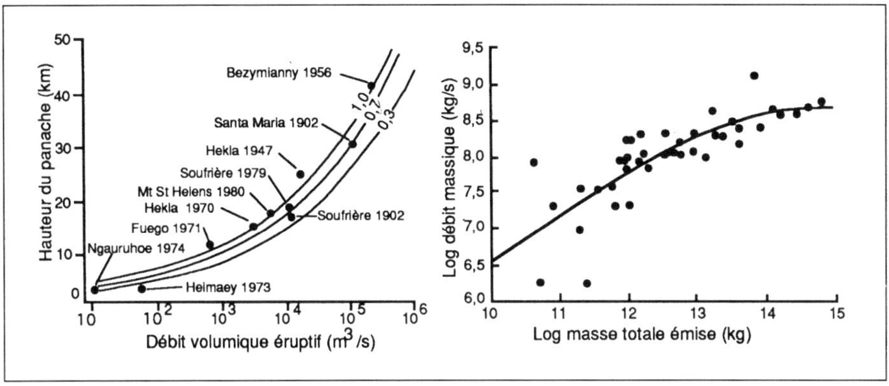

Fig. 75a - A gauche : *Relation de la hauteur de la colonne éruptive en fonction du débit volumique pour des éruptions historiques, pliniennes et vulcaniennes* (d'après Wilson *et al.*, 1978). La hauteur est une donnée d'observation, le débit moyen est calculé à partir de l'estimation géologique du volume. Les courbes 0.3 à 1.0 correspondent à des courbes isovaleurs d'un coefficient d'efficacité de la transformation de l'énergie thermique du magma en énergie cinétique.

Fig. 75b - A droite : *Relation entre débit massique moyen et masse totale émise dans des éruptions pliniennes* (Carey et Sigurdsson, 1989).

Selon les modèles théoriques, le débit éruptif augmente avec le gradient de pression entre la source magmatique et la surface, avec la teneur initiale en gaz du magma, et avec la section du conduit. La corrélation observée suggère que, parmi ces facteurs, certains sont dépendants du volume émis donc, en règle générale, du volume de la chambre magmatique. Carey et Sigurdsson (1989) en proposent deux : le gradient de pression et la section du conduit. On admet en effet que le conduit éruptif est progressivement érodé au-dessus du niveau de fragmentation par le mélange gaz-pyroclastes et tend donc à s'élargir au cours de l'éruption. Ceci est confirmé dans la plupart des dépôts de retombée plinienne, par la présence de xénolites sur toute l'épaisseur du dépôt. Il est donc logique que les éruptions les plus volumineuses correspondent, du fait qu'elles sont les plus longues, à des sections moyennes de conduit plus larges sur la durée de l'éruption.

Le classement granulométrique vertical d'un dépôt de retombée plinienne peut-être utilisé comme un indicateur de la variation, en cours d'éruption, de la hauteur de colonne, donc du débit éruptif. Beaucoup de dépôts montrent un granoclassement "inverse" (taille des particules augmentant de la base vers le sommet) qui indique une augmentation du débit éruptif dans le temps. Cette augmentation, pour une éruption donnée, s'explique bien par un élargissement du conduit, alors que le gradient de pression a au contraire tendance à baisser. En dernière analyse, la section du conduit semble donc être le paramètre principal à contrôler la hauteur d'une colonne plinienne et la dispersion des produits.

Le mécanisme vulcanien

Des vitesses d'éjection peuvent être déduites de l'analyse balistique des plus gros blocs projetés autour de l'évent. Cette analyse n'a été conduite que dans quelques cas et donne des estimations de vitesses jusqu'à 600 m/s (Arenal 1968 ; Fudali et Melson, 1972). Ces valeurs sont dans la même gamme que celles estimées pour les éruptions pliniennes par une approche similaire : 100-550 m/s (Wilson, 1976). Elles sont toutefois surestimées, selon Wilson (1980).

Lors de l'"explosion" de 18 h 10 au Ngauruhoe le 19 février 1975 (*cf.* fig. 73), une onde de choc formant un arc lumineux a précédé de quelques dixièmes de secondes l'apparition du matériel projeté. Cette onde de choc atteste une vitesse d'éjection supersonique (> 330 m/s). L'analyse de la décélération de la colonne d'après photographies (Self *et al.*, 1979 ; *cf.* fig. 82) suggère une vitesse à l'évent d'environ 400 m/s, qui est en accord avec celle déduite de l'analyse balistique des blocs (Nairn et Self, 1978).

Le mécanisme des explosions "de type Saint-Helens"

Les premiers stades d'expansion et d'écoulement du "*blast*" du Mont Saint-Helens ont été représentés par un modèle (Kieffer, 1981) d'expansion adiabatique d'un mélange vapeur d'eau - eau - pyroclastes, à partir de la pression lithostatique représentée par la charge du flanc avant glissement, soit environ 125 bars. Ce modèle suppose un équilibre thermique maintenu entre les trois phases du mélange, une réflexion des ondes de décompression sur la surface arrière du réservoir, et une vitesse d'éjection égale à la vitesse sonique dans le mélange (environ 100 m/s). Il considère une température initiale du mélange très inférieure à la température magmatique, supposant explicitement la participation à l'éruption d'un système hydrothermal dans l'encaissant immédiat de l'intrusion. Une autre approximation du modèle est qu'il ne tient pas compte, au cours de l'écoulement, des effets topographiques et des modifications de densité dues à la sédimentation par le *blast*. Néanmoins, le modèle rend compte de façon satisfaisante de plusieurs observations caractéristiques du comportement du *blast*. Il indique par exemple que le mélange à la sortie de l'évent était encore à une pression (estimée à 75 bars) bien supérieure à la pression atmosphérique. Ceci est une condition nécessaire pour expliquer l'expansion latérale du *blast* à la sortie de l'évent sur un angle supérieur à 180°, en vue horizontale. Dans un rayon d'environ 12-13 km de l'évent, le modèle prédit une accélération de l'écoulement avec la poursuite de la décompression, jusqu'à des vitesses proches de la vitesse du son dans l'air, sans atteindre celle-ci conformément à l'observation. Les lignes d'écoulement du modèle, vues en plan, rendent compte des directions locales d'écoulement telles qu'on peut les déduire sur le terrain de l'alignement des arbres abattus (fig. 74). Enfin, le passage dans le modèle entre la zone d'écoulement supersonique et la zone d'écoulement subsonique, coïncide sensiblement avec la transition, sur le terrain, entre une zone proximale où le *blast* a eu une énergie suffisante pour franchir les obstacles topographiques et une zone distale où il a été largement canalisé par les vallées (fig. 74).

• Relations avec les conditions initiales

Les modèles théoriques

Des modèles théoriques tentent de relier les conditions à l'évent avec des paramètres initiaux, en particulier la teneur initiale du magma en composés volatils. Ce sont principalement le modèle plinien (Wilson *et al.*, 1978, 1980 ; Wilson, 1980 ; Head et Wilson, 1986) et les modèles vulcaniens de Wilson (Self *et al.*, 1979 ; Wilson, 1980) et Eichelberger et Hayes (1982) (fig. 76). Ces modèles comportent un certain nombre d'approximations : H_2O comme seul constituant volatil, décompression et éjection isothermes, pression initiale équivalente à la pression lithostatique. L'approximation isotherme suppose que les pyroclastes sont fragmentés suffisamment finement pour que la diffusion thermique assure une température égale entre eux et le gaz.

Dans le modèle plinien de Wilson, les vitesses d'éjection déduites géologiquement (100-550 m/s) correspondent à des teneurs initiales en eau de 1-7 % en poids pour un magma rhyolitique. La profondeur initiale de fragmentation varierait entre 750 m (7 % d'eau) et 70 m (1 % d'eau), la fragmentation étant supposée intervenir lorsque les bulles représentent environ 80 % en volume du magma. Ces 80 % sont fixés comme la proportion volumique approximative représentée par les bulles dans les ponces de beaucoup de dépôts de retombées pliniennes.

Dans les modèles "vulcaniens", on considère que la pression atteinte avant l'éruption est due, selon les cas : à une charge lithostatique enlevée passivement (éruptions de type Mont Saint-Helens), à la charge et la résistance d'un bouchon énallogène bloquant le conduit (éruptions vulcaniennes à cheminée fermée), ou à la propre résistance (en traction ou en tension) d'un magma dégazé et visqueux (éruptions vulcaniennes à cheminée ouverte et éruptions à partir de dômes). Dans le dernier cas, la pression ne peut excéder environ 100-200 bars (Self *et al.,* 1979). Le modèle de Wilson prédit par exemple, à ces pressions initiales, des teneurs en vapeur d'eau de 2-5 % en poids au moment de la fragmentation, pour atteindre la vitesse d'éjection de 400 m/s déduite au Ngauruhoe en 1975. Ceci correspond à des teneurs initiales en eau encore plus élevées, mais non définies faute d'une estimation de la vésicularité du magma au moment de la fragmentation. Self *et al.* (1979) ont conclu à un apport probable d'eau d'origine météorique dans cette éruption. Le modèle d'Eichelberger et Hayes (1982) diffère de celui de Wilson en ce qu'il considère non pas la détente d'une "poche" de gaz dans le magma, mais celle d'un mélange gaz-pyroclastes. Il prédit, pour les mêmes vitesses d'éjection, des teneurs en vapeur d'eau 5 fois plus faibles que le modèle de Wilson. Il remonte à la teneur initiale en eau du magma en reliant le rapport eau exsolvée/eau totale à la fraction volumique des bulles dans le magma juste avant fragmentation. Une limite supérieure à cette vésicularité du magma est fournie par la vésicularité des pyroclastes (0,34 dans le cas de la dacite du *blast* du Mont Saint-Helens). Selon le modèle, les conditions initiales de l'éruption du *blast* (pression d'environ 100 bars, vitesse d'éjection 100-250 m/s) impliquent une teneur initiale en eau de 0,9-1,1 % (en poids), dans l'hypothèse d'une éruption purement magmatique (fig. 76).

Les conditions initiales

Pour alimenter les modèles et tester leur validité, il est nécessaire d'obtenir des estimations des conditions initiales par des méthodes indépendantes. Des méthodes existent, qui permettent d'approcher différents paramètres initiaux : profondeur de la chambre (sismologie, baromètres minéralogiques), température magmatique (thermomètres minéralogiques), teneur et composition de la phase volatile (dosage dans les inclusions vitreuses des minéraux, *cf.* I.3.7), apport d'eau d'origine météorique (composition isotopique de l'oxygène). En particulier, les récents développements de méthodes analytiques (microsonde ionique, spectrométrie IR, micromanométrie), permettent maintenant un dosage direct de la phase volatile, à la fois avant l'éruption où elle est approchée dans les inclusions vitreuses et après l'éruption dans les verres résiduels. Il devient donc possible de suivre, en étudiant *a posteriori* les produits, l'évolution de la phase volatile pendant le dégazage éruptif, soit au cours des différentes phases d'une éruption, soit entre différentes éruptions d'un cycle d'activité.

Il devient possible, par exemple, de tester l'idée classique selon laquelle les éruptions pliniennes correspondent à des éruptions de magmas initialement plus riches en gaz que ceux donnant la plupart des éruptions "instantanées" et, *a fortiori* ,

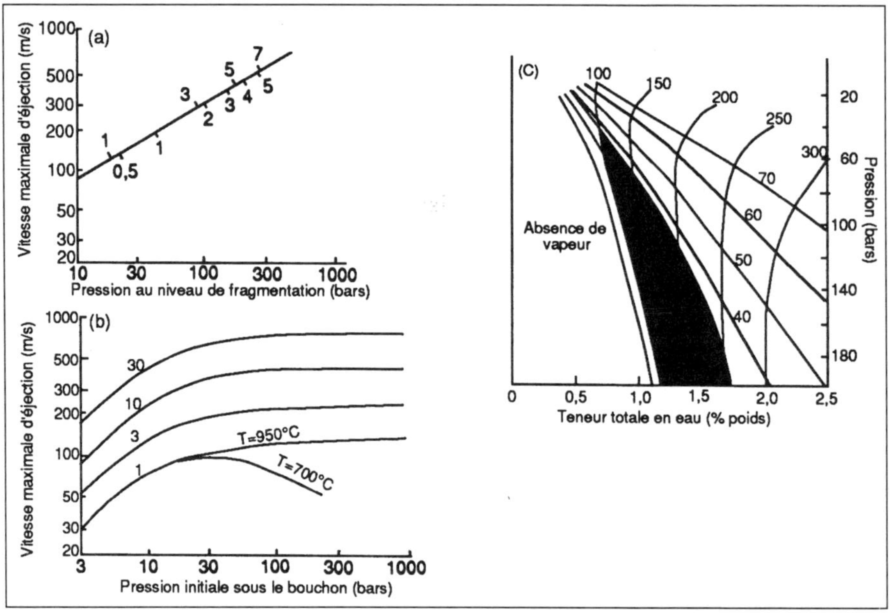

Fig. 76 - Modèles théoriques prédisant les vitesses d'éjection en fonction de la pression et de la teneur en eau initiales.

(a) modèle plinien de Wilson - les chiffres représentent les teneurs (en % poids) en eau exsolvée (au-dessous de la droite) et en eau totale initiale (au-dessus de la droite) correspondant aux profondeurs de fragmentation en abscisse (d'après Wilson, 1980).

(b) modèle vulcanien de Wilson - Courbes pour 4 teneurs (en % poids) en eau exsolvée (d'après Wilson, 1980).

(c) modèle vulcanien magmatique d'Eichelberger et Hayes (1982) - Vitesses (100-300 m/s) et fraction volumique des bulles avant fragmentation (0-70 %), en fonction de la pression et de la teneur en eau initiales. La zone tramée correspond aux conditions initiales envisagées pour l'éruption du "*blast*" du Mont Saint-Helens en 1980.

des éruptions uniquement effusives ou extrusives. Or, des teneurs en eau de l'ordre de 4 % ont été dosées dans des inclusions vitreuses de minéraux, aussi bien dans la rhyolite d'Obsidian Dome, USA, que dans les ponces rhyolitiques de l'éruption "ultraplinienne" du Taupo, Nouvelle-Zélande (Hervig *et al.,* 1989). De tels résultats suggèrent que l'explosivité de l'éruption d'un magma n'est pas simplement inscrite dans la teneur en volatils de la chambre au cours de la cristallisation, mais plutôt que des bifurcations dans le processus éruptif (conduisant à des manifestations soit fortement explosives, soit effusives-extrusives) peuvent dépendre d'un dégazage du magma en système plus ou moins ouvert, du gaz s'échappant dans l'encaissant dès la chambre magmatique ou lors de l'ascension dans le conduit (Eichelberger *et al.,* 1986). Les modalités d'éruption pourraient donc être, au moins dans certains cas, largement dépendantes de conditions externes au système magmatique (perméabilité de l'encaissant, géométrie du conduit, par exemple). Il est possible néanmoins que le flux de gaz dans l'encaissant reste partiellement dépendant de paramètres intrinsèques aux conditions éruptives. Ainsi, le dégazage dans l'encaissant doit tendre à augmenter avec la durée du séjour du magma dans le conduit, donc avec la diminution du débit éruptif. Au cours d'une éruption ou d'un cycle éruptif, la diminution de la pression dans la chambre doit conduire à une diminution du débit, elle-même susceptible d'expliquer, par exemple, la transition fréquemment observée entre des éruptions pliniennes et l'extrusion de dômes (Jaupart et Allègre, 1991). En terme de prévision volcanique, ces considérations suggèrent que devraient être surveillés, en dehors des périodes d'activité, le dégazage même "diffus" du volcan (indiquant dans quelle mesure le système est ouvert) et les déformations même à grand rayon de courbure, reliées à l'augmentation éventuelle de la pression dans la chambre.

II.3.3. - LES ÉRUPTIONS HYDROMAGMATIQUES : INTERACTIONS EAU-MAGMA

par Guy CAMUS

• Aspects thermodynamiques

L'activité hydromagmatique résulte de l'interaction explosive entre un magma ascendant et les eaux superficielles. Le phénomène physique essentiel dans une éruption hydromagmatique est le transfert de l'énergie thermique du magma (de l'ordre de 4 800 j/cm^3 pour un magma basaltique) à l'eau et sa transformation en énergie mécanique. Compte tenu de la très faible conductibilité thermique des magmas, un transfert efficace dans un temps bref implique une fragmentation poussée de ceux-ci en profondeur. Or l'observation des pyroclastes juvéniles montre, au moins dans le cas des magmas basiques, que ceux-ci sont peu ou pas vésiculés. La fragmentation ne peut donc être due à la rupture des vésicules ; elle ne peut s'expliquer que par le choc thermique au contact de l'eau.

La meilleure approche du phénomène réside dans une comparaison avec un processus dit d'interaction "*fuel-coolant*" (FCI) observé accidentellement dans l'industrie (fonderie, liquéfaction des gaz) lorsque deux liquides -l'un étant au-dessus du point d'ébullition de l'autre- entrent en contact, déclenchant une explosion violente (Peckover *et al.*, 1973 ; Colgate et Sigurgeirsson, 1973). Des modèles théoriques de ce processus ont été développés (Buchanan, 1974 ; Corradini, 1981), qui suggèrent que le phénomène se déroule de la façon suivante (fig. 77) :

- contact initial des deux composants ;
- isolement d'un film de vapeur surchauffée au contact des deux fluides ;
- mouvements répétés d'expansion-affaissement du film de vapeur (battement d'une durée de l'ordre d'une milliseconde), en liaison avec un équilibre complexe d'énergie cinétique entre le film et le liquide ;
- fragmentation progressive du corps en fusion sous l'effet du battement du film de vapeur ;
- augmentation de la surface de contact entre les deux termes, résultant de la fragmentation ;
- augmentation du transfert thermique ;
- vaporisation explosive de l'eau surchauffée, puis reprise du cycle.

Les mouvements de battement du film de vapeur ont été observés grâce à un dispositif de cinématographie à grande vitesse par Nelson et Duda (1981).

Ce modèle FCI a toutefois été contesté par Kokelaar (1983) qui voit dans le rapide mélange dynamique eau-magma le résultat des instabilités de Helmholtz et de Raleigh-Taylor générées lorsque le magma traverse le milieu riche en eau.

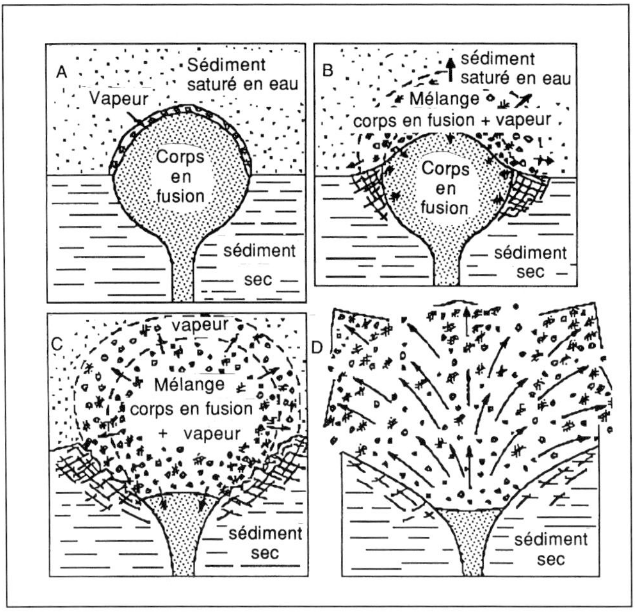

Fig. 77 - Diagramme schématique montrant les stades successifs d'un mélange eau-corps en fusion dans un milieu multicouche (d'après Sheridan et Wohletz, 1983).
A : entrée du magma dans des sédiments saturés en eau. Un mince film de vapeur se forme au contact. B : pulsations dans le volume de vapeur sous pression à l'intérieur de l'aquifère ; fragmentation locale de l'encaissant ("sédiments secs") possible à ce stade. C : accroissement du phénomène d'interaction eau-magma ; mélange magma-vapeur-encaissant. D : rupture explosive du volume confiné.

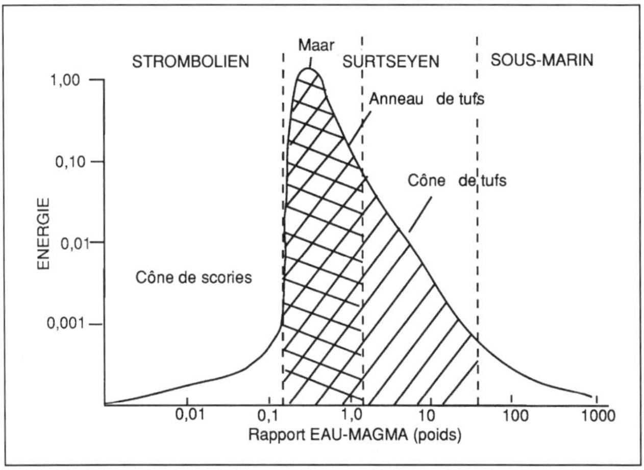

Fig. 78 - Relation entre l'énergie explosive et le rapport massique eau-magma (d'après Wolhetz et Mac Queen, 1984, modifié).

Des explosions hydromagmatiques contrôlées ont été simulées en laboratoire, le magma étant représenté par de la thermite (Fe + Al_2O_3) (Wohletz et Mc Queen, 1984). Elles ont permis de préciser un certain nombre de paramètres, en particulier l'influence du rapport quantité d'eau / quantité de magma sur le rendement des explosions (fig. 78). Le passage des explosions "magmatiques" aux explosions "hydromagmatiques" (rapport eau/magma de l'ordre de 10 % en masse) est marqué par une brusque augmentation du rendement qui correspond au début du mélange dynamique eau-magma et de la vaporisation explosive qui en résulte. Avec l'augmentation du rapport eau-magma, on assiste à une diminution significative du rendement : une partie de l'énergie thermique est utilisée pour chauffer une eau qui ne sera pas vaporisable.

Les expériences les plus récentes (Zimanowski *et al.*, 1991) sur des magmas naturels montrent que l'état du corps en fusion censé représenter le magma dans les expériences joue aussi un rôle important dans le résultat obtenu : à un magma basique fluide correspondent des débris aux formes arrondies ; à un magma visqueux correspondent des débris anguleux. Enfin, un magma déjà largement vésiculé amortit, voire inhibe les explosions. Ces expériences montrent aussi que la température optimum du magma semble se situer vers 850°C. Elles suggèrent enfin que les valeurs des rapports eau/magma annoncées par Wohletz et Mc Queen (1984) sont largement surévaluées.

Sur le plan physique du phénomène, ce type d'activité est donc très différent des types magmatiques puisque le gaz qui participe à l'explosion est d'origine externe, initialement à une température très inférieure à la température magmatique. La présence d'eau en quantité optimale favorise la fragmentation et l'échange rapide de l'énergie, d'où une possibilité d'explosions se succédant à une cadence rapide. Elle détermine en outre un abaissement important de la température finale du mélange et un rendement mécanique élevé par rapport à une éruption magmatique.

• Aspects volcanologiques

L'hydromagmatisme sub-aérien (ou phréatomagmatisme) engendre les maars, en quelques jours, voire quelques heures (Taal, Philippines, 1965 ; Ukinrek, Alaska, 1977 ; Galunggung, Indonésie, 1982) par une succession rapide d'explosions violentes. Celles-ci sont caractérisées par des gerbes cypressoïdes, correspondant à l'éjection latérale de blocs depuis la colonne éruptive riche en vapeur d'eau à la limite de la saturation, et par un panache "en champignon", haut de plusieurs milliers de mètres, lui aussi très riche en vapeur d'eau (volutes blanches). Des nuées horizontales, radiales ("déferlantes basales") résultant de l'écroulement de la colonne éruptive, peuvent s'étaler jusqu'à plusieurs kilomètres de l'évent (*cf.* II.4.3).

Les maars sont des cratères circulaires à parois verticales qui doivent leur morphologie à une subsidence annulaire autour de la cheminée, subsidence dont l'importance est directement liée à l'intensité de l'éruption. Le dépôt pyroclastique associé forme un croissant ou un anneau autour du cratère. Il est peu élevé et ne montre que des strates à pendage externe, car les strates à pendage interne qui devraient exister au voisinage immédiat de l'évent sont entraînées dans le cratère par la subsidence.

L'hydromagmatisme sub-aquatique à faible profondeur (surtseyen) engendre les anneaux - plus exceptionnellement les cônes - de tufs hyaloclastiques (*tuff-rings* et *tuff-cones* en anglais), en plusieurs semaines, voire plusieurs mois (Capelinhos,

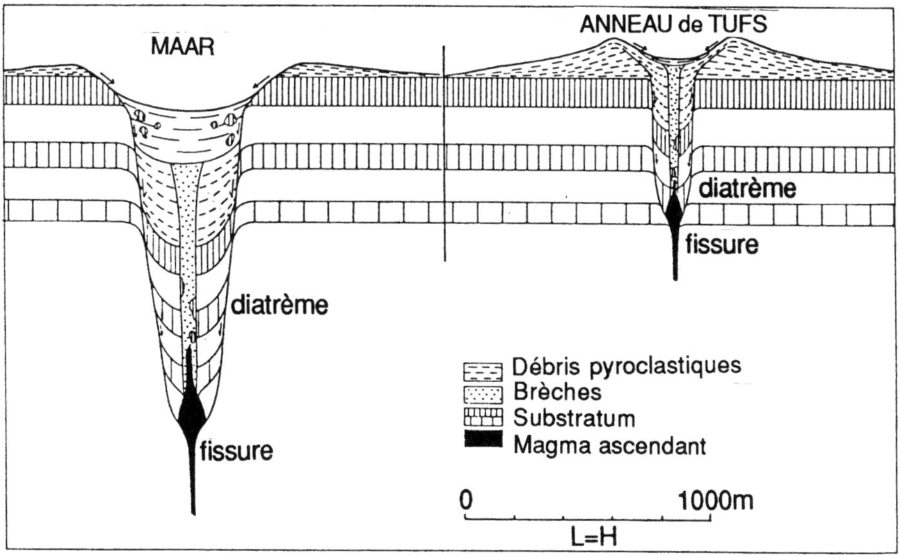

Fig. 79 - Coupes schématiques de systèmes maar-diatrème et anneau de tufs-diatrème (d'après Lorenz, 1973, modifié)

Açores, 1957-1958 ; Surtsey, Islande, 1962-1963). L'activité est également rythmique, moins violente que celle des maars, mais caractérisée aussi par des gerbes cypressoïdes et une colonne de vapeur contenant des particules laviques en suspension, surmontée de son nuage convectif. Des déferlantes basales résultent de l'écroulement périodique de la colonne. Les dépôts surtseyens présentent la plupart du temps des pendages externes et internes, ce qui témoigne d'une subsidence péricratérique plus faible que dans le cas des maars, en relation avec l'intensité plus faible de l'éruption (fig. 79).

Toute activité hydromagmatique est caractérisée par une pulvérisation intense des matériaux, donc la production d'une grande quantité de cendres fines et poussières. Celles-ci sont entraînées dans un panache extrêmement dilué qui peut atteindre des hauteurs considérables (20-40 km) et disséminer cendres et poussières jusqu'à plusieurs centaines de kilomètres de distance. Celles-ci peuvent représenter en volume 5 à 10 fois plus que le dépôt pyroclastique proximal mais elles sont ensuite rapidement érodées et donc exceptionnellement conservées dans les séries géologiques.

La différence de violence et d'intensité entre les deux styles hydromagmatiques basaltiques résulte de la quantité d'eau mise en jeu, conformément à ce que prévoit l'expérimentation : l'activité phréatomagmatique correspond à un domaine où la proportion d'eau est proche de l'optimum pour réaliser la transformation de l'énergie thermique disponible en énergie mécanique. Avec l'activité surtseyenne, l'excès d'eau à l'évent entraîne une perte d'énergie thermique, par dissipation dans le milieu aqueux.

Dans le cas d'un hydromagmatisme impliquant un magma différencié, cas fréquent dans les sites intracaldériques (Seite Cidades, Açores ; Champs Phlégréens, Italie ;

Tengger, Java), l'énergie thermique apportée par le magma est inférieure à celle apportée par une quantité équivalente de magma basaltique. Il en résulte des explosions de violence moindre pour un rapport eau/magma comparable. L'édifice résultant est parfois un maar (lac Pavin), plus souvent un anneau ou un cône de tufs, morphologiquement comparable à un édifice surtseyen ; là encore, la subsidence péricratérique est faible et les pendages centroclinaux souvent préservés. Le magma juvénile est ponceux, ou obsidiennique, suivant que l'interaction eau/magma a lieu après ou avant la vésiculation (Boivin *et al.,* 1982).

• Caractères des dépôts

Les dépôts de maars sont faits pour l'essentiel de produits de déferlantes basales. Ils contiennent une forte proportion d'éléments énallogènes (souvent plus de 50 %). Le magma juvénile est représenté par des lapilli peu ou pas vésiculés (trempés) et des bombes en chou-fleur. Le litage est très net, les lits étant plans, ondulés ou entrecroisés ; chaque lit peut être massif ou classé. Le faciès du dépôt montre une grande variabilité en fonction de la distance à l'évent, de la nature du substratum et du rapport quantité d'eau / quantité de magma pendant l'éruption.

Les dépôts surtseyens comprennent aussi une majorité de produits de déferlantes basales, mais contiennent peu d'éléments énallogènes (souvent moins de 5 %). Le magma juvénile est finement pulvérisé (cendres grossières), quelques bombes en chou-fleur sont aussi présentes. Souvent une partie notable de l'accumulation est palagonitisée en cours d'éruption (Camus *et al.,* 1981).

II.4. - LES PRODUITS DE l'ACTIVITÉ EXPLOSIVE

II.4.1. - NOMENCLATURE DES PYROCLASTITES

par Jean-Louis BOURDIER et Pierre M. VINCENT

• Les pyroclastes

Un pyroclaste est défini par son mode de formation : fragmentation par une éruption volcanique explosive. Cette éruption peut être essentiellement magmatique, ou hydrovolcanique (*cf.* II.3.3), ou phréatique (*cf.* II.5). Il s'agit là de la définition la plus généralement adoptée dans la littérature volcanologique, mais d'autres acceptions sont discutées plus loin. Quelle que soit la définition retenue, celle-ci est génétique et non lithologique. Un pyroclaste n'est pas nécessairement de nature volcanique : il peut s'agir d'un fragment de l'encaissant cristallin, métamorphique ou sédimentaire.

Les pyroclastes peuvent être subdivisés selon différents critères qui ouvrent chacun sur une terminologie distincte.

Granulométrie

Les coupures granulométriques introduites par Fisher (1961, 1966) sont bien établies dans l'usage (Schmid, 1981) et présentent l'avantage d'être calquées sur les coupures utilisées par les sédimentologistes pour les formations détritiques (tabl. 12). On notera que les bombes doivent avoir une taille supérieure à 64 mm ; le terme “bombelette” pourrait être utilisé pour des tailles inférieures.

Tabl. 12 - Nomenclature et classification granulométrique des pyroclastes et pyroclastites (d'après Schmid, 1981).

Taille de particule (mm)	Pyroclaste	Dépôt pyroclastique	
		Non consolidé : tephra	Consolidé : roche pyroclastique
	Bombe, bloc	Agglomérat, horizon de blocs ou bombes, tephra de blocs ou bombes	Agglomérat, brèche pyroclastique
64 mm			
	Lapilli	Horizon de lapilli, tephra de lapilli	Tuf de lapilli
2 mm			
	Particule cendreuse grossière	Cendre grossière	Tuf cendreux grossier
1/16 mm			
	Particule cendreuse fine (poussière)	Cendre fine	Tuf cendreux fin

Origine

On utilise en France les termes créés par Lacroix pour les enclaves :

- pyroclaste néogène = juvénile, "frais", c'est-à-dire correspondant au magma de l'éruption (anglais : *essential*) ;
- pyroclaste paléogène = provenant d'une éruption antérieure (anglais : *accessory*) ;
- pyroclaste énallogène = xénolite (anglais : *accidental*).

Lithologie

Pour caractériser lithologiquement un dépôt pyroclastique, en particulier sa fraction cendreuse, on utilise classiquement des diagrammes triangulaires dont les pôles sont les 3 catégories de particules suivantes :

- particule lithique (polycristalline)
- particule vitreuse, dense ou vésiculée
- cristal libre ou fragment de cristal

Vésicularité et densité, pour les pyroclastes volcaniques

La vésiculation est l'aspect de la texture des pyroclastes qui a le plus d'importance, en particulier pour les pyroclastes juvéniles, car il a une signification génétique. Du point de vue descriptif il se traduit de façon simple par la densité apparente comparée à celle de la roche compacte. Il n'a pas paru utile de proposer des coupures rigoureuses : texture compacte (pouvant être bulleuse ou poreuse), texture scoriacée, texture ponceuse ; les vraies ponces ont une densité inférieure à 1, au-dessus on parle de ponces "lourdes", passant aux scories "légères".

Les ponces sont habituellement de teinte claire, blanche ou crème. Les scories sont sombres, grises ou noires, rouges quand elles sont oxydées. Exceptionnellement les ponces basaltiques (réticulites), les plus vésiculées (leur densité peut descendre jusqu'à 0,3 g/cm^3), ont les mêmes teintes que les scories.

• Dépôts et roches pyroclastiques : pyroclastites

Dans la définition la plus stricte, mais en même temps la plus cohérente et la plus largement acceptée (voir Cas et Wright, 1987), les dépôts pyroclastiques sont des dépôts non seulement constitués de pyroclastes, mais directement formés par l'activité éruptive : dépôts volcaniques "primaires". Cette définition est donc, comme celle de "pyroclaste", d'ordre génétique. Elle exclut les produits de remaniement, même lorsque ceux-ci se forment exclusivement à partir de pyroclastes et peu de temps après l'éruption (cas de beaucoup de lahars par exemple).

Les subdivisions terminologiques au sein des pyroclastites sont d'ordre soit descriptif, soit génétique.

Terminologie descriptive

Elle est d'abord fondée sur les critères également retenus pour les roches détritiques, c'est-à-dire granulométrie moyenne et caractère meuble ou consolidé (tabl. 12). D'autres critères importants, pour la reconstitution du mécanisme éruptif, sont d'ordre lithologique : texture des éléments juvéniles (pyroclastes denses, ponces ou scories), proportion et nature des xénolites. On pourra donc préciser, à partir des termes granulométriques : tuf cendreux à lapilli scoriacés, tuf de lapilli ponceux, brèche andésitique à blocs denses, par exemple.

On qualifie de "monolithologique" ou "polylithologique" une pyroclastite selon que les éléments sont de même nature pétrographique ou non. Dans une formation monolithologique, les éléments peuvent avoir des textures variées. Par exemple, les dépôts de nuées ardentes péléennes ou de type Mérapi (*cf.* II.4.3) sont monolithologiques, mais les fragments venant de l'écorce du dôme peuvent avoir une texture bien différente de ceux provenant de parties plus internes (roche vitreuse massive, fluidale, à débit en dalles d'une part et roche poreuse isotrope d'autre part, dans les nuées du Sarcoui, Chaîne des Puys).

Terminologie génétique

Des termes à connotation génétique se réfèrent aux processus de l'éruption qui déterminent les caractéristiques du dépôt : le mode de vésiculation et de fragmentation d'une part, le mode de transport depuis l'évent d'autre part. Le premier détermine essentiellement les caractéristiques lithologiques du dépôt, le second essentiellement ses caractéristiques sédimentologiques. Pour les mécanismes de vésiculation et de fragmentation, une subdivision de premier ordre est la séparation entre mécanismes purement (ou très essentiellement) magmatique, hydrovolcanique (interaction explosive eau-magma) et phréatique (sans éruption de magma). Pour les mécanismes de transport, la coupure s'établit essentiellement entre transport par écoulement (coulées pyroclastiques d'une part, déferlantes pyroclastiques d'autre part ; *cf.* II.4.3) et retombée aérienne (*cf.* II.4.2) (*cf.* Cas et Wright, 1987, pour une présentation détaillée).

• Les limites du champ des pyroclastites

Particules et formations volcaniques primaires d'origine non explosive

Il existe d'autres modes de fragmentation volcanique que ceux associés aux éruptions explosives :

- (1) fragmentation au cours de la progression des coulées subaériennes, donnant la partie supérieure des coulées aa, les coulées à blocs, les semelles scoriacées ; fragmentation superficielle des dômes (*cf.* II.2.2). Les particules sont regroupées sous le terme autoclastes, les formations sont qualifiées d'autoclastiques ;

- (2) fragmentation des laves sous-marines par trempe et "granulation" sous une tranche d'eau suffisante, donnant les laves en coussins, les débris de coussins (hyaloclastites), des formations à blocs de laves différenciées (andésites, rhyolites, etc.).

Produits de remaniement

Un dépôt pyroclastique peut être remanié par la suite, éventuellement quelques heures ou quelques jours seulement après le dépôt initial. Les pyroclastes sont alors repris, transportés et déposés par un processus sédimentaire faisant intervenir les agents de surface. Dans ce remaniement, ils restent des pyroclastes (remaniés). Le dépôt de remaniement, par contre, n'est plus un dépôt pyroclastique au sens strict retenu ici.

Pour ces produits, en particulier pour les produits du remaniement direct ("resédimentation") de dépôts pyroclastiques restés meubles jusque là, il n'existe pas de nomenclature bien établie dans l'usage et c'est un problème actuellement débattu.

Les problèmes qui restent posés par l'utilisation des termes pyroclaste et pyroclastite tiennent, en conclusion, à deux difficultés.

La première est l'absence d'un consensus sur les définitions, même si celles retenues ici sont les mieux adoptées. Certaines acceptions proposées pour le terme pyroclaste sont plus larges (résultat d'une fragmentation directement par l'activité volcanique, ce qui inclut les hyaloclastes mais exclut les autoclastes, selon la sous-commission de l'IUGS ; Schmid, 1981). D'autres au contraire sont plus restrictives (résultat d'une fragmentation volcanique explosive et purement magmatique, ce qui exclut les produits surtseyens, phréatomagmatiques et phréatiques ; Fisher et Smith, 1991). Ces derniers produits sont alors regroupés avec les hyaloclastes dont l'origine est non explosive, sous le terme hydroclastes (Fisher et Smith, 1991).

La seconde difficulté, d'ordre pratique, est que, quelle que soit la définition que l'on retienne, cette définition est génétique. L'origine de la particule ou de la formation est implicitement contenue dans le terme, et doit donc pouvoir être démontrée. La différence texturale entre un dépôt de coulée pyroclastique et celui d'un écoulement de remaniement aqueux (lahar), par exemple, est difficile à établir dans l'actuel et le sera encore davantage dans des formations anciennes. En l'absence d'argument pour un dépôt d'origine directement éruptive (et explosive dans l'acception stricte), les termes réservés aux pyroclastites dans la terminologie internationale (c'est le cas de cendre et tuf, *ash* et *tuff* en anglais) et l'adjectif pyroclastique lui-même doivent donc être évités. Seuls des termes sans connotation génétique sont applicables en toute situation, mais peu de tels termes sont disponibles. L'adjectif volcanoclastique (*volcaniclastic* ; Fisher, 1961) peut être appliqué à tout dépôt ou roche formé en partie (en n'importe quelle proportion, Fisher, 1966 ou en majorité pour d'autres auteurs) de particules de nature volcanique.

II.4.2. - LES RETOMBÉES AÉRIENNES

par Guy CAMUS

Des mécanismes décrits aux chapitres II.3 ci-dessus, il ressort que les matériaux volcaniques peuvent être éjectés selon trois modes fondamentaux : vertical

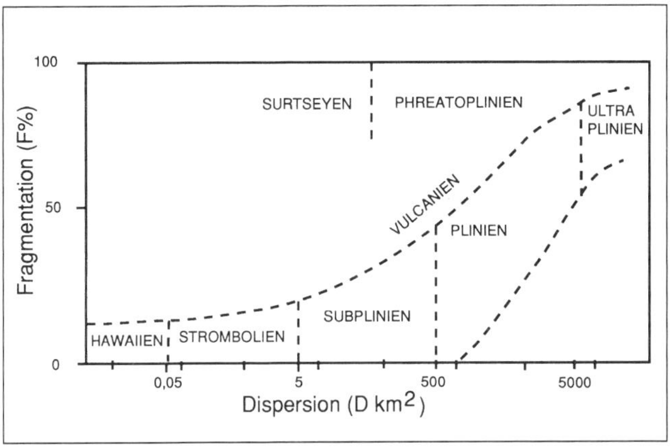

Fig. 80 - Diagramme pour une classification des éruptions selon les indices D et F de leur dépôt de retombée (d'après Walker, 1973, mis à jour *in* Wright *et al.*, 1980).
D : surface à l'intérieur de l'isopaque 0,01 Tmax (Tmax = épaisseur maximum du dépôt). F : pourcentage de particules < 1 mm au point où l'axe de dispersion coupe l'isopaque 0,1 Tmax.

intermittent, vertical en régime, latéral. Seules les projections verticales produisent des dépôts de retombées.

Des différences considérables existent dans les projections verticales, en fonction de la violence des explosions, de l'intensité de l'activité, et de l'état de fragmentation des produits. Ces différences caractérisent le "style" de l'éruption à un instant donné, et conditionnent l'aspect du dépôt correspondant : lithologie, structure et surtout dispersion.

Sur la base de la dispersion des retombées (extension du dépôt), et aussi du degré de fragmentation du magma (granulométrie moyenne du dépôt), Walker (1973) a proposé une classification des éruptions (fig. 80). De l'examen du diagramme de Walker, il ressort qu'il y a lieu de différencier les produits proximaux, accumulés au voisinage de l'évent (dispersion souvent inférieure à quelques km^2) sur une épaisseur souvent importante, des produits distaux, qui nappent seulement la morphologie prééruptive, au-delà d'une certaine distance à l'évent (dispersion souvent supérieure à plusieurs dizaines de km^2, atteignant ou dépassant plusieurs centaines, voire milliers de km^2).

• Les retombées proximales

Ce sont les explosions les moins violentes, verticales et rythmiques, éjectant les matériaux selon une trajectoire balistique, qui engendrent les accumulations proximales les plus typiques. Dans la majorité des cas elles résultent de l'activité des magmas basaltiques.

De l'activité strombolienne (§ II.3.1) résulte, en l'absence de perturbation extérieure, éolienne par exemple, une accumulation conique à cratère sommital ("cône de scories"). Le rebord du cratère correspond au maximum d'accumulation des produits, sa distance à l'axe de l'édifice est fonction de la violence des explosions. Pendant la croissance du cône, tant que la pente externe n'excède pas 30° environ

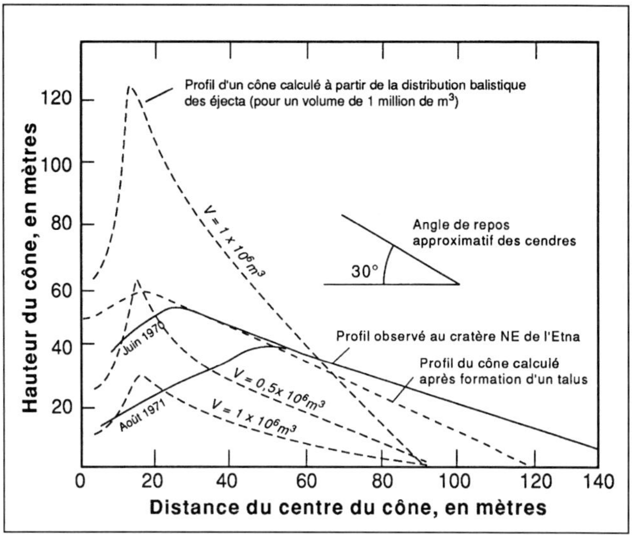

Fig. 81 - Croissance du Cratère Nord-Est de l'Etna. en fonction du volume du cône (d'après Mc Getchin *et al.*, 1974).
En tiretés : profils calculés d'après la distribution balistique des éjecta (photographies), pour différents volumes. En traits pleins : profils observés. Selon ce modèle, pour un volume d'environ 0,2 Mm^3, la pente du cône atteint l'angle de repos des ejecta, environ 30°. Au-delà, il y a glissement de la masse pour former une pente de talus.

(angle de repos), les projections s'accumulent progressivement. Au-delà de cette valeur, elles roulent sur le flanc externe de l'appareil, formant un talus qui augmente peu à peu le rayon du cône (fig. 81).

Les matériaux qui constituent le cône sont des bombes arrondies, en fuseau, ou en "bouse de vache" selon la viscosité de la lave, des blocs scoriacés, des lapilli et des cendres grossières. La moyenne granulométrique diminue rapidement avec la distance à l'axe du cône, et le litage dans le même temps apparaît de plus en plus net, reflètant la rythmicité des explosions et/ou les remaniements gravitaires.

La teinte des matériaux est rouge au centre de l'édifice, passant progressivement au noir vers la périphérie ; la rubéfaction correspond à une oxydation syn- et post-éruptive à haute température (> 600°C) au contact de l'oxygène aérien (Baudry et Camus, 1972).

Dans certains cas, le rythme des explosions peut être soutenu ; on passe alors à une forme proche de l'éruption en régime : une colonne thermique se développe à la verticale de l'évent, qui entraîne les éléments les plus fins, lapilli et cendres, comme un panache plinien (§ II.3.2) dispersant les pyroclastes en une retombée distale ; certains auteurs qualifient ce type de "plinien basaltique" (Fisher et Schmincke, 1984). Le cône de scories est alors entouré d'une nappe de lapilli et cendres de quelques centaines de mètres à plusieurs kilomètres d'extension, qui correspond à la retombée en pluie des produits du panache. Des exemples existent dans la Chaîne des Puys (*cf.* III.1.2), par exemple le dépôt "plinien" basaltique (en fait sub-plinien au sens de Walker, 1973) associé aux cônes de scories de la Vache et de Lassolas.

Les fontaines et les rideaux de lave de l'activité hawaïenne voient l'essentiel de leurs produits retomber sur les coulées associées et entraînés par leur flot. Toutefois, au voisinage des évents les produits peuvent former de petites accumulations de scories soudées ou "*spatter*" (français : éclaboussures) : "*spatter cones*" ou "spatter ramparts", suivant la forme de l'évent.

La soudure des produits atteste une mise en place dans un état encore visqueux, à haute température : les particules sont émises à une température élevée et décrivent leur trajectoire dans un environnement de gaz magmatiques très chauds, leur déperdition de chaleur est donc faible.

Comme dans le cas précédent, une retombée de panache, faite de lapilli scoriacés ou ponceux ("réticulites") peut exister.

D'autres styles d'activité peuvent engendrer des accumulations de retombées proximales : cônes "vulcaniens", cônes ou anneaux hydromagmatiques (§ II.3.3), car les conditions éruptives sont influencées par des facteurs variés (nature du magma, du substratum, eaux superficielles). Dans ces accumulations, les dépôts d'écoulements pyroclastiques sont souvent majoritaires.

• Les retombées distales

Avec l'éloignement par rapport à l'évent, les retombées distales correspondant à une "pluie" de particules depuis un panache deviennent majoritaires. Là encore, elles peuvent être associées à des dépôts de coulées ou de déferlantes pyroclastiques. Sur le terrain il est parfois difficile de distinguer les uns des autres. Cependant si les conditions d'observation sont bonnes, quelques critères simples permettent leur distinction :

(a) Retombées pyroclastiques :

- relief préexistant moulé ;
- classement granulométrique bon ou moyen ;
- décroissance, plus ou moins exponentielle avec l'éloignement, de l'épaisseur du dépôt et de la taille moyenne des pyroclastes ;
- températures habituellement basses (cependant certains dépôts peuvent être soudés).

(b) Coulées pyroclastiques :

- contrôle topographique : canalisation dans les vallées, dépressions comblées, surface de dépôt plane ;
- classement granulométrique mauvais ou moyen ;
- variation irrégulière de l'épaisseur avec l'éloignement (pas ou peu de dépôts sur les pentes fortes) ;
- température élevée : peuvent être soudés, oxydés ; bois carbonisés, magnétisation thermorémanente homogène.

(c) Déferlantes pyroclastiques :

- comportement vis-à-vis du relief intermédiaire entre les précédents : moule la topographie mais s'épaissit dans les dépressions ;
- variations d'épaisseurs rapides, irrégulières ou périodiques (dépôts ondulés) ;
- érosion basale possible (chenaux).

Si à ce jour, les mécanismes qui régissent le comportement des particules restent un sujet de débat dans les écoulements pyroclastiques, ils sont beaucoup mieux compris dans les colonnes éruptives. Actuellement, c'est le modèle proposé par Carey et Sparks (1986) qui rend le mieux compte de la phénoménologie de l'éruption et de l'organisation des dépôts. Selon ces auteurs, une colonne éruptive comprend trois régions :

(a) à la base, la zone de poussée gazeuse où les particules en suspension se déplacent sous l'effet de la détente des gaz ;

(b) la zone convective où les particules poursuivent leur ascension dans leur environnement gazeux sous l'effet de la différence de densité avec l'atmosphère : si les échanges thermiques particules-gaz sont efficaces, la densité du mélange peut en effet devenir inférieure à celle de l'atmosphère. Ces deux premières phases de développement de la colonne ont été bien observées lors de l'éruption du Ngauruhoe (Nouvelle-Zélande, 19 février 1975) : alors que la première phase est caractérisée par une décélération importante, de 500 à une trentaine de m/s, la seconde débute avec une légère augmentation de la vitesse d'ascension (fig. 82 ; Self *et al.,* 1979);

(c) le parapluie ou panache *s.s.* Lorsque la densité du mélange particules-gaz diminue, par refroidissement progressif, et devient égale à celle de l'atmosphère, l'ascension convective cesse. Du fait de l'alimentation continue de la colonne par sa base, celle-ci s'étale alors à sa partie haute, en un panache, circulaire en l'absence de vent (cas très rare), ou elliptique. Si l'on appelle Ht la hauteur totale de l'ensemble colonne et panache (elle-même fonction du débit, § II.3.2), et Hb la hauteur de la colonne seule, on constate qu'il existe une relation empirique : (Ht - Hb) / Ht = 0,25 à 0,30.

Dans la zone convective, les particules situées dans l'axe de la colonne voient leur vitesse verticale diminuer progressivement jusqu'à devenir très faible à la base du parapluie. Hors de l'axe, la vitesse verticale des particules diminue de façon gaussienne avec la distance à l'axe.

Dans le parapluie, leur trajectoire conserve pendant un certain temps une composante verticale liée à l'inertie, mais elles acquièrent surtout une vitesse horizontale centrifuge qui décroît avec la distance à l'axe.

Carey et Sparks (1986) ont montré qu'il est possible pour un panache de dimensions données de calculer en chaque point de la colonne et du panache des courbes d'égale vitesse du mélange particules-gaz (fig. 83). Or, au sein de ce mélange, chaque particule est soumise à deux forces de sens opposés : la vitesse d'ascension et sa vitesse propre de chute (qui dépend de sa taille, de sa densité et de la densité de son environnement gazeux). En un point donné du panache, caractérisé par une certaine vitesse d'ascension, si l'on considère des clastes de même densité, seuls ceux ayant une taille donnée pourront avoir une vitesse propre de chute égale à la vitesse d'ascension.

La densité de l'environnement gazeux diminuant au fur et à mesure de l'expansion du parapluie, Carey et Sparks (1986) ont modélisé pour des panaches de dimensions variées et des clastes de densités variées, une série d'enveloppes concentriques correspondant à des clastes de tailles données (fig. 83).

A l'intérieur de l'enveloppe 6,4 cm par exemple, les clastes de 6,4 cm et moins seront sustentés, à l'extérieur ils ne le seront plus ; donc en franchissant cette enveloppe limite, leur vitesse de chute deviendra supérieure à la vitesse d'ascension

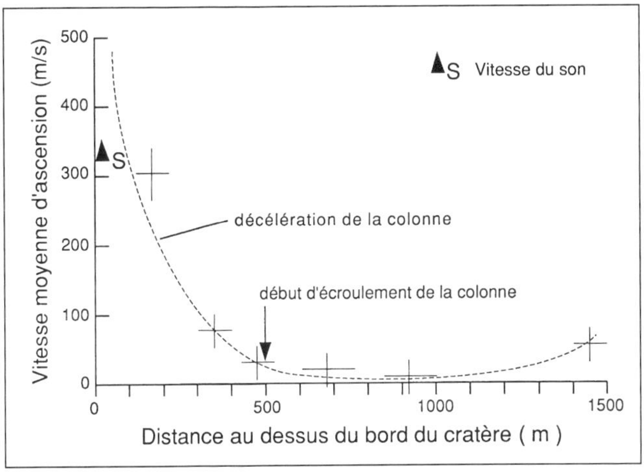

Fig. 82 - L'explosion "vulcanienne" de 18 h 10 le 19 février 1975, au Ngauruhoe (Nouvelle-Zélande).
Données d'après photographies. Les croix représentent les barres d'erreur. La courbe en tiretés indique 3 phases : la première de décélération de la masse éjectée, la seconde à vitesse sensiblement stable où l'ingestion d'air et l'écroulement de cette masse se produisent, la dernière où une réaccélération est liée à l'élévation d'un panache par convection. Cette explosion a éjecté 2.10^{8} kg de roches dont la moitié était juvénile. La moitié du volume total s'est ensuite écroulé pour former une coulée pyroclastique
(d'après Self *et al.*, 1979)

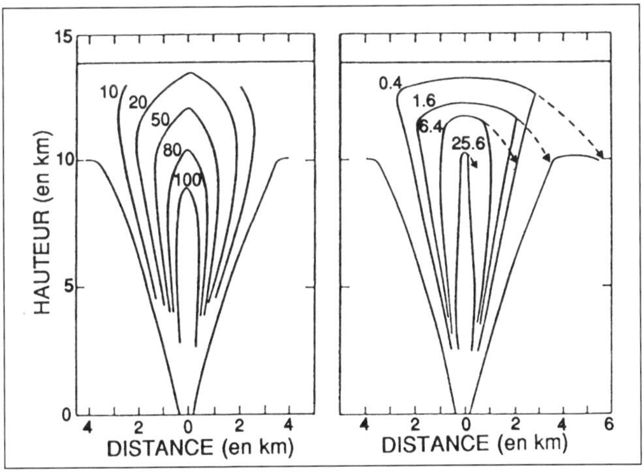

Fig. 83 - Modélisation numérique des colonnes pliniennes.
Variation de la vitesse à l'intérieur d'une colonne de 13,8 km de hauteur totale (Carey et Sparks, 1986). A gauche, enveloppes d'égale vitesse en m/s. A droite, enveloppes de support de particules où la vitesse verticale vers le haut est égale à la vitesse de chute, pour des clastes de 0,4 à 25,6 cm et une densité de 2 500 kg / m^3.

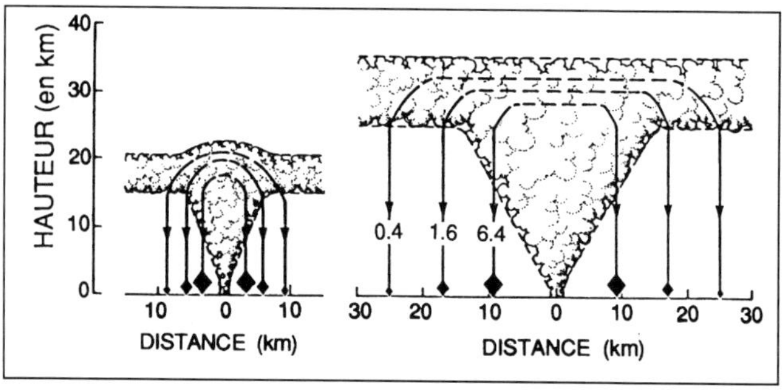

Fig. 84 - Modélisation numérique des colonnes pliniennes. Trajectoires des clastes dans le panache supérieur pour des colonnes de 21 et 35 km (Carey et Sparks, 1986).

et ils tomberont du nuage. En conséquence, à une certaine distance de l'axe du panache, ce sont toutes les particules ayant une même vitesse propre de chute -donc des tailles identiques si elles sont de même densité- qui vont retomber en pluie continue.

Du fait de cette dynamique, les produits de retombées de panache montrent à l'échelle de l'affleurement une absence de litage et un très bon tri granulométrique. Les particules sont peu ou pas émoussées, parfois fragmentées en polyèdres sous l'effet du choc thermique (surtout les ponces).

La taille des particules retombées en un point est fonction directe de la hauteur du panache (fig. 84), elle-même fonction du débit et de la vitesse initiale (Wilson, 1976 Wilson *et al.*, 1978) (*cf.* II.3.2). On peut parfois observer au sein d'un dépôt, sur une verticale, une augmentation progressive de cette taille moyenne, puis une diminution vers la fin de la séquence, traduisant successivement la croissance progressive puis la décroissance de la hauteur du panache.

Dans le cas d'une éruption plinienne traduisant la vidange d'une chambre zonée, on peut observer dans le dépôt une variation progressive de la teinte, de clair en bas à sombre en haut : l'éruption soutire, de haut en bas de la chambre, des produits de moins en moins différenciés (§ I.3.4).

On connaît peu de dépôts de retombée correspondant au modèle théorique "sans vent" ; celui du volcan Fogo, aux Açores, en est un exemple. En fait, les panaches sont dans la majorité des cas influencés par les vents. Carey et Sparks (1986) ont donc proposé un modèle plus élaboré qui tient compte de la direction et de la vitesse du vent à des altitudes variées. Une application de ce modèle à la retombée des puys de la Vache et de Lassolas (voir ci-dessus, et chap. III.1.2) suggère que le panache a atteint une hauteur totale de 12 à 13 km, correspondant à un débit de 1 800 à 3 000 m^3/s. Connaissant le volume total du dépôt, 3.10^6 m^3 équivalent-magma (Déruelle, 1969), ceci correspond à une éruption en régime ayant duré 6 à 10 heures.

II.4.3. - LES ÉCOULEMENTS PYROCLASTIQUES

par Jean-Louis BOURDIER et Jean-Luc LE PENNEC

Les écoulements pyroclastiques sont des dispersions de particules, plus denses que l'atmosphère et s'écoulant en contact avec le sol. Les particules sont des pyroclastes (juvéniles et/ou énallogènes, *cf.* II.4.1), c'est-à-dire dérivées d'une fragmentation explosive. La définition exclut donc les écoulements constitués des fragments de coulées de laves subaériennes (coulées autobréchifiées) ou sous-marines (laves en coussins), ainsi que les petits éboulements de blocs provenant de parties de dômes ou dômes-coulées en cours de croissance. Une telle limitation est, dans la pratique, difficile à maintenir. En outre, les écoulements pyroclastiques sont des écoulements "primaires", directement éruptifs. Autrement dit un écoulement, aqueux par exemple, qui remanierait des pyroclastes, n'est pas un écoulement pyroclastique.

Les caractéristiques de l'écoulement (contenu lithologique, rhéologie, vitesse, distance parcourue, etc.) dépendent en premier lieu des modalités éruptives. Les facteurs externes, comme la topographie, le couvert végétal ou la présence d'eau dans les drainages, n'influent significativement sur le comportement des écoulements pyroclastiques que d'autant que la magnitude, l'intensité et la violence (termes définis § II.3.2) de l'éruption sont faibles.

• Mécanismes de transport

La description des écoulements pyroclastiques, en particulier ceux de petit volume, est actuellement dominée dans la littérature par l'opposition faite entre deux types : des écoulements denses, concentrés, en régime essentiellement laminaire ("*pyroclastic flows* s.s.") et des écoulements plus dilués et turbulents, les déferlantes pyroclastiques (*pyroclastic surges*). Cette opposition est trop schématique et ne rend pas compte de la complexité des écoulements pyroclastiques. Elle contient en outre une ambiguïté terminologique en anglais, le terme "*pyroclastic flow*" prenant ici un sens restrictif alors qu'il continue de désigner pour beaucoup d'auteurs les écoulements pyroclastiques dans leur ensemble. En français, il est possible d'éviter cette ambiguïté en utilisant "écoulement" dans un sens général et, pour les seuls écoulements concentrés, le terme "coulée pyroclastique". Le terme "nuée ardente", largement véhiculé dans la littérature française depuis Lacroix, a un sens général de ce point de vue, puisque les nuées de 1902 de la Montagne Pelée pour qui le terme a été créé, étaient les unes des coulées, d'autres des déferlantes pyroclastiques (Bourdier *et al.*, 1989).

Les coulées pyroclastiques de petit volume

Ce sont des dispersions gaz-solide de relativement faible vélocité (typiquement 5-40 m/s), qui suivent les points bas de la topographie et tendent à être canalisées par les vallées. De façon caractéristique, elles sont structurées verticalement en deux zones : une lame basale haute de quelques mètres à dizaines de mètres et contenant la quasi-totalité des particules, et un nuage cendreux très volumineux mais très peu chargé (Lacroix, 1904). Ce dernier ("*dust cloud*", "*ash cloud*" ou "*ash cloud surge*" des auteurs anglo-saxons), haut parfois de plusieurs kilomètres, masque la lame basale hormis éventuellement son extrêmité frontale, et se développe à partir d'elle par vannage de fines. Une fois bien individualisée, la lame basale est mue essentiellement par la gravité, accélérant et décélérant selon les variations de la pente (Hoblitt, 1986).

La caractéristique principale de la lame basale est d'avoir, en particulier vers la fin de sa mise en place, une rhéologie non newtonienne de type visco-plastique. La lame s'arrête lorsque la composante tangentielle de son propre poids, à quoi peuvent s'ajouter des forces transmises depuis l'origine par l'éruption, ne permet plus de vaincre la résistance interne (viscosité) de l'écoulement et les forces externes de frottement. Le dépôt de la lame se fait donc "en masse". Les dépôts se retrouvent souvent canalisés dans des vallées ; en l'absence de canalisation, ils forment des langues avec des levées latérales et un front fortement bombé, typiques des écoulements visco-plastiques. La hauteur caractéristique des levées permet une estimation du seuil de contrainte de l'écoulement (Wilson et Head, 1981).

Une autre caractéristique remarquable des coulées pyroclastiques est leur compétence au transport de blocs. Le support des blocs est assuré d'une part, par l'effet de matrice dont la densité réduit leur poids apparent, et d'autre part, par les composantes dirigées vers le haut des forces d'interactions particules-particules et particules-substrat. Ces deux mécanismes nécessitent une concentration minimum de particules dans la lame. A ces concentrations, il est probable que les particules les plus fines sont maintenues en suspension par fluidisation, dans le flux gazeux dégagé par les particules (Sparks, 1976, 1978b), mais l'influence de cette fluidisation des fines sur la rhéologie d'ensemble de l'écoulement n'est pas évaluée précisément.

La concentration de particules, qui détermine la densité macroscopique de l'écoulement, apparaît donc comme le facteur dominant contrôlant à la fois la rhéologie et la compétence au transport des coulées pyroclastiques (Sparks, 1976). Des propriétés précédentes résultent les caractéristiques géométriques et texturales du dépôt : faibles variations d'épaisseur et de granulométrie avec la distance à la source, morphologie de surface sensiblement plane longitudinalement, mauvais tri et mauvais classement granulométriques. Si à l'affleurement la structure du dépôt apparaît essentiellement "massive" et "chaotique", il existe généralement une distribution non homogène de position et d'orientation des particules, en fonction de leur taille, de leur forme et de leur densité. Cette distribution finale de position et d'orientation dépend des phénomènes, au cours de l'écoulement, de déformation de l'ensemble particules + gaz, de ségrégation gravitaire, d'interactions particules-particules et particules-substrat, tous principalement contrôlés par la concentration de la lame. Selon les cas, ceci peut conduire à : l'individualisation d'un lit basal fin, d'épaisseur centimétrique à décimétrique ; des phénomènes de granoclassements normaux, inverses ou complexes pour les lithiques, les ponces ou les scories ; des figures d'orientation préférentielle des particules, etc.

Les déferlantes pyroclastiques

Les déferlantes pyroclastiques sont définies comme des écoulements moins concentrés que les coulées pyroclastiques, et en régime turbulent. Trois types principaux de déferlantes sont classiquement considérés dans la littérature :

- les déferlantes basales hydrovolcaniques (*base surges*) ;
- les nuages de cendre turbulents formant la partie haute des coulées pyroclastiques et mentionnés plus haut (*ash cloud surges ;* Fisher, 1979) ;
- les déferlantes frontales supposées se former à l'avant de certaines coulées pyroclastiques ou d'écoulements "ignimbritiques" (*"ground surges"* au sens de Sparks et Walker, 1973).

On voit donc que dans beaucoup de cas, la notion de déferlante sert à décrire des zones particulières d'écoulements pyroclastiques, en particulier de coulées, d'où des ambiguïtés et des incohérences terminologiques. A l'origine de cette situation, il n'a pas été suffisamment reconnu que certaines déferlantes pyroclastiques, autres que les déferlantes basales et éventuellement beaucoup plus volumineuses que celles-ci, peuvent constituer des écoulements à part entière. Cette réalité est mieux perçue depuis quelques années, grâce à des exemples bien établis parmi des éruptions récentes : "*blast*" du Mont Saint-Helens 1980 (Moore et Sisson, 1981 ; Waitt, 1981, 1984 ; Hoblitt et Miller, 1984), Montagne Pelée 1902 (Bourdier *et al.*, 1989 ; Boudon *et al.*, 1990), El Chichon 1982 (Sigurdsson *et al.*, 1987), Kelut 1990 (Pratomo *et al.*, 1991).

Dans les déferlantes, les particules sont transportées pour la plupart en suspension continue ou au moins intermittente dans un état relativement dispersé, ce qui requiert des vitesses d'écoulement minimales (Lajoie *et al.*, 1989). Des vitesses locales de l'ordre de 50-100 m/s ou plus sont prévisibles et ont été effectivement relevées dans le cas du *blast* du Mont Saint-Helens en 1980. A ces vitesses, il n'y a pas individualisation précoce d'une lame basale concentrée et visco-plastique comme dans les coulées pyroclastiques. On ne dispose pas actuellement de données sur les profils verticaux de vitesse et de concentration dans les déferlantes, mais il est probable, d'après les destructions mécaniques et la topographie affectée dans les éruptions récentes, que les particules sont réparties dans une lame haute de dizaines à centaines de mètres, où leur proportion et leur taille diminuent vers le haut.

Par leur hauteur et leur vitesse, les déferlantes sont, beaucoup plus que les coulées pyroclastiques, capables d'échapper au contrôle topographique des vallées pour couvrir de vastes surfaces, en franchissant les reliefs rencontrés. Pour un volume égal, le dépôt d'une déferlante couvre donc une surface plus grande que celui d'une coulée, avec une épaisseur moyenne plus faible, ou encore un "quotient d'étalement" plus petit (le "quotient d'étalement" ou "*aspect ratio*" introduit par Walker *et al.*, 1980, dans une acception inverse de celle usuelle des sédimentologistes, correspond au rapport de l'épaisseur moyenne sur le diamètre d'un cercle dont la surface est équivalente à celle du dépôt) (fig. 85). Dans la zone affectée, la destruction mécanique est très importante. Le passage de la zone dévastée à la zone intacte est brutal, marqué par une zone de transition de quelques dizaines à centaines de mètres seulement. La limite de la zone intacte correspond sensiblement à la disparition du dépôt.

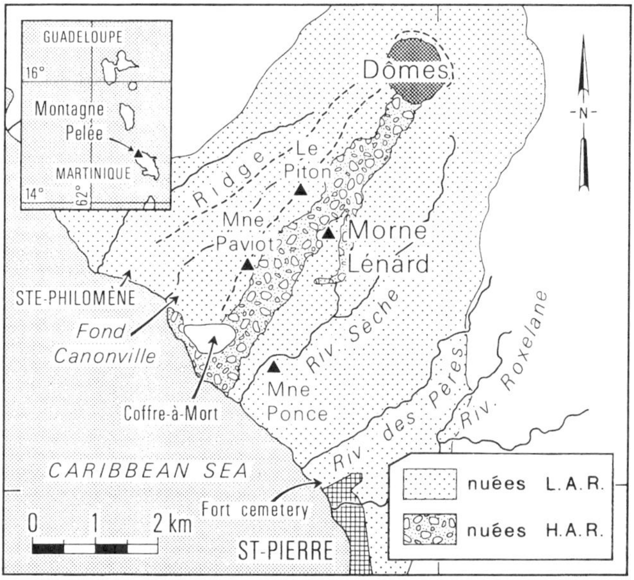

Fig. 85 - Carte schématique des dépôts des nuées ardentes de 1902 et 1929 à la Montagne Pelée, Martinique (d'après Bourdier *et al.*, 1989). Cette carte illustre l'extension comparée de dépôts de déferlantes pyroclastiques (ici l'extension de la nuée majeure du 8 mai 1902 : nuée "LAR" pour "*low-aspect ratio*") et de dépôts de coulées pyroclastiques (ici les nuées canalisées dans la rivière Blanche produites entre l'automne 1902 et 1905, puis en 1929-1930 : nuées "HAR" pour "*high-aspect ratio*").

Dans les éruptions de petit volume, la déferlante a une vitesse initiale élevée mais est alimentée peu de temps par l'éruption, de sorte que son énergie et sa vitesse vont rapidement décroître pendant son écoulement et qu'elle va rapidement, et progressivement, déposer sa charge. Par ce comportement, une déferlante pyroclastique peut être rapprochée d'un courant de turbidité et certaines représentations des déferlantes appliquent des concepts développés en sédimentologie pour la mécanique des courants de turbidité et l'interprétation des structures de turbidites (Moore et Sisson, 1981 ; Allen, 1984 ; Fisher et Schmincke, 1984 ; Bourdier, 1987 ; Boudon et Lajoie, 1989).

L'énergie mécanique maximale de l'écoulement est au front, qui a une capacité érosive se traduisant dans les séquences de dépôts de déferlantes par des figures de creusement et remblaiement. En plan, des sillons longitudinaux quasi-périodiques, de longueur d'onde pluri-métrique, ont été décrits dans plusieurs cas (Richards, 1959 ; Moore, 1967 ; Kieffer et Sturtevant, 1988). Les éléments énallogènes arrachés au substratum semblent mal mélangés à l'écoulement et résident préférentiellement à la base du dépôt (Bourdier *et al.*, 1989). Au Mont Saint-Helens, l'interaction du *blast* avec le substrat a conduit en outre à l'individualisation d'un lit basal discontinu où se mélangent fragments de sol, de bois non carbonisé et pyroclastes (lit A0 de Fisher *et al.*, 1987).

Après le passage du front (en un lieu donné) ou derrière lui (en un temps donné), la sédimentation des particules se produit à un taux probablement décroissant. Le dépôt enregistre cette sédimentation par l'aggradation verticale d'une séquence plus ou moins nettement granoclassée et/ou stratifiée (fig. 86). Cette stratigraphie a une signification comparable à l'organisation en intervalles de la séquence de Bouma des turbidites. En plan, on peut éventuellement observer des morphologies de figures de courant de type dune (Moore *et al.*, 1966 ; Moore, 1967 ; Sigurdsson *et al.*, 1987). A l'échelle de l'ensemble de la zone affectée, le dépôt tend à diminuer en épaisseur et en granulométrie dans les points hauts et avec la distance à l'évent. Mais il peut en outre présenter des variations d'épaisseur ou de granulométrie très importantes sur quelques mètres, sans relation nécessaire avec la topographie locale. Cette variabilité latérale à grande échelle, surtout marquée pour les dépôts de petit volume, distingue ceux-ci des retombées aériennes et des coulées pyroclastiques.

Le cas particulier des coulées et déferlantes pyroclastiques humides

Les écoulements pyroclastiques, en particulier les coulées, sont le plus souvent des milieux biphasés gaz-solide. Cependant, diverses circonstances peuvent conduire des écoulements pyroclastiques à contenir, localement ou temporairement, une phase d'eau liquide :

- présence d'eau dans le milieu pyroclastique dès l'éjection : cas d'éruptions phréatomagmatiques ou à travers un lac de cratère ("lahars primaires" des éruptions du Kelut, Java, par exemple) ;
- condensation de vapeur d'eau au cours de l'écoulement, si la température des éjecta était initialement déjà basse, ou mélange avec une atmosphère sursaturée (pluie) ;
- incorporation, au cours du parcours, d'eau libre (rivière, lac ou bras de mer), ou de neige ou glace (cas lors de l'éruption du Nevado del Ruiz, Colombie, en 1985).

On peut dès lors concevoir que toutes les proportions gaz/liquide sont possibles dans les écoulements pyroclastiques, depuis les écoulements "secs" jusqu'aux écoulements

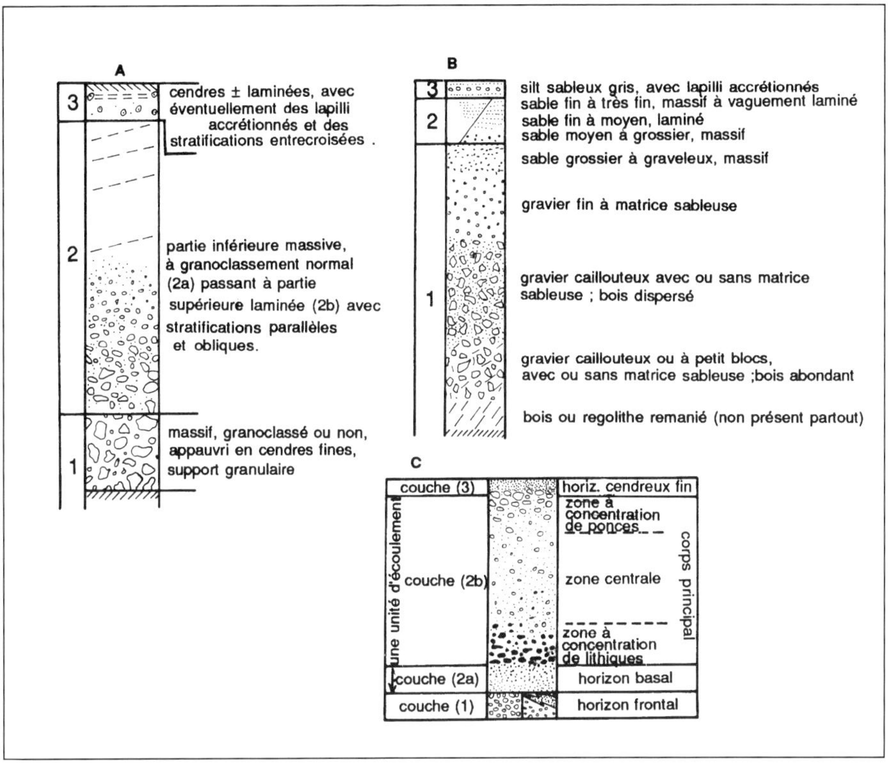

Fig. 86 - Principaux modèles de séquences sédimentaires dans des dépôts d'écoulements pyroclastiques.

Chaque séquence correspond au dépôt d'une unité d'écoulement. A : séquence-type dans les dépôts des nuées ardentes majeures ("déferlantes") de 1902 à la Montagne Pelée, selon Bourdier *et al.* (1989), Boudon et Lajoie (1989) et Charland et Lajoie (1989) (modifié de Charland et Lajoie, 1989). B : séquence-type dans le dépôt du *blast* du 18 mai 1980 au Mont Saint-Helens, selon Waitt (1981) (modifié de Waitt, 1981). C : séquence-type des dépôts ignimbritiques et nomenclature selon Sparks *et al.*, 1973 (à gauche) et Freundt et Schmincke, 1986 (à droite) (modifié de Freundt et Schmincke, 1986).

boueux, ces derniers pouvant ne pas se distinguer, par leur comportement et leurs dépôts, de certains écoulements de remaniement (lahars).

Les déferlantes basales (*base surges* ; Moore, 1967) sont des déferlantes humides observées systématiquement dans les éruptions hydromagmatiques, de type maar comme de type surtseyen (*cf.* II.3.3). Dans beaucoup de cas, le caractère humide se manifeste dans le dépôt uniquement par la présence de lapilli accrétionnés, qui ne sont d'ailleurs pas exclusifs des déferlantes basales. Certains faciès ont une matrice cendreuse vésiculée, attestant à la fois un dégazage post-dépôt et la plasticité d'un état boueux : ces faciès sont désignés comme des tufs vésiculés (*vesiculated tuffs* ; Lorenz, 1974). Une plasticité importante peut aussi se traduire par des dépôts plaqués contre des obstacles verticaux, comme observés lors des éruptions du Taal (Moore *et al.*, 1966) ou du Capelinhos (Waters et Fisher, 1971). Dans les éruptions phréatomagmatiques, les déferlantes basales forment individuellement des dépôts de très petit volume et d'épaisseur centimétrique à décimétrique, avec une fraction cendreuse dominante dans la granulométrie. Ces unités s'accumulent en séquences, parfois puissantes à mesure des multiples explosions, qui sont compliquées par les phénomènes d'érosion et de remblaiement successifs lors de leur mise en place. Les unités d'écoulement ont des structures massives ou stratifiées en lits plans ou obliques. Latéralement, une variation systématique des faciès a été proposée par Wohletz et Sheridan (1979) avec, en s'éloignant du cratère, des stratifications internes obliques, puis planes, enfin distalement des faciès massifs. Une séquence latérale inverse a toutefois été décrite depuis (Tranne *et al.*, 1990 ; Colella et Hiscott, 1992) qui, contrairement à la précédente, est conforme à la logique d'une diminution progressive de l'énergie et de la charge d'un courant turbulent.

Les termes de passage entre coulées et déferlantes pyroclastiques

Un des principaux problèmes actuels est de savoir si les concepts de coulée et de déferlante pyroclastiques tels que présentés ci-dessus permettent de décrire la totalité des écoulements pyroclastiques, et où situer la limite (nécessaire pour justifier une coupure terminologique) entre les deux. L'opposition *flow/surge* a contenu à l'origine l'idée qu'il s'agit de deux comportements d'écoulement bien distincts entre lesquels il ne peut y avoir de continuum (Walker, 1983). Cette opinion apparaît maintenant discutable. Le problème est en outre compliqué par le fait que les caractéristiques physiques (vitesse, concentration des particules, proportion d'eau, etc.) peuvent varier latéralement, verticalement et dans le temps dans un même écoulement. Ceci a été très tôt reconnu dans les coulées pyroclastiques (Lacroix, 1904 ; Perret, 1935), où se différencient verticalement une lame basale concentrée et un nuage cendreux, avec une transition probablement brutale. Le nuage a pu être qualifié de déferlante, le terme de coulée ne s'adressant plus qu'à la lame basale (Fisher, 1979). Mais ceci est source de confusion et assez impropre : contrairement à une déferlante, ce nuage n'est pas mu par une énergie propre, mais se développe par vannage de fines à partir de la lame sous-jacente.

Les mêmes mécanismes de ségrégation gravitaire des particules et de stratification interne de l'écoulement sont également à l'œuvre dans les déferlantes pyroclastiques. En toute hypothèse, des concentrations minimales de particules y sont requises, au moins momentanément et localement, pour expliquer certains dépôts avec des granoclassements inverses ou des épaississements importants dans les dépressions topographiques. Il a été proposé qu'une lame basale laminaire puisse s'individualiser dans certaines déferlantes, comme le *blast* du Mont Saint-Helens ou les nuées ardentes de mai 1902 à la Montagne Pelée (Fisher et Heiken, 1982 ; Fisher *et al.*, 1987). La possibilité qu'une telle lame puisse se déplacer sur des distances kilométriques n'a toutefois pas été démontrée théoriquement, et son dépôt n'est pas attesté sédimentologiquement dans les exemples proposés. L'existence momentanée d'un lit basal concentré faiblement mobile, comparable à l'"*inertia-flow layer*" (couche d'écoulement inertiel) proposée dans les courants de turbidité de haute densité (Postma *et al.*, 1988), est une autre possibilité, jusqu'ici peu évaluée (Bourdier, 1987).

Walker (1983) a suggéré que la transformation en cours d'écoulement d'une coulée pyroclastique en une déferlante est possible, par exemple si la pente augmente fortement, mais que la transformation inverse ne l'est pas, une déferlante se dissipant par dépôt de sa charge si son énergie diminue. Pourtant, il est réaliste de se représenter beaucoup de coulées pyroclastiques, en particulier de petit volume, comme des dispersions très turbulentes à proximité de l'évent, qui se concentrent progressivement pour constituer la lame basale (*cf.* Sparks *et al.*, 1978). Il existe des témoins géologiques de cette phase turbulente proximale/initiale. Des chenaux d'érosion ont été décrits sur les fortes pentes sommitales de strato-volcans, au passage d'écoulements ayant laissé des dépôts typiques de coulées pyroclastiques (par ex. Perret, 1935 ; Moore et Melson, 1969 ; Davies *et al.*, 1978).

Extension au cas des écoulements cendro-ponceux de grand volume

Les grands écoulements cendro-ponceux constituent des dépôts ignimbritiques dont le volume est de plusieurs ordres de grandeur supérieur à celui des écoulements considérés plus haut (typiquement 10-500 km^3). La mise en place de tels écoulements n'a jamais été observée et ne peut faire l'objet que de déductions spéculatives, à partir de l'étude de leurs dépôts. Les volumes de dépôts supposent une assez longue durée d'éruption en régime (plusieurs heures à plusieurs jours) et vraisemblablement de larges surfaces d'évent (évents multiples et/ou fissuraux, par exemple le long d'une faille bordière de caldera, ou centrés sur la caldera elle-même en cours de formation). Ceci ne signifie pas nécessairement des débits surfaciques ni une vitesse initiale des écoulements élevés, mais c'est sans doute le plus souvent le cas.

Une "mobilité" remarquable est classiquement attribuée aux grands écoulements cendro-ponceux, reliée indistinctement à leur capacité à parcourir de grandes distances (typiquement 20-150 km), à s'écouler sur des surfaces horizontales, à franchir des barrières topographiques de plusieurs centaines de mètres ou des surfaces d'eau libre (lacs, bras de mer). Cette "mobilité" a d'abord été expliquée par des milieux hautement turbulents et fortement dispersés par fluidisation. Actuellement, il est considéré que ces grands écoulements couvrent un éventail assez large de milieux, depuis des écoulements concentrés et partiellement fluidisés comparables aux coulées pyroclastiques de petits volumes, jusqu'à des écoulements plus dilués et turbulents proches des déferlantes. Comme pour les écoulements de petit volume, le comportement est probablement contrôlé fondamentalement par la vitesse, elle-même essentiellement dépendante dans ce type d'éruption du débit à l'évent (Wilson, 1985). En l'absence d'observation directe, les vitesses sont toutefois très mal connues : 250-300 m/s estimés pour l'écoulement supposé turbulent du Taupo (Wilson, 1985) ; peut-être quelques dizaines de m/s pour les écoulements les plus concentrés. Les caractères sédimentologiques et géométriques des dépôts vont refléter, ici aussi, les caractéristiques physiques de l'écoulement vers la fin de sa mise en place.

Les dépôts des écoulements concentrés tendent à combler les vallées, mais ennoient le paysage si leur volume est suffisant. Ils présentent des surfaces (anté-érosion) planes et des surfaces structurales souvent faiblement pentées vers l'extérieur par rapport à la source. L'essentiel en volume du dépôt est représenté par un faciès "massif", mal trié, où la forme et l'orientation des particules sont largement influencées par des effets post-dépôt de compaction sédimentaire et éventuellement de soudure (Ross et Smith, 1961) : lit 2b de la "séquence-type" de Sparks *et al.*, (1973) (fig. 86). Les fragments lithiques y sont plus ou moins classés latéralement et verticalement, en fonction entre autres de la concentration (densité) de l'écoulement. Dessous, est individualisé plus ou moins nettement un lit moins épais essentiellement cendreux, qui peut présenter des granoclassements, des laminations obliques et une orientation préférentielle des grains : c'est le lit 2a de la séquence-type. Ce lit témoigne vraisemblablement de la couche-limite laminaire de l'écoulement, marquée par un fort gradient de contrainte cisaillante. Le lit 1 basal de la séquence-type est un dépôt lenticulaire, appauvri en fines et enrichi en lithiques. Le lit 1 est

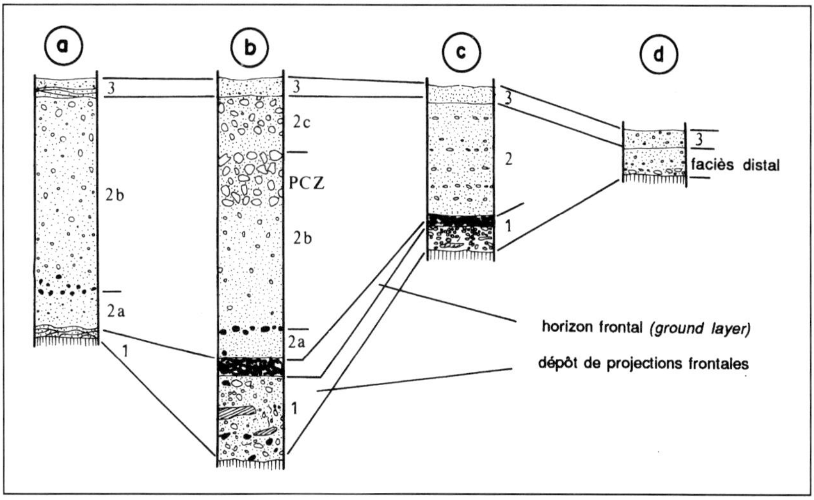

Fig. 87 - Variations latérales dans l'organisation interne des dépôts de l'ignimbrite de Taupo (Nouvelle-Zélande) (coupes b, c et d) et comparaison avec la séquence-type de Sparks et al. *(1973) (coupe a)* (d'après Wilson, 1985).
La coupe b représente le faciès d'épaississement en fond de vallée ; PCZ représente un horizon riche en ponces ; 2c est une zone de ségrégation plus fine. La coupe c représente le faciès de recouvrement des parties hautes de la topographie. La coupe d représente le faciès distal.

interprété classiquement comme le dépôt de déferlante(s) précédant l'écoulement ("*ground surge*" de Sparks et Walker, 1973 ; "*pyroclastic surge*" de Sparks, 1976). Il pourrait plus probablement résulter de la phase de dépôt derrière la tête de l'écoulement, où s'effectue un vannage efficace des fines par ingestion d'air ambiant, par analogie avec son équivalent dans les déferlantes de petit volume.

A l'autre extrêmité du spectre, les dépôts d'écoulements ignimbritiques fortement turbulents (et peut-être nettement plus dilués que les précédents) tendent à couvrir la totalité de la topographie et ont un "quotient d'étalement" plus faible que les précédents : 1/70 000 pour l'ignimbrite du Taupo, Nouvelle-Zélande, contre 1/300 pour l'ignimbrite de La Primavera, Mexique (Cas et Wright, 1987). Le dépôt principal (lit 2 de la séquence de Taupo, Wilson, 1985 ; fig. 87) s'épaissit dans les dépressions et présente une grande variabilité latérale. Au Taupo, il a été subdivisé en deux faciès, passant latéralement de l'un à l'autre : un faciès massif de comblement de vallée et un faciès généralement stratifié d'interfluves (Walker *et al.*, 1980, 1981) (fig. 87). Le faciès massif est texturalement comparable au lit 2b de la séquence-type. Le faciès d'interfluves a été interprété comme le dépôt de la queue (la fin) de l'écoulement, dont la stratification interne résulterait d'arrivées pulsionnelles de particules dans un écoulement concentré (Walker *et al.*, 1981). Dans cette hypothèse, la stratification pourrait plutôt indiquer une phase en traction dans un milieu dilué, par analogie avec les structures équivalentes dans les déferlantes de petit volume. Mais l'interprétation suppose que le faciès stratifié soit reconnu en recouvrement du faciès massif, ce qui n'a pas été décrit. La possibilité que les mises en place des deux faciès soient synchrones, l'un correspondant à des parties plus hautes et plus diluées de la lame, peut donc être envisagée.

• Mécanismes éruptifs

Les écoulements pyroclastiques produits par des éruptions latéralement dirigées

- Les écoulements pyroclastiques liés à la croissance de dômes

Ce sont des écoulements de cendres et blocs lithiques (peu vésiculés), formés par destruction, généralement partielle mais éventuellement totale, d'un dôme (ou du front d'une coulée visqueuse) au cours de sa mise en place. Cette destruction peut correspondre simplement à des éboulements locaux ou des glissements de parties instables (qui ne sont pas, en toute rigueur, des écoulements pyroclastiques), ou bien être explosive (*cf.* II.3.2) avec plus ou moins d'intensité et de violence. Le premier cas est actuellement fréquent sur des volcans où un dôme est en activité permanente depuis des années ou des décennies : Mont Saint-Helens, Colima (Mexique), Santiaguito (Guatemala), Bezimmiany (Kamchatka) etc. Entre ce cas et le cas faiblement explosif, puis jusqu'au cas fortement explosif, il existe une gradation continue. La distinction usuelle entre un type Mérapi et un type Pelée, correspondant respectivement aux formes non explosives et explosives, n'est pas praticable avec rigueur (*cf.* II.3.2). La seule transition phénoménologique importante dans ce mécanisme est celle qui apparaît lorsqu'une certaine violence (vitesse initiale), et/ou un certain débit, sont franchis : les coulées pyroclastiques de faible énergie sont alors remplacées par des déferlantes pyroclastiques, ceci correspondant à des différences drastiques dans l'extension de l'écoulement et le risque associé. Si la coupure terminologique type Mérapi/type Pelée doit être maintenue, elle devrait se situer ici (Westercamp et Traineau, 1983).

La direction prise par les écoulements n'est contrôlée que par la topographie locale (morphologie du plancher et des parois du cratère) dans le cas de simples éboulements. Dans les formes explosives, l'expulsion est généralement dirigée latéralement, contrôlée par les zones de faiblesse du dôme et/ou la géométrie du conduit sous-jacent.

- Les écoulements pyroclastiques de type "blast"

Ces écoulements se distinguent des précédents par le fait qu'ils sont produits par l'éruption explosive d'un crypto-dôme, et non d'une lave en surface. La dépressurisation du crypto-dôme conduit à une forte violence (vitesse initiale d'éjection) de l'éruption et les écoulements sont de type déferlante. Le "*blast*" du Mont Saint-Helens le 18 mai 1980, qui en est la référence, était une déferlante dont le volume a paru inhabituel à l'époque et a conduit à revoir la notion même de déferlante (Moore et Sisson, 1981 ; Hoblitt et Miller, 1984 ; Waitt, 1984).

Lithologiquement, les dépôts de type *blast* se rapprochent beaucoup des produits de dômes, par la faible vésicularité des fragments juvéniles. Ils contiennent généralement une plus forte proportion de xénolites (provenant du toit et des parois du crypto-dôme, d'autres incorporés par la déferlante au cours de son écoulement).

Les écoulements pyroclastiques associés aux éruptions verticales

- Les écoulements pyroclastiques des éruptions en régime soutenu

Ce sont des écoulements de cendres et pyroclastes vésiculés (ponces ou scories). Certaines compositions peuvent s'exprimer à la fois par des ponces et des scories (Kelut, 1990 ; Pratomo *et al.*, 1991). Dans certaines éruptions, sont co-émises différentes compositions ("mélanges de magmas", *cf.* I.3.5) donnant des ponces rubannées. Il existe donc un continuum entre les écoulements de cendres et scories et les écoulements de cendres et ponces.

On admet généralement que les écoulements se forment dans les éruptions pliniennes par écroulement de la colonne. Ce scénario a été proposé par Williams (1941) pour les grands écoulements ponceux de l'éruption du Krakatau en 1883. Des modèles numériques prédisent également cet écroulement à la suite de la modification des paramètres éruptifs : diminution de la teneur en gaz du magma au fur et à mesure de la vidange de la chambre, augmentation du diamètre du conduit par érosion progressive (modèle de Sparks et Wilson, 1976 ; Sparks *et al.*, 1978 ; Wilson *et al.*, 1980). Stratigraphiquement, le modèle prédit une séquence de dépôt où les produits d'écoulement reposent sur le dépôt de la retombée plinienne, en accord avec une observation de terrain fréquente.

Néanmoins, l'écroulement d'une colonne plinienne tel que conçu dans les modèles n'a pas été clairement observé à ce jour. Ont été observés soit des écroulements partiels en bordure de la colonne (Soufrière de Saint-Vincent 1902 : Anderson et Flett, 1903 ; Mont Saint-Helens 1980 : Rowley *et al.*, 1981) soit l'écroulement d'une masse bulbeuse de faible hauteur, quelques centaines de mètres, avant développement de la colonne (Mont Saint-Helens 1980 : Rowley *et al.*, 1981 ; Hoblitt, 1986). Dans plusieurs éruptions pliniennes récentes, d'autre part, les dépôts d'écoulements sont situés essentiellement à la base du dépôt de la retombée ou sont interstratifiés dans celui-ci (El Chichon 1982 : Sigurdsson *et al.*, 1984 ; Kelut 1990 : Pratomo *et al.*, 1991).

- Les écoulements pyroclastiques des éruptions verticales brèves

Ce sont des écoulements de cendres et pyroclastes juvéniles plus ou moins vésiculés. Les bombes sont systématiques, souvent de grande taille, dans le dépôt. Les xénolites sont souvent abondants.

La mise en place des écoulements "vulcaniens" est bien documentée dans le cas de l'éruption du Ngauruhoe, Nouvelle-Zélande, le 19 février 1975 à 18 h 10 (Nairn et Self, 1978) (*cf.* fig. 82). Le nuage éruptif n'a été émis que pendant 10 secondes environ et s'est expansé autant latéralement que verticalement, formant une masse bulbeuse d'environ 600 m de haut. Moins de 30 secondes après le début de l'émission, une large part de ce bulbe a commencé de s'écrouler pour former des coulées pyroclastiques, le reste de la colonne continuant de s'élever convectivement jusqu'à plus de 4 000 m. L'écroulement de la colonne et l'alimentation des écoulements ont duré environ 30 secondes, durant lesquelles le front des coulées a pratiquement atteint la distance finale. Des écroulements partiels en bordure de la colonne ont été également observés dans l'éruption de la Soufrière de Saint-Vincent en 1979 (Shepherd et Sigurdsson, 1982) et celle du Mayon en 1968 (Moore et Melson, 1969).

Il est sans doute significatif que les cas les plus probants d'écroulement de colonne correspondent à des éruptions vulcaniennes. Cet écroulement est plus logiquement attendu ici que dans une éruption plinienne, du fait que l'éruption n'est pas soutenue. Une alimentation de colonne brève, mais à débit élevé, paraît fournir les meilleures conditions d'un écroulement rapide de la colonne.

Dans cette logique, la hauteur à laquelle se produit l'écroulement est réduite à quelques centaines de mètres et ne favorise pas des vitesses élevées pour les écoulements, si l'on admet que l'énergie de ceux-ci est initialement l'énergie potentielle acquise lors de l'écroulement. Dans plusieurs éruptions (Fuego 1974 ;

Ngauruhoe 1975 ; Galunggung 1982), ont été effectivement mises en place des coulées pyroclastiques de faible énergie, canalisées dès le départ par les zones les plus basses du rebord du cratère. Il en est de même semble-t-il dans l'activité intermittente actuelle du Semeru, à Java. Les exemples bien documentés où des écoulements plus violents, et en particulier des déferlantes, se sont formés correspondent à des éruptions à caractère nettement phréatomagmatique (Soufrière de Saint-Vincent 1979 : Shepherd et Sigurdsson, 1982 ; Galunggung 1982 : Gerbe *et al.*, 1988), qui sortent vraisemblablement de cette logique.

Les nuées ardentes "de type Saint-Vincent" ont été définies par Lacroix à l'occasion de l'éruption de la Soufrière de Saint-Vincent de 1902. Cette éruption a comporté une phase plinienne, mais peut-être pas seulement. Actuellement, le terme s'adresse aux coulées de cendres et scories "retombantes" à partir d'une colonne éruptive, quel qu'en soit précisément le mécanisme éruptif (certaines sont vulcaniennes avec une forte influence phréatomagmatique), et a donc une signification essentiellement lithologique.

- Les écoulements pyroclastiques hydrovolcaniques

Des déferlantes basales surtseyennes (*cf.* II.3.3) ont été bien observées dans les éruptions du Capelinhos en 1957 (Moore, 1967 ; Waters et Fisher, 1971) et de Surtsey en 1963 (Thorarinsson *et al.*, 1964). Elles se développaient annulairement et horizontalement à la base de la colonne cypressoïde, d'une façon comparable aux déferlantes basales des explosions nucléaires à charge souterraine, d'où leur nom (Moore, 1967). Elles étaient alimentées par l'écroulement partiel de la colonne éruptive.

Des déferlantes basales formées par des éruptions phréatomagmatiques de maar (milieu subaérien) n'ont été observées que lors de la formation des maars Ukinrek, Alaska, en 1977. Dans ce cas, elles ne se sont pas étendues radialement dans toutes les directions, mais se sont écoulées à partir des points bas du rebord du cratère (Kienle *et al.*, 1980 ; Self *et al.*, 1980). Leur alimentation n'a pas été décrite.

II.5. - L'ACTIVITÉ PHRÉATIQUE

par Pierre M. VINCENT

Les éruptions phréatiques résultent de la vaporisation de l'eau qui imprègne en profondeur des roches poreuses à une température supérieure à 100°C. A la différence des éruptions volcaniques au sens strict, auxquelles elles ressemblent, leurs produits ne sont formés que de matériel ancien pulvérisé, à l'exclusion de tout magma juvénile. On notera que l'intervention éventuelle de gaz magmatiques n'est pas prise en compte : cet apport ne pourrait être mis en évidence dans des dépôts anciens et même pour des éruptions observées il peut être un sujet de discussions, comme le montre l'exemple de la Soufrière de Guadeloupe traité ci-dessous.

La température d'ébullition de l'eau augmente avec la pression ; la courbe d'ébullition (fig. 88) indique la séparation entre les domaines de l'eau liquide et de la vapeur en fonction de la température et de la pression. Les densités respectives de l'eau et de la vapeur reportées sur le diagramme montrent que, sous le point critique de l'eau (221 bars, 374°C) la vaporisation mène à une forte augmentation de volume.

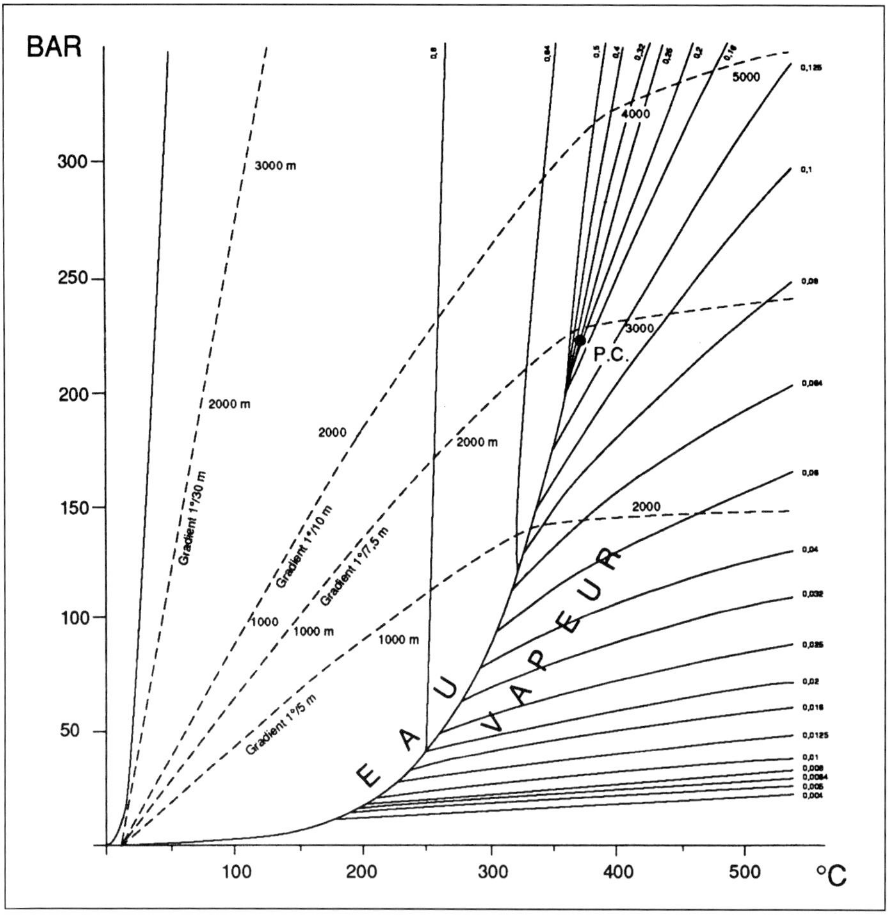

Fig. 88 - Courbe de vaporisation et de densité de l'eau en fonction de la température et de la pression (Goguel, 1975).
Les profils pour différents gradients géothermiques ont été reportés en tiretés. P.C. = point critique de l'eau (218 bars, 374°C).

Dès 1953, Goguel a étudié théoriquement le mécanisme des éruptions phréatiques et il a précisé son modèle ultérieurement (Goguel, 1975, 1977). Il a surtout traité le cas où l'eau imprègne des terrains perméables et se trouve en équilibre avec les nappes phréatiques superficielles, c'est-à-dire proche de la pression hydrostatique. La figure 89 montre que dans ce cas le gradient géothermique doit être très élevé pour que la température critique de l'eau soit atteinte avant la pression critique : il faut un gradient de 1°/7,5 m pour qu'une température de 374 °C soit atteinte vers 220 bars, soit une profondeur de 2 700 m (compte tenu de la baisse de densité de l'eau avec la température et en prenant une température de 10°C pour l'eau superficielle). Dans d'autres contextes hydrogéologiques (nappes captives, ancien cratère avec un "bouchon" imperméable) la pression fluide peut être bien supérieure à la pression hydrostatique, jusqu'à s'approcher de la pression lithostatique, et la pression critique pourra alors être atteinte à moins de 1 000 m de profondeur. Dans ce contexte on

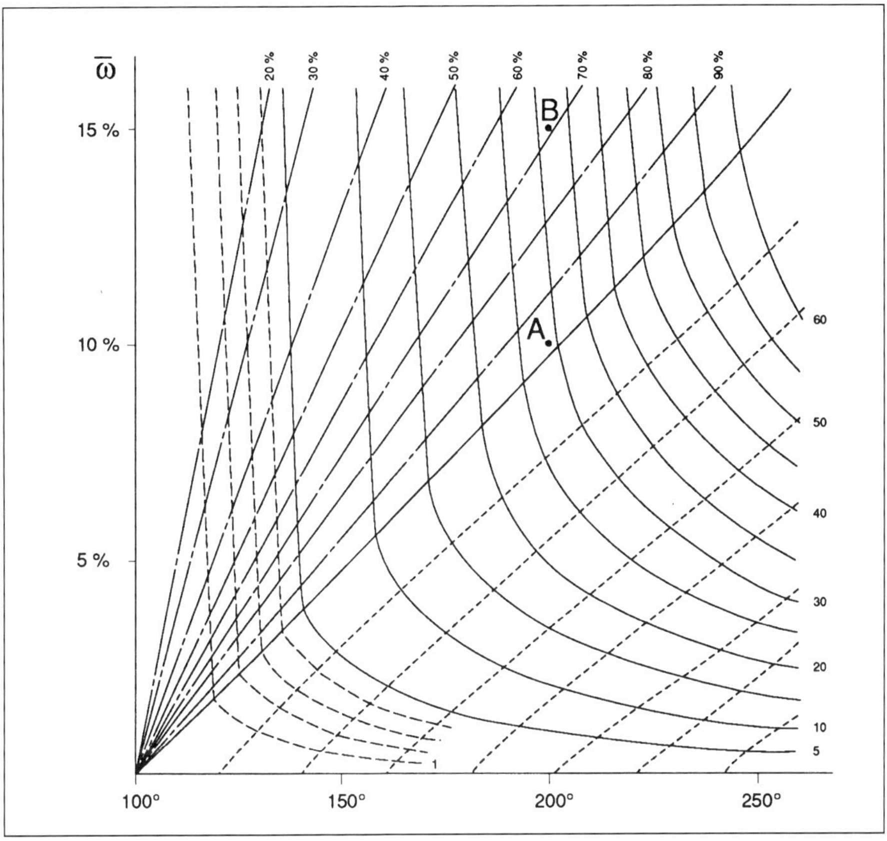

Fig. 89 - Énergie disponible dans la détente d'un terrain humide, en joules/cm³ (Goguel, 1975). Pour 200°C et une porosité de 10 %, le travail disponible est de 30 J/cm³ avec une vapeur pratiquement sèche (A). Pour 200°C et une porosité de 15 %, le travail est environ 33 J/cm³ avec un mélange à 100°C à 70 % de vapeur (B)

pourra donc trouver des eaux à haute température vaporisables, soit par chute de pression, soit par apport supplémentaire de chaleur. Le premier cas est produit artificiellement par les forages géothermiques. Les éruptions phréatiques peuvent relever de l'un ou l'autre processus. Inversement, dans ces mêmes conditions, l'eau ne pourra pas se vaporiser explosivement au-delà d'une profondeur de 1 000 m.

II.5.1. - LE MODÈLE DE GOGUEL

En se vaporisant l'eau qui imprègne une roche poreuse la pulvérise ; la détente jusqu'à la pression atmosphérique consomme de la chaleur (chaleur de vaporisation de l'eau à 100 °C : 540 cal/g) mais le refroidissement est compensé par le réchauffement venant de la matière solide, d'autant plus efficace qu'elle est plus finement pulvérisée. Le résultat final dépendra de la masse d'eau par unité de volume - c'est-à-dire de la porosité de la roche imprégnée - et de la température initiale : on peut obtenir soit une suspension de particules solides dans de la vapeur sèche à une température supérieure à 100°C, soit un mélange de particules, de vapeur et d'eau à la température de 100°C. Le diagramme de Goguel (fig. 89) donne en fonction de la porosité et de la température initiale de la roche, la température de la vapeur sèche, ou la proportion vapeur - eau à 100°C, ainsi que l'énergie disponible par unité de volume (en prenant comme valeurs 2,7 g/cm^3 pour la densité de la roche, 0,5 cal/°C/cm^3 pour sa capacité calorifique, et en déduisant le travail mécanique absorbé par l'atmosphère). C'est une énergie importante, même en tenant compte du fait qu'il s'agit d'un maximum, une partie de cette énergie potentielle étant utilisée par les frottements et l'érosion des conduits. Elle est suffisante pour projeter dans l'atmosphère à grande vitesse, la suspension de poussières, vapeur, eau éventuellement, entraînant ou non des débris de plus grande taille. Plutôt qu'une explosion brève, c'est en général une véritable éruption qui va durer quelques minutes, quelques dizaines de minutes ou plus ; ce temps est nécessaire à la progression de la décompression en profondeur (une véritable "onde explosive" suivant l'expression de Goguel) et au réchauffement du système par transfert de chaleur par conduction du coeur des particules vers leur périphérie.

L'expérience montre que l'activité phréatique est rythmique, avec des temps d'arrêt de durée très variable entre deux éruptions.

II.5.2. - L'EXEMPLE DE LA SOUFRIÈRE DE GUADELOUPE : LA CRISE DE 1975-1977

• Situation géologique

La Soufrière est un dôme situé à l'intérieur d'un cratère en fer à cheval taillé dans le flanc sud d'un vaste volcan andésitique complexe, la Grande Découverte. Ce cratère s'est formé il y a 3 000 ans environ à la suite d'un événement de "type Mont Saint-Helens" à l'origine d'une avalanche de débris qui s'est écoulée jusqu'à la mer et d'un "*blast*" qui a recouvert tout le Sud de la Basse-Terre (Boudon *et al.,* 1984). Toute l'activité volcanique de l'île s'est ensuite limitée à l'intérieur de cette "caldera d'avalanche" (fig. 90). On sait maintenant que le dôme de la Soufrière lui-même s'est mis en place au 15e siècle, clôturant une éruption explosive qui avait creusé un profond cratère en entonnoir (Vincent *et al.,* 1979). L'expansion latérale du cumulo-dôme a scellé le cratère empli de pyroclastites grossières, produisant un système fermé vers le haut, à l'exception de quelques "fuites" de vapeur (fumerolles de l'Echelle). Bien que le dôme soit parcouru de fractures radiales ouvertes au cours d'éruptions phréatiques anciennes (1696, 1797-1798, 1809, 1837-1838, 1956), il n'y a pratiquement pas de fumerolles dans la région sommitale en dehors des périodes de crise : le dôme semble bien se comporter comme une soupape, à la manière d'un bouchon à l'émeri qui scelle le cratère par son propre poids, maintenant les fractures fermées. Les mesures faites dans un forage montrent que le gradient géothermique est très élevé à l'intérieur du système (quelques degrés centigrades par mètre, Feuillard, 1976), et qu'il y a donc de l'eau à haute température vaporisable à faible profondeur. Le problème se pose de savoir si l'éruption récente - et les éruptions phréatiques antérieures - résultent d'une chute de pression dans le système hydrothermal (fractures régionales) ou d'un apport nouveau de chaleur d'origine interne.

• La crise sismo-éruptive de 1975-1977

La première éruption phréatique a eu lieu le 8 juillet 1976. Elle avait été précédée d'une activité sismique qui, débutée un an auparavant, s'était amplifiée jusqu'en

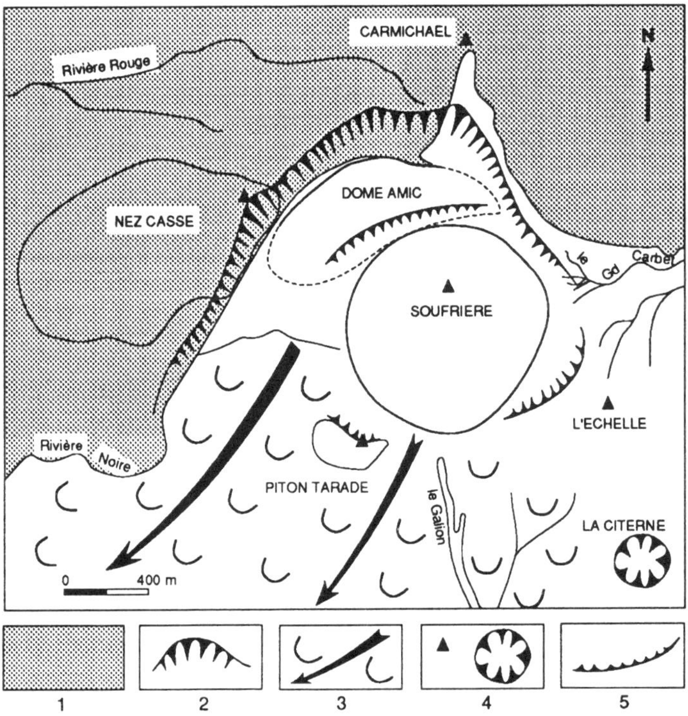

Fig. 90 - Situation géologique du dôme de la Soufrière de Guadeloupe (d'après Boudon *et al.*, 1984, modifié).
1 : volcan composite de la Grande découverte ; 2 : caldera d'avalanche de 3 000 ans BP ; 3 : dépôts d'avalanche de débris, avec sens d'écoulement d'avalanche ; 4 : volcanisme postérieur à l'événement de 3 000 ans BP ; cratère du 15e siècle.

août 1976, pour se terminer en juin 1977. Elle a produit 16 000 séismes, dont 150 ressentis (Dorel et Feuillard, 1980).

L'activité éruptive s'est déroulée sur 8 mois, avec une interruption en novembre et décembre 1976 ; elle s'est traduite par 26 éruptions phréatiques principales, habituellement accompagnées de tremors (fig. 91).

Dès la première éruption des fractures radiales anciennes ont été réactivées, et une nouvelle s'est ouverte au sud-est ("fracture du 8 juillet"), entraînant des glissements de terrain et des lahars (fig. 92). Le même scénario s'est reproduit sur la fracture ouverte le 30 août au SSE, qui a été le siège d'écroulements, de petites coulées de débris et de lahars. L'un de ces événements, à la mi-septembre, a même été accompagné d'un petit "*blast*" latéral qui a dévasté les arbres, sans les carboniser, jusqu'à une distance de 900 m (Sheridan, 1980).

Les éruptions majeures bien suivies se sont déroulées de la même façon : mise en puissance progressive, régime plus ou moins régulier pendant quelques minutes ou

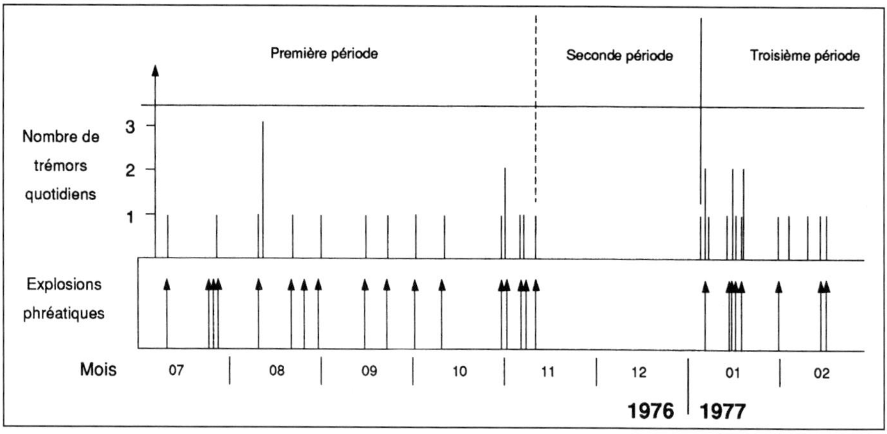

Fig. 91 - Répartition des 26 éruptions phréatiques et des 35 trémors pendant la crise de la Soufrière de Guadeloupe en 1976-1977 (Feuillard *et al.*, 1983).

quelques dizaines de minutes et arrêt brutal. Cela s'explique bien avec le modèle de Goguel où la détente n'est pas instantanée comme dans une explosion : le mécanisme s'apparente plus à celui d'un geyser.

Les rares données quantitatives directes proviennent d'enregistrements photographiques automatiques de l'équipe de Los Alamos (Heiken *et al.,* 1980) ; elles ne concernent que des éruptions de moyenne énergie. Celle du 4 octobre, la mieux documentée, a duré 19 minutes ; le panache chargé de "cendres" s'est élevé à 300 m d'altitude, avec une vitesse d'éjection de 60 m/s. Une observation intéressante montre que ce panache, entraîné par le vent, s'est ensuite écoulé en se canalisant dans une vallée, à une vitesse supérieure à celle du vent (26 m/s pour un vent de 10 m/s) attestant qu'il se comportait comme un courant de densité entraîné par gravité ; il s'est ensuite étalé sur la mer, à 8 km de là.

L'analyse balistique des blocs projetés indique pour les éruptions majeures, des vitesses d'éjection dépassant sensiblement 100 m/s.

Les produits solides émis sont des cendres, avec des lapilli et des blocs pour les éruptions les plus violentes. Tout ce matériel est ancien. Si les blocs proviennent du dôme lui-même, les particules fines sont formées essentiellement d'andésite ancienne hydrothermalisée, que ses caractères géochimiques montrent provenir plutôt de l'Echelle (Feuillard *et al.,* 1983) - un volcan plus ancien dans lequel avait été taillé le cratère de la Soufrière au 15e siècle. On sait que la détermination d'une quantité importante de verre "frais" s'est avérée résulter d'une confusion. Il reste qu'une faible quantité d'andésite vitreuse est présente, mais qu'elle provient elle aussi d'une roche ancienne : c'est un premier point sur lequel il y a maintenant un consensus.

Aucun prélèvement de gaz n'a pu être effectué au cours d'une éruption, ni aucune mesure dans le panache. Les données nous viennent de prélèvements aux fumerolles, au col de l'Echelle surtout, et en dehors des éruptions, et le problème se pose de savoir si leur composition est représentative du panache. Outre la vapeur d'eau (98-99 %) on trouve du CO_2, et du H_2S nettement plus abondant que le SO_2. L'interprétation fournie à l'époque était ambiguë : il pouvait n'y avoir aucun apport magmatique, ou alors il était faible, inférieur à 10 % (Sabroux et Zettwoog, 1977).

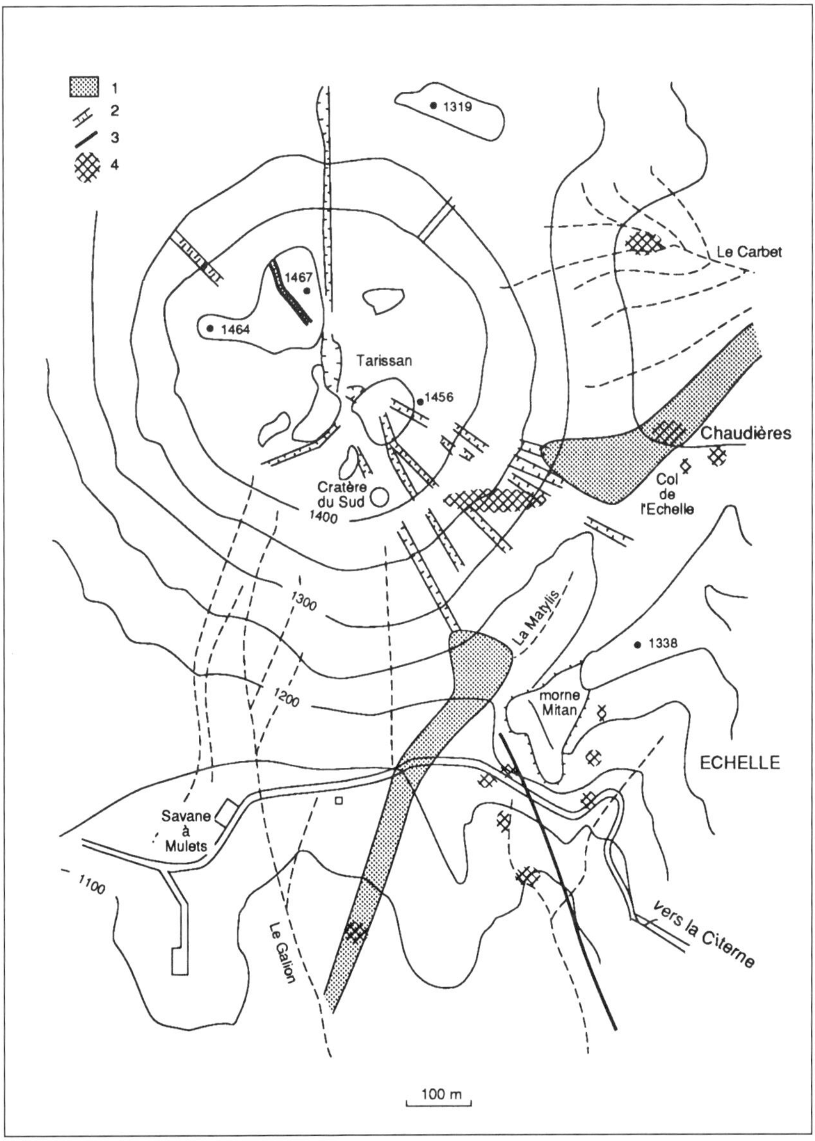

Fig. 92 - Carte schématique du dôme de la Soufrière de Guadeloupe (d'après Feuillard *et al.*, 1983).
1 : lahar ; 2 : faille réactivée ou formée pendant l'éruption ; 3 : fumerolles

Par contre, l'étude des sources autour du volcan a montré une augmentation significative de la teneur en fluor et en chlore en juillet et août 1976, qui pourrait avoir une origine magmatique (Feuillard *et al.*, 1983). Cette interprétation semble confortée par la baisse des teneurs en fluor et chlore à la source du Carbet au cours des années ultérieures. De même origine doivent être les volatils qui ont acidifié les solutions thermales (Cl, Br, S) responsables des altérations qui ont transformé les matériaux projetés, à des températures comprises entre 150 et 200°C. Il semble qu'actuellement un accord se soit dégagé sur l'intervention de gaz magmatiques, mais en faible quantité.

Les données sismiques démontrent que la déstabilisation du système hydrothermal ayant mené aux éruptions a une origine profonde. Le réexamen des enregistrements d'essaims de séismes de quelques crises bien documentées a permis de mettre en évidence une migration verticale des foyers, depuis 6 km de profondeur vers la surface, se déroulant sur une période de quelques minutes à quelques heures (Hirn et Michel, 1979). A ces profondeurs, comme il a été vu plus haut, l'eau ne peut se vaporiser brutalement, et les séismes ne peuvent donc s'expliquer de cette façon. Il a été proposé de voir dans cette migration la propagation de fractures. Il se trouve que la chambre magmatique dacitique, dont l'injection par un magma basique avait provoqué l'éruption du 15e siècle, a son toit situé à cette profondeur (Semet *et al.*, 1981). Cette chambre a été réalimentée il y a 500 ans ; il est logique de penser que c'est son évolution qui a fourni les fluides, mélangés ou non à des fluides hydrothermaux, responsables de la fracturation. Il est intéressant de noter que l'éruption magmatique du 15e siècle avait suivi de quelques heures l'apport de magma basique dans la chambre (Semet *et al.*, 1981), suggérant que celle-ci était déjà à la limite de la saturation en volatils, à un stade où son magma, très riche en cristaux, ne pouvait plus faire éruption par lui-même. Cela suppose un mécanisme régulateur qui fasse tomber la pression périodiquement. La fracturation et le départ des volatils, avec comme conséquence la déstabilisation du système hydrothermal piégé dans la cheminée et le cratère, représentent vraisemblablement cette régulation périodique, sans éruption magmatique, pour une chambre en fin d'évolution.

Le terme d'"éruption mort-née" utilisé pour la crise de 1975-1977 (Feuillard *et al.*, 1983) n'est donc pas tout à fait adapté, mais il est parlant. Si l'interprétation proposée ici est exacte, elle suppose que la chambre actuelle, encore capable d'évoluer vers une rétro-ébullition (*cf.* II.1.2), pourrait faire éruption de façon explosive en quelques heures si elle était à nouveau injectée par un magma basique profond.

D'autre part, l'exemple du petit "*blast*" associé à la mini-avalanche de débris phréatique de septembre 1976 montre ce qui pourrait se passer, à une toute autre échelle, si le dièdre découpé par les fractures au SE du dôme se détachait ; il n'y aurait plus d'auto-serrage possible par le "bouchon" et tout le système pourrait faire éruption en libérant une énergie importante. Pour fixer les idées, avec une température moyenne de 200°C, et une porosité de 10 %, l'énergie disponible serait de 30 joules/cm^3 d'après le diagramme de Goguel. Le cratère a 560 m de diamètre, la profondeur maximum de l'eau vaporisable est de 1 000 m, soit un cône de 80 millions de m^3 environ. L'énergie potentielle totale serait de $2{,}4.10^{15}$ joules, soit $2{,}4.10^{22}$ ergs. Ce chiffre, très approximatif, est à rapprocher de l'énergie libérée par l'explosion du Bandaï-San (1888) entièrement phréatique : 10^{23} ergs d'après Yokoyama (1950). Il serait inexact - et éventuellement dangereux - de croire qu'une éruption phréatique ne puisse être que mineure.

Partie III

LES VOLCANS ET LEUR ÉVOLUTION

INTRODUCTION

La variété des volcans est nettement plus grande que celle des styles éruptifs (partie II), car rares sont ceux qui ont conservé le même type de dynamisme au cours de leur existence. Les appareils monogéniques, au sens adopté par Rittmann (1963), se sont formés au cours d'une seule éruption : ils ont habituellement une vie courte. La Chaîne des Puys, dans le Massif central français, est un des meilleurs exemples qui soit d'un groupement d'appareils monogéniques (III.1.2). Les appareils à vie longue (plusieurs milliers à centaines de milliers d'années) sont polygéniques ; cependant on peut souvent y noter une évolution suivant un modèle général. C'est le cas des volcans-boucliers océaniques comme ceux de Hawaï ou de la Réunion (III.1.4), où l'évolution est due à la fois à une cause interne (l'éloignement progressif, avec la plaque qui les porte, de la source d'alimentation profonde) et une cause externe, l'émersion. Pour les grands strato-volcans - formés par l'alternance de coulées laviques et de pyroclastites - le foisonnement des cas et leur complexité pourraient décourager la recherche de modèles généraux. Les exemples mexicains de strato-volcans andésitiques (III.1.5) montrent cependant qu'il est possible d'en entrevoir un, à condition d'introduire des variantes d'origine interne (réalimentation magmatique) ou externe (déstabilisation de flanc), pouvant intervenir à différents stades de l'évolution.

Étant par définition à l'aplomb des chambres magmatiques, les calderas sont le siège de l'activité éruptive qui suit leur formation et aussi le site des plus grands champs géothermiques et de beaucoup de minéralisations. Leur formation, qui reste un sujet controversé, ne peut s'expliquer par un modèle unique (III.1.3).

Les basaltes de plateau ont construit les appareils les plus étendus et les plus volumineux du volcanisme aérien, et ceci en un temps relativement court - de l'ordre du million d'années (III.1.6). Les débits énormes que cela suppose sont interprétés maintenant, dans la plupart des cas, comme résultant de l'impact initial du panache d'un point chaud, qui a pu être suivi d'une rupture continentale. Dans ce cas, la "traîne" du point chaud produira un alignement de volcans intra-plaque dans le nouvel océan.

Le volcanisme sous-marin est de loin le plus important de notre planète. Cependant, à l'exception peut-être de celui des dorsales, il reste très mal connu. On sait maintenant que les plateaux océaniques sont les équivalents des plateaux basaltiques continentaux - et comme eux résultent de l'impact initial d'un panache - mais avec des volumes d'un ordre de grandeur supérieur. Ils peuvent être également reliés aux points chauds actuels par des alignements de volcans, mais ceux-ci ont des caractères morphologiques et géochimiques sensiblement différents de ceux d'Hawaï ou de la Réunion. C'est ce qu'a révélé l'étude toute récente des volcans des points chauds de Pitcairn, des Australes et de la Société (III.1.1) appartenant au "*superswell*" de la Polynésie Française, qui, d'une façon ou de l'autre, est génétiquement lié au plateau océanique crétacé du "*Darwin Rise*".

L'établissement des cartes volcanologiques pose des problèmes particuliers qu'il a paru utile d'aborder. Toute carte géologique doit traduire la lithologie des formations et leur chronologie relative. Une carte volcanologique doit traduire également leurs aspects génétiques. Des suggestions sont faites pour concilier au mieux des exigences parfois contradictoires, en fonction de l'échelle de la carte et des besoins des utilisateurs (III.2.1). L'imagerie satellitaire et les systèmes d'informations géographiques sont appelés à jouer un rôle de plus en plus important dans la cartographie des ensembles volcaniques (III.2.2 et III.2.3).

Une chronologie absolue précise est un préalable à la solution de nombreux problèmes volcanologiques. Les méthodes de datation par géochimie isotopique se sont affinées et diversifiées ces dernières années. Un rappel de leur principe et de leur domaine d'application est accompagné d'exemples de datations dans le volcanisme du Massif central français (III.3).

La superstructure aérienne d'un volcan n'est qu'une partie de celui-ci, et pas toujours la plus importante en volume (*cf.* fig. 104). Pour un volcan non érodé, la connaissance de l'infrastructure n'est possible qu'avec les méthodes de la géophysique (III.4). La difficulté réside dans le caractère hétérogène, non stratiforme, des structures, compensé en partie par les forts contrastes des paramètres physiques mesurés. Le principe et le domaine d'application de chaque méthode ont été rappelés brièvement : gravimétrie, géomagnétisme, géoélectricité et sismologie. C'est l'utilisation conjointe de plusieurs méthodes qui permet, dans les cas favorables, d'aboutir à des modèles bien contraints.

III.1. - LES GRANDS TYPES DE STRUCTURES VOLCANIQUES

III.1.1. - LE VOLCANISME SOUS-MARIN

par Roger HEKINIAN et Nicolas BINARD

L'étude des volcans sous-marins est essentielle pour une meilleure compréhension de la structure, des mouvements, et de la composition des plaques lithosphériques constituant l'enveloppe externe de notre planète. La majorité des fonds océaniques a fait l'objet d'éruptions volcaniques, à un moment ou à un autre de son histoire. La grande partie (60 %) des épanchements magmatiques a eu lieu au niveau des dorsales médio-océaniques, et dans les régions intraplaques (25-30 %). Sur le plan volcanique, il est difficile actuellement de déterminer où se situe la limite exacte entre ces deux régions. En outre, l'influence des remontées magmatiques des zones divergentes sur la formation des édifices hors-axes n'est pas encore très bien connue.

Il semblerait que dans le Pacifique, les édifices volcaniques de moins de 0,5 Ma aient hérité du même type de magmatisme que celui rencontré au niveau des zones d'accrétion, avec lesquelles ils sont associés.

L'objet de ce chapitre est de présenter les faits marquants des principales découvertes faites au niveau des dorsales et des volcans intraplaques océaniques, en prenant pour exemple l'océan Pacifique. Ce dernier renferme le plus grand nombre et la plus grande diversité de constructions volcaniques sous-marines connues sur notre Globe. En outre, du fait que les volcans hawaïens ont été jusqu'à présent les mieux étudiés, il est important de considérer d'autres régions intraplaques (Société, Australes), afin d'étendre notre vision du volcanisme sous-marin.

• Divers aspects du volcanisme sous-marin

La couverture bathymétrique des océans étant limitée, il est difficile aujourd'hui de faire une classification objective des constructions volcaniques. Alors que la morphologie et la structure des dorsales océaniques sont définies dans leurs grandes lignes, il n'en est pas de même pour les édifices sous-marins situés près des zones d'accrétion et dans les régions intraplaques. Il existe très peu de données sur les volcans hors-axes situés à plus de 50 km des segments des dorsales. Moins d'une trentaine de volcans, situés sur une croûte océanique d'âge inférieur à 3 Ma, ont été étudiés de manière satisfaisante (bathymétrie détaillée et observations par submersible). La connaissance du contexte géologique dans lequel ils fonctionnent, est primordiale pour l'étude de leur genèse et évolution.

Selon des critères morphologiques et structuraux, on peut reconnaître en dehors des dorsales océaniques, quatre types de structures volcaniques sous-marines :

Les plateaux et rides volcaniques (d'âge Crétacé) qui peuplent le Pacifique Ouest (Hess Rise, Manihiki Plateau, Shatsky Rise), sont souvent surmontés de pics alignés. L'origine de ces plateaux semble être liée à celle du point triple situé à la jonction de plusieurs plaques (Hilde *et al.*, 1976 ; Kroenke et Nemoto, 1982). Ces plateaux, d'un volume total de l'ordre de 100 millions de km^3, peuvent être comparés, en beaucoup plus important, aux grands épanchements basaltiques continentaux (Deccan, Parana, Columbia River) (*cf.* III.1.6). Il n'est pas exclu que l'effusion d'un large volume de lave (15 km^3) se produise aussi actuellement au niveau de la Dorsale Est Pacifique, à 107°55'W-8°S, couvrant une surface de 220 km^2 (Macdonald *et al.*, 1989).

Les alignements volcaniques, ou rides asismiques, sont formés par l'association de plusieurs centres éruptifs distincts, alignés selon une ou plusieurs directions préférentielles liées aux mouvements des plaques lithosphériques (fig. 93). Ces rides peuvent s'être formées à la frontière d'une ouverture continentale (Ride de Rio Grande, Ride de Walvis) et/ou à la séparation de deux plaques océaniques (Ride des Cocos). D'une longueur pouvant atteindre 2 000 km, elles sont vraisemblablement liées au phénomène de "point chaud" (Wilson, 1963 ; Morgan, 1971, 1981 ; O'Connor et Duncan, 1990). Parmi les alignements volcaniques observés à la surface du Globe, ce sont les archipels du Pacifique (Hawaï, Australes, Société) qui traduisent le mieux une activité volcanique de type point chaud. Il existe cependant de tels alignements à proximité des OSC (*Overlapping Spreading Center*) des dorsales médio-océaniques, interprétés comme étant des reliquats de structures formées à la terminaison des segments de la dorsale, puis écartés de ceux-ci par une tectonique distensive (Macdonald, 1988) (*cf.* ci-dessous).

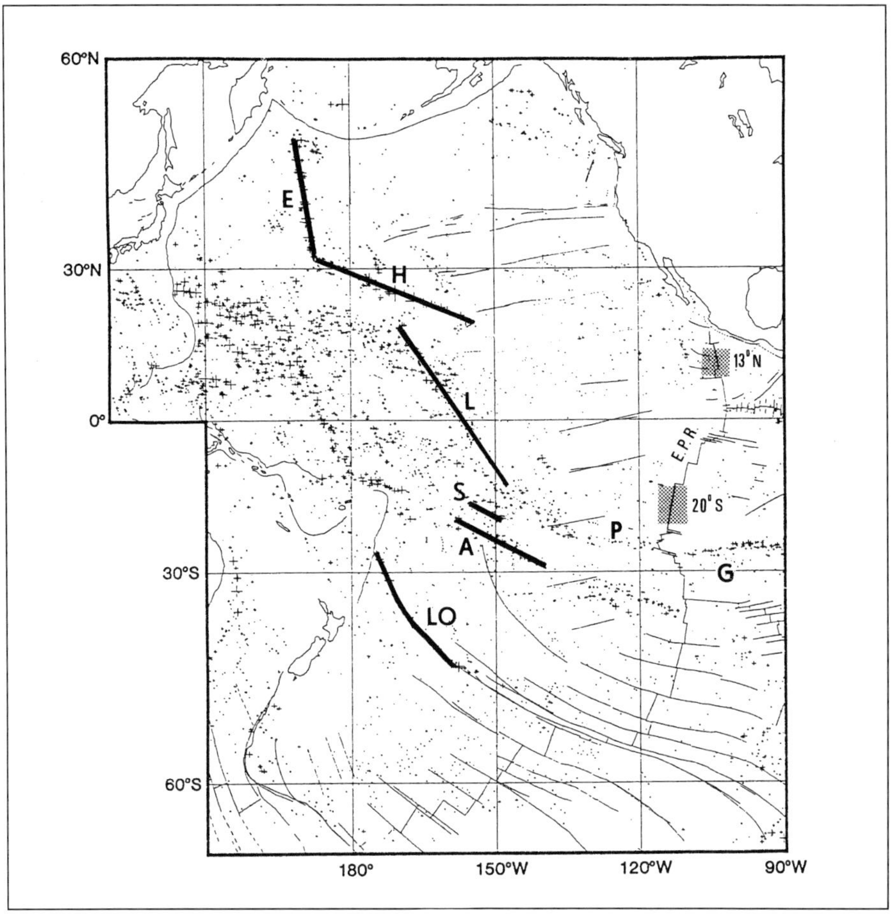

Fig. 93 - Distribution des volcans sous-marins du Pacifique d'après les données d'altimétrie satellitaire SEASAT (Craig et Sandwell, 1988).
Les principaux alignements de volcans et rides asismiques sont représentés : A : Australes, E : Empereur, G : Sala y Gomez, H : Hawaii, L : Ligne, LO : Louisville, P : Pitcairn, S : Société, ainsi que les domaines hors-axes (13°N et 20°S) le long de la Ride Est Pacifique (EPR).

Les volcans isolés et groupes de volcans sous-marins se localisent dans le domaine intraplaque et au niveau des dorsales océaniques (Batiza, 1989). Rien ne laisse supposer que les édifices d'un même groupe aient une origine commune. Les volcans isolés ont été créés principalement à proximité des dorsales océaniques. Le taux de formation de ces volcans décroît avec l'âge de la croûte, à cause de la diminution de la production magmatique à mesure que l'on s'éloigne de l'axe d'accrétion (Batiza, 1989). Les édifices les plus proches des axes des dorsales (< 6 km) montrent des laves ayant des compositions chimiques comparables à celles des vallées axiales adjacentes.

Les volcans des zones de fracture se sont formés durant un mouvement d'extension et/ou de cisaillement tectonique. Des fluctuations dans les directions d'accrétion peuvent engendrer au niveau d'une faille transformante, des mouvements simultanés d'ouverture et de cisaillement. Ceci peut entraîner la création d'édifices volcaniques ponctuels, ou de rides, orientés parallèlement à l'axe de la faille. C'est le cas de Saint-Paul's Rock dans l'Atlantique, Siqueiros et Garrett dans le Pacifique oriental (Melson *et al.*, 1967 ; Fornari *et al.*, 1984 ; Hékinian *et al.*, 1991). D'autres zones transformantes induites par l'activité de rides obliques (Gofar, Discovery, Wilkes), sont autant de zones privilégiées pour l'apparition d'une activité volcanique (Lonsdale, 1983 ; Kureth et Rea, 1981). Des observations faites par submersible sur le plancher de la faille Garrett (Pacifique sud), ont montré l'existence d'un volcanisme récent, dont l'origine magmatique semble différente de celle des segments de la dorsale adjacente (Hékinian *et al.*, 1991).

• Le volcanisme des dorsales océaniques

La majeure partie des constructions volcaniques prend naissance à proximité de l'axe des dorsales médio-océaniques, qui forment les chaînes de montagnes sous-marines parcourant notre planète sur environ 70 000 km. L'accrétion de nouvelles croûtes océaniques se fait à des taux variables, de l'ordre de 1-2 cm/an (taux faible) pour l'Atlantique et les branches nord et sud-ouest de l'Océan Indien, 3-6 cm/an (taux intermédiaire) pour les régions des Galapagos, Juan de Fuca, l'EPR (*East Pacific Rise*) à 21°N et la branche ouest de la Dorsale médio-océanique indienne, 6-12 cm/an (taux rapide) pour l'EPR entre 3°N et 18°N, 13-16 cm/an (taux ultra-rapide) pour l'EPR Sud (13°-21°S) (DeMets *et al.*, 1990).

L'étude détaillée des segments des dorsales montre que la largeur de la zone volcanique active (AVZ) varie en fonction des différents régimes d'expansion. L'extension de cette zone a été vérifiée par des plongées en submersible dans l'Atlantique à 31°N (zone FAMOUS, dorsale lente), dans le Pacifique à 21°N (dorsale intermédiaire), à 13°N (rapide), et à 17-21°S (ultra-rapide) (fig. 93). L'étude morphostructurale de ces différents segments a permis de spéculer sur la forme et la nature des zones d'accrétion (Choukroune *et al.*, 1984) (fig. 94). Faisant abstraction de la subsidence due à l'épaississement de la lithosphère, on constate que les mouvements tectoniques sont restreints dans le cas des dorsales rapides. Ceux-ci sont bien plus marqués au niveau des axes d'accrétion des dorsales lentes, où la fracturation de la croûte océanique est marquée par d'importants mouvements verticaux. Ceci a une implication directe sur le volcanisme. Pour les segments rapides et ultra-rapides, on suppose qu'il existe, à faible profondeur, une zone étroite de déformation (< 5 km de large) susceptible d'atténuer les contraintes liées à la tectonique cassante. Les données géophysiques montrent en effet la présence de zones d'atténuation des ondes sismiques, interprétées comme étant des remontées magmatiques formant une zone de bouillie de cristaux ("*mush*") à haute température (Macdonald, 1988).

La dorsale Atlantique (MAR) et les branches Sud-Est et Nord-Est de la Dorsale indienne (MIOR) se distinguent du Pacifique par leurs topographies plus élevées et des *rift valleys* beaucoup plus profondes. Comparativement aux dorsales lentes (< 2 cm/an), les dorsales rapides semblent propices au développement des édifices hors-axes, comme à 12°50'N, 11°30'N et 9°30'N sur la Ride Est Pacifique. Il n'est pas exclu que l'identification de structures volcaniques sous-marines, au niveau des

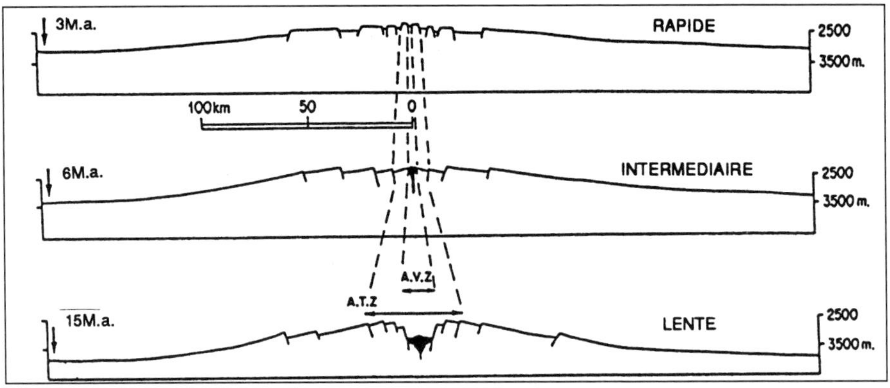

Fig. 94 - Représentation schématique du profil des dorsales océaniques à des taux d'accrétion différents.

Les dorsales rapides (Pacifique équatorial) ont une morphologie peu marquée et un graben axial de très faible largeur (500 m). Les dorsales lentes (Atlantique) se caractérisent par une morphologie prononcée, une zone tectonique développée (failles normales), ainsi que par un graben central de plusieurs kilomètres de large (d'après Choukroune *et al.* 1984).

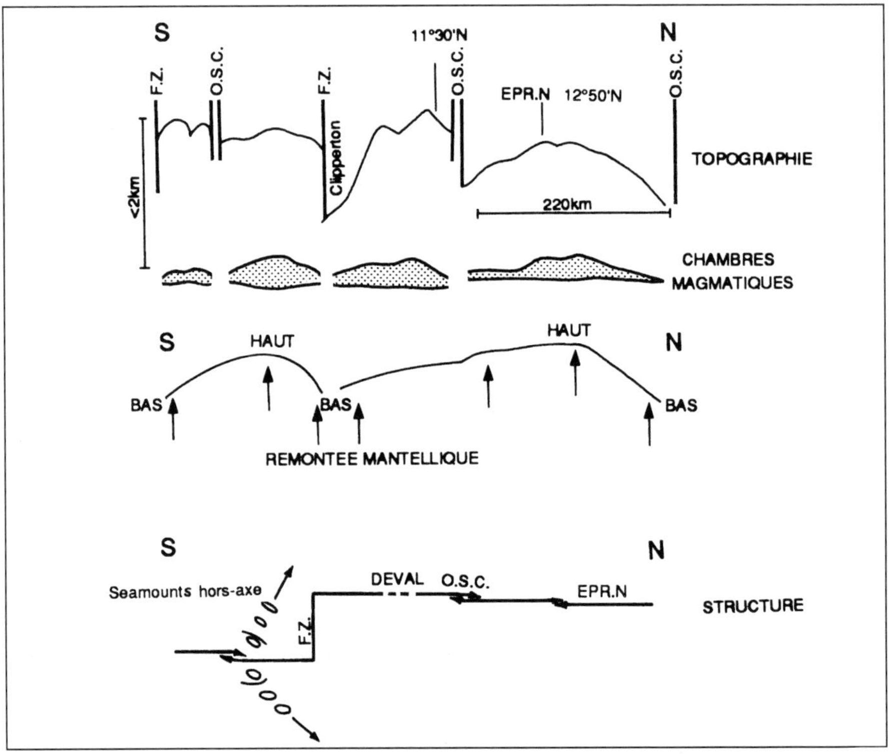

Fig. 95 - Segmentation de la dorsale Est Pacifique (EPR), entre 8°N et 14°N, montrant les principales discontinuités structurales (DEVAL = Deviation from Axial Linearity; OSC = Overlapping Spreading Center; FZ = Fracture Zone).

Le modèle de segmentation magmatique a été conçu d'après les données sismiques de Detrick *et al.* (1987). Des remontées asthénosphériques sont suggérées, au niveau des hauts topographiques et des OSC, le long des différents segments d'accrétion.

dorsales à taux d'expansion rapide et intermédiaire, soit due à une réaction plastique de la lithosphère ; la tectonique cassante des dorsales lentes ayant tendance à effacer toute trace de construction latérale. Cette règle ne peut être généralisée car il est connu qu'à l'intérieur des *rift valleys* des dorsales lentes, il existe des édifices volcaniques de moins de 500 m de haut (zone Famous à 37°N) (Arcyana, 1977 ; Bryan et Moore, 1977). Ceux-ci, presque entièrement constitués par des laves en coussins (*pillow-lavas*) de composition basaltique (N-MORB), ressemblent davantage aux structures hors-axes du Pacifique. Ce type d'édifice a aussi été repéré, grâce au sondeur multifaisceaux (*seabeam*), sur une croûte allant jusqu'à 7 Ma au niveau de la dorsale Atlantique, vers 26°N (Batiza *et al.*, 1989a).

Les données bathymétriques et structurales le long des dorsales océaniques, notamment dans le Pacifique, ont mis en évidence le caractère fragmenté des rides (Langmuir *et al.*, 1986 ; Macdonald, 1988 ; Francheteau et Ballard, 1983) (fig. 95). Les segments de dorsale sont délimités par des discontinuités topographiques, morphologiques, structurales et pétrologiques. Ils ont, de plus, des caractéristiques géologiques différentes selon leurs dimensions. Une segmentation à grande longueur d'onde (300-500 km) s'accompagne d'un décalage horizontal important des axes (100-1 000 km), et d'un accroissement de la profondeur à l'approche des discontinuités. Une segmentation de plus faible longueur d'onde (30-300 km) sera marquée par de plus petites discontinuités topographiques (*Overlapping Speading Center*) où les axes des deux segments se trouvent décalés de 0,5 à 5 km. Ce type de discontinuité n'est pas associé à une faille transformante (fig. 95). Enfin, des segmentations à très courte longueur d'onde (< 10 km) existent, mais elles sont liées à des fissures en échelons, décalées de moins de 200 m, généralement bien définies au niveau du graben axial. Les plus petites discontinuités représentent des lacunes d'activité volcanique entre plusieurs centres éruptifs. Celles de moyennes et grandes longueurs d'ondes (30 et 1 000 km) s'accompagnent de variations topographiques, géophysiques et pétrologiques prononcées (Detrick *et al.*, 1987 ; Morel et Hékinian, 1980 ; Langmuir *et al.*, 1986) (fig. 95). La plus grande dénivelée topographique enregistrée le long d'un segment de dorsale est d'environ 500 m dans le Pacifique (entre 21°N et 21°S). Les bombements les plus élevés ont été décelés à 15°30'N (2 470 m), 11°27'N (2 500 m) et 12°/13°S (2 500 m) (Macdonald, 1988 ; Macdonald *et al.*, 1989). Les hauts topographiques sont considérés comme étant des zones où les remontées magmatiques (ou réservoirs magmatiques) sont les plus importantes. Des anomalies sismiques (atténuation de la propagation d'ondes sismiques) à faible profondeur (1-2 km), sont attribuées à la présence de chambres magmatiques à l'aplomb des différents segments de la dorsale Pacifique Nord (Detrick *et al.*, 1987).

Les morphologies des coulées varient principalement en fonction de la profondeur des éruptions, de la température du magma, et de la rapidité de mise en place des laves (Bonatti et Harrison, 1988). Les coulées très fluides, occupant les dépressions axiales des dorsales et mises en place au cours d'éruptions de type fissural, se caractérisent par des surfaces plates et lobées, lesquelles sont souvent associées à des laves en coussins. D'autres morphologies s'apparentent à des éruptions de nature plus violente, telles que les hornitos formant des petits monticules de lave scoriacée et vitreuse, souvent accompagnés de hyaloclastites (fragments de verre volcanique cimentés). Ces formes de coulées se retrouvent sur les volcans hors-axes près des dorsales, le long de pentes fortes (>20°). D'autre part, les volcans sous-marins hors-axes les plus élevés (> 800 m) montrent une partie sommitale tronquée ("*pit crater*" ou caldera, suivant la taille de l'effondrement), vraisemblablement due à la vidange de réservoirs magmatiques peu profonds.

• Le volcanisme sous-marin intraplaque

Le volcanisme des régions intraplaques montre quelques dissemblances vis-à-vis de celui des zones d'accrétion. Les coulées plates existent aussi, mais à la base des volcans. Les pentes sont constituées de laves en coussins et de coulées tubulaires. Les zones sommitales des plus grands appareils sont formées par l'empilement de coulées et de brèches volcaniques d'origine explosive. A ceci s'ajoute des intrusions (dykes et sills) mises à l'affleurement lors du démantèlement des formations clastiques parfois cimentées par des produits secondaires dus à la circulation de fluides hydrothermaux. De même que pour les volcans hors-axes, les hyaloclastites et dépôts hydrothermaux (hydroxydes de fer) sont abondamment dispersés sur les flancs des appareils intraplaques, formant parfois des croûtes indurées de plusieurs décimètres d'épaisseur.

Le volcanisme d'un point chaud tel que celui de la Société, est relativement dispersé sur une surface d'environ 15 000 km^2. La concentration et persistance de ce volcanisme en certains points donne des édifices majeurs, alors que sur l'ensemble de la zone apparaissent des cônes, parfois allongés (fissures éruptives), avec des pentes de 12°-17° et des hauteurs inférieures à 500 m. Qu'il s'agisse des volcans principaux ou des structures volcaniques mineures, le volcanisme intraplaque est principalement fissural. Les lignes éruptives, dont les principales orientations sont parallèles à celles des structures du plancher océanique, correspondent à des zones de faiblesse dans la lithosphère. En ce qui concerne l'aspect général, les édifices conservent une morphologie conique au cours de leur croissance (Binard *et al.*, 1991). Les appareils les plus élevés (> 2 500 m) sont caractérisés par un volcanisme centré, avec un conduit magmatique principal autour duquel s'organisent des lignes éruptives radiales appelées "rift-zones", donnant aux volcans une forme en étoile.

Faisant suite à une activité purement sous-marine, l'édification des appareils volcaniques intraplaques se poursuit en domaine aérien, comme c'est le cas à Hawaï ou à la Réunion (*cf.* III.1.4). Cependant l'activité sous-marine persiste le long des "rift-zones". A Hawaï, ce type d'activité est actuellement en train de donner naissance à un nouvel édifice, le "Loihi Seamount", correspondant à l'extrémité SE de la zone de point chaud pouvant être repérée à la surface du plancher océanique.

• Conclusions

La majeure partie du volcanisme de notre planète apparaît sur les dorsales océaniques et dans les régions intraplaques océaniques. Considérant les édifices de plus de 800-1 000 m de hauteur, il est possible de distinguer : (1) les volcans à sommets tronqués et pentes fortement inclinées (> 20°) et (2) les volcans coniques à pentes régulières de l'ordre de 12°-17°. Les premiers se sont formés près des dorsales médio-océaniques, sur une lithosphère de moins de 3 Ma. Leur forme est liée à l'effondrement du toit d'un réservoir magmatique (caldera). Les seconds se sont construits sur une croûte océanique de plus de 3 Ma et dans les régions intraplaques. Ils résultent d'une activité volcanique alimentée par des réservoirs probablement plus profonds. Il était admis, encore récemment, que les effondrements de type caldera en domaine intraplaque apparaissaient plus tardivement, lorsque la croissance des appareils atteignait une taille suffisante pour qu'une activité aérienne s'y soit largement développée. Les études récentes (Decker *et al.*, 1987) montrent que cette vue est inexacte pour Hawaï, où les calderas des boucliers sont précoces, comme le montre bien l'exemple du "Loihi Seamount", volcan sous-marin à caldera situé à 1 000 m sous le niveau de la mer (*cf.* III.1.4). Il faut admettre que le volcanisme hawaïen, de loin le mieux connu, n'est pas représentatif de l'ensemble du volcanisme intraplaque, que ce soit du point de vue morphostructural comme du point de vue géochimique (*cf.* I.1.2.).

III.1.2. - LES APPAREILS MONOGÉNIQUES ET LEURS GROUPEMENTS : EXEMPLE DE LA CHAÎNE DES PUYS (MASSIF CENTRAL FRANÇAIS)

par Guy CAMUS

Il existe trois types fondamentaux d'appareils monogéniques : (a) les cônes de scories et leurs variantes : *spatter-cones* et cônes de lave par exemple, résultant d'éruptions stromboliennes ou hawaïennes ; (b) les dômes et aiguilles, produits par des éruptions à magma acide visqueux ; (c) les maars, anneaux et cônes de tufs, témoignant d'une activité hydromagmatique.

Chacun de ces types peut se former dans des environnements variés : au sommet ou sur les flancs d'un volcan-bouclier ou d'un strato-volcan, dans une caldera, au sein d'un groupement d'appareils monogéniques.

Les groupements d'appareils monogéniques sont le plus souvent constitués de volcans basaltiques, des cônes de scories, associés ou non à des maars : San Francisco, Arizona, Etats-Unis (Robinson, 1913) ; Michoacan, Mexique (Williams, 1950) ; plateaux du Devès, de l'Aubrac et des Coirons, Massif central français (de Goër de Herve et Mergoil, 1971). Plus exceptionnellement ils comprennent en outre des dômes et aiguilles, liés à des éruptions à laves différenciées : Chaîne des Puys (Massif central français), Itashi (Madagascar), volcanisme quaternaire de Cappadoce (Turquie), Atakor (Algérie).

Par la variété de ses édifices, la Chaîne des Puys est certainement le plus intéressant de ces groupements. La quantité de travaux qui lui ont été consacrés depuis deux siècles fait que c'est aussi le mieux connu. C'est un ensemble de près de quatre vingts volcans monogéniques (de Goër de Herve *et al.*, 1991), d'âge pléistocène à holocène, disséminés selon une trainée orientée N-S de 37 km de long (fig. 96). A cet ensemble principal qui s'étend du Gour de Tazenat au nord au Puy de Monténard au sud, se rattache, une vingtaine de kilomètres plus au sud, le "groupe du Pavin" qui comprend les appareils les plus jeunes de France métropolitaine. A mi-chemin entre la trainée principale et le groupe du Pavin, le Tartaret est un édifice isolé, datant de la même période.

Si l'on se base uniquement sur le critère de l'âge, la limite entre l'activité de la Chaîne des Puys et celle des régions voisines est floue ; en fait une activité dispersée s'est manifestée entre -250 000 et -50 000 ans, dans le Cézallier, au nord des Monts Dore, le long de la vallée de la Sioule, sur la faille de Limagne et à son voisinage.

• Le cadre morpho-structural de la Chaîne des Puys

L'ensemble principal de la Chaîne des Puys repose sur un horst cristallin, le "plateau des dômes" qui culmine à 1 030 m. Ce horst est limité à l'ouest par le bassin d'Olby, graben peu profond, et à l'est par la Limagne de Clermont-Ferrand, graben dont l'effondrement atteint localement 2 700 m, voire 3 000 m, le long de la faille bordière ("faille de Limagne"). Ce système en horsts et grabens résulte de la distension oligocène qui a affecté une grande partie de l'Europe occidentale.

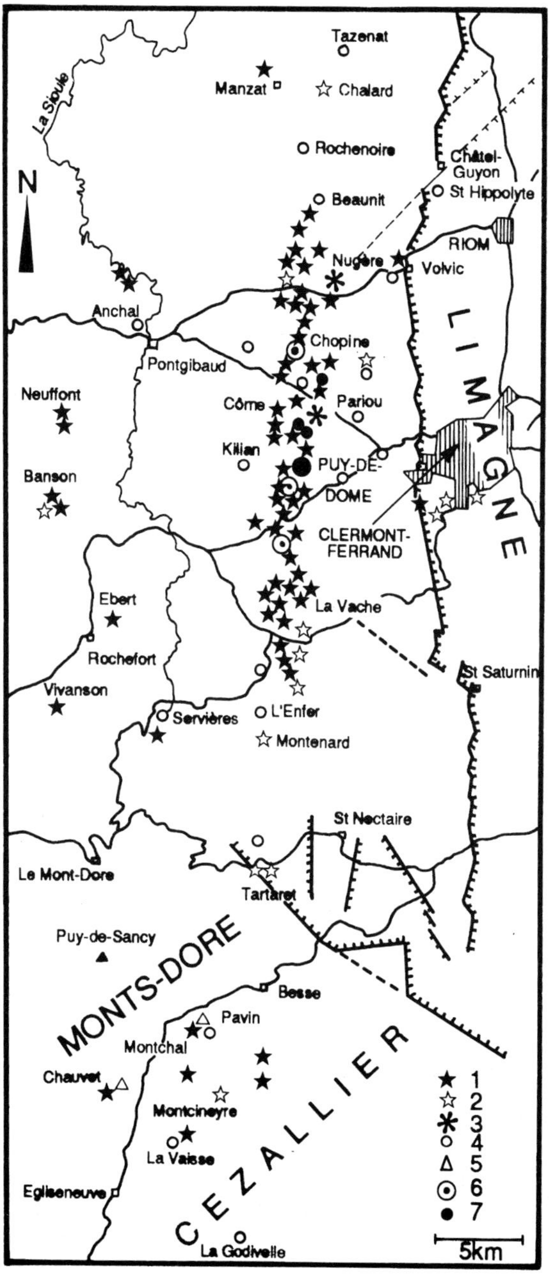

Fig. 96 - Carte de localisation des appareils de la Chaîne des Puys et de ses annexes (*in* de Goër de Herve *et al.*, 1991).
1 : cône strombolien basaltique. 2 : cône basaltique sur maar préalable. 3 : complexe trachyandésitique à anneau pyroclastique. 4 : maar basaltique. 5 : cratère d'explosion trachytique. 6 : protrusion trachytique dans cratère d'explosion. 7 : dôme trachytique.

La distension oligocène a, dans la région, une composante E-W, qui se traduit par une orientation N-S des structures. En fait, dans le détail, la faille de Limagne apparaît comme une ligne brisée, succession de segments orientés vers le NNE ou le SSE, qui traduit en fait le rejeu d'accidents hercyniens.

Dans le détail aussi, les alignements volcaniques élémentaires de la Chaîne des Puys se font selon les mêmes directions : les conduits magmatiques ont là, 25 Ma après la distension majeure, repris aussi des accidents hercyniens.

• L'activité volcanique dans la Chaîne des Puys

Cônes stromboliens, maars et dômes typiques sont nombreux dans la Chaîne des Puys (les mécanismes éruptifs, formes, structures et dépôts correspondant à ces différents appareils ont été décrits dans la partie II de l'ouvrage). Quelques appareils de la Chaîne présentent toutefois une plus grande complexité, qui résulte d'une succession de phases éruptives de styles différents. Cette complexité n'empêche pas qu'on puisse aussi qualifier la plupart d'entre eux de monogéniques, dans la mesure où ils semblent avoir été édifiés en une seule éruption (cas du Puy de Pariou par exemple). De rares appareils seulement ont été formés par plusieurs éruptions (ex. Puy de la Nugère).

Les relations magmatisme-phréatomagmatisme dans les appareils basaltiques

- Cas du volcan de Beaunit

Le cratère comblé de Beaunit (fig. 97) est le plus vaste maar basaltique de la Chaîne des Puys (diamètre 1 km). Il est bordé au nord par un croissant pyroclastique typique, où pyroclastes juvéniles et fragments du socle granitique sont présents en quantité équivalente. Dans sa partie nord, le cratère est occupé par un remplissage lacustre de nature argileuse que traverse la rivière Ambène ; au sud-ouest ce remplissage est masqué par une coulée plus récente issue du Puy Thiollet voisin ; au sud enfin, émerge de la plaine lacustre un petit cône strombolien, le Puy Gonnard. Une prospection géophysique et une campagne de sondages ont montré que le Puy Gonnard est antérieur au remplissage lacustre, et qu'il comble la majeure partie du maar. Cette structure doit être interprétée de la façon suivante : l'activité phréatomagmatique responsable de la formation du maar est due à la rencontre du basalte ascendant et de l'eau de l'Ambène ; mais au fur et à mesure du déroulement de l'éruption, le croissant pyroclastique a barré peu à peu le cours de la rivière ; un régime magmatique strombolien s'est alors instauré, qui a édifié le Puy Gonnard. Ce type d'appareil avec cône strombolien niché dans un cratère de maar est en fait très fréquent ; c'est le type "Zuni" décrit par Ollier (1969).

- Cas du Chuquet Genestoux et du maar d'Enval

Situé 500 m au sud-est du Puy-de-Dôme, le maar d'Enval (750 m de diamètre) se marque peu dans la morphologie car il est largement comblé par les produits d'éruptions postérieures, mais ses projections sont bien reconnaissables. Sur son rempart, au nord-est, existe un petit cône, le Chuquet Genestoux qui montre une curieuse interstratification de scories basaltiques très fluides (bombes "en bouse de vache") avec des horizons riches en éléments du socle granitique et bombes basaltiques en chou-fleur, c'est-à-dire des projections de maar caractéristiques. La minéralogie (en particulier présence de scapolites magmatiques, Iijama, 1954 ; Boivin et Camus, 1981) des matériaux juvéniles est identique. On doit en déduire que le maar d'Enval et le Chuquet Genestoux ont fonctionné simultanément, l'un

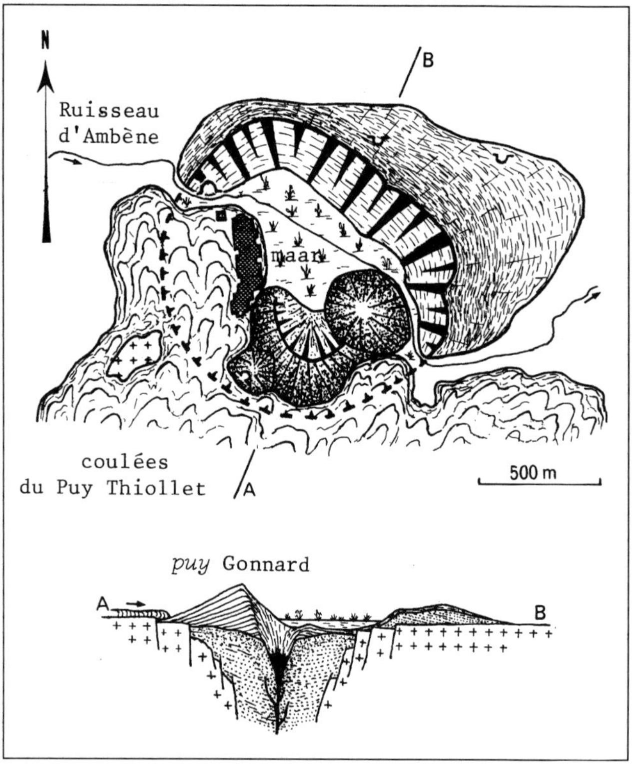

Fig. 97 - Carte et coupe du maar de Beaunit (*in* de Goër de Herve *et al.*, 1991).

étant alimenté en eau par une rivière ou une nappe, alors que l'autre échappait à l'influence phréatique (Camus et Vincent, 1974). Des structures plus complexes, où une longue fissure éruptive recoupe rivières et interfluves, existent dans le Devès (fissure de Barges par exemple) : sur le lit des rivières se sont formés des maars, alors que dans le même temps se formaient des cônes de scories stromboliens sur les interfluves.

Au Puy de l'Enfer, les projections du croissant pyroclastique qui frange le maar montrent aussi une association magmatique-phréatomagmatique, mais il n'existe pas de cône de scories individualisé morphologiquement : on peut en déduire que deux évents ont fonctionné simultanément, selon deux styles différents, à l'intérieur même du cratère du maar. Ce phénomène a été observé lors de l'éruption d'un des maars Ukinrek en Alaska, en 1977 (Kienle *et al.*, 1980).

- Cas des Puys de La Vache et de Lassolas

Ces deux volcans jumeaux, au sud de la Chaîne, sont des cônes stromboliens typiques. Toutefois leur formation s'est accompagnée du dépôt d'une nappe de lapilli scoriacés "de saupoudrage" anormalement étendue (§ II.4.2) : de forme elliptique (4 x 7 km), elle est déportée vers le sud. Ces lapilli ont une densité anormalement faible, 1,26 g/cm^3, qui témoigne d'une vésiculation importante. Or cette nappe de retombée strombolienne repose directement sur un horizon de dispersion identique, mais d'origine typiquement phréatomagmatique : éléments juvéniles non vésiculés, fort pourcentage d'éléments énallogènes. Cette superposition traduit, même s'il n'en subsiste pas de témoin dans la morphologie des appareils, un début d'éruption phréatomagmatique, suivi d'une phase magmatique particulièrement intense.

En fait cinq appareils de la Chaîne des Puys au moins, ont émis des saupoudrages scoriacés de grande extension : du nord au sud, le Puy de Beaunit décrit plus haut, le Puy de Pariou et le Puy de la Nugère (voir ci-dessous), les Puys de la Vache et de Lassolas et le Puy de Montcineyre (groupe du Pavin). Or dans chaque cas, on peut mettre en évidence une influence phréatomagmatique au début de l'activité. On doit donc poser la question d'une possible relation entre les deux phénomènes.

Cette relation entre un début d'activité phréatomagmatique et la poursuite de l'éruption sous une forme strombolienne violente suggère qu'une influence phréatique décroissante pourrait, sur un magma basaltique, se traduire par une augmentation de la teneur en gaz et/ou un abaissement de la viscosité : en d'autres termes, ils suggèrent que pour un rapport eau/magma très faible, l'eau peut s'incorporer au magma, augmentant sa pression partielle de gaz et diminuant sa viscosité. Si l'on se réfère au diagramme (fig. 78) de Wohletz et McQueen (1984), ce rapport pourrait être de l'ordre de 0,1 en masse, c'est-à-dire dans un domaine où la teneur en eau est censée jouer un rôle faible sur la viscosité d'un liquide basaltique (Murase, 1962). Mais si l'on considère les résultats expérimentaux de Zimanowski *et al.* (1991) sur des liquides silicatés naturels, ce rapport pourrait être beaucoup plus faible, de l'ordre de 0,03, dans un domaine où l'eau peut abaisser sensiblement la viscosité du liquide silicaté par dépolymérisation du réseau.

Les appareils complexes à laves mugéaritiques

- Mélange de magmas dans un réservoir superficiel : cas du Puy de la Nugère

Le Puy de La Nugère est constitué de quatre édifices monogéniques : le plus jeune ("nouvelle Nugère") recoupe et recouvre partiellement les plus anciens, qui sont des cônes stromboliens. C'est seulement de la nouvelle Nugère, datée entre -11 000 et -12 000 ans, qu'il sera question ici.

Du point de vue génétique, la "nouvelle Nugère" est un maar comparable au Puy de l'Enfer, en ce sens que l'on trouve dans son dépôt des éléments juvéniles sous la forme de scories ou bombes en bouse de vache (magmatiques), et de bombes en chou-fleur (phréatomagmatiques). A la phase explosive d'ouverture du maar et d'édification du croissant pyroclastique autour du cratère, a succédé une phase d'émission calme de magma relativement dégazé qui s'est traduite par l'installation d'un lac de lave dans le cratère (Camus et Roche, 1974). Par débordement, ce lac a donné plusieurs coulées qui ont emprunté la vallée de Volvic (fig. 98). Des explosions mineures ont clôturé l'éruption, édifiant quelques petits cônes de scories ("La Louve", etc.) à la surface du lac de lave consolidé.

L'hétérogénéité des projections de la "nouvelle Nugère" a été remarquée depuis longtemps (Bentor, 1954) : les blocs trempés ont une composition soit hawaiitique soit trachytique. De plus, parmi les produits émis à l'état plastique, on trouve fréquemment ces deux magmas associés sous forme de rubanements ou d'émulsions de plus en plus fines ; ceci suggère un brassage mécanique des deux magmas en cours d'éruption (*cf.* I.3.5).

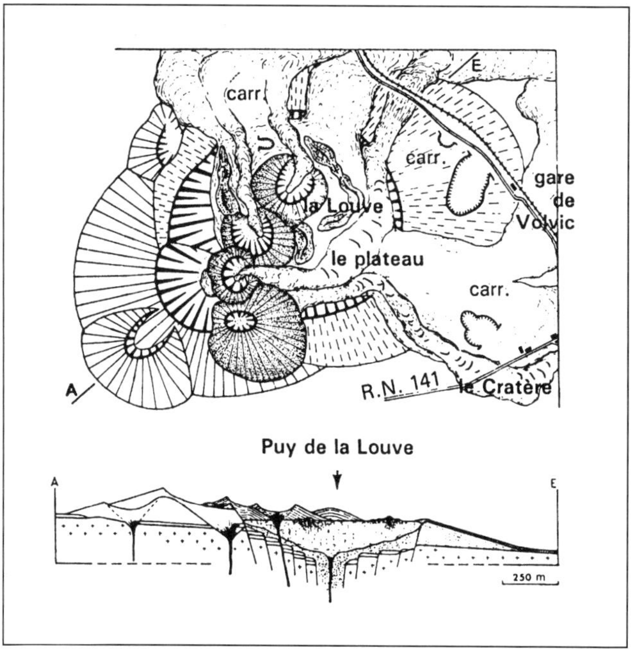

Fig. 98 - Carte et coupe interprétative du Puy de la Nugère (*in* de Goër de Herve *et al.*, 1991).

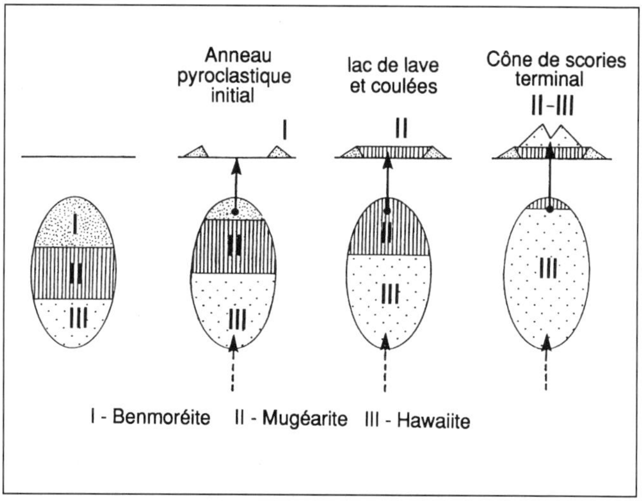

Fig. 99 - Évolution de la composition des laves au cours de la formation du Puy de Pariou (*in* de Goër de Herve *et al.*, 1991).

Le lac de lave et les coulées qui en sont issues ("lave de Volvic"), ont une composition mugéaritique, intermédiaire entre les deux pôles décrits dans les pyroclastites. On y rencontre toutes les phases minérales (phénocristaux) de ces pôles : olivine, clinopyroxène, oligoclase et amphibole. Toutes présentent des déséquilibres : zonage inverse des plagioclases, déstabilisation de l'olivine, de l'amphibole, etc. Ces arguments minéralogiques, associés à des tests géochimiques, tendent à prouver que la lave de Volvic est une "pseudo-mugéarite", produit d'un mélange de 40 % d'hawaiite et 60 % de trachyte (Gourgaud et Camus, 1984).

- Vidange d'un réservoir zoné : cas du Puy de Pariou

L'histoire éruptive de l'édifice récent (- 8 000 ans environ) du Puy de Pariou rappelle celle de la Nugère (Camus, 1974) : une phase phréatomagmatique détruit partiellement un cône strombolien préexistant et creuse un maar entouré d'un anneau pyroclastique. Une coulée est émise à la base de l'anneau pyroclastique, puis le cratère se remplit peu à peu d'un lac de lave. Mais peu après que le lac a commencé à déborder, l'anneau pyroclastique cède, libérant une ultime coulée vers l'est. L'édification d'un cône strombolien volumineux achève l'histoire du Puy de Pariou.

Toutefois la comparaison avec la Nugère s'arrête là : en effet, l'anneau pyroclastique initial a une composition de benmoréite à amphibole, les coulées une composition de mugéarite, et le cône terminal une composition d'hawaiite. L'étude pétrographique montre que les phases minérales présentes dans tous ces termes ne présentent aucun déséquilibre notable. L'amphibole est cantonnée dans la phase acide et le pyroxène dans le terme basique. La composition des plagioclases est distincte dans les différentes laves. Ces résultats plaident en faveur de la vidange partielle d'une chambre superficielle zonée (El Arabi, 1987) (fig. 99).

La formation des appareils acides

Les dômes et protrusions benmoréitiques ou trachytiques offrent une occasion rare de comprendre le mécanisme de mise en place de ces laves visqueuses en contexte de volcanisme dispersé sur un socle granito-gneissique. Les exemples du Puy Chopine, du cratère Kilian et du Puy Vasset sont les plus significatifs.

Chacun d'eux est entouré d'une nappe de pyroclastites de même composition chimique et minéralogique que le dôme ou la protrusion. L'extension maximale de ces dépôts visible sur le terrain (épaisseur quelques centimètres, taille des particules quelques millimètres) est de l'ordre de 4 km. Mais on connait des retombées de panache, constituées de cendres fines, à des distances considérables (Geyh *et al.*, 1974 ; Juvigné, 1991).

Les caractères des dépôts proximaux (magma trempé, abondance d'éléments énallogènes, induration des dépôts, stratifications obliques, ondulations, relations avec le substratum) sont typiques de produits phréatomagmatiques mis en place par des déferlantes.

La morphologie de chacun des édifices montre en outre que ces protrusions et dômes se sont installés dans des cratères circulaires ; le plus évident est le cratère Kilian. Celui du Puy Chopine recoupe le Puy des Gouttes, celui du Puy Vasset recoupe aussi un cône strombolien.

Ainsi est-il clair que la mise en place de ces magmas très visqueux a été précédée d'une phase de débouchage phréatomagmatique aboutissant à la formation d'un véritable maar. Dômes et protrusions représentent le stade final d'extrusion du magma ayant perdu ses potentialités explosives : ce sont les équivalents des lacs de

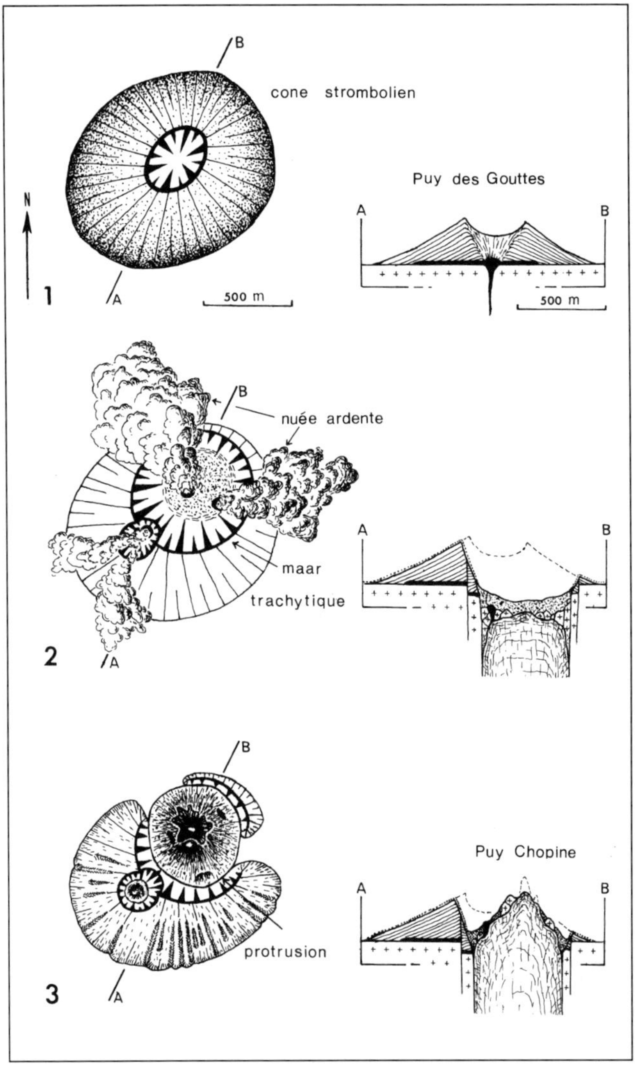

Fig. 100 - Trois stades successifs de l'édification du système du Puy Chopine.
Cartes et coupes interprétatives selon AB (d'après de Goër de Herve *et al.*, 1991).

lave qui remplissent fréquemment des maars basaltiques (Berthelay et Camus, 1980). Dans deux cas, au Puy Chopine et au Puy Vasset, la protrusion a soulevé des produits de remplissage de la cheminée du maar : ainsi on trouve des panneaux de granite perchés au sommet de chacune d'elles (fig. 100).

Ce modèle est vraisemblablement applicable aux protrusions phonolitiques du Velay oriental ou de l'Atakor par exemple, mais là, l'érosion a déblayé les produits pyroclastiques.

Le lac Pavin est un maar benmoréitique dont la formation n'a pas été suivie d'une extrusion.

• Les grandes étapes de l'édification de la Chaîne des Puys

C'est en 1959 qu'a été obtenue, par la méthode du Carbone 14, la première datation

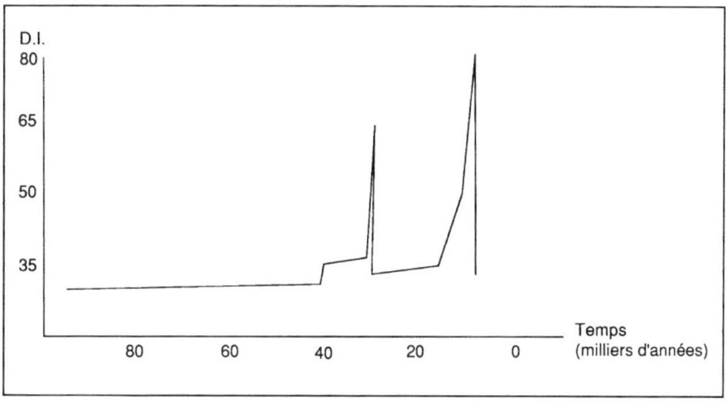

Fig. 101 - Représentation schématique de l'évolution magmatologique des laves de la Chaîne des Puys en fonction du temps.
DI = indice de différenciation (Or+Ab+Qz+Ne +Le normatifs) (*cf.* I.3.3).

d'un édifice de la Chaîne des Puys (Pelletier *et al.*, 1959). Depuis, cette méthode a fourni un certain nombre de données chronologiques, mais l'essentiel de l'édification de la Chaîne s'est faite pendant la période Würmienne (qui va de -75 000 à -10 000 ans), de sorte que les restes organiques sont rares sous les formations volcaniques. Il a donc fallu faire appel à d'autres méthodes (*cf.* III.3) : thermoluminescence (Huxtable *et al.*, 1978 ; Miallier, 1982 ; Guérin, 1983 ; Fain *et al.*, 1986), déséquilibre radioactif ^{230}Th - ^{238}U (Condomines, 1978), Potassium-Argon (Bonhommet et Zahringer, 1969), palynologie (de Beaulieu *et al.*, 1982 ; Guenet, 1986 ; Juvigné et Gewelt, 1987). A ce jour, près de 50 % des appareils sont datés avec plus ou moins de précision.

Les résultats fournis par ces différentes méthodes doivent être examinés de façon critique. Combinés à ceux de la téphrostratigraphie (Brousse *et al.*, 1969 ; Camus, 1975 ; de Goër de Herve, 1984 ; Juvigné et Gewelt, 1987), ils permettent une reconstitution satisfaisante de l'histoire de la Chaîne, à mettre en parallèle avec l'évolution magmatologique (fig. 101).

• Évidence et fonctionnement de réservoirs basi- et intra-crustaux

L'originalité de la Chaîne des Puys réside dans son système d'alimentation :

- L'étude pétrologique (voir § I.3.3) suggère l'existence de deux niveaux de stockage, basicrustal (25-30 km) et intracrustal (5-15 km) (Foury, 1983).
- Les données aéromagnétiques mettent en évidence au niveau de la Chaîne et de ses abords une importante anomalie magnétique, qui ne peut s'expliquer par la seule présence des appareils et des coulées. L'anomalie résiduelle, que l'on peut estimer par soustraction de l'anomalie calculée pour les produits venus en surface, peut s'expliquer par la persistance en profondeur de magmas refroidis à une température au-dessous du point de Curie, en d'autres termes des chambres magmatiques ou des parois de chambres magmatiques. Aubert (1973) proposait aussi un modèle à deux couches magnétiques ("chambres magmatiques"), mais à des profondeurs (1 et 5 km) notablement différentes de celles estimées par Foury (1983).
- La sismique expérimentale va aussi dans le sens d'une présence probable de réservoirs très superficiels. Quelques documents recueillis lors de la campagne de tirs GPS (Grands Profils Sismiques) effectuée en 1970-1971 (Perrier et Ruegg, 1973) se sont révélés utilisables pour l'étude des hypostructures de la Chaîne des Puys, dans sa partie nord. Gallé (1986) a ainsi mis en

évidence deux zones de faible viscosité, entre le Gour de Tazenat et le Puy de la Nugère ; leurs profondeurs respectives sont de 2 et 5-6 km. On peut penser que ces zones correspondent à des “réservoirs intracrustaux” de Foury (1983). Plus au sud, les enregistrements de la campagne GPS se sont révélés inexploitables, ce qui n’exclut pas la présence possible d’autres zones de faible viscosité à faible profondeur.

Il est tentant de corréler l’histoire de la Chaîne des Puys -même si la moitié seulement des édifices est datée- avec le fonctionnement des réservoirs :

Vers -95 000 ans (ou avant?), une première montée magmatique depuis la zone de genèse mantellique se produit. Quelques venues arrivent en surface, en particulier sur la marge est de l’actuelle chaîne. L’essentiel du magma se stocke dans la chambre basi-crustale, où commence une différenciation qui conduira aux hawaiites de la première phase. La chambre basicrustale laissera s’échapper des basaltes et des hawaiites sans amphibole.

Selon le schéma de Foury (1983), on doit admettre que des réservoirs intra-crustaux qui auraient permis l’élaboration des trachyandésites de la première génération existaient vers -30 000 ans.

Une seconde phase majeure d’alimentation d’origine profonde se manifeste en surface à partir de -30 000 ans. Doit-on supposer qu’elle a en réalité débuté plusieurs milliers d’années plus tôt en profondeur, et qu’elle est à l’origine de l’expulsion des magmas plus ou moins différenciés stockés dans les chambres existantes ? La suite de l’histoire incite à le croire.

La rareté des éruptions basaltiques entre -30 000 et -17 000 ans suggère que la chambre basicrustale fonctionnait en système relativement clos, autorisant la formation d’hawaiites.

A partir de -17 000 ans, ces hawaiites montent vers la surface, et engendrent des éruptions jusque vers -12 000 ans, ou se stockent dans des réservoirs intracrustaux. Là elles subissent une nouvelle différenciation en direction des termes benmoréitiques et trachytiques.

Ensuite, en moins de 4 000 ans, tous les appareils à laves benmoréitiques ou trachytiques datés font éruption. Dans cette phase à laves différenciées s’intercalent une éruption basaltique et une éruption hawaiitique. Un travail récent (Arnaud *et al.*, 1992) montre que la plupart de ces laves différenciées contiennent, entre autres enclaves, des enclaves sombres à texture volcanique, qui doivent être interprétées comme des résidus de magmas basiques plus ou moins différenciés injectés dans les chambres intracrustales. Ces injections depuis la chambre basicrustale n’auraient pas donné de mélange homogène, sauf dans le cas de la Nugère (voir ci-dessus), mais elles auraient pu aider au déclenchement de l’éruption des magmas trachytiques, selon le modèle proposé par Sparks *et al.* (1977).

Ce paroxysme à laves différenciées a été suivi de peu par l’éruption des Puys de La Vache et de Lassolas, caractérisée par l’un des magmas les plus primitifs de toute la série. Dans le schéma proposé, on doit considérer ce magma comme une venue directe depuis le manteau, n’ayant pas transité par les réservoirs basi- ou intracrustaux, et comme l’ultime témoin d’une phase de réalimentation ayant débuté vers -12 000 ans. L’essentiel des produits de cette phase aurait auparavant envahi puis déstabilisé d’abord la chambre basicrustale, et par une réaction en cascade les chambres intracrustales.

En l'état actuel on ne peut donc supposer qu'un nouveau cycle de différenciation est en cours dans ces réservoirs, ce qui ne met nullement la région à l'abri d'une nouvelle éruption.

III.1.3. - LES CALDERAS

par Pierre M. VINCENT

Les calderas[1] sont de larges dépressions volcaniques, plus ou moins circulaires, formées par effondrement. Leur diamètre minimum est fixé arbitrairement à 1 km ou 1 mile, suivant les auteurs, ce qui suffit à les distinguer des cratères, dont l'origine est différente. En fait, les calderas non basaltiques sont habituellement pluri-kilométriques. Pour les structures d'effondrement de moins d'un kilomètre, on utilise le terme anglais *pit crater* (*pit* = puits de mine). Le terme *cauldron* a pris, avec l'usage, le sens de caldera érodée : les remparts ont disparu et le remplissage peut éventuellement être en inversion de relief (ex. : Monte Cinto, Pic du Midi d'Ossau).

L'éruption du Krakatau en 1883 a joué un grand rôle pour la compréhension des calderas. Dès cette époque, il a été compris qu'un volcan pouvait s'effondrer partiellement de plusieurs centaines de mètres à la suite d'une importante éruption, et que cela pouvait se produire brutalement en fin d'éruption. Verbeek (1886), reprenant une conclusion de Fouqué (1879) pour le Santorin, montrait que cette décapitation ne pouvait pas s'être produite par explosion, les matériaux de l'ancien volcan étant notoirement insuffisamment représentés dans les produits émis. La conviction que les calderas résultent bien de l'effondrement du toit d'une chambre magmatique partiellement vidée ne s'imposera qu'après la parution du livre classique de Williams (1942). Cela suppose que le volume de matériaux juvéniles émis, calculé en équivalent-magma, est en gros comparable à celui de la dépression formée. C'est bien le cas général, à la précision des mesures près - c'est-à-dire 20 à 10 % dans le meilleur des cas.

Mais le modèle Krakatau ne peut rendre compte de tous les cas de figure. En particulier, certaines calderas - dont toutes les plus grandes - sont indépendantes d'un appareil volcanique antérieur, et les calderas basaltiques couronnent des appareils aux éruptions fréquentes, mais dont aucune n'a un volume en rapport avec la taille de leur caldera. On est amené, si l'on s'en tient à l'essentiel, à retenir 3 grandes classes :

I - les calderas des boucliers basaltiques ;

II - les calderas des strato-volcans ;

III - les calderas dites ignimbritiques, sans relation avec un grand appareil antérieur.

On peut placer raisonnablement les calderas terrestres dans l'une ou l'autre de ces classes, mais une classification planétaire devrait introduire au moins une autre classe pour des calderas de Mars sans équivalent sur notre planète (Wood, 1984). Nous verrons les caractères spécifiques de chacune de ces classes, en privilégiant les aspects génétiques. Pour les descriptions détaillées, on se reportera à la bibliographie, principalement le mémoire classique de H. Williams (1941), le traité

---

1 Caldera (espagnol) ou caldeira (portugais) = chaudron. Les auteurs francophones utilisent indifféremment les 2 termes, les anglo-saxons préfèrent le premier.

de Williams et McBirney (1979) et le volume spécial du Journal of Geophysical Research (1984) consacré aux calderas liées au volcanisme explosif.

• Les calderas des boucliers basaltiques

D'une façon générale, les calderas qui couronnent les boucliers basaltiques sont de taille modeste : 3,7 km de diamètre en moyenne sur 32 cas (d'après Wood, 1984). Comparée au diamètre des boucliers et à leur volume, leur importance relative est plus faible que pour tous les autres types de caldera. Deux types sont distingués (Williams et McBirney, 1979).

Le type hawaïen

On sait maintenant que ces calderas se forment dès le premier stade de construction d'un bouclier hawaïen, depuis la découverte d'une caldera sur Loihi, un jeune volcan sous-marin au Sud du Kilauea, idée confirmée par l'étude des formations anciennes d'Hawaï. La caldera du Kilauea mesure 4,4 x 3,3 km, pour une profondeur de 150 m ; celle du Mauna Loa 4,5 x 2,6 km, avec des profondeurs variant de 180 à 130 m. Des gradins et marches d'escaliers à regard interne entourent irrégulièrement le pourtour.

Il est généralement admis que ces calderas ont une subsidence par à-coups, au rythme des éruptions latérales et surtout du drainage du magma dans les rifts-zones, une partie seulement de ce magma venant finalement en surface. Ceci reste assez spéculatif, et il n'est pas certain que les volumes impliqués soient suffisants pour expliquer le volume de ces calderas, même en admettant, comme c'est probable, qu'elles se soient formées en partie par coalescence de *pit-craters*. Tranchant sur ces explications, un autre mécanisme peut être envisagé.

Les mesures précises des déformations faites au Kilauea depuis plusieurs décades montrent que toute la zone sommitale est l'objet d'inflations et de déflations, dont le bilan est positif, avec un gonflement atteignant plusieurs dizaines de centimètres par an. Ce phénomène est attribué à l'intrusion de sills et dykes dans la partie haute du volcan, qui contribuent, pour environ la moitié, à sa croissance (Swanson, 1972). Différents arguments montrant que ces calderas sont limitées par des fractures à pendage interne, il a été suggéré que le bloc central ne pouvait s'enfoncer que quand ces fractures sont suffisamment élargies par l'inflation du sommet (Williams et McBirney, 1979). On peut ajouter que l'augmentation de la surface du sommet liée au gonflement peut permettre au bloc central de s'enfoncer en occupant un volume supérieur à celui drainé par les mécanismes cités, ou même de précéder le drainage. Nous y reviendrons.

On connaît plusieurs exemples préhistoriques où la formation d'une caldera hawaïenne est associée à un volcanisme explosif phréatique ou phréatomagmatique : Piton de la Fournaise il y a 3 000 ans (Bachèlery, 1981), Kilauea (Decker et Christiansen, 1984). Il semble que dans ce cas le caractère explosif n'est pas la cause, mais la conséquence de l'effondrement, en amenant en profondeur des matériaux imbibés d'eau. C'est ce qui a été observé en petit à la Fournaise, quand la formation d'un *pit-crater* a clôturé, dans le Dolomieu, l'éruption latérale de 1986 (Delorme *et al.*, 1989).

Le type Galapagos

Les boucliers basaltiques des Iles Galapagos se distinguent de leurs équivalents hawaïens par plusieurs caractères (McBirney et Williams, 1969). Leur forme "en tortue" est due à des pentes moyennes fortes (15 à 35°) passant rapidement à des pentes faibles vers le bas et vers le haut. La zone sommitale est affectée d'une caldera nettement plus large que dans le cas précédent : 10 x 7 km pour Sierra Negra, 6,7 x 4,6 km pour Fernandina. Très caractéristiques sont les fissures concentriques qui entourent ces calderas, et sur lesquelles se trouvent la plupart des points de sortie des coulées (les autres étant sur des fractures radiales plus en aval) ; elles correspondent vraisemblablement à des fractures coniques reliées à la chambre magmatique, injectées par des *cone-sheets* quand la pression augmente suffisamment dans celle-ci. On ne dispose pas ici de données sur les déformations, mais tout suggère que la croissance de ces boucliers est due, pour une part plus importante qu'à Hawaï, à l'injection d'intrusions, *cone-sheets* et sills (Williams et McBirney, 1979). La forme "en tortue" serait due à un soulèvement affectant plus particulièrement la partie centrale ; on peut noter que ce n'est là que l'exagération du profil hawaïen, où il y a aussi, en beaucoup moins marqué, une partie supérieure convexe et une partie inférieure concave.

Il est tentant de penser que les calderas des Galapagos sont systématiquement plus larges qu'à Hawaï parce que le gonflement du bouclier qui les porte y est plus important. L'événement qui s'est produit à Fernandina en 1968 est un argument en ce sens. Cette année-là la caldera, qui avait 800 m de profondeur moyenne, s'est effondrée de 300 m sur une partie importante de sa surface à la suite d'une éruption modeste sur son flanc oriental (Simkin et Howard, 1970). Les importantes explosions qui se sont produites semblent n'être qu'une réponse phréatomagmatique à l'effondrement. Le volume ajouté à la caldera - 2 km^3 - est incomparablement supérieur à celui des produits émis, et à celui qui pourrait raisonnablement être attribué à une éruption sous-marine hypothétique. Le mécanisme suggéré pour Hawaï - effondrement d'un bloc à l'intérieur de la faille bordière conique élargie par soulèvement - semble être ici celui qui rend le mieux compte des faits.

On peut noter que de nombreux volcans sous-marins (*sea-mounts*) à caldera ont un profil comparable à celui des boucliers des Galapagos. Pour plusieurs qui sont bien étudiés, l'alimentation se fait également le long de fractures courbes parallèles à la caldera, en donnant des éruptions à hyaloclastites (Batiza *et al.*, 1984 ; Binard *et al.*, 1991). Le mécanisme menant aux calderas de ce type - quel qu'il soit - doit donc être opérant aussi pour des appareils modestes, de moins de 1 000 m de hauteur absolue.

D'une façon générale, les calderas des boucliers basaltiques ne représentent pas un stade de l'évolution de ces volcans- contrairement aux calderas des volcans explosifs. Elles pourront se déplacer, se recouper, s'agrandir, éventuellement s'approfondir au cours de la croissance du bouclier (*cf.* III.1.4). Elles cesseront d'être fonctionnelles vers la fin du stade tholéiitique ou transitionnel et seront comblées par les produits du volcanisme alcalin ultérieur, quand celui-ci est suffisamment développé - comme c'est le cas au Mauna Kea, au Piton des Neiges et pour certains boucliers des îles Galapagos. Leur formation reste mal comprise, mais il est difficile d'échapper à l'idée que le gonflement de la zone sommitale y joue un rôle important, et peut-être essentiel.

• Les calderas des stratovolcans

Un stratovolcan - ou volcan composite - est un cône formé par l'alternance de coulées laviques et de dépôts pyroclastiques. La classe des calderas liées à ces appareils est de loin la mieux représentée, du fait de l'abondance des volcans

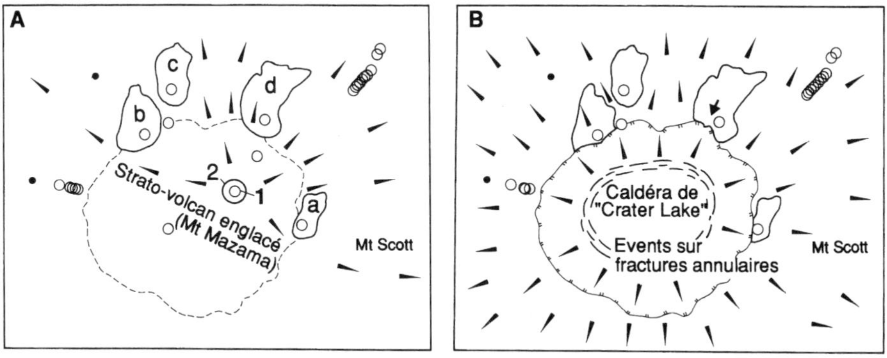

Fig. 102 - Éruption cataclysmale du Mont Mazama (Crater Lake).
A - Phase à cheminée centrale : 1- évent de l'éruption plinienne ; 2- évent élargi des premières éruptions ignimbritiques. Les flèches indiquent le sens d'écoulement des coulées pyroclastiques, confinées aux parties basses ; a, b, c, d : dômes rhyodacitiques pré-caldera, dans l'ordre chronologique. B - Phase des évents multiples suivant la faille bordière, après une première subsidence. Les flèches indiquent que les coulées pyroclastiques ont surmonté la plupart des barrières topographiques. Le bord de la caldera est indiqué par des barbelures ; la flèche grasse indique l'écoulement rétrograde du dôme vers la caldera (d'après Bacon, 1983).

andésitiques. Il n'est pas surprenant qu'elle englobe une grande variété de cas, et il est probable qu'un modèle unique ne puisse expliquer cette diversité (*cf.* III.1.5). Néanmoins quelques caractères essentiels leur sont communs.

Ces calderas sont habituellement rapportées au "type Krakatau" (ou Krakatoa). Cet exemple a le mérite d'être historique, mais il présente des inconvénients - outre le fait que l'essentiel des produits est en mer : on sait maintenant qu'une partie importante du volcan avait glissé latéralement, à la suite d'un événement comparable à celui du Mont Saint-Helens en 1980, et cela avant l'émission des ignimbrites responsables de l'effondrement final (Camus et Vincent, 1983). L'exemple de Crater Lake (USA), non historique mais jeune, est plus représentatif et il a été étudié en grand détail.

L'exemple de Crater Lake, USA (Williams, 1942 ; Bacon, 1983)

Le Mont Mazama, sur lequel s'est formée cette célèbre caldera, a commencé à s'édifier il y a 400 000 ans. C'est un appareil essentiellement andésitique, fortement marqué par l'érosion glaciaire au moment du paroxysme, il y a moins de 7 000 ans (6 845 ans ± 50 BP). La dernière éruption antérieure est datée autour de 20 000 ans, et il est à noter qu'on y voit apparaître des laves avec un peu d'amphibole, traduisant l'installation déjà à cette époque de la chambre magmatique où va se différencier, pendant cette période de repos, le magma de l'éruption syn-caldera.

La figure 102 résume la succession des événements, tels qu'ils ont été reconstitués par Bacon (1983).

- Les événements précurseurs : quatre dômes rhyodacitiques, disposés sur un demi cercle, se sont mis en place sur 200 ans ; le dernier a juste précédé le paroxysme : sa lave était encore assez mobile au moment de l'effondrement pour s'écouler à l'intérieur de la caldera ! Ils sont formés de laves à amphibole, tout à fait comparables aux produits de l'éruption paroxysmale : ils peuvent être interprétés comme des "fuites" le long d'une zone de fractures coniques parallèles à ce qui sera la faille bordière de la caldera.

- L'éruption cataclysmique : elle s'est opérée en 2 phases. Au cours de la première, un évent central a donné des dépôts pliniens, puis, après un élargissement de la cheminée, des coulées pyroclastiques de ponces et cendres qui ont contourné les reliefs existants. Un premier effondrement de la caldera s'est produit à la fin de cette phase, après l'éjection de 30 km^3 de magma. La seconde phase a vu l'installation d'évents multiples le long de la faille bordière et l'ennoyage des reliefs dans les coulées pyroclastiques représentant une vingtaine de km^3 supplémentaires de magma. L'éruption s'est clôturée par un nouvel approfondissement de la caldera portant à plus de 1 000 m l'ampleur totale de l'effondrement.

Ce mécanisme de subsidence en deux phases peut rarement être démontré comme ici, mais il est suggéré pour les grandes calderas "ignimbritiques" par l'épaisseur des dépôts syn-caldera à l'intérieur de la dépression, plus importante qu'à l'extérieur. Son intérêt est de démontrer que la faille bordière, sur laquelle se trouvent les évents, est bien en relation directe avec la chambre magmatique.

Les produits syn-caldera présentent une zonation verticale spectaculaire dans leur composition, des rhyodacites aux andésites basiques (*cf.* I.3.4) ; ces dernières, émises en fin d'éruption, sont peu importantes en volume mais représentent probablement l'essentiel de la chambre magmatique sous la partie supérieure statique où s'était accumulé le magma rhyo-dacitique. Le volcanisme post-caldera, peu important pour le moment, est limité à la partie externe de la dépression, et réutilise vraisemblablement la même faille bordière. Seul émerge du lac, le volcan andésitique de l'île Wizard.

Caractères généraux des calderas des strato-volcans

Les calderas de cette classe ont des diamètres compris entre 2 et 13 km (Wood, 1984), leur diamètre moyen étant intermédiaire entre celui des deux autres classes. Elles résultent d'éruptions pyroclastiques d'un volume compris entre 1 et quelques dizaines de km^3. Si beaucoup décapitent un stratovolcan simple, d'autres - et notamment les plus grandes - affectent un ensemble d'appareils coalescents : c'est le cas du Santorin et même du Krakatau. Ceci tient à ce que le stade pré-caldera est toujours long par rapport à la vie du volcan - quelques dizaines à quelques centaines de milliers d'années - permettant une migration des évents. La coupure pétrologique entre les volcanismes pré-caldera et syn-caldera semble la règle, le premier étant plus basique. Une longue période de repos précède l'éruption syn-caldera, qui affectera un appareil érodé, parfois considéré comme éteint (ce fut le cas au Vésuve en 1979). Ce temps de latence est nécessaire à la formation d'un volume suffisant de magma felsique riche en gaz susceptible d'alimenter l'éruption syn-caldera - que ce soit par différenciation dans une chambre superficielle, dans le cas le plus fréquent, ou par fusion du toit - comme pour certains appareils à magmatisme bi-modal - ou une combinaison des deux processus. L'accumulation du magma felsique, plus léger, suppose la présence d'une zone statique au toit de la chambre, en équilibre gravitationnel, suivant le modèle de McBirney (1984).

Le cycle menant à une éruption syn-caldera peut se produire plusieurs fois à partir de la même chambre magmatique. Si c'est en système clos, sans réalimentation, il se formera des calderas emboîtées de taille décroissante, traduisant la réduction du volume de la partie active de la chambre : le cas du Nevado de Toluca, Mexique (Cantagrel *et al.* 1981, et Robin, ce volume) en est une bonne illustration.

Plusieurs problèmes que posent ces calderas sont communs avec ceux des calderas de la classe III. Ils seront envisagés plus loin.

• Les calderas ignimbritiques (*ash flow calderas*)

Ce terme, commode par sa concision, peut prêter à confusion, les calderas de la classe précédente étant aussi liées à des éruptions ignimbritiques. Il s'agit ici d'éruptions de grande magnitude - quelques dizaines à quelques centaines de km^3, parfois 1 000 km^3 pour les plus grandes. Mais surtout, ces calderas sont indépendantes de tout volcanisme antérieur - à l'exception de quelques "fuites" qui les précèdent éventuellement de peu, comme cela peut se produire aussi dans la classe précédente (*cf.* Crater Lake). Cela implique qu'une chambre magmatique, nécessairement superficielle et de grand volume, se soit mise en place sans manifestation éruptive notable en surface.

Dans cette classe, on peut distinguer deux types différents. Dans le premier, le plancher de la caldera n'a pas subi de déformations ultérieures. Dans le second, il a subi un important bombement, au point de se retrouver parfois plus haut que les remparts : on le qualifie de dôme structural "résurgent" et on dit que la caldera est "résurgente".

Les calderas ignimbritiques ont des diamètres rarement inférieurs à 10 km, et dépassant souvent 20 km. Les plus grandes sont habituellement résurgentes, mais il y a quelques exceptions.

Les calderas ignimbritiques non résurgentes

Le tarso Voôn au Tibesti, Tchad, est un appareil quaternaire formé d'ignimbrites rhyolitiques s'étendant sur 2 600 km^2, pour un volume d'environ 130 km^3 (un volume relativement modeste pour ce type d'appareil). Il est très surbaissé, avec des pentes de 2 à 3°, une forme qui a été qualifiée, faute d'un meilleur terme, de "bouclier-nappe" (Vincent, 1963). Sa hauteur absolue est d'environ 1 000 m, mais les ignimbrites, bien visibles dans les vallées radiales, n'excèdent jamais 100 m d'épaisseur : on ne peut échapper à l'idée que l'essentiel du relief est dû à la tumescence antécaldera du substratum, en relation avec la mise en place et l'évolution d'une chambre magmatique superficielle.

-Le Yirrigué, Tibesti, est un autre "bouclier-nappe" rhyolitique de 150 km^3, couronné par une caldera de 14 x 13 km. Il est également centré sur un bombement du socle de plusieurs centaines de mètres.

Les calderas résurgentes sont aussi sur des bombements du substratum, mais la part respective des déformations anté et post-caldera n'est pas toujours aisée à démêler. Dans les deux exemples tibestiens la déformation est clairement anté-caldera.

Il n'y a pas de volcanisme post-caldera au Voôn. Au Yirrigué, il est représenté par deux appareils installés sur la faille bordière, le Toussidé et le Trou au Natron. Ils ont la particularité d'être trachy-andésitiques, interprétés comme un magmatisme hybride traduisant la présence en profondeur d'un magma basique (Vincent, 1963).

-La caldera des Monts Dore (Mossand *et al.,* 1982) peut se ranger dans ce type. Elle est modeste - 6 km de diamètre - résultant d'un volcanisme syn-caldera correspondant à environ 5 km^3 de magma rhyolitique. Son originalité tient à l'importance du volcanisme post-caldera, trachyandésitique et hybride pour l'essentiel, plus important en volume que le volcanisme syn-caldera.

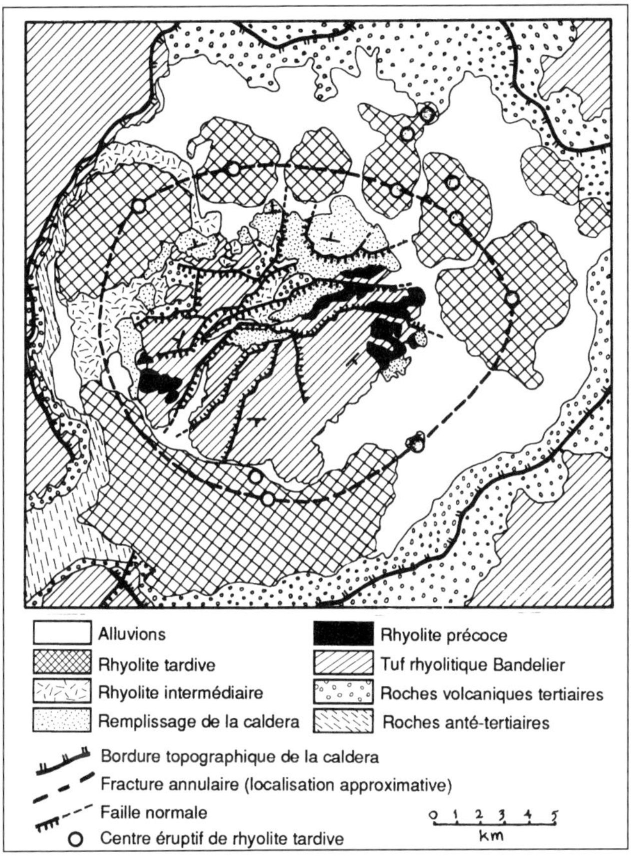

Fig. 103 - Carte géologique de Valles caldera.
Noter la disposition annulaire des dômes tardifs, entourant le dôme structural résurgent de Redondo (pendages divergents) (d'après Smith et Bailey, 1968 ; modifié de Williams et McBirney, 1979).

Les calderas résurgentes

Une caldera résurgente est définie comme une caldera dans laquelle le bloc central, après une subsidence initiale, a été soulevé, généralement sous forme d'un dôme structural (Smith et Bailey, 1968). L'exemple type de ces auteurs est la caldera Valles, au Nouveau-Mexique, USA, ce qui fait que le terme "caldera de type Valles" est souvent employé comme synonyme. Malgré les nombreuses variantes et complications reconnues depuis, le modèle général de Smith et Bailey reste valable dans ses grandes lignes.

Une centaine de calderas a été reconnue dans le volcanisme tertiaire et quaternaire de l'Ouest des USA. Les trois plus récentes manifestent encore des signes d'activité et sont le siège de champs géothermiques ; ce sont Yellowstone (Wyoming) et Long Valley (Californie) dans la zone d'extension de la province Basin and Range, qui ont respectivement 600 000 et 700 000 ans, et Valles dans le rift du Rio Grande, au Nouveau-Mexique.

- La caldera de Valles (fig. 103)

Elle s'est formée il y a 1,1 Ma, et sa dernière activité magmatique date de 0,1 Ma. La dépression, de 25 x 20 km, est occupée en son centre par un dôme structural de 13 x 10 km, le Cerro Redondo, qui soulève les formations syn-caldera à 600 m au-dessus de sa base. L'effondrement initial résulte de l'expulsion de 200 km^3 de magma, principalement sous forme d'ignimbrites rhyolitiques ("Bandelier Tuff"). Celles-ci ont jusqu'à 1 100 m d'épaisseur dans la caldera, contre 250 m maximum à l'extérieur, conséquence d'une subsidence précoce en cours d'éruption.

Le dôme résurgent est découpé par des failles radiales et longitudinales, son fait le plus marquant étant la présence d'un graben central. Le volcanisme post-caldera est représenté par plusieurs familles de cumulo-dômes, migrant avec le temps de la zone centrale vers la périphérie de la résurgence. Les dômes tardifs forment une couronne remarquable au pied des remparts de la caldera ; leurs points de sortie sont alignés sur un cercle à l'aplomb de la faille bordière.

A 3 200 m de profondeur, les forages géothermiques n'ont pas atteint le toit de la chambre, dont la remontée est tenue pour responsable de la résurgence du dôme structural.

Cette caldera, quasi-circulaire et symétrique, a servi d'exemple pour le modèle général. Cependant, les progrès des sondages et des études géophysiques font ressortir des complications inattendues ; au nord-est, par exemple, l'effondrement est beaucoup plus important, du fait de l'intersection avec une caldera plus ancienne.

- La caldera de Long Valley

Moins symétrique que Valles, cette caldera est aussi plus étendue : 35 x 20 km. Elle résulte de l'émission du "Bishop Tuff", correspondant à 750 km^3 de magma au cours d'un même cycle éruptif, il y a 0,7 Ma. L'épaisseur des formations syn-caldera atteint 1 500 m à l'intérieur de la structure.

Pour l'essentiel, on retrouve les mêmes éléments qu'à Valles, avec un dôme résurgent, excentré ici, découpé par des failles. Les cumulo-dômes post-caldera migrent du centre vers la périphérie, avec parallèlement une variation de leur composition particulièrement nette, de 75 % à 64 % de silice : cette variation s'explique bien par un prélèvement du magma dans une zone de plus en plus profonde d'une chambre magmatique zonée se consolidant progressivement par le haut.

La résurgence de la caldera se poursuit actuellement ; elle se manifeste par des déformations positives et des séismes qui permettent aux méthodes géophysiques de cerner la géométrie de la chambre (fig. 104). Celle-ci aurait un volume de l'ordre de 3 000 km^3 - dont 1 000 km^3 non encore consolidés - avec une extension verticale de plusieurs dizaines de kilomètres. Nous sommes là à l'échelle des plutons granitiques, et de telles structures pourraient être qualifiées de "batholites crevés".

- Le modèle général de Smith et Bailey

La figure 105 retrace les six étapes du modèle classique de Smith et Bailey (1968). Celui-ci reste valable dans ses grandes lignes, à deux réserves près :

1 - A l'intérieur de la caldera, les ignimbrites, "piégées" après la première subsidence, sont beaucoup plus épaisses qu'à l'extérieur. A Long Valley, par exemple, le passage d'une éruption à cheminée unique à une éruption à évents multiples disposés le long de la faille bordière s'est produit après le premier effondrement, suivant l'expulsion de 150 km^3 de magma (Hildreth et Mahood, 1986).

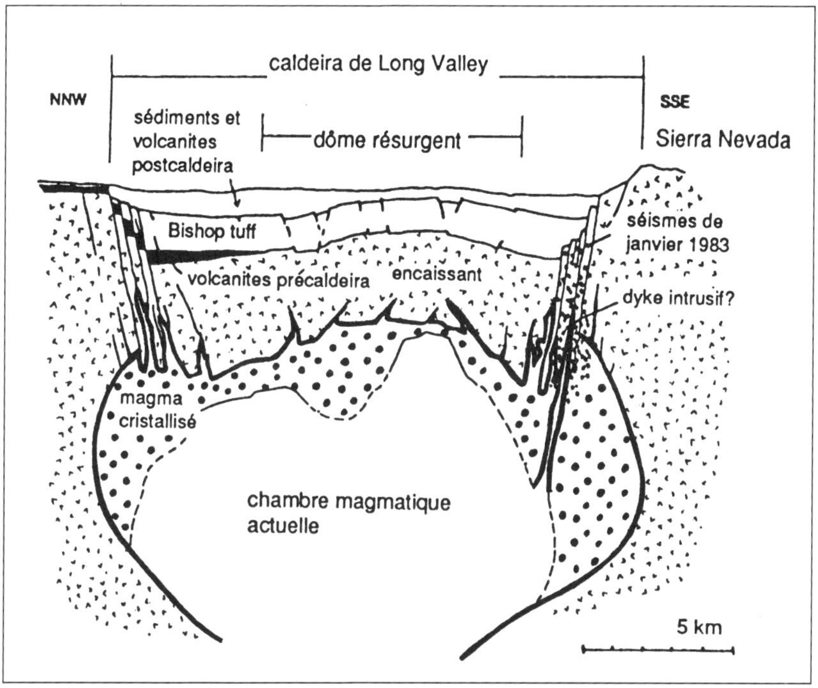

Fig. 104 - Coupe schématique NW-SE de la caldera de Long Valley et géométrie de la chambre magmatique (env. 3 000 km³).
Localisation des hypocentres de la crise sismique de 1983, interprétée comme résultant de l'injection d'un dyke dans la faille bordière (Hill *et al.*, 1985, d'après de nombreux auteurs). Comparer l'épaisseur des ignimbrites syn-caldera ("Bishop Tuff") dans la caldera et hors de celle-ci. D'après Hill *et al.*, 1985 ; légèrement modifié de Bardintzeff, 1991.

2 - Plusieurs exemples montrent que la résurgence peut ne pas être due seulement à la poussée du toit de la chambre magmatique, mais avoir une cause plus superficielle ; un stock de magma peut faire intrusion au-dessus de la chambre, et parfois jusque dans le remplissage de la caldera : c'est le cas de l'intrusion en champignon du cauldron de Grizzly Peak, Colorado (Fridrich et Mahood, 1984), et peut-être aussi de la caldera de Questa, Nouveau-Mexique, d'après une coupe de Lipman (1984).

Une explication de ce type a été proposée pour le complexe granitique subvolcanique d'Echassières, en Auvergne, intrusion en champignon (Cuney et Autran, 1987) qui soulève son encaissant métamorphique en un dôme structural (Vincent, 1986). Ce cas est peut-être assez fréquent, mais il est difficile à démontrer en l'absence de témoins volcaniques préservés.

• Quelques problèmes concernant les calderas

Géométrie de la faille bordière : le paradoxe des calderas

Depuis l'analyse structurale d'Anderson (1937), on sait que les fractures coniques à pendage interne divergeant du toit d'un réservoir magmatique résultent d'une pression dirigée vers le haut ; ces fractures injectées donnent des *cone-sheets* et

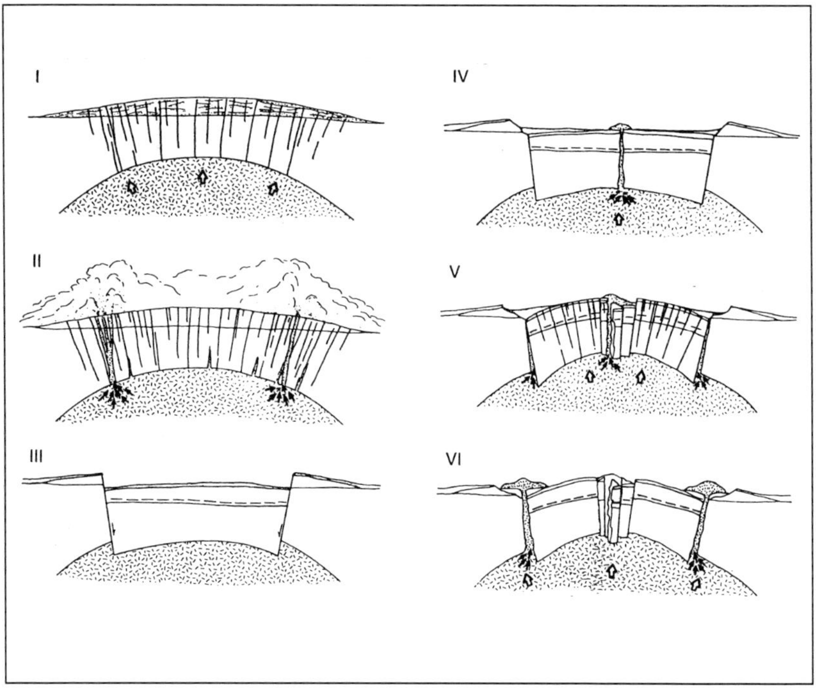

Fig. 105 - Modèle de Smith et Bailey (1968) : les 6 stades de la formation d'une caldera résurgente.
I : intumescence régionale et formation de fractures annulaires ; II : éruptions ignimbritiques à l'origine de la caldera ; III : effondrement de la caldera ; IV : volcanisme pré-résurgence et sédimentation ; V : résurgence ; VI : volcanisme sur les fractures annulaires. Ce modèle reste valable dans ses grandes lignes, mais l'épaisseur des ignimbrites dans la caldera doit être fortement augmentée (tireté ajouté).

peuvent éventuellement alimenter un volcanisme en surface. A l'opposé, une baisse de pression mène à des fractures annulaires à pendage externe, où pourront se mettre en place passivement des *ring-dykes* au sens d'Anderson. Les calderas étant des structures d'effondrement, il paraissait donc logique que le bloc central soit limité par une faille à pendage externe - d'autant qu'avec cette géométrie le bloc central ayant un diamètre qui s'élargit vers le bas, son enfoncement ne pose pas de problème d'espace. Il apparaît maintenant qu'aucune faille bordière visible n'a cette disposition, toutes ayant un pendage interne - y compris l'exemple-type du Glen Coe (Taubenek, 1967). Au niveau d'érosion des structures annulaires, le pendage est vertical, ou interne sub-vertical, ce qui permet de reconstituer pour l'ensemble une forme "en tromblon", sensiblement différente dans la forme "en tulipe" d'Anderson, mais ayant la même signification dynamique, à savoir une poussée vers le haut.

Cette situation est paradoxale si on s'en tient au postulat implicite que la faille bordière et l'effondrement sont contemporains, résultant des mêmes contraintes (comme dans un effondrement minier, par exemple). La contradiction disparaît si on envisage une formation en deux étapes (Vincent, 1963, 1989). A la première étape, en même temps que le bombement de surface, se forme une fracture conique ou, plus souvent, une zone de fractures coniques, concentriques, qui peuvent alimenter les "fuites" magmatiques précédant la caldera (*cf.* par exemple Crater-Lake). A la

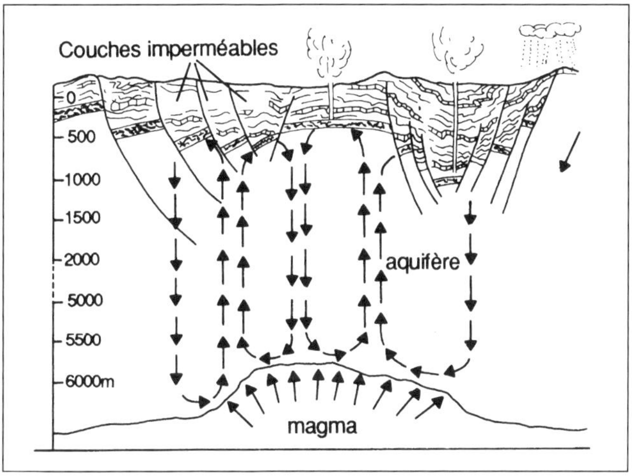

Fig. 106 - Le champ géothermique de Larderello, Italie, d'après Marinelli (1974).
Un modèle possible de caldera "pré-éruptive".

deuxième étape, après ou pendant l'éruption syn-caldera, la subsidence s'opère en utilisant une des fractures coniques - ou plusieurs dans le cas des zones bordières en marches d'escalier. L'enfoncement de la "clé de voûte" limite la déflation post-éruptive de l'appareil et produira une compression latérale qui peut parfois se matérialiser par un véritable plissement : c'est le cas reconnu depuis longtemps en Ecosse, à l'île de Mull (Richey, 1961).

Il a été suggéré, d'après un exemple pris au Tibesti, que l'enfoncement du bloc central pouvait se produire dès la première étape, comme une conséquence de l'extension de la surface : il se forme alors un graben circulaire, indépendamment de toute éruption, que l'on peut qualifier de caldera "pré-éruptive", ou "pré-caldera" (Vincent, 1963). Des structures de ce type ont depuis été reproduites expérimentalement. Le champ géothermique de Larderello, au-dessus d'un corps magmatique n'ayant pas - ou pas encore - produit d'éruptions, pourrait être un exemple actuel de pré-caldera (fig. 106).

En résumé, dans cette interprétation, la formation d'une caldera (type Krakatau ou Valles) se fait en deux étapes, dont la première est active : le mouvement positif au toit de la chambre est responsable à la fois du bombement superficiel **et** du pré-découpage du bloc qui s'effondrera ultérieurement ; dans des cas extrêmes, il semble pouvoir s'enfoncer dès cette première étape.

Il a été vu plus haut que le gonflement des boucliers basaltiques de type Galapagos et la formation de leurs calderas semblent liés génétiquement. On est amené à considérer que la théorie classique, qui interprète la formation d'une caldera comme une réponse passive à la vidange partielle d'une chambre magmatique, est une explication insuffisante, au moins dans la plupart des cas.

Mécanisme de la résurgence des calderas

La formation d'une caldera introduit une discontinuité mécanique au toit de la chambre magmatique, et une nouvelle poussée vers le haut affectera essentiellement le bloc central. Dans le modèle de Smith et Bailey, c'est le toit de la chambre elle-

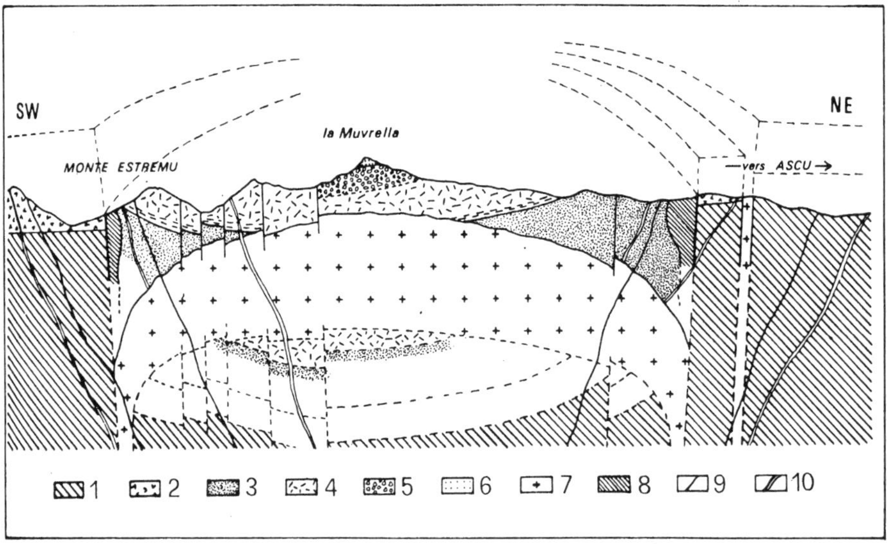

Fig. 107 - Cauldron du Monte Cinto, Corse. Un exemple de ring-dyke souterrain alimenté par la faille bordière de la caldera (d'après Vellutini, 1977).
1, substratum ; 2, laves du 1e cycle ; 3-6, pyroclastites et laves du 2e cycle ; 7, granite à riébeckite et microgranite (*ring-dyke* externe) ; 8, dômes de bordure ; 9, *cone-sheets* basiques ; 10, *cone-sheets* acides.

même qui est responsable de la déformation. Ceci est possible dans les grandes structures parce que le bloc effondré a un rapport hauteur/largeur faible - moins de 5/25 par exemple pour Valles. Pour les petites calderas, ce rapport est élevé - 5/6 par exemple : dans ce cas, le bloc ne peut se ployer en dôme structural, et c'est sans doute la raison pour laquelle elles sont rarement résurgentes. Quand elles le sont, il faut un mécanisme différent, avec une intrusion plus près de la surface qui ne déformera que la partie supérieure du bloc.

- L'exemple du Monte Cinto (fig. 107)

Dans cet exemple, l'intrusion s'est mise en place dans le remplissage de la caldera, à environ 1 km sous la surface. Il ne s'agit pas du toit de la chambre mais d'un *ring-dyke* souterrain, mis en place à partir de la faille bordière dans une cassure en arche. Dans le cas du Cinto, la mise en place a dû se faire passivement, par subsidence du bloc sous l'intrusion, la caldera ne semblant pas être déformée ; son intérêt est de montrer, dans d'excellentes conditions d'observation, la réalité de telles intrusions.

- L'exemple de Pouzol-Servant (fig. 108)

Ici l'effondrement est dissymétrique, le bloc effondré étant basculé ; le toit du *ring-dyke* souterrain est dans les vieux terrains qui sont déformés en dôme structural de façon nette. La situation dans une caldera se déduit du contexte, mais ne peut être démontrée rigoureusement : c'est un problème que l'on retrouve ailleurs à ce niveau d'érosion, quand les formations syn-caldera n'ont pas été préservées.

Cette résurgence du "2e type" se produit en deux étapes. La première, où se forme une cassure en arche (ou une cassure sub-horizontale), est liée à une baisse de pression dans la chambre (*ring-fracture* au sens d'Anderson). A la seconde étape,

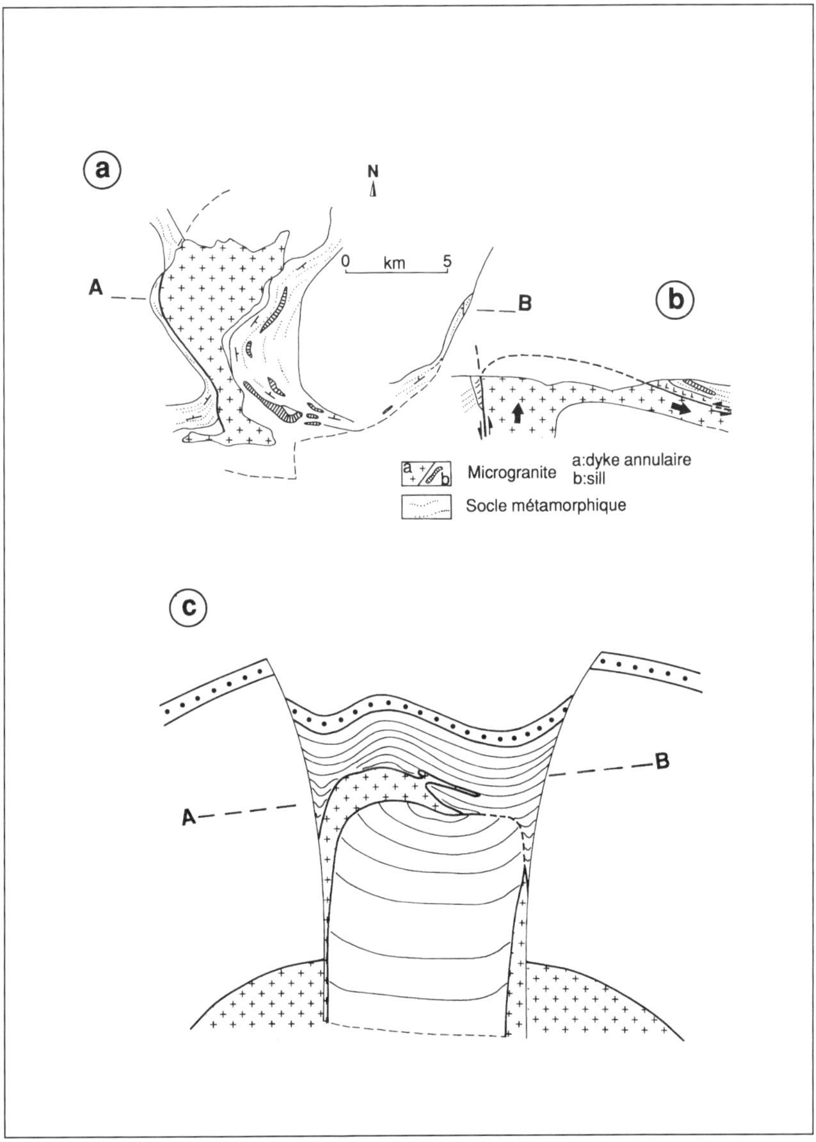

Fig. 108 - Le microgranite de Pouzol-Servant : un exemple de ring-dyke souterrain dissymétrique.
(a) en plan. (b) en coupe selon AB ; flèches : direction d'écoulement du magma d'après l'analyse structurale (d'après Fernandez *et al.*, 1979). (c) reconstitution proposée d'une caldera résurgente (A-B : niveau d'érosion actuel).

l'injection en force du magma soulève la partie du bloc située au-dessus de la cassure. C'est en somme le mécanisme inverse de celui qui avait mené à la formation de la caldera. On peut se demander pourquoi dans un cas il n'y a pas de résurgence, comme au Cinto, alors que dans d'autres il y en a une. Cette différence s'explique probablement par la géométrie de la faille bordière "en tromblon" : si la cassure se

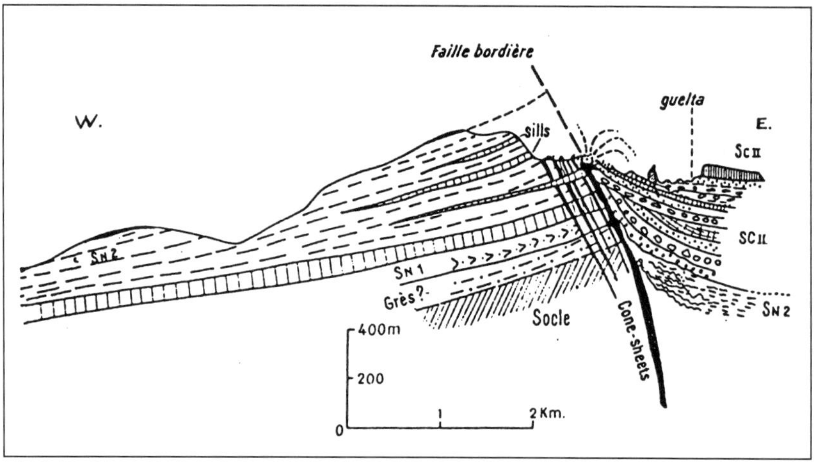

Fig. 109 - Tarso Toon, Tibesti. Coupe du flanc ouest.
A l'ouest de la faille bordière : flanc de l'appareil dont la pente a été accentuée par bombement ; injection de sills et *cone-sheets* felsiques. A l'Est, partie centrale affaissée - en plusieurs fois - avec rebroussement périphérique des couches (alternances de brèches, tufs et coulées). La faille bordière utilise une des fractures coniques (*in* Vincent, 1963).

produit dans la partie subverticale du cylindre, le bloc sous-jacent peut descendre librement et permettre un remplissage passif ; dans le cas contraire, l'injection se comporte à la manière d'un laccolite en déformant son toit.

Effondrement cataclysmique ou subsidence par à-coups

La formation cataclysmique d'une caldera à la suite d'une importante éruption pyroclastique est bien documentée, mais ce n'est pas la seule possibilité. Walker (1984) a de nouveau attiré l'attention sur des cas où la croissance de la caldera s'est faite par à-coups ("*incremental caldera growth*"), au rythme d'éruptions explosives modestes dont aucune n'a concerné un volume de magma comparable au volume de la dépression (Sete Cidades, Açores, par ex.). Le cas du Tarso Toôn, au Tibesti, est parlant (fig. 109) ; les discordances observées dans les dépôts rebroussés au contact de la faille bordière traduisent bien une subsidence saccadée - à la manière de ce que l'on observe à une échelle plus modeste en bordure de certains diatrèmes (par ex. le Puy de Crouel, près de Clermont-Ferrand). Le rythme des éruptions est contrôlé par le poids du bloc tronconique effondré, qui se soulève au-delà d'un certain seuil de pression, au lieu de se déformer (rapport H/l élevé). C'est un mécanisme auto-régulateur où le bloc joue le rôle de soupape de sûreté.

A une autre échelle, le cas des calderas polygéniques n'est pas foncièrement différent dans son principe, mais il concerne des temps de repos plus longs et des volumes de magma plus importants. Si le nouvel effondrement se fait suivant la même faille bordière, il sera difficile à mettre en évidence, alors qu'il sera bien apparent s'il est plus limité du fait de la consolidation partielle de la chambre (calderas emboîtées), ou de sa migration, menant à l'intersection des calderas successives.

Calderas et "mégadiatrèmes"

Comme vu plus haut, il a été compris très tôt que les calderas de Santorin et du Krakatau ne pouvaient avoir été formées par explosion, le faible volume des matériaux lithiques projetés étant sans rapport avec celui de la dépression. Depuis, l'expérience acquise avec les explosions nucléaires souterraines, aussi bien que le calcul, montrent que l'énergie nécessaire à la formation par explosion d'un cratère de plus d'un kilomètre de diamètre est rarement disponible : on ne peut donc expliquer par ce mécanisme que la formation de maars (Scandone, 1990). Cependant plusieurs calderas japonaises ne semblent pas résulter de l'effondrement d'un bloc central ; elles ont une forme en entonnoir ("*funnel-shape caldera*"), profondément enraciné, avec un diamètre qui devient vite nettement inférieur à celui de la dépression. L'évasement de l'entonnoir résulte du glissement des parois suivant des surfaces courbes à pentes faibles ; c'est le foisonnement de ces matériaux fragmentés mélangés aux retombées pyroclastiques dans l'appareil qui explique dans ce cas l'anomalie gravimétrique négative reconnue dès 1963 par Yokoyama. Les études géologiques et les sondages semblent bien soutenir ce modèle, en particulier pour la caldera d'Aira (Aramaki, 1984). C'est en somme le mécanisme bien connu pour les grands diatrèmes basaltiques. La différence est d'abord une différence d'échelle : le volume de magma impliqué est ici beaucoup plus important, et, comme il s'agit d'un magma plus acide et initialement plus riche en gaz, l'exsolution des gaz et la fragmentation des matériaux se produisent plus profondément. Dans le cas de la caldera d'Aira, la pointe de l'entonnoir atteindrait la chambre magmatique, à 10 km de profondeur (Aramaki, 1984).

Ces structures, qui peuvent atteindre exceptionnellement 20 km de diamètre, correspondent encore à la définition d'une caldera puisqu'il y a effectivement subsidence dans le conduit, mais c'est une subsidence chaotique, sans bloc central et sans faille bordière unique en surface - comme dans un diatrème.

Il est actuellement difficile de savoir si ce modèle concerne beaucoup de calderas hors du Japon. Il paraît mieux adapté à des calderas de petit diamètre, et à des terrains jeunes aux formations incompétentes ne facilitant pas l'effondrement en masse. C'est un fait que les exemples de structures annulaires, avec un bloc central intact enserré dans des *ring-dykes*, se sont multipliés ces dernières années, mais qu'ils proviennent habituellement de vieux terrains indurés, comme l'a souligné Walker (1984).

III.1.4. - LES VOLCANS-BOUCLIERS BASALTIQUES

III.1.4.1. - MODÈLES GÉNÉRAUX

par Patrick BACHELERY

• Principaux types de volcans-boucliers basaltiques

Le terme de volcan-bouclier a été utilisé à l'origine pour dénommer les volcans d'Islande au profil aplati et arrondi tel celui des boucliers des guerriers germaniques. Il est aujourd'hui plus largement employé, désignant des édifices volcaniques aux pentes faibles mais aux dimensions telles qu'ils constituent les édifices volcaniques les plus volumineux au monde. Beaucoup moins nombreux que les strato-volcans andésitiques, ils se situent pour la plupart en domaine océanique, comme par exemple les volcans hawaïens au cœur de l'Océan Pacifique ou encore le Piton de la

Fournaise (décrit plus loin) et le Karthala dans l'Océan Indien. Mais certains d'entre eux peuvent se situer en domaine continental, comme le Nyamuragira au Zaïre, l'Erta Ale en Ethiopie ou encore l'Etna en Italie, volcan intermédiaire entre un strato-volcan et un volcan-bouclier (également décrit plus loin).

Leur édification est presque uniquement le résultat de l'accumulation de laves basaltiques fluides, alcalines et/ou tholéiitiques et de la mise en place de roches intrusives sous forme de dykes, sills ou laccolites, de même nature chimique. Les laves plus acides, de composition hawaiitique à trachytique ou phonolitique ne représentent pas plus de 2 % du volume total de l'édifice, n'apparaissant généralement que vers la fin de sa période d'activité. La proportion de pyroclastites est estimée à moins de 1 % pour la partie émergée des édifices en domaine océanique, reflétant ainsi la large prépondérance des dynamismes de type effusif.

Trois types de volcans-boucliers sont classiquement distingués à partir de critères morphologiques et structuraux :

Les volcans-boucliers de type "islandais" sont des édifices volcaniques aux dimensions modestes résultant parfois d'un seul événement éruptif correspondant à une émission prolongée de magma à partir d'un cratère central. Ils possèdent une forme conique simple relativement axisymétrique ; leur taille ne dépasse généralement pas 1 000 m, leur pente est très faible (inférieure à 5°, exceptionnellement 10°). Ils se sont constitués à partir d'épanchements de lave depuis un ou plusieurs évents situés dans la zone centrale du volcan. Leur sommet est occupé par un cratère sub-circulaire qui a pu être le siège d'un lac de lave. Les plus complexes d'entre eux peuvent posséder des fissures éruptives réparties de façon radiale autour du sommet.

Les volcans-boucliers de type "Galapagos" sont des édifices beaucoup plus volumineux pouvant atteindre plusieurs milliers de mètres de hauteur depuis leur base sous-marine. Leur pente, pour la partie émergée, est plus importante, pouvant dépasser 15°, voire localement atteindre 30 à 35°. Ils possèdent un profil caractéristique en forme de carapace de tortue avec notamment un aplatissement très net à l'approche de la zone sommitale. Le principal élément structural les singularisant est certainement la prédominance des fissures éruptives concentriques autour d'une large caldera centrale (*cf.* III.1.3). Ces fractures concentriques, combinées à des fractures radiales, sont le siège de fréquentes éruptions effusives. Cette disposition structurale révèle en fait l'existence, en profondeur, d'un complexe intrusif de sills se poursuivant vers le haut par un système de fracturation de type *ring-dyke* et *cone sheet*. Leur édification résulte tout autant de la mise en place des intrusions magmatiques que de l'accumulation des coulées en surface. La quantité de pyroclastites est extrêmement faible, à l'exception du dernier stade de leur fonctionnement (déclin de l'activité) au cours duquel des cônes de scories se forment sur les flancs et au sommet du volcan.

Les volcans-boucliers de type "hawaïen" sont souvent considérés comme l'archétype du bouclier basaltique en domaine océanique. Ce sont des édifices aux dimensions énormes pouvant atteindre jusqu'à 9 000 m de hauteur au-dessus du plancher océanique. Leur pente varie le plus souvent entre 1° et 10° et leur volume (Peterson et Moore, 1987) est de plusieurs dizaines de milliers de km^3 (42 500 km^3 pour le Mauna Loa).

Durant sa phase majeure de fonctionnement, le volcan-bouclier "hawaïen" connait de fréquentes éruptions, émettant des laves basaltiques à partir d'évents essentiellement fissuraux. Ces fissures éruptives ouvertes en zone sommitale ou sur les flancs du volcan présentent une disposition radiale par rapport au sommet. Des axes privilégiés de fracturation, appelés rift-zones, concentrent la majorité des fissures éruptives. Ces rift-zones peuvent avoir plusieurs dizaines de kilomètres de long pour seulement quelques centaines de mètres à quelques kilomètres de large et peuvent abriter des réservoirs magmatiques secondaires (Kilauea) (*cf.* I.3.1). Elles constituent de véritables épines dorsales pour le volcan, drainant vers la surface la majeure partie du magma émis.

La zone sommitale du volcan, où viennent converger les rift-zones, est caractérisée par des pentes sensiblement plus faibles que celles des flancs et par la présence d'une caldera résultant de la coalescence de multiples unités d'effondrement. Plusieurs unités d'effondrement sub-circulaires et de taille réduite (moins d'un kilomètre de diamètre), dénommées "*pit-craters*" peuvent exister, au sein de la caldera elle-même ou encore selon les rift-zones.

Le glissement des flancs "libres", bordés par les rift-zones, est un mécanisme très répandu, voire constant dans les volcans boucliers "hawaïens". Il apparaît dès les premiers stades de fonctionnement du volcan et est actif tant que les rift-zones restent les axes majeurs de transfert du magma vers la surface. Sur bon nombre de volcans de l'archipel des Hawaï de tels glissements ont été reconnus, se prolongeant en mer jusqu'à plusieurs dizaines de kilomètres des côtes et impliquant des centaines de km^3 de matériel transporté sous forme de coulées de débris (Moore *et al.*, 1989).

• Fonctionnement des volcans boucliers basaltiques en domaine océanique

Les volcans boucliers hawaïens sont ceux dont le mode de construction est le mieux connu. Le suivi des éruptions du Kilauea depuis plus de 80 ans, l'étude des édifices actifs et des édifices plus anciens de l'archipel des Hawaï, profondément disséqués par l'érosion, ont permis d'avoir une très bonne connaissance de leur structure interne et de leur fonctionnement. Aussi a-t-on souvent tendance à appliquer le modèle d'évolution (Peterson et Moore, 1987) défini pour ces volcans (fig. 110) à tout édifice volcanique comparable.

Le stade sous-marin

Le stade initial ("pre-shield stage" ou *"initial stage")* de développement sous-marin est peu connu ; il semble qu'il corresponde à l'émission de laves alcalines (Moore *et al.*, 1982). Rapidement, le taux d'émission magmatique augmente et les magmas deviennent tholéiitiques. Les laves émises sont des basaltes et des picrites. On entre alors dans *la phase majeure de croissance* du volcan-bouclier *("shield-building stage")*.

Les premières émissions magmatiques, du fait de l'important contraste de densité entre les sédiments océaniques gorgés d'eau et le basalte peu vésiculé qui fait ascension vers la surface, ont certainement lieu sous une importante couche de sédiments et de débris épiclastiques (Williams et McBirney, 1979 ; Staudigel et Schmincke, 1984).

Sous forte pression d'eau, à grande profondeur, la dynamique des émissions et la morphologie des coulées sont conditionnées par l'effet de trempe superficielle subi par le magma émis dans l'eau, et par l'effet limitatif de la pression à l'expansion des gaz dissous. Ainsi, les "*seamounts*" et le soubassement des grands volcans-boucliers océaniques sont constitués de laves denses en coussins (*pillow-lavas*) ou de l'accumulation de fragments de coussins. Les coulées de type "pahoehoe" sont également

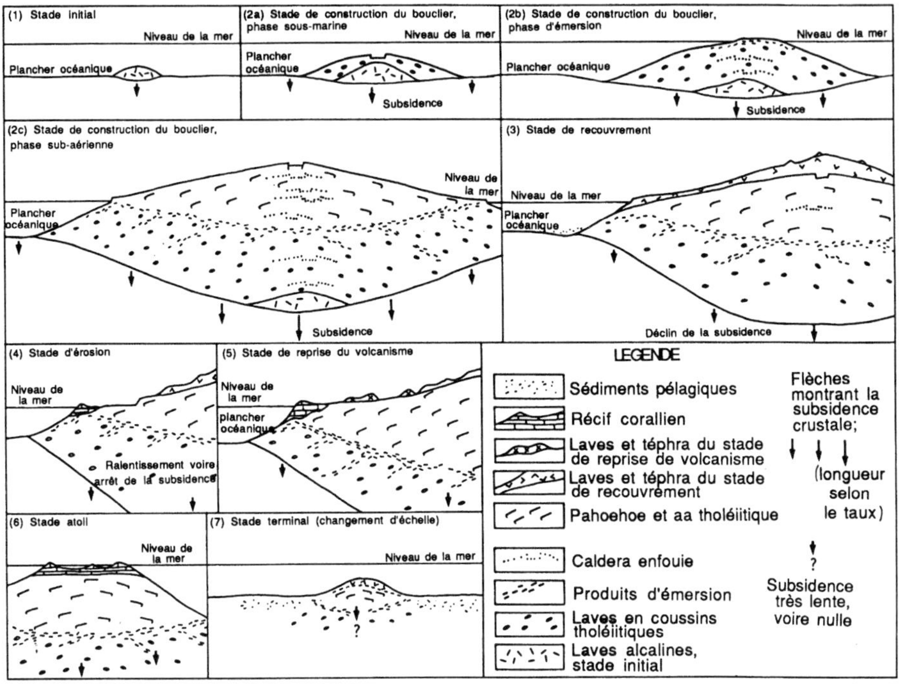

Fig. 110 - Les stades successifs d'évolution des volcans-boucliers hawaïens (d'après Peterson et Moore, 1987).

Les conduits d'alimentation magmatique et les rift zones ne sont pas représentés. Une subsidence marquée de la croûte, sous l'effet de surcharge dû à l'édifice volcanique, se produit au cours des stades de croissance (1 à 3) ; elle se poursuit, dans une moindre mesure, jusqu'au stade 7. L'exagération verticale des croquis est, selon les cas, de 2 à 4 fois. Seuls les premiers stades (1 à 4) sont effectivement représentés sur Hawaï.

fréquentes ; en revanche, il existe peu ou pas de coulées de type "aa". Les plongées et observations récentes à grande profondeur ont également montré l'existence de niveaux de hyaloclastites jusqu'à des profondeurs supérieures à 2 000 m (Batiza *et al.*, 1984). Leur formation résulterait essentiellement de l'effet de contraction associé au refroidissement brutal du magma et de l'effet de fragmentation lors de leur transport dans des courants de haute densité.

Les études sur les *seamounts* et les guyots (Londsdale et Spiess, 1979 ; Smoot, 1982 ; Fornari *et al.*, 1984 ; Batiza *et al.*, 1984 ; Vogt et Smoot, 1984 ; *cf.* III.1.1.) ont montré que les structures caldériques et cratériformes, ainsi que les rift-zones, existent sur de jeunes volcans-boucliers en cours d'édification sous-marine. Les investigations menées sur le volcan sous-marin de Loihi, au large de l'île de Grande Hawaï (Malahoff *et al.*, 1982 ; Malahoff, 1987) ont mis en évidence l'existence au sommet du volcan d'un complexe de caldera et *pit-craters*, ainsi que des structures de glissement à grande échelle affectant les flancs du volcan de part et d'autre des deux principales rift-zones. La formation de telles structures, et notamment des calderas, n'est donc pas limitée au stade final d'édification des boucliers basaltiques hawaïens, mais peut se répéter tout au long de leur évolution (*cf.* III.1.3.).

Lorsque l'édifice volcanique approche la surface de l'eau, les pyroclastites et épiclastites deviennent prédominantes. L'exsolution des gaz magmatiques, l'expansion rapide de la vapeur formée au contact eau-magma ou par ingestion d'eau dans les écoulements magmatiques, sont à l'origine de violentes explosions. Les tufs et brèches d'explosions hydrovolcaniques ainsi formés sont associés à leurs propres produits de remaniement, transportés jusqu'à la base du bouclier.

Le bouclier basaltique émergé

La phase majeure de construction du volcan-bouclier se poursuit avec l'émersion et le passage à un stade de développement sub-aérien. L'édification du volcan résulte autant de ses manifestations effusives que de la mise en place et du refroidissement, au sein de l'édifice volcanique, de masses magmatiques intrusives (dykes, sills, réservoirs magmatiques). Le taux de production magmatique est élevé : 0,1 km^3/an pour le Kilauea (Dzurisin *et al.*, 1984), 0,02 km^3/an pour l'Etna (Wadge et Guest, 1981), 0,01 km^3/an pour le Piton de la Fournaise (Lénat et Bachèlery, 1987).

Les réservoirs magmatiques jouent un rôle important dans l'évolution du volcan-bouclier. Lieux de transit et de stockage magmatique, ils influent sur la composition des laves mais également sur l'évolution structurale du volcan. Plusieurs réservoirs magmatiques peuvent exister, situés en position superficielle (-1 à -5 km) et en position plus profonde (interface édifice volcanique/plancher océanique ou encore interface croûte océanique/manteau supérieur). Leur fonctionnement (dilatation, vidange, accumulation de niveaux" lourds") se traduit, au coeur de l'édifice, par des phénomènes de rupture de l'équilibre isostatique, engendrant en surface des structures d'effondrement (caldera, *pit-crater*).

L'activité éruptive est essentiellement fissurale, ou centrée dans un ou plusieurs cratères terminaux. L'activité terminale est caractérisée par des éruptions magmatiques intra-cratériques, sporadiques ou quasi-continues. Un lac de lave peut exister dans le cratère central (Kilauea et Piton de la Fournaise à certaines époques de leur histoire). La grande majorité (plus de 99 %) des éruptions des volcans-boucliers basaltiques sont effusives, caractérisées par la mise en place de coulées de type aa et pahoehoe. Il peut également se produire des éruptions explosives, phréatiques ou phréatomagmatiques, notamment en zone sommitale du volcan. Ces paroxysmes, outre les cratères d'explosion qu'ils peuvent engendrer, sont à l'origine d'importants dépôts de brèches et tufs essentiellement formés à partir de la pulvérisation des matériaux constituant l'édifice volcanique. Ils constituent de bons niveaux repères pour toute étude chronostratigraphique des événements éruptifs et tectoniques des volcans-boucliers.

Les fissures éruptives ouvertes sur les flancs du volcan se répartissent en disposition radiale (Piton de la Fournaise, Etna..) ou concentrique (Fernandina, Piton de la Fournaise..) autour des cratères sommitaux, ou encore préférentiellement selon les rift-zones.

Les rift-zones sont le siège d'une importante distension perpendiculairement à leur direction. La mise en place répétée d'intrusions sub-verticales selon ces structures résulte de l'existence (et contribue au développement) d'un champ de contraintes s'accordant avec l'apparition d'instabilités gravitationnelles des flancs libres et impliquant des déplacements selon des plans de faille profonds et quasi-horizontaux. Sont ainsi engendrées de vastes structures de glissement en masse, caractéristiques des grands volcans-boucliers à rift-zones actives : Hawaï, Piton de la Fournaise, Etna, Karthala (Swanson *et al.*, 1976 ; Vincent et Kieffer, 1978 ; Kieffer, 1985 ; Bachèlery et Coudray, 1990). Ces glissements peuvent être considérés comme des événements superficiels (Swanson *et al.*, 1976), associés à des déplacements de plus grande ampleur intéressant l'ensemble de l'édifice volcanique (déplacement selon l'interface édifice volcanique/croûte océanique ou décollement suivant des niveaux volcanoclastiques mis en place lors de la phase d'émersion), et à des séismes et tsunamis (Lipman *et al.*, 1985).

Au fonctionnement régulier des volcans-boucliers basaltiques (rythme annuel à décennal des éruptions magmatiques, rythme décennal à séculaire des éruptions et explosions phréatiques et phréatomagmatiques sommitales) viennent s'ajouter des événements éruptifs et tectoniques majeurs tels que :

- des paroxysmes phréatomagmatiques de grande ampleur : Fernandina (Simkin et Howard, 1970), Kilauea (Decker et Christiansen, 1984), Piton de la Fournaise (Bachèlery, 1981). Ces paroxysmes peuvent être associés à l'effondrement de blocs caldériques : Fernandina, Kilauea.
- des phases d'émission magmatique durant plusieurs années (telle celle, débutée en Janvier 1983, que connaît actuellement le Kilauea), constituant des champs de lave "pahoehoe" recouvrant une large surface de l'édifice volcanique (Piton de la Fournaise ; Bachèlery, 1981).

Le stade de déclin de l'activité ("capping stage" ou "post-shield stage")

Le déclin de l'activité (baisse de la fréquence des éruptions et du taux de production magmatique du volcan) se traduit par un retour à des laves plus alcalines, d'abord de composition basaltique, puis hawaiitique voire mugéaritique et trachytique (Frey *et al.*, 1990).

Le passage du stade tholéiitique ou faiblement alcalin au stade alcalin peut être marqué par une phase de calme éruptif. Néanmoins, de nombreuses récurrences traduisent une instabilité progressive de l'alimentation mantellique. Ceci se marque par une succession répétée de périodes tholéiitiques et de périodes alcalines (Etna, voir plus loin) ou encore par des phénomènes de mélange magmatique entre les basaltes transitionnels et des laves alcalines déjà chimiquement évoluées. De même, au sein de cette série alcaline, la transition entre les compositions basaltiques et hawaiitiques peut être rapide comme pour Mauna Kea et Kohala ou encore pour le Piton des Neiges à la Réunion, ou bien plus progressive, avec de nombreuses récurrences comme pour Haleakala à Hawaï.

La différenciation magmatique associée à la diminution de l'activité éruptive du volcan indique une baisse de l'alimentation profonde, voire son arrêt total. Ceci peut entraîner une modification importante des complexes de transfert et de stockage magmatique au sein de l'édifice volcanique (fig. 111). Les études menées sur les volcans hawaïens tels que Mauna Kea ou Kohala (Frey *et al.*, 1990) indiquent que les réservoirs magmatiques superficiels actifs durant la phase de construction du bouclier ne sont alors plus suffisamment alimentés en magma d'origine profonde. Lors du stade de déclin de l'activité, le magma est stocké plus profondément, dans l'édifice volcanique ou à sa base, voire même à la base de la croûte océanique.

La viscosité et la richesse en gaz des magmas augmentant avec la différenciation, les éruptions deviennent plus explosives (coulées visqueuses et dynamisme "strombolien", éruptions à nuées ardentes associées au développement de cumulo-dômes et dômes-coulées, éruptions pliniennes). Le sommet du volcan-bouclier est occupé par des cônes de scories et par une importante quantité de pyroclastites (Mauna Kea à Hawaï, La Grille en Grande Comore, Floreana aux Galapagos). Les éruptions cataclysmales sont caractérisées par la mise en place de nuées ignimbritiques

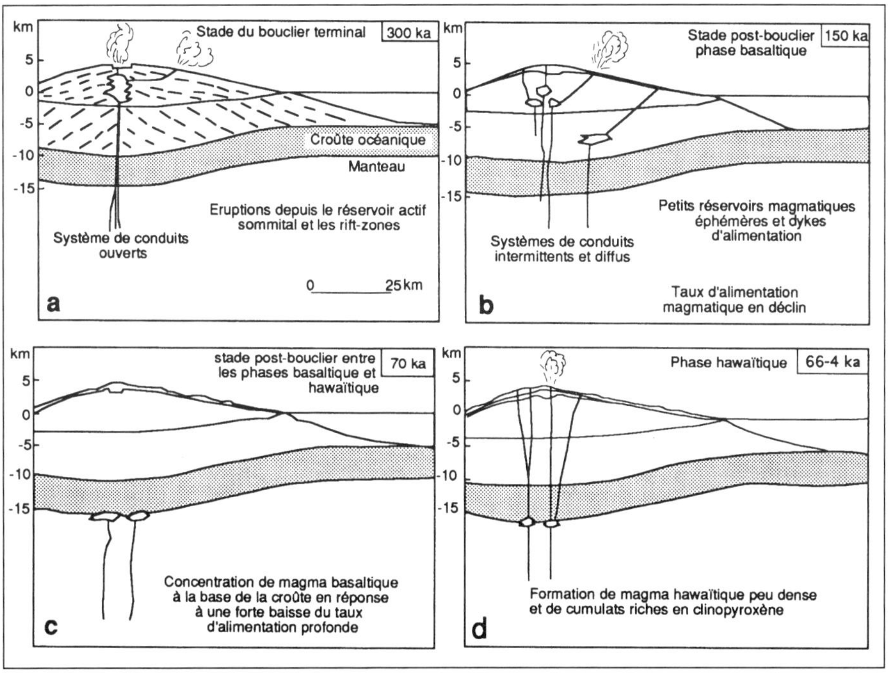

Fig. 111 - Passage du stade de construction du volcan-bouclier ("shield-building stage") au stade de déclin de l'activité volcanique ("postshield stage") au volcan Mauna Kea à Hawaï (d'après Frey *et al.*, 1990).

(a) Terminaison du stade de construction du volcan-bouclier. Le taux d'alimentation magmatique est suffisant pour maintenir ouverts les conduits et assurer un remplissage continu du réservoir superficiel du volcan. Les éruptions ont lieu au sommet et selon les rift zones. (b) Stade de déclin de l'activité volcanique, période basaltique. Le taux d'alimentation magmatique a baissé, traduisant une décroissance du degré de fusion du manteau conduisant à des magmas basaltiques alcalins. Les chambres magmatiques ne sont plus remplies de manière continue ; les éruptions ont lieu au sommet ou sur les flancs du volcan. (c) Etape de transition entre la période basaltique et la période hawaiitique. Le taux d'alimentation magmatique poursuit sa baisse. Les réservoirs magmatiques et les conduits magmatiques superficiels se sont refroidis et ont cristallisé car l'apport de magma est insuffisant pour maintenir des fractures ouvertes permettant l'ascension du magma à travers la croûte. Le magma basaltique se stocke à l'interface croûte-manteau où il va pouvoir évoluer chimiquement. (d) Stade de déclin de l'activité volcanique, période hawaiitique. Les magmas hawaiitiques ou mugéaritiques résultant de l'évolution chimique font ascension à travers la croûte, du fait de leur plus faible densité, et ouvrent de nouvelles fractures. Les éruptions ne sont pas uniquement localisées au sommet ou selon les rift zones du volcan, mais peuvent avoir une large répartition.

associées à la formation de calderas d'effondrement. L'existence de calderas d'avalanche a été signalée pour l'Etna (Kieffer, 1981 ; Mc Guire, 1982).

La période du volcanisme différencié est ainsi caractérisée par des dynamismes et des compositions magmatiques variés admettant de nombreuses récurrences. Au cours de cette phase, le volcan-bouclier prend des allures de strato-volcan.

Le volcanisme post-érosion

Les phénomènes d'érosion interviennent constamment au cours de l'édification subaérienne du volcan-bouclier. Leur importance, minimisée du fait de l'extrême fréquence des éruptions au cours de la "phase de croissance", s'accroît durant la phase de déclin de l'activité. Ceci se traduit par une mise en place des coulées à l'intérieur des dépressions et vallées creusées par l'érosion.

A la suite de l'arrêt du fonctionnement du volcan-bouclier et donc d'une importante phase d'érosion (*"erosional stage"*), longue de plusieurs millions d'années et, selon la latitude, accompagnée éventuellement de croissance récifale, l'activité volcanique peut reprendre (*"renewed volcanism stage"*) de manière sporadique (Koolau et Haleakala à Hawaï ; Anjouan et Mayotte aux Comores ; Maurice).

Les magmas émis sont alors fortement alcalins, sous-saturés en silice (basanites, téphrites, phonolites, néphélinites) ou à hypersthène normatif (basaltes alcalins à olivine) (Mac Donald et Katsura, 1964). Des laves sur-saturées en silice (trachytes) caractérisent les dernières émissions de Mayotte (Upton, 1982).

L'activité volcanique peut se poursuivre ainsi durant plusieurs millions d'années avec des éruptions très rares, voire même des périodes sans éruption longues d'un million d'années comme ce fut le cas par exemple pour l'île Maurice.

Après l'arrêt complet de l'activité volcanique, les effets combinés de l'érosion et de la subsidence réduisent l'altitude du volcan-bouclier jusqu'au niveau de la mer. Si la latitude le permet, la croissance corallienne constitue une barrière complète autour des formations volcaniques qui tendent à disparaître complètement (*"atoll stage"*). Dans certaines conditions, le taux de subsidence est supérieur à la vitesse de croissance récifale. L'île s'enfonce sous le niveau de la mer et sera progressivement recouverte par la sédimentation marine (*"late seamount stage"*).

III.1.4.2. - EXEMPLE DU PITON DE LA FOURNAISE, RÉUNION

par Patrick BACHELERY

L'île de la Réunion constitue la partie émergée (70 km sur 50 km de diamètre au niveau de la mer, 3 070 m d'altitude) d'un énorme édifice volcanique de forme globalement conique, surmontant un plancher océanique situé par 4 200 m de profondeur. Le diamètre de base de cet édifice est d'environ 210 km. Deux volcans boucliers forment l'île :

- le Piton des Neiges, volcan "en sommeil" qui après une phase de croissance basaltique débutée probablement depuis moins de 5 millions d'années (Upton, 1982 ; Bonneville *et al.,* 1988), a connu une phase alcaline différenciée entre -0,35 Ma et -0,02 Ma (Mc Dougall, 1971 ; Gillot et Nativel, 1982).
- le Piton de la Fournaise, volcan basaltique actif, dont il sera seulement question ici.

Les formations les plus anciennes du Piton de la Fournaise actuellement à l'affleurement, datées à -0,53 Ma (Gillot et Nativel, 1989), consistent en une série de coulées de laves aphyriques ou à phénocristaux de plagioclase, comparables aux hawaiites porphyriques à plagioclase du début de la phase différenciée du Piton des Neiges.

Ces formations ne constituent probablement pas les premières émissions du Piton de la Fournaise. Un complexe de roches grenues basiques et ultrabasiques, vieux de plus de 700 000 ans, localisé à l'aplomb du Grand Brûlé, a été reconnu grâce aux études gravimétriques (Rousset *et al.*, 1989). Sa présence a été confirmée par un forage profond (Rançon *et al.*, 1989). Il pourrait constituer une paléo-chambre magmatique, ayant alimenté les éruptions d'une période ancienne d'activité du Piton de la Fournaise qui demeure encore quasi-inconnue.

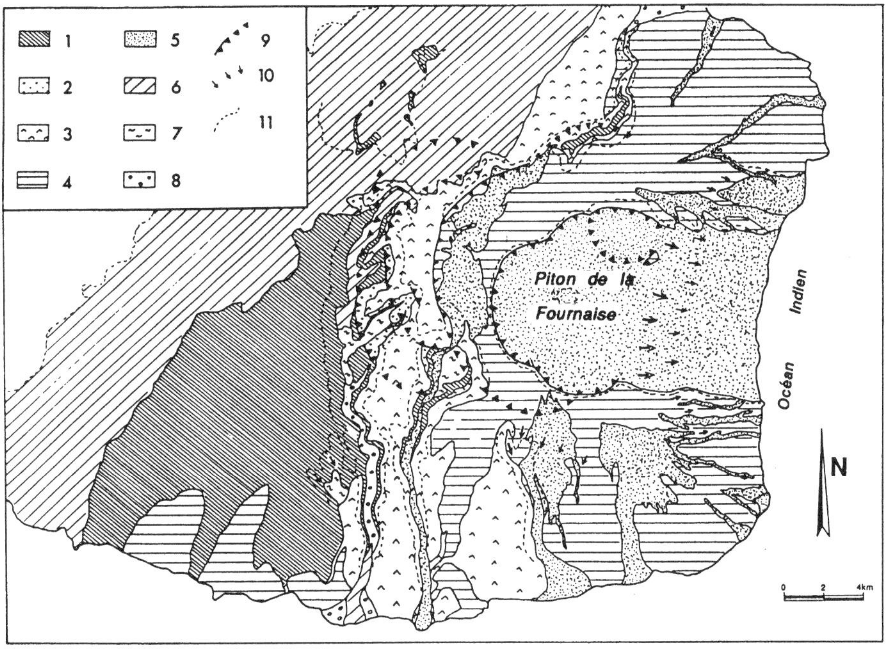

Fig. 112 - Carte géologique simplifiée du Piton de la Fournaise (Bachèlery et Mairine, 1990). (a) Formations du bouclier ancien : (1) série antérieure à l'épisode érosionnel (> 0,53 à 0,29 Ma) ; (2) série postérieure à l'épisode érosionnel (0,29 à 0,15 Ma). (b) Formations du bouclier récent : (3) série antérieure à l'effondrement de la Plaine des Sables (0,15 à 0,04 Ma) ; (4) série antérieure à l'effondrement de l'Enclos (0,04 à 0,005 Ma) ; (5) série actuelle ; (6) unité de la Plaine des Cafres ; (7) coulées boueuses récentes ; (8) alluvions récentes ; (9) limites des effondrements caldériques ; (10) limite de glissement ; (11) limite des escarpements actuels.

L'activité du Piton de la Fournaise, au cours des 100 à 150 derniers millénaires, s'est essentiellement déroulée dans la moitié orientale du massif, laissant l'érosion entailler très largement la partie occidentale. Trois grandes vallées se sont creusées, plus ou moins guidées par les structures tectoniques antérieures, permettant ainsi l'observation de parois de plus de 1 000 m de hauteur qui dévoilent 500 000 ans d'histoire du volcan.

Si tout au long de ces 500 000 ans, l'activité éruptive fut très largement effusive, la composition chimique des magmas émis s'est progressivement modifiée, entre 0,5 et 0,3 Ma, pour passer des basaltes et hawaiites aphyriques ou à phénocristaux de plagioclase, à des basaltes à olivine et des picrites. Ces deux derniers types de laves sont les seuls représentés dans les formations les plus récentes (0,2 Ma à l'actuel). Comparables aux laves basaltiques du Piton des Neiges, ils présentent des caractères chimiques qui en font des basaltes de type "transitionnel".

Les études géologiques menées dans les grandes rivières de l'ouest du massif fournaisien permettent de distinguer deux épisodes dans l'édification de ce volcan (Bachèlery et Mairine, 1990). Les formations du "bouclier ancien" apparaissent dans la rivière des Remparts et sont généralement pentées vers l'ouest ou le sud-ouest. Elles sont localement recouvertes, notamment en rive gauche, par des formations sub-horizontales dont l'âge est inférieur à 0,15 Ma, appartenant au "bouclier récent" (fig. 112).

L'édification du "bouclier ancien" est marquée, sur son flanc ouest tout au moins, par un important épisode érosionnel dont résulte le creusement d'une paléo-rivière des Remparts, entre 0,29 et 0,22 Ma. Ceci est attesté par l'intercalation d'épais niveaux de coulées boueuses dans les parois des rivières des Remparts et Langevin. A cette époque, ont également lieu d'importants changements structuraux (effondrement de caldera, glissement de flanc ?) permettant une distinction nette entre les formations antérieures à l'épisode érosionnel et celles qui sont venues combler le paléo-relief issu de l'érosion : ces dernières sont partiellement interstratifiées avec les produits de démantèlement (coulées boueuses). Cet événement tectonique paraît être à l'origine d'une faille curviligne à regard est, ayant pu servir de guide à l'érosion et expliquant la non-conformité de la paléo-vallée avec la ligne de plus grande pente. La formation de cette structure subsidente dénommée "caldera de la Rivière des Remparts" a pu avoir lieu en plusieurs épisodes, entre 0,29 et 0,22 Ma. L'une des conséquences de cet événement tectonique fut l'arrêt du fonctionnement de la rift-zone sud-ouest du volcan, jusqu'alors très active, et l'absence d'émission magmatique sur cette partie du massif ultérieurement à 0,3 Ma.

La répartition des intrusions associées aux formations du "bouclier ancien" correspond au fonctionnement d'un édifice volcanique dont le centre devait se situer à l'emplacement actuel de la Plaine des Sables. Cette localisation est en accord avec la reconnaissance d'anomalies lourdes à l'aplomb de la Plaine des Sables (Rousset *et al.*, 1989) et avec la fréquence des enclaves gabbroïques et péridotitiques dans les produits des éruptions récentes dans cette zone (Piton Chisny notamment).

Un second événement tectonique majeur, daté d'environ 150 000 ans, semble associé au déplacement de la zone centrale du volcan depuis la région de la Plaine des Sables jusque dans sa position actuelle. Ceci se marque, d'une part, dans la distribution des intrusions injectées dans les formations postérieures à 0,15 Ma, et d'autre part par la discordance nette existant, dans la partie occidentale du massif, entre les formations du "bouclier ancien" et les formations sub-horizontales sus-jacentes. Un nouvel effondrement ou glissement (la caldera du Morne Langevin) est associé à ce déplacement. Les laves postérieures à cet événement sont regroupées sous l'appellation de "bouclier récent".

Les formations du "bouclier récent" résultent donc du fonctionnement d'un édifice volcanique dont la zone centrale devait se situer à l'emplacement approximatif du sommet actuel, les structures d'alimentation des éruptions étant certainement comparables aux structures actuelles (rift-zones orientées vers le nord-est et vers le sud-est). La mise en place de ces formations s'est faite à l'intérieur de structures d'effondrement successives plus ou moins emboîtées : caldera du Morne Langevin (environ 0,15 Ma) puis caldera de la Plaine des Sables (environ 40 000 ans) et enfin caldera de l'Enclos Fouqué (environ 5 000 ans). Ces structures, systématiquement ouvertes vers l'est, résultent d'un processus où semblent associés subsidence pure (tectonique à composante essentiellement verticale) dans la partie amont et glissements (déplacements à composante essentiellement horizontale) dans la zone aval. De violents paroxysmes phréatomagmatiques pourraient être associés à la formation de ces systèmes caldériques.

L'activité actuelle du Piton de la Fournaise se déroule, pour l'essentiel, à l'intérieur de la caldera récente de l'Enclos (*cf.* IV.1.4). Sur le cône terminal, dominant de

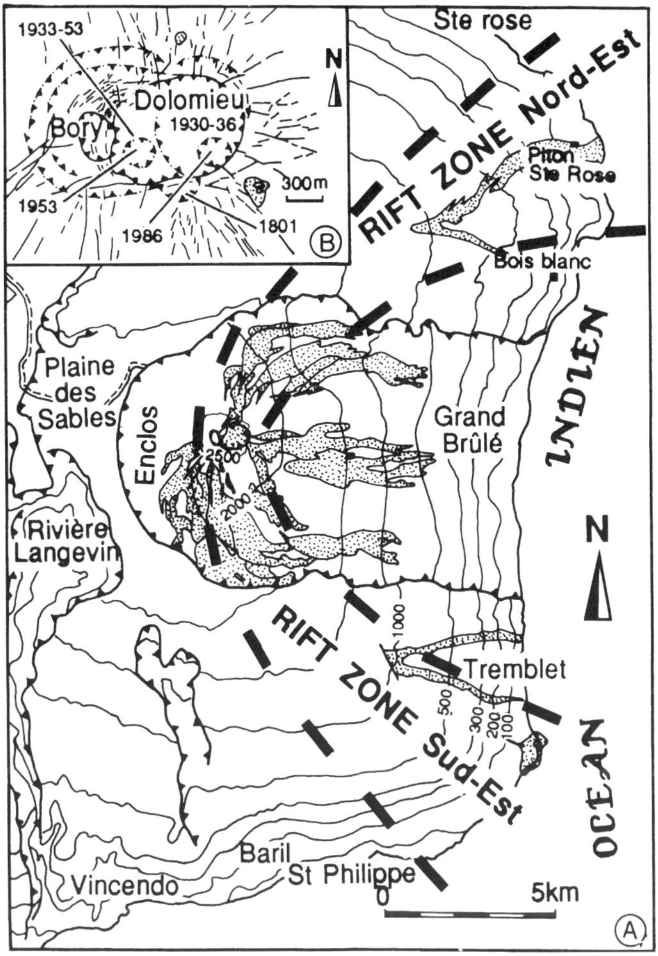

Fig. 113 - (A) - Les coulées récentes du Piton de la Fournaise (1977 à 1990).
Les rift-zones nord-est et sud-est sont délimitées par des tirets larges. Elles bordent la zone en glissement du Grand Brûlé qui prolonge, vers la mer, la caldera de l'Enclos.
(B) - Schéma tectonique de la zone sommitale du Piton de la Fournaise : les cratères actuels (Bory et Dolomieu), les paléo-cratères et les fissures sont représentés. Les limites des paléo-cratères sont déduites de l'analyse des photos aériennes et d'observations de terrain. La carte des fissures fait apparaître l'association de fissures radiales et concentriques.

400 m le plancher de l'Enclos, couronné des deux cratères sommitaux Bory et Dolomieu, se développe une fracturation radiale et, pour une faible partie, concentrique (fig. 113), au sein de laquelle des axes préférentiels de fracturation (zones de faiblesse ou "rift-zones") peuvent être reconnus. Ces rift-zones se prolongent à l'extérieur de la caldera de l'Enclos vers le nord-est et le sud-est (fig. 113), bordant vers l'ouest une zone à forte déclivité interprétée comme la tête d'un vaste glissement affectant le flanc est du volcan. La partie la plus récente de ce glissement constitue une vaste dépression en forme de "U" ouvert vers l'est, prolongeant la caldera de l'Enclos et drainant l'essentiel des coulées du volcan.

Cette structure se poursuit en mer, correspondant à un glissement d'un volume de 20 à 30 km^3, résultat de la mise en place répétée des intrusions dans la zone centrale du volcan (Vincent et Kieffer, 1978 ; Bachèlery et Montaggioni, 1983 ; Lénat *et al.*, 1989). Des critères morphologiques et la datation des produits entraînés dans le glissement suggèrent qu'il est contemporain, ou sub-contemporain, de la formation de l'Enclos, il y a environ 3 000 ans.

De tels glissements se sont apparemment répétés pendant l'édification du volcan puisque l'on a pu mettre en évidence, en mer, à l'est du volcan, la présence de 500 km^3 de matériaux glissés constitués presque exclusivement de laves émises en surface (Lénat et Labazuy, 1990).

III.1.4.3. - EXEMPLE DE L'ETNA

par Guy KIEFFER

Large de 47 sur 38 km, l'Etna dresse ses 3 350 m sur la côte orientale de la Sicile. Il se situe dans une zone de rupture et d'extension entre le bloc continental malto-sicilien et le bassin océanique de la mer ionienne.

Il possède la particularité, peut-être exceptionnelle, de présenter des caractères hawaïens alors qu'il est construit sur une croûte continentale, ce qui le distingue du volcanisme océanique des îles Hawaï et de la Réunion.

C'est un volcan polygénique complexe (Tanguy, 1980 ; Chester *et al.*, 1985 ; Kieffer, 1985) dont l'histoire a commencé il y a plus de 300 000 ans. Ses laves ont d'abord été à tendance tholéiitique, avant de devenir alcalines (tabl. 13). Sur le plan morphostructural, son évolution a vu la construction progressive d'un appareil primordial (Etna ancien) vraisemblablement de type volcan-bouclier, coiffé ensuite par un complexe de strato-volcans qui constituent les parties centrales de l'Etna actuel.

• Les premières éruptions

Leurs témoins correspondent à des formations classiquement qualifiées de "pré-etnéennes", c'est-à-dire antérieures à l'édification du massif de l'Etna proprement dit (fig. 114-1). Ils n'apparaissent qu'à la périphérie sud de l'appareil. Les éruptions ont d'abord été sous-marines (zone d'Aci Castello) et à l'origine de brèches, laves en coussins, hyaloclastites et intrusions. Puis, le volcanisme est devenu subaérien (coulées, necks phréatomagmatiques). La période de ces premières manifestations s'étend sur plus de 150 000 ans. Elles ont d'abord produit des tholéiites ou des laves transitionnelles, puis quelques laves alcalines. Le volcanisme n'était alors ni intense, ni continu, et correspondait à des phases distinctes, séparées par des phases d'inactivité. A la différence d'un massif comme le Piton des Neiges (Réunion), la période à laves tholéiitiques ou transitionnelles n'a pas été capable de construire un véritable bouclier à la base de l'Etna.

• L'Etna ancien

A partir de -150 000 ans a commencé l'édification d'un large volcan dont l'extension devait représenter à peu près les deux tiers de l'Etna actuel. Ses témoins sont surtout visibles sur le versant est où de grandes failles ont découpé l'édifice et mis à jour ses niveaux inférieurs : ils se composent de coulées, de pyroclastites, de lahars et divers produits remaniés. Leurs caractères et les corrélations qu'ils permettent d'établir ont fait retenir que l'Etna ancien a connu deux grandes phases, superposant deux grands volcans à laves alcalines peu différenciées (basaltes, hawaiites) :

Tabl. 13 - Tableau synthétique de l'évolution générale de l'Etna.
A, P_2, Bi, Cc, C, H, P_1 : faciès repères (DI - et dynamismes principaux) ; C : caldera, M : cratère phréatomagmatique de type "maar", B-H : cratère phréatomagmatique ou caldera d'avalanche de type "Bandaï" ou "Mont Saint-Helens", SG : structure de glissement, P : laves en coussins et hyaloclastites (types d'appareils, morphostructures).

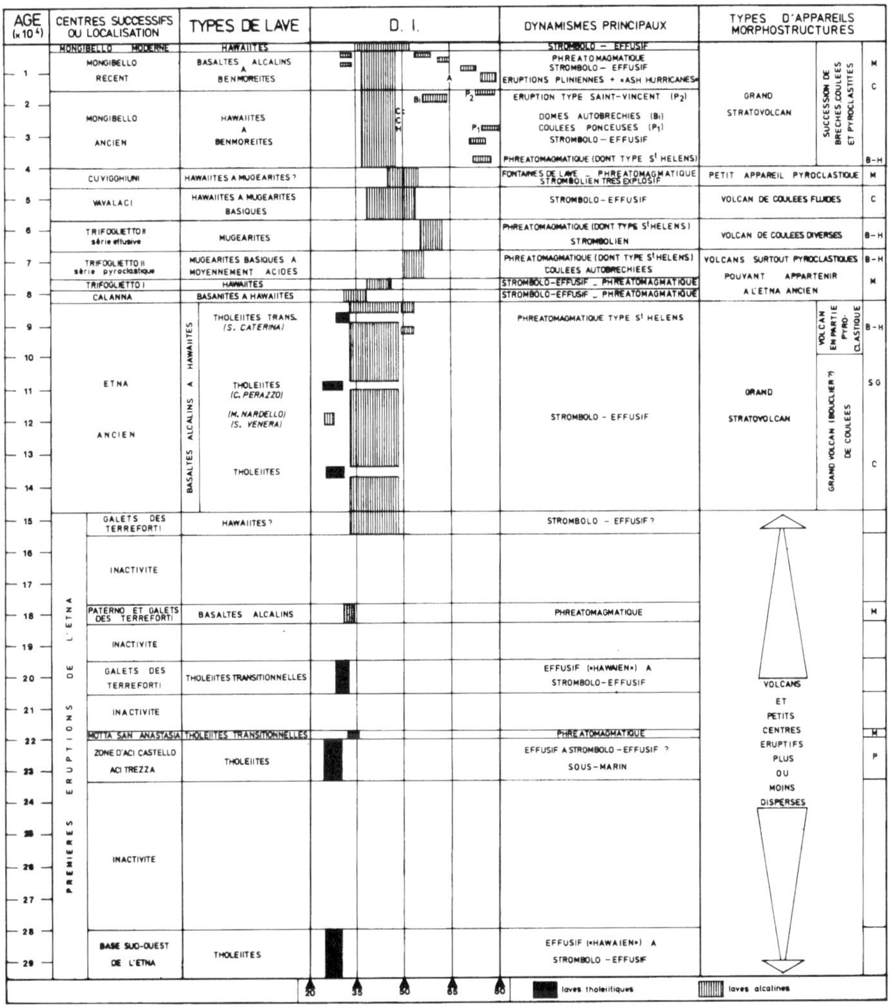

- d'abord, de -150 000 à -100 000 ans environ, avec des dynamismes surtout effusifs, constitution d'un appareil lavique (volcan-bouclier), marqué par le développement d'une grande structure de glissement sur son versant oriental tourné vers la mer et peut-être par l'apparition d'un système de calderas sommitales (fig. 114-2) ;

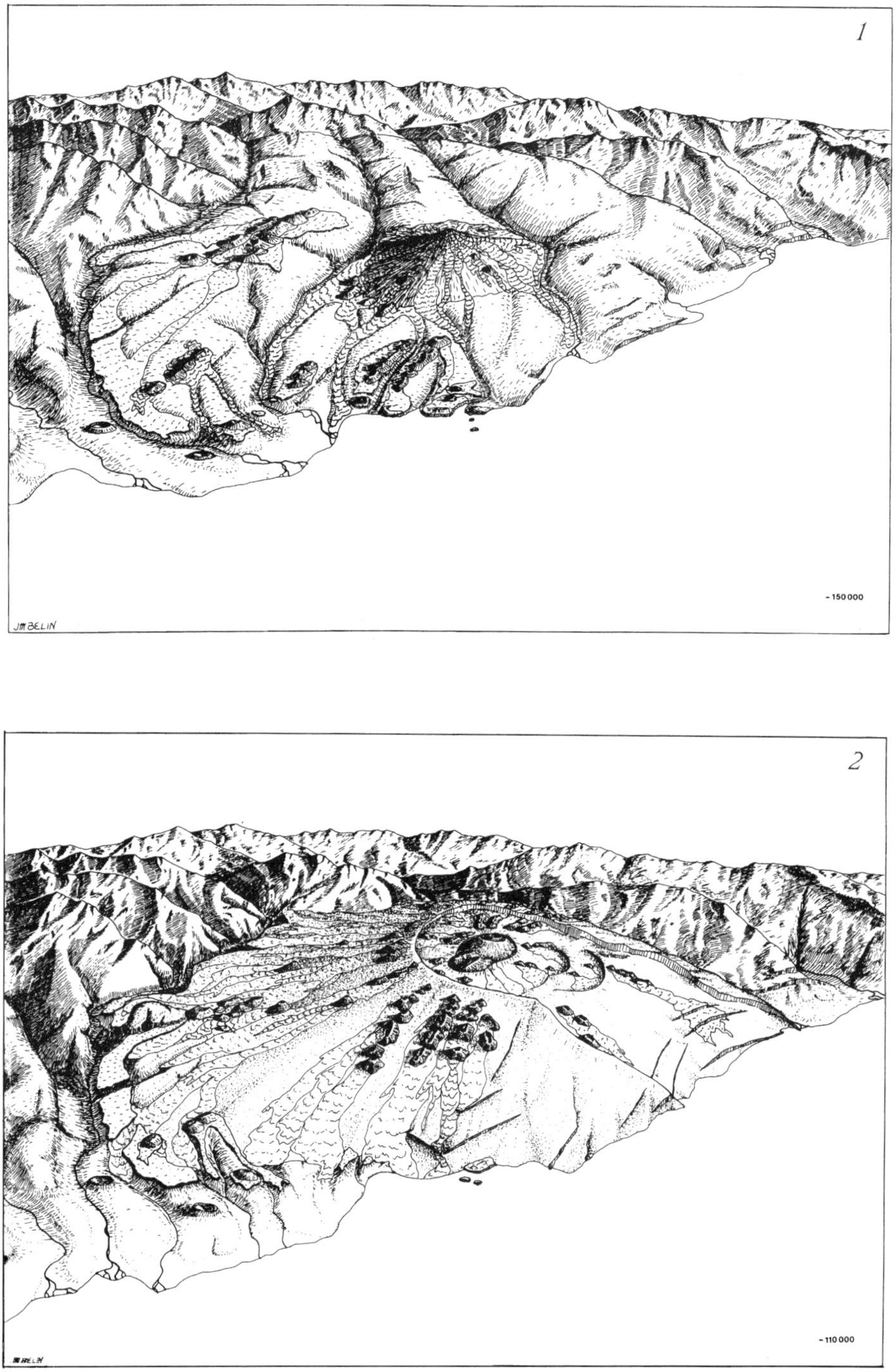

Fig. 114 - Reconstitution de l'Etna (vu du SSE) à différents stades de son édification.
1 : - 150 000 ans, 2 : - 100 000 ans. Dessins de J.-M. Belin, *in* Kieffer, 1985.

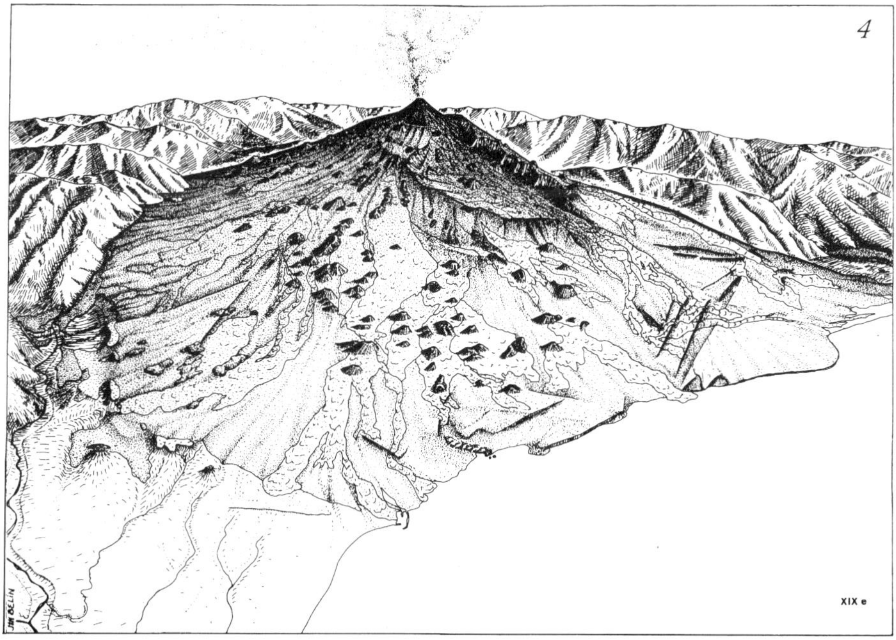

Fig. 114 - (suite)
3 : - 15 000 ans, 4 : XIXe siècle. Dessins de J.-M. Belin, *in* Kieffer, 1985.

- ensuite, de -100 000 à -75 000 ans environ, avec des dynamismes plus explosifs et très marqués par le phréatomagmatisme, la constitution d'un appareil au profil plus élancé et démantelé à plusieurs reprises par des éruptions de type "Bandaï" ou "Saint-Helens".

Le développement à l'Etna d'une structure de glissement est un événement très important, car son rôle va se manifester tout au long de l'histoire du volcan et jusqu'à l'époque actuelle : le versant oriental, déstabilisé, découpé par des failles et où se trouvent les plus grandes pentes, a toujours été plus affecté que le versant ouest par les phénomènes tectoniques et volcaniques.

• Les appareils centraux

Ils composent les parties élevées de l'Etna. Sept centres éruptifs (Calanna, Trifoglietto I, série pyroclastique du Trifoglietto II, série effusive du Trifoglietto II, Vavalaci, Cuvigghiuni et Mongibello) se sont succédé entre - 75 000 ans environ et l'époque actuelle. Ils ont pu être étudiés grâce aux coupes offertes par les parois de la Valle del Bove, vaste dépression (8 sur 5 km et jusqu'à 1 000 m de profondeur) qui éventre le haut versant oriental du volcan.

Ils ont superposé leurs produits. Mais leurs axes éruptifs se sont progressivement déplacés : entre les parties centrales du Calanna, le plus ancien dans le secteur sud-est de la Valle del Bove, et les parties centrales du Mongibello, le plus récent où se situent les cratères sommitaux actuels, au NW de la Valle del Bove, il existe une distance de 7 à 8 km.

Leurs caractères ont largement dépandu de la nature de leurs laves, toutes alcalines. Diverses phases de différenciation magmatique se sont produites, faisant à plusieurs reprises évoluer les laves des hawaiites aux mugéarites et aux benmoréites. Chaque phase de différenciation a provoqué l'apparition de dynamismes plus ou moins explosifs. La tendance à l'autobréchification des mugéarites etnéennes est illustrée par les coulées de la "série pyroclastique" du Trifoglietto II. Les laves les plus différenciées (benmoréites) sont apparues dans le Mongibello et ont permis des éruptions très violentes. En particulier celle de type "Saint-Vincent", il y a 14 000 ans, a entraîné la formation de la caldera du Cratère Elliptique (4 x 3 km) qui a décapité un édifice montant à près de 4 000 m, altitude la plus importante jamais atteinte par l'Etna (fig. 114-3). Très importantes aussi ont été les manifestations phréatiques et phréatomagmatiques. Ainsi, en 122 avant Jésus-Christ, une puissante éruption de ce type a ouvert le Cratère del Piano dans lequel s'est construit le système cratérique terminal actuel.

Le Mongibello moderne ou historique est postérieur à cette éruption. L'activité actuelle, depuis environ 2 000 ans, avec des laves à nouveau peu différenciées (hawaiites), illustre la possibilité de retour à des dynamismes calmes (stromboliens ou effusifs) après les phases explosives des millénaires précédents (fig. 114-4).

• La formation de la Valle del Bove

Elle s'est étendue sur plusieurs dizaines de milliers d'années et s'est déroulée en étapes successives. Elle occupe l'emplacement de vastes cratères créés par des éruptions de type "Bandaï" ou "Saint-Helens", puis colmatés par la poursuite de l'activité. Son ouverture définitive date de quelques milliers d'années et résulte de nouvelles éruptions phréatomagmatiques qui ont laissé des cratères de type "maar", dont la Valle del Leone. L'érosion l'a ensuite élargie pour lui donner ses proportions actuelles.

• Le rôle de la tectonique

L'évolution de l'Etna a beaucoup été influencée par l'activité tectonique. La morphostructure de l'édifice est fortement marquée par le découpage des failles dont le jeu est lié au soulèvement général et considérable, toujours en cours, du domaine etnéen. Les escarpements tectoniques constituent l'un des traits majeurs de la façade orientale. Les lignes tectoniques ont guidé les intrusions et déterminé la localisation des axes éruptifs. L'interaction de l'activité tectonique régionale et de l'activité magmatique paraît inévitable dans le développement, à partir des systèmes intrusifs principaux, de la grande structure de glissement du versant est.

• Conclusion : l'Etna et les volcans hawaïens

Avec, au cours de son histoire, des laves d'abord tholéiitiques, puis alcalines, ces dernières marquées par plusieurs cycles de différenciation, allant des basaltes aux mugéarites ou benmoréites, l'Etna peut être considéré comme un volcan à évolution d'ensemble de type hawaïen. Il présente toutefois quelques particularités par rapport au schéma établi à propos des volcans des îles Hawaï (MacDonald *et al.*, 1986 ; Peterson et Moore, 1987) et présenté plus haut.

Contrairement à ces volcans, mais aussi au Piton des Neiges, sa phase tholéiitique ou transitionnelle, malgré sa durée, n'a pas été en mesure d'édifier un grand volcan-bouclier primitif : elle ne paraît avoir été à l'origine que de quelques petits volcans dispersés dans le temps et l'espace. Le volcan-bouclier qui a sans doute existé au temps de l'Etna ancien a été construit par des laves essentiellement alcalines.

Par ailleurs, pendant la construction des appareils centraux, les phases de différenciation magmatique de l'Etna ont été beaucoup plus importantes que ce que l'on connaît aux Hawaï, et à l'origine de grands volumes de magma alcalin acide. Ces phases étaient la conséquence de l'individualisation d'une ou plusieurs chambres magmatiques qui n'ont pas leurs équivalents dans les volcans hawaïens, mais qui ont aussi marqué la période alcaline du Piton des Neiges (Kieffer, 1990). L'émission des produits différenciés s'est effectuée lors de violentes éruptions responsables de la formation d'au moins une caldera, celle du Cratère elliptique qui a décapité le Mongibello, il y a environ 14 000 ans. Ces dynamismes très explosifs et leurs conséquences morphostructurales sont inconnus aux Hawaï, mais se retrouvent dans l'histoire du Piton des Neiges. L'Etna, avec le volcan réunionnais, illustre l'aptitude de certains volcans à évolution de type hawaïen à présenter, dans leur période alcaline, des cycles éruptifs à l'origine de calderas se rapprochant du type "Crater Lake" (*cf.* III.1.3), absentes dans le schéma élaboré à partir des volcans d'Hawaï.

III.1.5. - LES STRATO-VOLCANS ANDÉSITIQUES

par Claude ROBIN

En 1980, le Mont Saint-Helens a révélé aux scientifiques un type d'éruption jusqu'alors inconnu. Les éruptions de la Montagne Pelée en 1902, du volcan El Chichon au Mexique (1982), du Nevado del Ruiz en Colombie (1985), du Pinatubo aux Philippines (1991) sont d'autres exemples dramatiques montrant qu'un grand appareil andésitique au repos peut surprendre, non seulement par la date de son réveil, mais aussi par la nature même et le déroulement de l'éruption. L'activité andésitique, inégalement répartie dans le temps, est aussi fortement diversifiée, avec parfois des éruptions explosives violentes, soudaines, difficiles à prévoir. Certaines d'entres elles ne se produisent qu'un nombre limité de fois -voire qu'une seule fois- au cours de l'histoire d'un appareil.

• Nécessité de recourir à des modèles d'évolution

De telles caractéristiques rendent difficiles l'étude et la connaissance du volcanisme andésitique. Beaucoup de volcans répertoriés comme actifs n'ont en fait dévoilé au cours de la période historique qu'une faible partie de leur potentiel éruptif et des dynamismes qu'il peuvent engendrer. Seule, l'étude des produits émis dans l'histoire du volcan permet de dresser l'inventaire des dynamismes en jeu. La recherche d'enchaînements logiques entre ces dynamismes, la définition de séquences répétitives et l'élaboration de modèles d'évolution représentent donc des étapes incontournables pour appréhender globalement le développement d'un appareil, et concevoir l'activité future. Parallèlement, les mêmes données conduisent à la réalisation de cartes de risques concernant chaque type d'éruption, et le suivi des caractéristiques magmatiques permet de comprendre le fonctionnement interne du volcan.

Des stades d'évolution, généralement caractérisés par des dynamismes différents et/ou séparés par des événements majeurs, sont alors définis. Certains recouvrent un temps très long, de l'ordre de cent mille ans ou plus. Au cours de ces stades, l'activité discontinue échappe à l'observation directe, et les méthodes de datations ne permettent pas la définition précise des phases éruptives qui les composent. En revanche, l'évolution de l'activité au cours de stades de plus courtes durées -moins de dix mille ans- appartenant à l'évolution récente ou à la période actuelle, peut être précisée par une étude stratigraphique fine des produits et leur interprétation. Les datations au carbone 14 sont généralement d'une précision suffisante pour caler ces stades les uns par rapport aux autres.

A une échelle de temps encore plus courte, les recherches en cours laissent penser qu'une large part des volcans andésitiques en activité connaissent des cycles à intervalles plus ou moins réguliers, dont la durée est de l'ordre de cent à mille années. Pour ces appareils, la connaissance de ces cycles est indispensable dans un but prévisionnel.

Si elle guide depuis plus de trente ans l'étude des volcans hawaïens (voir III.1.4), l'idée de reconstituer des modèles d'évolution appropriés aux volcans andésitiques est récente. Elle semble mieux adaptée aux grands édifices continentaux dont la base est observable, qu'aux volcans des arcs insulaires. Les résultats généraux exposés ci-dessous ont essentiellement été obtenus à partir d'études sur les volcans mexicains, colombiens et antillais. On pourra établir des comparaisons avec d'autres exemples étudiés dans le monde, en particulier en Indonésie ou aux Etats-Unis. Ces travaux font apparaître deux catégories d'appareils :

1 : des volcans à développement "simple" (type 1). D'abord andésitiques, ils présentent une évolution irréversible vers des magmas différenciés -en général des dacites, parfois des rhyolites- et des dynamismes explosifs. Au Mexique, ce type est représenté par le Nevado de Toluca, le volcan Malinche, le Cantaro, le Ceboruco, ou encore par les premiers stades du développement d'appareils plus complexes (de type 2). Le volcan Azufral de Tuquerres dans le Sud colombien est également un bel exemple de ce type.

2 : des volcans dont le développement initial est comparable à celui du premier type, mais diffère ensuite, l'activité étant relancée par l'apport de matériel profond plus basique (type 2). Ce phénomène peut n'intervenir qu'une seule fois, plus ou

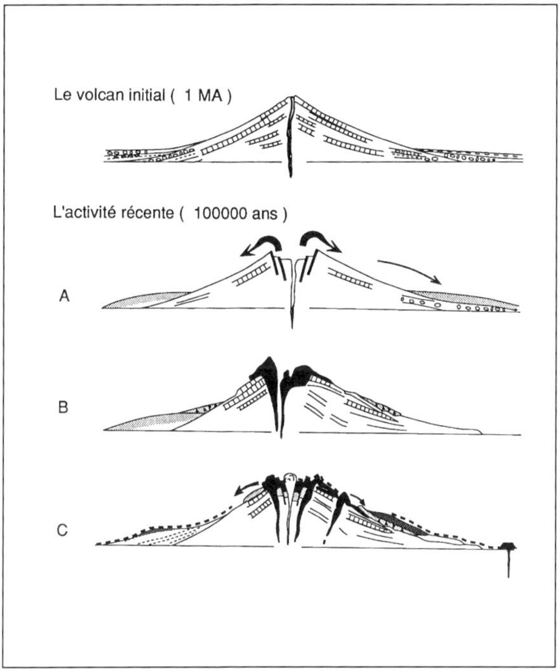

Fig. 115 - Exemple de développement "simple" d'un strato-volcan andésitique : le Nevado de Toluca, Mexique.
L'activité récente comprend : A - l'émission de volumineuses coulées de cendres et ponces et la formation d'une caldera d'effondrement ; B - la montée des dômes dacitiques et l'émission de coulées pyroclastiques de cendres et blocs associées ; C - une activité rythmique explosive : retombées pliniennes de ponces et montée d'un petit dôme central. Une évolution comparable est représentée par le volcan Cantaro entre ~ 1 et 0,3 Ma ou au Nevado de Colima entre ~ 0,7 et ~ 0,2 Ma. Au volcan Malinche, l'activité s'est arrêtée avec la montée des dômes.

moins tôt dans l'évolution, ou régulièrement au cours de l'histoire du volcan, entraînant ainsi de nombreuses variantes au modèle. Une caractéristique de ce deuxième type est l'existence d'un cône terminal parfois très haut et de grand volume, masquant largement l'édifice primitif. Ce type est représenté par les volcans Fuego et Nevado de Colima, le Popocatepetl, le Pico de Orizaba au Mexique ou bien par le volcan Galeras en Colombie.

• **Modèle d'évolution simple : l'exemple du Nevado de Toluca** (fig. 115)

Le volcan primitif, tronc commun à tous les types d'évolution

Dans tous les grands volcans explosifs, une étude, même succincte, de la morphologie, des dynamismes et de la nature des laves, révèle l'existence d'un vieil appareil de base, partiellement démantelé ou à l'état de ruine, se distinguant des structures construites lors des phases plus récentes. Ces volcans primitifs, essentiellement effusifs, ont toujours une large extension ; leur volume atteint plusieurs centaines de km^3. Du fait de leur démantèlement, et du plus grand intérêt porté à l'activité récente, ils demeurent les parties les moins étudiées des grands complexes andésitiques ; leur existence même est restée souvent ignorée. Les volcans de base du Toluca (Cantagrel *et al.*, 1981), du Cantaro et du Nevado dans le complexe de Colima (Robin *et al.*, 1987), ou de la Malinche (Robin, 1981), sont remarquables par leur extension : 20 à 40 km de largeur.

Les séquences volcaniques de ces édifices primitifs se composent de coulées épaisses, massives, rarement de coulées autobréchifiées, d'andésites à deux pyroxènes (teneur en silice généralement comprise entre 57 et 62 %), dans lesquelles les minéraux hydroxylés (amphibole, biotite) ne sont pas ou très peu représentés. Dans la plupart des appareils, les vastes épanchements passent vers l'extérieur à des brèches, des agglomérats et à d'épaisses séquences de dépôts de coulées de débris. Ces dépôts distaux se caractérisent par l'alternance de séquences constituées de bancs métriques de granulométrie très contrastée (dépôts grossiers à blocs, galets ou plus fins, graveleux et cendreux) et d'épaisses formations homogènes à blocs. Leur volume peut atteindre plusieurs centaines de km^3 (300 à 400 km^3 dans le complexe de Colima ; Luhr et Carmichael, 1980). Dans leur ensemble, ces remaniements proviennent du volcan de base. S'ils sont partiellement le fait de l'érosion pendant de longues périodes de quiescence, les caractéristiques des formations à blocs montrent qu'elles se sont mises en place rapidement, en relation avec des événements engendrant d'importantes quantités de matériel fragmenté. Au cours de leur longue construction, les flancs des édifices situés au-dessus de zones tectoniquement instables sont propices aux écroulements et glissements de terrain conduisant à la formation de ces vastes épandages. C'est particulièrement le cas des volcans des Andes et les glissements en masse bordant au nord-ouest et à l'ouest le complexe du Nevado del Ruiz (Colombie) en sont un exemple remarquable.

Le stade caldera d'effondrement

Il caractérise l'évolution "logique" des volcans de type 1, fonctionnant en système clos. Ce stade intervient lorsque le magma, stocké dans un réservoir superficiel, est suffisamment différencié et se trouve sous forte pression gazeuse. L'émission brutale d'un grand volume -quelques km^3- d'écoulements de cendres et ponces (généralement des dacites riches en amphibole, rarement des rhyolites) marque un changement spectaculaire de la nature des produits et des dynamismes par rapport au volcan de base. Le diamètre de la caldera, résultant de l'effondrement du toit du réservoir après l'éruption, est compatible avec le volume de matériaux éjectés : 3-4 km^3, parfois plus de 5 km^3 (Toluca, Cantagrel *et al.*, 1981 ; Malinche, Robin, 1981 ; Nevado de Colima, Robin *et al.*, 1987 ; Ceboruco, Nelson, 1980).

Evolution en système clos après le stade caldera

Le développement postérieur à la caldera se caractérise par la mise en place de dômes et leur destruction en écoulements pyroclastiques à cendres et blocs. Les dômes sont en général constitués par des dacites à amphibole. Ils représentent l'ascension du magma sous-jacent à celui formant les écoulements cendro-ponceux du stade précédent. Ils peuvent être coalescents, en position centrale, comblant ainsi la caldera qu'ils débordent (volcan de Toluca, Malinche). Dans d'autres cas, ils se disposent sur le pourtour de celle-ci (Pico de Orizaba), utilisant les fractures circulaires. Si l'activité s'arrête à ce stade, les dômes constituent le sommet du volcan et les pyroclastites peuvent être peu abondantes (Malinche). Toutefois, dans la plupart des cas, l'effondrement de la caldera est suivi par une activité explosive complexe, à laquelle participent aussi des nuées retombantes à bombes liées à

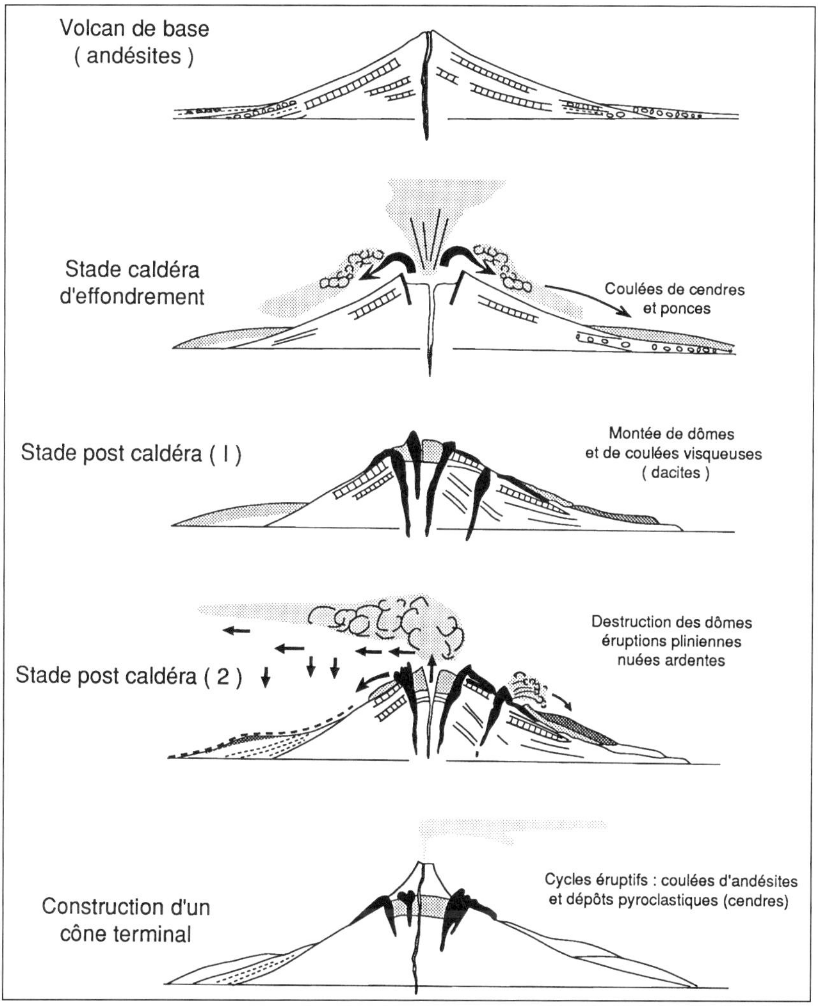

Fig. 116 - Modèle théorique de développement d'un strato-volcan périodiquement réalimenté.
Ce schéma correspond à l'évolution globale du Nevado de Colima. Les développements du Popocatepetl et du Fuego de Colima se font avec passage direct du volcan de base au stade caldera d'avalanche (voir texte).

l'ouverture de cratères précédant la montée de nouvelles extrusions. La durée de cette période d'activité fortement explosive est courte, comparée à celle du volcan de base : quelques dizaines de milliers d'années au plus.

La fin de ce stade d'évolution est représentée sur le terrain par des horizons de retombées aériennes de cendres et ponces, montrant une certaine rythmicité. L'émission de ces produits, dont le volume décroît rapidement en fonction du temps, peut alterner avec l'ascension de nouveaux dômes, de volumes de plus en plus petits, jusqu'à l'épuisement total du potentiel éruptif.

• **Evolution des volcans périodiquement réalimentés** (fig. 116).

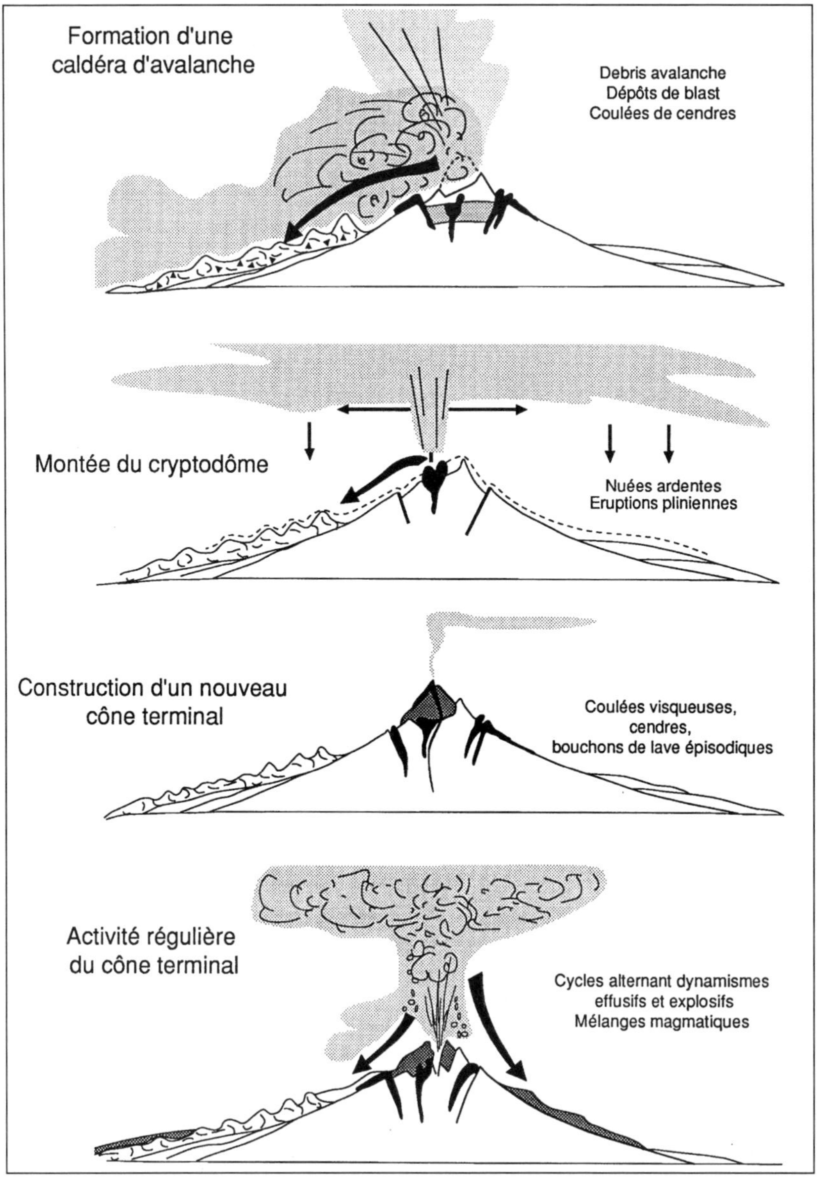

Fig. 116 - Suite

Variante au stade caldera : formation d'une caldera d'avalanche

Avant la production de volumineuses coulées de cendres, et la formation d'une caldera d'effondrement, un événement de type Saint-Helens peut se produire, interrompant l'évolution normale. Celui-ci peut être gigantesque : 20 km^3 déplacés au Fuego de Colima (Vincent *et al.*, 1983), 30 km^3 au Popocatepetl (Boudal, 1985 ;

Robin et Boudal, 1984, 1987). L'entraînement de la partie supérieure du volcan provoque alors l'ouverture d'une large caldera d'avalanche. Au Fuego de Colima cette structure a près de 5 km de diamètre ; la caldera d'avalanche du Popocatepetl mesure 6,5 x 10 km. Dans les deux volcans de Colima (Nevado et Fuego), l'intervention de magma basique profond à olivine, et son mélange avec le magma de la lignée différenciée, ont été observés dans les produits pyroclastiques associés à ces éruptions (Robin *et al.*, 1990). Au Popocatepetl, des mélanges entre magma acide et basalte interviennent dès les premières phases de construction du cône terminal (Boudal et Robin, 1988). La pétrologie du cône interne à la caldera d'avalanche du Galéras est elle aussi gouvernée par des mélanges entre magmas acide et basique (Mendez *et al.*, 1990). Outre le fait qu'elle représente un trait fréquent des volcans dont l'activité est relancée par de nouveaux apports de magma profond, la formation d'une caldera d'avalanche peut aussi être directement associée à ces apports. Des variations de composition, interprétées comme la conséquence d'une chambre magmatique zonée, ont aussi été observées dans les produits de l'éruption de 1980 au Mont Saint-Helens (Lipman *et al.*, 1981 ; Criswell, 1987).

L'activité explosive succédant au stade caldera

Dans les exemples étudiés au Mexique (Popocatepetl, Fuego et Nevado de Colima), l'activité qui suit immédiatement les éruptions de type Mont Saint-Helens est explosive. Comme au Saint-Helens (Rowley *et al.*, 1981, 1985 ; Kuntz *et al.*, 1981), elle est dominée par des écoulements pyroclastiques à partir de dômes et par des éruptions pliniennes. Au Fuego de Colima, une séquence de niveaux de cendres, de lapilli ponceux ou de retombées hétérogènes (cendres, blocs, scories, ponces), totalisant 35 m d'épaisseur, représente plus de 60 épisodes éruptifs produits depuis environ 9 000 ans. La moitié inférieure de ces dépôts a été émise dans un laps de temps maximum de 8 siècles après l'avalanche. Au Popocatepetl, des produits de déferlantes pyroclastiques de plusieurs mètres d'épaisseur s'intercalent dans une série de retombées de puissance comparable à la base du cône (Boudal, 1985), caractérisant là aussi une activité explosive intense, rythmique, après la caldera d'avalanche.

Par sa durée -quelques milliers d'années- et les dynamismes qu'elle présente, cette étape peut être assimilée au stade post-caldera d'effondrement des volcans de type 1. Des différences existent cependant : les retombées pliniennes sont nettement plus abondantes que les dépôts dirigés et les produits sont en moyenne moins acides ; il s'agit d'andésites résultant de mélanges.

L'activité des cônes terminaux

Dans les volcans d'évolution complexe du Mexique, la pétrologie des cônes terminaux se caractérise donc par des mélanges de magmas, comme cela semble être aussi le cas d'une grande partie des volcans d'évolution comparable situés dans d'autres provinces (Cascade Range : Macdonald et Katsura, 1965 ; Eichelberger, 1975, 1978).

Ces mélanges s'expriment par des dynamismes nouveaux. Les dynamismes précédents étant aussi représentés (s'il est suffisamment visqueux, un magma résultant d'un mélange dans la chambre peut monter sous forme de dôme), l'activité des volcans modernes apparaît très diversifiée. Le développement des édifices sommitaux tend malgré tout à suivre un même schéma directeur : quel que soit l'appareil considéré, on observe l'alternance de longues phases d'édification par des coulées, de quelques milliers d'années en moyenne (jusqu'à 10 000 ans environ ?) avec des périodes plus

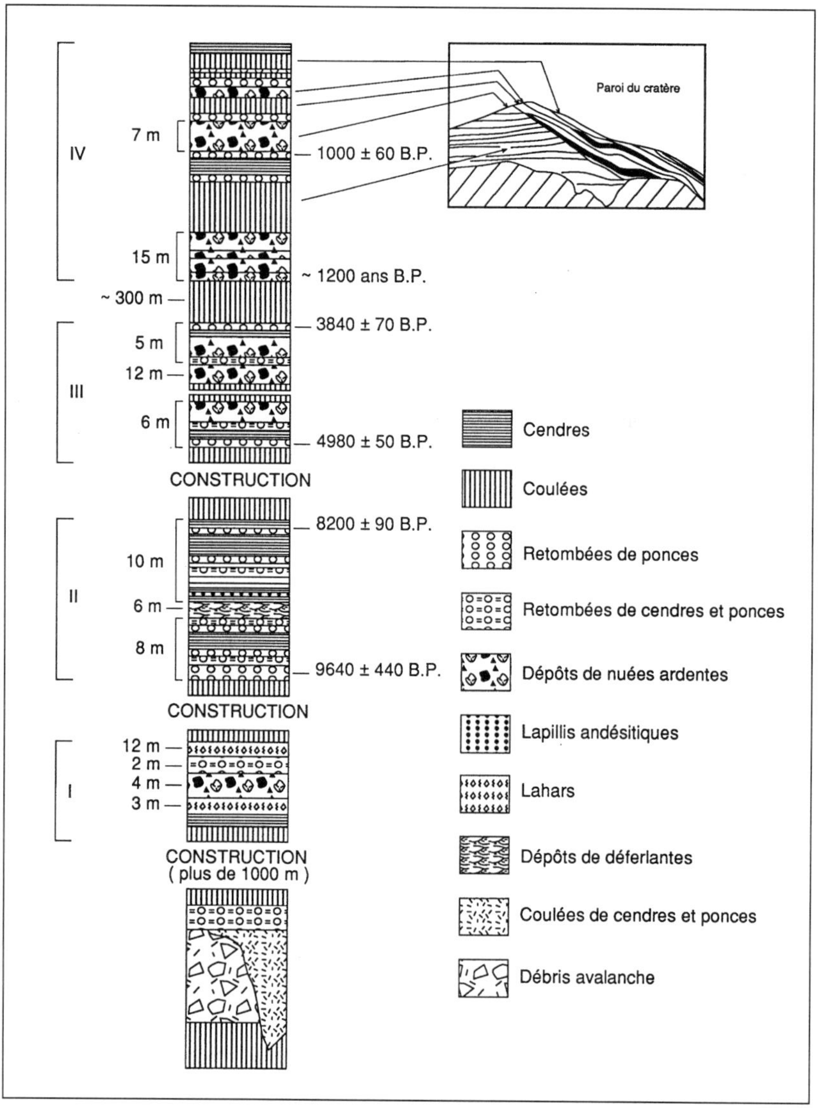

Fig. 117 - Un exemple de colonne stratigraphique synthétisant l'activité rythmique récente d'un grand strato-volcan andésitique : le Popocatepetl.
On notera l'existence de 4 périodes (I à IV) d'activité mixte explosive et effusive, séparées par des périodes plus longues de construction par des coulées (d'après Boudal et Robin, 1988).

courtes (habituellement 1 000 à 2 000 ans) d'activité plus variée, effusive et explosive. Au cours de ces dernières, l'activité semble obéir à des cycles mixtes, explosifs et effusifs plus ou moins réguliers d'une centaine à quelques centaines d'années.

Depuis environ 20 000 ans, le Popocatepetl a connu des phases d'édification de 3 000 à 5 000 ans, séparées par quatre périodes présentant de tels cycles (fig. 117).

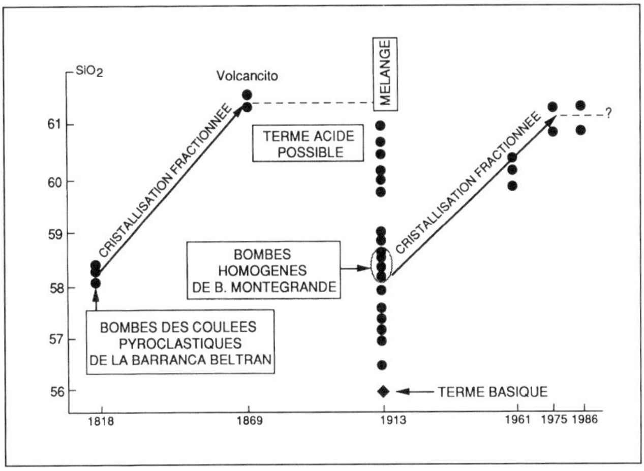

Fig. 118 - Un exemple de cycles éruptifs gouvernés par des apports périodiques de magma profond : évolution de la teneur en silice des laves au cours des deux derniers cycles du Fuego de Colima (d'après Robin *et al.*, 1991).

La première s'est produite vers 15 000 ans BP, la seconde et la troisième de 10 000 à 8 000 ans BP et de 5 000 à 3 800 ans BP. Au cours de ces périodes, des explosions verticales à l'origine d'écoulements pyroclastiques comparables à ceux décrits à la Soufrière de Saint-Vincent (Hay, 1959 ; Shepherd *et al.*, 1979 ; Bardintzeff et Boudon, 1979) ou au Chichon (Cochemé *et al.*, 1982 ; Duffield *et al.*, 1984) ouvrirent à plusieurs reprises de larges cratères dans la zone sommitale construite entre-temps par des coulées. Certaines de ces ouvertures, en particulier celles de la période 5 000-3 800 ans, sont encore bien visibles. La quatrième période a débuté il y a 1 200 ans et n'est probablement pas terminée. Au Pico de Orizaba, le développement du cône terminal a été conditionné par ce type d'activité de 13 000 à 6 000 ans BP ; en revanche, il semble que depuis 5 000 ans le volcan soit dans une phase de construction lavique (Robin, 1981). Depuis 14 000 ans, la Montagne Pelée semble elle aussi caractérisée par une activité cyclique (Roobol et Smith, 1976 ; Westercamp et Traineau, 1981 ; Bourdier *et al.*, 1985).

Essai de définition des cycles éruptifs

Si les dynamismes des cônes sommitaux sont plus nombreux qu'au cours des stades d'évolution précédents, et la pétrologie plus complexe, l'étude de cette activité cyclique est facilitée par une échelle de temps beaucoup plus courte. Un cycle débute par de violentes éruptions verticales à cheminée ouverte produisant des nuées retombantes à magmas hétérogènes et des dépôts pliniens ; il se poursuit par la montée de laves de grande viscosité, ou d'un dôme, obstruant le conduit jusqu'au prochain épisode cataclysmal. Les outils dont on dispose pour modéliser le développement d'un appareil sont alors variés : téphrochronologie, analyse des dynamismes éruptifs, pétrologie.

Avec de tels outils, une définition assez précise des cycles d'activité propre à chaque volcan devient possible. Ceux du Popocatepetl et du Fuego de Colima sont assez bien connus. Au Popocatepetl, 3 cycles composent la période commencée il y a 1 200 ans. Au Fuego de Colima, la durée de chaque cycle est de l'ordre de 100 à 150 ans. Chaque reprise de l'activité explosive semble liée à une nouvelle injection de magma basique dans la chambre (Robin *et al.*, 1991 ; fig. 118). Les relations entre dynamismes éruptifs et pétrologie peuvent alors être clairement établies sur de courtes périodes.

• Problèmes en suspens

La formation d'une caldera d'effondrement n'exclut pas définitivement une relance de l'activité et la construction d'un nouvel édifice centré. Celui-ci peut ensuite connaître des réalimentations successives dans une évolution de type 2. Ce fut le cas au Nevado de Colima où l'on observe, entre environ 100 000 et 200 000 ans, l'édification d'un volcan intermédiaire après la formation d'une caldera d'effondrement (Robin *et al.*, 1987). Une évolution de ce type pourrait encore se produire dans un certain nombre de volcans mexicains près d'avoir épuisé leurs ressources éruptives, si les conduits de réservoirs profonds vers la chambre superficielle en cours de refroidissement s'ouvraient à nouveau. Bien que présenté comme modèle-type des volcans dont l'activité se termine avec le stade post-caldera, le Toluca en est un exemple si l'on considère que les derniers dépôts pliniens émis par ce volcan remontent à seulement 10 000 ans (Bloomfield et Valastro, 1977).

Les modèles de développement des volcans andésitiques centraux exposés ci-dessus suivent donc un schéma directeur unique plus ou moins complet. Celui-ci ne s'accorde pas pour autant avec une durée plus ou moins longue. Bien qu'elles comprennent environ le même nombre de grands édifices actifs et qu'elles sont reliées à des phénomènes tectoniques comparables -la disparition d'une plaque océanique sous un continent-, un fait marquant distingue les provinces volcaniques du Mexique et de Colombie. On compte au Mexique plusieurs milliers de cônes de dimensions modestes, comme le Paricutin, alors qu'en Colombie les appareils de ce type sont pratiquement absents. Si l'on considère que ces cônes représentent autant de témoins d'une possible réalimentation des réservoirs situés sous les grands volcans, il est certain que l'évolution de ces derniers ne se fait pas au même rythme d'une province à l'autre. Pour certains appareils, les dynamismes seront constants pendant une longue période, alors que pendant un temps égal d'autres volcans connaîtront une évolution complexe. De telles différences sont tributaires de la quantité de magma primaire généré en profondeur (donc du contexte géodynamique), de facteurs comme la tectonique superficielle ainsi que de nombreux paramètres structuraux. Elles montrent combien les modèles sont perfectibles et qu'il est bien difficile de préciser aussi bien l'arrêt définitif de l'activité d'un grand volcan andésitique qu'une reprise de son activité.

L'âge des volcans primitifs est très variable, de quelques centaines de milliers d'années à plus de 1 Ma. L'activité pendant cette période étant entrecoupée de longs repos, on peut penser qu'un grand nombre de volcans considérés comme éteints en sont à ce stade. Aucun des grands complexes mexicains n'a conservé le profil caractéristique de ces volcans (un édifice surbaissé prolongé par un cône régulier aux pentes concaves) ; cela laisse supposer que le stade suivant, la formation de la caldera, représente l'enchaînement logique de l'évolution, mais à quel moment ? Et quels en seront les signes précurseurs ?

Les questions concernant le devenir d'un volcan déjà réalimenté apparaissent encore plus évidentes. Sur un édifice de base, le Pico de Orizaba comprend 3 appareils successifs (Hoskuldsson *et al.*, 1990). Chacun des deux volcans intermédiaires a été détruit par un gigantesque événement de type Saint-Helens. C'est probablement avec un tel événement que s'achèvera l'histoire du cône actuel, ouvrant la voie à l'édification d'un nouvel appareil. Combien de fois le phénomène peut-il se reproduire ?

III.1.6. - LES TRAPPS

par Pierre M. VINCENT

Les basaltes de plateaux continentaux représentent les plus grandes surfaces et les plus grands volumes de roches volcaniques sur la partie émergée de notre planète. Ils peuvent couvrir des surfaces d'un seul tenant supérieures à celle de la France et leurs empilements monotones de coulées peuvent atteindre plusieurs kilomètres d'épaisseur. Le terme de *trapps* (du suédois, marche d'escalier), commode par sa brièveté, fait allusion à la morphologie de leurs flancs de vallées. On les désigne aussi sous le nom de basaltes fissuraux, ou de *flood basalts* (basaltes d'"inondation"). Le terme de *continental flood basalts* (CFB) s'est imposé récemment dans la littérature internationale.

Si les CFB ont toujours joué un rôle important en pétrologie - particulièrement en Ecosse (*cf.* Bowen, 1928) - c'est récemment que leur signification géodynamique et leur rôle possible dans les modifications climatiques ont suscité de nombreux travaux. Il est significatif qu'il ait fallu attendre 1988 pour qu'un ouvrage de synthèse leur soit entièrement consacré (Macdougall, 1988).

Par leurs dimensions exceptionnelles et leur platitude, les CFB ne correspondent pas à l'idée qu'on se fait habituellement d'un appareil volcanique. Cependant, on peut noter que des points de vue de la pétrologie et des dynamismes, ce sont des ensembles plus homogènes que la plupart des grands volcans.

• Les trapps du Deccan (Inde)

Ils ont bénéficié de nombreux travaux ces dernières années (synthèse in Mahoney, 1988). Ces trapps couvrent tout le nord-ouest de l'Inde et la partie méridionale du Pakistan. Leur surface d'affleurement actuelle est de 500 000 km^2 (fig. 119). Des témoins isolés montrent qu'ils s'étendaient beaucoup plus loin à l'est et au sud ; en mer, ils devaient se poursuivre jusqu'à la limite du plateau continental, d'après les données géophysiques et quelques sondages : leur extension initiale devait dépasser 1 500 000 km^2. A l'ouest, parallèlement à la côte, ils sont découpés par la spectaculaire falaise des Western Ghats, due au recul par érosion d'une grande faille ou flexure actuellement en mer ; on y observe des coulées sur 1 700 m d'épaisseur ; l'épaisseur totale, nettement supérieure, pourrait atteindre près de 3 000 m. Les coulées ont un pendage faible vers l'est et le sud, et la pile volcanique s'amincit progressivement dans ces directions. Ces faits s'expliquent bien par une alimentation principale suivant des faisceaux de dykes actuellement en mer, interprétation soutenue par des zones d'anomalies gravimétriques positives allongées parallèlement à la côte (Mahoney,1988, et fig. 119). Tous ces basaltes ont été émis à l'air libre, ce qui implique l'existence de hautes terres émergées à l'ouest à l'époque de leur émission.

Les coulées ont une épaisseur moyenne d'une dizaine à quelques dizaines de mètres ; la plus épaisse reconnue a 160 m d'épaisseur. Les plus importantes recouvrent plusieurs milliers de km^2. Certaines ont été suivies jusqu'à 160 km de leur source, mais on pense, par comparaison avec les trapps de la Columbia River, étudiés plus en détail, que des distances de plusieurs centaines de kilomètres ont pu être parcourues par des coulées dont le volume peut dépasser 1 000 km^3 (Reidel et

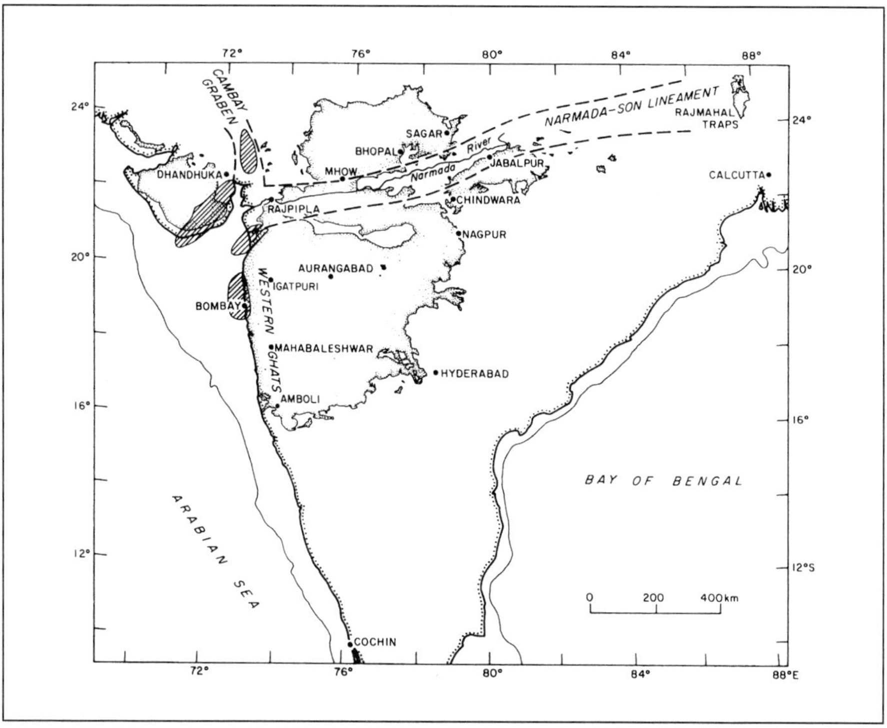

Fig. 119 - Extension actuelle des trapps du Deccan (en pointillé).
Ils doivent se prolonger en mer jusqu'à la limite du plateau continental, indiquée par l'isobathe - 150 m. En tireté, zone des anomalies gravimétriques positives. D'après Mahoney, 1988. Les trapps de Rajmahal sont liés à un autre point chaud (*cf.* fig. 123).

Hooper, 1989). On peut rappeler pour comparaison que la plus volumineuse coulée historique, celle émise par le Laki (Islande) en 1783, a un volume de 12,5 km^3.

Faute de niveaux-repères, la stratigraphie de ce vaste ensemble reste succincte. Il semble néanmoins que les centres d'émissions ont migré vers le sud avec le temps.

Comme dans la plupart des grandes provinces de CFB, les trapps du Deccan sont formés essentiellement de basaltes tholéiitiques ; les rares formations alcalines reconnues - basaltiques ou acides - sont de faible volume et généralement tardives. Du point de vue chimique, ces basaltes sont relativement homogènes en ce qui concerne les éléments majeurs ; les teneurs en éléments traces et les caractères isotopiques sont plus dispersés, ce qui est attribué à une faible contamination par le manteau lithosphérique ou la croûte continentale (Mahoney, 1988). Pour cet auteur, la source des tholéiites de toute la province est homogène et située sous la plaque lithosphérique.

Age et durée

La controverse sur l'origine des extinctions massives à la limite Crétacé-Tertiaire - impact d'un corps extra-terrestre (Alvarez *et al.*, 1980), ou émission des trapps du Deccan (Officer *et al.*,1987 ; Courtillot *et al.*, 1988) - a mené à la multiplication des datations sur ces derniers par différentes méthodes. Il paraît bien établi maintenant

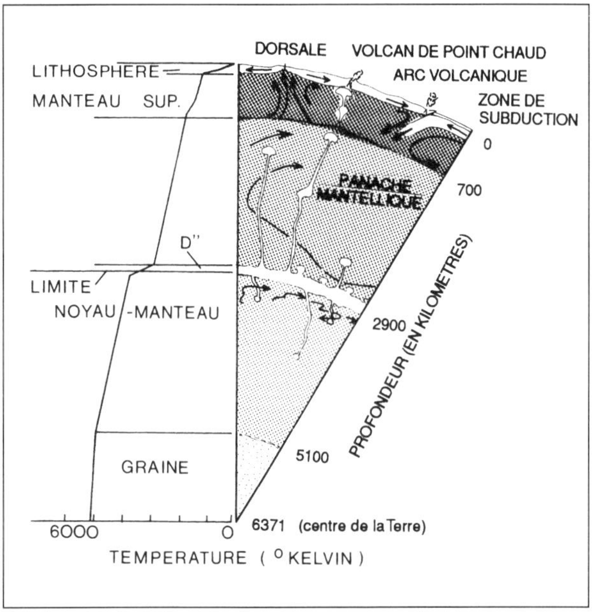

Fig. 120 - Modèle de panaches.
Ceux-ci naissent à la base du manteau, par désorganisation de la couche instable D. Le panache ascendant reste relié et alimenté par un étroit conduit ; il s'aplatit en champignon sous la lithosphère, en produisant un bombement de celle-ci (d'après Courtillot, 1990).

que ces trapps se sont mis en place entre -68 et -63 Ma, l'essentiel du volume ayant été émis rapidement, en moins de 500 000 ans, de part et d'autre de la limite Crétacé-Tertiaire, vers -65Ma (Courtillot, 1990). L'émission d'un tel volume de lave en un temps si court implique des débits considérables et un stockage préliminaire de magma faisant appel à un mécanisme inhabituel.

Origine : impact d'un panache mantellique profond ?

Un modèle explicatif de la formation des CFB du Deccan doit rendre compte des données suivantes :

- la formation et le stockage d'un volume de magma de plus de 1,5 M km^3. Ce stockage ne semble pas pouvoir être intracrustal ; aux considérations pétrologiques, comme la faiblesse de la contamination crustale, s'ajoutent des raisons structurales : malgré des volumes de plus de 1 000 km^3 pouvant être émis au cours d'une seule éruption, il n'y a jamais formation de caldera, ce qui ne manquerait pas de se produire avec une chambre superficielle.
- le lien avec l'amincissement de la croûte, puis sa fracturation qui mènera à la rupture continentale qui va séparer la plate-forme des Seychelles de l'Inde : c'est bien toute la plaque qui est concernée. L'amincissement de la lithosphère est lui-même lié au vaste bombement qui a précédé l'émission des basaltes, leur permettant de s'écouler, comme il a été vu, vers l'est et le sud. Seule une anomalie thermique de grande ampleur peut l'expliquer.

Dans les théories récentes, les points chauds résultent de la montée vers la surface de panaches de matériel mantellique, plus chaud et donc moins dense et moins visqueux que l'encaissant. Leur origine se trouve dans la couche instable à la limite manteau-noyau, à laquelle ils restent reliés par un étroit conduit (fig. 120). L'impact sous la lithosphère se traduit par un étalement latéral du panache, qui va former un

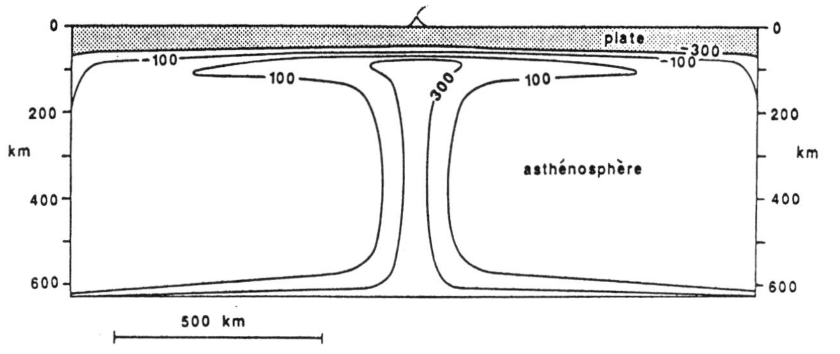

Fig. 121 - Modèle de panaches.
Les isothermes (en degrés C) de l'anomalie thermique du panache par rapport à l'asthénosphère s'étalent de part et d'autre de son axe. Ce modèle de White et McKenzie, 1989, établi avec les données du point chaud du Cap Vert, envisage une origine vers 600 km ; il ne serait pas foncièrement différent avec une origine prise à la base du manteau.

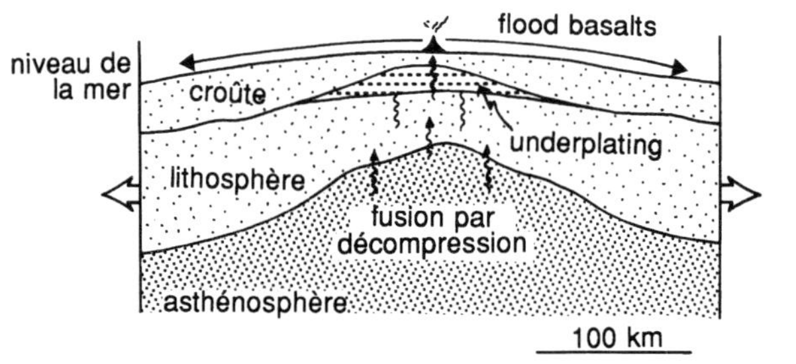

Fig. 122 - Croquis expliquant la fusion de l'asthénosphère chaude par décompression au cours de son ascension sous une plaque amincie par extension.
Le magma "piégé" à la base de la croûte (*underplating*) alimente les trapps, en s'écoulant de part et d'autre du bombement lithosphérique. (d'après White, 1989).
NB : par fusion de la croûte sous l'*underplating* peuvent se former de vastes réservoirs de magma acide, à l'origine des grandes éruptions ignimbritiques et des calderas associées (*cf.* fig. 104).

"champignon" de matériel chaud dont le diamètre, d'après White et McKenzie (1989), peut dépasser 1 000 km (fig. 121). La plaque s'amincit par érosion thermique et se soulève en donnant un bombement en surface. La décompression de l'asthénosphère mène à sa fusion et à la production d'une grande quantité de magma, qui va s'accumuler à la base de la croûte (fig. 122). La fracturation, liée au bombement, permet au magma de parvenir rapidement en surface et de s'écouler de part et d'autre.

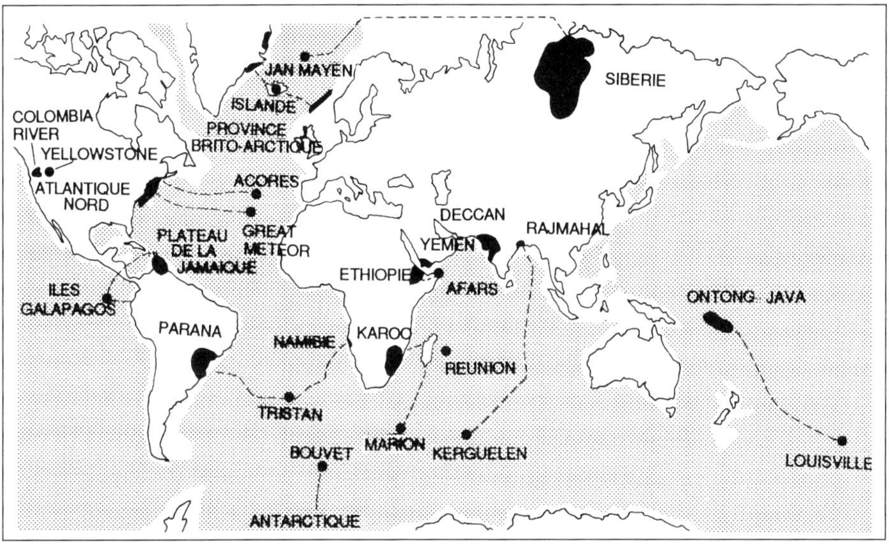

Fig. 123 - Carte de localisation actuelle des principaux trapps.
Tous les grands trapps, formés à l'aplomb d'un point chaud, ont depuis dérivé avec la plaque qui les porte. Leur sillage (en tiretés) est jalonné par une traînée d'îles ou de rides volcaniques, dont l'âge est de plus en plus récent en allant vers le point chaud resté stable (les points chauds sont marqués par des ronds noirs) (d'après Courtillot, 1990, légèrement modifié).

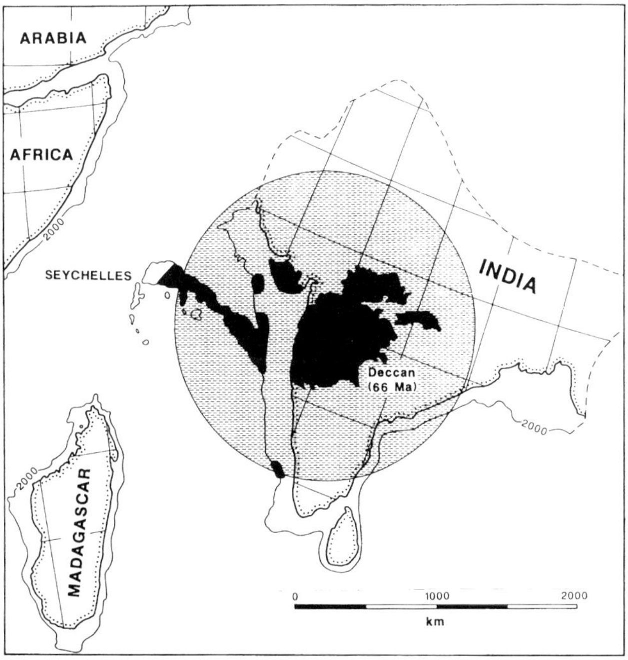

Fig. 124 - Reconstitution de la partie nord-occidentale de l'Océan Indien il y a 65 Ma, juste après la séparation du bloc continental des Seychelles de l'Inde.
Le cercle indique l'extension de la zone anormalement chaude du manteau (panache) centrée sur le point chaud de la Réunion -approximativement déjà situé dans sa position actuelle (d'après White et McKenzie, 1989).

Dans le cas du Deccan - et de tous les CFB importants - le régime en extension aboutira à une rupture continentale. Le panache restant alimenté par son conduit, il se formera des rides volcaniques ou des alignements de volcans dans son sillage sur le plancher de l'océan nouvellement formé. La figure 123 représente la situation actuelle, avec la longue trainée de rides et de volcans, d'âges décroissants, qui relient le Deccan au point chaud de la Réunion. La figure 124 montre la situation du Deccan il y a 65 Ma, avant sa longue remontée vers le nord, à l'aplomb du même point chaud.

On peut considérer actuellement comme bien établi que l'impressionnant volcanisme du Deccan résulte de l'impact initial du panache à l'origine du point chaud de la

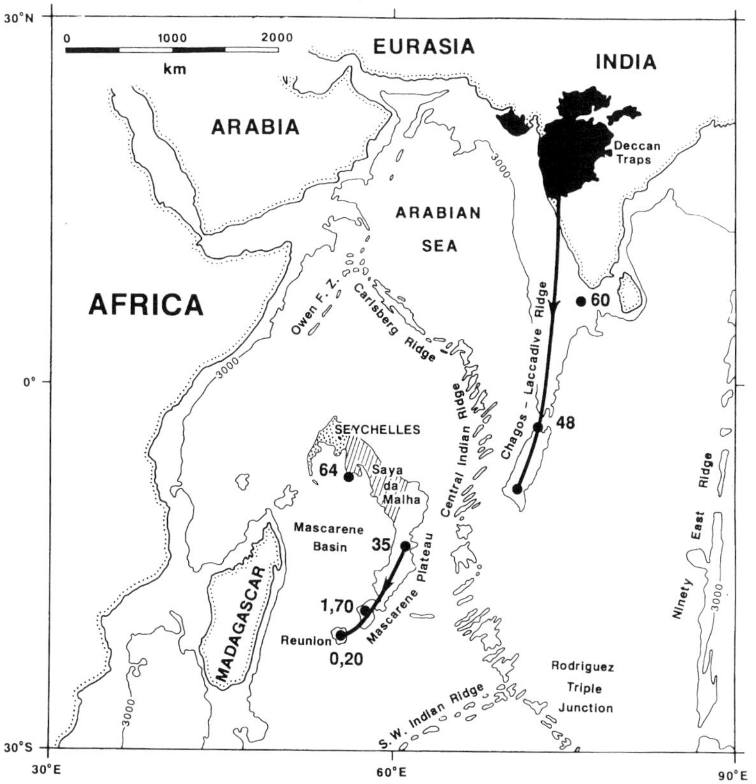

Fig. 125 - Situation actuelle dans l'Océan Indien, avec la traînée volcanique laissée par le point chaud au cours de la remontée de l'Inde vers le nord.

Les âges sont en Ma. L'interruption entre les Chagos et le plateau des Mascareignes correspond à l'expansion océanique depuis le passage du point chaud sous le rift. Le banc basaltique de Saya de Malha (en tirets) est le pendant, maintenant immergé, des trapps du Deccan : comme le bloc continental des Seychelles (en pointillés), il n'a pas suivi la migration de l'Inde (d'après White et McKenzie, 1989).

Réunion ; les rides continues, puis les volcans isolés de Maurice et de la Réunion, jalonnent le déplacement de la plaque au-dessus du point chaud, dont le taux de production magmatique s'est notablement affaibli, en bon accord avec le modèle retenu.

• Les trapps d'autres régions

Les CFB qui recouvrent une partie du bassin sédimentaire du Parana, sur 1,2 M km^2, sont situés principalement au Brésil, et accessoirement en Uruguay, au Paraguay et en Argentine. Leur volume total est de 800 000 km^3, soit plus de 600 m d'épaisseur moyenne (Peccirillo *et al.*, 1988). Ils sont d'âge Crétacé inférieur. Ils présentent des caractères communs avec ceux du Deccan : composition essentiellement tholéiitique et situation près d'une marge continentale passive. Les trapps d'Etendeka, sur la côte africaine de Namibie, leur sont comparables en tous points, jusque dans leurs caractères isotopiques (Peccirillo *et al.*, 1988). Leur origine est attribuée au point chaud de Tristan da Cunha, qui se relie à ces deux CFB par les rides volcaniques du Rio Grande et de Walvis respectivement (fig. 125).

La figure 125 montre que tous les grands CFB peuvent être reliés à un point chaud reconnu. Cependant certaines attributions restent spéculatives-comme celle du point chaud de Jan Mayen pour les trapps permo-triasiques de Sibérie, les plus étendus du Phanérozoïque. La liaison entre le point chaud de Yellowstone et les CFB de la Columbia River est contestée : pour plusieurs auteurs, l'amincissement de la lithosphère et l'extension de la croûte ayant permis la formation et l'émission de ces 270 000 km^3 de basalte seraient dus uniquement à des contraintes tectoniques horizontales dans un contexte d'arrière-arc.

Il n'a pas été question ici des CFB de moindre importance, sans liens avec les marges passives, mais qui peuvent néanmoins recouvrir des dizaines de milliers de km^2. L'intérieur de l'Afrique en fournit de bons exemples : Hoggar, Tibesti, Dar Four, hauts plateaux du Cameroun. Ils ont en commun d'être situés sur d'importants bombements du substratum ; les basaltes sont alcalins, accompagnés de produits de différenciation faibles par leur volume mais jouant un rôle morphologique important (protrusions). L'Auvergne et le Velay en fournissent aussi quelques modestes exemples. Dans certaines provinces apparaissent, interstratifiées dans la partie supérieure des trapps et en couverture, d'importantes formations rhyolitiques, qui semblent provenir d'une fusion de la croûte continentale (Tibesti). Il est vraisemblable qu'il s'agit là aussi de manifestations liées à la présence de points chauds, mais il faudra attendre des études géochimiques et géophysiques plus détaillées pour pouvoir l'affirmer.

III.2. - CARTOGRAPHIE EN ZONES VOLCANIQUES

III.2.1. - REPRÉSENTATION CARTOGRAPHIQUE DES RÉGIONS VOLCANIQUES

par Alain de GOER de HERVE

Pour les terrains volcaniques comme pour beaucoup d'autres objets d'étude des Sciences de la Terre, la carte représente un document synthétique où peuvent être cumulées les connaissances acquises dans des domaines variés. Mais l'extrapolation inhérente à toute expression cartographique peut présenter ici un prolongement spécifique : dans les régions de volcanisme actif ou subactif, en mettant en relief le stade d'évolution actuel d'un ensemble, elle doit déboucher sur l'avenir, c'est-à-dire sur la suggestion de potentialités prévisionnelles (au même titre que les cartes géotechniques et autres cartes de risques - *cf.* chap. IV.1.1.).

Il existe actuellement peu de cartes qui puissent s'intituler "volcanologiques", c'est-à-dire qui soient à la fois thématiques (axées sur le volcanisme) et exhaustives (ne laissant dans l'ombre aucun des aspects de ce thème). Conçue en 1972 pour répondre à une demande formulée par la collectivité volcanologique française, la Carte de la Chaîne des Puys (Camus *et al.*, 1975 ; de Goër *et al.*, 1991) prétendait innover en la matière ; ce qui ne présentait pas de difficulté majeure, dans la mesure où le modèle présenté - une chaîne linéaire différenciée - reste relativement simple ; encore que la géophysique y reste très discrète, et que les lacunes dans nos connaissances y laissent subsister une insuffisance regrettable concernant la chronologie. Bien d'autres cartes comparables ont été éditées depuis une vingtaine d'années : on peut citer à titre d'exemples celles concernant l'Erta Ale (Afar - Barberi *et al.*, 1972), l'Etna (Sicile - Romano *et al.*, 1976), la Fournaise (Réunion - Bachèlery *et al.*, 1982) ou la Montagne Pelée (Martinique - Westercamp et Traineau, 1983).

La plupart de ces cartes ne satisfont qu'une partie de leurs utilisateurs. En effet, dérivées des cartes géologiques classiques moyennant une simple adaptation au cas particulier des terrains volcaniques, elles n'évitent pas, le plus souvent, le défaut de rester marquées par une école, c'est-à-dire trop préférentiellement orientées vers tel ou tel aspect du volcanisme, au détriment des autres. Ceci répond d'ailleurs en général à une nécessité économique, les procédés d'impression utilisés pour les cartes thématiques n'y permettant pas la multiplication des moyens d'expression.

• Les divers types de cartes

Les cartes actuellement disponibles concernant les régions volcaniques du globe peuvent se regrouper autour de trois pôles.

Les cartes géophysiques

De faible coût de revient et strictement thématiques, elles mettent en évidence les apports des diverses méthodes d'auscultation des territoires volcanisés. Chacune exprime les résultats d'une méthode déterminée de prospection. Ainsi dispose-t-on de cartes géomagnétiques, gravimétriques, sismiques, géoélectriques, thermographiques, etc. La synthèse de ces divers documents sur une carte unique est le plus souvent impossible, la plupart de ces résultats s'exprimant soit par des systèmes de taches colorées (thermographies), soit par des systèmes de courbes isomètres (magnétométrie, gravimétrie), difficilement superposables les uns aux autres sous peine de devenir illisibles. *A fortiori* ne peut-on les surajouter aux données topographiques et géologiques, en vue de réaliser une carte volcanologique exhaustive.

Les cartes morphologiques et morphostructurales

Généralement assez simples et peu onéreuses, elles mettent principalement l'accent sur : la forme des constructions volcaniques (cônes, cratères, calderas) et des surfaces de coulées (lisses ou chaotiques) ; l'évolution des reliefs volcaniques sous l'action des agents de l'érosion (bords de falaises, inversions de coulées, necks et dykes, etc.) ; les éléments structuraux contrôlant le volcanisme (pentes topographiques, failles, alignements, fissures éruptives, etc.). Parmi les cartes de coût modéré, elles sont en général les plus "dynamiques" ; mais elles laissent dans l'ombre les deux aspects privilégiés par les cartes dites "géologiques" : la composition des matériaux, et la chronologie des événements.

Les cartes géologiques

Le plus souvent, une carte géologique est surimposée à un fond topographique, sans en expliciter la traduction morphogénétique, qui doit être déduite par le lecteur. Elle y superpose des éléments de deux ordres : la composition des matériaux (lithologie) et la chronologie de leur mise en place - auxquels s'ajoutent des indications concernant les applications économiques. Depuis les débuts de la carte géologique voici 150 ans, deux écoles s'affrontent quant à la meilleure hiérarchie souhaitable entre ces deux types d'information. Classiquement, en France tout au moins, et jusqu'aux dernières décennies, les cartes partaient de deux conceptions opposées selon les terrains concernés :

- en terrain dit "sédimentaire" ("exogène"), la priorité est accordée à la chronologie, les lois de la stratigraphie trouvant dans la carte un mode d'expression privilégié, et l'établissement dès le début du XIXe siècle d'échelles biostratigraphiques permettant d'attribuer des âges relatifs aux divers ensembles de dépôts ;
- en terrain dit "cristallin" ("endogène" : plutonique et métamorphique), la priorité est accordée à la lithologie.

Les terrains volcaniques présentent la particularité de se situer à la rencontre de ces deux ensembles. Les roches volcaniques, en effet, sont "endogènes" par leur élaboration en profondeur - en cela, elles s'apparentent aux roches plutoniques - et "exogènes" par leur mise en place en surface (intrusions dans l'infrastructure mises à part) - et, en cela, elles s'apparentent aux roches sédimentaires.

• Difficultés inhérentes à la cartographie volcanique

En raison de cette situation charnière entre domaines endogène et exogène, la cartographie des terrains volcaniques se devrait de réaliser la synthèse entre deux conceptions initialement opposées. C'est d'ailleurs à une telle approche équilibrée qu'ont tendu nombre de collaborateurs à la Carte géologique de France ayant travaillé dans le Massif central français entre les années 1890 et 1930, tels A. Michel-Lévy, M. Boule ou P. Glangeaud. On aurait pu s'attendre à ce que l'essor de la radiochronométrie à partir de 1960 (principalement méthode K-Ar pour les laves, éventuellement ^{14}C pour les régions de volcanisme très récent) facilite l'épanouissement d'une telle expression synthétique. Or c'est le contraire qui s'est produit le plus souvent, non tellement en raison des inévitables balbutiements de ces méthodes qu'à cause d'une spécialisation croissante des auteurs de cartes vers des techniques sophistiquées de laboratoire, les éloignant de plus en plus des approches naturalistes traditionnelles. Et c'est ainsi qu'on voit s'opposer, dans la génération "moderne", deux types de cartes également partielles :

des cartes essentiellement "pétrographiques", souvent très fines, où une gamme de teintes très diversifiée exprime de subtiles distinctions chimico-minéralogiques (sur un même territoire, une dizaine de phonolites ou de basaltes différents), et ceci au détriment des ensembles chronologiques qui restent le plus souvent peu ou non apparents. Ces cartes sont généralement très analytiques, mais de lecture difficile et de signification volcanologique restreinte.

des cartes essentiellement "chronologiques", où au contraire les formations sont regroupées par tranches d'âges, sur la base d'une maille plus ou moins dense de prélèvements d'échantillons ayant fait l'objet de mesures, mais avec un faible souci de présentation lithologique (ex. carte du massif des Monts Dore - Baubron et Cantagrel, 1983). S'opposant aux précédentes par un caractère hautement synthétique, ces cartes sont peu utilisables sur le terrain.

On doit souligner que les unes comme les autres négligent, ou au moins sous-estiment fortement, *les aspects structuraux et dynamiques*, alors que ceux-ci tendent à prendre une place croissante sur les cartes géologiques à 1/50 000 récentes en terrain sédimentaire ou métamorphique.

Un même magma, à la même époque, peut être émis soit sous forme lavique, soit sous forme pyroclastique, et dans ce dernier cas peut obéir soit aux lois de la projection balistique (et de la sédimentation, après trajectoire), soit à celles de l'écoulement. Tant sur le plan de la compréhension du phénomène que sur celui des applications, il n'est pas souhaitable de voir figurer de façon identique : une coulée de lave, une coulée canalisée de cendres et ponces, une retombée en pluie (donc en nappe) des mêmes cendres et ponces, voire une coulée boueuse (lahar) provoquée par un remaniement de ces produits, fût-il de même âge ou de même composition. Cette expression génétique implique des aspects lithologiques, structuraux, et morphologiques : un cône de scories accumulées autour d'un évent doit être distingué facilement d'une nappe de retombées scoriacées saupoudrées sur une vaste superficie mais sous une faible épaisseur ; une butte-témoin de coulée (calotte lavique plaquée) ne doit pas pouvoir être confondue avec une masse lavique enracinée (dôme, culot cratérique ou lac de lave déchaussé en inversion de relief) (fig. 126).

• Suggestions pour l'établissement de cartes volcanologiques

Compte tenu de ces impératifs et de ces difficultés, il ne saurait exister de règle générale, les hiérarchies adoptées et les simplifications nécessaires restant étroitement conditionnées par le contexte régional, ainsi que par l'échelle choisie. Or celle-ci, pour une carte de synthèse, est imposée par la superficie de l'ensemble : pour la France, par exemple, si une carte volcanologique de la Chaîne des Puys a pu être réalisée à 1/25 000, une carte semblable des Monts Dore ne peut être envisagée qu'à 1/50 000, et une carte du Cantal à 1/100 000 seulement ; il est évident que les conventions adoptées ne pourront pas être les mêmes. On ne peut donc que conseiller des orientations, non ériger une réglementation conventionnelle rigide.

a) Dans les régions à volcanisme pétrographiquement varié (cas fréquent dans le volcanisme alcalin continental), les couleurs de base (familles de teintes) sont pétrographiques (familles de roches), selon les conventions plus ou moins tacitement admises internationalement : ex. bleus pour les basaltes, verts pour les phonolites, rouges pour les rhyolites. Mais il est alors souhaitable que la gamme utilisée à l'intérieur de chaque famille (nuances de teinte, intensité de trame), reflète prioritairement la situation chronologique, plutôt que les subtilités chimico-minéralogiques qui peuvent être explicitées dans la symbolique sans nuire à la lisibilité structurale de la carte.

b) Dans les régions à volcanisme pétrographiquement monotone, il se révèle préférable d'adopter la convention inverse. C'est le cas dans les grands ensembles basaltiques (carte du Piton de la Fournaise à la Réunion - Bachèlery

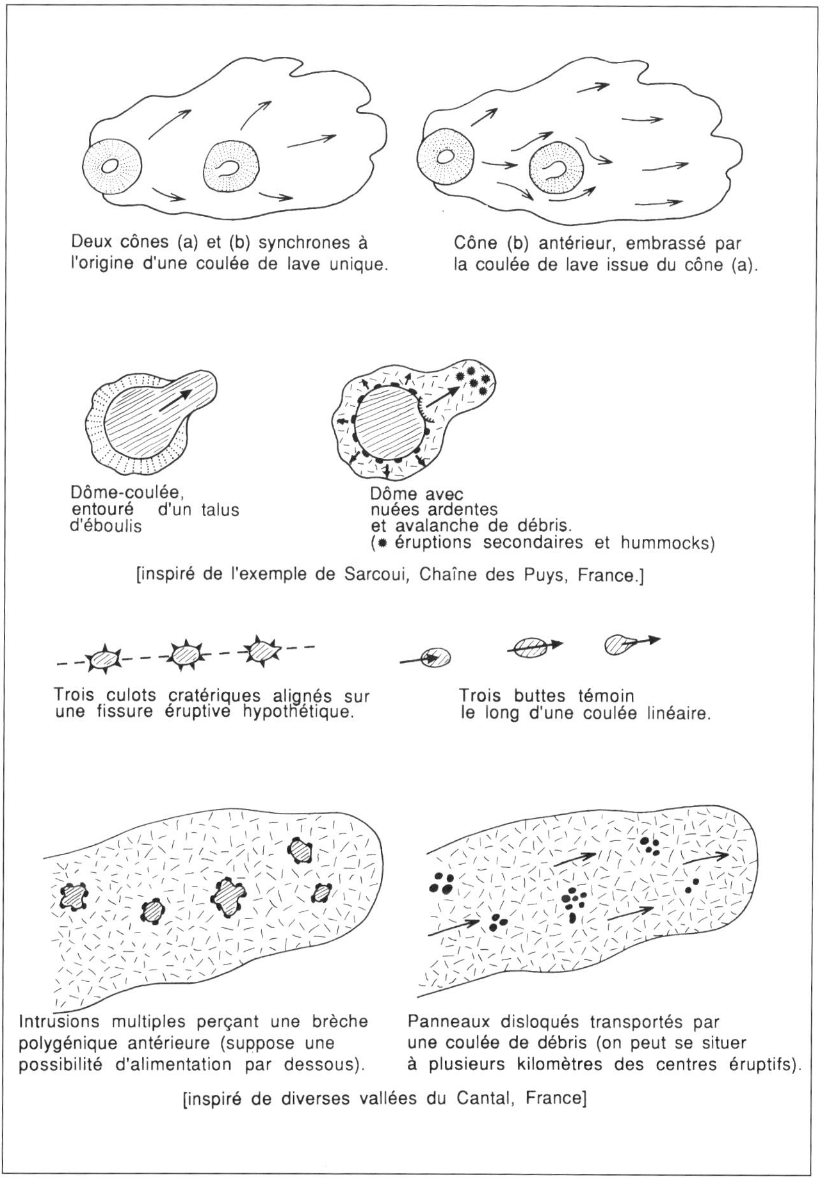

Fig. 126 - Quelques exemples de représentations cartographiques traduisant deux interprétations divergentes d'une formation volcanique.

et Chevalier, 1982) ou dans les stratovolcans andésitiques (carte de la Montagne Pelée en Martinique - Westercamp et Traineau, 1983). Les couleurs de base sont alors purement chronologiques, et les nuances de teinte ou d'intensité peuvent être affectées aux variations pétrographiques.

c) Sur les territoires à volcanisme essentiellement effusif (basaltiques *s.l.*), les teintes plates (pleines ou tramées), toujours plus lisibles, seront affectées aux surfaces laviques. Des trames superposées peuvent, si nécessaire, distinguer la qualité de surface de la lave - aa ou pahoehoe. En raison de la superficie restreinte occupée par les constructions pyroclastiques (cônes et spatters), on a le plus souvent intérêt à leur réserver les teintes pleines les plus vives, qui les font apparaître du premier coup d'œil (ex. carte de la Fournaise). Les figurés (hachures, guillochures, pois, taches etc.) ne seront utilisés que pour les pyroclastites étalées sur de vastes surfaces ; ces figurés apparaissent en surimpression sur la teinte du substrat, lorsqu'il est connu, en raison de la faible épaisseur des produits "de saupoudrage".

d) Sur les territoires à volcanisme essentiellement pyroclastique (cas des boucliers ignimbritiques ou des strato-volcans andésitiques), les masses laviques - dômes, courtes coulées - étant de superficie restreinte, c'est à elles que seront réservées les teintes pleines les plus vives. Là encore les figurés, éventuellement en surimpression, ne doivent - pour une raison de lisibilité - être utilisés que pour les retombées pyroclastiques (pluies de cendres et ponces) étalées sur de vastes surfaces et sous de faibles épaisseurs. Par contre, les pyroclastites d'écoulement - ainsi que les épiclastites telles que coulées boueuses ou coulées de débris -, qui représentent les unités volumétriquement majeures, resteront représentées en plages plates (pleines ou tramées) ; c'est, par exemple, la solution adoptée sur la carte de la Montagne Pelée.

Remarque : il va sans dire que, dans les régions où ont alterné dans le temps les deux types de volcanisme, à dominante lavique ou pyroclastique, telles le Cantal ou l'Etna, on ne pourra pas éviter de faire coexister les deux systèmes opposés de conventions. Par ailleurs, sur de tels territoires complexes, l'habitude de ne concéder aux pyroclastites que les teintes les plus ternes (gris et bistres - voir les recommandations de la Carte géologique de France) ne permet pas de mettre en valeur les horizons-repères représentés par quelques cataclysmes éruptifs majeurs : ainsi sur une carte des Monts Dore (Massif central français), c'est en rouge vif, et non en bistre, que devraient apparaître les produits de la "Grande Nappe" d'écoulements de cendres et ponces fibreuses rhyolitiques.

e) Dans tous les cas, une symbolique (en noir ou en couleur soutenue) devra, autant que faire se peut, indiquer tous les éléments morphologiques et structuraux apportant des informations sur les dynamismes éruptifs et la géodynamique d'ensemble. A ce sujet, il convient de reconnaître que, si la symbolique structurale des terrains plissés a depuis longtemps atteint sa maturité, celle des terrains volcaniques en reste au stade des balbutiements (fig. 127). Le choix de représentation d'éléments mineurs (tels : cônelets sans racines, éruptions secondaires sur coulées pyroclastiques) dépend évidemment de l'échelle adoptée ; il en est de même des zones fumerolliennes ou hydrothermales, et des courbes isopaques pour les nappes pyroclastiques. Mais dans tous les cas, trois types d'indications fondamentales doivent apparaître :

- *les structures enracinées* manifestant la localisation et la disposition des voies d'alimentation, linéaires ou ponctuelles : cratères, évents effusifs sans cratère apparent, dômes et protrusions (laves visqueuses), necks et lacs de lave figés (laves fluides), réseaux de dykes, etc.
- *les directions et sens d'épanchement* (—>) pour tous les types d'écoulements, qu'il s'agisse de laves, de pyroclastites (coulées et déferlantes) ou d'épiclas-

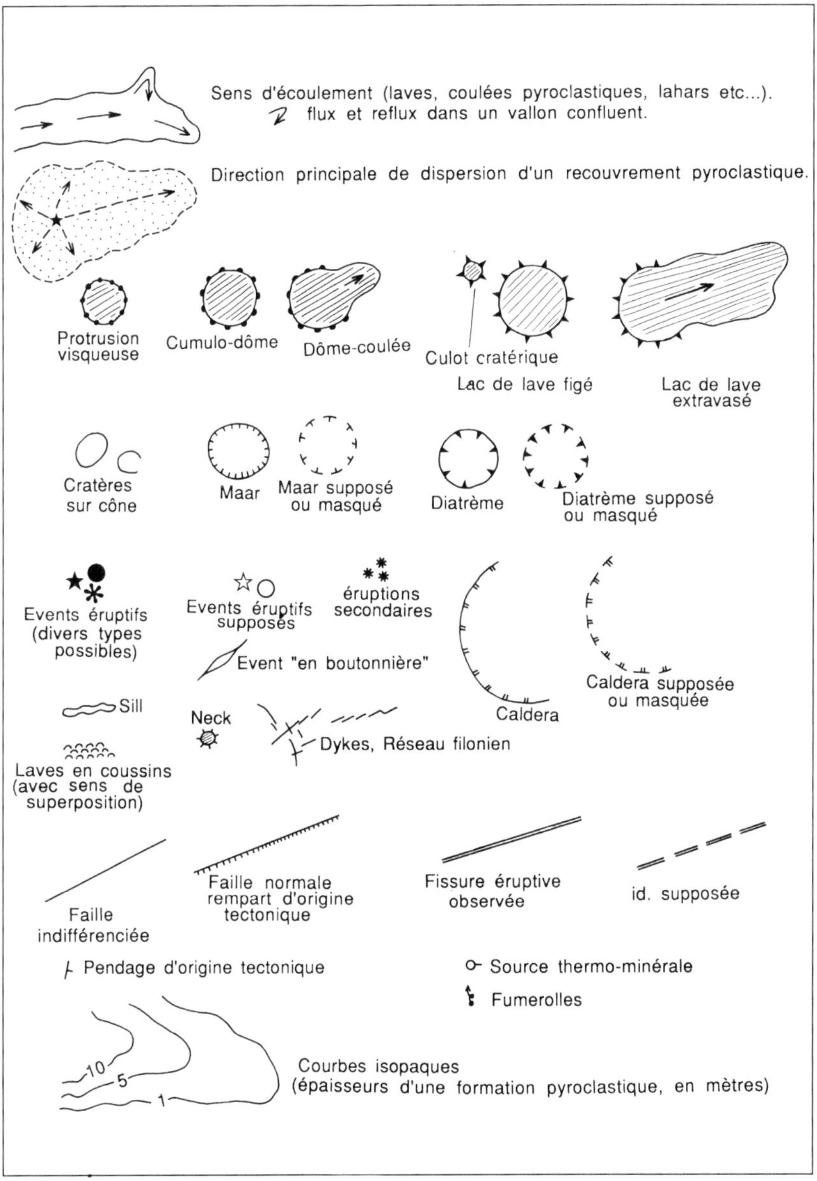

Fig. 127 - Exemples de symboles utilisables sur les cartes volcanologiques.

tites (coulées de boue, coulées de débris) ; de même, pour la dispersion des retombées aériennes, lorsque les variations d'épaisseur et /ou de granulométrie permettent une localisation même approximative des foyers d'émission.

- *les phénomènes tectoniques* associés au volcanisme : failles, calderas, pit-craters, dômes résurgents, flexures ou basculements de blocs etc. L'utilisation du sigle de pendage emprunté aux cartes sédimentaires doit être réservée aux cas où ce pendage est dû à des déformations tectoniques ou volcano-tectoniques, et non à la pente topographique conditionnant l'écoulement ou le dépôt initial.

f) Enfin, il convient de ne pas perdre de vue que, dans toutes les régions de volcanisme actif ou potentiellement actif, la représentation cartographique doit se situer dans une optique prévisionnelle. En particulier, tous les événements historiques ou subhistoriques doivent, même approximativement, être datés directement sur la carte (ex. cartes du Vésuve, de l'Etna, de Hawaï, de la Réunion etc.). Autant que possible - et la remarque vaut aussi bien hors des volcans actifs - les découpages chronologiques et magmatologiques doivent tendre à faire apparaître un ou plusieurs cycles évolutifs de l'édifice, permettant de replacer le stade actuel dans le déroulement possible d'un tel cycle.

g) Le terme "chronologie" est à prendre dans un sens large, et adapté cas pour cas. Si certaines cartes en terrain volcanique s'accommodent des coupures stratigraphiques classiques des formations sédimentaires (ex. $ß_m$, $ß_p$, $ß_q$ pour basaltes miocènes, pliocènes et quaternaires), ce cas n'est pas général. Le plus souvent, le découpage doit s'effectuer en fonction de l'histoire propre du massif volcanique considéré, et non de l'échelle stratigraphique générale. Dans la majorité des cas, on est conduit, dans un premier temps, à diviser l'histoire d'un ensemble volcanique en époques ou phases ($ß_I$, $ß_{II}$, $ß_{III}$), avant d'être à même de plaquer sur ce schéma une échelle chronométrique chiffrée.

h) Les coupures magmatologiques doivent exprimer un niveau de différenciation, selon la tendance actuelle à accorder aux éléments géochimiques (DI = indice de différenciation - ex. série basalte alcalin —> hawaiite —> mugéarite —> benmoréite —> trachyte) la primauté sur les éléments minéralogiques (de type : phonolite à noséane ou phonolite à néphéline). Mais ceci ne doit pas laisser perdre de vue que la priorité reste aux critères d'ordre dynamique, car ce sont eux qui conditionnent quantitativement et qualitativement les risques. Si l'on prend le cas de la Chaîne des Puys (France), la seule considération du DI conduirait à regrouper en une même teinte sous l'appellation "benmoréites" les cônes de scories avec longues coulées laviques associées du Puy de la Nugère, et le cumulo-dôme avec brèche d'écroulement et nuées ardentes associées du Puy de Clierzou. Aussi a-t-il paru préférable aux auteurs de la Carte volcanologique de la Chaîne des Puys de ne pas s'astreindre au strict respect de la classification chimique et de laisser dans la catégorie "trachyandésites" les produits de la Nugère, dont le comportement ne diffère pas de celui des basaltes, pour regrouper les produits du Clierzou avec les "trachytes" des autres dômes de la Chaîne.

III.2.2. - UTILISATION DE L'IMAGERIE SATELLITAIRE POUR LA CARTOGRAPHIE DE ZONES VOLCANIQUES

par Jean VANDEMEULEBROUCK

L'utilisation de la télédétection pour la reconnaissance d'objets géologiques s'est révélée relativement aisée et performante sur des zones volcaniques. On utilise comme vecteur de l'information soit le rayonnement qui arrive sur la Terre, provenant d'une source naturelle ou artificielle, soit celui émis par la Terre. La synthèse proposée ici décrit successivement l'utilisation de la télédétection dans différents domaines du spectre électro-magnétique : visible, Infra Rouge (IR) proche et moyen, IR Thermique, ondes radar. Selon le type de données, les paramètres qui caractérisent une roche sont la réflectance spectrale (puissance réfléchie/puissance incidente sur une surface, pour une longueur d'onde donnée), l'inertie thermique, l'émissivité spectrale ou le coefficient de rétrodiffusion. Pour diminuer les surfaces non classées lors de l'analyse, on a intérêt à utiliser conjointement différentes données satellitaires et à les comparer à une information géologique.

• Étude de la structure et de la texture

La première approche cartographique est de discerner les différentes unités géologiques à partir de critères morphologiques. Cette reconnaissance habituellement traitée par photo-interprétation, peut être affinée en étudiant la structure et la texture de ces objets sur une image satellite. Certaines structures circulaires, des cônes ou des maars, peuvent être précisées ou même automatiquement détectées par des algorithmes de morphologie mathématique (Serra, 1984 ; Flouzat, 1988). L'étude de la texture de l'image, qui caractérise la variabilité spatiale des valeurs radiométriques, s'effectue en général par le calcul d'indices qui décrivent l'homogénéité des valeurs des pixels, ou par l'étude de la composante haute fréquence de l'image. Un dépôt de matériel pyroclastique aura pour effet le lissage de la topographie, ce qui rendra l'image beaucoup plus homogène. La structure et la texture d'une coulée de lave, sa longueur, la forme de son contour et sa dimension fractale apporteront de plus des informations sur le processus d'émission, la température de mise en place et la viscosité du produit.

• Reconnaissance spectrale dans les domaines visible et IR

De manière générale, les bandes spectrales les plus favorables pour distinguer les roches se situent aux alentours de 2 mm bien que l'atmosphère ne soit pas entièrement transparente dans ce domaine du spectre. Pour séparer les unités géologiques d'autres objets, il faut néanmoins utiliser des canaux visible et proche IR. On choisit soit des données LANDSAT TM pour les canaux 5 (1,55-1,75 mm) et 7 (2,08-2,35 mm), soit des données SPOT pour une meilleure résolution spatiale et un mode stéréoscopique. L'analyse des données est classique et s'effectue par des méthodes de classification multispectrale. On tente de relier les différentes classes à des produits éruptifs de nature, de composition minéralogique, ou d'âge différents. Pour des laves fraîches, la nature, la texture et la composition conditionnent la réflectance qui est plus faible pour des roches basiques que pour des roches acides. Au cours du temps, l'érosion, le recouvrement par la végétation et l'altération vont modifier l'état de surface de la roche, donc sa réflectance (Ager et Milton, 1987). Cette évolution va être fonction de l'âge mais aussi des caractéristiques initiales de la roche et du climat.

Les études menées sur des volcans tels que le Piton de la Fournaise ou l'Etna, en utilisant divers radiomètres (MSS, TM, SPOT) ont montré qu'il est possible de distinguer des coulées de basalte d'âges différents (Rothery et Lefebvre, 1985 ; Bonneville *et al.*, 1989 ; Vandemeulebrouck et De Parscau, 1989). L'érosion et le recouvrement par les lichens sont les facteurs déterminants : plus la coulée est ancienne, plus sa réflectance est forte. Des coulées basaltiques de même âge mais dont l'état de surface diffère (aa, pahoehoe) seront plus facilement séparables si elles sont anciennes. Par contre, il paraît difficile de distinguer des variations de composition dans des basaltes ; leur réflectance est trop faible et sans caractéristique spectrale propre (Wester et Lunden, 1985).

• Influence des paramètres topographiques

Sur des zones à fort relief, les effets topographiques liés aux variations de l'incidence du rayonnement sur la surface ne sont plus négligeables. Il est difficile d'établir une cartographie générale de l'édifice en utilisant les mêmes critères radiométriques partout : il faut soit découper la scène en zones à éclairement pseudo constant, soit corriger ces effets en calculant la pente et l'exposition de chaque pixel d'après un Modèle Numérique de Terrain (Proy, 1986). En ce qui concerne les effets atmosphériques, l'absorption et la diffusion du rayonnement dépendent de l'épaisseur de la couche d'atmosphère traversée et donc de l'altitude du pixel. Si l'on prend l'exemple de l'Etna, lorsqu'on s'élève de 0 à 3 000 m, la densité volumique d'aérosols dans l'air diminue d'un facteur 10 et la transmission du rayonnement augmente fortement. La figure 128 fournit quelques exemples de très longues coulées sur lesquelles les valeurs radiométriques varient suivant l'altitude du pixel (Vandemeulebrouck et De Parscau, 1989). Sans correction atmosphérique, il est difficile de comparer deux objets qui sont à des altitudes différentes ; on doit se contenter d'une analyse d'objets voisins.

Ces paramètres topographiques ne modifient pas seulement la valeur radiométrique par les deux effets cités plus haut ; ils influencent aussi la signature spectrale parce qu'ils conditionnent l'érosion et le recouvrement végétal de la surface.

• Utilisation de données dans l'Infra Rouge Thermique

Calcul de l'inertie thermique

Pour différencier des roches volcaniques de réflectances proches, une information discriminante peut provenir de données thermiques. L'expérience montre que les thermographies sont souvent bien décorrélées des canaux visible et proche IR. Soit on utilise un seul canal IRT que l'on joint à l'ensemble des données, soit on calcule certains paramètres thermiques des roches à partir de scènes diurnes et nocturnes. L'inertie thermique d'un sol, qui caractérise la réponse à un changement de température de surface, peut être estimée à partir des mesures de réflectance dans le spectre solaire et de la différence des températures jour-nuit. Les thermographies effectuées sur des sites volcaniques (Drury, 1987 ; Kahle, 1987) ont permis de séparer des roches dont les réflectances dans le visible sont très proches mais dont l'inertie thermique diffère, par exemple des coulées aa de coulées pahoehoe. Ces variations de la température de surface au cours de la journée sont régies par la densité, la porosité, le contenu d'humidité et l'inertie thermique de la roche.

Calcul de l'émissivité spectrale

D'après les études sur l'absorptivité des roches dans la bande 8-12 mm, les minéraux silicatés possèdent un pic prononcé d'absorption qui correspond aux fréquences fondamentales de vibration de la liaison Si-O. Plus la proportion de Si augmente, plus le maximum d'absorptivité - qui correspond aussi à un maximum d'émissivité - se déplace vers les courtes longueurs d'onde. Plutôt que l'absorptivité, on mesure plus facilement l'émissivité d'une surface ; celle-ci caractérise la faculté d'émettre un rayonnement plus énergétique pour une température donnée. Le spectre d'émissivité d'une roche dans la bande 8-12 mm dépend donc de la proportion relative des minéraux silicatés (Walter et Salisbury, 1989). Le radiomètre utilisé

Fig. 128 - Image LANDSAT TM du 20/06/84 sur l'Etna.
Première composante principale d'une analyse effectuée sur les canaux TM3, 4, 5, 7. Les coulées de lave ressortent nettement comme des zones sombres radiales. Leurs réflectances varient suivant l'âge de la coulée : plus la coulée est récente, plus sa réflectance est faible. Au nord et à l'ouest, on peut distinguer le long d'une même coulée des changements dans la radiométrie. En effet, l'état de surface de la coulée (aa ou pahoehoe), l'érosion, la couverture végétale, l'absorption atmosphérique du rayonnement et l'éclairement de la surface dépendent de la pente et de l'altitude du pixel. Au centre, la tache claire correspond à une coulée active dans la Valle del Bove, qui émet dans les canaux Infra Rouge proche 5 et 7 en raison de sa température de surface élevée.

pour estimer l'émissivité est le *Thermal Infrared Multispectral Scanner*, qui possède 6 bandes spectrales entre 8,2 et 12,2 mm. A partir des valeurs radiométriques d'un canal choisi et en prenant une même valeur d'émissivité, on calcule pour chaque pixel une température de surface Ts. Les énergies rayonnées dans les autres canaux sont calculées à partir de Ts et sont ensuite comparées aux valeurs mesurées de manière à obtenir les valeurs de l'émissivité dans chaque canal. Les résultats probants obtenus par le TIMS (Collins, 1991 ; Kahle, 1987), radiomètre uniquement aéroporté à l'heure actuelle, laissent envisager un avenir intéressant pour l'utilisation de radiomètres IRT multibandes dans la reconnaissance de roches volcaniques.

• **Utilisation de données radar**

Le pourcentage d'énergie qui est rétrodiffusée vers le radar dépend des paramètres de surface (rugosité, constante diélectrique) et des caractéristiques du radar (longueur d'onde, angle d'incidence). Les données radar permettent de distinguer les roches suivant la rugosité de leur surface. De manière générale, les coulées basaltiques sont des surfaces rugueuses qui renvoient le rayonnement, elles apparaîtront brillantes sur les images radar ; les dépôts de cendre, beaucoup plus lisses, apparaîtront comme des zones sombres. Le radar peut contribuer aussi au classement chronologique des coulées puisque la rugosité est modifiée au cours du temps par l'érosion et le recouvrement végétal. Les données radar ne permettent toutefois pas de cartographier en même temps les différentes unités géologiques d'un édifice volcanique. En effet, le domaine de mesure de la rugosité est restreint et dépend du type de radar utilisé. Suivant la rugosité que l'on peut mesurer, on pourra soit séparer des coulées aa de coulées pahoehoe, soit des coulées pahoehoe de dépôts cendreux (Gaddis *et al.*, 1989 ; Drury, 1987).

III.2.3. - SYSTÈMES D'INFORMATIONS GÉOGRAPHIQUES (SIG) ET CARTOGRAPHIE VOLCANOLOGIQUE

par Jean-François LENAT

Les SIG (en anglais GIS, *Geographic Information Systems*) sont des systèmes informatiques dédiés à l'acquisition, la manipulation et la visualisation de données caractérisées par des coordonnées géographiques. Ils deviennent des outils essentiels pour des tâches telles que la gestion du cadastre, des réseaux et installations dans les villes, ou l'inventaire des ressources naturelles (parcs naturels, forêts, etc.). Leur utilisation pour la géologie est évidente (pratiquement toutes les données sont rattachées à une position géographique) et se développe rapidement.

Rappelons ici, simplement le principe, ou la philosophie, de ces programmes ; pour une information plus complète, on pourra se référer à des ouvrages plus spécialisés (par exemple, Van Driel et Davis, 1989). On peut décrire un SIG comme l'association d'une base de données et d'un système de visualisation. Pour une zone, la base de données peut contenir des données telles que la topographie, des contours géologiques, des contours structuraux, les routes et habitations, des images satellites, des datations, des données pétrographiques et géochimiques, les caractéristiques des coulées (pyroclastiques, aa, pahoehoe), etc. Ces informations peuvent être traitées et combinées entre elles pour générer des documents graphiques ou cartographiques : cartes des coulées (avec éventuellement des options : par époques, par surface ou longueur, par nature, en fonction de l'altitude des points de sortie, etc.), carte des structures, superposition de diverses informations avec la topographie ou l'imagerie satellitaire, etc.

On comprend donc que les SIG constituent une réponse à beaucoup de problèmes cartographiques soulevés plus haut. Contrairement au cas de la cartographie tradition-nelle, dans lequel on est lié à des choix relativement rigides, l'utilisation des SIG permet : (1) une adaptation des documents cartographiques aux besoins spécifiques, (2) la simplification de la remise à jour des documents (par exemple intégration des modifications liées aux éruptions récentes sur les volcans actifs) et (3) des analyses croisées entre les différents paramètres répertoriés.

Des SIG existent déjà sur un certain nombre de volcans (Purace, Piton de la Fournaise, plusieurs volcans italiens, Hawaï, etc.). Le coût financier (programmes et matériel) et le travail (numérisation, organisation de la base de données) liés à l'utilisation des SIG constituent certainement des investissements rentables à long terme pour la gestion des données cartographiques des sites volcaniques.

III.3. - LA DATATION DU VOLCANISME PAR LES MÉTHODES DE LA GÉOCHIMIE ISOTOPIQUE

par Jean-Marie CANTAGREL

De nos jours les grandes périodes d'activité volcanique ont été établies, souvent depuis longtemps et dans le monde entier, grâce aux méthodes de la géologie classique : volcanisme miocène du Cantal, Quaternaire de la Chaîne des Puys, par exemple. Une chronologie relative basée sur des observations morphologiques (critère d'altitude, niveaux d'érosion), stratigraphiques (superposition ou emboîtement des dépôts volcaniques), sédimentologiques, pétrographiques ou bien encore sur la présence de documents paléontologiques, est établie. Cependant, le phénomène volcanique étant par nature ponctuel et discontinu dans l'espace et dans le temps, l'observation naturaliste est souvent mal adaptée pour définir avec précision la succession des phases éruptives et/ou du repos d'un volcan. La rareté des gisements fossilifères, particulièrement en domaine continental (Vertébrés, macroflore, pollens...) ne permet généralement pas l'intégration d'une succession locale dans une chronologie générale. A l'opposé, le développement, au cours des dernières décennies, de méthodes physicochimiques de datation permet aujourd'hui de fixer avec une bonne précision, la succession ou la contemporanéité des éruptions volcaniques, la durée "absolue" des épisodes éruptifs et leur comparaison d'une région à une autre, voire à l'échelle de la Terre entière. Parmi les méthodes utilisées, les plus importantes sont basées sur la radioactivité naturelle de certains isotopes. La constance universelle de leurs périodes de désintégration aujourd'hui bien connues, en font d'excellentes "horloges naturelles" permettant d'accéder au paramètre temps, fondamental dans toute étude géologique.

Nous examinerons successivement les principales méthodes aujourd'hui utilisées, en rappelant brièvement leur principe et leur domaine d'application à l'aide de quelques exemples récents, choisis parmi les volcans français.

III.3.1. - MÉTHODE DU RADIOCARBONE : ^{14}C

C'est sans doute la plus connue du grand public, son principe en est simple. Tout être vivant contient une très faible proportion de ^{14}C radioactif qu'il extrait de l'atmosphère par photosynthèse ou respiration. En effet, le carbone atmosphérique contient une "teneur constante" de ^{14}C produit par interaction entre le rayonnement cosmique et des noyaux d'azote

$$({}^{14}_{7}N + n \rightarrow {}^{14}_{6}C^{*} + p)$$

Après la mort de l'organisme ce ^{14}C n'est plus renouvelé et sa radioactivité

$$({}^{14}_{6}C \rightarrow \beta^{-} + {}^{14}_{7}N)$$

décroît lentement avec une période de désintégration voisine de 5 700 ans. La mesure de la radioactivité résiduelle permet de calculer un âge. Elle est réalisée par comptage des particules β^- émises, soit dans un compteur proportionnel à gaz où l'échantillon est introduit, après purification chimique, sous forme de CO_2, C_2H_2 ou CH_4, soit dans un compteur à scintillation, l'échantillon étant sous forme de C_6H_6 liquide. Ces appareils doivent être protégés des rayonnements parasites γ issus de l'environnement ou des rayons cosmiques les plus pénétrants, par une série de blindages successifs et un dispositif en couronne de compteurs Geiger dits en anticoïncidence qui permettent de réduire le bruit de fond et de décompter ce rayonnement parasite. La méthode est limitée par la mesure des très faibles radioactivités : au bout de quelques périodes (7, soit environ 40 000 ans) le nombre de désintégrations est si faible qu'il devient très difficile à compter et à discerner du "bruit de fond".

Tout récemment, l'utilisation de cyclotrons ou d'accélérateurs de type tandem couplés à un spectromètre de masse ("Tandétron"), autorise la mesure directe du nombre de noyaux de ^{14}C. Ils permettent aujourd'hui de repousser cette limite jusque vers 100 000 ans environ. Ces nouvelles techniques encore en plein développement permettront en outre de travailler sur des échantillons de très petite taille : quelques milligrammes de charbon de bois au lieu de quelques grammes dans la méthode classique. Un tel progrès multipliera les applications de cette méthode ou bien encore, permettra d'étudier les possibilités de mesures liées à d'autres nuclides cosmogéniques comme le ^{10}Be, ^{26}Al ou ^{41}Ca.

La méthode au ^{14}C est applicable à des fragments de bois ou bois carbonisés par le phénomène volcanique, à des sols ou tourbes fossiles, voire des coquilles, fragments d'os ou carbonates, sous réserve que l'échantillon n'ait pas été contaminé, soit par du carbone récent, soit dilué par un carbone ancien (âges mesurés respectivement trop jeunes ou trop vieux) et que le carbone analysé soit bien d'origine atmosphérique, ce qui peut ne pas être le cas.

Remarque : On sait aujourd'hui que la production de ^{14}C dans la haute atmosphère n'a pas été parfaitement constante pendant les derniers millénaires. Les âges calculés (avec la constante de Libby : 5 568 ans) et comptés BP (*before present* = à partir de l'année 1950) sont donc légèrement erronés. Heureusement, ces variations du taux de ^{14}C atmosphérique sont restées faibles. Elles sont aujourd'hui bien connues grâce à la dendrochronologie. Cette méthode détermine un âge par comptage des cernes d'accroissement annuel de certains arbres. La dendrochronologie la plus longue (environ 8 000 ans) aujourd'hui établie, est celle du Pin bristlecone de l'ouest des USA. De tels âges peuvent alors être comparés à ceux obtenus indépendamment par la méthode au ^{14}C sur les mêmes échantillons. Il existe donc des tables (Klein *et al.*, 1982) qui permettent de convertir les âges bruts BP donnés par l'analyse, en âges calendaires vrais assortis de leur incertitude pour intervalle de confiance à 95 %, et ceci pour les 7 derniers millénaires. Par exemple, l'explosion du lac Pavin, la plus récente manifestation volcanique connue en Auvergne sur les bases de la stratigraphie, est datée à 3 450 ± 110 BP. Ceci signifie en toute rigueur que cette éruption a eu lieu entre l'an 2080 et l'an 1575 BC (avant Jésus-Christ). Mais cet âge mesuré sur un andosol a été récemment critiqué en particulier après étude des données palynologiques qui placeraient plutôt cette éruption au voisinage de 5 000 ans BP. De nouvelles mesures ^{14}C effectuées sur des échantillons de tourbes prélevés immédiatement sur et sous les niveaux de retombées aériennes du Pavin ont récemment confirmé ce point de vue. Elles fixeraient cette dernière éruption de la Chaîne des Puys vers 5 850 ans BP (Juvigné et Gilot, 1986).

Cet exemple souligne bien la nécessité de confronter le résultat des mesures physiques avec d'autres paramètres géologiques.

III.3.2. - MÉTHODE POTASSIUM - ARGON : ^{40}K - ^{40}Ar ET $^{40}Ar/^{39}Ar$

Méthode K-Ar

Employée en routine pour l'étude du volcanisme récent, tertiaire et quaternaire, la méthode potassium-argon est basée sur la radioactivité de l'isotope ^{40}K du potassium naturel, élément très commun dans la plupart des roches et minéraux volcaniques. La désintégration de l'isotope ^{40}K est multiple : environ 10 % des atomes se transforment par capture électronique en ^{40}Ar, avec une période de l'ordre du milliard d'années. L'application des lois de la radioactivité à cette "horloge" permet de calculer un âge qui est une fonction du rapport des teneurs des isotopes pères ^{40}K et fils ^{40}Ar présents dans les échantillons à mesurer. L'équation de l'âge, dans laquelle λ_e et λ_b sont les constantes de désintégration du ^{40}K, est la suivante :

$$t = \frac{1}{\lambda_e + \lambda_b} + \log \left[e\left(\frac{^{40}Ar^*}{^{40}K} \bullet \frac{\lambda_e + \lambda_b}{\lambda_e} \right) + 1 \right]$$

Le dosage du potassium est réalisé par les techniques classiques de la chimie : spectrométrie d'absorption atomique par exemple. L'argon radiogénique est le plus souvent dosé par dilution isotopique : addition à l'échantillon d'une quantité précise d'un traceur de composition isotopique connue. On utilise généralement un argon très enrichi en l'isotope ^{38}Ar, le moins fréquent dans la nature. La mesure des rapports isotopiques du mélange argon de l'échantillon plus argon traceur est ensuite effectuée par spectrométrie de masse. L'argon radiogénique est extrait des échantillons (quelques centaines de milligrammes à quelques grammes d'une fraction tamisée - 0,2 à 1 mm - de la "roche totale" ou de minéraux séparés) par fusion sous vide et purification (piège à air liquide et getter) avant d'être analysé dans le spectromètre fonctionnant en mode statique (sans pompage pendant la mesure). Ces mesures sont délicates car les quantités à analyser sont très faibles : par exemple, 2 ppb d'argon 40 radiogénique dans un gramme du basalte du plateau de Gergovie (Auvergne), âgé d'environ 20 millions d'années. Elles doivent de plus être réalisées sous un vide très poussé (10^{-8} mm Torr) pour réduire les contaminations par de l'argon d'origine atmosphérique. En effet 99,6 % de l'argon de l'air sont constitués d'argon 40. Tout ceci limite en pratique, les possibilités d'application de cette méthode pour des matériaux volcaniques très récents : quelques centaines à quelques dizaines de milliers d'années pour les laboratoires les plus performants.

La méthode K-Ar est d'un emploi très large, la plupart des matériaux volcaniques conviennent : laves de toute nature pétrographique, sanidine, biotite, amphibole, etc. Elle détermine l'âge des éruptions sous certaines conditions, dont les principales sont :

- remise à zéro de l'"horloge", c'est-à-dire diffusion complète à haute température, avant cristallisation de la lave, de l'argon prééruptif contenu dans le magma au moment de la mise en place. Certaines roches pyroclastiques vitreuses trempées, ou bien riches en pyroxènes, ne satisfont pas toujours à cette condition et ont tendance à donner des âges trop vieux (présence d'un argon hérité prééruptif).
- rétention quantitative de l'argon radiogénique et du potassium, dans le réseau cristallin depuis l'époque du refroidissement. Il est donc nécessaire d'analyser des roches exemptes de toute altération ayant fonctionné en système clos.

La figure 129 montre un exemple d'application de la méthode classique potassium-argon sur le complexe volcanique des Monts Dore. Les mesures géochronologiques,

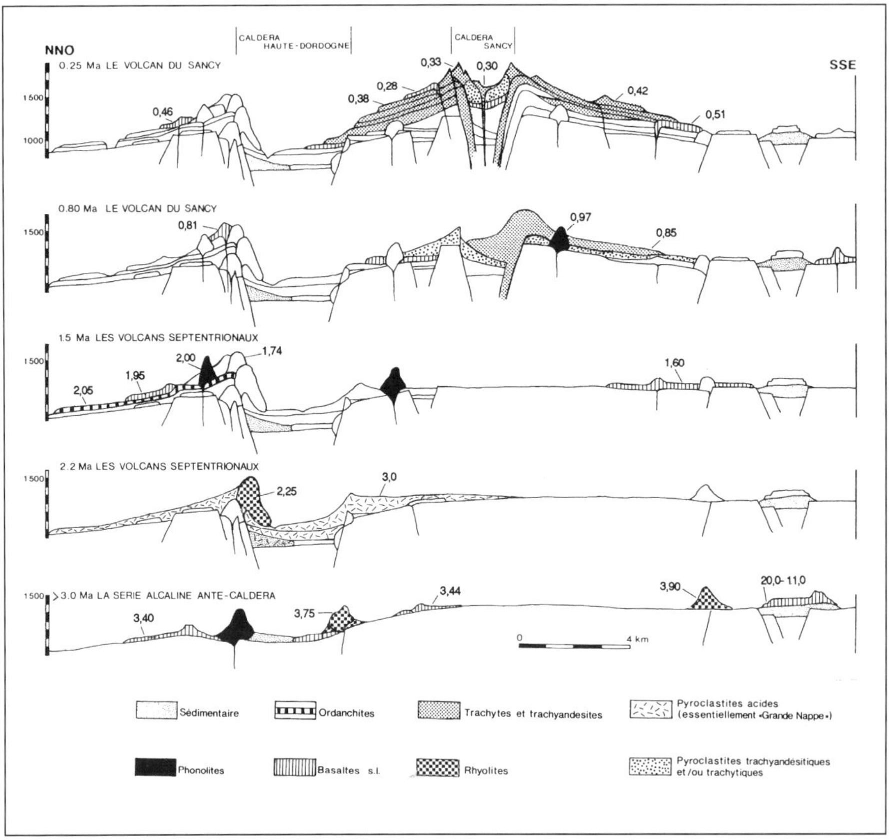

Fig. 129 - Reconstitution schématique des grands stades de l'édification du complexe volcanique des Monts Dore dans le Massif central français (d'après Cantagrel et Baubron, 1983, modifié). Les données géochronologiques K-Ar montrent l'indépendance dans le temps de deux ensembles volcaniques : les volcans septentrionaux ou Monts-Dore s.s. entre 3 Ma et 1,5 Ma et le volcan du Sancy entre 1 et 0,25 Ma. Ces deux ensembles centrés sur des structures de type caldera, sont séparés par une période de repos d'environ 500 000 ans, seulement marquée par quelques éruptions basaltiques périphériques. Chacun d'eux représente sans doute la somme d'événements éruptifs trachyandésitiques très brefs, dont le nombre et l'importance volumique restent à préciser. A ces deux ensembles, se superpose un volcanisme alcalin sous-saturé en silice (basalte alcalin à phonolite) à des moments bien précis, le plus important ayant eu lieu vers 2 Ma. Ceci souligne l'existence de séries magmatiques indépendantes et permet d'envisager la possibilité de réservoirs crustaux séparés.

confrontées aux données géologiques, ont permis de reconstituer les grandes phases de l'activité volcanique et les principaux stades de l'édification de cette région depuis environ 3 millions d'années. Sur le socle hercynien, déjà volcanisé au cours du Miocène, le volcanisme centré des Monts-Dore (*s.s.*) débute vers 3 Ma par une éruption pyroclastique ponceuse engendrant la formation d'une caldera. Puis s'édifient entre 3 et 1,5 Ma, les massifs trachyandésitiques et phonolitiques de la Banne d'Ordanche et de l'Aiguillier constituant le volcan du Guéry. Après une période d'accalmie d'environ 500 000 ans, se construit un peu plus au sud un second volcan, ou Sancy, au cours d'une succession d'épisodes à nouveau trachyandésitiques jusqu'à -200 000 ans environ.

Méthode $^{40}Ar/^{39}Ar$

Une variante de la méthode à l'argon classique est basée sur la technique d'analyse par activation neutronique : méthode $^{40}Ar/^{39}Ar$. Les échantillons sont irradiés dans un réacteur nucléaire par des neutrons rapides qui transforment l'isotope 39 du potassium en argon 39 selon la réaction nucléaire : ^{39}K (n, p), ^{39}Ar. Le rapport $^{39}Ar/^{40}Ar$ est ensuite mesuré par spectromètre de masse. Il est en outre nécessaire de contrôler le flux de neutrons utilisé à l'aide d'échantillons standards d'âge bien connu irradiés en même temps, et de procéder aux corrections nécessaires liées à des interférences dues à des réactions nucléaires sur certains isotopes du Ca, K ou Cl. Couplée avec une méthode de dégazage des échantillons par paliers successifs de température, elle peut mettre en évidence la présence d'argon hérité ou bien être très utile dans l'étude de roches ou de minéraux à l'histoire thermique complexe.

L'utilisation de nouvelles technologies (fusion laser de micro-volumes d'échantillon) et de spectromètres de masse très performants (très haute sensibilité et très bas niveau de "blanc") permettent d'envisager de nouveaux développements à cette méthode. On peut aujourd'hui par exemple analyser grain par grain des feldspaths volcaniques d'âge inférieur au million d'années (Féraud *et al.*, 1990).

III.3.3. - MÉTHODE DU DÉSÉQUILIBRE RADIOACTIF : ^{230}Th - ^{238}U

L'isotope Thorium 230 a une période d'environ 75 000 ans, il appartient à la chaîne radioactive naturelle de l'Uranium 238. Dans une telle chaîne, au-delà de quelques périodes de l'isotope intermédiaire de plus longue période, les activités de tous les isotopes sont égales et décroissent avec la période de l'élément initial : c'est l'état d'équilibre séculaire. Lors de la mise en place d'un magma et de son refroidissement, il se produit des fractionnements géochimiques, en particulier de l'Uranium et du Thorium, entre les différents minéraux qui cristallisent. Ceci entraine une perturbation de l'équilibre séculaire entre les isotopes de la chaîne. La mesure de ce déséquilibre est une fonction du temps. En pratique, les teneurs en U et Th sont mesurées par dilution isotopique et spectrométrie de masse, l'activité des isotopes ^{230}Th et ^{232}Th par spectrométrie α, pour chacun ou pour quelques-uns des minéraux constituants de la roche volcanique.

Cette méthode n'est applicable que pour dater des phénomènes volcaniques du Quaternaire récent, ne dépassant pas 300 000 ans environ, au-delà desquels, l'équilibre est à nouveau rétabli. Elle peut être utilisée également pour dater certains carbonates marins (coraux) et donc fournir indirectement des indications chronologiques sur un volcanisme associé.

Un exemple d'application de cette méthode est montré par la figure 130 : datation de la coulée d'Olby dans la Chaîne des Puys (Condomines, 1978 ; Condomines *et al.*, 1982).

III.3.4. - MÉTHODE DES TRACES DE FISSION (TF)

Cette méthode utilise la capacité des minéraux naturels à enregistrer les trajectoires des fragments de la fission spontanée de l'uranium ^{238}U (λ f = $8{,}46.10^{-17}$ an^{-1}). Apatite, sphène, zircon sont par exemple des minéraux couramment employés -

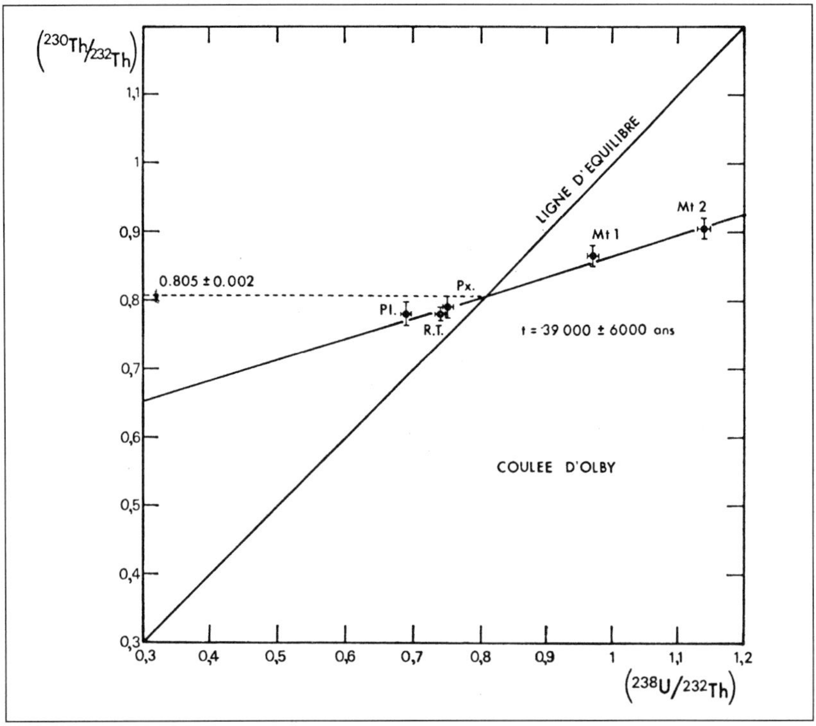

Fig. 130 - Datation par la méthode Th 230 - U 238 de la coulée d'Olby dans la Chaîne des Puys à 39 000 ans (Condomines, 1978).
Les minéraux analysés ont été le plagioclase (Pl), le pyroxène (Px), deux fractions différentes de magnétites (Mt1 et Mt2), plus un échantillon de roche totale. Dans un tel diagramme $^{238}U/^{232}Th$ - $^{230}Th/^{232}Th$, la pente de la droite joignant l'ensemble des points analytiques est une fonction de l'âge ($p = 1 - e^{\lambda t}$). L'ordonnée du point d'intersection de cette droite avec la ligne d'équilibre donne la valeur du rapport $(^{230}Th/^{232}Th)_0$ initial. Cette valeur est une autre donnée géochimique importante en magmatologie en relation avec les temps de transfert des magmas (*cf.* I.3.2).

parfois également les verres volcaniques. La densité des traces fossiles (nombre de traces par unité de surface) dépend de la concentration en Uranium du minéral et de son âge. Le comptage de ces traces s'effectue au microscope (grossissement x 1 000) après révélation par une attaque chimique adaptée à la nature du minéral analysé. La concentration en Uranium des échantillons est également déterminée par comptage sur échantillon poli ou dans un film plastique (Kapton) accolé au minéral, des traces de fission de l'Uranium 235 artificiellement provoquées par une irradiation neutronique. Cette méthode dite du détecteur externe, est utilisée pour tenir compte de la répartition souvent hétérogène de l'Uranium à l'intérieur des minéraux.

La méthode TF est limitée vers les âges récents (quelques milliers d'années) par un nombre minimum de traces fossiles à compter et vers les âges anciens, par saturation pour des minéraux riches en uranium.

Remarque : les traces fossiles se cicatrisent et disparaissent des minéraux sous l'effet d'une élévation de température (100 à 300° C). On ne peut donc déterminer l'âge d'un phénomène volcanique que s'il correspond au dernier événement thermique de haute température. Ceci est généralement vérifié pour les minéraux d'une coulée ou d'une intrusion refroidis rapidement, mais ceci ne l'est pas toujours pour certains xénocristaux de formations pyroclastiques par exemple.

III.3.5. - LA THERMOLUMINESCENCE (TL)

La thermoluminescence est la propriété des cristaux d'émettre de la lumière lorsqu'on les chauffe, à condition qu'ils aient été préalablement naturellement irradiés. Les particules ionisantes issues de l'environnement, traversant le minéral, libèrent des électrons qui sont ensuite piégés dans les défauts du réseau cristallin. La méthode consiste à mesurer les effets d'une irradiation constante sur certains minéraux comme le quartz, les plagioclases, le zircon ou l'apatite. Chauffés en laboratoire, ceux-ci émettent une luminescence dont l'intensité est proportionnelle à la dose d'irradiation reçue depuis leur dernier chauffage. L'événement daté est donc celui de la mise en place d'une roche volcanique à haute température ou, dans un autre domaine d'application, la cuisson d'une poterie d'intérêt archéologique, phénomènes qui remettent le système à zéro. L'âge est calculé à partir du rapport entre la dose d'irradiation reçue par le minéral, évaluée d'après la mesure de sa thermoluminescence, et la dose d'irradiation annuelle à laquelle celui-ci a été soumis durant son enfouissement. Cette irradiation annuelle est calculée d'après la radioactivité naturelle du minéral et celle de son environnement immédiat. Les problèmes posés par la datation TL du volcanisme sont d'ordre géochimique (état d'équilibre des radioéléments et leur répartition) ou d'ordre physique (niveau de saturation atteint pour des échantillons soumis à des doses élevées d'irradiation pendant très longtemps).

Cette méthode couvre une gamme d'âge allant de quelques centaines d'années à quelques centaines de milliers d'années. Relativement facile à mettre en oeuvre, la TL n'est cependant pas une méthode de routine ; chaque datation pose souvent des problèmes particuliers, liés à l'échantillon lui-même ou à son mode de gisement.

Les applications de cette méthode au volcanisme ont surtout été réalisées, en France, sur la Chaîne des Puys. Guérin (1983) a entre autres mesuré un âge TL sur les plagioclases du basalte de la coulée d'Olby, très comparable à l'âge ^{230}Th - ^{238}U.

Un autre exemple de mesure TL est celui de la datation à 156 000 ± 17 000 ans du maar situé sous la ville de Clermont-Ferrand (Miallier, 1982). La mesure a été dans ce cas réalisée sur des échantillons de quartz inclus dans les dépôts pyroclastiques de cette éruption phréatomagmatique. On peut encore citer les âges voisins de 10 000 ans pour le volcan trachytique du Puy de Dôme, mesurés sur deux types de minéraux :

- âge feldspath : 10 400 ± 1 100 avant 1980,
- âge zircon : 9 300 ± 1 800 avant 1980 (Fain *et al.*, 1986).

Là où aucune méthode ne semblait à ce jour applicable, ce résultat TL fournit un jalon chronologique important dans l'histoire de la Chaîne des Puys, compatible avec l'âge ^{14}C de 8 300 BP des retombées du cratère Kilian qui recouvrent le Puy de Dôme.

Tabl. 14 - La datation des phénomènes volcaniques : méthodes et conditions

METHODES	MATERIAUX UTILISABLES	DOMAINE D'APPLICATION
Radiocarbone C 14	Charbon de bois, tourbe (coquille ?)	âge < 5.10^{4} ans
Potassium-argon K - Ar	laves "roches totales", sanidine, biotite, amphibole	âge > 10^{5} ans (*)
Déséquilibre Th 230 - U 238	minéraux d'une même roche	âge < 3.10^{5} ans
Traces de fission TF	apatite - sphène zircon - obsidienne	âge > $n.10^{3}$ ans
Thermoluminescence	quartz, plagioclase, zircon	$n.10^{3}$ < âge < $n.10^{5}$

(*) Exceptionnellement quelques 10^{3} ans, ce que laissent espérer les développements technologiques récents (GILLOT P.Y. et CORNETTE Y., 1991).

CONCLUSION

Les quelques exemples précédents d'application des méthodes géochimiques les plus couramment utilisées, soulignent bien leur efficacité. Cependant, certaines difficultés subsistent parfois dans l'interprétation des résultats. Ceux-ci doivent bien sûr toujours être confrontés avec les données de l'observation géologique voire avec d'autres données géophysiques, par exemple celles du paléomagnétisme. En effet, l'échelle des inversions du champ magnétique terrestre est aujourd'hui bien connue et calibrée dans le temps, grâce aux méthodes géochimiques. Réciproquement, la reconnaissance d'un changement de polarité magnétique dans une succession de coulées basaltiques peut alors fournir des recoupements chronologiques importants.

Les modèles de calcul utilisés sont souvent trop simples et ne rendent qu'imparfaitement compte de la complexité des phénomènes naturels. La mise en oeuvre simultanée de plusieurs méthodes appliquées à un même objet ou un même problème est souvent souhaitable sinon nécessaire pour assurer un maximum de fiabilité.

La géochimie isotopique permet donc l'établissement d'une chronologie détaillée des phénomènes volcaniques, préalable nécessaire à toute étude volcanologique ou magmatologique moderne. Une telle reconstitution historique chiffrée mesure la durée des périodes d'activité et de repos des volcans, mais aussi de leur réservoir magmatique superficiel. Elle conduit à une estimation des taux éruptifs, voire à la mise en évidence d'une certaine périodicité des réinjections magmatiques ou de rythmes éruptifs propres à chaque volcan. De tels paramètres de la cinétique volcanique sont sans doute indispensables à toute modélisation du phénomène pouvant déboucher un jour sur la prévision des éruptions.

En résumé, le tableau 14 présente ces différentes méthodes, la nature des matériaux susceptibles d'être utilisés et la gamme d'âge dans laquelle elles sont classiquement applicables.

Deux livres très complets, décrivant en détail l'ensemble des méthodes géochronologiques de la géochimie isotopique ont été récemment édités (Roth et Poty, 1985 ; Geyh et Schleicher, 1990) ; le lecteur intéressé pourra s'y reporter avec profit.

III.4. - APPORT DES MÉTHODES GÉOPHYSIQUES A L'ÉTUDE DES STRUCTURES VOLCANIQUES

INTRODUCTION

Les structures volcaniques sont un champ d'application particulier des méthodes géophysiques de prospection du sous-sol en général, dont on trouvera un exposé suffisant dans l'ouvrage de Mechler (1982). Elles présentent souvent deux caractéristiques qui les différencient des autres domaines d'application de la géophysique.

Ces structures sont d'une part hétérogènes et non stratiformes. Leur modélisation demanderait une haute densité de données, ce qui pose le problème de l'accessibilité du terrain pour l'acquisition de ces données. La faiblesse des modèles géophysiques publiés concernant les systèmes volcaniques tient au moins autant à l'insuffisance en nombre des données, qu'à la complexité des structures elles-mêmes.

La deuxième spécificité de ces structures réside dans les contrastes souvent importants des paramètres physiques utilisés, entre diverses formations volcaniques ou entre celles-ci et les formations encaissantes. C'est ce facteur contraste qui rend possible en définitive la prospection géophysique en site volcanique, en compensant l'effet négatif précédent.

III.4.1. - GRAVIMÉTRIE

par Maurice AUBERT

Le domaine de prédilection de la gravimétrie en terrain volcanique est celui de l'étude des calderas à magmatisme acide (*cf.* III.1.3.), et ceci pour trois raisons :

- relief topographique modéré ;
- volume de la structure important, allant de 1 à 1 000 km^3 ;
- contraste de densité très marqué entre le remplissage et l'encaissant, allant jusqu'à 0,8 g/cm^3.

La correction de relief est en effet un difficile problème en terrain montagneux. Rappelons que l'altitude de chaque station de mesure devrait être connue à mieux que 5 cm près pour effectuer une correction dont la précision soit de l'ordre de grandeur de la sensibilité du gravimètre de prospection, soit 10 microgals.

La prospection gravimétrique est d'autre part plus adaptée à l'étude d'une grande structure, même profonde, qu'à celle d'une petite structure, même superficielle (une sphère de rayon K R et dont le centre est à la profondeur K H crée une anomalie proportionnelle à K).

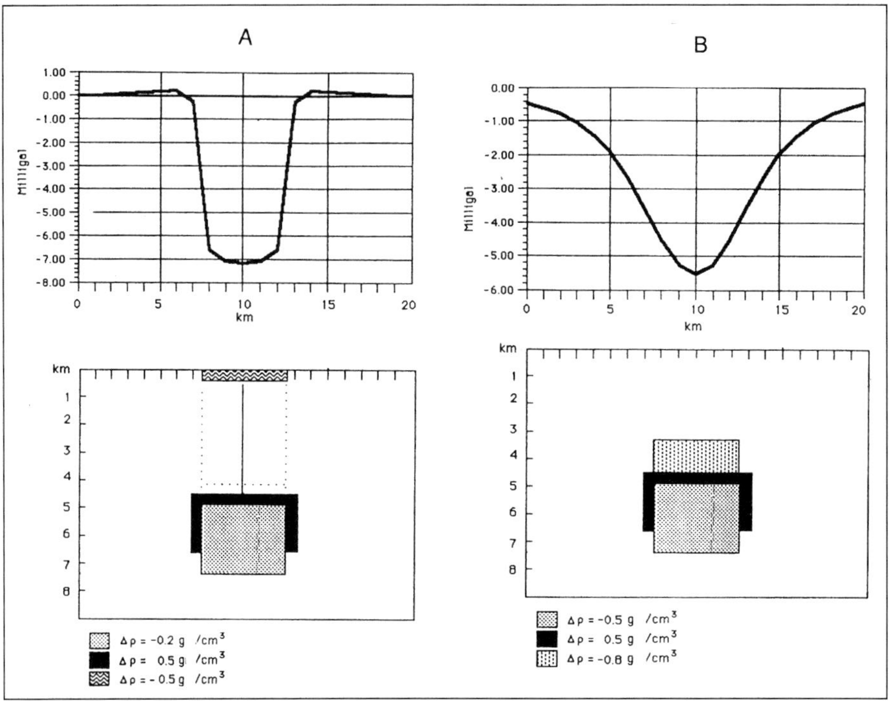

Fig. 131 - Modèles de calderas et anomalies gravimétriques correspondantes
(d'après Scandone, 1990).
Modèle A : chambre magmatique occupant initialement un volume de 100 km^3, le toit étant à une profondeur de 4 km. La densité du magma est supposée égale à 2,5 g/cm^3, comme celle de l'encaissant. Cette chambre se solidifie partiellement sur sa périphérie et la partie cristallisée (en noir) a une densité supposée égale à 3 g/cm^3 ($\Delta\rho = +0{,}5$ g/cm^3), celle du magma résiduel étant égale à 2,3 g/cm^3 ($\Delta\rho = -0{,}2$ g/cm^3). L'effondrement en piston dû à l'éruption de 10 km^3 de magma est ensuite rempli d'un matériel de densité supposée égale à 2,0 g/cm^3 ($\Delta\rho = -0{,}5$ g/cm^3). Le contour de la caldera est souligné par un gradient gravimétrique net.
Modèle B : éruption de 10 km^3 de magma, comme pour le modèle A, mais dans ce cas l'effondrement de la chambre magmatique est compensé par un effondrement chaotique de la partie surmontant la chambre avec diminution de densité ($\Delta\rho = -0{,}83$ g/cm^3), sans effondrement superficiel notable. Le contour de la caldera correspond aux points d'inflexion des profils, mais sa localisation est moins nette.

Au total, les anomalies gravimétriques mesurées sur ce type de calderas ont souvent des amplitudes de plusieurs dizaines de milligals, et sont donc définies par un rapport signal / bruit dépassant souvent deux ordres de grandeur.

La modélisation permet une approche de la distribution des densités, distribution qui est ensuite traduite en terme de structure. La gravimétrie permet par exemple d'apporter une contribution dans la question de la genèse des calderas : formation par explosion, effondrement ou processus mixte (Mc Birney, 1990). La figure 131 montre le changement de forme de l'anomalie gravimétrique en fonction du modèle proposé (Scandone, 1990).

La caldera de Long Valley (USA) est un exemple de l'apport de la gravimétrie à l'étude d'une structure volcanique, étudiée aussi par forages et par d'autres techniques d'investigation géophysique (*cf.* III.4.4).

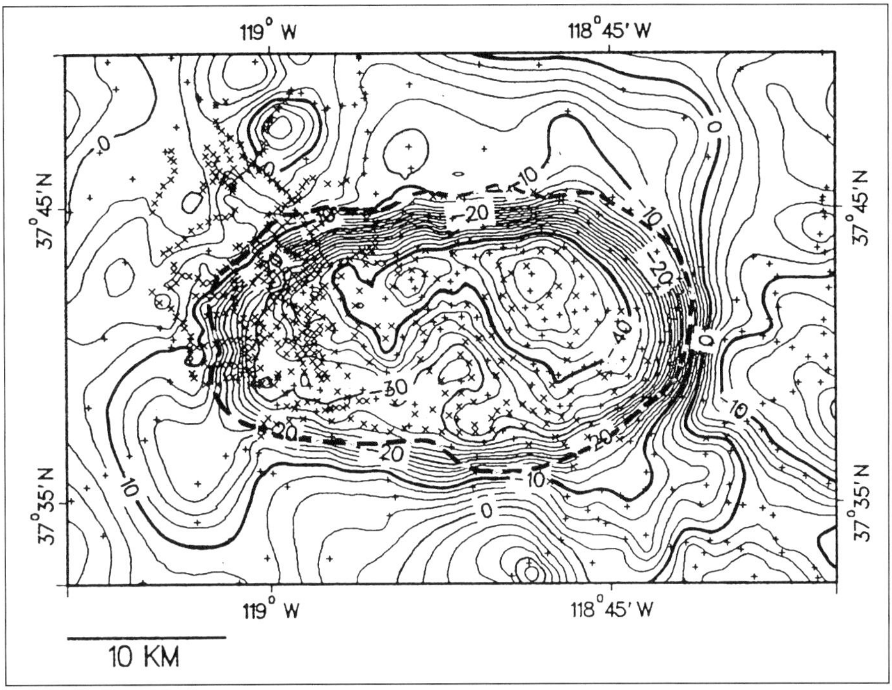

Fig. 132 - Carte des anomalies de Bouguer de la caldera de Long Valley (d'après Carle, 1988, simplifié).
Equidistance des courbes : 5 milligals. Le contour de la caldera suit approximativement le contour - 20 milligals. Le profil AB est celui représenté en coupe figure 133.

La figure 132 montre la carte de Bouguer établie sur cette caldera (Carle, 1988), où l'amplitude des anomalies atteint - 48 milligals. Le modèle à trois dimensions proposé par Carle est contraint par les données de quelques forages ayant permis de préciser la nature du remplissage et son épaisseur. La figure 133 montre une des coupes verticales caractérisant ce modèle. Le corps appelé "pluton de basse densité ?" et situé entre 1 et 9 km de profondeur est à rapprocher par sa localisation d'une zone à faible vitesse des ondes P (Dawson *et al.*, 1987) mais de plus faibles dimensions. La zone à faible densité peut aussi correspondre à l'enracinement d'un magma. Cependant, la coïncidence sur le bord ouest de la caldera d'une structure à faible densité et d'une anomalie de flux géothermique est un argument en faveur de la présence d'une chambre magmatique différenciée à l'aplomb.

III.4.2. - GÉOMAGNÉTISME

par Maurice AUBERT

• Propriétés magnétiques des roches volcaniques

La méthode magnétique est bien adaptée à l'étude des volcans, en raison des propriétés magnétiques particulières des roches volcaniques. Ces propriétés tiennent à leur mode de mise en place plus qu'à leur composition chimique. Le refroidissement rapide dans le champ magnétique terrestre d'une roche portée initialement à une

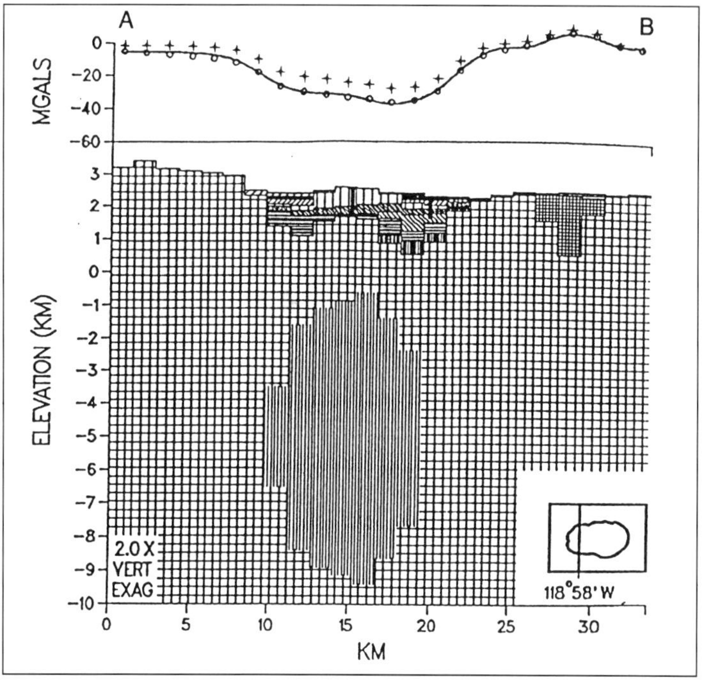

Fig. 133 - Profil gravimétrique AB sud-nord selon la ligne 118°58' W et coupe verticale d'un modèle en 3 dimensions pour la caldera de Long Valley (d'après Carle, 1988, simplifié). Le modèle fait appel à 22 unités différenciées par leurs densités qui s'étagent de 1,17 g/cm^3 pour les ponces jusqu'à 2,9 g/cm^3 pour les plutons, en passant par celle du substratum supposée égale à 2,7 g/cm^3. Ces unités sont regroupées sur la figure en 3 ensembles : substratum (maillage carré) ; formations volcaniques de densité moyenne plus faible que le substratum ; pluton à densité plus faible que le substratum ($\Delta\rho$ = - 0,12 g/cm^3) (hachures verticales). Le profil mesuré est figuré en continu, les valeurs calculées d'après ce modèle sont représentées par des cercles, les valeurs calculées pour un modèle sans la présence du pluton à faible densité sont figurées par des croix. Il apparaît que l'écart entre les deux modèles est significatif et ne peut se résoudre qu'en supposant la présence de plusieurs corps de densité variable à la place du pluton unique.

température supérieure au point de Curie Tc (de l'ordre de 670°C pour les Tc les plus élevées), provoque une aimantation dite thermorémanente (ATR). Les propriétés de l'ATR sont remarquables et on en trouvera une bonne description dans l'ouvrage de Stacey et Banerjee (1974). Résumons-en les éléments essentiels qui peuvent concerner les études volcanologiques. La caractéristique la plus importante de l'ATR est sa forte intensité. Les valeurs, mesurées sur échantillons ou calculées d'après les modèles, atteignent couramment plusieurs unités SI (A/m), voire plusieurs dizaines d'unités S I sur des structures particulières.

L'intensité d'aimantation montre une extrême variabilité, liée au nombre élevé de facteurs qui interviennent pour la créer ou la détruire. Cette variabilité rend impossible la conception d'un tableau indiquant quelle aimantation peut être attendue de telle ou telle formation volcanique dont on connaîtrait la composition. Un exemple en est fourni par l'étude de l'aimantation des scories basaltiques des cônes stromboliens de la Chaîne des Puys (Leroy, 1981). Le faciès noir, dit «bas-de-cône», présente une aimantation totale moyenne égale à 20 A/m environ alors que le faciès rouge, dit «coeur-de-cône», formé à l'origine des mêmes éjecta, présente une aimantation quatre fois plus petite. Cet écart est attribué à un processus d'oxydation des titanomagnétites dans le faciès rouge dû à une évolution thermique différente pour les deux formations.

L'ATR est une aimantation stable en direction et en sens, de telle sorte que les roches volcaniques restées en place depuis leur refroidissement peuvent être considérées comme de bons indicateurs de la direction du champ terrestre à cette époque. Cependant, on constate souvent pour les roches anciennes un effacement progressif de l'intensité initiale au bénéfice d'une aimantation visqueuse de direction et sens parallèles au champ actuel. Il en résulte que les roches volcaniques récentes présentent généralement une aimantation plus élevée que les roches anciennes.

Les aimantations des roches calculées dans les modèles concernent un volume allant de quelques dizaines à plusieurs centaines de km^3. Tout déplacement relatif des blocs de roches depuis leur refroidissement (cas des brèches par exemple) tend à annuler l'aimantation rémanente totale par compensation statistique des aimantations portées par chaque bloc. Dans le cas limite d'un arrangement purement aléatoire, seule intervient alors à l'échelle de la prospection l'aimantation induite, d'intensité en général plus faible que celle de l'ATR initiale.

Même dans ce cas extrême, l'aimantation moyenne totale des roches volcaniques est le plus souvent nettement supérieure à celle des terrains encaissants, qu'ils soient sédimentaires ou cristallins. C'est ce contraste important qui favorise la prospection magnétique sur les volcans.

• Structures magnétiques

Le contraste d'aimantation entre les roches volcaniques et l'encaissant crée dans le sous-sol une distribution spatiale d'aimantation non uniforme. Celle-ci crée elle-même un champ magnétique qui se superpose au champ magnétique terrestre dont l'origine est essentiellement sub-crustale. La prospection magnétique a pour objectif de donner un modèle de distribution des aimantations à partir de l'étude du champ magnétique.

Rappelons que le champ, de nature vectorielle, est défini en un lieu par 3 composantes indépendantes. C'est la mesure du module de l'intensité du champ total F qui est de loin la plus précise, la plus commode, et donc la plus utilisée ; c'est de celle-ci uniquement dont nous parlerons. On appelle champ anomalique en un lieu, la différence entre la valeur mesurée du modèle du champ total et une valeur calculée du champ dit moyen qui, en simplifiant, représente ce que serait le champ si le sous-sol était uniforme. Le champ moyen est représentable par une fonction lisse de F. Les mesures peuvent être effectuées au sol, en l'air par avion ou hélicoptère, ou en mer. L'interprétation consiste à proposer des modèles de structures du sous-sol dont l'anomalie calculée sur le plan de mesure ressemble à l'anomalie mesurée, et qui tiennent compte des autres contraintes connues ou supposées qui affectent les roches volcaniques étudiées.

La structure magnétique élémentaire est le dipôle, dont la figure 134 illustre la forme de l'anomalie créée selon un profil passant à son aplomb et orienté selon le méridien magnétique. Même sur cet exemple simple, on remarque que, sauf dans le cas où l'inclinaison du champ est verticale ainsi que l'aimantation, l'anomalie donne une image déformée du point source. Le calcul du champ anomalique des structures volumiques, comportant éventuellement plusieurs sous-structures affectées chacune d'une aimantation différente, permet de se rapprocher des formes d'anomalies les

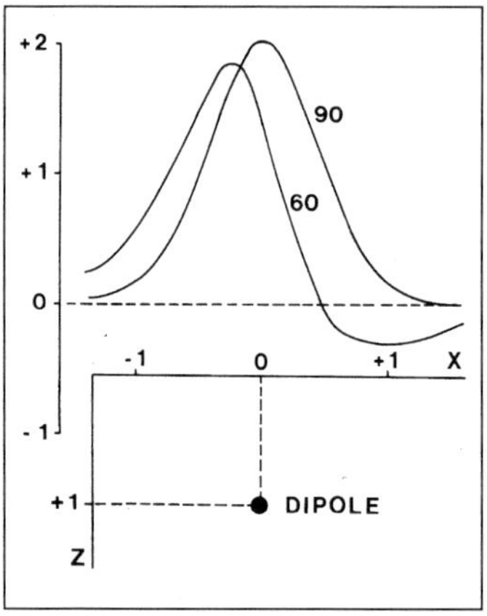

Fig. 134 - Anomalie magnétique ΔF du champ total créée par un dipôle (situé en X = 0, Z = 1) le long d'un profil dirigé suivant le méridien magnétique.
Moment du dipôle égal à l'unité. X'X : direction sud-nord magnétique. Courbes pour $I_F = I_D = 90°$ (cas du pôle nord magnétique) et pour $I_F = I_D = 60°$ (cas de la latitude géomagnétique 40°). On remarque que dans ce second cas de figure, qui est celui rencontré généralement en France, la position du maximum est décalée vers le sud par rapport à la verticale du dipôle, tandis que la position du minimum est décalée vers le nord. L'anomalie apparaît essentiellement "positive" bien que la somme algébrique des valeurs anomaliques soit nulle. I_F : inclinaison du champ ; I_D : inclinaison du dipôle.

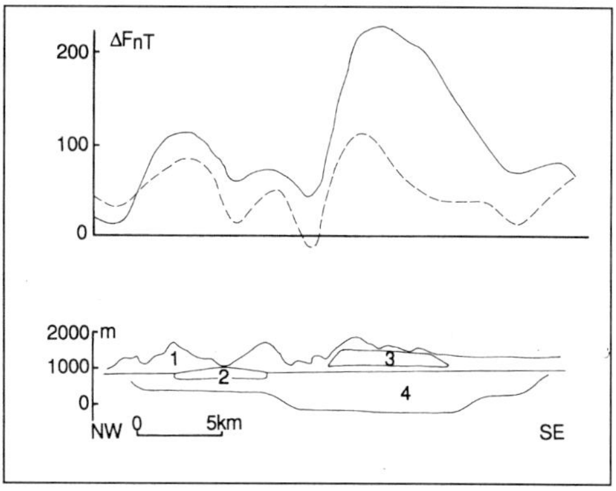

Fig. 135 - Étude magnétique de la fosse volcano-tectonique du Cantal (Aubert *et al.*, 1982).
En haut : anomalie mesurée à 2 500 m d'altitude (en trait continu) et anomalie calculée due aux formations superficielles (1). En bas : modèle composé de 5 structures différenciées par leur aimantation J. (1) : formations superficielles comprenant des pyroclastites (J = 0,6 A/m) et des coulées (J = 4 A/m) ; (2) : pluton hypovolcanique (J = 2 A/m) ; (3) : structure hypothétique dite du Plomb du Cantal (J = 3,5 A/m) ; (4) : structure principale intégrant sans doute des formations diverses (J = 1 A/m) ; (5) : encaissant (J = 0).

plus complexes, comme le montre la coupe de la figure 135 (Aubert *et al.*, 1982). Sur cette coupe NW-SE traversant le massif du Cantal, apparaissent différentes structures, les unes superficielles et déduites de l'observation géologique, les autres profondes et dont l'existence est supposée à partir d'arguments géophysiques. Pour les premières, le calcul de l'aimantation du modèle s'effectue en minimisant la corrélation entre anomalies mesurées et relief. On a ici imaginé un modèle superficiel comportant 3 sous-structures regroupées en (1) sur la figure 135, avec des aimantations J allant de 0.6 A/m pour des formations à dominante pyroclastique, à 4 A/m pour des formations laviques. La différence entre champ mesuré et champ calculé créé par les formations superficielles est due aux formations profondes dont le volume et l'aimantation sont déterminés par approximations successives pour créer un champ aussi proche que possible de la différence précédente. Ici, également trois sous-structures interviennent. L'une, dite «pluton hypovolcanique de la vallée de la Jordanne», est connue en surface et par forage ; l'aimantation mesurée sur les carottes, 2 A/m, est celle adoptée pour le modèle. La structure dite «Plomb du Cantal» est imaginée sans preuve d'observation directe pour expliquer l'anomalie magnétique à son aplomb. Elle correspond néanmoins à une couche particulière détectée par méthode électrique (fig. 138). Enfin la troisième et plus grande sous-structure correspond elle aussi à une structure vue en prospection électrique. L'attribution à cette structure, dont le volume est de l'ordre de 100 km^3, d'une

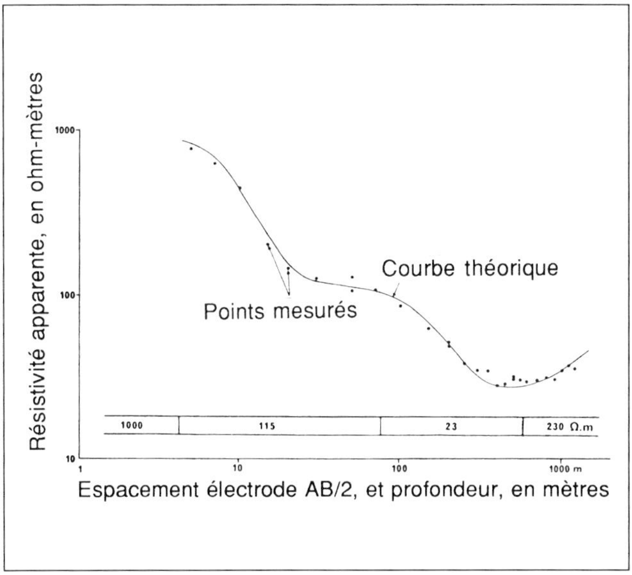

Fig. 136 - Sondage électrique en courant continu effectué pour l'exploration de la fosse volcano-tectonique du Cantal (d'après Aubert *et al.*, 1982).

Les données sont reportées sur papier bi-logarithmique : en ordonnée les résistivités apparentes, en abscisse les demi-longueurs de ligne ainsi que la coupe interprétative 4 terrains. Cette coupe est interprétée de la façon suivante d'après le contexte géologique :
- première couche comprenant notamment des terrains fluvio-glaciaires et des coulées superficielles ;
- deuxième couche composée de coulées et brèches ;
- troisième couche correspondant probablement aux formations pyroclastiques fines du paléo-Cantal, souvent propylitisées et homogénéisées ;
- quatrième et dernière couche, juste détectée par cette méthode, et correspondant au socle cristallophyllien.

aimantation homogène égale à 1 A/m, revient à simplifier à l'extrême la réalité géologique à coup sûr complexe. C'est la concordance de différents arguments, géophysiques et volcanologiques, qui accrédite l'existence de cette structure plus que le seul argument magnétique.

III.4.3. - GÉOÉLECTRICITÉ

par Maurice AUBERT

L'étude de la distribution des résistivités électriques constitue une autre méthode pour l'étude des infrastructures des zones volcaniques, en raison de la sensibilité du paramètre résistivité à deux facteurs intervenant d'une façon importante dans les formations volcaniques.

Le premier facteur primordial est la teneur en eau des terrains. En dehors du cas des terrains argileux, la résistivité est en effet quasiment inversement proportionnelle à la teneur en eau, et les formations volcaniques se caractérisent par des variations

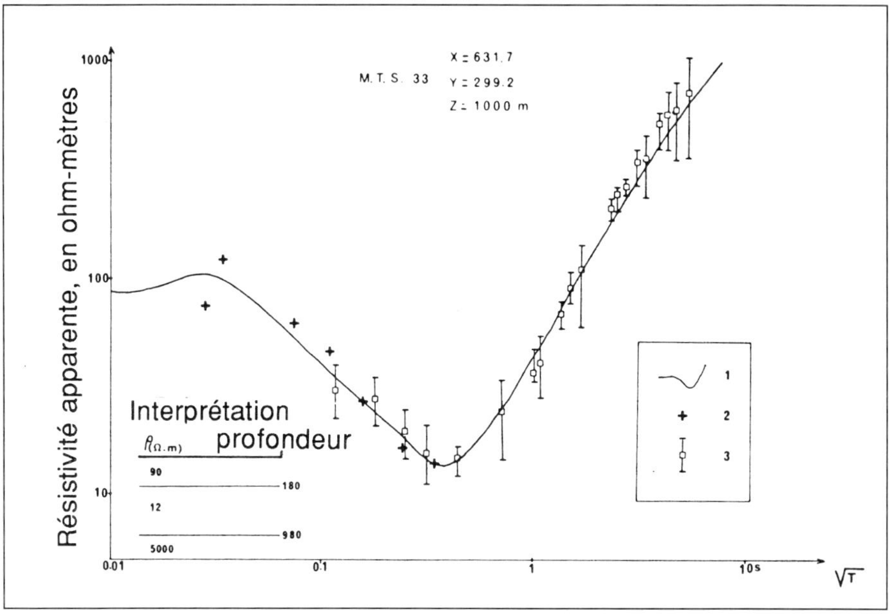

Fig. 137 - Sondage magnéto-tellurique (MT) effectué pour l'exploration de la fosse volcano-tectonique du Cantal (d'après Aubert *et al.*, 1982).
Réalisé au cours de la même étude que fig. 136, et reporté également sur papier bi-logarithmique : en ordonnée les résistivités apparentes, en abscisse la racine carrée de la période de l'onde électromagnétique considérée. La courbe en trait continu (1) correspond à la courbe théorique de l'interprétation proposée, les données (2) et (3) sont obtenues avec deux équipements complémentaires. La méthode MT est moins discriminante que le sondage électrique pour les terrains superficiels, mais permet une meilleure investigation des terrains profonds.

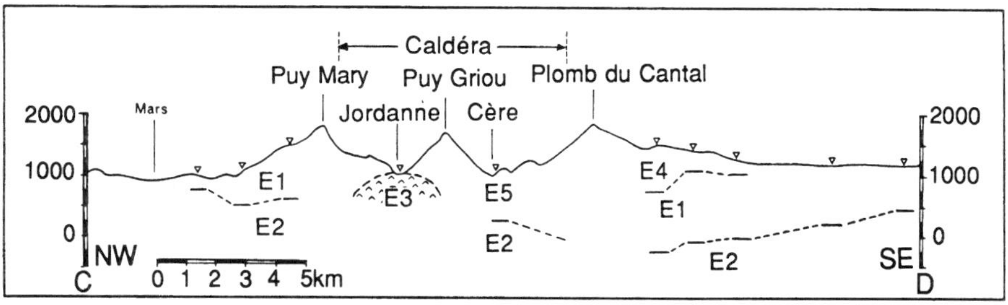

Fig. 138 - Coupe NW-SE du modèle électrique du Cantal (même coupe que le modèle magnétique fig. 135).
Les triangles montrent l'emplacement des sondages électriques et magnéto-telluriques situés sur cette coupe. E1 : couche conductrice formant la partie principale du remplissage volcano-sédimentaire. E2 : couche résistante à l'aplomb du Plomb du Cantal. E5 : formation propylitisée. Le nombre de sondages est trop réduit pour décrire la complexité de cet ensemble, mais permet de préciser l'extension de la fosse volcano-tectonique (d'après Aubert *et al.* 1982).

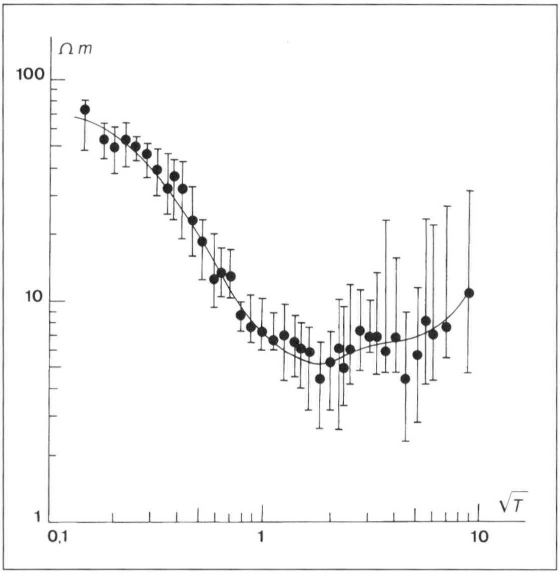

Fig. 139 - Sondage magnéto-tellurique effectué sur l'Etna à l'altitude 2 960 m pendant l'éruption de mars 1983 (d'après Dupis et Decriau, 1984).
Même type de diagramme que fig. 137.

importantes de ce facteur. Les coupes électriques calculées en terrain volcanique font apparaître des résistivités allant de quelques unités à plusieurs dizaines de milliers d'ohm-mètres (symbole Ω.m).

Le deuxième facteur est la température qui agit d'une façon complexe sur la résistivité du milieu solide et celle des solutions aqueuses, dans le sens général d'une diminution de la résistivité quand la température augmente (voir par exemple Keller et Rapolla, 1974, pour un exposé complet de cette question).

Sur le terrain, il est en fait difficile, en l'absence d'autres arguments, de faire la part de ces deux facteurs quand il s'agit d'interpréter la signification d'une couche à très faible résistivité.

L'éventail des méthodes utilisées en prospection électrique est très ouvert. Il va du sondage électrique en courant continu injecté dans le sol, qui reste la méthode la plus quantitative mais aussi la plus lourde, aux méthodes utilisant les ondes électromagnétiques, soit naturelles, soit artificielles. Ces méthodes, dites méthodes magnétotelluriques (en abrégé MT), sont plus légères et conviennent mieux *a priori* à la prospection des terrains volcaniques. La profondeur d'investigation est d'autant plus grande que la fréquence de l'onde est plus basse, et peut atteindre en théorie plusieurs kilomètres. L'interprétation des mesures a pour objet de définir la distribution des résistivités en fonction de la profondeur, et de proposer une signification géologique aux différents terrains caractérisés par leur résistivité.

Deux exemples illustrent l'apport de ces méthodes en terrain volcanique.

Le premier concerne l'exploration de la fosse volcano-tectonique du Cantal (Aubert *et al.*, 1982), en rapport avec l'étude magnétique de cette région décrite dans le chapitre III.4.2. Les figures 136 et 137 montrent des courbes typiques obtenues dans cette étude, la première en sondage électrique, la seconde au même site en sondage MT. Une coupe NW-SE de la structure est proposée (fig. 138), à partir de la distinction de 5 terrains. Ce résultat est à rapprocher de celui obtenu par méthode magnétique et aboutissant à la coupe de la figure 135. Des marqueurs magnétiques ont des équivalents directs en marqueurs électriques, notamment le pluton hypovolcanique de la vallée de la Jordane, ainsi que les formations non affleurantes à l'aplomb et au SE du Plomb du Cantal.

Le deuxième exemple concerne un sondage MT effectué à l'Etna sur le lieu d'une éruption en cours (Dupis *et al.*, 1984). La figure 139 montre dans ce cas que la résistivité peut atteindre des valeurs très faibles, quelques Ω.m seulement, en rapport sans doute avec la présence d'un corps magmatique chaud.

III.4.4. - SISMOLOGIE

par Jacques DOREL

• Les méthodes de la sismologie

Parmi les méthodes utilisées pour la connaissance des structures géologiques, la sismologie est probablement la plus couramment employée dès lors qu'il s'agit d'obtenir des informations précises. Le seul obstacle à sa mise en œuvre est son prix toujours très élevé comparé aux autres méthodes d'investigations qui recherchent le même but.

La base de la prospection sismique est de créer des ondes sismiques au moyen d'une source artificielle et d'enregistrer ces ondes sur des stations sismologiques disposées suivant une géométrie particulière, fonction de la méthode utilisée et du problème à résoudre.

Dans la plupart des cas, il s'agit de mesurer des temps de propagation des ondes entre la source et les stations et d'en déduire la vitesse des ondes sismiques dans les différents milieux de la structure étudiée. Il n'y a pas de relation simple entre vitesse des ondes et nature géologique du milieu traversé. On connaît cependant la vitesse des ondes dans la plupart des roches et ceci contribue à l'interprétation géologique. Mais il faut également faire intervenir les paramètres de pression et de température, dont les valeurs augmentent avec la profondeur et qui influent sur les paramètres élastiques des matériaux, provoquant ainsi une modification de la vitesse des ondes.

Outre la vitesse des ondes, un autre paramètre peut être déterminé en étudiant la modification de l'amplitude des ondes au cours de leur propagation. Ce paramètre lié à l'atténuation des ondes fournit une information sur la nature du milieu et éventuellement aussi sur la température et l'état physique de ce milieu.

Ondes sismiques

A l'intérieur d'un milieu solide infini, deux types d'ondes peuvent se propager :

- *les ondes de compression ou ondes «P»* qui résultent d'une déformation longitudinale. Cette déformation a pour effet de déplacer les particules de matière dans le sens de la propagation de l'onde. Le milieu se trouve soumis à une extension et compression successive. La vitesse de ces ondes est donnée par la formule :

$$V_P = \sqrt{\frac{k + 3/4\mu}{\rho}}$$

où k est le coefficient d'incompressibilité

μ est le coefficient de rigidité

ρ est la masse volumique

La vitesse des ondes P est de 6 km/s dans le granite et de 0,33 km/s dans l'air. Cette vitesse varie suivant la nature des roches et leur profondeur.

A l'exception des formations superficielles où une relation a été établie entre la vitesse des ondes P et la masse volumique du milieu, il est impossible pour les couches profondes de déterminer cette masse volumique à partir de la vitesse des ondes.

-les ondes de distorsion ou de cisaillement ou ondes «S» pour lesquelles le mouvement de la particule du milieu a lieu perpendiculairement à la direction de propagation de l'onde. La vitesse est donnée par :

$$V_S = \sqrt{\frac{\mu}{\rho}}$$

Seuls les matériaux rigides peuvent transmettre ce type d'onde. Le rapport de la vitesse des ondes P à celle des ondes S est voisin de $\sqrt{3}$. Ce rapport ne dépend que du coefficient de Poisson du matériau.

Lorsque le milieu est limité par une surface libre, il existe des «ondes de surface» qui se propagent le long de cette surface. Ce type d'onde n'est pas utilisé pour la prospection sismique.

Sismique réflexion

La méthode de sismique réflexion utilise les ondes réfléchies sur les discontinuités de vitesse à l'intérieur d'un milieu. La figure 140 donne le principe de la méthode. On enregistre un tir S le long d'un profil de stations alignées avec S. Outre les ondes directes, on observe les ondes réfléchies sur les différentes discontinuités A, B, C. L'étude des hodochrones, temps d'arrivée (t) en fonction de la distance (Δ) à la source, pour chaque réflexion fournit les renseignements sur la vitesse et la profondeur des différentes couches, ici horizontales. Pour la première couche, par exemple, l'équation de l'hodochrone est :

$$t = \frac{1}{V}\sqrt{\Delta^2 + 4h^2}$$

où V est la vitesse des ondes et h la profondeur du premier réflecteur. Des équations analogues peuvent être établies pour les réflexions sur les deuxième et troisième réflecteurs.

L'énergie réfléchie sur chaque discontinuité est fonction du contraste des impédances des deux milieux Z_1 et Z_2 avec $Z = \rho V$.

Sismique réfraction

Dans cette méthode, on enregistre les ondes réfractées (ondes coniques) le long de la discontinuité séparant deux milieux. Les stations sont alignées avec le tir à une distance suffisante (fig. 141).

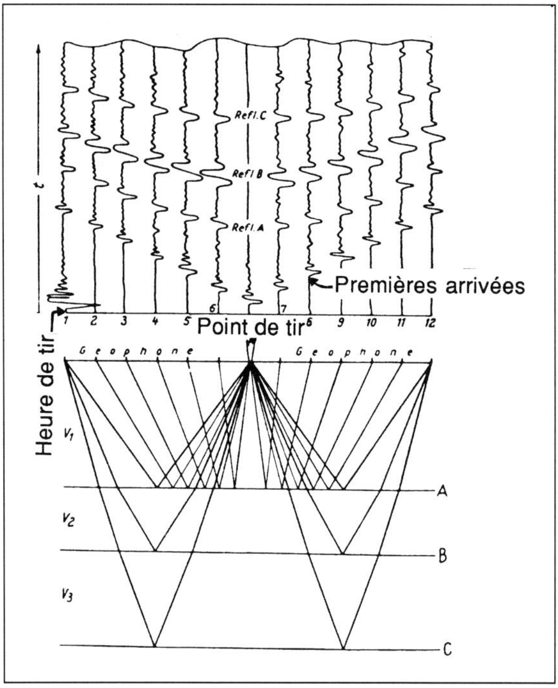

Fig. 140 - Principe de la sismique réflexion.
Les douze traces montrent la succession des ondes réfléchies sur les horizons A, B et C (d'après Bentz, 1961).

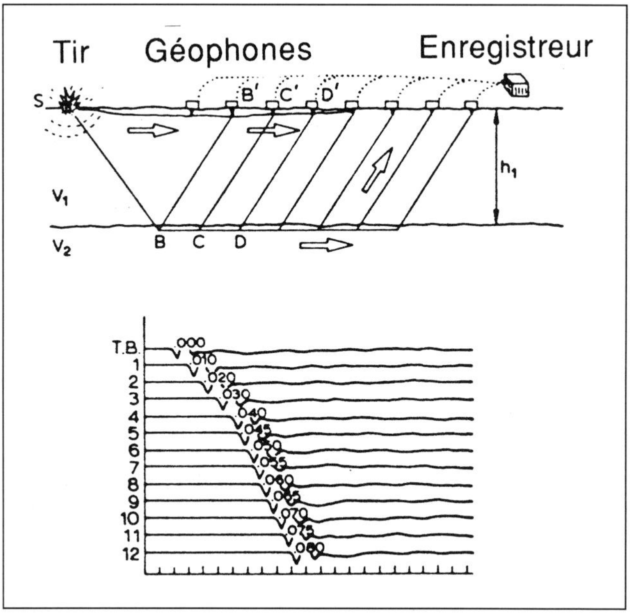

Fig. 141 - Principe de la sismique réfraction (d'après Sharma, 1978).

Dans le cas d'un milieu à deux couches séparées par une discontinuité plane et horizontale, l'hodochrone a pour équation :

$$t = \frac{\Delta}{V_2} + \frac{2h \cos\alpha}{V_1}$$

où h est la profondeur de la discontinuité

V_2 est la vitesse dans le milieu inférieur

V_1 est la vitesse dans le milieu supérieur

α l'angle limite donné par $\sin \alpha = \frac{V_1}{V_2}$

Le tracé de l'hodochrone permet de déterminer V en mesurant la pente de l'hodochrone et h en mesurant l'ordonnée à l'origine de cette droite.

Méthodes d'inversion à 3 dimensions

La méthode proposée pour la première fois par Aki (1977) permet de déterminer la structure sous un réseau bidimensionnel de stations sismologiques au moyen de l'observation des temps d'arrivée des ondes sismiques ayant traversé cette structure, à la manière d'une radiographie aux rayons X.

Les variations relatives de temps d'arrivées entre stations sont attribuées à une distribution particulière tridimensionnelle des vitesses sous le réseau.

Nous allons exposer la méthode telle qu'elle fut initialement proposée par Aki. Le temps de propagation t entre une source sismique et une station d'enregistrement est donné par :

$$t = \int_{rai} \frac{ds}{V} \qquad (1)$$

ds étant l'élément de trajet le long du rai et V la vitesse des ondes en chaque point du rai.

Le problème inverse qui consiste à déterminer V à partir de t n'est en général pas soluble, la solution n'étant pas unique. Pour rendre le problème soluble, on cherche les perturbations δV à apporter à V à partir d'un modèle de départ vraisemblable, afin que les temps calculés soient proches des temps observés. Les perturbations δt sont données par :

$$\delta t = -\int_{rai} \frac{\delta v}{v^2}\, ds$$

Les perturbations dues aux modifications de trajet sont du deuxième ordre par rapport à celles dues à δv.

Considérons un modèle de départ constitué de couches planes de vitesse moyenne V_1. Chaque couche est découpée en blocs (fig. 142). Soit t°_{ij} le temps de propagation observé entre une station i et une source j.

A partir du modèle de départ, on peut calculer un temps de propagation appelé temps de propagation calculé t^c_{ij}. On définit alors le résidu par la quantité :

$$R_{ij} = t^\circ_{ij} - t^c_{ij}$$

On cherche à perturber le modèle initial pour rendre les résidus minimums. On attribue à chaque bloc un paramètre m_k qui décrit la perturbation relative de la

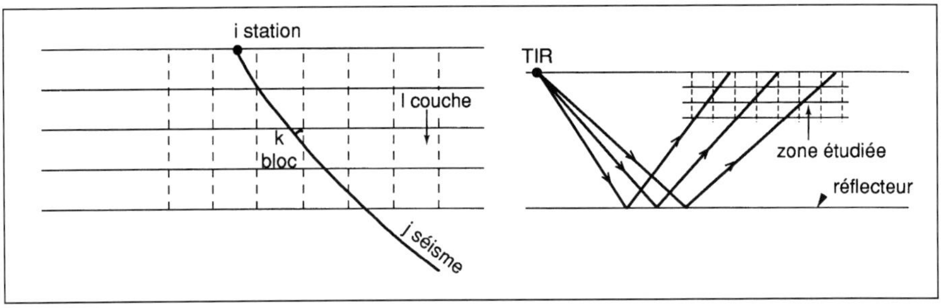

Fig. 142 - A gauche, *modélisation par blocs d'un milieu, pour l'application de la méthode d'Aki.* A droite, *méthode d'inversion 3D utilisant les ondes réfléchies sur un réflecteur.*

lenteur (inverse de la vitesse) par rapport à la lenteur moyenne $1/V_1$ de la couche à laquelle le bloc appartient.

Le résidu s'écrit alors :

$$R_{ij} = \underset{k}{\varepsilon}\, g_{ijk}\, m_k \quad (2)$$

avec :

$$g_{ijk} = \frac{d_1}{V_1 \cos\alpha_1}$$

d_1 et V_1 étant l'épaisseur et la vitesse du bloc k de la couche 1 et α_1 l'angle d'incidence du rai dans la couche 1 (fig. 142).

La sommation sur k est une somme sur tous les blocs, de toutes les couches traversées par le rai.

Le système d'équations (2) qui est surdéterminé et qui est linéaire, peut être représenté sous une forme matricielle par l'équation :

$$d = Gm$$

où d sont les données, ici les résidus

m sont les solutions à trouver c'est-à-dire les perturbations de vitesse dans chaque bloc

G est la matrice qui relie les inconnues aux données.

La solution m sera obtenue par les méthodes d'inversions généralisées qui fournissent une solution au sens des moindres carrés.

Pour cela, on décompose la matrice G :

$$G = U\Lambda V^T$$

où U est une matrice n x n formée avec les vecteurs propres de la matrice G comme colonne

Λ est la matrice diagonale dont les valeurs sont les valeurs propres de la matrice G

V est la matrice dont les colonnes sont les vecteurs propres de G^T (matrice transposée de G).

On obtient la solution suivante :

$$m = G^* d$$

avec :

$$G^* = V\Lambda^{-1}U^T$$

La non unicité de la solution peut provenir d'une part de l'insuffisance des données et d'autre part d'un effet intrinsèque à la méthode. Si une perturbation intéresse l'ensemble des blocs d'une couche, les temps d'arrivées seront modifiés à toutes les stations d'une même quantité et l'on ne pourra pas distinguer cet effet de celui d'un effet de sources.

La méthode peut être utilisée soit à partir de séismes éloignés, soit à partir de tirs. Dans ce dernier cas, on peut se servir des ondes directes ou des ondes réfléchies sur un réflecteur qui permet comme dans le cas des téléséismes "d'éclairer" la structure par en-dessous (fig. 142).

Bien entendu, la dimension des blocs au départ doit être en rapport avec la longueur d'onde des ondes utilisées. Ceci entraine un choix de la source approprié à la résolution désirée.

Depuis 1977, la méthode Aki a fait l'objet de nombreux développements et améliorations. En particulier de nouvelles méthodes d'inversion sans bloc ont été proposées (Tarantola et Nercessian, 1984) qui permettent de définir des structures où la vitesse varie de façon continue dans les trois dimensions.

Atténuation des ondes sismiques

L'amplitude d'une onde sismique décroît au cours de la propagation de façon exponentielle en fonction de la distance x :

$$A = A_0 e^{-kx}$$

avec A_0 pour l'amplitude à la source et :

$$k = \frac{\omega}{2\,QV}$$

ω : pulsation de l'onde (2πf)

Q : facteur de qualité du milieu

V : vitesse des ondes

d'où :

$$A = A_0 e^{-\pi f\,(T/Q)}$$

T étant le temps de propagation x/V

Pour une fréquence donnée l'amplitude va dépendre de T/Q.

On introduit la quantité :

$$t^* = \int_{rai} \frac{ds}{QV}$$

dont la valeur va dépendre du facteur de qualité le long du rai. Cette expression est analogue à l'expression (1). Les méthodes d'inversion de type Aki peuvent aussi s'appliquer pour déterminer le facteur de qualité dans une structure à trois dimensions.

• Applications à l'étude des structures volcaniques

Les dimensions et la complexité d'un édifice volcanique posent des problèmes pour

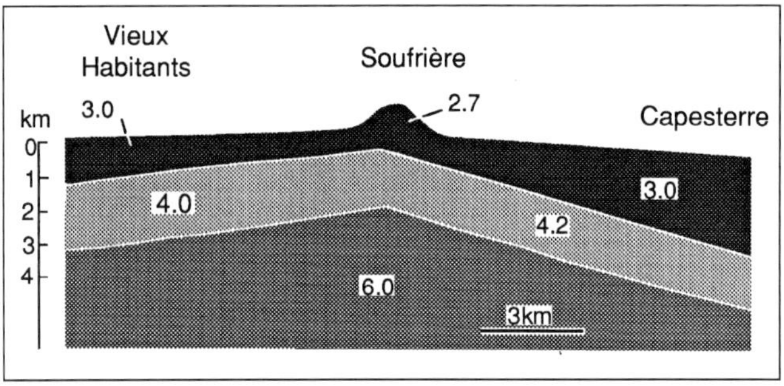

Fig. 143 - Structure sous le volcan de la Soufrière de la Guadeloupe déterminée par la sismique réfraction (d'après Dorel *et al.*, 1979). Vitesses de propagation en km/s.

l'application des méthodes exposées ci-dessus. En effet, les dimensions des structures rencontrées sur un volcan sont de l'ordre de quelques dizaines de mètres (parfois moins) à quelques kilomètres. Un dyke n'a souvent que quelques mètres d'épaisseur. L'hétérogénéité des terrains est très importante aussi bien géologiquement que physiquement. On conçoit ainsi que les méthodes les plus appropriées pour atteindre le degré de résolution souhaité soient les méthodes de prospection sismique, mais leurs coûts prohibitifs empêchent leur utilisation. Par suite, les exemples de structures volcaniques déterminées par la sismologie sont encore relativement grossiers et ne rendent compte que des grands traits de la structure.

Sismique réflexion et réfraction

Les méthodes de sismique réflexion et réfraction ne peuvent être employées que dans les cas très limités et sur de petites structures, sinon on s'expose lors de l'interprétation à donner des vitesses sismiques qui représentent des moyennes sur une région donnée. Ces valeurs moyennes peuvent avoir leur intérêt, en particulier pour le calcul des épicentres sous un volcan où généralement on adopte un schéma de structure simple avec des vitesses moyennes, dans un nombre de couches limitées. Un exemple d'une telle structure est celui obtenu sur la Soufrière de la Guadeloupe (fig. 143) par Dorel *et al.* (1979) en effectuant des profils de sismique réfraction disposés radialement par rapport au volcan.

Inversion 3D

Les méthodes d'inversion à 3 dimensions sont beaucoup plus appropriées aux études de structures sous les volcans, à condition d'une part, de pouvoir disposer d'une source sismique riche en hautes fréquences pour obtenir une bonne résolution et d'autre part, de mettre en place sur le volcan un réseau de stations à faible maille. Les sources peuvent être constituées soit par des séismes locaux soit par des tirs.

La technique utilisant des tirs et les ondes réfléchies sur la surface de Mohorovicic a été appliquée sous le volcan des Monts Dore en France par Nercessian *et al.* (1984). La maille du réseau était de l'ordre de 10 km et près de 100 stations sismologiques avec 6 tirs ont été mises en œuvre. Les ondes réfléchies étaient du type SMS.

L'inversion sans bloc des temps d'arrivées a permis une visualisation de la structure, faisant apparaître la fosse volcano-tectonique de ce volcan insérée dans le socle hercynien (fig. 144).

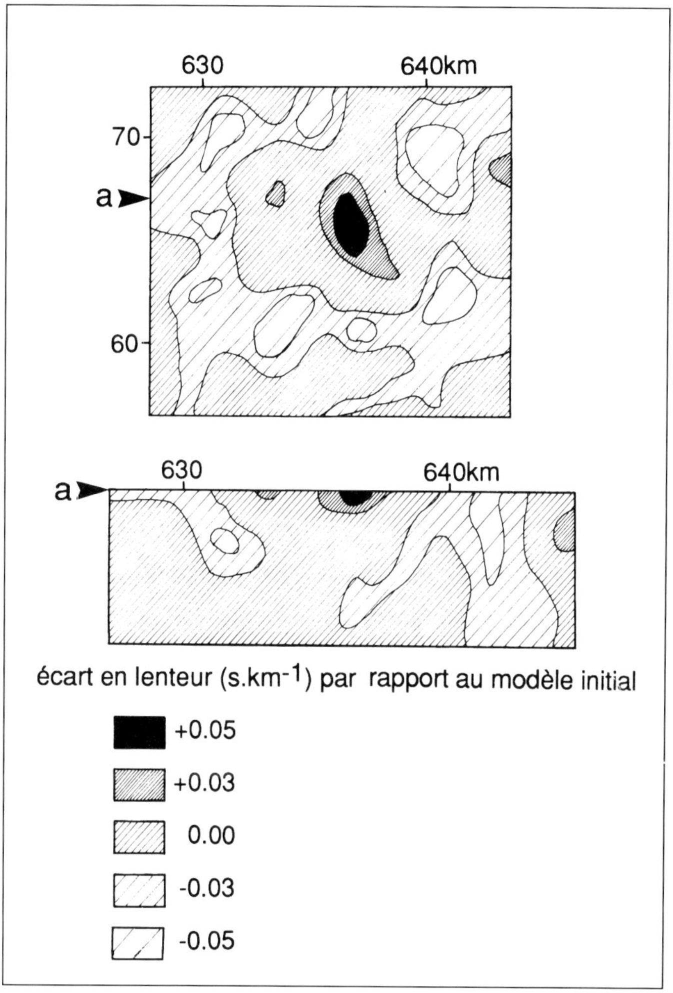

Fig. 144 - En haut, *coupe horizontale de la structure sous le volcan des Monts Dore (France) à 1 km de profondeur, déterminée par une méthode d'inversion 3D sans bloc.* Les différentes zones représentent la déviation de la lenteur en s/km par rapport au modèle initial. La zone centrale de 10 km de diamètre représente des matériaux volcano-sédimentaires où la vitesse est plus lente que dans les zones environnantes représentatives du socle hercynien. En bas, *section verticale dans la direction E-W au niveau a de la figure précédente.* L'échelle verticale est égale à l'échelle horizontale (d'après Nercessian *et al.*, 1984).

Atténuation, anomalies de propagation et sismicité : chambre magmatique

Un exemple remarquable de la technique utilisant l'atténuation des ondes sismiques et les anomalies de propagation, est fourni par la localisation et la configuration de masses magmatiques sous la région de Long Valley, en Californie. La caldera de Long Valley fait partie d'un système de jeunes édifices volcaniques qui résultent d'une extension rapide Est-Ouest de la région située entre le Great Basin à l'Est et la Sierra Nevada à l'Ouest. Cette région est considérée comme potentiellement active du point de vue volcanique et les dernières manifestations volcaniques sont d'âge inférieur à

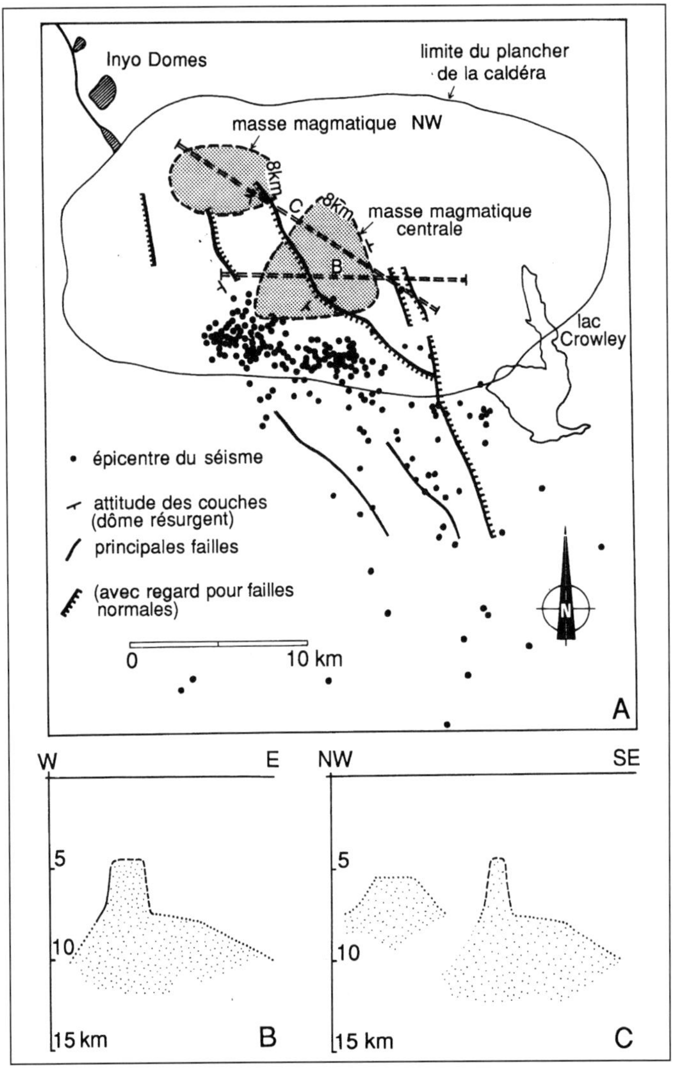

Fig. 145 - Exemple de la caldera de Long Valley, Californie.
A : carte de la caldera montrant les épicentres des séismes et la localisation des masses magmatiques au centre et au Nord-Ouest (contour des masses magmatiques à 8 km de profondeur). B : section E-W à travers la masse magmatique centrale. C : section NW-SE à travers les deux masses magmatiques. Même échelle horizontale en B et C qu'en A, mais échelle verticale exagérée (d'après Sanders, 1984, modifié).

1 000 ans. Les nombreuses études effectuées ont apporté la certitude de l'existence de masses magmatiques chaudes, sous cette région. A partir de 1978, un séisme de magnitude 5.7 situé à 20 km au Sud de la caldera a attiré l'attention des scientifiques. La sismicité a ensuite migré vers le Nord sur le bord de la caldera et s'est poursuivie de façon importante, laissant par moment envisager l'éventualité d'une éruption.

Sanders (1984), utilisant près de 280 séismes locaux dont la profondeur était comprise entre 1 et 15 km, a étudié l'atténuation des ondes S et des hautes

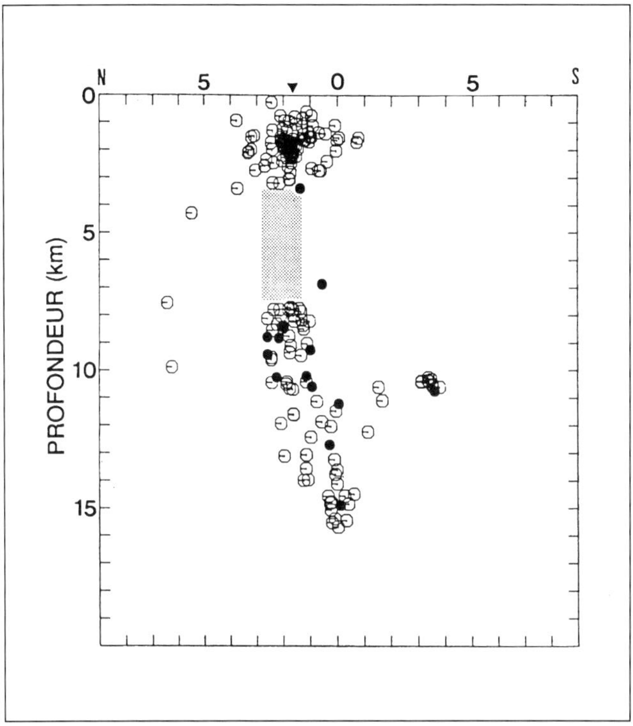

Fig. 146 - Foyers des séismes projetés sur un plan vertical N-S au travers du volcan Nyamuragira (Zaïre).
La partie hachurée suggère le réservoir magmatique (d'après Hamaguchi, 1983).

fréquences des ondes P et S. Il définit ainsi deux ensembles magmatiques dans le centre de la caldera. Une étude faite par Steeples et Iyer (1976) sur les retards de propagation d'ondes P issues de séismes lointains, montre des retards de 0,36s interprétés comme dus à une zone de basse vitesse (roches chaudes) entre 7 et 25 km de profondeur. Enfin, des profils de réfraction effectués par Hill (1976) montrent la présence d'ondes réfléchies, interprétées comme des réflexions sur le toit de la chambre magmatique située vers 7 à 8 km de profondeur.

Sanders a proposé un modèle de chambre magmatique pouvant expliquer l'ensemble des observations, y compris celles relatives à la déformation (fig. 145).

Un autre exemple de mise en évidence de chambre magmatique est donné par l'étude de l'atténuation des ondes S sous le complexe volcanique du Krakatau (Harjono *et al.*, 1989). La méthode consiste à observer la diminution de l'amplitude des ondes S pour certains trajets de propagation des ondes, entre les foyers de séismes locaux et des stations situées autour du détroit de la Sonde. Les auteurs interprètent leurs observations par l'existence de deux corps magmatiques déconnectés, l'un situé à 9 km de profondeur et l'autre à 22 km.

Enfin, nous signalerons que l'existence de chambres magmatiques peut être suggérée par la simple observation de la sismicité d'un volcan. Un exemple est donné par Hamaguchi (1983) qui observe un "trou" de sismicité sous le volcan Nyamuragira interprété comme une masse magmatique chaude (fig. 146).

Partie IV

L'ÉVALUATION DES RISQUES VOLCANIQUES ET LA SURVEILLANCE DES VOLCANS

INTRODUCTION

Parmi les 600 volcans actifs sur la Terre, en moyenne 50 entrent en éruption chaque année (Simkin *et al.,* 1981). Depuis l'an 1000, on estime à environ 300 000 le nombre de personnes tuées directement ou indirectement par l'activité volcanique. Ce bilan peut apparaître mince par rapport à ceux des principaux autres types de désastres (Tilling, 1989a), qu'ils soient d'origine naturelle (inondations, ouragans, famines, épidémies, glissements de terrain, séismes) ou d'origine anthropique (conflits armés, accidents). Néanmoins, l'activité volcanique constitue un danger important dans un grand nombre de régions, tragiquement souligné par plusieurs catastrophes récentes (Mont Saint-Helens, 1980 ; El Chichon, 1982 ; Nevado del Ruiz, 1985 ; Pinatubo et Unzen, 1991). Les éruptions ont un impact humain et économique qui dépasse la seule perte de vies humaines : destructions et dégâts, famines et maladies, érosion et sédimentation, terres rendues incultes et traumatismes sociaux (Blong, 1984 ; Grayson et Sheets, 1981 ; Tilling, 1989a). Par conséquent, loin de se limiter au développement des connaissances fondamentales, la volcanologie a aussi pour objectif de contribuer à la prévention des dangers liés à l'activité volcanique.

L'atténuation des risques volcaniques requiert une démarche qui va des études fondamentales jusqu'aux planifications et mesures de protection et d'évacuation des personnes et des biens (fig. 147). L'analyse des risques volcaniques doit donc s'appuyer sur une base solide de travaux de recherche fondamentale. Ce sont les aspects traités dans les chapitres précédents de cet ouvrage. Du point de vue opérationnel, l'évaluation des risques et la prévision sont fondées sur quatre étapes :

(1) l'identification des volcans dangereux

et, pour un volcan donné :

(2) la surveillance instrumentale par les méthodes géophysiques et la prévision des éruptions ;

(3) l'identification des zones et des populations exposées en cas d'éruption, et l'établissement de cartes de menaces et de risques ;

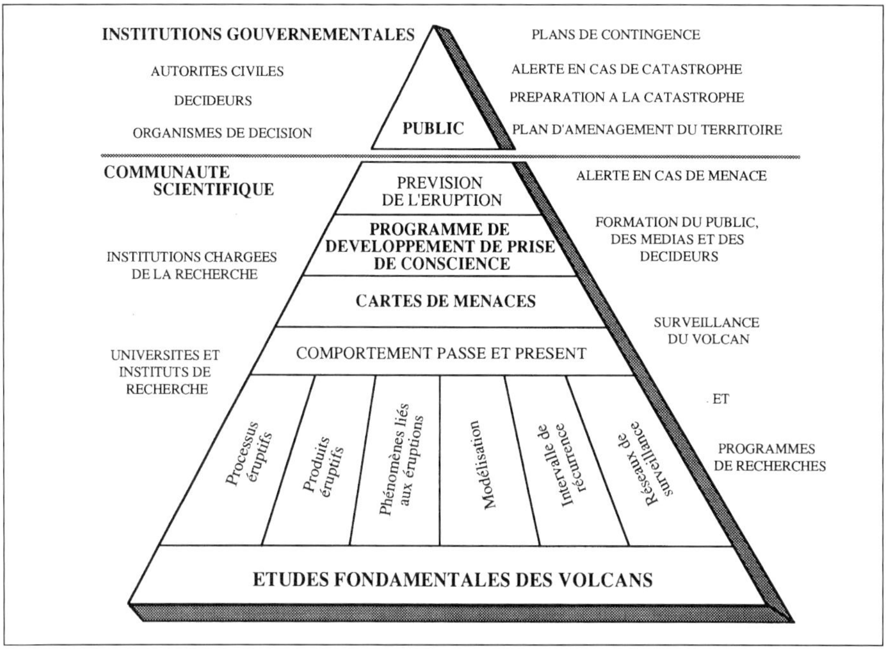

Fig. 147 - Pyramide illustrant la construction d'un programme d'atténuation des risques volcaniques sur une base solide d'études spécialisées.
L'apex de la pyramide séparé du reste suggère le divorce des responsabilités entre les scientifiques et les autorités civiles (modifié d'après Tilling et Bailey, 1985, *in* Tilling, 1989a).

(4) la planification préventive, incluant les mesures de protection et les ouvrages de génie civil, et la préparation des secours en cas de catastrophe.

La cartographie des menaces et des risques et la surveillance instrumentale seront traitées dans cet ouvrage. En revanche, les aspects concernant la prévention et la protection par les autorités civiles ne seront pas abordés ici, bien qu'ils déterminent, en dernier lieu, le succès ou l'échec de l'ensemble de la gestion et de la prévention des risques (le lecteur intéressé pourra se référer à Blong, 1984, Punongbayan et Tilling, 1989, et Tilling et Punongbayan, 1989).

IV.1. - PRÉVISION DES MENACES ET ÉVALUATION DES RISQUES VOLCANIQUES

IV.1.1. - MÉTHODES DE ZONAGE DES MENACES ET DES RISQUES VOLCANIQUES

par Jean-Claude THOURET

• Définitions

Menace et risque volcaniques ont des acceptions distinctes (Fournier d'Albe, 1979 ; Westercamp, 1980a), bien que souvent confondues dans le langage courant.

La menace (*hazard* en anglais) est le phénomène volcanique qui engendre un danger potentiel pour les personnes et les biens, dans une zone donnée durant une période donnée. Par rigueur sémantique, le terme de menace est préféré ici à celui d'aléa, dont le sens originel (sort, destin, d'après l'éthymologie latine) a été détourné dans la littérature spécialisée. L'évaluation de la menace se résume à l'équation : fréquence de l'événement (par unité de temps) x intensité de l'événement ou importance des conséquences.

Le risque (*risk* en anglais) est l'espérance mathématique du dommage subi lors d'une catastrophe ou la probabilité d'une perte (vie, propriété, moyen de production) dans une région exposée à la menace volcanique. L'évaluation du risque s'exprime par l'équation : menace x vulnérabilité x patrimoine. La vulnérabilité physique, sociale, technique et liée au patrimoine, est le pourcentage de la valeur perdue en cas de catastrophe, c'est-à-dire du nombre de vies et du coût de la propriété, des ouvrages publics ou des moyens de production.

Bien que l'évaluation des risques volcaniques passe d'abord par l'identification des appareils dangereux, seul un petit nombre des 600 volcans actifs répertoriés sur la Terre est étudié en détail. Or, une liste récente mais non définitive recense plus de 50 volcans extrêmement dangereux (Yokoyama *et al.*, 1984, *in* Scott, 1989b, p. 28).

Les manifestations volcaniques (Tilling, 1989a et b ; Scott, 1989a et b ; Westercamp, 1980a ; Blong, 1984 ; Crandell *et al.*, 1984) sont surtout dangereuses sur les volcans calcoalcalins explosifs : coulées de lave et dômes, écoulements pyroclastiques (coulées pyroclastiques, déferlantes), explosions dirigées latéralement, lahars et inondations, effondrements structuraux (avalanche de débris et effondrement de secteur ou de flanc), retombées aériennes et projections balistiques, gaz volcaniques, séismes et tsunamis volcaniques, ondes de choc atmosphériques (Tilling, 1989b ; Scott, 1989a, b). Ces phénomènes sont beaucoup moins violents sur les volcans basaltiques et effusifs (excepté les écroulements de flanc), dont les épanchements sont rarement catastrophiques. Entre 1900 et 1986, 86 % des victimes des phénomènes volcaniques ont dû leur sort aux écoulements pyroclastiques ou aux avalanches de débris (48,4 %) et aux lahars ou inondations (37,4 %). Le reste des victimes était imputé aux famines ou aux maladies post-éruptives (4,2 %), aux retombées ou projections balistiques (4 %) et à d'autres phénomènes secondaires (Blong, 1984 ; Grayson et Sheets, 1981 ; Tilling éd., 1989b).

• Principes de l'évaluation et du zonage des menaces et des risques

Sur un volcan donné, la prévention et la réduction des risques reposent sur les opérations suivantes :

(1) la prévision d'une éruption, c'est-à-dire la possibilité de préciser quand et en quel point du volcan aura lieu cette éruption. Ceci repose sur la surveillance instrumentale qui est directement dépendante de la qualité du réseau d'instrumentation géophysique opérationnel sur le volcan.

(2) la définition de scénarios éruptifs possibles et le classement de ces scénarios selon leur probabilité d'occurrence. Ceci est fondé sur la connaissance de l'activité passée du volcan, en particulier de l'activité récente (quelques centaines à milliers d'années, selon la fréquence des éruptions). La démarche reste limitée à l'application du principe d'actualisme, présumant que l'activité dans le futur immédiat poursuivra la logique de comportement démontrée dans l'activité passée.

(3) la délimitation des zones menacées, dans l'hypothèse des différents scénarios éruptifs retenus ou, en toute hypothèse, pour les différents types d'éruptions connus ou supposés possibles sur le volcan. Ici encore, on présume que les secteurs affectés dans le passé seront probablement à nouveau atteints par des phénomènes de même type.

(4) le recensement des populations exposées, du patrimoine socio-économique et culturel endommageable, et l'évaluation de leur vulnérabilité, pour aboutir à l'établissement de cartes de risques.

Les opérations (2) et (3), qui nous concernent directement ici, s'appuient d'une part sur les connaissances générales des différents mécanismes éruptifs, d'autre part sur ce que l'on sait de l'histoire du volcan, de ses types d'éruption dans le passé récent, leur magnitude (volume) et leur intensité, la distribution des produits et leurs effets potentiels sur l'environnement. En fonction de ces données, sont élaborées des cartes de menaces qui délimitent les zones susceptibles d'être affectées lors d'une éruption.

• Les cartes de menaces et de risques volcaniques

Ces cartes répondent à deux types de besoins :

(1) en période de crise éruptive ou de crise géophysique annonçant la possibilité d'une éruption, de telles cartes, même préliminaires ou établies dans l'urgence d'une éruption imminente, désignent les zones à évacuer, protéger ou éviter, fondent les mesures de protection d'urgence et identifient les supports logistiques pour les secours et l'évacuation (voies de communication, habitat, refuges, etc.). Ces outils d'aide à la décision peuvent être améliorés par l'intégration des résultats de la surveillance instrumentale (Swanson *et al.*, 1983, 1985) et des observations de surface, au fur et à mesure du développement de la crise (éruption du Pinatubo, EOS, 1991).

(2) à long terme et en dehors des périodes de crise, des cartes faisant la synthèse des connaissances volcanologiques applicables au volcan, circonscrivent les zones menacées, afin de fournir aux pouvoirs publics des plans de gestion des risques et d'aménagement du territoire (confortation, protection, occupation des sols, information, etc.)

Depuis le début des années 80, une triple approche de l'évaluation et du zonage du risque a présidé à l'élaboration de telles cartes :

1) une approche géologique définit les zones d'extension potentielle d'un ou plusieurs types de menace, en fonction de la nature des éruptions reconnues dans le passé et de l'extension de leurs produits. Par exemple, trois zones de danger de nuées ardentes et de lahars sont délimitées par le *Volcanological Survey of Indonesia* sur les cartes de plusieurs volcans d'Indonésie (zone interdite, 1ère zone de danger élevé, 2ème zone de danger modéré), d'après l'extension réelle de ces deux phénomènes dans l'histoire très récente du volcan.

2) une approche semi-quantitative s'attache à délimiter l'extension potentielle de différents degrés de risque pour chaque menace et/ou magnitude d'éruption, fixée *a priori* et/ou prévisible (Asama : Aramaki, *in* Crandell *et al.*, 1984 ; Californie : Miller, 1989 ; Mont Hood : Crandell, 1980 ; Nevado del Ruiz : Parra *et al.*, 1986). Le degré du risque est résumé par le produit : récurrence ou fréquence (périodes d'activité et de dormance) x intensité x conséquences de chaque menace, telles qu'on peut les déduire de la téphro-stratigraphie disponible.

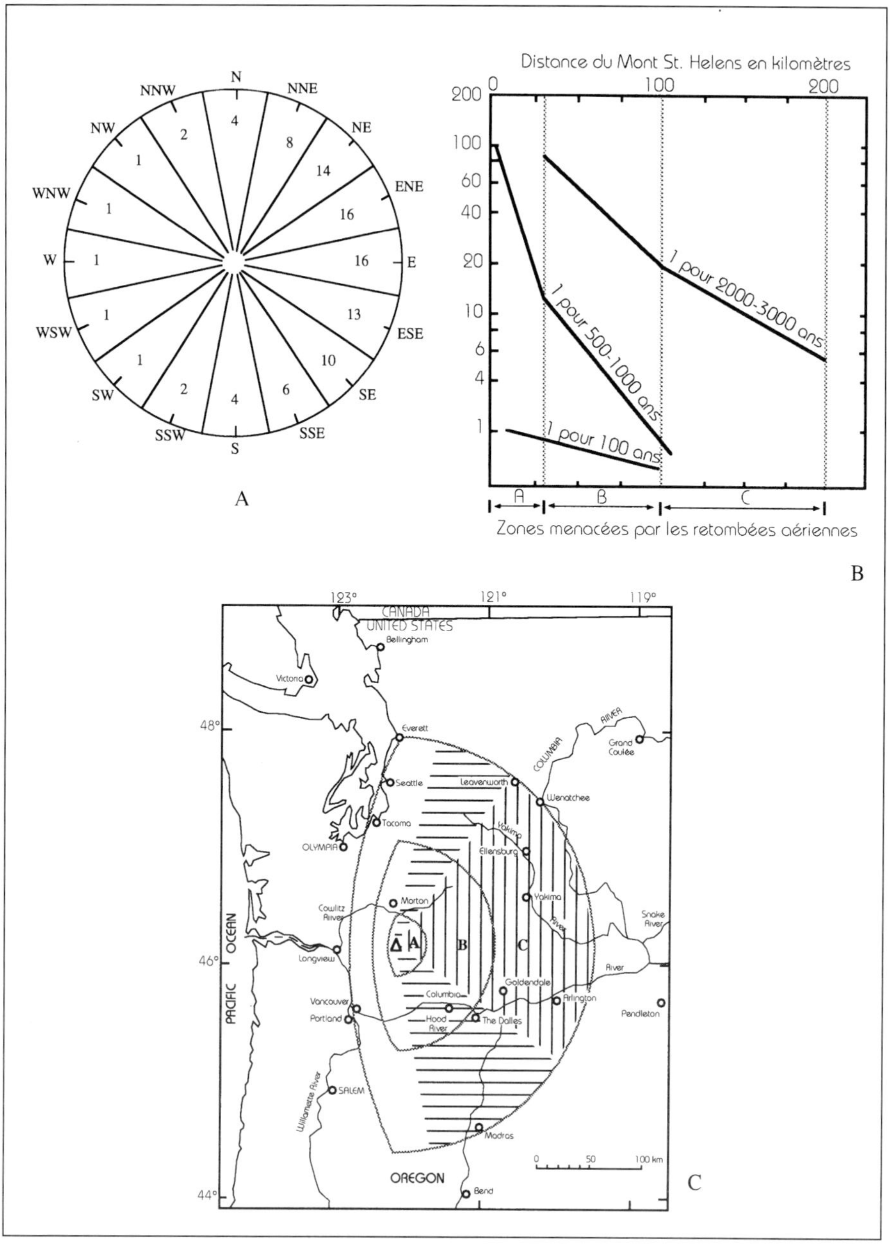

Fig. 148 - A, B, C.

3) une approche statistique définit à la fois le pourcentage de la zone affectée par type de menace et sa fréquence pluri-annuelle, sur des volcans dont l'histoire a été inventoriée sur une période d'au moins 10 000 ans (Soufrière de Guadeloupe : Westercamp, 1980b ; Montagne Pelée : Westercamp et Traineau, 1985 ; Mont Shasta : Miller, 1980 ; Mauna Loa : Mullineaux *et al.,* 1987). Cette approche est

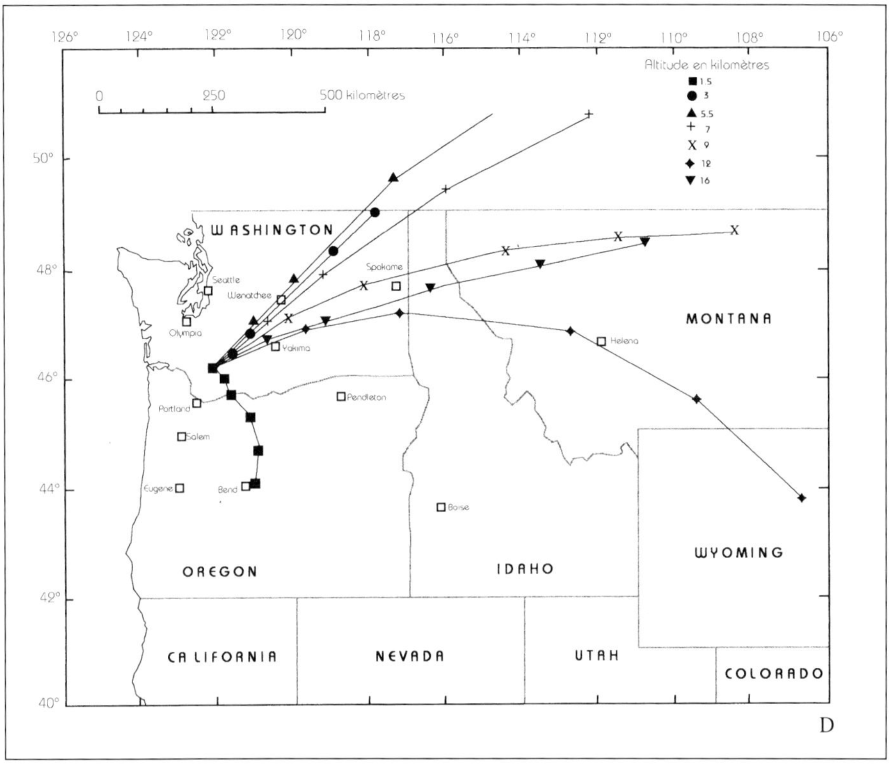

Fig. 148 - A, B et C : Diagrammes pour la préparation de la carte des zones menacées par les retombées volcaniques au Mont Saint-Helens (d'après Crandell et Mullineaux, 1978).
A) directions et pourcentages annuels des vents dominants pour chaque secteur, pour des altitudes de 3 à 16 km, dans l'ouest de l'Etat de Washington ;
B) épaisseur prévue dans les zones menacées à 30, 100 et 200 km du volcan, sous le vent. Ces épaisseurs sont fondées sur celles des retombées de 1, 0,1 et 0,01 km^3 qui ont été émises par le Mont Saint-Helens depuis 4 500 ans et dont la fréquence estimée est indiquée ;
C) carte des zones menacées par les retombées (A : 10 km, B : 100 km et C : 200 km de rayon). L'extension prédominante vers l'est reflète la direction générale des vents, d'autant plus que les vents soufflant vers l'ouest sont faibles. Les vents soufflent pendant 80 % du temps vers les secteurs indiqués par des traits horizontaux et pendant 50 % du temps vers ceux signalés par des traits verticaux ;
D) *: Diagramme de prévision numérisée des trajectoires de retombées de cendre à sept altitudes différentes, pour une émission prévue à 11 heures locales le 18 mai 1980* (d'après Miller *et al.*, 1981).

sujette à caution, car la probabilité d'une menace ne peut être précisément évaluée même si les données tephrochronologiques sont suffisantes. Deux essais semi-quantitatifs ont pourtant concerné le Mont Saint-Helens, après l'éruption de 1980, qui tiennent non seulement compte des données géochronologiques disponibles, des scénarios éruptifs détaillés à plusieurs pas de temps, mais aussi de la vulnérabilité des résidents ou des travailleurs dans les secteurs exposés à chaque type de menace (Newhall, 1982, 1984).

En somme, les documents publiés jusqu'à présent sur la plupart des volcans sont des cartes de menaces de type géologique, sans véritable représentation des risques au sens strict. Or, une évaluation complète des risques suppose la prise en compte de la vulnérabilité technique, socio-économique et du patrimoine, mal définie ou peu analysée jusqu'ici, excepté dans les cas du Nevado del Ruiz (Williams éd., 1991), du Mont Saint-Helens (Newhall, 1982, 1984) et du Cotopaxi (D'Ercole, 1991).

• Les différentes menaces volcaniques et leur zonage cartographique

(1) Phénomènes fréquents, directement ou indirectement reconnus dans les séquences géologiques et en partie mesurables

Coulées de lave

Le zonage des épanchements laviques potentiels ne pose pas de difficultés majeures. Il prend en compte la fréquence des coulées dans le passé géologique récent, leur géométrie et leur extension, les évents passés et probables dans le futur, la topographie et le contexte morphostructural (fracturation, rift-zone, etc. : Kilauea, Mauna Loa ; Mullineaux *et al.,* 1987). Les calculs statistiques fondant la prévision de l'extension potentielle des coulées sont plus difficiles sur les volcans explosifs, où les coulées de lave sont moins fréquentes, les surfaces affectées beaucoup moins étendues et les risques pour les populations moins fréquents que sur les volcans basaltiques. Les risques provoqués par les coulées de lave sont, dans tous les cas, faibles. Les rares catastrophes sont le fait de volcans alcalins à lave fluide et/ou de la vidange brutale d'un lac de lave (Nyragongo, 1977 : Tazieff et Sabroux, 1983).

Retombées aériennes et projections balistiques

Les risques sont principalement dus aux importantes retombées asssociées aux hautes colonnes éruptives, surtout pliniennes, mais aussi vulcaniennes, voire stromboliennes (*cf.* II). Le zonage doit intégrer les informations provenant d'une part du registre téphrostratigraphique du volcan (fréquence, extension, épaisseur des retombées) et d'autre part des modèles théoriques qui visent à prédire la distribution des retombées d'une colonne éruptive en fonction de paramètres éruptifs (débit en particulier) et de conditions externes (vitesse et direction des vents, humidité de l'air).

La cartographie et l'étude quantitative des horizons de retombées dans la tephrostratigraphie (cartes et diagrammes d'isopaques et d'isoplèthes ; Walker, 1981a,b ; Pyle, 1989) permettent une estimation de la magnitude (volume) des éruptions du passé proche. Elles peuvent permettre également, grâce à l'application de modèles théoriques, une estimation de leur intensité (débit éruptif) et des hauteurs de colonne correspondantes (voir II.3.2 et II.4.2). D'après ces informations et en fonction de leur nombre et de leur qualité, il peut devenir possible d'estimer la probabilité d'une future retombée, son volume et son extension pour une récurrence donnée (Mont Saint-Helens : Crandell et Mullineaux, 1978, fig. 148).

Le zonage, représenté par des isopaques et isoplèthes potentielles, tient évidemment compte des conditions météorologiques locales, c'est-à-dire de la répartition annuelle de la direction et de la vitesse des vents. Au Nevado del Ruiz par exemple, deux catégories d'isopaques ellipsoïdaux ont été tracées pour des colonnes éruptives moyennes (fig. 154), car les retombées sont dirigées vers le NNE en saison des pluies (cas de l'éruption du 13 novembre 1985) et vers l'WNW en saison sèche (cas de celle du 1er septembre 1989). Quoique les retombées ne recouvrent en fait qu'un étroit secteur de la zone délimitée, la distance de dispersion maximum excède souvent 200 km. Les éruptions récentes bien observées servent en retour à tester les

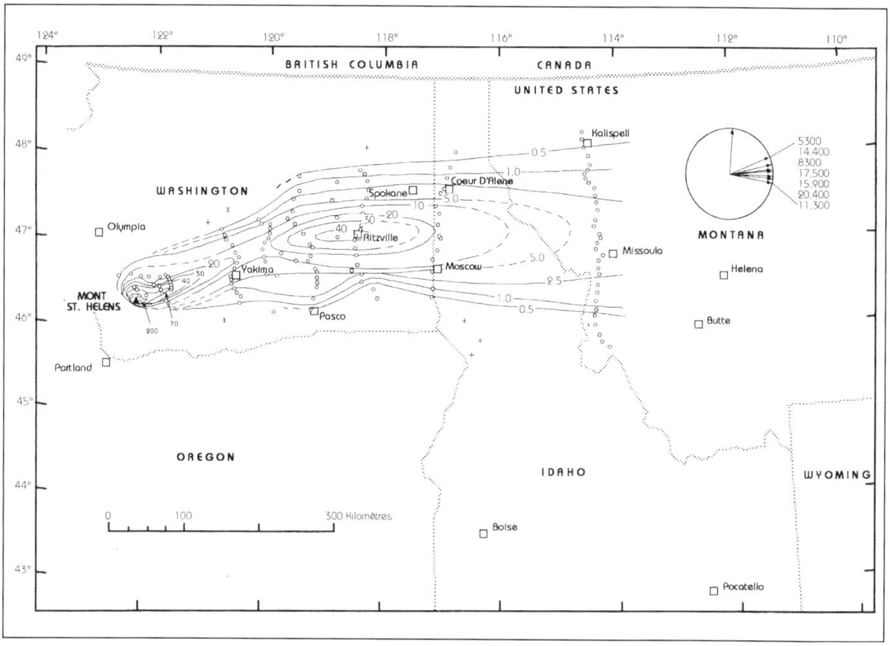

Fig. 149 - Carte des isopaques des retombées de cendres du 18 mai 1980.
Les lignes représentent l'épaisseur non compactée en millimètres ; + : léger saupoudrage de cendres ; x : cendres non observées ; cercles : sites d'observations. Le diagramme circulaire montre les directions moyennes vers lesquelles soufflait le vent, à différentes altitudes, à 10 h 20 locales le 18 mai 1980 à Spokane, Washington (d'après Sarna-Wojcicki *et al.*, 1981).

modèles numériques qui prévoient la trajectoire probable des retombées en fonction des vents dominants par secteur et tranche d'altitude. Par exemple après l'éruption plinienne du 18 mai 1980 au Mont Saint-Helens, les isopaques réellement mesurées ont pu être comparées au zonage prévisionnel (Miller *et al.,* 1981 ; Sarna-Wojcicki *et al.,* 1981 ; fig. 149).

Dans la pratique, le zonage des retombées envisage distinctement 3 cas :

(a) les tephras peu abondantes (< 1 km^3) sur une surface peu étendue (< 1 000 km^2), livrées par une éruption subplinienne de courte durée (quelques dizaines de minutes à 2 heures), d'intensité modérée, la colonne éruptive ne dépassant guère 20 km (Nevado del Ruiz, 1985 ; Redoubt, 1990 ; Kelut, 1990) ;

(b) les retombées volumineuses (> 1 km^3) sur une vaste région (> 1 000 km^2), issues d'une éruption plinienne durable (18 à 48 heures) et d'intensité soutenue, la colonne éruptive atteignant 20 à 40 km d'altitude (Mont Saint-Helens, 1980 ; Pinatubo, 1991) ;

(c) les retombées très puissantes (> 10 km^3), dispersées sur plus de 10 000 km^2 et livrées par des éruptions pliniennes paroxystiques (Vésuve 79 AD : Santacroce *et al.,* 1987 ; Huyana Putina, 1600 : Gonzales-Ferran, 1990 ; Quizapu, 1932 : Hildreth et Drake, 1992 ; Katmaï, 1912 : Hildreth, 1983), pour lesquelles les observations directes manquent.

Une véritable prévision des risques liés aux retombées pour les populations, les bâtiments et le patrimoine doit, en sus du zonage et des modèles de répartition, prendre en compte d'autres facteurs, tels que la densité humide, la vitesse et le taux de déposition des cendres, etc. (Blong, 1984).

Écoulements pyroclastiques

Les écoulements pyroclastiques sont plus dévastateurs que les retombées, à cause de l'abrasion, de l'ensevelissement, de la chaleur intense et de la suffocation qu'ils provoquent. Ils constituent un des risques volcaniques majeurs et ils posent le plus de difficultés pour le zonage des menaces, car leur mobilité et leur extension varient beaucoup selon l'énergie, la magnitude et le style de l'éruption.

Les modèles théoriques capables de prédire l'extension des écoulements pyroclastiques sont encore très sommaires, faute d'une connaissance précise de leur rhéologie et de la relation entre leur comportement et les conditions éruptives (magnitude, intensité, violence). Les principaux modèles actuels sont fondés sur les concepts de cône et de ligne d'énergie et prédisent grossièrement une relation entre la dénivelée verticale (H) et la distance horizontale (L) parcourue par l'écoulement, en admettant que l'énergie motrice est essentiellement fournie par la gravité (fig. 150 ; Malin et Sheridan, 1982 ; Hsü, 1975). Les quotients H/L trouvés géologiquement pour des dépôts cartographiés (généralement dans la gamme 1/4-1/10) calent les valeurs des modèles. Dans l'hypothèse d'écoulements générés par le débordement ou l'écroulement d'une colonne verticale (voir II.3.3), la prédiction de H est difficile et comporte une incertitude importante, à la différence du cas d'écoulements à partir de dômes.

Une autre difficulté du zonage des écoulements pyroclastiques est que leur distribution est influencée par la morphologie et la topographie de la zone sommitale (topographie du rebord du cratère, direction et section des vallées naissant directement au cratère, etc.). Les conditions morphologiques peuvent être modifiées en cours d'éruption, mettant en cause la validité d'un zonage établi d'après les conditions pré-éruptives et pouvant nécessiter une révision de celui-ci au cours de la crise.

Compte tenu de ces difficultés, le zonage sur un volcan donné prend d'abord en compte l'inventaire géologique récent, depuis la dernière modification morpho-structurale importante : fréquence, extension des écoulements, reconnaissance des écoulements canalisés (coulées pyroclastiques) et non canalisés (déferlantes), reconstitution de leur mécanisme éruptif (reconnaissance des écoulements liés à des dômes, à des éruptions pliniennes, etc.) (voir II.3.3). Un premier mode de zonage consiste à choisir comme extension potentielle la plus grande extension reconnue dans l'histoire du volcan, pour chaque type d'écoulement.

Le risque particulier lié aux écoulements pyroclastiques conduit généralement, toutefois, à un zonage plus prudent qui prend en compte d'une part, un "périmètre de sécurité" au-delà des extensions maximales reconnues dans le passé du volcan, d'autre part des extensions possibles reconnues pour des éruptions comparables sur d'autres volcans. Par exemple, la distance prévisible pour de futures coulées pyroclastiques au Mont Shasta (chaîne des Cascades, USA) a été fixée à 30 km, 21 km étant la plus grande distance connue géologiquement (Miller, 1989). On doit également prévoir une extension potentielle sur des secteurs du volcan non touchés antérieurement, en distinguant différents degrés de menace, selon le déplacement possible des évents ou, comme on l'a dit plus haut, les modifications topographiques (*cf.* Mont Hood : Crandell, 1980).

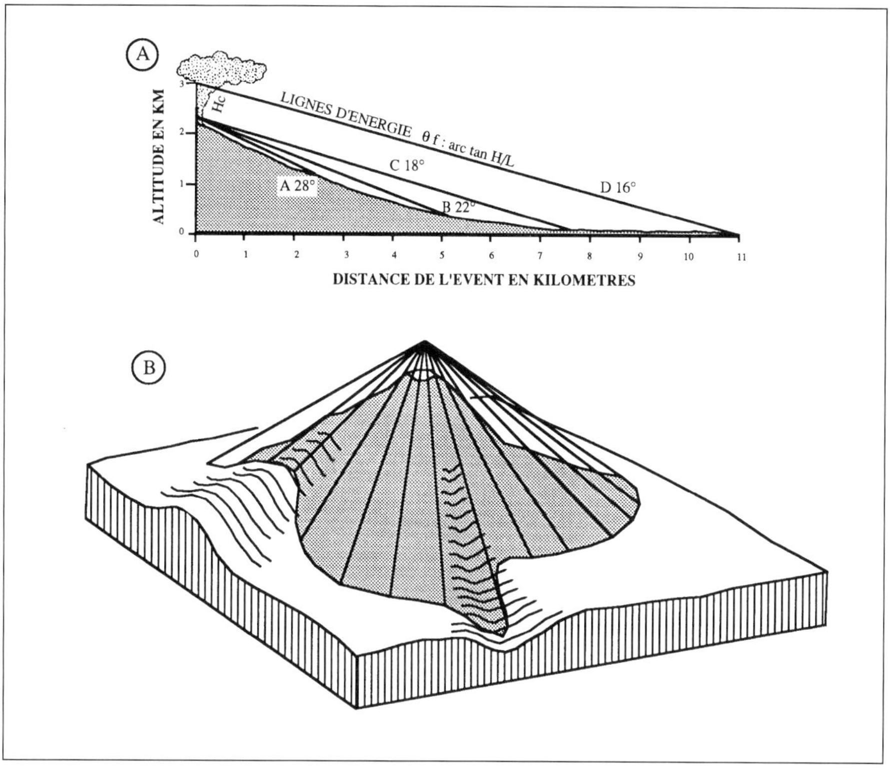

Fig. 150 - Diagrammes illustrant les concepts de "ligne d'énergie" (a) et de "cône d'énergie" (b). La ligne d'énergie est une pente le long de laquelle un écoulement pyroclastique va subir une perte d'énergie due à la friction, qui est équilibrée par la conversion de l'énergie potentielle en énergie cinétique. L'écoulement stoppera là où la ligne d'énergie correspondante intersecte la surface topographique. La pente de cette ligne est calculée comme l'arc tangente de la dénivelée H divisée par la distance parcourue L. Dans le cas de l'effondrement partiel d'une colonne éruptive, il faut ajouter Hc, hauteur de cet effondrement au-dessus du cratère. Ligne A, avalanche de blocs de dôme ; lignes B, nuées ardentes peu mobiles et de faible énergie ; lignes C, nuées ardentes mobiles de forte énergie ; lignes D, nuées ardentes mobiles au cas où l'effondrement de la colonne a lieu à 500 et 750 m au-dessus du cratère (adapté d'après des calculs et exemples, *in* : Hsü, 1975 ; Malin et Sheridan, 1982, modifiés).

L'expérience de quelques éruptions récentes (Augustine 1976 ; Mont Saint-Helens, 1980 ; El Chichon, 1982 ; Kelut, 1990) montre que les déferlantes pyroclastiques (voir II.3.3) représentent une menace fréquente dans différents types d'éruptions. Ces écoulements constituent un danger particulier dans la mesure où ils sont susceptibles d'affecter non seulement les vallées, comme les coulées pyroclastiques, mais de vastes surfaces sur les flancs du volcan. En pratique, il est prudent de prévoir un rayon minimum de 10 km susceptible d'être affecté par des déferlantes.

Menaces volcano-hydrologiques

Les menaces volcano-hydrologiques, récemment mises en lumière (Nevado del Ruiz, 1985 ; Redoubt, 1990) mais encore sous-estimées, doivent faire l'objet d'une évaluation quantifiée et les écoulements dérivés celui d'un zonage prévisionnel précis.

- Lahars

Les lahars (terme indonésien générique) sont des écoulements non newtoniens à matériaux volcaniques prépondérants, soit des coulées de boue (> 50 % de granulométrie sable, limon et argile), soit des coulées de débris (> 50 % de blocs). Le zonage des lahars repose également sur le quotient extension / fréquence, dérivant des archives géologiques. La zone menacée par ces écoulements de transition est davantage cantonnée aux chenaux des rivières qui naissent sur le volcan et dans une zone très étroite mais haute de quelques mètres à quelques dizaines de mètres au maximum au-dessus du plancher des vallées. Néanmoins, le quotient H / L des lahars excède largement celui des écoulements pyroclastiques (1/20 à 1/40) et le risque peut être différé dans le temps par rapport à l'éruption (heures à jours) et dans l'espace (au moins à 100 km de la source) jusque dans les piémonts montagneux inondables (240 km pour l'onde de crue de 1877 au Cotopaxi).

Le zonage de lahars potentiels tient compte des différents processus de genèse (Neall, 1976) : manteau de neige et/ou de glace, lac de cratère, pluies intenses ; présence de débris liquéfiables ou irruption de débris pyroclastiques frais dans le drainage, etc. Il tient compte en outre des caractéristiques morphologiques de l'édifice : systèmes de pentes, réseau hydrographique, modelé et géométrie des chenaux et des dépressions. Non seulement des lahars synéruptifs (chauds ou froids) et post-éruptifs sont déclenchés par l'activité éruptive et/ou par des événements météorologiques, mais des lahars de seconde génération mobilisent aussi des débris volcaniques accumulés, non consolidés et saturés. Les zones d'accumulation potentielles, les systèmes de pentes propices, ainsi que la récurrence des événements pluviométriques déclencheurs doivent être préalablement inventoriés.

Cependant, le zonage des lahars pose un problème de méthode, car les caractéristiques verticales et longitudinales de ces écoulements non-newtoniens sont altérées par plusieurs facteurs non volcaniques : (1) pluviométriques (intensité des pluies); (2) clinométriques et morphologiques (géométrie, modelé et rugosité des chenaux, texture et densité des matériaux frais ou anciens) ; (3) hydrologiques (section mouillée, quotient sediments/eau). Ces paramètres modifient la vitesse (15 à 40 m/s au Mont Saint-Helens, 1980) et le débit (48 000 m^3 au Nevado del Ruiz, 1985), de sorte qu'il faut prévoir les barrages provisoires et le débordement éventuel des coulées de débris. En outre, l'évolution dynamique et rhéologique des lahars de l'amont vers l'aval induisent leur transformation en écoulements dérivés, lahars dilués, écoulements torrentiels "hyperconcentrés" (Pierson et Scott, 1985 ; Scott, 1988), qui portent la menace d'inondation à très grande distance de leur source. Or, cette transformation est commandée par les variations du quotient sédiments/eau qui dépend du taux d'incorporation des dépôts préexistants dans les chenaux.

- Menaces volcano-glaciaires

Au cours des 4 derniers siècles, 40 volcans actifs englacés ou enneigés (situés au-delà de 35° de latitude, ou dépassant 4 000 m d'altitude en zone intertropicale) ont été le siège d'interactions efficaces entre l'activité explosive ou effusive et la glace ou la neige. Des avalanches mixtes (mélanges de pyroclastites, glace et neige) se transforment alors rapidement en coulées de débris volumineuses et destructrices : le 13 novembre 1985, des lahars de 82-102 millions de mètres-cubes ont été générés en 30 à 90 minutes par une éruption modérée du Ruiz, qui n'a pourtant livré que 1,9 millions de mètres-cubes de tephra. Une fois canalisées, de telles coulées de débris maintiennent des vitesses relativement élevées sur des dizaines de kilomètres, augmentent considérablement leur volume à grande distance du volcan en fonction de la section mouillée et du taux d'incorporation de sédiments, et ont un impact catastrophique jusqu'à une centaine de kilomètres de distance.

Des coulées de débris et des crues de volume considérable (10^5 à 10^8 m^3) sont engendrées par les écoulements pyroclastiques et les explosions dirigées sur la neige ou par des éruptions sous-glaciaires à l'origine de *jökulhlaups* (puissantes débâcles glacio-volcaniques, Islande ; Major et Newhall, 1989 ; Thouret, 1990b). Dans le premier cas (par exemple au Nevado del Ruiz, 1985), un transfert thermique efficace, générateur d'eau de fusion, ne résulte pas de la fusion lente et passive du manteau de tephra, mais de la durée et de la surface de contact entre la neige et l'écoulement pyroclastique turbulent, et surtout du mélange mécanique des tephras chauds à la neige (Thouret, 1990a ; Pierson *et al.*, 1990). Néanmoins, les coulées de lave subaériennes (Calbuco, 1961) ou un flux géothermique accru (Wrangell caldera : Clarke *et al.*, 1990) peuvent aussi faire fondre rapidement la glace pour générer des lahars ou des débâcles.

La cartographie des menaces volcano-glaciaires comporte deux étapes initiales :

1) reconnaître les produits volcano-glaciaires sur et autour d'un volcan englacé par quatre moyens : la photo-interprétation, la télédétection, la stratigraphie, la sédimentologie des dépôts des avalanches mixtes à l'amont et des écoulements dérivés ou torrentiels vers l'aval ;

2) définir les caractéristiques géométriques et géomorphologiques des vallées empruntées par les écoulements, les sections mouillées potentielles pour les débits et les cotes d'alerte, les caractéristiques mécaniques des matériaux disponibles, ainsi que le taux d'incorporation potentiel qui va considérablement accroître le volume des lahars avec la distance.

Ces deux étapes sont à compléter par une recherche géophysique, glaciologique et géomorphologique qui vise à estimer les volumes d'eau disponibles pour la genèse des écoulements, en incluant plusieurs variables complexes : (1) surface, épaisseur et densité de la neige et du névé ; (2) taux de fusion de la neige en fonction de l'énergie de l'écoulement et de la conduction thermique des tephras ; (3) volumes d'eau piégés dans la calotte glaciaire ; (4) volume de débris anciens et juvéniles mobilisables sur le volcan, influant sur les mécanismes de support et de transport des débris.

Cette recherche fondamentale débouche sur la fixation des cotes d'alerte dans les vallées et sur les piémonts inondables. Pour réduire les effets destructeurs dans les zones d'inondation et désigner les zones d'évacuation, un modèle en 3 dimensions appuyé sur un Modèle Numérique de Terrain précis (échelle 1/1 000 à 1/5 000) est utilisé pour simuler des écoulements de volume et de vitesse donnés, fixer des cotes d'alerte et d'évacuation, en fonction d'un scénario fondé sur le style éruptif du volcan et la magnitude de l'éruption. Ce type de recherche devient opérationnel s'il est relayé par un programme pluridisciplinaire de prévention des risques (prépara-tion et formation des populations menacées, techniques de surveillance et de défense, systèmes d'alerte et d'évacuation), par exemple dans les Andes de Colombie (Hall et Ceresis, 1989 ; Thouret, 1990b) et d'Equateur (D'Ercole, 1991).

(2) Menaces potentielles, sous-estimées ou non reconnues dans les archives géologiques et difficilement prévisibles

Les difficultés d'identification de ces sources de danger imposent la prise en compte, pour une plus grande sécurité, des événements passés les plus destructeurs autour de volcans similaires (Mont Saint-Helens, Crandell et Hoblitt, 1986 ; Nevado del Ruiz, Parra *et al.,* 1986 ; Mont Hood, Crandell, 1980 ; Pinatubo, *in* EOS, 1991).

"Blasts" ou explosions dirigées latéralement

L'extension potentielle des explosions ou souffles dirigés latéralement (voir II.2.2 et II.3.3.) est difficile à cartographier, car leurs dépôts sont rares, souvent minces, érodibles et donc mal préservés (Scott, 1989 ; Crandell *et al.*, 1984 ; Crandell et Hoblitt, 1986). De plus, leur magnitude varie beaucoup, leur identification s'avère malaisée dans les séquences tephro-stratigraphiques et les processus de mise en place demeurent un sujet de controverse (Fisher *et al.,* 1987). Dans ces conditions, on délimite prudemment une zone de danger élevé de 10 km de rayon et une zone de danger modéré de 30-35 km de rayon autour de l'évent.

En fait, deux techniques de zonage s'appliquent à deux types de "*blasts*" (Crandell et Hoblitt, 1986). Dans le cas d'une explosion dirigée de type péléen, à une zone de 10 km de rayon repérée autour du dôme présent et autour du site prévisible d'un futur dôme est ajoutée une marge de sécurité (Montagne Pelée : fig. 151). Dans le second cas d'une explosion majeure de type Saint-Helens (décompression brutale d'un système magmatique et hydrothermal due à l'écroulement d'un flanc du volcan), on trace un demi-cercle centré sur l'évent ou sur le site de la déformation et ouvert à 180° avec un axe maximum de 35 km, d'après les exemples du Bezymianny (ovoïde de 33 x 26 km, ouvert à 90° : Gorshkov, 1959 ; fig. 152) et du Mont Saint-Helens (ellipse de 28 x 35 km et ouverte à 180°). A ce demi-cercle de 35 km est ajoutée une zone de 10-15 km de rayon tout autour de l'évent pour les retombées balistiques (Crandell et Hoblitt, 1986).

Lorsque des signes précurseurs de déformation de l'appareil sommital permettent de prévoir la direction générale des explosions dirigées majeures, l'angle d'ouverture potentielle peut être restreint et son axe de dispersion maximum augmenté au contraire, sans toutefois omettre une possible divergence entre l'azimut de la déformation et celui du "*blast*".

Avalanche de débris

Les zones menacées par ce type d'écoulement sont généralement très étendues : 675 km^2 pour l'avalanche de débris de 45 km^3 au Mont Shasta (Crandell, 1989). Les avalanches de débris, beaucoup plus véloces et moins canalisées que les lahars, peuvent s'élever sur les versants des vallées, surmonter les interfluves et avoir un impact sur les vallées qui n'ont pas leur tête sur le volcan (Siebert *et al.,* 1987). Le zonage est fondé sur l'extension et la fréquence des dépôts dans le passé, tandis que le degré de risque repose sur l'intensité et la magnitude de l'éruption. Leur extension potentielle est déterminée par le quotient $L = H / f$ pour des avalanches > 1 km^3 autour d'un appareil (Crandell, 1989) : H étant la dénivellation entre le sommet de l'édifice et le plancher d'une vallée radiale à une distance de 20 km de l'évent, le coefficient f 0.005, 0.075 ou 0.09 dépendant de la finalité de l'évaluation du risque (les premiers étant plus adéquats pour une planification à long terme et le dernier en période de crise et de surveillance des déformations).

La prévision des directions d'écroulement et d'avalanche doit tenir compte de différents mécanismes possibles à l'origine de l'effondrement de flanc (types

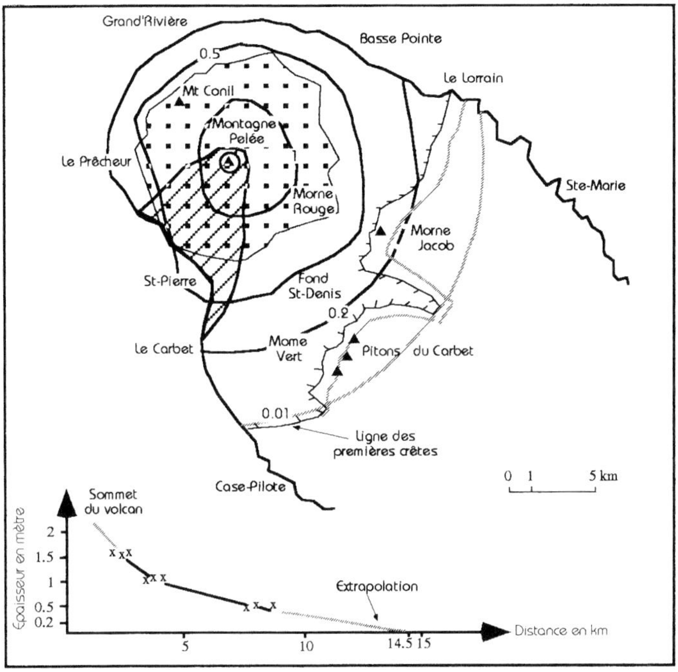

Fig. 151 - Zonage de phénomènes de type "blast" (explosion dirigée latéralement) : application au cas de la Montagne Pelée (d'après Westercamp, 1986).
La prévision de l'extension maximum d'un *blast* sur ce volcan est fondée sur la zone effectivement dévastée le 8 mai 1902 (hachurée), sur l'extension d'une zone potentiellement dévastée, de la taille de celle observée au volcan El Chichon en 1982 (gros points), et sur l'extension des dépôts dus à un "méga-souffle" de ponces il y a 2 000 ans (isopaques 1, 0,5 et 0,2 m dessinées). Une marge de sécurité de 500 m a été ajoutée (isopaque 0,01 m extrapolée). Les régions situées derrière la ligne de premières crêtes (barbules) seraient protégées par les grandes barrières morphologiques des Pitons du Carbet et du Morne Jacob.

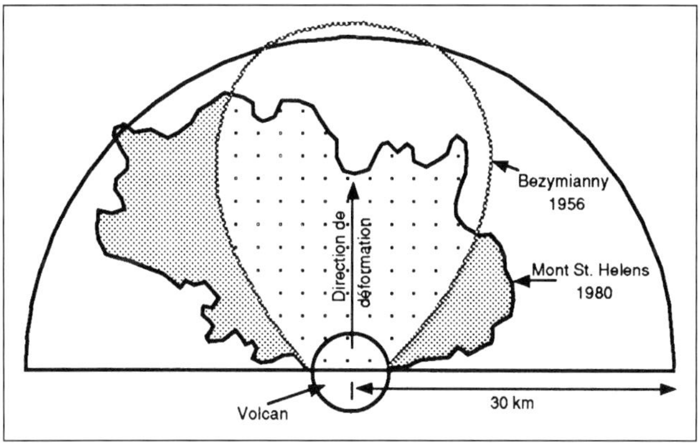

Fig. 152 - Délimitation d'une zone en forme de demi-cercle (axe, azimut et angle d'ouverture) menacée par des explosions dirigées latéralement, fondée sur les cas du Bezymianny, 1956 (points lâches) et du Mont Saint-Helens, 1980 (grisé) (d'après Crandell et Hoblitt, 1986).

Bezymianny ou Bandaï-San : Siebert *et al.*, 1987) et du fait que plusieurs avalanches de débris peuvent se répéter sur les volcans de grande taille (Nevado del Ruiz par exemple). Deux options de zonage des avalanches de débris doivent être envisagées :

1) à court terme, les déformations pré-éruptives mesurées permettent de repérer les secteurs les plus sensibles aux glissements et de dessiner l'enveloppe possible des dépôts ;

2) à long terme, certains facteurs géomorphologiques, tectoniques et géologiques de l'appareil sommital suggèrent les secteurs d'écroulement possible, par exemple : un cône bien développé, très déclive, acquérant une forte dénivellation et un sommet instable, car altéré, hydrothermalisé et fracturé ; un site intrusif légèrement excentré par rapport au cône et un flanc instable, dont le plan de glissement est guidé par des plans structuraux propices ; enfin, un système hydrothermal confiné, les nappes d'eau souterraines n'ayant pas la possibilité de "s'écarter" de l'intrusion magmatique ascendante.

(3) Menaces quasi-imprévisibles

La cartographie des zones potentiellement affectées par certaines menaces comme les gaz volcaniques et les tsunamis s'avère très difficile ou très imprécise, car leurs effets dans le passé du volcan ne laissent pas ou peu d'héritages. Les risques associés aux gaz volcaniques et aux explosions phréatiques peuvent faire l'objet d'un repérage approximatif des zones de danger (Dieng, Java, 1979, *in* Crandell *et al.*, 1984). Les risques dérivés des tsunamis très destructeurs (Krakatau, 1883 : Vincent et Camus, 1986), issus de séismes ou d'éruptions sous-marines, ou encore de l'écroulement de volcans basaltiques dans la mer, peuvent affecter toutes les zones côtières de grands lacs ou de mers sur des centaines de kilomètres de distance et sur des dizaines de mètres d'altitude relative à l'intérieur des terres. La cartographie de ce type de menace est aussi malaisée que celle des éruptions cataclysmales à l'origine d'ignimbrites (Katmaï, 1912 ; Tambora, 1815 ; Santorin, 3 400 ans BP ; Mont Mazama, 6 850 ans BP, etc.), dont la fréquence est faible, peut-être pluri-millénaire, mais dont les conséquences dépassent toutes les capacités technologiques de la prévention humaine.

• Limites et contraintes du zonage cartographique des menaces et des risques volcaniques

La présentation précédente met en lumière les difficultés et les limites du zonage, dont nous rappellerons les principales.

(1) Sur un volcan donné, certaines menaces peuvent être imparfaitement prévues, parce qu'elles ne sont pas encore reconnues ou sont sous-estimées. Ainsi, le "*blast*" (explosion dirigée latéralement) du 18 mai 1980 au Mont Saint-Helens n'avait pas été envisagé dans la première carte des risques du volcan (Crandell et Mullineaux, 1978: fig. 153), et son extension et son impact ont été mésestimés lors de la mise à jour du 1er avril 1980 (Miller *et al.*, 1981). Sur un volcan mal connu, il faudrait retenir le rayon d'action maximum d'une menace sur un volcan actif similaire : par exemple, le "*blast*" du Bezymianny (Gorshkov, 1963) aurait pu servir de référence pour l'éruption du Mont Saint-Helens. Néanmoins, ce choix de la menace maximum n'est pas le meilleur en matière de zonage à long terme, car il entraîne un surcoût dans l'aménagement du territoire et une perturbation des circuits socio-économiques.

(2) Certains événements ont laissé des produits trop peu épais pour être préservés, surtout dans un milieu où les pentes fortes et dépouillées de végétation accélèrent

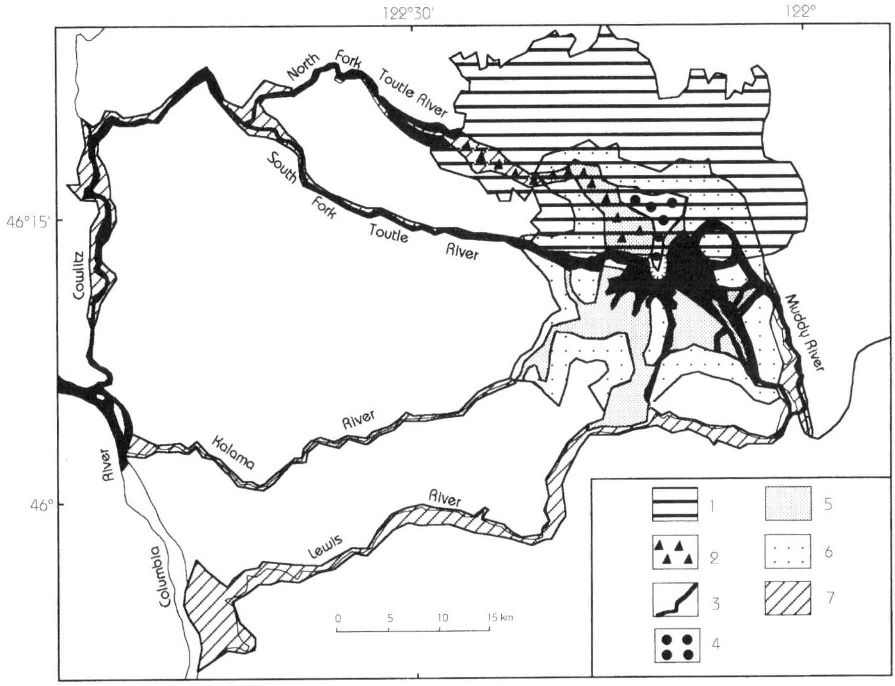

Fig. 153 - Extension réelle des dommages générés par l'éruption du Mont Saint-Helens le 18 mai 1980 (Wright et Pierson, 1992) *comparée à l'extension sur la carte de prévision des zones menacées publiée deux ans plus tôt* (Crandell et Mullineaux, 1978 et in Miller et al., 1981). (1-4) extension des produits de l'éruption de 1980 : (1) *blast*, (2) avalanche de débris, (3) lahars, (4) coulées pyroclastiques ponceuses. (5-7) extension des menaces sur la carte prévisionnelle : (5) coulées de lave, coulées pyroclastiques et lahars proximaux, (6) nuages associés à des écoulements pyroclastiques, (7) lahars et inondations. La superposition des documents illustre les limites ici du zonage géologique : la concordance est bonne entre les prévisions et les effets pour des menaces déjà connues sur d'autres volcans, tandis que les effets du *blast* ont été largement sous-estimés.

l'érosion post-éruptive. Des agents morphoclimatiques agressifs ont éliminé les produits mis en place par des éruptions éloignées dans l'histoire du volcan, qui manquent alors dans la stratigraphie. L'information sur le passé éruptif est d'autant plus fragmentaire que l'on recule dans le temps et difficile à déchiffrer si le rythme des éruptions est faible ou si le comportement éruptif et l'évolution pétrologique du volcan a changé dans le temps. Ainsi, plus l'inventaire tephrochronologique est fragmentaire, plus il rend invalide l'approche quantitative des récurrences, pourtant indispensable pour les calculs probabilistes de magnitude et d'intensité.

(3) L'évolution morphologique du volcan exerce une triple influence, souvent sous-estimée dans la prévision des menaces. D'une part, au cours d'une période éruptive ou entre deux cycles, la forme de l'appareil sommital, du cratère et des dômes éventuels se modifie (*cf.* Mont Saint-Helens avant et après 1980), influençant la répartition des tephras et l'intensité des phénomènes prévus dans les zones menacées (exemple des écoulements pyroclastiques ou des produits de "*blast*" potentiels au

Mont Hood, Crandell, 1980). D'autre part, les conditions topographiques, la morphologie du réseau hydrographique et les facteurs hydrogéologiques exercent un contrôle sur les processus de transport et de dépôt des écoulements pyroclastiques et volcanoclastiques, bien mis en évidence à travers l'exemple du "*blast*" de 1980 au Mont Saint-Helens (Fisher, 1990). Enfin, les étapes et les rythmes morphogéniques (de construction et destruction) modifient le comportement éruptif d'un volcan, car elles peuvent aboutir à en diminuer la stabilité, notamment celle des cônes de gros volume, et engendrer un effondrement de flanc ou de l'appareil en cas d'éruption ou de séisme. Comme l'évolution structurale et morphogénique modifie le comportement du volcan, l'élaboration des scénarios doit davantage porter sur la période postérieure au dernier changement morphostructural majeur intervenu et sur les étapes récentes de construction et de destruction. Le zonage des menaces est rendu complexe parce qu'il doit prévoir d'éventuelles modifications des conditions topographiques et morphologiques actuelles.

• Les difficultés d'application du zonage à la planification préventive

En sus des contraintes financières et techniques, l'application des cartes de menaces et de risques dans le domaine de la planification préventive s'avère une opération malaisée pour deux raisons au moins. Comme l'extension précise des zones menacées est difficile à prévoir, les limites tracées ne peuvent être qu'approximatives et graduelles, même si le zonage repose sur un inventaire géologique détaillé et sur une bonne évaluation de la vulnérabilité. Ce caractère imprécis rend délicates l'application des plans de prévention et l'information des populations vulnérables. La tragédie d'Armero (Nevado del Ruiz, 1985) a mis en exergue quelques causes : effondrement du prix de la terre, incrédulité ou fatalisme et attentisme, dilution des responsabilités, etc. En outre, toute carte de risques est inutile si l'information pertinente n'est pas transmise à temps pour déboucher sur une prévention, une préparation des secours avant la crise et sur un message clair, précis et concret lors de l'alerte. Une carte de zonage des menaces du Nevado del Ruiz, remise à INGEOMINAS le 7 octobre 1985, délimitait avec une bonne précision les secteurs affectés par l'éruption du 13 novembre 1985 (Thouret *et al.*, 1985 ; fig. 154), mais elle a été rendue inutile par l'absence de préparation avant et de plan de secours pendant l'éruption (voir l'analyse de B. Voight, 1991).

Fig. 154 - Cartes volcanologiques précédant et succédant à l'éruption catastrophique du Nevado del Ruiz le 13 novembre 1985.

A. Carte prévisionnelle des zones menacées par des phénomènes volcaniques potentiels, élaborée le 7 octobre 1985 (d'après INGEOMINAS et collectif d'auteurs, 1985) : 1) zone menacée par les coulées de lave ; 2) zone fortement menacée par des écoulements pyroclastiques ; 3) zone menacée par des retombées pliniennes ; 4) zone menacée par des lahars ; 5) zone menacée par une explosion dirigée latéralement (*blast*) : (a) modérée, angle de 140° ; (b) forte, angle de 180° ; 6) zone menacée par des retombées dispersées par les alizés : (a) modérées ou minces ; (b) fortes ou épaisses ; 7) calotte glaciaire du Nevado del Ruiz (25 km^2).

B. Carte des zones recouvertes par les tephras et les lahars de l'éruption du 13 novembre 1985 (d'après Thouret, 1988) : 1) zone de dépôts de coulées pyroclastiques, de déferlantes et d'avalanches mixtes ; 2) vallées érodées par les lahars et zones de dépôts dans les piémonts ; 3) zone de retombées continues, balistiques et subpliniennes, enveloppées par l'isopaque 5 cm ; 4) zone de retombées subpliniennes enveloppées par l'isopaque 1 cm ; 5) zone de retombées subpliniennes enveloppées par l'isopaque 1 mm ; 6) partie de la calotte glaciaire fondue, érodée et éboulée (4 km^2 environ) ; 7) massif volcanique du Ruiz-Tolima et principaux volcans récents.

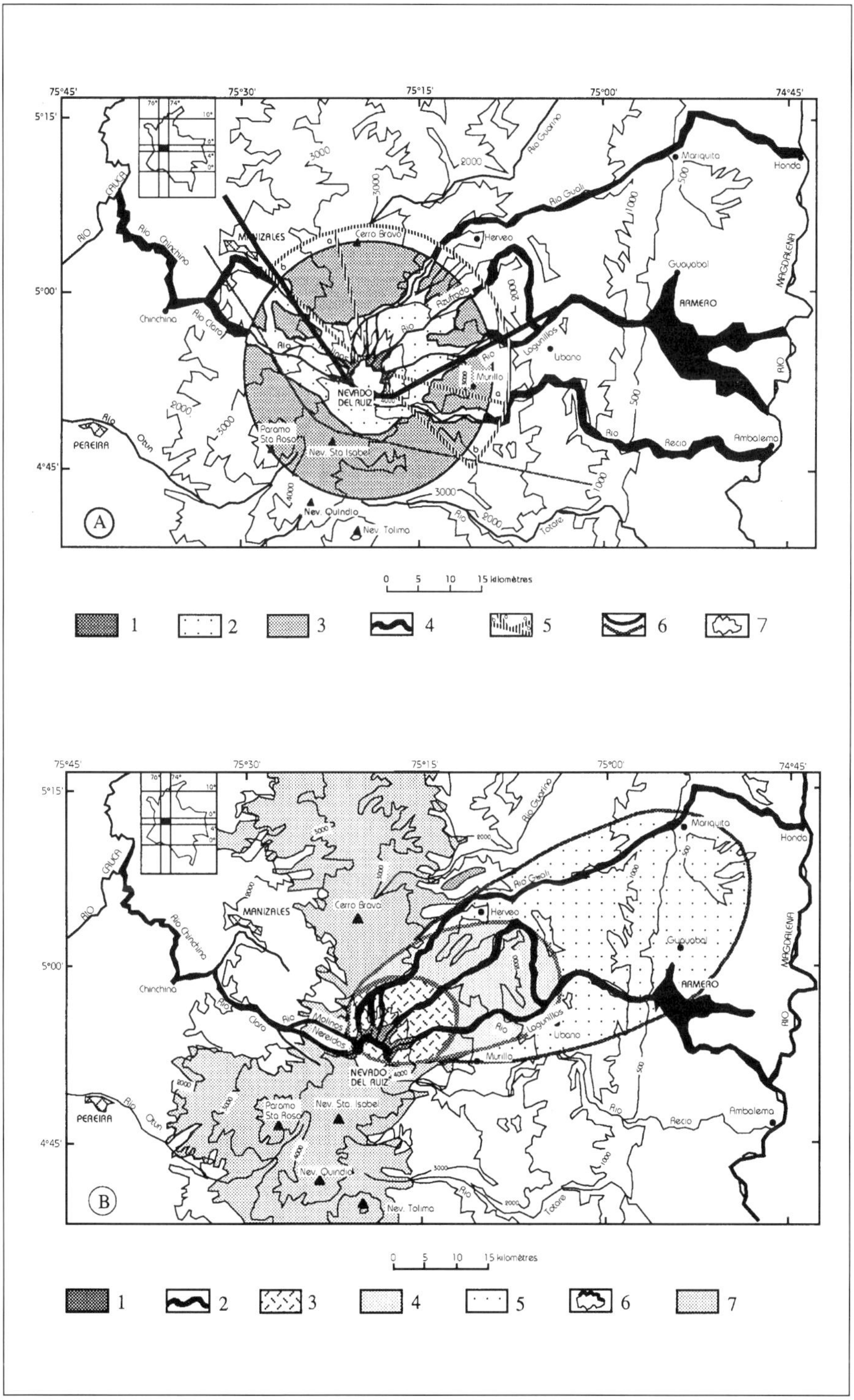
75°45'
75°30'
75°15'
75°00'
74°45'
5°15'
5°00'
4°45'
MANIZALES
Cerro Bravo
Herveo
Mariquita
Honda
Guayabal
ARMERO
Lagunillos
Libano
Murillo
NEVADO DEL RUIZ
Chinchina
PEREIRA
Paramo Sta Rosa
Nev. Sta Isabel
Nev. Quindio
Nev. Tolima
Ambalema
Rio Gualí
Rio Guarino
Rio Chinchina
Rio Claro
Rio Recio
Rio Otun
Rio Totare
Azufrado
MAGDALENA
CAUCA
A
0 5 10 15 kilomètres
1
2
3
4
5
6
7
Molinos
Nereidas
B
0 5 10 15 kilomètres
1
2
3
4
5
6
7

IV.1.2. - HISTOIRE GÉOLOGIQUE RÉCENTE, DYNAMISMES ÉRUPTIFS ET RISQUES VOLCANIQUES A LA SOUFRIÈRE DE GUADELOUPE ET A LA MONTAGNE PELÉE

par Pierre M. VINCENT

SOUFRIÈRE DE GUADELOUPE

Au moment de la crise de 1976-1977, les scientifiques à qui on demandait de proposer des scénarios sur l'évolution possible de l'activité en cours étaient démunis, faute d'une connaissance préalable de l'histoire du volcan. Depuis cette époque, la Soufrière est devenue un bon exemple montrant comment les progrès des études géologiques, complétés par les données instrumentales de surveillance acquises au cours de l'éruption et ultérieurement, ont permis au fil des ans de modifier profondément l'évaluation des menaces. Le travail doit se poursuivre mais, dès maintenant, il est possible de proposer des scénarios pour différents types d'éruptions reconnus, avec l'indication des phénomènes prémonitoires qui pourraient être détectés par les moyens de surveillance de l'observatoire. Par contre, on ne connait pas les signaux pouvant précéder l'un des événements à haut risque reconnus (l'éruption de type Bandaï-San de 11 000 ans), faute d'une comparaison possible avec un cas historique sur un volcan surveillé : c'est un exemple des limites actuelles des connaissances volcanologiques.

• Localisation possible des futures éruptions

Depuis 3 000 ans, toutes les éruptions ont eu leur point de sortie localisé à l'intérieur de la caldera d'avalanche résultant d'une éruption de type Mont Saint-Helens 1980 (voir fig. 90) : dôme Amic, Echelle, Citerne, dôme de la Soufrière. Les éruptions phréatiques historiques se sont déroulées sur la Soufrière elle-même, en relation avec l'activité déclinante de sa petite chambre magmatique (voir chap. II.5).

L'idée que des volcans plus récents se trouvaient en dehors de ce site reposait sur la datation relative du gros dôme-coulée du Plateau Palmiste, interprété comme reposant sur des brèches datées à 3 100 ans, que l'on trouve à son pied au nord et au sud (Dagain *et al.,* 1981). On sait maintenant que ces brèches appartiennent à une avalanche de débris qui est venue buter contre le dôme-coulée, puis l'a remonté de 100 m à contre pente et a poursuivi son écoulement de l'autre côté : le dôme-coulée est donc plus vieux que 3 100 ans, de même que tous les appareils du groupe de la Madeleine.

La probabilité la plus forte reste que cette situation se maintienne, avec les futurs points de sortie à l'intérieur de l'amphithéâtre. Cependant, les données sismologiques montrent qu'une activité modérée se manifeste épisodiquement à l'aplomb des "Bains Chauds de Matouba", au NW de la Soufrière, sur la bordure d'un autre cratère d'avalanche plus ancien qui entaille également le volcan composite de la Grande Découverte. Cette zone est également sous surveillance.

• Quelques types d'éruptions possibles

Au cours des derniers milliers d'années le rythme des éruptions en Guadeloupe a été moins important qu'en Martinique et ne permet guère d'établir de probabilités, même relatives.

- Une éruption comparable à celle du XVe siècle, avec des retombées aériennes et des coulées pyroclastiques scoriacées précédant l'intrusion d'un dôme, suppose l'arrivée d'un magma profond (andésite basaltique) transitant par une chambre superficielle différenciée. Une telle chambre, réalimentée au XVe siècle, existe sous la Soufrière. Du point de vue de la surveillance, le problème est de caractériser la montée de ce magma relativement fluide depuis une profondeur non définie actuellement (supérieure à 15 km ?) avant son arrivée dans la chambre magmatique, de petite taille, dont le toit est situé vers 6 km d'après les données pétrologiques, et les données sismiques obtenues en 1976-1977 (*cf.* II.5.2). Le temps d'ascension pourrait ne pas dépasser quelques semaines. Si le magma différencié de la chambre est à la limite de la saturation en volatils, l'éruption peut suivre dans un délai de quelques heures à quelques jours, d'après les données obtenues sur les produits du XVe siècle (Semet *et al.*, 1981). Ce délai peut paraître court, mais il est en accord avec les observations faites à la Soufrière de Saint-Vincent en 1979 (Shepherd *et al.*, 1979), où l'éruption n'a été précédée que de 24 h par de forts séismes ; ses produits présentaient également des mélanges de magmas. Malheureusement l'état de développement du réseau sismique du volcan à cette époque n'a pas permis de suivre la montée du magma profond. A la Guadeloupe, l'observatoire est maintenant équipé pour cette éventualité.

- Des éruptions produisant un cône de scories et éventuellement des coulées de lave - comme à l'Echelle ou à la Citerne - résultent de la montée du même magma profond, mais sans transit par une chambre superficielle. C'est un cas de figure plus classique du point de vue de la prévision, et qui ne représente pas un grand danger. Le risque peut néanmoins être augmenté si une nappe phréatique est traversée, menant à une éruption phréatomagmatique : le petit maar de la Citerne, qui recoupe le cône de scories, en est un exemple récent dans l'histoire du volcan.
- Des éruptions cataclysmiques menant à la mise en place d'une coulée de débris d'avalanche, suivie d'un blast latéral, représentent le danger maximum en Guadeloupe ; même si leur probabilité d'occurrence est faible - il s'en est produit deux en 14 000 ans - elles doivent maintenant être prises en compte dans une évaluation des risques.

L'événement de type Mont Saint-Helens de 3 100 ans a donné une avalanche de débris qui est passée sur l'emplacement de Saint-Claude et Basse-Terre avant d'atteindre la mer - où son immersion a dû produire un tsunami ; elle a été suivie d'un *blast* dont les dépôts, exceptionnellement épais, ont été bien conservés dans la partie amont. Compte tenu des enseignements du Mont Saint-Helens où les dépôts du *blast* sont nettement plus minces, il est probable que l'essentiel de la surface de l'île au sud de la caldera d'avalanche a été dévasté, à l'exception de la pointe sud protégée par les Monts Caraïbes. La présence et les caractéristiques du magma juvénile dans la coulée de débris et dans les dépôts du *blast* attestent que le mécanisme a été le même qu'au Mont Saint-Helens, avec croissance d'un crypto-dôme sous le flanc sud de la Grande Découverte, menant à sa déstabilisation.

Si ce type d'événement est le plus dangereux qui soit, c'est aussi celui pour lequel un diagnostic peut être le moins ambigu maintenant, du fait de l'important gonflement du flanc qui précède l'éruption ; on peut également prévoir dans quelle direction se dirigeront l'avalanche de débris et l'explosion dirigée du *blast* (Boudon *et al.*, 1992).

L'événement de type Bandaï-San de 11 500 ans (Boudon *et al.* 1987), est tout aussi important que l'éruption de 3 100 ans (fig 155). Sa caldera d'avalanche

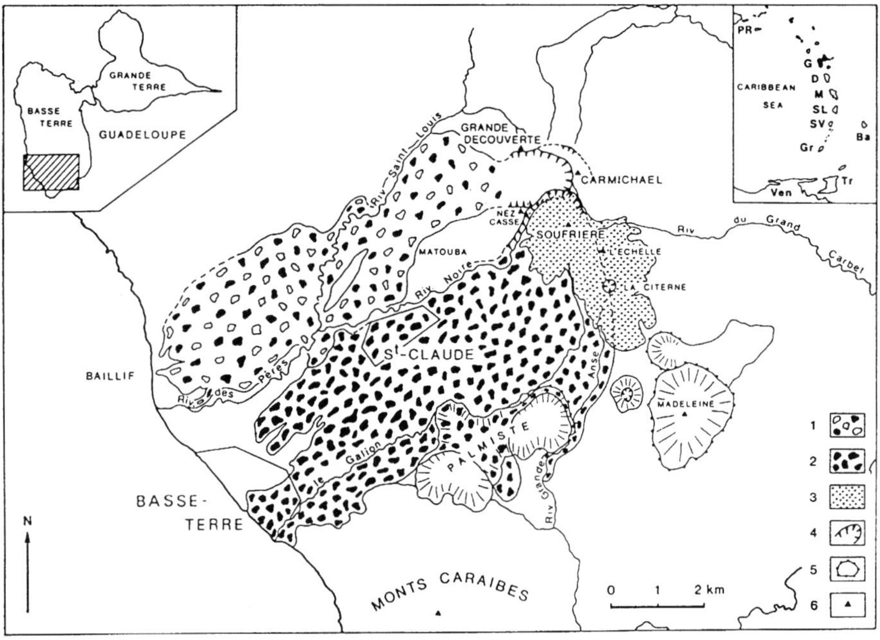

Fig. 155 - Carte géologique simplifiée du sud-ouest de la Guadeloupe.
Les cartouches montrent respectivement l'île de la Guadeloupe et l'arc des Petites Antilles (G = Guadeloupe, M = Martinique, SV = Saint-Vincent). 1 = coulée de débris d'avalanche (CDA) de 11 500 ans BP ; 2 = CDA. de 3 100 ans BP ; 3 = appareils plus récents que 3 100 ans BP ; 4 = cratères d'avalanche ; 5 = cumulo-dômes ; 6 = sommets. Les 2 CDA partent des cratères en amphithéâtre et s'étendent jusqu'à la Mer des Caraïbes ; leur partie amont est directement recouverte par les produits des déferlantes pyroclastiques ("*blasts*"), non représentés ici (d'après Boudon *et al.* 1987).

s'est ouverte sur le flanc ouest de la Grande Découverte et la coulée de débris d'avalanche est parvenue jusqu'à la mer dans cette direction ; sa surface typique à collines coniques ("*hummocks*") est remarquablement conservée, étant moins urbanisée. Il n'y a ici aucun composant juvénile, ni dans la coulée ni dans le "*blast*" qui la recouvre, ce qui indique un mécanisme purement phréatique. Un des rares exemples historiques comparables connus est celui du Bandaï-San (Japon) en 1888 (Sekiya et Kikushi, 1889). On sait que cette éruption de 1,3 km^3 s'est produite en quelques minutes, trois quarts d'heure après des grondements, eux-mêmes précédés de quelques petits séismes ressentis au pied du volcan moins d'une semaine avant. Il n'y a pas eu d'éruption phréatique avant la grande explosion.

Aucun autre événement de ce type n'ayant été observé depuis, on ne sait pas si l'éruption est précédée ou non d'un gonflement. Ce type d'événement apparaît plus exceptionnel, alors que les événements de type Mont Saint-Helens, au contraire, semblent nettement plus fréquents qu'on ne l'a cru initialement. La destabilisation, entraînant le glissement, du flanc d'un volcan sans bombement préliminaire reste un phénomène très préoccupant du point de vue de la prévision. On sait maintenant qu'elle peut résulter de différents mécanismes, pouvant concerner également des éruptions magmatiques (Vincent, 1993).

L'exemple de la Grande Découverte montre que des coulées de débris d'avalanche peuvent se reproduire sur le même volcan, et dans des directions différentes. Etablir une carte de menaces en traçant un cercle d'environ 15 km autour du sommet est insuffisant. Il est important d'essayer de comprendre ce qui prédispose tel flanc d'un volcan à être déstabilisé, afin de délimiter des zones qui pourraient bénéficier d'une surveillance accrue, en ce qui concerne les déformations par exemple.

L'écroulement partiel ou total du dôme actuel de la Soufrière, à la suite d'une éruption phréatique mineure a été envisagé au chapitre II.5. Il n'aurait pas l'ampleur des événements qui viennent d'être évoqués, mais sa probabilité d'occurence est beaucoup plus forte.

> *Les éruptions phréatiques* ont été fréquentes à la Soufrière depuis 500 ans, c'est-à-dire depuis la dernière éruption magmatique qui s'est achevée avec la mise en place du dôme actuel. Six d'entre elles sont connues avec certitude : 1696, 1797-1798, 1809, 1837-1838 (Lacroix, 1904), 1956 (Jolivet, 1958) et 1975-1977. D'autres sont douteuses, et peuvent correspondre simplement à une augmentation anormale de l'activité fumerollienne (1738, 1899), ou à l'ouverture de nouvelles fissures sur le dôme et à des éboulements causés par des séismes (vers 1680).

Toutes ces éruptions ont des caractères communs, sinon des magnitudes comparables (celle de 1797-1798 était nettement plus importante que celle de 1975-1977, alors que celles de 1809 et 1956 étaient plus modestes), suggérant qu'elles résultent d'un même mécanisme. Le modèle retenu pour la dernière éruption (chap. II.5.2) attribue la destabilisation du système hydrothermal, maintenu sous pression par le "bouchon" du dôme, à l'apport thermique des gaz magmatiques expulsés d'une petite chambre magmatique en cours de cristallisation. Cette "auto-régulation" par à-coups du dégazage de la chambre devrait se poursuivre jusqu'à sa cristallisation complète. Le couplage chambre magmatique-système hydrothermal clos n'est pas modifié fondamentalement après chaque crise : les seules "fuites" du système redeviennent les fumerolles périphériques, celles des parties hautes du dôme se tarissant rapidement, indiquant une fermeture des fractures par déflation du dôme.

Les éruptions phréatiques devraient donc se poursuivre à l'avenir. L'analyse des temps de repos entre les éruptions anciennes inventoriées (de 11 ans à plus de 100 ans) ne fait apparaître aucune périodicité utilisable pour la prévision. Pour la surveillance du volcan, ce type d'éruption phréatique doit être distingué de celui qui précède habituellement les éruptions magmatiques. Dans le modèle proposé, les foyers des séismes doivent être limités à la zone située au-dessus de la chambre superficielle, comme ce fut le cas au cours de la crise sismo-volcanique de 1975-1977 (Feuillard *et al.*, 1983). Par contre le déclenchement d'une éruption par mélange de magma, comme cela s'est produit effectivement au XVe siècle, nécessite un apport magmatique profond que l'équipement sismologique actuel serait en état de détecter.

MONTAGNE PELÉE, MARTINIQUE

La Montagne Pelée commence à être bien connue, malgré quelques incertitudes concernant les structures d'effondrement sommitales et leur lien avec la chronologie des produits établie par ailleurs. Au cours des 5 000 dernières années, il a été dénombré une vingtaine d'éruptions magmatiques (Westercamp et Traineau, 1983) - un rythme éruptif supérieur à celui de la Soufrière - sans qu'une périodicité claire en ressorte. Des dépôts de nuées ardentes, semblables à ceux des éruptions historiques, alternent avec des produits ponceux de grande extension (coulées pyroclastiques, retombées pliniennes et déferlantes associées). Les plus récents ont été étudiés en détail. Il en ressort par exemple que les retombées aériennes ponceuses d'une éruption plinienne moyenne pourraient recouvrir la quasi-totalité de la Pelée d'une couche de 50 cm d'épaisseur minimale.

La période historique a été caractérisée, comme on sait, par l'extrusion de deux dômes générateurs de nuées ardentes (1902-1903 et 1929-1932). En 1792 et 1851 se sont produites des éruptions phréatiques.

La première question qui se pose est de savoir si le cycle actuel va se poursuivre, avec la mise en place d'un nouveau dôme, ou au contraire s'il se produira à nouveau une éruption plinienne (la dernière date de 600 ans environ), précédant éventuellement la mise en place d'un dôme. Il n'y a guère d'éléments d'appréciation pour y répondre actuellement.

L'interrogation fondamentale concerne la possibilité actuelle de prévoir une éruption comme celle de 1902 suffisamment à l'avance. On sait que le caractère exceptionnellement explosif, avec l'émission des nuées de haute énergie, s'est manifesté en 1902 très précocement dans le déroulement de l'éruption : l'activité phréatique préliminaire s'est poursuivie, à un niveau comparable à celui de 1851, jusqu'au 2-3 mai de façon certaine, et probablement plus tard (Lacroix, 1904 ; Chrétien, 1983). Le caractère magmatique de l'éruption est attesté dès le 6 mai, **deux jours seulement avant le paroxysme,** par l'arrivée du magma en surface. Une explication à l'éruption est fournie par la découverte récente d'un mélange de magmas acide et basique dans les produits précoces, mélange qui va s'homogénéiser au cours du déroulement de l'éruption (Gourgaud et Bourdier, 1985 ; Gourgaud *et al.,* 1989). Comme à la Soufrière au XVe siècle, le déclenchement de l'éruption est attribué à l'intrusion du magma basique d'origine profonde (chambre intermédiaire à 15-20 km de profondeur) dans une chambre superficielle (5 km ?) où le magma basique de l'éruption antérieure s'est déjà différencié. Avec le temps, le caractère explosif diminue — comme probablement la teneur en gaz — et la construction du dôme l'emporte sur son auto-destruction par émission de nuées ardentes. Ici le magma profond peut être un basalte, donc plus fluide et à plus haute température qu'une andésite, mais sa proportion dans le mélange est plus faible que dans le cas guadeloupéen (10 % contre 30 %).

Le problème de la prévision est là aussi de déceler et de suivre l'ascension du magma basique avant qu'il ne perturbe l'équilibre de la chambre superficielle. La distance minimale qu'il aura à parcourir est de 10 km ; pour fixer les idées, un magma basaltique, plus fluide, du Kilauea mettrait entre 1 et 2 semaines pour ce parcours. Quel pourrait être le délai entre cette intrusion et le déclenchement de l'activité magmatique en surface ? En l'absence de données sismiques, on peut estimer le "temps de réponse minimum" de la chambre en considérant que les manifestations phréatiques traduisent le déséquilibre initial. Celles-ci ont été évidentes le 23 avril 1902 (mais ont peut-être commencé discrètement plus tôt), soit environ deux semaines à l'avance.

En 1929, 27 ans plus tard, le même scénario s'est reproduit, mais sans les nuées ardentes de haute énergie de type 8 mai 1902. Si cette différence essentielle du point de vue de l'évaluation du risque n'est pas encore bien comprise, il semble néanmoins qu'elle soit liée au temps de résidence du magma dans la chambre superficielle. En 1929, les premières manifestations phréatiques datent du 16 septembre et il ne semble pas que le caractère magmatique soit établi avant les premières nuées ardentes à la mi-novembre — un temps de réponse minimum de deux mois, deux fois plus long qu'en 1902.

On ne connait pas la date exacte de l'éruption magmatique qui a précédé celle de 1902, mais elle ne saurait être plus jeune que 1635, date de l'installation des premiers colons. On peut donc considérer que le temps de résidence du magma était en 1902 supérieur à 250 ans.

La situation actuelle, 60 ans après la fin de la dernière éruption, est proche de celle de 1929, avec un magma un peu plus évolué, mais nettement moins qu'en 1902, ce qui suggère que le même mécanisme de déclenchement pourrait mener à une éruption dont les caractéristiques seraient assez proches de celles de 1929, ou avec une intensité un peu supérieure.

Une autre possibilité doit être envisagée : celle où la cristallisation partielle de la chambre mène à la saturation en volatils (rétro-ébullition, *cf.* II.1.2) à un stade où le magma peut encore faire éruption par lui-même, sans réalimentation.

Les séismes liés à la fracturation préliminaire du toit devraient dans ce cas débuter à une profondeur d'environ 5-6 km. Le réseau sismique actuel devrait pouvoir suivre la migration des foyers vers la surface - comme cela a été fait dans quelques cas privilégiés à la Soufrière en 1976-1977 (Hirn et Michel, 1979) avec un réseau à l'époque moins sophistiqué que celui de la Montagne Pelée actuellement. Une éruption de ce type pourrait donner des ponces homogènes, ou hétérogènes à composition peu constrastée si la chambre est zonée (andésite acide-dacite). Le manque de données sur le volume de la chambre ne permet pas de dire actuellement si certaines éruptions ponceuses préhistoriques peuvent résulter de ce mécanisme d'évolution d'une chambre non réalimentée. Il serait important que des études géophysiques orientées dans ce sens soient entreprises parallèlement aux études pétrologiques.

Dans un cas comme celui-ci, une prévision vraiment déterministe sera concevable quand certains paramètres seront connus ou mieux contraints (profondeur et volume de la chambre, part de la conduction et de la convection dans son refroidissement, taux de cristallisation et viscosité du magma). On n'en est pas là, mais c'est un objectif accessible.

Une activité phréatique a caractérisé les quatre éruptions historiques ; celles de 1792 et 1851 en sont restées là. Ces éruptions ne représentent ici que des menaces limitées, sauf quand elles mènent à la formation de lahars qui peuvent parvenir jusqu'à la mer - comme le 5 mai 1902 (destruction de l'usine Guérin, 25 morts).

Le contexte géologique de la zone sommitale n'ayant pas sensiblement changé, les futures éruptions débuteront par une activité phréatique. Le problème qui sera posé - comme toujours - sera de savoir s'il s'agit des prémices d'une éruption magmatique (comme en 1902 et 1929) ou non (comme en 1792 et 1851).

D'après ce qui a été vu précédemment, il ne devrait pas y avoir d'ambiguïté pour les prémices d'une éruption résultant d'une réalimentation et d'un mélange de magmas - type 1902 ou 1929 - dans la mesure où l'ascension du magma profond aura bien été décelée. Par contre, dans l'autre cas, il serait plus difficile d'établir un diagnostic avec les seules données sur l'activité sismique et les déformations. L'exemple de la

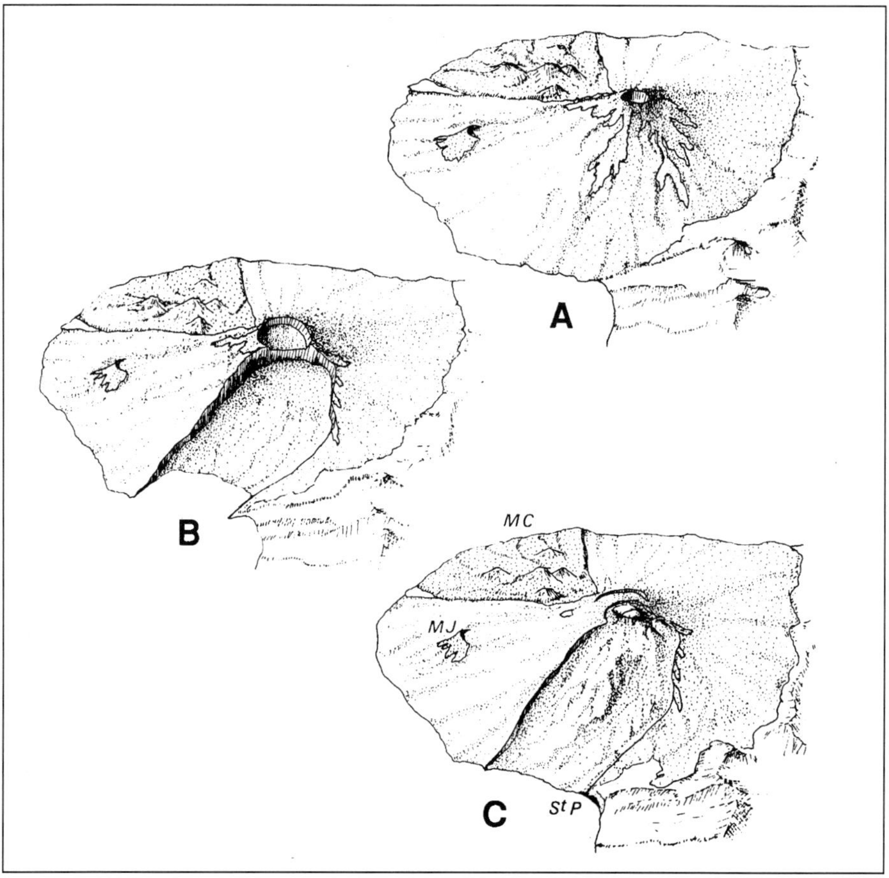

Fig. 156 - Vues cavalières de la Montagne Pelée à différents stades de son évolution.
A : à la fin du stade "Paléo-Pelée". B : après la déstabilisation du flanc sud ; formation d'une vaste caldera d'avalanche se prolongeant en mer. C : stade actuel ; remplissage de la caldera d'avalanche par des pyroclastites meubles et éventuellement instables. MC = Mont Conil ; MJ = Morne Julien ; StP = Saint Pierre (d'après Vincent *et al.* 1989).

Soufrière en 1976 montre que la présence de gaz magmatiques, même très dilués dans un système hydrothermal, peut être mise en évidence par la géochimie (gaz, eau, altérations). Les spécialistes semblent s'accorder sur ce point maintenant. Le vrai problème est qu'ils devraient fournir leurs conclusions dans un délai suffisamment court pour être utilisables. On peut penser qu'en cas d'ascension du magma - ce qui n'était pas le cas à la Soufrière - la proportion de gaz magmatique augmenterait rapidement : ils seraient ainsi plus facile à détecter, mais laisseraient sans doute moins de temps pour le faire ...

Le problème de la stabilité du flanc sud. Un autre type de menace a été reconnu récemment, lié à la mise en évidence d'une structure de glissement gravitaire du flanc sud du volcan (Vincent *et al.,* 1989). C'est une caldera d'avalanche de grandes dimensions : 3,5 km de large et 6 km de long pour la partie aérienne, se prolongeant sur plusieurs kilomètres en mer (fig. 156). Après sa formation, l'activité éruptive s'est cantonnée dans la partie amont du "fer à cheval" - comme à la Grande Découverte de Guadeloupe. La dépression a été quasiment comblée par des produits meubles, principalement par les dépôts d'écoulements pyroclastiques "piégés" à l'intérieur des remparts ; leur épaisseur atteint 400 m en amont.

Les eaux thermales et les eaux de pluie s'infiltrent dans ces formations perméables et s'écoulent le long du substratum plus imperméable, créant vraisemblablement une semelle hydrothermalisée.

Dans la situation actuelle, une charge correspondant à plusieurs km^3 de matériaux meubles repose sur une surface de discontinuité vraisemblablement à faible coefficient de frottement : ces conditions pourraient mener à une nouvelle déstabilisation du flanc, entraînant la formation d'une avalanche de débris et déclenchant un important tsunami. Cette éventualité a mené l'Observatoire volcanologique à étendre à cette zone son réseau de surveillance des déformations.

IV.1.3. - ÉVALUATION ET ZONAGE DES ALÉAS VOLCANIQUES A LA SOUFRIÈRE DE GUADELOUPE ET A LA MONTAGNE PELÉE

par Jean-Philippe RANÇON

Aux Antilles françaises, le premier document faisant état des zones susceptibles d'être menacées par les effets d'une éruption a été réalisé par L. Barrabé (1960) ; il concerne la Soufrière de Guadeloupe et ne prend en compte que les éruptions de type nuées ardentes dirigées. A partir de 1976, suite à la prise de conscience provoquée par la crise sismo-phréatique de ce volcan, les autorités civiles confient au BRGM la réalisation d'un programme d'évaluation et de zonage des aléas volcaniques sur chacun des deux appareils actifs de Guadeloupe et de Martinique. Plusieurs rapports et des cartes à différentes échelles sont successivement produits pour la Soufrière (Westercamp, 1977, 1980, 1981, 1984) et pour la Montagne Pelée (Dagain, 1985 ; Westercamp, 1982, 1984, 1985, 1986). Les données présentées ci-après sont tirées de l'ensemble de ces études et des derniers travaux réalisés : actualisation des scénarios éruptifs sur la base des résultats les plus récents et cartographie de l'aléa volcanique à l'échelle du 1/25 000 (Soufrière de Guadeloupe : Dagain et Rançon, 1990 ; Montagne Pelée : Traineau et Rançon, 1991). Ces données devront, naturellement, être remises en question ou affinées, en fonction de l'évolution des connaissances sur l'histoire géologique et les dynamismes éruptifs des deux volcans. Au-delà de l'amélioration des cartes d'aléa, les travaux de recherche sur les zones exposées aux manifestations volcaniques aux Antilles françaises portent maintenant sur l'analyse des différents types de vulnérabilité (de la population, du patrimoine, des institutions,...) afin d'aboutir, en croisant les données concernant l'aléa et la vulnérabilité, à une véritable évaluation et cartographie du risque volcanique, support concret d'une politique volontariste de prévention (*cf.* IV.1.1).

La méthode d'évaluation et de zonage des aléas volcaniques retenue, s'est inspirée des études réalisées sur d'autres volcans explosifs actifs (*cf.* IV. 1.1), mais elle a été surtout fondée sur la connaissance de l'histoire géologique et de la phénoménologie éruptive propres aux volcans étudiés (*cf.* IV.1.2). Ces données de base ont également conduit à l'établissement des cartes géologiques à 1/20 000 de la Montagne Pelée (Westercamp et Traineau, 1983a) et de la Soufrière (Boudon *et al.,* 1988). En se basant sur les caractéristiques de la période d'activité récente, un certain nombre de types de crises volcaniques ont été jugés susceptibles de se reproduire dans le futur, dans la mesure où aucune modification structurale ou magmatologique importante

Tabl. 15 - ***Les facteurs pris en compte dans l'évaluation et le zonage des aléas volcaniques aux Antilles françaises*** (Westercamp, 1985, légèrement modifié). Facteur (a) plus important que (b), (b) plus important que (c).

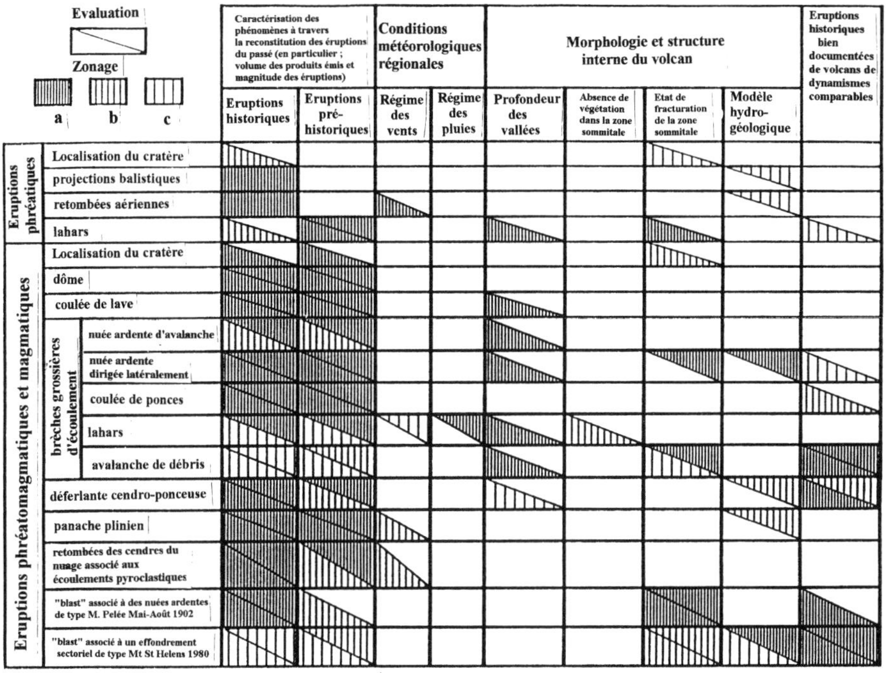

n'intervenait. Pour chaque type d'éruption retenu, les cartes de zonage des aléas intègrent un grand nombre de facteurs :

- le recensement des phénomènes liés à la crise (volcaniques ou induits) ;
- le mode de mise en place de ces phénomènes ;
- la prise en compte des effets topographiques ;
- le rôle des facteurs atmosphériques (vent, pluie) ;
- la zone d'ouverture possible du futur cratère;
- les contraintes structurales.

Le tableau 15, établi par Westercamp (1985), présente les différents facteurs, avec leur niveau d'importance relative, pris en compte pour l'évaluation et le zonage des aléas volcaniques aux Antilles françaises.

Par ailleurs, en prenant comme données de base les connaissances que nous avons des aléas à la Montagne Pelée, un système d'information géographique (logiciel ARC-INFO), couplé à une base de données phénoménologiques interactive (logiciel

MS-ACCESS), est en cours de développement (Rançon *et al.*, 1993). A terme, l'intérêt de ces outils est de pouvoir permettre :

1) de suivre l'évolution théorique d'une crise donnée ou de se situer en son sein par le biais de l'interrogation de la base de données, et

2) de représenter cartographiquement une couverture de polygones correspondant à la totalité ou à une partie des zones exposées à un type d'aléa. En période de crise, de par l'interactivité des programmes élaborés, les données initiales doivent être modifiables au fur et à mesure de l'évolution réelle de la crise. L'aspect didactique de ces outils pour les besoins de l'information et de la formation du public, des mass-média et des autorités en charge de la Sécurité civile, est également à souligner.

SOUFRIÈRE DE GUADELOUPE

La période prise en compte pour l'évaluation des aléas volcaniques correspond aux 12 000 dernières années. Pendant cette période, deux événements majeurs à l'origine d'écroulements sectoriels, d'avalanches de débris et d'explosions dirigées se sont produits sur le volcan de la Soufrière : l'un, daté à 11 500 ans BP, a été associé à une éruption phréatique, l'autre, situé autour de 3 100 ans BP, a été lié à une éruption magmatique comme dans le cas du Mont Saint-Helens, en 1980 (Boudon *et al.*, 1987 ; Boudon *et al.*, 1992 ; *cf.* IV.1.2). Plusieurs éruptions magmatiques provoquant, selon les cas, coulées de lave, écoulements pyroclastiques, projections de tephra et lahars, ont également eu lieu ; la dernière éruption magmatique, datée vers 1 440 ans AD, a été responsable de l'édification du dôme actuel de la Soufrière (Semet *et al.*, 1981). Par ailleurs, bon nombre d'éruptions phréatiques ont dû avoir lieu, même si les dépôts de la plupart d'entre elles ne sont plus identifiables sur le terrain (dépôts de faible épaisseur facilement érodables). Au cours de la période historique, nous savons que cinq, peut-être même six, éruptions phréatiques se sont produites au niveau du cône sommital : 1680 ou 1690, 1696 (?), 1797-1798, 1809, 1836-1837, 1956 et 1975-1977 (*cf.* II.5.2).

Trois grands types d'éruptions, ayant des probabilités d'occurrence très différentes à l'échelle des prochaines années, ont été pris en considération :

1) les **éruptions phréatiques** dont la manifestation est quasi-certaine (2 éruptions de ce type ont eu lieu au XIXe siècle ainsi qu'au XXe siècle) et par lesquelles toute crise magmatique à la Soufrière est censée débuter ;

2) les **éruptions magmatiques** dont l'occurrence est tout à fait envisageable (2 éruptions magmatiques ont été reconnues au cours du dernier millénaire, la dernière ayant eu lieu au XVe siècle) ;

3) les **éruptions paroxysmales, à caractère magmatique ou phréatique, associées à des écroulements de flanc de grande ampleur**, dont la probabilité d'occurrence est très faible (2 éruptions de ce type en 12 000 ans d'activité).

• Commentaire des cartes de zonage

1) Cas des éruptions phréatiques (fig. 157)

Les éruptions reconnues historiquement à la Soufrière, y compris la dernière en date de 1975-1977, ont toutes été des éruptions phréatiques localisées au niveau du dômesommital. Au cours des éruptions du XXe siècle, les zones sujettes aux projections

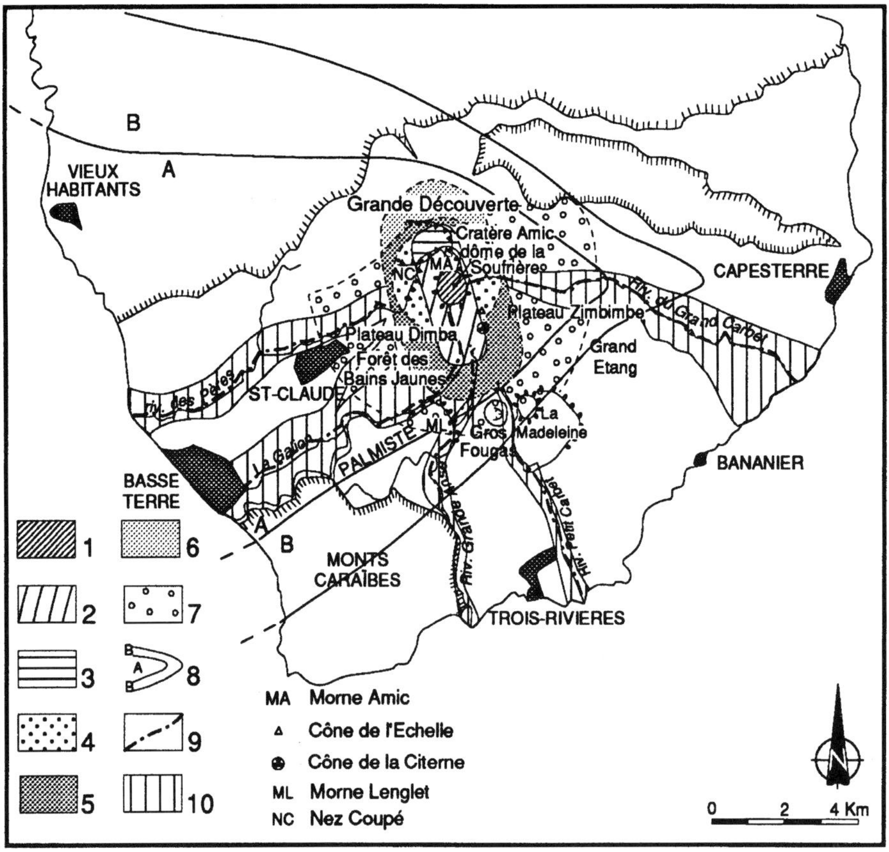

Fig. 157 - Carte de zonage des aléas volcaniques à la Soufrière de Guadeloupe, cas des éruptions phréatiques (d'après Dagain et Rançon, 1990).
(1) secteur où la prochaine éruption phréatique est la plus probable (dôme de la Soufrière) ; (2) extension du secteur (1) à une zone fracturée et contenant des édifices récents ; (3) zone septentrionale d'extension supplémentaire où la probabilité d'occurrence d'une éruption phréatique est faible mais non négligeable ; (4) à (7) zones menacées par des retombées de lapilli et blocs : (4) si cratère localisé en (1), (5) si cratère localisé en (2), (6) si cratère localisé en (3), (7) en cas d'éruption très violente ; (8) régions où les retombées de cendres seront les plus importantes (secteur A plus exposé que secteur B) ; (9) fonds de vallées pouvant être empruntés par des lahars; (10) vallées, plateaux et basses plaines menacés par des lahars ou des avalanches de débris, faisant suite à un effondrement partiel ou total de la zone sommitale.

de lapilli et de blocs résultant des explosions, ont été circonscrites à l'intérieur d'un cercle de 2 km maximum de rayon, centré sur le dôme. Si, comme c'est très probable, les futures éruptions phréatiques sont encore générées au niveau du dôme actuel, cette limite de 2 km ne devrait pas être dépassée. Toutefois, on ne peut exclure qu'à la suite d'explosions phréatiques particulièrement violentes (la destruction d'une partie du dôme, très fracturé, pourrait en être la cause), des zones plus éloignées soient atteintes. Dans cette hypothèse, il convient de situer l'aire menacée à l'intérieur d'un cercle de 4 km de rayon autour du point d'émission (en notant que le secteur nord-ouest du massif est protégé par le relief du Nez Cassé). Par ailleurs, la possibilité, envisageable en raison d'une fracturation préexistante et de l'existence d'édifices récents, de localisation du point d'émission au sud ou au nord du dôme, allonge dans ces deux directions la zone menacée. Dans tous les cas, des retombées de cendres fines chargées en vapeur d'eau plus ou moins acide, sont, en outre, à attendre sur la majeure partie du sud de la Basse-Terre, particulièrement sur le versant ouest du massif volcanique, situé sous le vent. Des lahars primaires, des coulées de boue ou des coulées de débris, remobilisant les dépôts accumulés sur les flancs de la partie sommitale, peuvent se mettre en place dans les vallées rayonnant à partir du sommet et atteindre la zone côtière. Si les matériaux volcaniques sont abondants, les lahars formés sont susceptibles de déborder des vallées et d'affecter sérieusement plusieurs plateaux et plaines basses. Les ponts de certaines rivières (des Pères, du Galion, de Grande Anse) pourraient ainsi être détruits.

2) Cas des éruptions magmatiques (fig. 158)

Plusieurs types d'éruptions magmatiques de caractère plus ou moins explosif ont été considérés, conduisant à la mise en place de produits (et éventuellement, d'édifices) différents :

- coulées de lave ;
- dômes ;
- cônes stromboliens ;
- déferlantes et coulées pyroclastiques (nuées ardentes, coulées de ponces);
- projections balistiques (blocs, lapilli) et retombées de panaches éruptifs (lapilli, cendres).

Le point de sortie de la lave pouvant être à l'origine de coulées laviques ou pyroclastiques et/ou de dômes, est localisé sur l'axe fissural NNW-SSE du massif (dôme de la Soufrière-cône de l'Echelle-cône de la Citerne-cône du Gros Fougas). Il ne faut toutefois pas exclure la possibilité d'un point de sortie sur l'axe Morne Lenglet-Gros Fougas. Les régions sommitales (Soufrière, Morne Amic, Citerne,...), de nombreux plateaux (Dimba, forêt des Bains Jaunes, Palmiste, Grande Chasse, Zimbimbe,...), ainsi que plusieurs vallées (rivières des Pères, du Galion, de Grande Anse, du Petit Carbet, du Grand Carbet) risquent d'être recouvertes par des coulées de lave ou des écoulements pyroclastiques. Par ailleurs, une large zone subcirculaire autour de l'aire précédente est menacée 1) par les effets de souffle et les nuages cendreux accompagnant les écoulements pyroclastiques et 2) par les projections balistiques (blocs et lapilli, vésiculés ou non) et les retombées (lapilli et cendres, plus ou moins ponceux) de panaches éruptifs (plinien, vulcanien, strombolien). Ce dernier aléa présente une intensité d'autant moins élevée que l'on s'éloigne du centre éruptif. La limite extérieure de cette zone est estimée à 6 km du centre d'émission. Des cendres fines, refroidies, issues des panaches éruptifs, sont susceptibles de retomber sur l'ensemble du massif et même sur les Monts Caraïbes, au sud de la Basse-Terre. Au cours du déroulement de ces éruptions, de nombreux lahars peuvent être générés. Notons, en particulier, la mise en place possible d'une coulée boueuse dans la vallée de la rivière du Bananier, si une coulée de lave, s'écoulant vers l'est, entraînait la vidange du lac perché du Grand Etang.

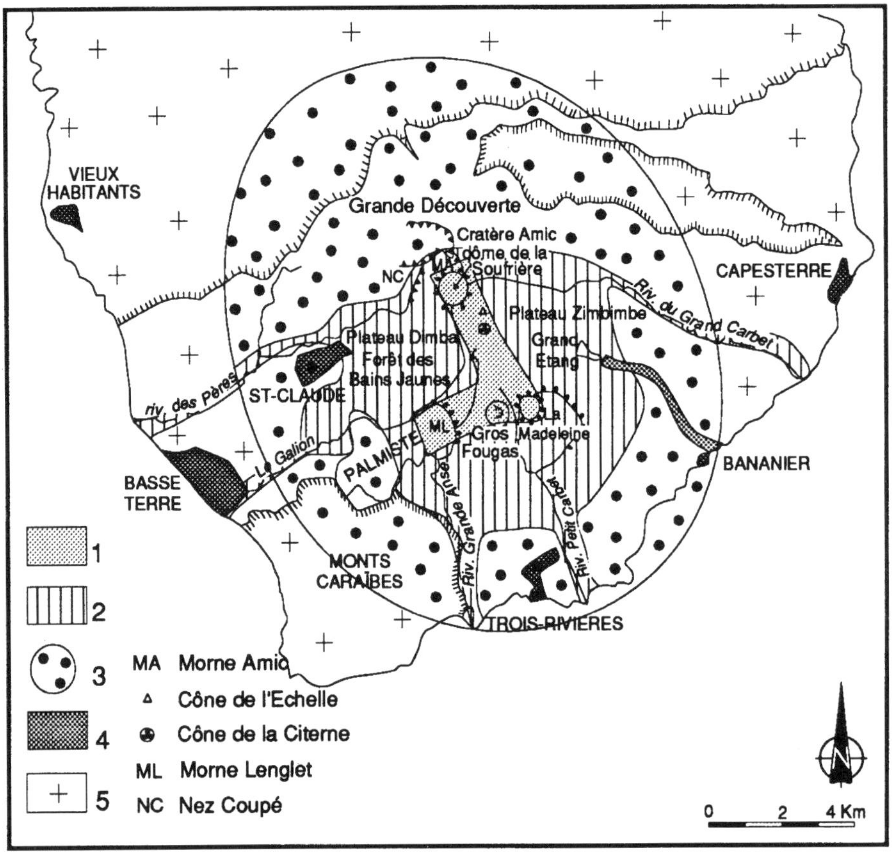

Fig. 158 - Carte de zonage des aléas volcaniques à la Soufrière de Guadeloupe, cas des éruptions magmatiques (d'après Dagain et Rançon, 1990).
(1) secteur de localisation des points d'émission de lave (dômes et/ou coulées) ; (2) secteurs sommitaux, plateaux et vallées susceptibles d'être enfouis sous des coulées de lave et des écoulements pyroclastiques ; (3) aire particulièrement menacée par d'une part, les effets thermiques et mécaniques des "souffles" et des nuages cendreux accompagnant les écoulements pyroclastiques, d'autre part, les projections balistiques et les retombées grossières de panaches éruptifs (l'intensité de cet aléa est d'autant plus élevée que l'on se rapproche du centre éruptif) ; (4) vallée menacée par des coulées de boue en cas de vidange du lac perché du Grand Etang ; (5) ensemble du massif exposé à des chutes de cendres fines refroidies.

3) Cas des éruptions paroxysmales à effondrement sectoriel (fig. 159)

Plusieurs secteurs sont menacés à des degrés divers par les phénomènes liés à ce type d'éruptions. Le secteur sommital actuel, fracturé et hydrothermalisé, peut être l'objet d'un effondrement de grande ampleur provoquant l'ouverture d'un cratère d'avalanche (Boudon *et al.*, 1992). Les édifices récents, dôme de la Soufrière, cônes stromboliens de l'Echelle et de la Citerne, sont concernés au premier chef et leur effondrement peut être envisagé aussi bien côté est que côté ouest. Les flancs est,

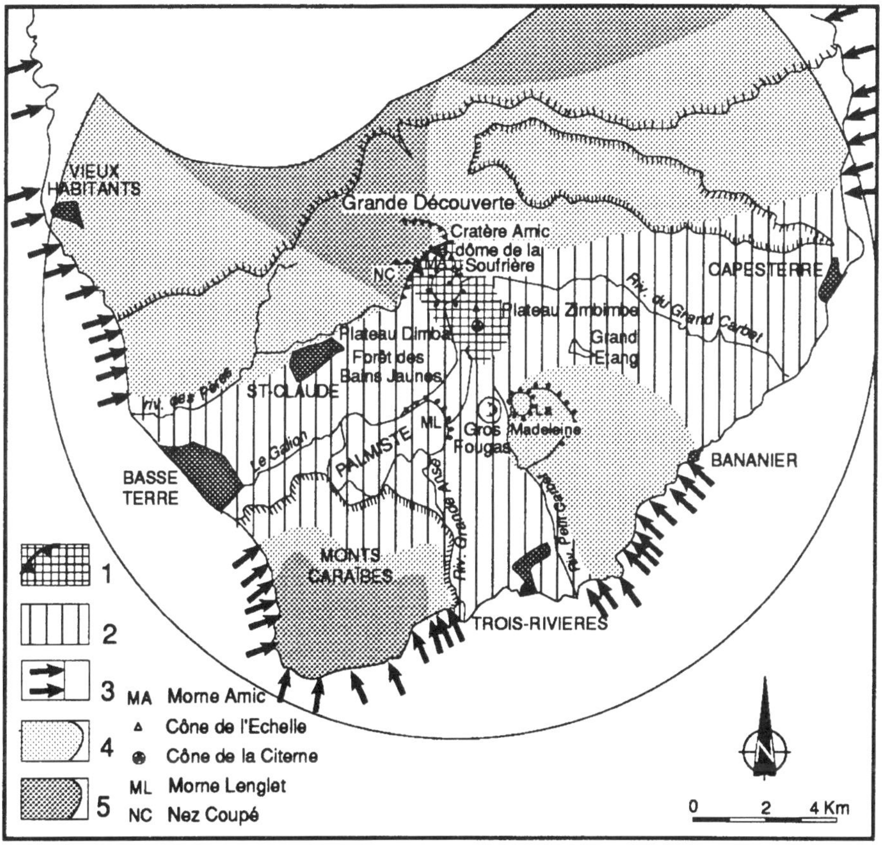

Fig. 159 - Carte de zonage des aléas volcaniques à la Soufrière de Guadeloupe, cas des éruptions majeures à effondrement sectoriel (d'après Dagain et Rançon, 1990).
(1) secteur du volcan pouvant être l'objet d'un effondrement sectoriel de grande ampleur provoquant l'ouverture d'un cratère d'avalanche ; (2) zones menacées par les avalanches de débris; (3) zones côtières affectées par des tsunamis provoqués par l'entrée en mer des avalanches de débris; (4) zones menacées de destruction totale par les effets mécaniques et thermiques d'un éventuel "*blast*"; (5) zones protégées des effets d'un "*blast*" mais exposées à des retombées de cendres.

sud et sud-ouest, sont donc menacés par les avalanches de débris qui résulteraient de l'effondrement sectoriel du volcan. Les Monts Caraïbes devraient protéger la commune de Vieux Fort, située sur la côte méridionale, tandis que le dôme de la Madeleine protégera Bananier et les villages au nord de Trois-Rivières. L'arrivée en mer des dépôts des avalanches de débris aura très vraisemblablement comme conséquence le déferlement de tsunamis sur les côtes limitrophes. De vastes secteurs sont menacés de destruction totale par les effets mécaniques et thermiques de l'explosion latérale dirigée ("*blast*") qui accompagnera éventuellement (dans l'hypothèse de la dépressurisation en surface d'une intrusion magmatique, découverte par la déstabilisation d'une partie de l'édifice) l'ouverture du cratère d'avalanche. En fonction de la zone d'ouverture du cratère dans la zone orientale ou occidentale, ce sera respectivement le secteur à l'est d'une ligne Grande Découverte-Trois-Rivières ou le secteur à l'ouest d'une ligne Grande Découverte-Bananier qui sera affecté. Le zonage proposé en figure 159, est basé sur la limite d'action supposée du "*blast*" de l'éruption de 3 100 ans BP (Boudon *et al.*, 1987). Dans certaines zones éloignées du centre éruptif ou situées au nord de la caldera d'avalanche, des barrières morphologiques importantes devraient constituer un écran protecteur efficace (Monts Caraïbes au sud, hauteurs de la forêt de Sainte-Marie et rebord nord-occidental du cratère Amic, au nord). Des retombées de cendres, sont toutefois à attendre dans ces zones.

MONTAGNE PELÉE, MARTINIQUE

Vingt-cinq éruptions magmatiques ont été recensées pendant les 6 000 dernières années d'activité de la Montagne Pelée, soit une moyenne de 4 éruptions magmatiques par millénaire (Traineau, 1982; Westercamp et Traineau, 1983b). Pendant cette période, prise comme référence pour l'évaluation des aléas volcaniques, le décompte des éruptions phréatiques est beaucoup plus délicat à établir, en raison de la mauvaise conservation des dépôts et des difficultés de datation. Pendant la période historique, 2 crises phréatiques (1792, 1851) et 2 crises magmatiques (1902-1905 et 1929-1932), ont eu lieu. En prenant simplement en compte les 7 dernières éruptions du volcan, survenues pendant les 700 dernières années, on constate que c'est la quasi-totalité de sa surface qui a été affectée lors de l'une ou plusieurs de ces éruptions. En cas de reprise d'activité, environ 22 000 personnes vivant aujourd'hui sur les flancs de l'appareil, seraient directement menacées (et indirectement 42 000 personnes supplémentaires, vivant en périphérie). Les cinq types d'éruptions reconnus à la Montagne Pelée au cours de la période de référence, sont :

1) les **éruptions phréatiques** ;

2) les **éruptions à coulées de ponces, sans retombées pliniennes**;

3) les **éruptions ponceuses avec retombées pliniennes et écoulements pyroclastiques ponceux** ;

4) les **éruptions à nuées ardentes dirigées latéralement, du type mai et août 1902** (souvent appelées nuées ardentes de type peléen) ;

5) les **éruptions à nuées ardentes d'avalanche du type de celles observées entre 1903-1905 et 1929-1932**, liées à la croissance d'un dôme de lave (souvent appelées nuées ardentes de type Merapi) ;

Ces éruptions peuvent se reproduire dans le futur, en particulier les éruptions phréatiques, par lesquelles toute crise volcanique semble débuter à la Montagne Pelée. En se basant sur leur fréquence au cours de la période récente (Westercamp et Traineau, 1983b), les éruptions à nuées ardentes paraissent avoir une plus grande probabilité d'occurrence que les éruptions ponceuses.

Il convient également d'ajouter à cette liste, un sixième type d'éruption, cataclysmal, au cours de laquelle un secteur entier du volcan s'effondre, donnant naissance à une volumineuse avalanche de débris. La vaste structure d'effondrement en forme de fer à cheval, reconnue sur le flanc sud du volcan et se prolongeant en mer (Vincent *et al.*, 1989 ; Boudon, 1993), est une importante indication du probable déclenchement de ce type d'éruption dans le passé (son âge est supérieur à 25 000 ans). Il doit d'autant plus être pris en compte que la disposition structurale actuelle de la Montagne Pelée, avec un cône central bien développé et des surfaces de discontinuités stratigraphiques et lithologiques, se prête bien à une déstabilisation de flanc (flanc sud en particulier, Vincent *et al.*, 1990) sous l'effet de déformations. L'activité hydrothermale très réduite du volcan en période de repos ne nous conduit pas à envisager un effondrement sectoriel sans liaison directe avec la montée d'une colonne magmatique, comme cela a été le cas au Bandaï-San, au Japon, en 1888 (Siebert *et al.*, 1987). Nous considérons plutôt que c'est l'intrusion, décentrée par rapport au sommet du volcan, d'une masse magmatique qui est susceptible de provoquer une nouvelle déstabilisation de flanc. Le sixième type d'éruption que nous retenons à la Montagne Pelée, est donc du **type Mont Saint-Helens, 1980**.

Les différents phénomènes éruptifs et associés qui déterminent des aléas au cours des 6 types d'éruption présentés plus haut sont récapitulés dans le tableau 16. Pour chaque type d'éruption, c'est l'extension maximale potentielle de ces phénomènes qui est représentée dans les cartes d'aléas. Dans la même logique que la "cartographie évolutive des risques" présentée par Westercamp en 1985, ces cartes d'aléas ont été établies en décomposant chacune des crises volcaniques considérées en cinq stades élémentaires (Traineau et Rançon, 1991). Chacun des stades élémentaires (précurseurs, pré-éruptif, déclenchement du paroxysme, paroxysme, post-paroxysme) correspond à un niveau d'évolution de la crise au cours du temps, caractérisé par l'apparition/disparition de phénomènes particuliers ou/et un changement notable de leur intensité. Moyennant des améliorations dans l'avenir (meilleure caractérisation des phénomènes "décisifs" marquant le passage d'un stade à un autre, permettant ainsi de déterminer des seuils d'alerte), cette double approche du zonage des aléas volcaniques dans l'espace et dans le temps, définissant un scénario éruptif pour chaque type de crise (fig. 160), a plusieurs avantages. Elle répond aux besoins à la fois, de la planification préventive de l'espace sur le volcan et de la gestion à court terme d'une crise. Les cartes présentées, à titre d'exemple, dans les figures 161 à 166, illustrent, pour la totalité ou pour un stade particulier d'une crise donnée, la distribution spatiale maximum des phénomènes qui lui sont rattachés.

• Commentaire des cartes de zonage

1) Cas des éruptions phréatiques (fig. 161)

Le début de la crise (stade des précurseurs, fig. 161a) est marqué par des séismes pré-éruptifs qui peuvent provoquer l'éboulement de falaises et de talus instables, ceci conduisant au déclenchement de lahars sur l'ensemble du massif. L'apparition d'une activité fumerollienne dans la zone active au cours du second stade, a comme effet de fragiliser les terrains et de favoriser le développement de lahars dans certaines vallées (fig. 161b). En raison de l'orientation des vents dominants, les émanations gazeuses sont davantage perceptibles sur le secteur ouest du volcan. L'ouverture d'un ou de plusieurs cratères en position sommitale ou excentrée (sur le flanc supérieur sud, au niveau des Sources Chaudes) et les explosions qui s'ensuivent correspondent au passage à la phase paroxysmale de la crise (fig. 161c). En fonction de la position du cratère, la limite de la zone sub-circulaire atteinte par les projections de blocs varie entre 1 et 2 km. La dispersion des cendres et des émanations gazeuses n'est pas influencée, quant à elle, par la position du cratère mais par le régime des alizés soufflant d'est en ouest, déterminant un secteur occidental A plus exposé que le secteur oriental B. Les lahars affectent principalement les vallées des

Tabl. 16 - *Liste des phénomènes éruptifs et des phénomènes associés pris en compte dans l'évaluation des aléas volcaniques à la Montagne Pelée* (Traineau et Rançon, 1991, légèrement modifié).

	TYPES D'ERUPTIONS					
Phénomènes liés à une éruption	**Eruption phréatique**	**Eruption à coulées de ponces sans retombées pliniennes**	**Eruption ponceuse avec retombées pliniennes et écoulements ponceux**	**Eruption à nuées ardentes de type Mai-Août 1902**	**Eruption à nuées ardentes de type 1903-1905 et 1929-1932**	**Eruption de type Mt St Helens 1980**
lahars	X	X	X	X	X	X
fumerolles et émanations gazeuses	X	X	X	X	X	X
ouverture d'un cratère	X	X	X	X	X	X
projections balistiques	X	X	X	X	X	X
retombées de cendres phréatiques	X	X	X	X	X	X
explosion latérale dirigée			X	X	X	X
nuée ardente dirigée latéralement				X		
nuée ardente d'avalanche				X	X	X
construction d'un dôme				X	X	X
retombées de cendres et lapilli ponceux			X			X
coulées de ponces et nuages de cendres associés		X	X			X
déferlante cendro-ponceuse			X			X
effondrement sectoriel						X
avalanche de débris						X
caldera d'avalanche						X
crues anormales				X	X	X
tsunamis		X	X	X	X	X
gonflement de flanc						X
séismes pré-éruptifs et syn-éruptifs	X	X	X	X	X	X

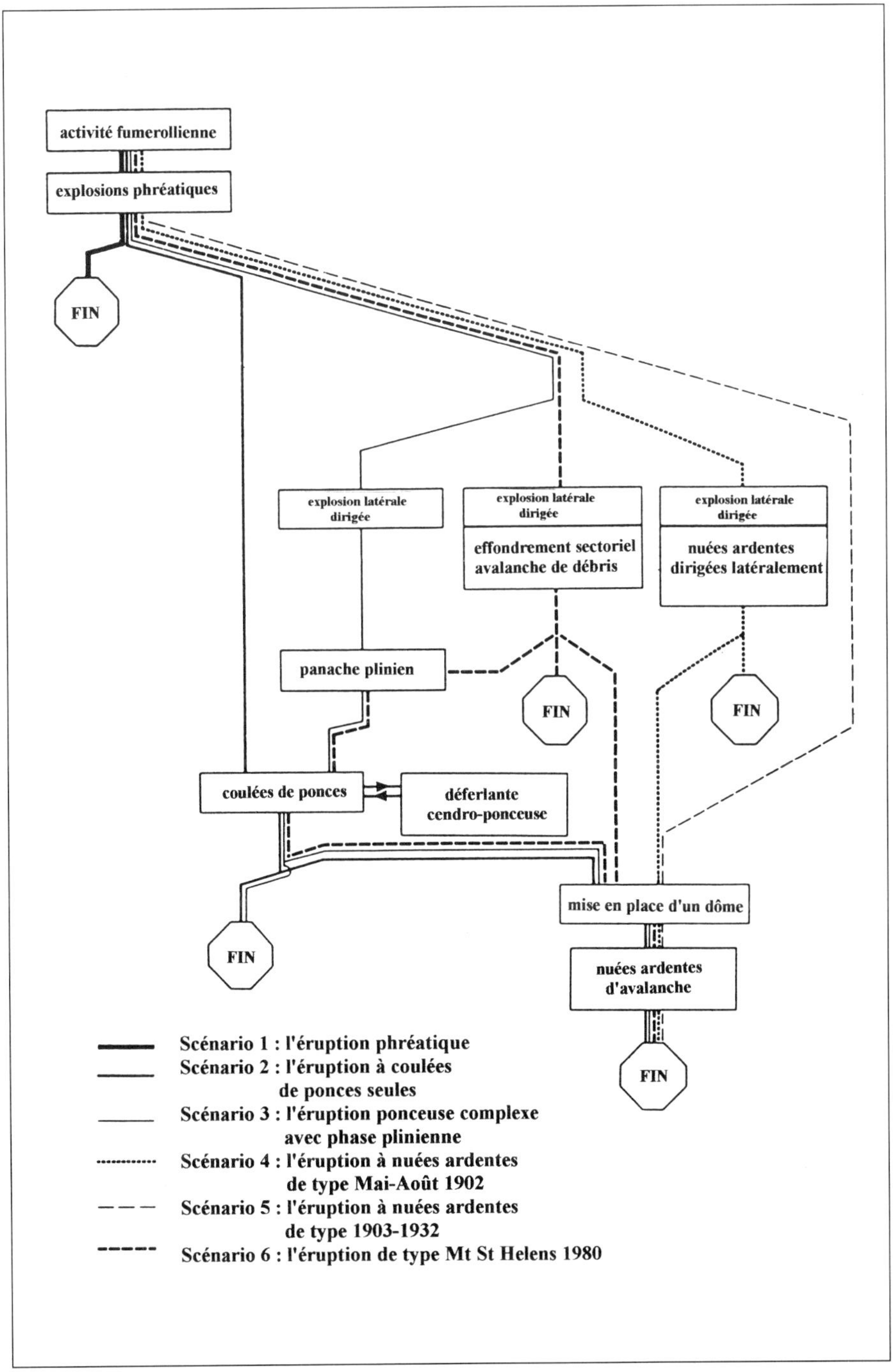

Fig. 160 - Scénarios éruptifs possibles (en référence aux 6 000 dernières années) en cas de nouvelle crise volcanique à la Montagne Pelée (Traineau et Rançon, 1991, légèrement modifié).

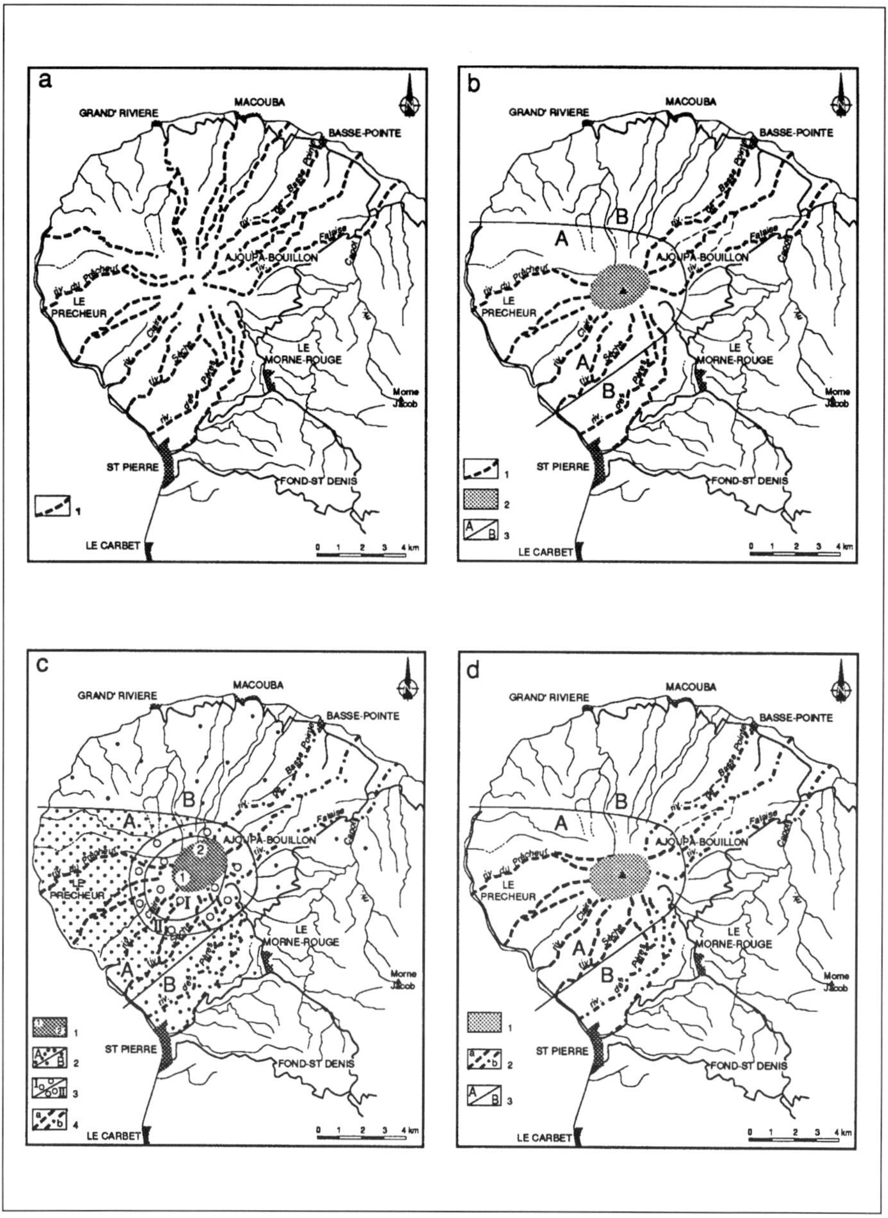

Fig. 161 - Carte de zonage de l'aléa volcanique à la Montagne Pelée, cas d'une éruption phréatique (Traineau et Rançon, 1991, modifié d'après Westercamp, 1985).

a - stade des précurseurs. (1) lahars.

b - stade pré-éruptif. (1) lahars; (2) zone affectée par l'activité fumerollienne; (3) zones exposées aux émanations gazeuses, A plus exposée que B.

c - stade du paroxysme. (1) zones probables d'ouverture du cratère (1 position excentrée, 2 position sommitale); (2) zones affectées par les retombées de cendres, A plus exposée que B; (3) zones affectées par les projections balistiques de blocs et lapilli, I si cratère en 1, II si cratère en 2; (4) lahars, (a) vallées menacées si cratère en 1, (b) vallées menacées si cratère en 2.

flancs ouest et sud si le cratère est excentré, ou l'ensemble des vallées non protégées du massif si le cratère est sommital. L'activité fumerollienne et les émanations gazeuses persistent encore un certain temps après le paroxysme (fig. 161d). L'apparition de coulées de boue et de coulées de débris est toujours favorisée par la fragilisation des terrains fumerollisés et la remobilisation des dépôts meubles par la pluie et les cours d'eau.

Il est très important de noter qu'en raison de la présence permanente d'aquifères au sein de l'édifice volcanique, toutes les crises volcaniques à la Montagne Pelée sont censées débuter par des éruptions phréatiques. Celles-ci caractérisent le stade des précurseurs et le stade pré-éruptif des éruptions magmatiques, dont le zonage des aléas est présenté ci-dessous pour les stades postérieurs.

2) Cas des éruptions à coulées de ponces seules

Consécutivement à une activité de type phréatique, le stade du paroxysme (fig. 162) marque le passage à une activité magmatique. Si l'on se réfère à ce qui s'est déjà produit dans le cas des éruptions ponceuses P4 (2 440 ans BP) et P6 (4 610 ans BP) mettant en place exclusivement des écoulements (Traineau *et al.*, 1989), le point d'émission devrait être sommital. Les coulées de ponces et de cendres émises par débordement du cratère, peuvent s'épancher dans une ou plusieurs vallées rayonnant à partir du sommet, à l'exception de celles du flanc nord protégées par la crête du Morne Macouba. Les vallées concernées sont comblées par des dépôts de plusieurs dizaines de mètres d'épaisseur, constitués d'un mélange de cendres, lapilli et blocs ponceux. Les écoulements peuvent être accompagnés par des nuages déferlants de cendres balayant (effets thermiques et mécaniques) de larges secteurs de part et d'autre des vallées et les recouvrant de dépôts de cendres pouvant atteindre quelques mètres d'épaisseur. Des nuages de cendres fines affectent tout le nord de la Martinique. Leurs retombées sont fortement influencées par le régime des vents au moment de l'éruption. Le stade post-paroxysme n'est pas nécessairement marqué par la fin de l'activité magmatique : un dôme peut se mettre en place dans le cratère et être responsable de la genèse de nuées ardentes de type 1903-1932 (*cf.* commentaire du zonage de ce type d'éruption). Dans le cas contraire, subsistent une activité fumerollienne décroissante, restreinte à la zone du cratère, et la possibilité d'écoulement de nombreux lahars dans toutes les vallées du massif.

3) Cas des éruptions ponceuses complexes avec phase plinienne

La reconnaissance récente (travaux en cours) à la base de la séquence stratigraphique de l'éruption ponceuse P1, datée à 650 ans BP, de dépôts rattachables à un "*blast*", semble montrer que le stade du déclenchement du paroxysme peut, dans certains cas, être caractérisé par une explosion latérale dirigée. Selon que cette explosion se produit au sud ou au nord des dômes historiques, seuls les flancs sud et ouest ou la totalité du volcan sont affectés par les effets du "*blast*" (effet thermique et mécanique) et par des dépôts de cendres et de lapilli.

De manière générale, le début du stade du paroxysme correspond à l'émission de colonnes pliniennes à partir d'un cratère ouvert, donnant lieu à d'importantes retombées de tephra. L'épaisseur des retombées de cendres et lapilli et la taille des blocs ponceux et lithiques sont quantifiées sur la carte de zonage (fig. 163). Les limites des zones affectées par plus de 100, 50 et 10 cm de retombées de cendres et lapilli ont été tracées par référence aux courbes isopaques des trois dernières éruptions ponceuses P1, P2 et P3. La dispersion de ces retombées est influencée par le régime des vents dominants qui détermine l'allongement des courbes isopaques

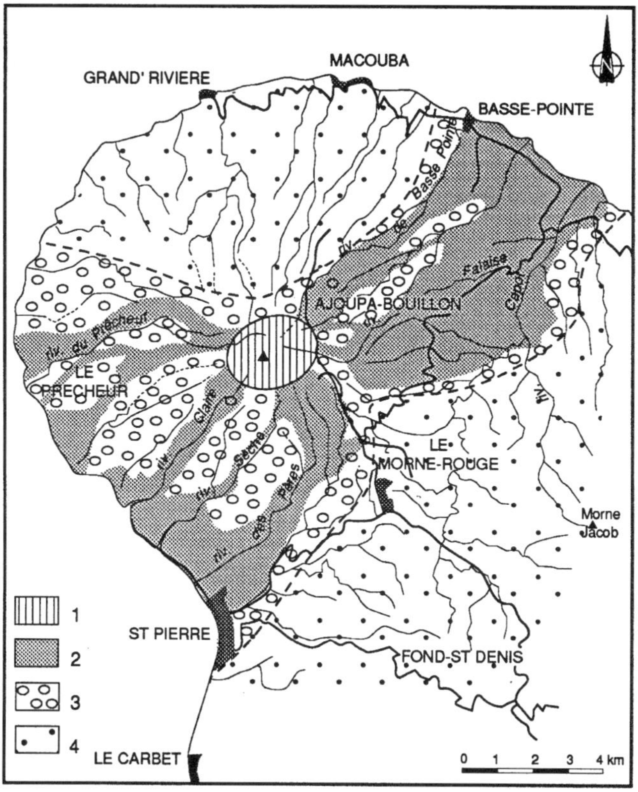

Fig. 162 - Carte de zonage de l'aléa volcanique à la Montagne Pelée, cas d'une éruption à coulées de ponces seules, stade du paroxysme (d'après Westercamp, 1985).
(1) zone probable d'ouverture du cratère ; (2) vallées et zones limitrophes menacées d'enfouissement par les écoulements ponceux ; (3) régions menacées par les nuages cendreux "déferlants" associés aux écoulements ; (4) régions exposées aux retombées de cendres fines, refroidies mais denses.

selon un axe NE-SW. De même, les zones où les dimensions des blocs ponceux et lithiques ont dépassé respectivement 10 et 5 cm, au cours de l'une des trois dernières éruptions pliniennes, ont été délimitées. Par ailleurs, l'ensemble de la Martinique est affecté par les retombées de cendres fines du panache plinien. Le second phénomène du stade du paroxysme est l'émission d'une ou plusieurs coulées de ponces et de cendres ; cet aléa a été décrit dans le scénario 2. Clôturant ce stade, une déferlante cendro-ponceuse extrêmement destructrice est susceptible de se mettre en place de façon radiale autour du cratère, délimitant des zones circulaires d'exposition plus ou moins importante.

Comme dans le cas des éruptions ponceuses simples, le stade post-paroxysme peut être caractérisé par la mise en place d'un dôme et de nuées ardentes associées, ou par la permanence d'une activité fumerollienne restreinte à la zone du cratère. De

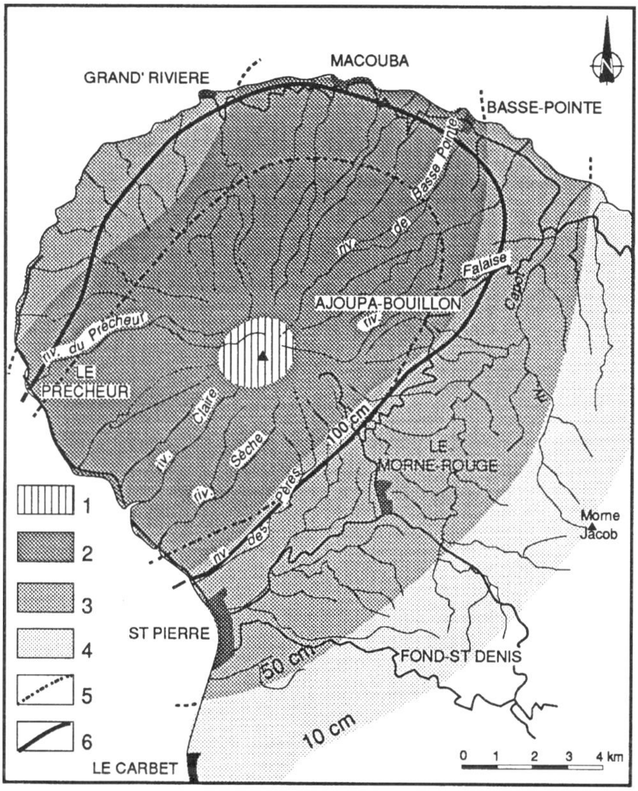

Fig. 163 - Carte de zonage des aléas volcaniques à la Montagne Pelée, cas d'une éruption ponceuse complexe avec phase plinienne, stade du paroxysme niveau 1, retombée d'un panache plinien (d'après Traineau et Rançon, 1991).
(1) zone probable d'ouverture du cratère; (2) à (4) zones exposées aux chutes de cendres et lapilli ponceux, épaisseur des dépôts supérieure à 1 m (2), 50 cm (3) et 10 cm (4); (5) et (6) limite de zones exposées aux retombées de blocs de taille supérieure à 10 cm (5) et 5 cm (6).

nombreuses coulées de boue et de débris générés par la remobilisation des dépôts meubles de l'éruption sont à attendre dans toutes les vallées du massif.

4) Cas des éruptions à nuées ardentes de type mai-août 1902

5) Cas des éruptions à nuées ardentes de type 1903-1932

Selon l'hypothèse, retenue ici, de Westercamp (1987), les nuées ardentes de type mai-août 1902 se décomposent en deux phénomènes éruptifs : un "souffle cendreux dirigé" puis un écoulement déferlant de blocs et de cendres ("nuée ardente"), produits par une explosion phréatomagmatique latéralement dirigée (des interprétations partiellement différentes ont été proposées par d'autres auteurs : Fisher et Heiken, 1982 ; Bourdier *et al.,* 1989 ; Boudon *et al.,* 1990).

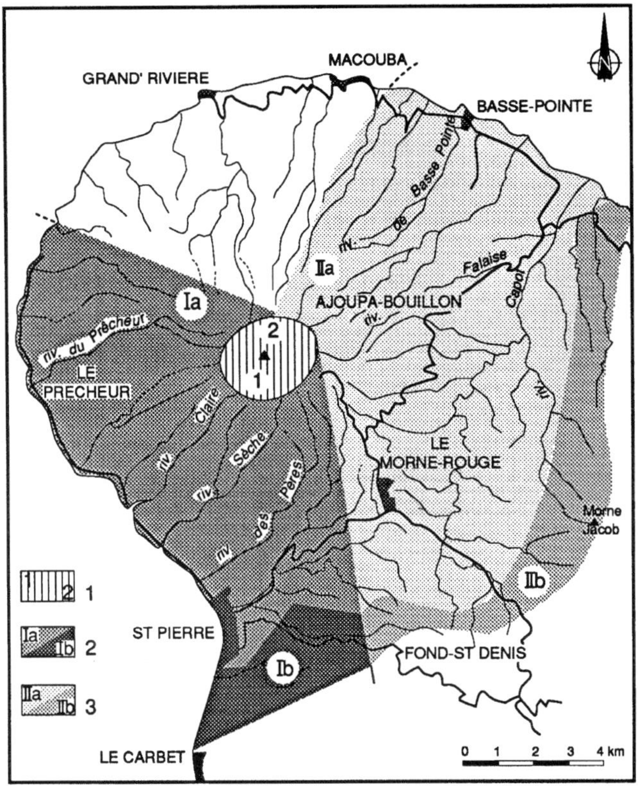

Fig. 164 - Carte de zonage des aléas volcaniques à la Montagne Pelée, cas d'une éruption à nuées ardentes de type 1902-1905, stade du paroxysme (d'après Westercamp, 1985).
(1) initiation d'une explosion latérale dirigée en position excentrée 1 ou sommitale 2; (2) et (3) zones exposées aux effets thermiques et mécaniques d'un "*blast*" ou d'un écoulement pyroclastique, (2) si cratère en 1 avec zone Ia complètement détruite et zone Ib partiellement détruite, (3) si cratère en 2 avec zones Ia+IIa complètement détruites et zones Ib+IIb partiellement détruites.

Les nuées ardentes de type 1903-1932 donnent, quant à elles, naissance à un écoulement gravitaire de cendres et de blocs, suite à l'effondrement partiel d'un dôme en cours d'édification ou d'une explosion de faible intensité à partir de celui-ci.

La crise de 1902-1905 a montré la succession dans le temps de ces deux types de nuées ardentes. La carte de zonage de l'aléa a été élaborée d'après cet exemple. Lors du paroxysme, les zones affectées par les effets du "souffle cendreux dirigé" et des écoulements pyroclastiques varient notablement en fonction de la position géographique du conduit éruptif (fig. 164). Si celui-ci débouche au sud des dômes historiques, seuls les flancs sud et ouest sont concernés (zone I); par contre s'il débouche au nord de ces dômes, c'est la majeure partie du volcan qui est menacée (zones I et II). Lors des paroxysmes de 1902, la zone de destruction totale (Ia et IIa) s'est étendue vers le sud jusqu'à 8 km du cratère et vers l'est jusqu'à 7 km. Les effets du "souffle cendreux dirigé" (onde de choc, effets thermiques) se conjuguent à ceux des écoulements turbulents de blocs et de cendres (enfouissement) susceptibles d'affecter l'ensemble des vallées du volcan, à l'exception de celles du flanc nord. Des nuages de cendres, formés au-dessus des écoulements pyroclastiques, peuvent balayer largement les flancs des vallées dans la mesure où leur progression est peu perturbée par les reliefs. Ces phénomènes éruptifs sont destructeurs jusqu'à la limite de dépôt pour les "souffles cendreux dirigés" et jusqu'à l'isopaque 10 cm pour les écoulements de blocs et de cendres et les nuages de cendres déferlants. Cette zone de destruction totale est bordée d'une zone de destruction partielle (zones Ib et IIb) de 2 km de large environ et distante de 8 à 10 km du cratère. Les effets du "souffle cendreux dirigé" y deviennent fortement tributaires des reliefs et cessent vers 10 km de distance. Les effets thermiques et mécaniques liés aux écoulements et aux nuages de cendres déferlants sont encore notables dans cette zone, ils s'atténuent au-delà de 10 km. Le stade post-paroxysme est caractérisé par la poursuite de la construction d'un dôme de lave dans le cratère, amorcée dès la fin du stade pré-éruptif. Au fur et à mesure de l'évolution de la crise, ce dôme est affecté par des effondrements dont l'origine est de moins en moins explosive et de plus en plus gravitaire. Les écoulements gravitaires de blocs et de cendres, vont être canalisés dans les vallées situées directement en aval du dôme et la distance parcourue sera de plus en plus réduite (fig. 165). Les nuages de cendres fines développés au-dessus de ces écoulements peuvent donner lieu à des retombées de cendres froides influencées par le régime des vents. La formation de lahars de remobilisation sous l'action des eaux de surface et de pluie est à attendre pendant un laps de temps variable (mois, années) en fonction de la quantité et de l'épaisseur des pyroclastites produites.

6) Cas des éruptions de type Mont Saint-Helens 1980

En insistant sur le caractère circonstanciel d'une éruption provoquant un écroulement sectoriel à la Montagne Pelée (un seul événement de ce type a été reconnu, d'âge supérieur à 25 000 ans), une carte d'aléa volcanique a été établie, s'inspirant des observations faites lors de l'éruption du Mont Saint-Helens, en 1980. Les stades des précurseurs et pré-éruptifs sont marqués par un gonflement et/ou une activité phréatique dans un secteur excentré par rapport au sommet actuel. La zone sujette aux projections de blocs et aux retombées de cendres couvre pratiquement les 2/3 de la superficie du volcan. Des lahars peuvent affecter l'ensemble des vallées de l'édifice ; ils peuvent être, en particulier, causés par la déstabilisation de masses rocheuses dans le cours supérieur des vallées, induite par le gonflement progressif d'un secteur. Le déclenchement du paroxysme s'initie lors de l'effondrement sectoriel du volcan (fig. 166). En raison de leur morphologie régulière et escarpée, ce sont les flancs supérieurs nord et est qui sont les plus susceptibles de s'effondrer. Le flanc supérieur sud peut aussi être concerné, mais avec une probabilité bien moindre. Dans tous les cas, les limites de l'effondrement dirigé vers le nord-est ou le sud-ouest par rapport au sommet actuel et donnant naissance à une caldera d'avalanche, sont commandées par la position de l'intrusion magmatique, mais aussi contrôlées par des éléments morphologiques et structuraux. L'avalanche de débris affecte les flancs nord, est ou sud-ouest selon la localisation de l'effondrement (fig. 166a). Ces zones peuvent être potentiellement recouvertes par des dépôts chaotiques de plusieurs dizaines de mètres de puissance. L'arrivée en mer d'un volume très important de matériaux, provoque, de plus, le déferlement de tsunamis sur les côtes limitrophes. Le "*blast*" qui se met en place dès l'initiation de la déstabilisation de flanc, en raison de la dépressurisation de l'intrusion magmatique sous-

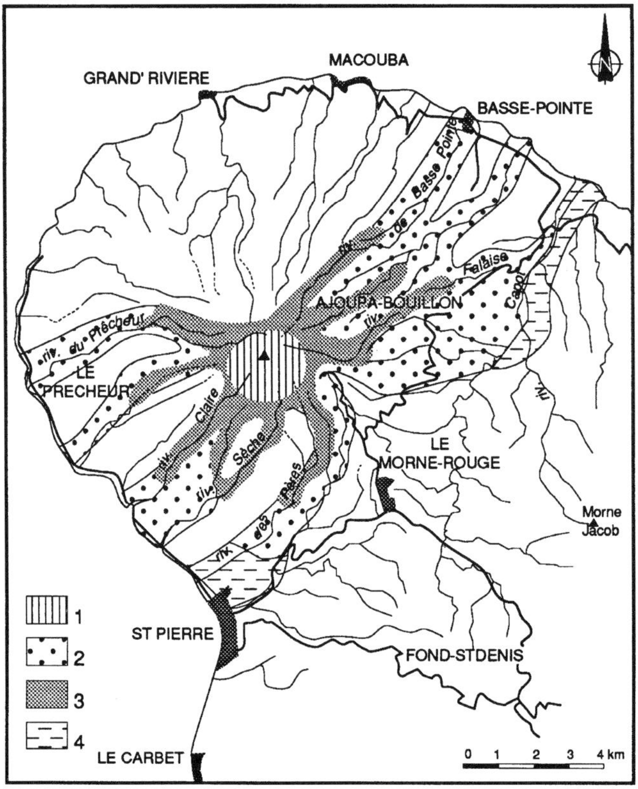

Fig. 165 - Carte de zonage des aléas volcaniques à la Montagne Pelée, cas d'une éruption à nuées ardentes de type 1902-1905, stade post-paroxysme (d'après Westercamp, 1985).
(1) zone probable de mise en place d'un dôme; (2) et (3) zones exposées aux écoulements gravitaires de cendres et blocs, (2) au début du stade et (3) en fin d'éruption; (4) secteurs affectés par les effets de "souffles frontaux" liés à la mise en place des écoulements pyroclastiques au début du stade.

Fig. 166 - Carte de zonage des aléas volcaniques à la Montagne Pelée, cas d'une éruption de type Mont Saint-Helens 1980, stade de déclenchement du paroxysme (d'après Westercamp, 1985).
a - effondrement sectoriel donnant naissance à une avalanche de débris et à une caldera d'avalanche. (1) secteur du volcan susceptible d'être l'objet d'un effondrement sectoriel; (2) zones menacées par des avalanches de débris; (3) zones côtières exposées aux tsunamis consécutifs à l'arrivée des avalanches de débris en mer.
b - explosion latérale dirigée ("*blast*") faisant suite à l'écroulement sectoriel. (1) zones affectées par les effets thermiques et mécaniques du "*blast*" dans l'hypothèse d'un effondrement mineur (200 m de dénivelée); (2) extension de la zone (1) dans l'hypothèse d'un effondrement majeur (600 m de dénivelée).

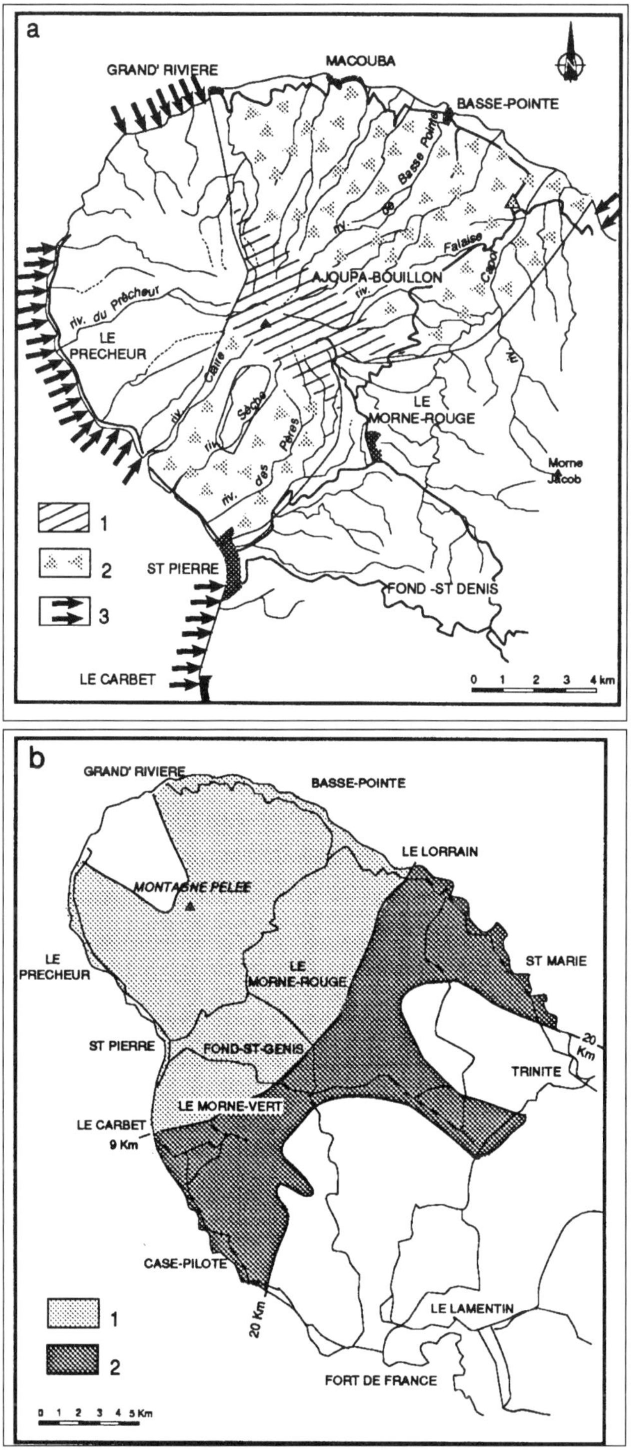
a
GRAND' RIVIERE
MACOUBA
BASSE-POINTE
riv. Basse Pointe
Falaise
riv. Capot
AJOUPA-BOUILLON
riv. du Prêcheur
LE PRECHEUR
riv. Claire
riv. Sèche
riv. des Pères
LE MORNE-ROUGE
Morne Jacob
ST PIERRE
FOND -ST DENIS
LE CARBET
1
2
3
0 1 2 3 4 km
b
GRAND' RIVIERE
BASSE-POINTE
LE LORRAIN
MONTAGNE PELEE
LE PRECHEUR
LE MORNE-ROUGE
ST MARIE
ST PIERRE
FOND-ST-GENIS
TRINITE
20 Km
LE MORNE-VERT
LE CARBET
9 Km
CASE-PILOTE
20 Km
LE LAMENTIN
FORT DE FRANCE
1
2
0 1 2 3 4 5 Km

jacente, dévaste une zone beaucoup plus large que l'avalanche de débris (fig. 166b). Dans l'hypothèse d'un effondrement mineur (200 m de dénivelée), la limite d'action du "*blast*" est estimée à 9-10 km du sommet actuel. En cas d'effondrement majeur, comme au Mont Saint-Helens (600 m de dénivelée), cette limite peut être repoussée jusqu'à 20 km, en se référant à la distance maximum atteinte sur ce volcan nord-américain. Dans le cas de la Montagne Pelée, le tracé de la limite maximum d'action du "*blast*" (fig. 166b), prend en compte le rôle de barrière joué par certains reliefs du nord de l'île (Pitons du Carbet, Morne Jacob). La crise peut s'arrêter après l'effondrement sectoriel, elle peut aussi se poursuivre, comme au Mont Saint-Helens, sous la forme de plusieurs événements paroxysmaux (éruption plinienne suivant de très près l'effondrement, émission de coulées de ponces pendant plusieurs jours) et se terminer par la mise en place d'un dôme de lave, éventuellement à l'origine d'écoulements pyroclastiques gravitaires.

IV.1.4. - MENACES VOLCANIQUES AU PITON DE LA FOURNAISE, RÉUNION

par Patrick BACHELERY

Les volcans-boucliers basaltiques tels que le Piton de la Fournaise ne sont pas considérés, à juste titre, comme générateurs d'un risque volcanique important, ceci du fait de la quasi-absence de phénomènes éruptifs violemment explosifs susceptibles d'occasionner des pertes importantes parmi les populations vivant autour du volcan. Leurs manifestations peuvent cependant constituer, dans certaines conditions, une menace pour les populations, les aménagements, les biens ou l'environnement.

Sur ces volcans, les menaces sont, bien évidemment, associées aux phénomènes éruptifs (recouvrements par les coulées, retombées de projections, dynamismes explosifs, etc.) mais peuvent également résulter d'instabilités gravitaires à l'origine de mouvements de flancs ou de parois. Seules les menaces strictement volcaniques sont discutées ici.

• Coulées de lave et menaces associées

L'étude de l'activité éruptive du Piton de la Fournaise au cours de la période historique (depuis 1640 environ, début du peuplement de l'île de la Réunion) met en évidence la grande fréquence des éruptions de ce volcan (une par an en moyenne), ainsi que le caractère très effusif de la majorité d'entre elles, se traduisant par l'émission de longues coulées de lave basaltique dont certaines atteignent les pentes basses du volcan et les zones habitées.

La durée des éruptions est variable, comprise entre quelques heures et moins de 2 mois pour près de 90 % d'entre elles. Dans la plupart des cas (95 %), les coulées sont issues de fissures ouvertes à plus de 1 800 m d'altitude ; elles ont alors plus de 10 km à parcourir avant d'atteindre la côte. De ce fait, seules les plus volumineuses, correspondant aux éruptions à fort taux de production magmatique telles que celles alimentées par des laves picritiques (encore appelées océanites), peuvent atteindre la zone littorale du volcan. Ce fut le cas à 14 reprises au cours du XIXe siècle et à 6 reprises au cours du XXe siècle (Stieltjes, 1986). Pour une éruption donnée, la menace de destruction par les coulées est maximale durant les premières heures d'activité au cours desquelles le débit de lave est le plus important. Les premières langues de coulées sont, de ce fait, les plus longues, les émissions suivantes ne contribuant souvent qu'à élargir et à épaissir le champ de lave.

L'essentiel de ces coulées, environ 95 %, est issu de fissures éruptives ouvertes à l'intérieur du système caldérique le plus récent, appelé Enclos Fouqué. Cette dépression, ouverte à l'est vers la mer, limite l'extension des coulées, maintenant celles-ci dans une zone dépourvue de toute habitation ou installation (fig. 167a).

A six reprises, au cours de la période historique, des coulées ont été émises depuis des fissures ouvertes à l'extérieur de l'Enclos Fouqué, selon les axes de fracturation (rift zones) se développant vers le nord-est et vers le sud-est du volcan (*cf.* III.1.4.2). Lors de ces éruptions latérales, alimentées par un magma stocké dans la zone centrale de l'édifice volcanique, des évents éruptifs sont susceptibles de s'ouvrir très loin du sommet du volcan, jusqu'à des altitudes très basses (30 m lors de la dernière phase de ce type en mars-avril 1986 ; Delorme *et al.*, 1989), donc dans des régions habitées. L'émission des coulées lors de ces éruptions peut alors représenter un risque important pour les populations avoisinantes et être source de lourdes destructions (en avril 1977, une coulée détruisit une partie de la ville de Piton Sainte-Rose ainsi que plusieurs centaines d'hectares de cultures)

• Retombées aériennes associées aux éruptions magmatiques

Si l'extension des coulées reste relativement limitée, la dispersion des projections peut affecter une zone beaucoup plus large et atteindre des régions parfois éloignées du volcan. A la Réunion, la prépondérance des alizés (vents d'est) durant une grande partie de l'année contribue à augmenter la dispersion des projections volcaniques. La fréquence des événements éruptifs susceptibles de projeter des matériaux loin du volcan reste faible et le volume des projections est toujours relativement modeste. Cependant, elles peuvent parfois constituer un risque pour la population ou le bétail. C'est notamment le cas lors des éruptions magmatiques majeures caractérisées par de violents dégazages à l'origine de la formation de puissantes "fontaines de lave". Les projections formées sont alors riches en filaments vitreux dénommés "cheveux de Pelé". Ceux-ci peuvent être facilement dispersés par les alizés et transportés jusqu'à plusieurs dizaines de kilomètres de leur lieu d'émission (fig. 167b). Ces fibres de verre volcanique retombent alors loin du volcan, polluant les pâturages, cultures ou captages d'eau. En moyenne 6 à 7 fois par siècle, de telles émissions sont recensées, avec des chutes de cheveux de Pelé en divers points de l'île, parfois jusqu'à plus de 60 km du volcan. Des morts de bétail, à la suite de perforations intestinales, leur ont été attribuées, notamment en 1931, 1955 et 1972, sans qu'aucune liaison directe n'ait pu être clairement démontrée.

• Éruptions phréatiques et phréatomagmatiques

De telles manifestations sont également courantes sur un volcan comme le Piton de la Fournaise, bien qu'elles soient moins fréquentes que les précédentes. Au cours de la période historique, elles ont eu lieu à 10 ou 12 reprises au niveau des cratères sommitaux soit, en moyenne une phase explosive tous les 30 ans. La dernière d'entre elles fut associée à l'effondrement d'un nouveau "*pit-crater*" à l'intérieur du cratère sommital Dolomieu en mars 1986. Ces éruptions résultent de l'interaction de l'eau d'une nappe phréatique stockée dans l'édifice volcanique, avec le magma basaltique ou la chaleur apportée par ce magma sans qu'il y ait alors de contact direct avec ce dernier. De la vaporisation de cette eau et de la détente brutale de cette vapeur, résultent des éruptions violentes dont les produits peuvent être disséminés sur plusieurs dizaines de km^2 (fig. 167c). Divers processus peuvent conduire à de telles éruptions : l'arrivée brutale d'un magma profond dans les zones superficielles du volcan ou encore la déstabilisation de l'équilibre eau-magma au sein de l'édifice volcanique à la suite d'un effondrement sommital ou de la vidange rapide, après une éruption latérale, d'un lac de lave ou de stocks de magma proches de la surface.

Durant la période historique, la majorité des éruptions phréatiques ou phréatomagmatiques sommitales paraissent associées à des éruptions latérales vidangeant des complexes de stockage magmatique situés très superficiellement dans l'édifice volcanique. Le retrait de la colonne magmatique, parfois associé à l'effondrement du sommet du volcan, permet l'accès des eaux superficielles à des zones à haute température où elles sont vaporisées. Ainsi, la majeure partie des éruptions de ce type a eu lieu entre 1760 et 1860, période durant laquelle le volcan fut le siège d'une activité éruptive importante au niveau de sa zone sommitale, suggérant l'existence, à cette époque, de niveaux de stockage magmatique très superficiels. En outre, certaines descriptions de l'activité du volcan à cette même époque laissent penser qu'un lac de lave a pu exister dans le cratère Dolomieu (Lénat et Bachèlery, 1990).

Les dépôts laissés par les phases d'activité phréatique et phréatomagmatique proviennent pour l'essentiel de la pulvérisation des roches du substratum volcanique. Ils constituent des niveaux de granulométrie essentiellement cendreuse associés à des blocs et parfois des bombes. La proportion de magma juvénile dans ces pyroclastites est généralement très faible voire nulle traduisant ainsi le caractère essentiellement phréatique de ce type de manifestations.

• Les éruptions cataclysmiques

Des éruptions phréatomagmatiques paroxystiques ont également été décrites (Bachèlery, 1981) dans le passé récent du volcan. La répartition des dépôts laissés par ces éruptions est sans commune mesure avec celle des éruptions historiques décrites précédemment. Il s'agit là d'événements dont aucun n'a encore été observé depuis l'arrivée de l'Homme à la Réunion (le dernier date d'environ 3 000 à 4 000 ans). De telles éruptions sont également connues sur d'autres volcans-boucliers basaltiques. Si l'on rencontre des dépôts signalant leur existence dans le passé récent du Kilauea à Hawaï ou du Karthala en Grande Comore, un seul exemple a pu réellement être étudié ; il s'agit de l'éruption du volcan Fernandina aux Galapagos en 1968 (Simkin et Howard, 1970).

Fig. 167 - Évaluation du risque volcanique au Piton de la Fournaise (Stieltjes, 1990).
(a) Risques liés aux coulées de lave.- 1 : risque permanent (fréquence annuelle) ; 2 : risque très élevé (fréquence décennale) ; 3 : risque élevé (fréquence centennale) ; risque faible (fréquence millénaire).
(b) Risques liés aux chutes de cheveux de Pelé.- 1 et 2 : risque permanent à très élevé (fréquence annuelle à décennale), avec densité de fibres moyenne à forte (1) ou faible à moyenne (2) ; 3 et 4 : risque élevé (fréquence décennale à cinquantennale) avec densité de fibres moyenne à forte (3) ou faible à moyenne (4).
(c) Risques liés aux retombées de cendres, de lapilli et de blocs.- 1 et 2 : risque permanent à très élevé (fréquence annuelle à décennale), avec épaisseur de retombées moyenne à forte (1) ou faible à moyenne (2) ; 3 et 4 : risque élevé (fréquence décennale à cinquantennale) avec épaisseur des retombées moyenne à forte (3) ou faible à moyenne (4) ; 5 et 6 : risque faible à très faible (fréquence millénaire) avec épaisseur des retombées supérieure (5) ou inférieure (6) à 1 m.

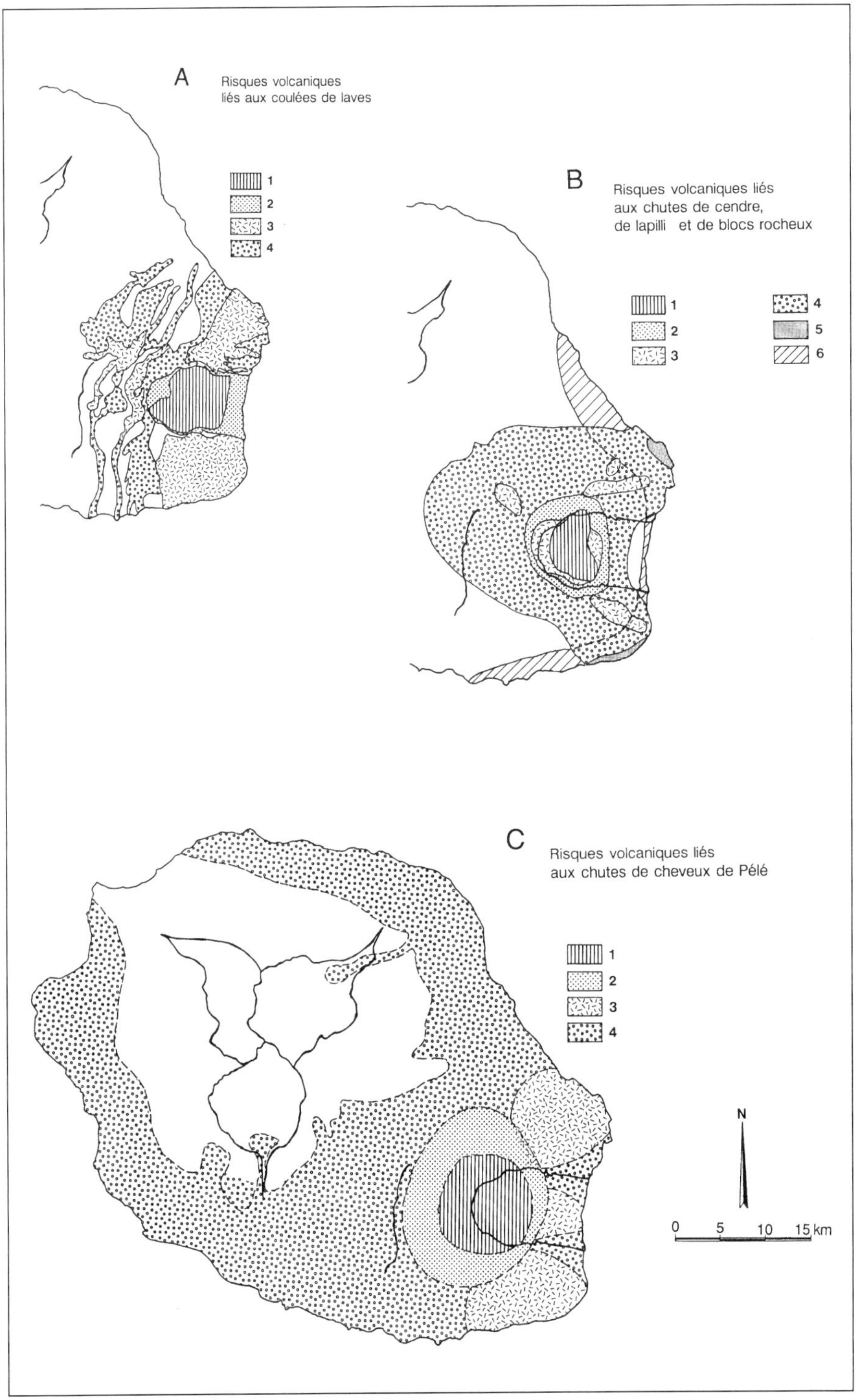
A
Risques volcaniques
liés aux coulées de laves
1
2
3
4
B
Risques volcaniques liés
aux chutes de cendre,
de lapilli et de blocs rocheux
1
2
3
4
5
6
C
Risques volcaniques liés
aux chutes de cheveux de Pélé
1
2
3
4
N
0 5 10 15 km

Lors de cette phase, une éruption latérale suivie de l'effondrement d'une structure de type "*pit-crater*" engendra une gigantesque éruption phréatomagmatique (nuage de 175 km de diamètre et 24 km de hauteur). La déstabilisation crée par cette phase éruptive se traduisit, dans les dix jours suivants, par l'effondrement de 300 m du plancher de la caldera du volcan.

Dans l'histoire du Piton de la Fournaise ou du Karthala, les phases paroxystiques phréatomagmatiques semblent également pouvoir être étroitement associées à la formation des structures caldériques. Ces éruptions sont caractérisées par d'importants dépôts de retombées aériennes, principalement des cendres ; leur sont associés des dépôts de déferlantes basales se développant radialement sur les flancs du volcan (Bachèlery, 1981). La zone couverte par les dépôts peut atteindre plusieurs centaines de km^2, mais lors d'une éruption de cette ampleur, l'ensemble de l'île peut être concerné par les effets des phénomènes volcaniques ou sismiques associés.

IV.2. - LA SURVEILLANCE DE L'ACTIVITÉ VOLCANIQUE

IV.2.1. - LA SURVEILLANCE SISMOLOGIQUE

par Jacques DOREL

La sismicité qui résulte du mouvement des plaques est appelée sismicité tectonique, puisqu'elle résulte des déformations de la croûte terrestre sous l'effet des contraintes tectoniques.

Il existe également une sismicité en relation directe avec les édifices volcaniques eux-mêmes ou leurs racines et qui se manifeste principalement lors des cycles d'activité des volcans ; c'est la "sismicité volcanique", objet de ce chapitre. Cette sismicité est plus complexe que la sismicité tectonique. En effet, au lieu d'un milieu rigide, où la fracturation cisaillante est de règle, nous avons sous les volcans la présence de trois milieux : rigide, liquide et gazeux. Ceci explique la grande variété des signaux sismiques observés et aussi la difficulté de leur interprétation. On notera que l'importance en énergie de ces séismes est négligeable par rapport à celle des séismes tectoniques, mais cela n'enlève rien à leur signification dans l'explication des dynamismes volcaniques et surtout comme paramètres précurseurs de la plupart des éruptions.

• Événements sismiques d'origine volcanique

La présence de séismes aux abords d'un volcan en crise a été constatée bien avant l'observation instrumentale. Depuis l'installation de stations sismologiques sur les volcans actifs, nous pouvons mieux cerner les relations entre sismicité et crises volcaniques. Les premières observations instrumentales ont été faites en 1910 par Omori sur le volcan Usu, au Japon. Les premiers observatoires volcanologiques chargés de la surveillance des volcans, en particulier par les méthodes sismologiques, furent installés en 1911 sur le volcan Asama au Japon, et en 1912 à Hawaï. Depuis cette date, de nombreux observatoires plus ou moins sophistiqués ont été installés à proximité de volcans actifs ou dormants.

Parmi les méthodes de surveillance volcanique, la sismologie occupe une place de choix. Elle est généralement une des premières méthodes à être mises en oeuvre, tant il est vrai que malgré la difficulté d'interprétation des signaux, l'existence d'une activité sismique sous un volcan est un critère important pour déceler une activité

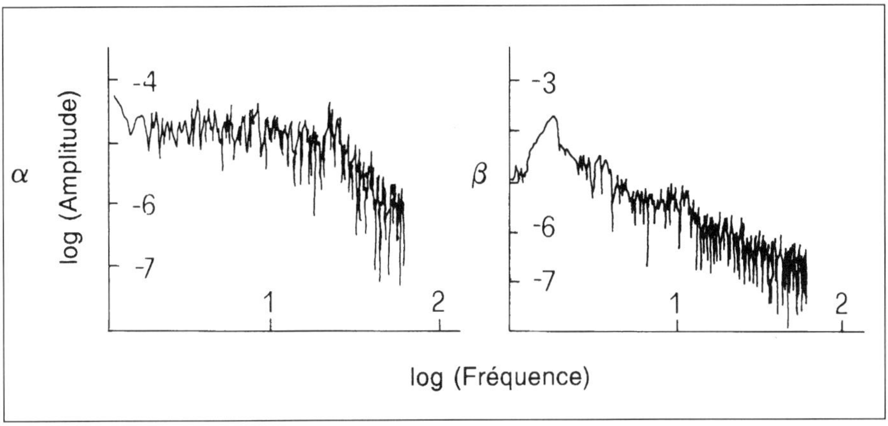

Fig. 168 - Spectres d'amplitude d'un séisme de type "HF" (à gauche) et d'un séisme de type "BF" (à droite) (d'après Fehler et Chouet, 1982).

volcanique naissante. Des exemples récents (Bezymianny, Mont Saint-Helens, El Chichon, Galunggung) montrent que l'éruption violente de volcans explosifs endormis depuis longtemps est toujours précédée d'une activité sismique importante.

Depuis trois quarts de siècle d'observations sismologiques, de nombreux sismologues se sont efforcés de faire une classification des différents signaux observés.

Une classification qui a prévalu pendant longtemps est due à Minakami (1959, 1960) à partir d'observations faites sur les volcans du Japon. Cette classification des séismes entre type A et type B prenait en considération la profondeur du foyer et la période dominante du signal. Nous verrons plus loin pourquoi une classification établie sur ces bases est erronée.

D'autres auteurs par la suite, Latter (1981) et Tokarev (1966) entre autres, ont proposé des classifications adaptées au volcan étudié.

L'étude des classifications les plus récentes laisse apparaître un certain nombre de caractéristiques communes à beaucoup de volcans et une synthèse simplifiée de ces classifications permet de proposer une classification-type de la façon suivante :

Séismes "Haute Fréquence" (HF)

Il s'agit de signaux dont la fréquence des ondes est supérieure à 10 Hz, avec des phases P et S (*cf.* III.4.4) bien définies. Les débuts de ces phases sont en général nets (impulsion). L'aspect de ces séismes ressemble à celui des séismes tectoniques. Leurs foyers peuvent se trouver à toutes les profondeurs, mais généralement entre 1 et 15 km. Ces séismes ont pour origine le milieu cassant et froid du volcan et sont souvent appelés "volcano-tectoniques". Leur magnitude peut s'élever jusqu'à 6, exceptionnellement plus, mais généralement elle est inférieure à 5.

La caractéristique spectrale des phases est celle des séismes tectoniques avec un spectre en déplacement plat jusqu'à la fréquence coin, puis une décroissance en ω^{-2} ou ω^{-3} vers les hautes fréquences (fig. 168).

Séismes "Basse Fréquence" (BF)

La forme de ces signaux est bien différente de celle des signaux "HF". La fréquence des ondes est inférieure à 10 Hz. Les phases sont mal définies et leur début est souvent émergent. La localisation de la source est par conséquent difficile. Ces signaux apparaissent sous formes multiples plutôt que sous la forme d'événements discrets et ils sont souvent associés aux éruptions, en les précédant de peu et en les accompagnant. Leur origine peut se situer à toutes les profondeurs mais généralement ils sont superficiels. Les caractéristiques spectrales font apparaître un pic de résonance, sans fréquence coin définie (fig. 168). Le calcul de l'énergie dissipée par ces séismes se fait de plusieurs manières ; un exemple est donné par Yokoyama (1956).

Ces signaux sont caractéristiques d'un milieu fluide ou peu consistant, de faible impédance, tel le magma par exemple. Spécifiques aux volcans, ils sont souvent appelés séismes volcaniques proprement dits, ou même magmatiques dans la mesure où leur origine se trouve dans le magma ou proche de celui-ci.

Trémors

Les séismes volcaniques de type "HF" et "BF" peuvent survenir sous forme de séquence, les événements étant très rapprochés dans le temps. Lorsque de telles séquences sont longues, plusieurs dizaines de minutes, voire des heures ou des jours, le signal prend la forme d'un trémor c'est-à-dire l'apparence d'une vibration continue et entretenue, due à une source répétitive.

On obtient ainsi des trémors HF ou BF suivant que la source est constituée de signaux HF ou BF. Mais généralement le vocable trémor est plutôt réservé à ceux générés par des signaux BF (Fehler, 1983).

Événements de surface

Cette catégorie de signaux rassemble tous les signaux dont l'origine se situe près de la surface du volcan : explosions gazeuses (appelées séismes d'explosion dans la classification Minakami), glissement de terrain, éboulements, etc.

La figure 169 montre quelques exemples de signaux enregistrés sur le Mont Saint-Helens et qui illustrent cette classification-type. Celle-ci a l'avantage de considérer le mécanisme à la source des signaux et pas seulement l'aspect de l'enregistrement au niveau de la station. Si elle paraît proche de celle de Minakami, elle en diffère fondamentalement en ce sens que l'aspect des signaux de type BF (séismes de type B de Minakami) est dû à un effet de source et non à un effet de propagation comme c'est le cas dans la classification de Minakami, où l'aspect des séismes de type B est attribué à leur origine superficielle. Il existe des exemples des trémors BF ayant une origine profonde (h = 40 km) (Aki et Koyanagi, 1981).

• Mécanisme à la source des séismes volcaniques

L'étude et la détermination du mécanisme à la source se font à partir de sismogrammes. Certaines difficultés peuvent se présenter lors de l'interprétation des données. C'est ainsi que des séismes de type HF ayant une origine superficielle, dans un milieu peu consolidé où l'absorption des ondes sismiques haute fréquence est importante, peuvent donner l'aspect de signaux BF sur des stations peu éloignées (placées elles-mêmes sur la surface). Il est donc très important de tenir compte des effets de site et de propagation lors de l'interprétation des signaux.

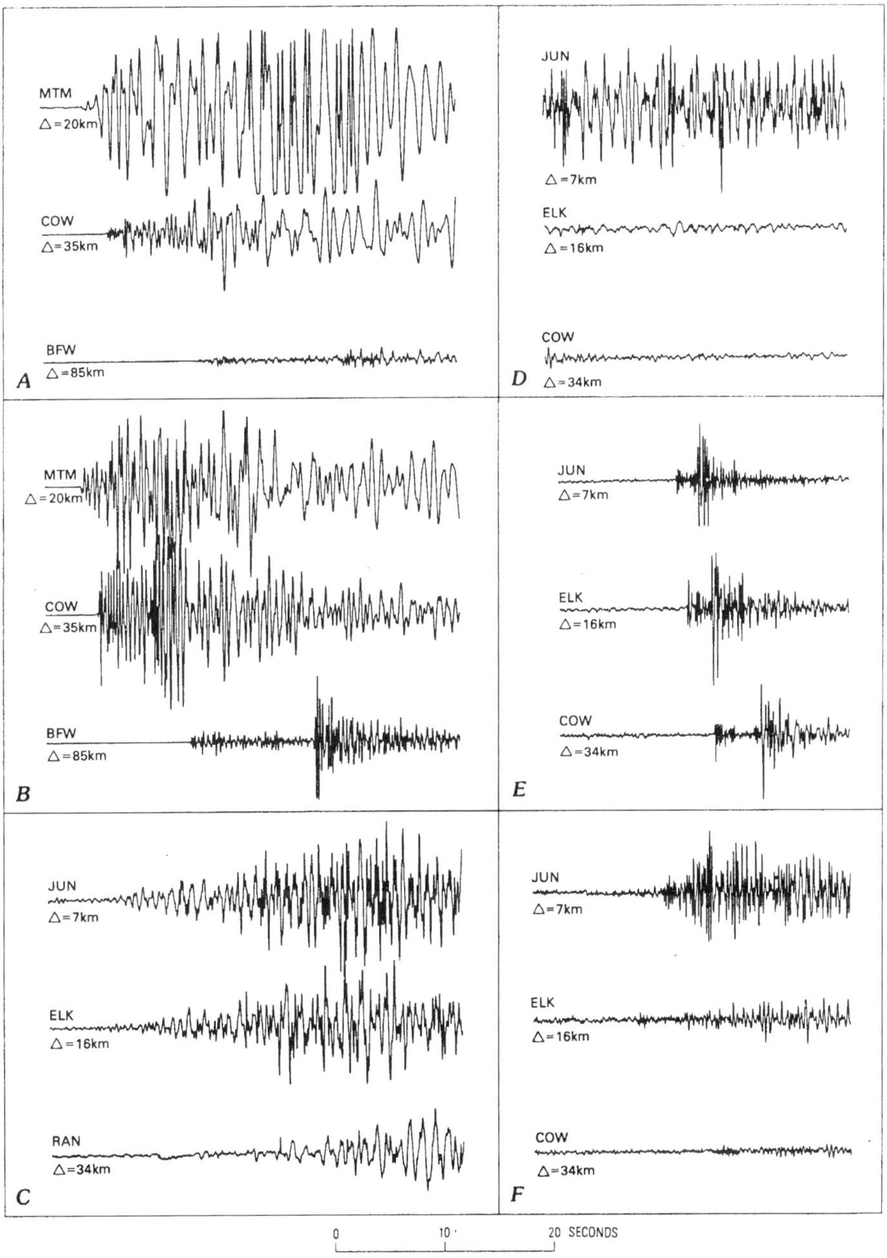

Fig. 169 - Exemples de signaux volcaniques enregistrés sur le volcan Mont Saint-Helens aux USA. Pour chaque signal, on montre le sismogramme obtenu à trois distances différentes avec des gains différents. A : séisme "Basse Fréquence" (M = 3,2). B : séisme "Haute Fréquence" (M = 3,2). C : événement de surface : éruption du 22 juillet. D : trémor. F : éboulement de roches (d'après Malone *et al.*, 1981).

L'étude comparative des signaux entre volcans doit également faire intervenir les corrections instrumentales éventuelles.

Séismes "HF"

Ce type de séismes étant analogue aux séismes tectoniques, on utilise les méthodes classiques et habituelles pour déterminer leur foyer, leur mécanisme et les paramètres associés tels que axes de contrainte, chute de contrainte, dimension focale, etc. Ce type de séisme se prête également à l'étude des relations magnitude-fréquence du type log N = a - bM où N est le nombre de séismes ayant une magnitude supérieure ou égale à M. La variation du coefficient b de cette relation linéaire, a été observée au cours de l'activité pré et post-éruptive et doit être interprétée comme une modification du champ de contrainte pendant la période éruptive.

Séismes "BF" et trémors

Quelques modèles ont été proposés pour expliquer le mécanisme de ces signaux. Un modèle proposé par Aki *et al.* (1977) suppose que le mouvement sismique observé est créé par l'ouverture d'un conduit sous l'effet du mouvement du magma fluide. Le magma est donc le moteur du phénomène, mais la vibration génératrice des ondes sismiques est provoquée par la vibration des parois de la fissure donc des parties solides qui enveloppent le magma.

Les caractéristiques de la source se définissent à partir du paramètre suivant :

$$\alpha = \frac{B.L}{\mu d}$$

où B est le module d'incompressibilité du fluide

L, la longueur de la fissure dans laquelle se trouve le magma

d, la largeur de la fissure

μ, la rigidité du solide.

Il faut $\alpha < 1$ pour avoir une oscillation de la fissure ; cette oscillation ne dure que quelques secondes. L'ouverture saccadée de fissures due à l'excès de pression dans le magma est donc la cause des séismes de type BF dont la succession rapprochée engendre le trémor.

En fait, ce modèle n'est pas adapté aux trémors de longue durée.

Un autre modèle de signaux BF a été proposé par Chouet (1985). Il s'agit dans ce cas de résonance acoustique d'un conduit rempli d'un fluide (magma) dans lequel des ondes de pression oscillantes prennent naissance et se transmettent au milieu solide environnant sous forme d'ondes sismiques. Dans ce modèle, le fluide joue un rôle actif puisque c'est au sein du fluide que naissent des ondes de pression oscillantes contrairement au modèle précédent.

Dans le cas d'un modèle simple d'un conduit cylindrique placé dans un milieu infini, un changement de rayon u du conduit est produit par un changement dans la pression du fluide Δp, avec

$$u = \frac{D\,(1+\upsilon)}{2E}\,\Delta p$$

où D est un paramètre géométrique du conduit

υ est le coefficient de Poisson

E le module de Young du solide

Le modèle proposé par Chouet (fig. 170) se compose d'un résonateur, d'un déclencheur chargé d'entretenir l'oscillateur et d'un radiateur qui dissipe l'énergie dans le milieu environnant.

Le résonateur est un conduit cylindrique de longueur L au sommet duquel un chapeau hémisphérique de gaz constitue le déclencheur. A la partie inférieure, un disque joue le rôle de radiateur d'énergie. Un excès soudain de pression au niveau du déclencheur provoque une onde de pression oscillante dans le résonateur dont l'énergie se transmet par le disque sous forme d'ondes sismiques. On peut prouver que c'est l'échappement du gaz par les évents qui est le moteur du mouvement turbulent dans le magma.

Chouet calcule le mouvement sismique et l'amplitude de la vibration du sol engendrée par ce système. Il trouve que la durée du signal dépend de la viscosité du magma et du rayon du conduit. La période dominante dépend de la longueur du tube, et apparaît nettement sur la composante verticale. La largeur du pic de résonance observée sur le spectre est fonction des pertes par atténuation visqueuse et de l'atténuation sismique au cours de la propagation.

Ce modèle simple permet aussi, par l'observation des caractéristiques spectrales des signaux, d'obtenir des informations sur les dimensions géométriques des conduits, la viscosité de la lave, etc.

En conséquence, l'interprétation des trémors peut se faire par la modélisation d'un système de conduits de magma. Chaque conduit ayant une fréquence propre d'oscillation donnera un trémor caractéristique de même fréquence. Seidl *et al.*

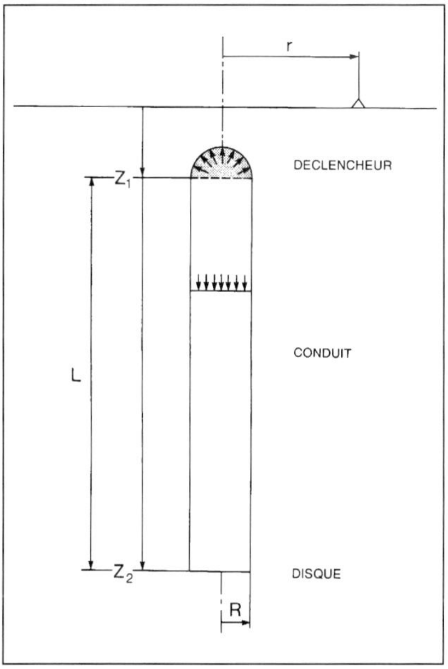

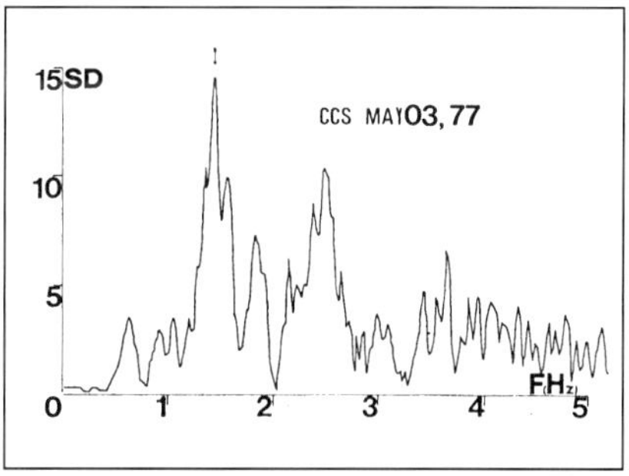

Fig. 171 - Exemple de spectre de trémors enregistrés sur l'Etna (Seidl *et al.*, 1981). SD = densité spectrale. F = fréquence (en Hz).

Fig. 170 - Modèle utilisé par Chouet (1985) pour représenter la source des trémors.

(1981) ont montré sur l'Etna la présence de trémors ayant plusieurs fréquences de résonance (fig. 171). L'interprétation de ces fréquences a conduit Schick *et al.* (1982) à proposer un système de dykes et de sills pour expliquer l'ensemble des observations. Par ailleurs, les migrations latérales et horizontales de magma sont associées à des trémors de faible amplitude comme cela a été observé au Kilauea en 1963, alors que le déplacement de magma le long de conduits verticaux et principaux génère des trémors de forte amplitude.

Il n'est pas rare non plus d'observer des changements dans les caractéristiques des trémors au cours de l'activité éruptive d'un volcan. Ces modifications sont dues soit à de nouveaux segments de conduit mis en vibration, soit à des changements dans la géométrie des conduits actifs, par exemple par propagation d'un conduit sous la poussée du magma.

• Sismicité et dynamisme éruptif

Si la plupart des volcans présentent une activité sismique lors de leur manifestation éruptive, cette activité revêt une importance très variable et dépend beaucoup du type de volcan, de son activité continue ou épisodique, du dynamisme de l'éruption, etc., et la qualité de son enregistrement dépend, bien évidemment, du réseau sismologique installé sur le volcan.

L'importance de l'énergie sismique dissipée doit être appréciée par rapport au comportement du volcan étudié. Chaque volcan doit donc être étudié spécifiquement, sans référence aux autres volcans. L'apparition d'une sismicité, même très faible, pour un volcan donné peut être tout aussi significative que celle très importante d'un autre volcan. Pendant leur période de repos, certains volcans n'ont aucune activité sismique alors que d'autres présentent une activité faible mais réelle. Un exemple caractéristique est celui des deux volcans des Antilles Françaises : la Soufrière de Guadeloupe et la Montagne Pelée en Martinique. Ces deux volcans andésitiques sont actuellement en sommeil. Le premier montre périodiquement une activité sismique (quelques centaines de séismes de magnitudes < 2 par an) depuis 30 ans qu'il est surveillé, alors que le second n'a qu'une activité très faible (Hirn *et al.,* 1987).

Il est certain que l'apparition d'une sismicité notable sur la Montagne Pelée aurait une signification importante.

D'une façon générale, les volcans ayant un dynamisme explosif montrent une plus grande activité sismique que les volcans de type effusif. Mais la signification est comparable, simplement à des niveaux différents.

Un exemple de volcanisme effusif avec émission de basalte le long d'une fissure, nous est donné par le volcan Krafla en Islande. Cette fissure de 100 km de long était au repos depuis 1729, lorsque l'activité a repris en 1975. L'activité sismique a commencé 4 mois avant la première éruption et a accompagné, par la suite, toute l'éruption. Celle-ci s'est manifestée par une succession, dans le temps, de déformations (gonflement et dégonflement) et de crises sismiques aboutissant à des éruptions (Brandsdottir et Ernarsson, 1979). La migration de la sismicité a donné des indications sur la direction suivant laquelle le magma migre dans le système de fissures. La déformation précise le début de l'éruption et le point d'émission de la lave. Nous avons là un cas favorable où les deux techniques, sismologie et déformation, permettent une prévision de l'éruption.

L'étude de la sismicité en relation avec le volcanisme explosif a été faite sur de nombreux cas, en particulier au Japon. Un cas particulier, assez rare mais très dangereux, est celui du réveil d'un volcan explosif assoupi depuis des dizaines voire des centaines d'années. L'étude des précurseurs de telles éruptions a toujours été difficile du fait que les volcans endormis depuis longtemps ne font encore généralement pas l'objet d'une surveillance géophysique. Ce n'est que très récemment avec les moyens modernes d'intervention, que l'on a pu étudier quelques cas précis. Le mieux étudié est celui du Mont Saint-Helens aux États-Unis.

C'est l'activité sismique qui a fourni la première indication sur la reprise d'activité du volcan endormi depuis 150 ans. L'éruption cataclysmale a eu lieu le 18 mai 1980. Pendant les deux mois précédents, environ mille séismes de magnitude supérieure à 3 et inférieure à 5 ont été enregistrés. L'éruption elle-même a été accompagnée d'un séisme de magnitude 5,1 (Endo *et al.*, 1981).

La figure 172 donne le nombre et l'énergie des séismes de magnitude supérieure à 3,2 enregistrés pendant ces deux mois. On remarque que l'activité sismique s'accroît brusquement le 25 mars, après quelques séismes à partir du 16 mars. L'énergie sismique dissipée est maximum entre les 25 et 30 mars. C'est pendant cette même période que les premières explosions phréatiques sont observées. Ensuite, la sismicité décroît lentement mais régulièrement et la veille de l'éruption du 18 mai, l'énergie sismique dissipée par jour n'était que la moitié de celle dissipée durant les premiers jours de l'activité. Tous les séismes sont situés entre 1 et 6 km de profondeur (fig. 173).

La sismicité qui a suivi l'explosion présente des caractéristiques différentes de celle observée avant le cataclysme :

- une distribution de foyers sismiques plus large, horizontalement et en profondeur (jusqu'à 20 km),
- une diminution importante des magnitudes, les magnitudes supérieures à 3 étant très rares,
- la majorité des séismes est du type HF sauf au moment des éruptions où les séismes de type BF apparaissent.

On voit dans cet exemple que rien dans l'activité sismique ne pouvait laisser prévoir le moment exact de l'éruption.

Une différence importante apparaît cependant entre la période précédant et celle suivant le cataclysme.

Si un volcan se trouve dans une phase d'activité permanente, ponctuée par des éruptions, le comportement sismique change. Dans ce cas, il a même été possible d'établir une relation entre sismicité et éruptions dès lors que le système est en activité permanente.

Tokarev (1966) a établi, pour les volcans du Kamchatka, une relation entre le relâchement de déformation exprimé par la racine carrée de l'énergie sismique cumulée, et le temps, sous la forme :

$$\varepsilon = \Sigma \sqrt{E_i} = \frac{at + b}{t - c}$$

où a, b et c sont des coefficients constants pour une éruption donnée, le temps t est exprimé en jours et l'énergie E en joules.

L'éruption survient approximativement au voisinage du temps t = c. Le maximum d'énergie a lieu dans ces cas juste avant l'éruption. Cette loi a pu être également appliquée au Mont Saint-Helens.

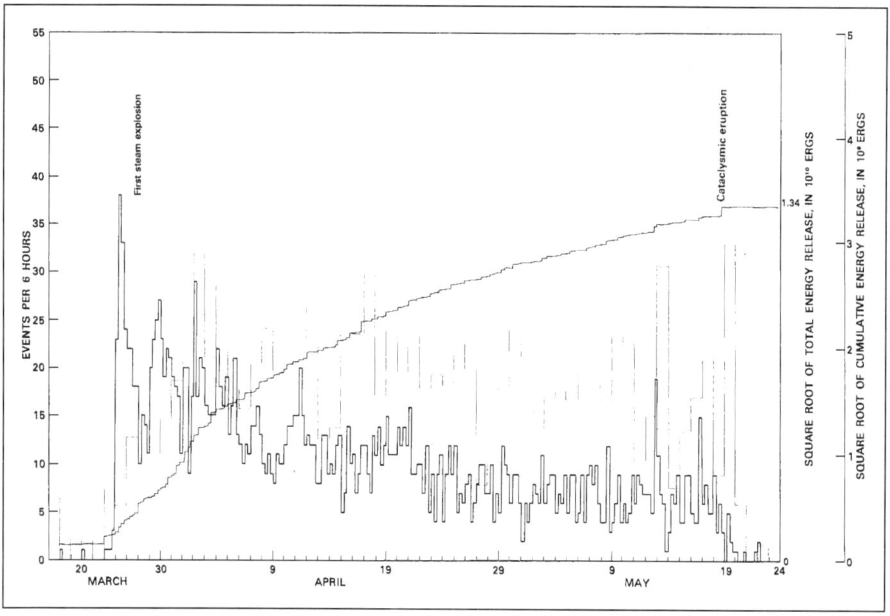

Fig. 172 - Nombre et énergie des séismes sous le volcan Mont Saint-Helens avant l'éruption cataclysmique du 18 mai 1980 (d'après Endo *et al.*, 1981).
Histogramme en gras : nombres de séismes de magnitude supérieure à 2,5. Histogramme en maigre : énergie sismique libérée quotidiennement. Courbe cumulative de la racine carrée de l'énergie libérée.

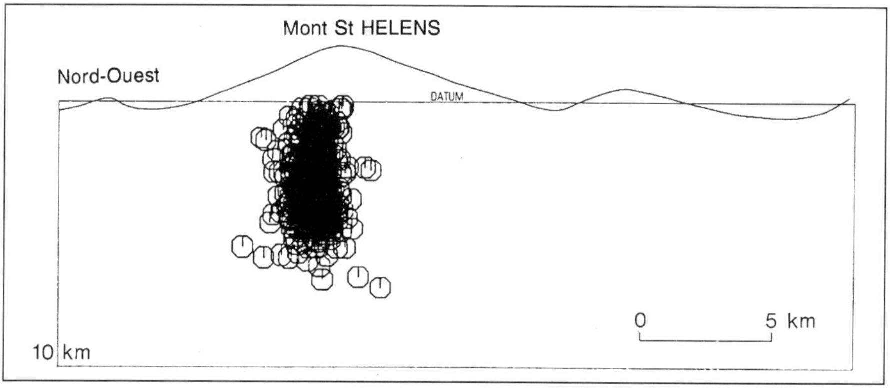

Fig. 173 - Distribution des foyers sismiques sous le volcan Mont Saint-Helens (d'après Endo *et al.*, 1981).
Les hypocentres sont localisés sous la zone de déformation majeure, sous le flanc nord de l'édifice.
Datum est l'altitude moyenne des stations sismiques (environ 3 000 pieds).

Une variante de cette loi existe dans le cas des éruptions latérales

$$\varepsilon = B\,(1 - C^{-\beta t}) \qquad \text{avec } \beta > 0$$

En résumé, la surveillance sismique se révèle être un outil indispensable dans la détection de l'activité volcanique et dans l'étude de son évolution. L'interprétation des signaux reste encore difficile. Mais ce problème est commun à la plupart des méthodes géophysiques de surveillance.

IV.2.2. - LES DÉFORMATIONS

par Jean-Claude RUEGG

De nombreuses observations indiquent que des mouvements verticaux ou horizontaux de la surface du sol sont associés aux éruptions sur de nombreux volcans dans le monde. Par exemple au Japon entre 1943 et 1945, l'exhaussement progressif de 50 m d'une région située à l'est du volcan Usu a précédé la phase éruptive.

De même avant l'éruption du Mont Saint-Helens en 1980, des levés photogrammétriques et des mesures géodésiques ont révélé des mouvements de plus de cent mètres avant l'explosion de l'édifice. D'autre part, des changements topographiques d'une certaine importance précèdent ou accompagnent les éruptions basaltiques des volcans de type hawaïen (Kilauea, Etna, Fournaise...) ou les épisodes éruptifs au niveau des rifts ou des dorsales (Krafla en Islande, Ardoukoba à Djibouti).

Une analyse des différents cas observés conduit à attribuer l'origine de ces déformations à deux causes principales : (1) des processus tectoniques ; (2) des injections de magma à l'intérieur du massif volcanique qui peuvent correspondre à la création ou la réalimentation de chambres magmatiques de formes diverses, l'injection de dykes à partir de ces réservoirs, ou la vidange partielle de certains de ces réservoirs.

Nous examinerons ici les principales méthodes d'étude et de surveillance des déformations :

- la géodésie et les mesures altimétriques ;
- le calcul des déformations à partir de données géodésiques et la modélisation ;
- l'inclinométrie.

• Les mesures géodésiques

La géodésie a pour objet la mesure des dimensions de la Terre. Dans le domaine de la géophysique (volcanologie, sismologie, tectonophysique) consacré à l'étude des déformations de l'écorce terrestre, les techniques géodésiques sont utilisées pour déterminer les éléments géométriques décrivant les positions successives dans le temps d'un certain nombre de points matérialisés sur le terrain. De ces mesures on déduit ensuite des informations sur le comportement physique du volume de terrain étudié puis, à travers des modèles, une information sur les mécanismes qui sont à l'origine des mouvements constatés (position des surfaces de rupture, mécanisme à la source des séismes, emplacement ou évolution des sources magmatiques en volcanologie).

Les méthodes géodésiques traditionnelles (ou de géodésie terrestre) font intervenir des mesures d'angles et de distances, entre des instruments (théodolites, distancemètres, cibles) installés au-dessus des points matérialisés sur le terrain (repères, bornes, piliers).

Depuis la fin de la décennie 80, l'utilisation de la géodésie spatiale est en train de renouveler profondément la méthodologie des mesures. En particulier, le "positionnement spatial" utilisant les signaux des satellites GPS (*Global Positionning System*), restera le plus utilisé au moins jusqu'à la fin du siècle.

On décrira donc successivement ci-dessous, les méthodes de géodésie terrestre, celles de géodésie spatiale, et la représentation des déformations.

Géodésie terrestre

Pour des raisons méthodologiques et pour des problèmes de précision, les déterminations altimétriques sont souvent dissociées des observations planimétriques ; il en résulte qu'elles sont souvent interprétées indépendamment (Dupuy et Dufour, 1969 ; Vanicek et Krawinsky, 1987).

• Mesures planimétriques (ou horizontales)

Le problème à résoudre en géodésie terrestre classique est d'implanter sur la région à étudier un ensemble plus ou moins serré de points matérialisés au sol entre lesquels, afin d'en déduire pour chaque point un jeu de coordonnées. On procédera à diverses observations : distances ; angles horizontaux ; angles zénithaux (ou verticaux).

Les exigences d'homogénéité et de précision conduisent à la constitution de réseaux de triangles géométriquement bien définis de telle façon que chaque point soit relié à ceux qui l'entourent par un nombre suffisant et souvent surabondant d'observations (fig. 174). La géométrie du réseau est obtenue par triangulation (mesure des angles) avec une mise à l'échelle par quelques distances, ou par trilatération (mesure des distances) exclusivement.

- Mesures des distances :

Pour l'étude des déformations seuls les distancemètres électro-optiques ont une précision suffisante. Ce sont soit des appareils à laser de grande portée (1 à 50 km), soit des appareils à diode émissive dans l'infrarouge (portée inférieure à 10 km).

Le principe de ces appareils consiste à relier les 2 points A et B entre lesquels on veut mesurer la distance par un rayon lumineux aller et retour, dont soit l'intensité, soit la polarisation est modulée par un oscillateur de bonne stabilité. On mesure le décalage de phase $\Delta\phi$ entre le signal aller et le signal retour, on obtient la distance $D_{AB} = \Delta\phi . c / 2\pi f$,

où c = vitesse de la lumière dans l'air

f = fréquence de modulation.

Dans la pratique, il est très important de bien connaître la valeur de c et on est amené à mesurer très précisément à chaque extrémité de la visée, la pression, la température et l'humidité de l'air de façon à corriger les valeurs brutes (obtenues par rapport à un air standard). En réalisant cette correction, on arrive à une précision relative de l'ordre de 10^{-6}.

- Mesures angulaires : théodolites

Les théodolites permettent des mesures d'angle azimutal (angle dièdre des plans verticaux passant par les points observés) et des mesures d'angle zénithal (angle entre la verticale du point de station et la direction du point observé).

Il est nécessaire d'insister sur la nécessité d'opérer ces mesures avec une méthodologie rigoureuse destinée à éliminer différentes sources d'erreur ou de déréglage entre les parties optiques et mécaniques de l'instrument. La précision atteinte est alors voisine du décimilligrade (1 dmgr = 10^{-4} gr = 1.57×10^{-6} radian = 9.10^{-5} degré) soit 1,5 mm à 1 km.

• Mesures altimétriques (verticales)

La difficulté de définir un référentiel absolu est évidente lorsqu'il s'agit de définir l'altitude d'un point et d'en étudier les variations dans le temps.

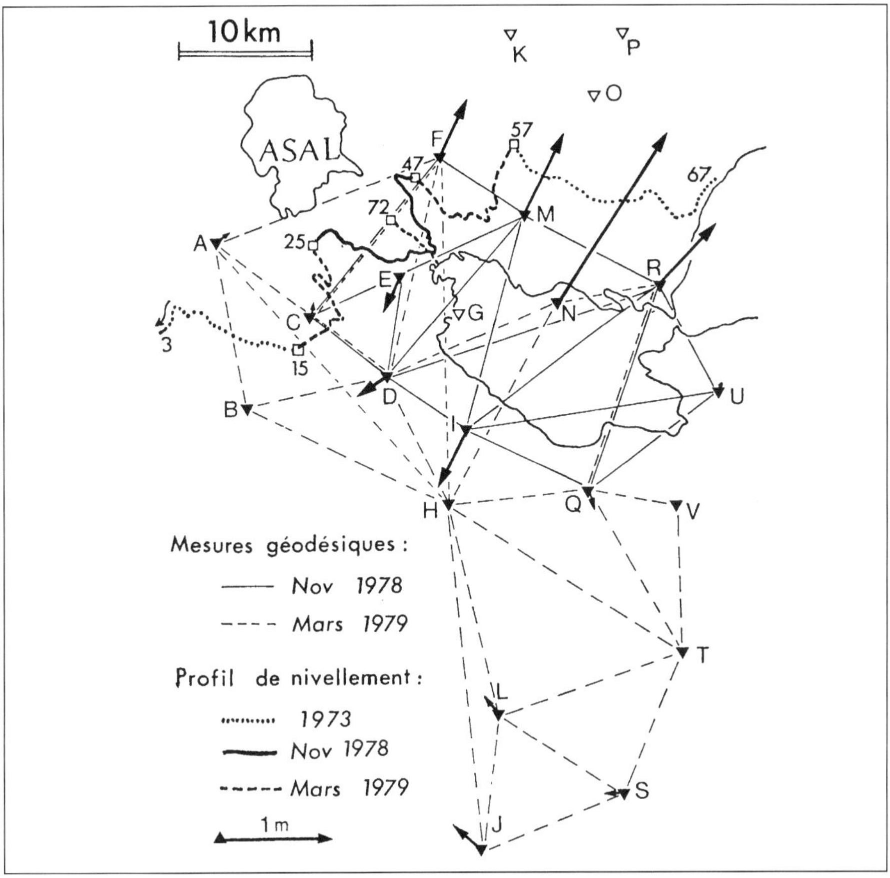

Fig. 174 - Configuration d'un réseau géodésique et résultats de la comparaison de deux époques d'observation sous forme de vecteur-déplacements.
Exemple du réseau du Rift d'Asal à Djibouti qui a permis l'étude des déformations crustales associées à la crise sismo-volcanique de l'Ardoukoba de novembre 1978 (Ruegg *et al.*, 1979 ; Kasser *et al.*, 1980). Ici, les vecteurs déplacements sont obtenus entre des mesures initiales réalisées en 1973 et les mesures réalisées aussitôt après la crise (novembre 1978 et mars 1979) ; le point B et la direction BT ont été pris arbitrairement comme fixes pour la comparaison. Voir fig. 177 pour un autre type de représentation des mêmes données.

Les altitudes sont généralement définies par rapport à une surface de niveau zéro correspondant au niveau moyen des mers, supposé prolongé à l'intérieur des continents et qui correspond à une surface équipotentielle de la pesanteur appelée par convention le géoïde. L'altitude orthométrique est définie de façon conventionnelle par la distance h au-dessus du géoïde. Cette quantité n'est malheureusement pas mesurable directement et l'on est amené à introduire les notions de "cote géopotentielle" et d'"altitude normale" qui tiennent compte des variations de la gravité g le long du chemin suivi. Dans une région d'étendue restreinte, les différences d'altitude entre 2 points A et B correspondant aux trois définitions ci-dessus sont peu différentes. Néanmoins, dans les comparaisons ultérieures, il sera souhaitable de réitérer les mêmes cheminements si l'on veut éviter des problèmes liés à la méconnaissance de g. Les deux méthodes utilisées sont le nivellement direct et le nivellement trigonométrique.

- Nivellement direct ou nivellement géométrique de précision (fig. 175)

A l'aide d'un niveau à lunette dont l'axe optique est horizontal, on vise successivement deux mires graduées tenues verticalement sur chacun des points A et B entre lesquels on veut mesurer la différence d'altitude, qui correspond alors à la différence des lectures. Lorsque les points sont éloignés, on opère par cheminement par portées successives dont les longueurs ne dépassent guère 30 ou 40 m. Pour les mesures de précision, on utilise des mires à ruban d'invar et des modes opératoires rigoureux mettant en œuvre des visées rigoureusement égales, des doubles cheminements et des trajets aller et retour.

La précision sur les dénivelées s'exprime sous la forme $\sigma = \pm \varepsilon \sqrt{L}$, où L est la longueur du cheminement en kilomètres et ε est un coefficient donné en millimètres.

Les nivellements de haute précision permettent d'atteindre des écarts-types de l'ordre de ± 0,5 mm/km mais en général les méthodes plus rapides se contentent de valeurs de 1 à 2 mm/km.

- Nivellement trigonométrique (ou nivellement indirect ou géodésique)

Les méthodes de nivellement géométrique direct sont très précises et de mise en œuvre simple, mais longue et fastidieuse dans la mesure où les visées sont courtes (< 40 m) et ne portent que sur des dénivelées inférieures à 3 m. Elles sont donc mal adaptées aux mesures altimétriques en région montagneuse et en particulier sur les volcans où, de plus, on doit craindre des erreurs systématiques supplémentaires dues à la réfraction au voisinage du sol.

Dans le nivellement trigonométrique (fig. 176) on détermine par des visées réciproques et simultanées, entre deux théodolites A et B, les angles zénithaux Z_A et Z_B. La longueur AB est déterminée à l'aide d'un distancemètre. La dénivelée BB' est calculée par :

$$dh = BB' = AB \sin \frac{(Z_B - Z_A)}{2}$$

La précision du nivellement trigonométrique est caractérisée par les écarts-types suivants :

- visées inférieures à 500 m : σ = 2 à 3 mm/km
- visées 500 m à 2 000 m : σ = 3 à 10 mm/km

Cette méthode est très rapide mais nécessite à chaque extrémité de la visée, des opérateurs bien entraînés et un repérage préalable très soigneux des stations.

Géodésie spatiale

Contrairement aux méthodes de géodésie terrestre qui utilisent le plus souvent des systèmes de référence locaux, la géodésie spatiale se réfère à un système cartésien géocentrique lié au centre de masse de la Terre. Parmi les différents systèmes utilisés en géodésie, seuls deux systèmes de géodésie spatiale ont actuellement des applications pour l'étude des déformations volcaniques :

- *le système GPS (Global Positionning System)* utilise les signaux émis par une constellation d'une vingtaine de satellites américains naviguant sur des orbites

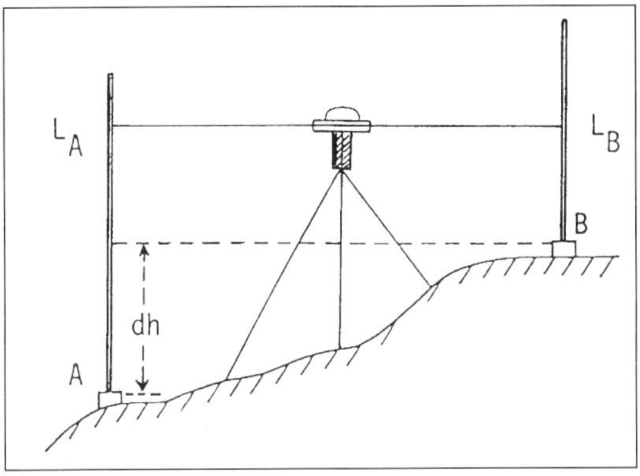

Fig. 175

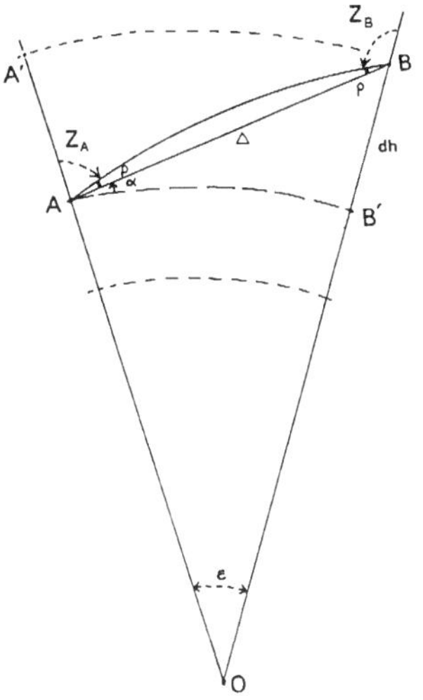

Fig. 176

Fig. 175 - Principe du nivellement direct (ou nivellement géométrique de précision).
Le niveau est installé à égale distance entre 2 mires verticales sur lesquelles on effectue des lectures L_A et L_B. La dénivelée est $dh = L_A - L_B$. La différence d'altitude entre deux points éloignés matérialisés sur le terrain s'obtient par le cumul de mesures élémentaires comme celle-ci. L'égalité de portée entre les deux visées permet d'éliminer les erreurs de non-horizontalité de l'axe optique du niveau et de réfraction.

Fig. 176 - Principe du nivellement trigonométrique (ou indirect).
La différence d'altitude (ou dénivelée) entre les 2 points A et B est obtenue en mesurant simultanément la distance AB (au distancemètre électronique) et les angles zénithaux (par rapport à la verticale locale) au théodolite. On considère ici une approximation sphérique de la Terre (toujours nécessaire pour conserver la précision voulue quand la distance entre les deux points dépasse 100 m) ; les points A et B matérialisent les axes optiques des appareils. La principale cause d'erreur est la réfraction atmosphérique r, qui est minimisée sous certaines conditions d'observation : simultanéité des mesures angulaires en A et B, distances courtes (AB < 2 km).

à une altitude voisine de 20 000 km. Au moyen de récepteurs au sol, le système permet deux types de mesures : des mesures de temps de propagation (ou pseudo-distances) entre satellites et antennes des récepteurs, et des mesures de phases du signal reçu (Wells *et al.*, 1986).

Les mesures de pseudo-distances permettent de localiser de manière quasi instantanée un récepteur recevant simultanément les signaux d'au moins trois satellites ; elles sont utilisées principalement pour la navigation et assurent une précision décamétrique.

Les mesures de phases permettent un positionnement relatif extrêmement précis (millimétrique) de deux ou plusieurs récepteurs recevant simultanément les signaux de plusieurs satellites. La précision de la localisation est cependant largement dépendante des facteurs suivants : la longueur des bases observées, la durée et la répétition des observations, la qualité des éléments orbitaux décrivant la position des satellites pendant les observations, la possibilité de corriger les mesures des effets de propagation (ionosphérique et troposphérique).

Comme pour les autres méthodes géodésiques, la répétition des mesures GPS à différentes époques permet de déterminer les déformations du sol par rapport à l'époque de la première mesure. On envisage de pouvoir réaliser une surveillance en continu des déformations en laissant sur place un réseau de récepteurs dont les données recueillies seraient retransmises à un observatoire et analysées par un ordinateur. Ce type de surveillance est actuellement à l'étude dans différents pays (France, USA, Italie,...) mais n'est pas encore opérationnel en 1991.

- *le système DORIS* a été conçu et développé par le CNES, le GRGS et l'IGN, pour différentes applications d'orbitographie fine de satellites et la localisation précise de balises implantées au sol (DORIS signifie Détermination d'Orbite et de Radiopositionnement Intégrés par Satellite). Il a été lancé à titre expérimental sur le satellite SPOT 2 et sera embarqué en 1992 sur le satellite océanographique TOPEX-POSEIDON.

Le système embarqué effectue des mesures de décalage Doppler sur deux fréquences (2GHz et 400 MHz) émises par des balises au sol et les retransmet au centre de contrôle DORIS à Toulouse. Là, un traitement de ces données est effectué qui permet une détermination fine de l'orbite du satellite (10 cm) et de la position des balises d'émission au sol. La précision sur la position absolue est de l'ordre du décimètre, et devrait être voisine du centimètre en relatif pour des balises proches. Le système est capable de délivrer périodiquement (chaque semaine) aux utilisateurs la position de chaque balise en intégrant les données sur une période de temps comprenant un nombre suffisant de révolutions du satellite. Le réseau de base comprend une cinquantaine de balises (d'orbitographie) au sol formant une couverture mondiale homogène. Des balises additionnelles, dites de "positionnement", peuvent être prises en compte par le système pour des objectifs de surveillance et notamment pour la volcanologie. Cependant pour des raisons de partage de fréquence, le nombre de balises pouvant être installées dans une région donnée (1 000 km autour d'une balise d'orbitographie), est très limité (2, 4 ou 6) et affecte la précision ou la fréquence des localisations.

Le système DORIS permet donc une surveillance de quelques points caractéristiques sur un volcan pour suivre l'évolution dans le temps de la déformation du sol, alors que le système GPS se prête à la répétition de réseaux denses permettant l'étude à un moment donné du champ de déformation. Les deux systèmes sont donc complémentaires.

D'autres systèmes de géodésie spatiale sont en gestation pour la fin du siècle. L'un d'eux, le GLRS (*Geodynamics Laser Ranging System*, développé par la NASA) est susceptible d'avoir d'importantes applications à la surveillance volcanologique. Ce système comportera en particulier un laser embarqué qui sera capable de mesurer avec une précision subcentimétrique des distances entre le satellite et un ensemble de rétro-réflecteurs au sol. Il permettra donc l'étude des mouvements crustaux à l'échelle régionale avec une grande densité de points. Le lancement du satellite est prévu en 1997.

Représentation des déformations

La réitération d'un réseau géodésique fournit essentiellement les déplacements relatifs des points du réseau. On les représente traditionnellement par des vecteurs déplacement relativement à l'un des points choisi comme fixe et à une direction arbitraire (fig. 174). La représentation est souvent très dépendante du référentiel choisi et peut suggérer des interprétations quelquefois très différentes suivant le (ou les) point(s) fixé(s) pour représenter ces déplacements. Il est souvent préférable d'utiliser une représentation intrinsèque de la déformation issue de la théorie de l'élasticité, en calculant la déformation d'une portion de surface sous forme d'un tenseur moyen correspondant à la déformation homogène qui aurait produit les déplacements observés sur les points inclus dans cette portion de surface. Un exemple de cette représentation est montré sur la figure 177.

• Modélisation des déformations

Les données de déformations sont un élément important dans la surveillance de l'activité volcanique. En temps réel (mesures continues) ou peu décalé (mesures périodiques), elles permettent de visualiser la géométrie, la localisation, l'intensité et la cinétique des déformations. Ces informations peuvent être interprétées immédiatement, de façon qualitative au moins, en termes de diagnostic sur les mécanismes, sur la localisation et sur l'évaluation des phénomènes volcaniques en cours (*cf.* IV.2.8). Des analyses plus sophistiquées, par modélisations, permettent d'approcher la forme et la localisation des sources de la déformation, ainsi que le comportement du milieu.

Mogi (1958) fut le premier à proposer un modèle physiquement rigoureux permettant de calculer les déformations à la surface d'un solide élastique semi-infini, produites par un changement de pression dans une cavité sphérique ponctuelle (fig. 178). Ce modèle a permis de montrer un bon accord entre déformations observées et calculées, dans l'interprétation de données obtenues sur différents volcans, au Japon ou à Hawaï. Il permet une première analyse des données et donne des ordres de grandeurs sur la profondeur des sources magmatiques. Cependant, son utilisation est limitée car il correspond seulement à un point source de pression et il semble improbable que l'on puisse assimiler un réservoir magmatique à une représentation aussi simpliste. En effet, d'autres données géologiques ou sismologiques montrent que ces réservoirs ont des formes complexes d'une certaine étendue et que, d'autre part, l'injection de dykes est souvent à l'origine de déformations importantes.

Des modèles analytiques correspondant à des réservoirs de formes simples (cylindres, ligne source, disque plat, etc.) ont été proposés par différents auteurs (Okada, 1985). Cependant la modélisation par éléments finis, si elle demande des moyens informatiques importants permet seule de prendre en compte des réservoirs de forme très complexe (Dieterich et Decker, 1975).

La méthode est basée sur l'approximation de la structure par un assemblage composé d'un nombre fini de cellules géométriques jointes par des points nodaux sur lesquels on calcule le déplacement. Les équations de la mécanique faisant intervenir les forces agissant à chaque nœud et les propriétés élastiques de chaque cellule, ainsi que les conditions aux limites sont évidemment prises en compte. La plupart des modèles ont été développés pour interpréter les déformations associées au réservoir magmatique du Kilauea et aux injections dans les rifts zones qui lui sont associées.

Une méthode analogue a été utilisée pour modéliser la géométrie de la fracturation au Piton de la Fournaise à la Réunion (Gratier *et al.*, 1984) et pour interpréter l'événement du 18 mai 1980 au Mont Saint-Helens (Paul *et al.*, 1987).

• Inclinométrie

Les changements différentiels d'altitude entre 2 points de la surface du sol se traduisent par des variations d'inclinaison, et il est souvent plus facile de déterminer

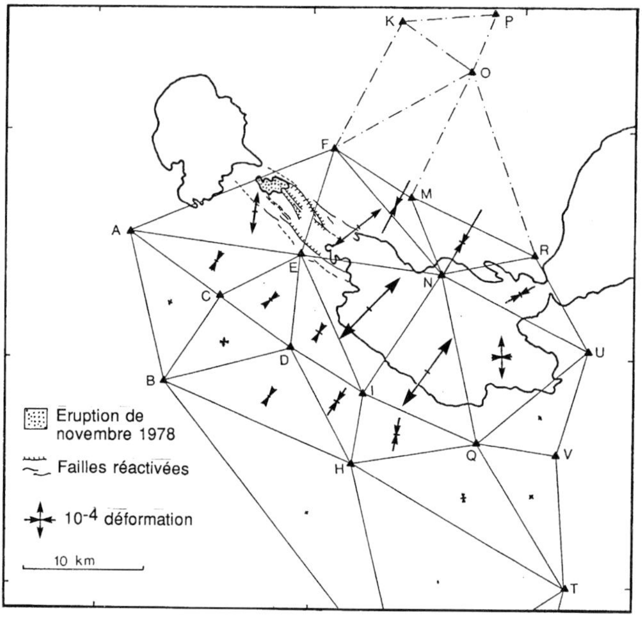

Fig. 177 - Représentation des déformations sous forme de tenseurs de déformation .
Mêmes données que pour la figure 174. La déformation de chaque triangle est supposée homogène et peut alors se représenter sous forme d'un tenseur dont on a figuré les composantes principales (modules et directions) en accord avec l'échelle en bas et à gauche de la figure (d'après Tarantola *et al.*, 1980).

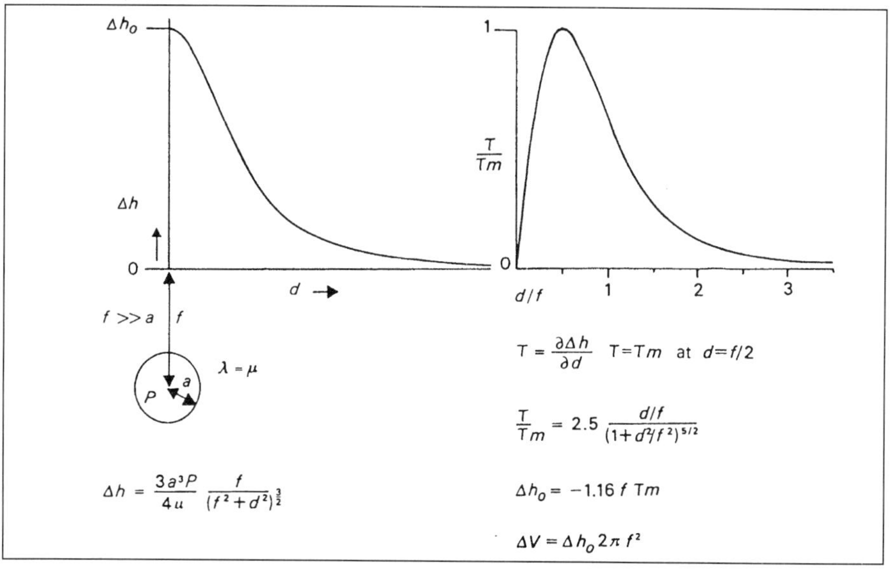

Fig. 178 - Déformations théoriques associées à une source de pression sphérique de petite dimension située à la profondeur Z_o (diamètre de la source $a << Z_o$).
A gauche Δh : déformation verticale en fonction de la distance à la source. A droite Δi : variation d'inclinaison du sol (d'après Dieterich et Decker, 1975).

localement ces variations d'inclinaison que d'obtenir les positions altimétriques. On distinguera deux types de méthodes qui sont couramment utilisées dans la surveillance volcanique :

- *l'inclinométrie instrumentale* permet un enregistrement continu des deux composantes de l'inclinaison. Les capteurs d'inclinaison sont construits selon divers principes (pendules horizontaux, bulle d'air dans un électrolyte, mesure des niveaux d'un liquide entre 2 vases communiquants, etc.). Leur sensibilité peut être meilleure que le microradian, ce qui est, dans la plupart des cas largement suffisant compte tenu du "bruit" lié au site d'installation ; celui-ci est associé aux contraintes thermiques diurnes et saisonnières exercées sur les roches en surface.
- *le nivellement différentiel* (en anglais *dry-tilt*), permet de déterminer les variations successives d'inclinaison d'un élément de surface du terrain. Cette méthode met en oeuvre des mesures périodiques de nivellement de précision entre un nombre variable de repères (3 à 8) sur une surface restreinte (< 1 000 m^2). A chaque réitération, des vecteurs de variation d'inclinaison sont calculés, et permettent d'évaluer l'emplacement et le déplacement éventuel des sources magmatiques.

• Exemples d'analyse des déformations au Piton de la Fournaise à la Réunion

Le Piton de la Fournaise à la Réunion est surveillé depuis 1980 par différents réseaux géophysiques télémétrés sur un Observatoire permanent et par d'autres dispositifs où sont effectuées des mesures périodiques (*cf.* IV.2.8). C'est le cas d'un réseau géodésique, installé en 1981 autour de la caldeira de l'Enclos Fouqué et des cratères sommitaux ; ce réseau géodésique a été remesuré à diverses reprises et particulièrement en 1984 et 1989. On présente sommairement ci-dessous deux exemples de suivi et d'analyse de déformations volcaniques, et on renvoie le lecteur aux articles mentionnés pour plus de détails.

Analyse de la crise éruptive de décembre 1983 - janvier 1984

Cet exemple est basé principalement sur la répétition de mesures géométriques (angles et distances) sur le réseau géodésique (fig. 179) réalisées en 1981 et 1984 et sur une densification par photogrammétrie aérienne réalisée aux mêmes époques dans la zone sommitale. Les déplacements qui en sont déduits (fig. 179 et 180) sont attribués à la seule séquence éruptive intervenue de décembre 1983 à janvier 1984 (Zlotnicki *et al.*, 1990). Ce champ de déformations (horizontales et verticales) est en bon accord avec une modélisation analytique (Okada, 1985) faisant intervenir l'intrusion de dykes à l'intérieur du massif (fig. 181).

Analyse de l'éruption du 18 avril 1990

La surveillance en temps réel des déformations du sol par le réseau d'inclinomètres télémétrés et quelques mesures géodésiques complémentaires (Toutain *et al.*, 1992) fournit une autre approche du processus éruptif. Les données inclinométriques sont échantillonnées chaque minute et après télétransmission, stockées sur un micro-ordinateur en temps réel (fig. 182). L'analyse temporelle des composantes (N-S et E-W) des variations d'inclinaison du sol permet de reconstituer la position des centres d'inflation (supposés être associés à la progression du front d'intrusion de la lave à l'intérieur du massif, avant éruption). La progression dans le temps de l'intrusion magmatique a pu être suivie depuis le centre d'inflation sommital situé sous

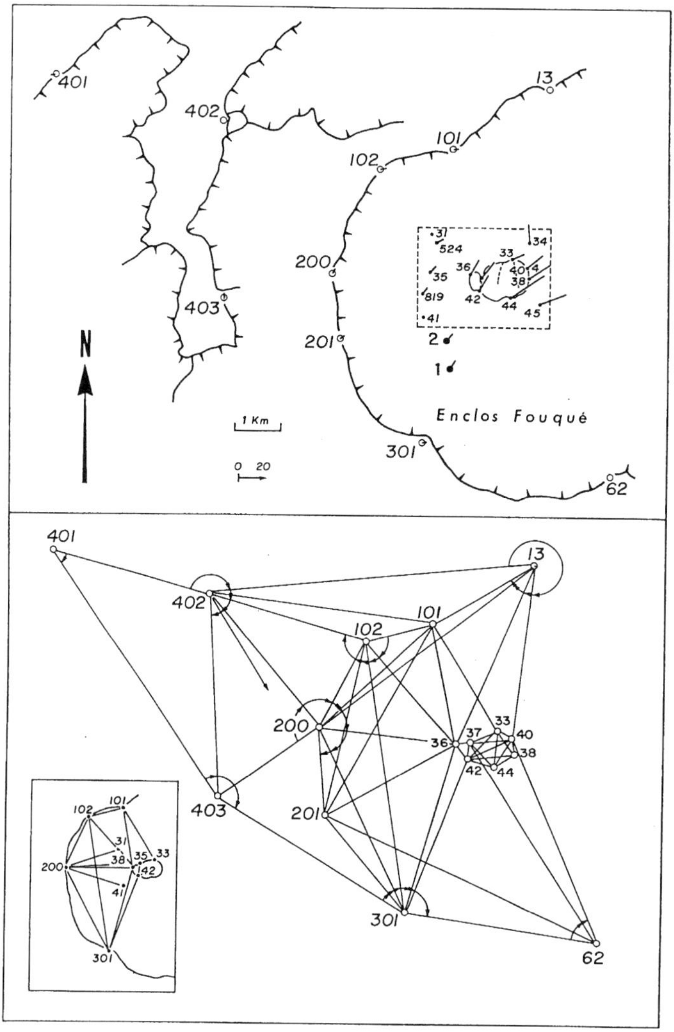

Fig. 179 - Réseau géodésique sur le Piton de la Fournaise à la Réunion. En bas, localisation des mesures angulaires et de distances réalisées en octobre 1981 et juin 1984. En encadré en bas à gauche, partie du réseau mesurée plus fréquemment dans le cadre de la surveillance. En haut, vecteurs déplacement (cm) déduits des deux séries de mesures. Le rectangle pointillé correspond au levé photogrammétrique (voir fig. 180). Les traits pleins marqués (1) et (2) correspondent aux fissures éruptives des coulées de décembre 1983 et janvier 1984, respectivement.

le cratère Dolomieu vers le sud-est (fig. 183) jusqu'à la bouche éruptive, et a permis de calculer une vitesse d'intrusion de l'ordre de 20 cm/sec.

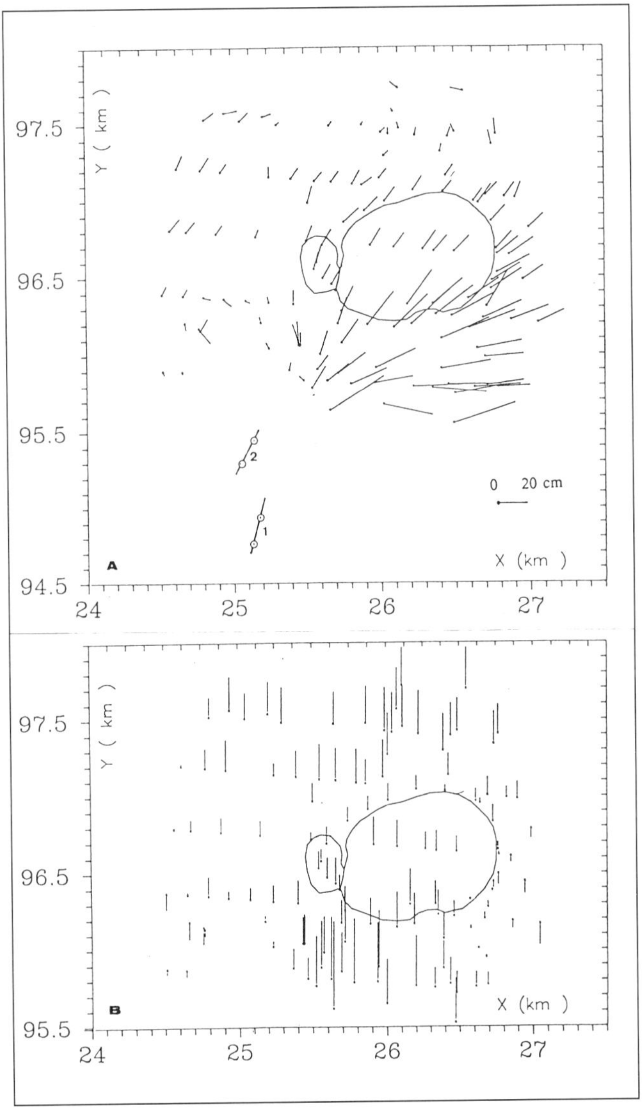

Fig. 180 - Vecteurs déplacement (horizontaux et verticaux), dans la zone sommitale du Piton de la Fournaise, résultant de la comparaison des levés photogrammétriques associés aux mesures géodésiques (voir fig. 179).

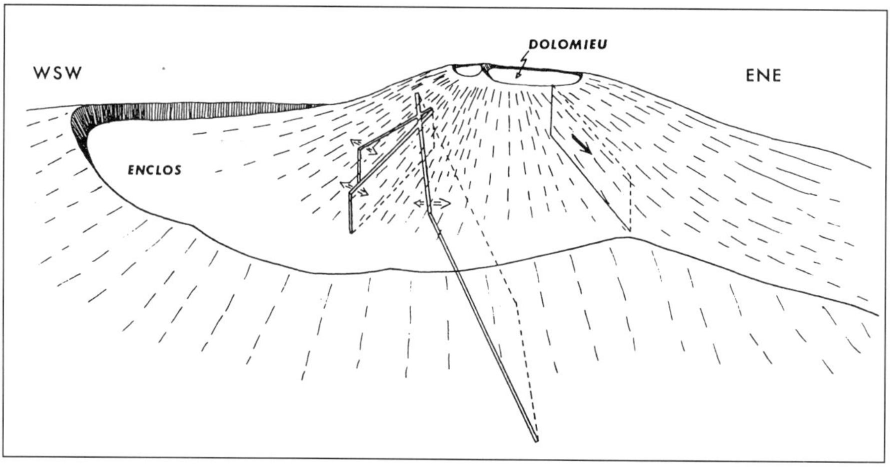

Fig. 181 - Schéma des intrusions de dykes résultant de l'interprétation des déformations de la fig. 180.

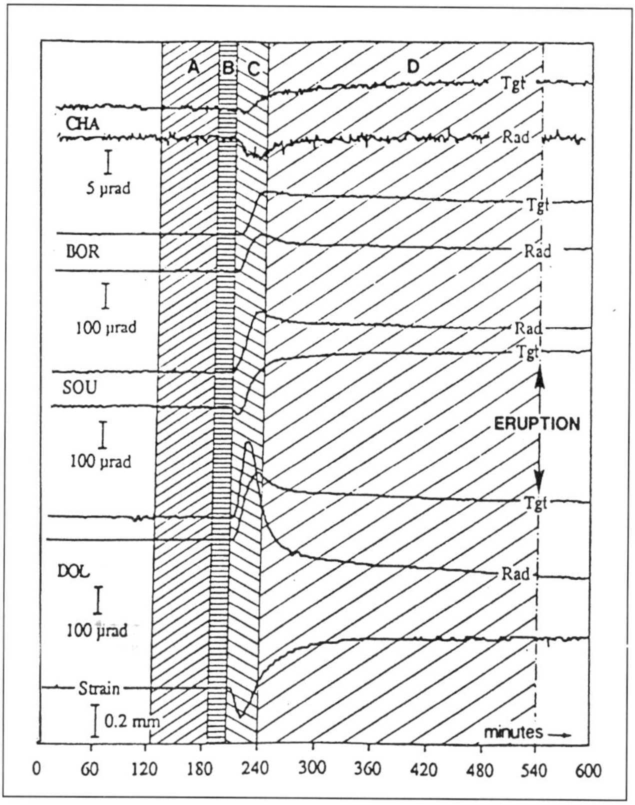

Fig. 182 - Inclinaisons du sol (radiales et tangentielles) obtenues sur 4 des inclinomètres télémesurés, précédant l'éruption du 18 avril 1990 au Piton de la Fournaise (Toutain *et al.*, 1992).

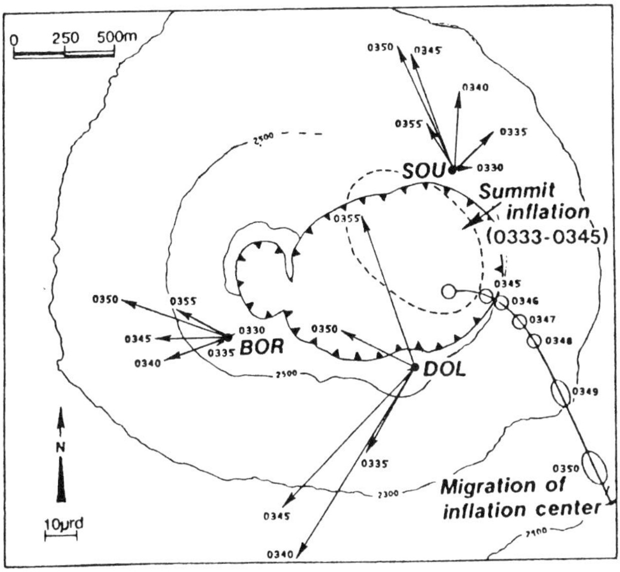

Fig. 183 - Carte schématique de la zone sommitale du Piton de la Fournaise montrant la migration du centre d'inflation à partir des données inclinométriques de la figure 182 (Toutain *et al.*, 1992).

IV.2.3. - LE VOLCANOMAGNÉTISME

par Jacques ZLOTNICKI

L'idée suivant laquelle le champ magnétique terrestre peut être perturbé par l'activité tectonique et en particulier par l'activité volcanique, date du début du vingtième siècle (Wilson, 1922). Ce n'est que trente ans plus tard que les premières mesures ponctuelles (déclinaison et inclinaison du champ magnétique) furent faites régulièrement sur un volcan en activité, le volcan Mihara situé dans l'île d'Oshima au Japon (Rikitake, 1951 ; Yokoyama, 1957).

Grâce à la mise au point des magnétomètres à protons une dizaine d'années plus tard (Overhauser, 1953 ; Sigurgeirsson, 1970), des mesures absolues continues de l'intensité du champ magnétique terrestre furent entreprises sur les volcans Ruapehu en Nouvelle-Zélande (Johnston et Stacey, 1969) et Kilauea à Hawaï (Davis *et al.*, 1973).

Depuis, plusieurs travaux ont montré de manière indubitable que des variations anormales du champ magnétique terrestre, de quelques nanoteslas (nT), accompagnent les modifications de champ de contrainte à l'intérieur d'édifices volcaniques en activité (Pozzi *et al.*, 1979 ; Johnston *et al.*, 1981 ; Davis *et al.*, 1984 ; Zlotnicki, 1986 ; Zlotnicki *et al.*, 1987 ; Zlotnicki et Le Mouël, 1988 ; Sasaï *et al.*, 1990).

• Le champ magnétique terrestre

En tout point P de la surface d'un volcan, le champ magnétique terrestre B est, à l'instant t, la somme de trois termes (les ordres de grandeur donnés ultérieurement sont relatifs au Piton de la Fournaise, île de la Réunion) :

$$\vec{B}(P,t) = \vec{B}_p(P,t) + \vec{B}_t(P,t) + \vec{B}_v(P,t) \quad (1)$$

$\vec{B}_p$ est le champ principal, somme d'un champ régulier engendré par les mouvements fluides dans le noyau de la Terre et d'un champ d'anomalies crustales créé par les différentes structures aimantées. Le champ régulier, d'amplitude voisine de 38 000 nT, est soumis à la lente variation séculaire (40 nT/an, quelques nT/km). Compte tenu de la profondeur des sources par rapport à la dimension des édifices volcaniques, les variations du champ régulier sont supposées homogènes. Par ailleurs, le champ d'anomalies crustales est statique en l'absence de toute activité. Il peut être localement très hétérogène, il n'est pas rare de rencontrer au sol des gradients de quelques centaines de nanoteslas par mètre. Si ce champ d'anomalies crustales évolue, la composante variable doit être considérée comme faisant partie du champ volcanomagnétique $\vec{B}_v$.

Le champ transitoire $\vec{B}_t$ est plus complexe. Il se compose d'un champ externe excitateur dont les sources sont situées dans l'ionosphère et la magnétosphère (altitude supérieure à 100 km) et d'un champ interne induit par les courants électriques circulant dans les couches conductrices superficielles. Le spectre fréquentiel s'étend de quelques centièmes de secondes (pulsations) au cycle solaire undécennal (11 ans). Dans le domaine temporel que nous considérons (quelques minutes au continu), les variations les plus caractéristiques du champ transitoire sont la variation solaire journalière Sr et les orages magnétiques (fig. 184 et 185). La variation solaire journalière, de période fondamentale 24 heures, varie de la vingtaine à la quarantaine de nanoteslas suivant les saisons, tandis que l'amplitude des variations d'orage peut atteindre la centaine de nanoteslas. La présence de contrastes de conductivité électrique dans les couches superficielles (fluides dans les roches, failles, etc.) perturbe localement le champ transitoire interne et l'on observe à la surface du sol des variations anormales du champ transitoire qui atteignent la dizaine de nanoteslas en quelques centaines de mètres (fig. 185).

Le dernier terme de la relation (1) est le champ volcanomagnétique $\vec{B}_v$ que l'on recherche. Mis à part les variations temporelles de plusieurs mois ou années (Sasaï *et al.,* 1990 ; Zlotnicki et Le Mouël, 1990), l'amplitude de ce champ ne dépasse pas la quinzaine de nanoteslas et l'extension spatiale n'excède pas la dizaine de kilomètres.

Rechercher des signaux volcanomagnétiques de quelques nanoteslas noyés dans des variations de plusieurs dizaines de nanoteslas autour d'une valeur moyenne de 38 000 nT, nécessite d'éliminer les variations indépendantes de l'activité volcanique. La méthode la plus utilisée est celle du magnétisme différentiel qui soustrait, au même instant t, les champs magnétiques mesurés en une station quelconque P et une station O considérée comme station de réduction :

$$\Delta B(P,O,t) = (\vec{B}_p(P,t)-\vec{B}_p(O,t)) + (\vec{B}_t(P,t)-(\vec{B}_t(O,t)) + (\vec{B}_v(P,t)-(\vec{B}_v(O,t)) \quad (2)$$

Les variations homogènes du champ principal et du champ transitoire se trouvent éliminées. Subsistent, comme le montre la figure 185, les variations anormales du champ transitoire et, éventuellement, les variations du champ volcanomagnétique.

• Les signaux volcanomagnétiques

Si l'on se réfère aux quelques enregistrements continus de plusieurs années obtenus sur différents types de volcans, de lentes variations continues et monotones de plusieurs dizaines de nanoteslas peuvent être observées bien avant une éruption, et ce en l'absence de toute activité sismique notable (Sasaï *et al.,* 1990). Sur d'autres

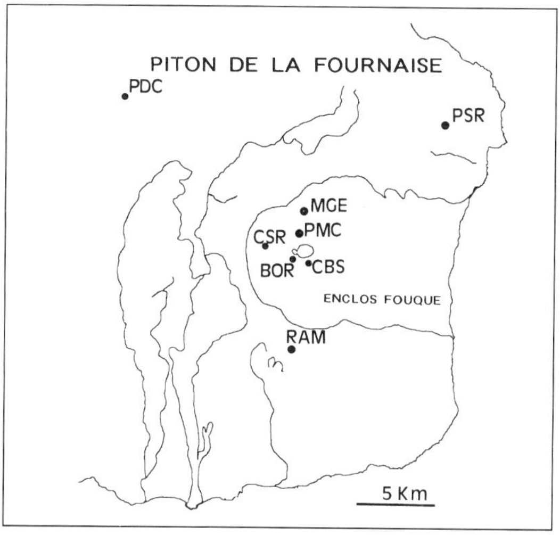

Fig. 184 - Carte schématique du Piton de la Fournaise (île de la Réunion) et implantation des stations magnétiques.

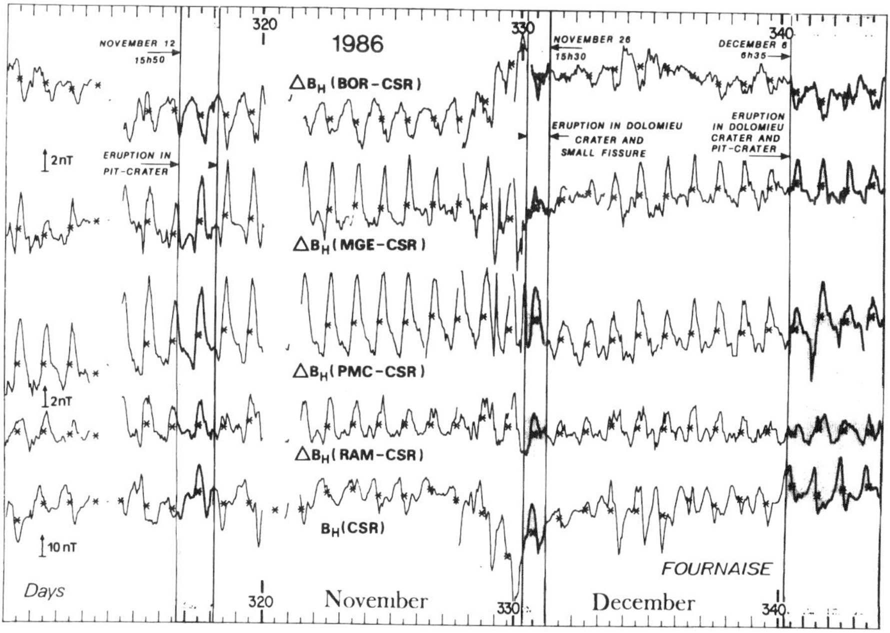

Fig. 185 - Valeurs moyennes horaires de l'intensité du champ magnétique à la station CSR au Piton de la Fournaise, et des différences B(P,O,t). La variation solaire journalière Sr est fortement perturbée lors des crises du 26 novembre et du 6 décembre 1986 (d'après Zlotnicki et Le Mouël, 1988).

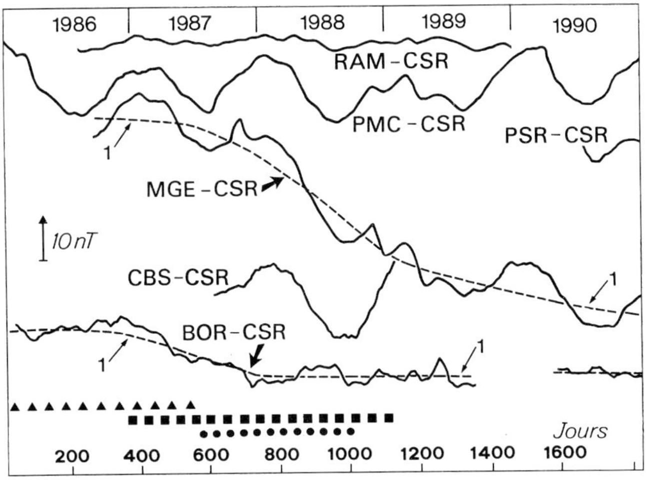

Fig. 186 - Variations des différences B(P,O,t) lissées sur un mois de 1986 à 1990 au Piton de la Fournaise. Les courbes 1 sont des variations corrélées à des familles d'éruptions sur le flanc nord (carrés), au sommet (triangles) et sur le flanc sud (ronds).

volcans, comme celui du Piton de la Fournaise, les variations de quelques années semblent plutôt accompagner les grandes phases de l'activité du volcan (fig. 186).

A plus courte échelle de temps, des signaux volcanomagnétiques peuvent apparaître plusieurs jours ou semaines avec une éruption. En général, ceux-ci ne dépassent pas quelques nanoteslas (fig. 187 et 188). Les crises sismiques engendrent parfois des signaux dont l'amplitude et la répartition spatiale sont étroitement tributaires de l'hétérogénéité structurale.

Des signaux de courtes périodes (quelques minutes ou moins) sont également enregistrés au cours des crises sismiques intrusives (fig. 189). L'amplitude atteint parfois 15 nT. Enfin, au sein même d'une éruption, des signaux sont associés à l'activité effusive.

• Mécanismes

Certains mécanismes sont sans grand intérêt, comme un éventuel déplacement du capteur magnétique du fait de la déformation du volcan ou l'acquisition d'une aimantation thermorémanente par des coulées se refroidissant dans le champ magnétique terrestre. Il faut aussi considérer de façon particulière les signaux volcanomagnétiques créés par déplacement de l'isotherme de Curie provoqué, par exemple, par une réalimentation de complexes magmatiques superficiels. Ces phénomènes impliquent des processus de grande constante de temps.

Les mécanismes physiques intéressants, à l'origine des signaux volcanomagnétiques, sont essentiellement ceux sollicités par une modification du champ de contrainte, moteur de l'activité, dans un édifice volcanique. C'est l'hétérogénéité structurale (géologique, contrastes d'aimantations, circulations de fluides, etc.) qui joue le rôle de capteur et d'amplificateur des signaux volcanomagnétiques.

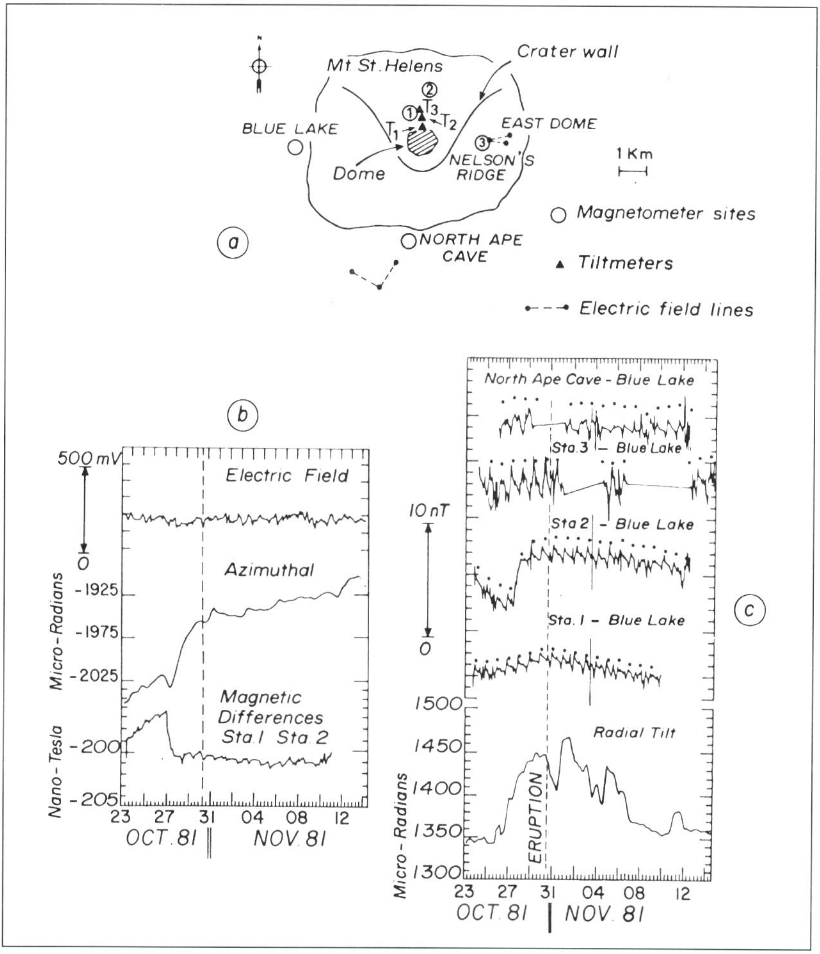

Fig. 187 - Signaux volcanomagnétiques associés à l'éruption du 30 octobre 1980 sur le Mont Saint-Helens (d'après Davis *et al.*, 1984).

Le piézomagnétisme

Il s'agit du mécanisme le mieux étudié à ce jour (Stacey *et al.*, 1965 ; Nagata, 1970 ; Stacey et Johnston, 1972 ; Pozzi, 1973). Toute roche porteuse d'une aimantation induite ou rémanente, soumise à un champ de contrainte, voit son aimantation varier. Soit Joj, l'aimantation induite initiale d'une roche baignant dans le champ magnétique terrestre. Dans une base orthonormée, les variations de l'aimantation induite ΔJ_i sont reliées au tenseur des contraintes σ_{kn} par la relation (Zlotnicki *et al.*, 1981) :

$$\Delta J_i = P_{ijkn}\, \Delta\sigma_{kn}\, J_{oj} \qquad (3)$$

Les composantes du tenseur piézomagnétique P_{ijkn}, d'ordre 4, sont mesurées au laboratoire. Le champ piézomagnétique se calcule alors aisément :

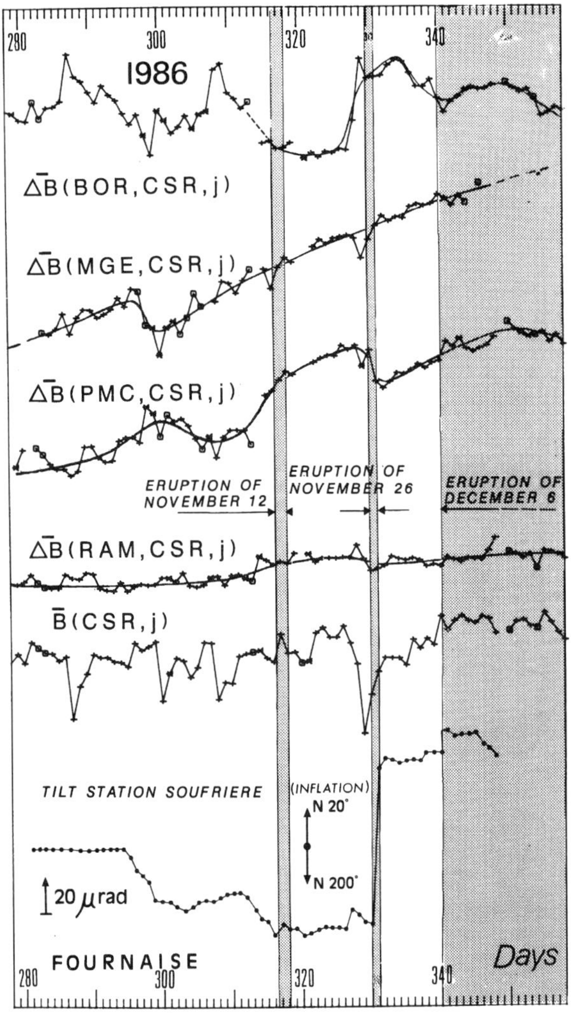

Fig. 188 - Comparaison entre l'inclinaison du sol et les valeurs moyennes journalières B(P,O,t) au cours des crises de novembre et décembre 1986 au Piton de la Fournaise (d'après Zlotnicki et Le Mouël, 1988).

$$\vec{B}_{vp}(Q,t) = -\frac{\mu o}{4\pi} \nabla \left[\iiint_{vp} \frac{\vec{\Delta J}(M,t).\vec{r}}{r^3} dv_M \right] \quad (4)$$

μo est la perméabilité du vide, Q est le point d'observation, M le point courant dans la roche de volume vp, $r=|\vec{MP}|$.

Jusqu'à ces dernières années, ce mécanisme a été souvent invoqué. Mais il semble que, dans la majorité des cas, il ne parvient pas à rendre compte de l'amplitude des signaux observés ; il faudrait des contraintes supérieures à 100 MPa pour créer 10 nT de signal (Davis, 1976 ; Pozzi *et al.,* 1983 ; Zlotnicki, 1986 ; Sasaï, 1991).

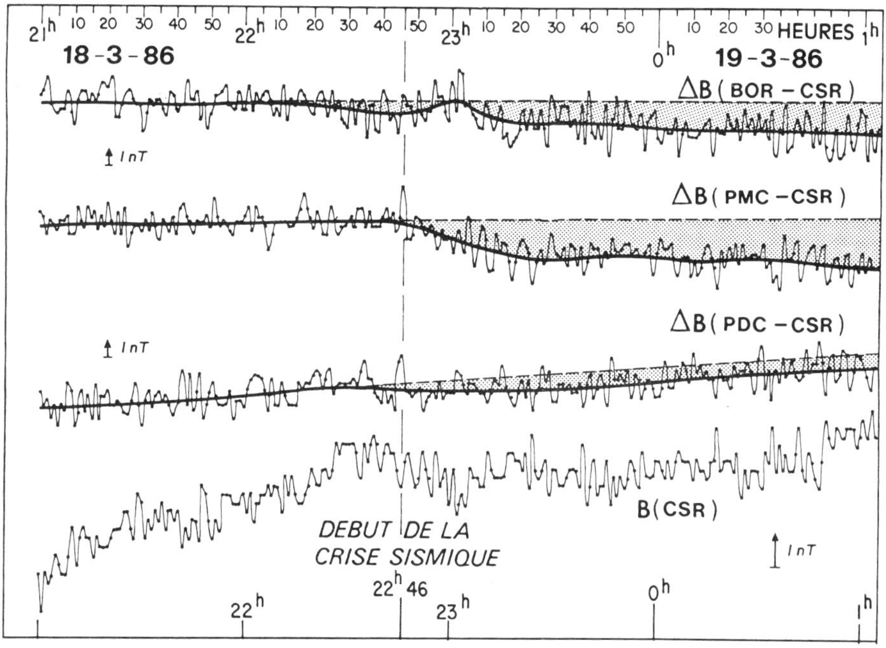

Fig. 189 - Signaux volcanomagnétiques de courtes périodes associés à la crise intrusive du 18 mars 1986 au Piton de la Fournaise.

L'électrofiltration

Ce mécanisme trouve son origine dans la circulation de fluides, à travers les réseaux interstitiels connectés et les fissures des roches, sous l'effet d'un gradient de pression (Nourbehecht, 1963 ; Mitzutani *et al.*, 1976a ; Fitterman, 1978). A l'interface liquide-solide, se forme une double couche électrique, composée d'ions généralement négatifs fixés à la matrice solide et d'une couche plus mobile d'ions de signe opposé dans la phase liquide. De toute circulation de fluide, naît une densité de courant électrique j :

$$j = \left(\frac{\varepsilon\zeta}{\eta}\right) (\sigma r / \sigma f)\, \nabla P \qquad (5)$$

ε est la constante diélectrique du fluide, ζ est le potentiel zeta, σr et σf sont les conductivités de la roche et du fluide, η est la viscosité du fluide, et ∇P le gradient de pression interstitiel. Le champ magnétique d'électrofiltration se calcule à l'aide de la loi de Biot et Savart :

$$\vec{B}_{ve}(Q,t) = \frac{\mu o}{4\pi} \nabla \cdot \left[\iiint_{Ve} \frac{\vec{j}\,(M,t)}{r^3}\, dv_M \right] \qquad (6)$$

Les notations sont similaires à celles utilisées dans la relation (4). Ve est le volume intéressé par la circulation de fluides.

Bien qu'il soit difficile d'évaluer avec précision certains paramètres comme le potentiel ζ, il semble que des gradients de pression de l'ordre de 10 MPa/km pourraient induire des signaux volcanomagnétiques de plusieurs nanoteslas (Mitzutani et Ishido, 1976b ; Fitterman, 1979 ; Zlotnicki et Le Mouël, 1990). Ce mécanisme pourrait être de première importance sur les volcans fissuraux comme le Piton de la Fournaise où il pleut jusqu'à 6 m/an. Les fractures majeures qui coupent l'édifice dès le sommet (2 640 m) canaliseraient ces circulations d'eau. Toute modification du champ de contrainte dans le massif perturberait alors, localement, le régime de circulation et induirait des signaux volcanomagnétiques.

Le champ transitoire anormal

Si l'on suppose les structures géologiques linéairement stratifiées à l'échelle de quelques dizaines de kilomètres, les champs électrique $\vec{E}_n$ et magnétique $\vec{B}_n$ sont unis au potentiel vecteur par les relations :

$$\vec{E}_n = -\frac{\partial \vec{A}_n}{\partial t} \qquad \vec{B}_n = \operatorname{rot} \vec{A}_n \tag{7}$$

Dans l'approximation des états quasi stationnaires, le champ électrique anormal $\vec{E}a$, dû à une hétérogénéité de conductivité $\sigma_a(M)$, se réduit à un champ coulombien électrostatique créé par la distribution de charge électrique :

$$\rho = \varepsilon\, \sigma\, (\vec{E}_n + \vec{E}_a).\, \nabla \left(\frac{1}{\sigma}\right) \tag{8}$$

ε est la constante diélectrique, $\sigma = \sigma_r + \sigma_a$ est la distribution de conductivité. L'expression du champ transitoire anormal est (Zlotnicki et Le Mouël, 1988) :

$$\vec{B}_{vt}(Q,t) = -\frac{\mu o}{4\pi} \left[\iiint_{Va} (\sigma \vec{E}_a + \sigma_a \vec{E}_n) \times \frac{\vec{r}}{r^3}\, dv_M \right] \tag{9}$$

Va est le volume concerné par l'hétérogénéité de conductivité.

Ce mécanisme n'a pas encore fait l'objet de calculs numériques mais il semble qu'il puisse se surajouter aux phénomènes d'électrofiltration. Perméabilité et porosité des roches seraient affectées par une variation du champ de contrainte. Les contrastes de conductivité électrique des couches géologiques superficielles seraient modifiés et induiraient des variations anormales du champ magnétique transitoire (fig. 185).

IV.2.4. - LA SURVEILLANCE MICROGRAVIMÉTRIQUE

par Jean-François LENAT

La mesure des variations temporelles de la gravité à la surface, ou surveillance microgravimétrique, est une méthode qui a comme objectifs la détection des déformations et, surtout, des transferts de masse à l'intérieur des volcans.

Il existe deux mécanismes pouvant induire des variations temporelles de la gravité : (1) une variation d'altitude ou, (2) une variation de la distribution des contrastes de densité internes.

Les variations d'altitude sont associées aux déformations, inflation ou déflation, d'un volcan (l'effet des marées, qui intervient également, peut être corrigé précisément). Des variations de contraste de densité peuvent être causées par des déplacements internes de masse (par exemple une intrusion) ou par des changements d'état physique tels que l'augmentation de vésiculation d'un magma ou, inversement, sa compression lors d'une mise en pression du système magma-tique.

On conçoit qu'il existe une ambiguïté fondamentale pour interpréter des variations temporelles de gravité selon les deux mécanismes possibles : une diminution de la gravité pourra être expliquée soit par une augmentation de l'altitude, soit par une diminution de la densité dans une partie de l'infrastructure du volcan. Cette ambiguïté ne peut être levée que si un nivellement des stations de gravimétrie est effectuée simultanément aux mesures de gravité lors de chaque réitération du réseau (les stations de gravimétrie sont matérialisées par des repères scellés au sol). Les gravimètres actuels permettent de mesurer la gravité avec une précision de l'ordre de 5 μGal, ce qui correspond à un changement d'altitude de 1,5 mm.

Lorsque les variations d'altitude (Δh) sont connues, les variations de gravité (Δg) peuvent être corrigées de cet effet. Pour cette correction, on utilise soit le gradient à l'air libre (0,3086 Δh, correspondant à un rapport $\Delta g/\Delta h$ de -309 $\mu Gal.m^{-1}$), soit, de façon plus rigoureuse, le gradient d'altitude et la correction de plateau ([0,04193 ρ - 0,3086]Δh), correspondant à un rapport $\Delta g/\Delta h$ de -195 $\mu Gal.m^{-1}$ pour une masse volumique du terrain ρ de 2 700 kg. m^{-3}). Si la variation de gravité observée n'est due qu'à la variation d'altitude, la variation de gravité résiduelle ($\Delta g'$) après cette correction, sera nulle. Un $\Delta g'$ positif traduira un apport de masse dans l'édifice et, inversement, un $\Delta g'$ négatif traduira un départ de masse.

Bien que les premières données de variations temporelles de la gravité en volcanisme datent d'une éruption du volcan O-Sima en 1950-1951 (Iida *et al.,* 1952), ce n'est que depuis une quinzaine d'années que des expériences précises ont été menées. On trouvera dans Rymer et Brown (1986) une revue des principales expériences publiées et on peut citer ici quelques-uns des résultats les plus marquants illustrant les possibilités de cette méthode.

Au Kilauea (Hawaii), Jachens et Eaton (1980) ont montré, à la suite du séisme de magnitude 7,2 de novembre 1975 et de la déflation sommitale associée, qu'un rapport $\Delta g/\Delta h$ de -171 $\mu Gal.m^{-1}$ traduisait un drainage de magma sous la zone sommitale. Lors de la période suivante, de décembre 1975 à avril 1977, Dzurisin *et al.* (1980) ont observé un rapport de -607 $\mu Gal.m^{-1}$ pour un Δh de -0,18 m, indiquant un nouvel influx de magma dans cette zone.

Sur le volcan Pacaya (Guatemala), Eggers (1983) a mesuré une diminution de la gravité de -231 μGal pour une inflation de 0,019 m durant une période de 6 mois d'activité strombolienne, donc une baisse de la gravité beaucoup plus importante que celle attribuable à la seule variation d'altitude. Parmi les interprétations possibles, celle d'une augmentation de la vésiculation de la colonne magmatique, donc d'une baisse de la masse volumique, semble probable.

Avec un réseau suffisamment dense et étendu, les valeurs de $\Delta g'$ peuvent être utilisées, moyennant une hypothèse sur les variations de contraste de densité, pour modéliser les volumes et la géométrie des structures intéressées par les changements. Ainsi, dans le cas du Kilauea évoqué plus haut, les auteurs ont proposé des modèles quantitatifs dans lesquels des variations de volume du réservoir magmatique intravolcanique rendaient compte des $\Delta g'$. De même, Sanderson *et al.* (1983) ont montré que des variations de gravité à l'Etna en 1980-1981 étaient imputables à la mise en place d'intrusions dont les caractéristiques géométriques ont été calculées.

IV.2.5. - LA CONVECTION HYDROTHERMALE

par Maurice AUBERT

• Zones fumerolliennes et sub-fumerolliennes

On observe sur certains sites volcaniques un dégagement de vapeur du sol, composé essentiellement de vapeur d'eau. Ce dégagement est le témoin en surface d'une circulation convective ascendante, formée par la vaporisation de l'eau météorique, infiltrée dans le sol et rencontrant en profondeur une zone où la température d'ébullition de l'eau à la pression considérée est atteinte. A la faveur d'un système de fissures plus ou moins entretenues par l'activité volcano-tectonique et créant une perméabilité élevée, la phase gazeuse hydrothermale monte (air et vapeur d'eau essentiellement), le débit étant fonction pour partie de la différence de pression de vapeur saturante d'eau le long de la colonne gazeuse. Près de la surface, une partie de la vapeur se condense et apporte au milieu environnant de la chaleur, qui équilibre le flux de chaleur par conduction dirigée vers les couches superficielles froides. La partie restante se condense dans l'atmosphère et définit le champ fumerollien *sensu stricto.*

Si la condensation s'effectue en totalité dans le sol, cas le plus fréquent, la convection thermique n'est plus observable en surface (fig. 190) et sa détection passe par des méthodes géophysiques (Aubert et Baubron, 1988).

• Potentiels électriques de polarisation spontanée (PS)

Parmi les mesures susceptibles de mettre en évidence les zones sièges de convection hydrothermale, la plus efficace est celle des potentiels électriques de polarisation spontanée (en abrégé PS, en anglais SP de *self-potential*). Ces potentiels sont générés essentiellement par effet d'électrofiltration, c'est-à-dire par le passage d'un fluide à travers un milieu poreux (Corwin et Hoover, 1979) (voir aussi IV.2.3). Selon les connaissances actuelles, l'amplitude des signaux PS dépendrait :

- de la résistivité du milieu poreux et du fluide ;
- de la géométrie de la structure convective, en particulier de la profondeur du toit de cette structure ;
- du débit du fluide et, pour un fluide bi-phasique, de sa teneur en vapeur sèche.

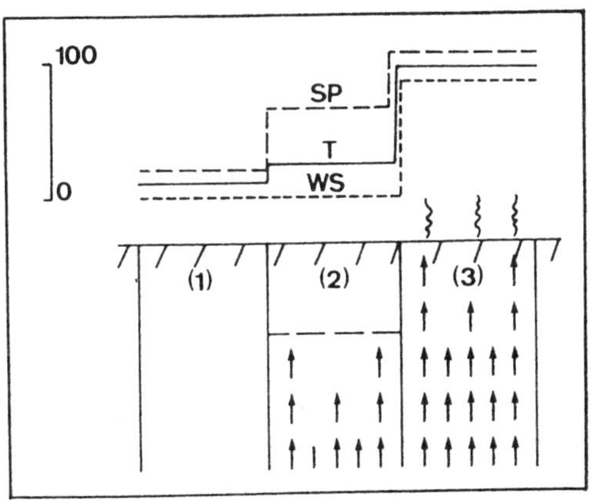

Fig. 190 - Modèles de débit de vapeur (WS) , de température (T) et de potentiel spontané (SP), pour une zone exempte de phénomènes hydrothermaux (1), une zone sub-fumerollienne (2), et une zone fumerollienne (3) (d'après Aubert et Baubron, 1988).

Le débit dépend lui-même de deux facteurs qui sont :

- la puissance de l'échangeur thermique où la chaleur apportée par une source magmatique vaporise une certaine quantité d'eau disponible ;
- la perméabilité du milieu, qui agit le plus souvent comme un facteur limitant le débit potentiel maximum.

Les potentiels créés par des remontées de fluide bi-phasique (circulation d'origine thermique) se distinguent par leur signe des potentiels créés par la circulation descendante de l'eau météorique vers la nappe aquifère (circulation gravitaire). Cette distinction est évidemment essentielle pour reconnaître les deux types de circulation dont la seconde est toujours présente, alors que la première est spécifique des zones à fort gradient géothermique.

• Autres paramètres utilisés en prospection hydrothermale

Dans le cas d'une zone fumerollienne, la mesure de la température du sol à faible profondeur permet le calcul du flux de chaleur sensible, la mesure du débit de vapeur permet le calcul du flux de chaleur latente. Ces mesures, quand elles sont possibles, sont évidemment les plus directes pour connaître l'activité thermique du volcan.

La télémesure dans l'infrarouge thermique est une méthode qui, pour être moins précise et sujette à des effets de surface quelquefois difficiles à corriger, permet une cartographie thermique rapide et réitérable d'une zone volcanique active (voir IV.2.7).

Les zones à perméabilité élevée sont des zones de "fuite" pour les gaz légers tels que l'hélium et l'argon, et on peut mesurer sur le terrain les concentrations anormales de ces gaz dans l'atmosphère du sol.

• Intérêt de la mesure de la convection hydrothermale en surveillance volcanique

La convection hydrothermale présente deux intérêts pour la surveillance volcanique :

- à l'état stationnaire, la cartographie des zones fissurales de perméabilité élevée est une précieuse indication des zones de faiblesse de l'édifice volcanique ;
- la réitération des mesures sur une zone de convection permet de suivre l'évolution des paramètres qui déterminent l'amplitude du signal mesuré. L'analyse suivante se rapporte aux signaux PS uniquement.

Selon les connaissances actuelles, une évolution temporelle du signal PS peut être due à une cause externe (variation climatique saisonnière), ou à une cause interne. Cette distinction est évidemment primordiale et sera d'autant plus facile à faire qu'elle aura pu être étudiée pendant une période de calme volcanique. A défaut, on pourra estimer l'effet externe par comparaison avec un volcan de même type où cette étude aura été faite.

Une variation d'origine interne peut être attribuée à l'un ou l'autre des facteurs intervenant dans l'amplitude du signal PS que nous avons déjà décrits, ou aux deux à la fois :

- variation de perméabilité du milieu, dans la mesure où cette perméabilité est un facteur limitant du débit convectif. Toute modification mécanique affectant la zone (inflation, fracturation, sismicité, etc.) peut modifier la perméabilité ;

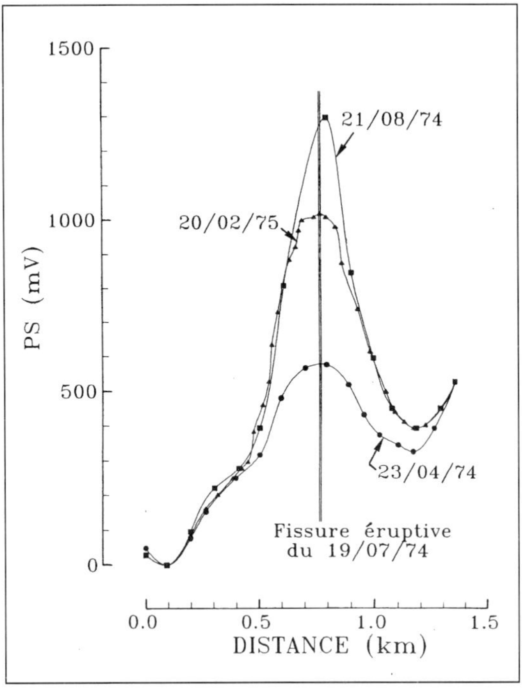

Fig. 191 - Variation temporelle d'une anomalie PS mesurée sur un profil intersectant la fissure éruptive du 19 juillet 1974 au Kilauea, Hawaï (d'après Zablocki, 1976).

- variation, enfin, de la puissance de l'échangeur thermique, lieu de vaporisation de l'eau météorique, par apport d'une nouvelle source de chaleur d'origine magmatique (intrusion, ...).

La distinction entre les facteurs d'origine interne s'avère moins nécessaire que celle entre facteurs externes et facteurs internes. D'une part, les facteurs internes distingués ici pour les besoins de l'analyse sont en fait corrélés entre eux (une injection magmatique peut donner lieu à une inflation), d'autre part, le but d'un système de surveillance par méthode PS peut simplement être celui de signaler une modification interne du système de convection hydrothermale sans préjuger des causes exactes du changement, qui peuvent être déterminées par d'autres mesures.

• Application de la méthode PS en surveillance volcanique

Si les exemples de prospection PS de zones hydrothermales sont nombreux, ceux relatifs à la surveillance volcanique sont rarissimes. Nous en citerons deux où les variations PS mesurées sont bien corrélées avec la variation d'activité volcanique.

Le premier cas (Zablocki, 1976) concerne le Kilauea (Hawaï), où un profil PS perpendiculaire à une fissure a pu être réitéré avant et après une éruption (fig. 191). On peut noter que l'amplitude de l'anomalie PS, maximum à la date la plus proche de celle de l'éruption, est sans doute corrélée avec la température du dyke, mais que son extension est invariante. Celle-ci serait donc plutôt liée aux paramètres hydrothermaux, tels que la répartition des perméabilités.

Le second cas (Aubert et Kieffer, 1984) concerne l'Etna, où un profil PS parallèle à une zone fissurale a été effectué 9 mois avant et réitéré 2 mois après une éruption latérale empruntant cette zone (fig. 192). Le profil antérieur à l'éruption indique sur

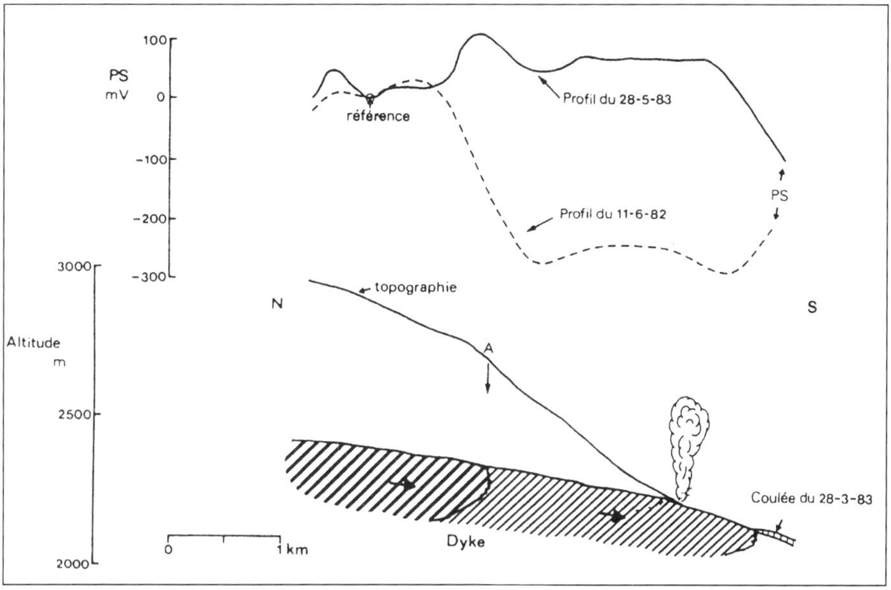

Fig. 192 - Comparaison des mesures PS effectuées avant et après l'éruption du 28 mars 1983 de l'Etna sur un profil parallèle à la fissure éruptive, et développement supposé de l'intrusion magmatique, depuis juin 1982 (dyke localisé en amont du point A) jusqu'en mars 1983 (dyke développé jusqu'au point d'émission de la coulée) (d'après Aubert et Kieffer, 1984).

le segment en amont du repère A la présence d'une source thermique créant une anomalie PS positive, anomalie dont l'extension vers l'aval est corrélée avec le développement de l'intrusion jusqu'à son point de sortie. Il s'agit donc dans ce cas d'un suivi par méthode PS de l'évolution spatiale de la source thermique à l'intérieur du volcan dans cette zone, non décelable par observation directe.

Malgré quelques succès, l'expérience acquise en surveillance volcanique par méthode PS est encore fragmentaire. Son application la plus directe devrait concerner les cas où l'eau joue un rôle essentiel dans le déclenchement éruptif (phréatisme et phréatomagmatisme).

IV.2.6. - SURVEILLANCE GÉOCHIMIQUE

par Patrick ALLARD

Beaucoup moins développée que la surveillance géophysique, la surveillance géochimique des volcans en est toutefois un complément indispensable. Ce constat repose à la fois sur des considérations théoriques et des observations expérimentales (*cf.* II.1.1) : non seulement la phase gazeuse joue un rôle déterminant dans les processus éruptifs, mais de plus elle est un indicateur véloce et sensible des changements d'état d'un volcan. Des signaux avant-coureurs d'éruption ont effectivement été décelés dans les gaz de plusieurs volcans.

L'intérêt d'une surveillance des fluides volcaniques, en tant que vecteurs d'information, est particulièrement évident dans le cas des très nombreux volcans assoupis, dont la seule manifestation d'activité est justement l'émission de gaz. Cette surveillance est aussi justifiée par le fait que les émissions gazeuses peuvent en elles-mêmes constituer une menace pour les populations, comme l'ont rappelé les catastrophes récentes de Dieng (1979), en Indonésie, ou du Lac Nyos (1986), au Cameroun (*cf.* II.1.3).

• Précurseurs géochimiques

Plusieurs types de signaux géochimiques peuvent être attendus avant une éruption. L'accroissement de la température et du débit des fumerolles, l'extension de leurs aires d'émission, sont des signaux avant-coureurs typiques, sinon systématiques. Maints exemples, anciens (Montagne Pelée, 1902) ou récents (Mont Saint-Helens, 1980 ; Nevado del Ruiz, 1985 ; Pinatubo, 1991), en témoignent. Ces manifestations attestent une remontée des isothermes, associée à l'approche du magma et à un dégazage souterrain plus intense. Toutefois, de même que les manifestations géophysiques, elles ne sont pas toujours suivies d'éruption (ex. crise sismo-volcanique des Champs phlégréens, Italie, en 1982-1984 ; fig. 193) ou bien ne débouchent que sur une éruption de type phréatique (ex. Soufrière de Guadeloupe, 1976-1977). Dans ce cas, elles traduisent simplement une déstabilisation temporaire du système, marquée par un transfert accru de fluides.

L'évolution de la composition des gaz apporte des informations discriminantes. Trois types d'information peuvent être distingués :

a) Le premier, d'ordre thermodynamique, est fourni par la composition moléculaire des gaz. Les réactions chimiques entre composés permettent de définir des géothermomètres et des géobaromètres et, par conséquent, d'évaluer la température et la pression d'équilibre des mélanges (ex. : Sabroux, 1983 ; Giggenbach, 1987). Des géothermomètres tels que

(1) $CO_2 + H_2 = CO + H_2O$ ou

(2) $3\ CO_2 + CH_4 = 4\ CO + 2\ H_2O$ (liquide), indépendants de la pression (même nombre de môles gazeuses dans chaque membre de l'équation), montrent que la température apparente d'équilibre des gaz fumerolliens (≈100°-600°C) est presque toujours supérieure à leur température d'émission. En d'autres termes, ceux-ci gardent la mémoire de conditions thermiques profondes, les cinétiques de rééquilibration chimique à température décroissante étant plus lentes que leur vitesse de migration (effet de trempe). L'approche d'une source magmatique peut donc être décelée en suivant l'évolution de ce paramètre dans le temps. Par exemple, deux mois avant l'éruption catastrophique du Nevado del Ruiz, le 13 novembre 1985, les fumerolles du cratère (82°C) indiquaient une température d'équilibre de 480°C (Giggenbach *et al.*, 1986), qui attestait déjà une source magmatique proche. De la même façon, on peut suivre les variations d'état d'oxydo-réduction des mélanges (soit mesuré *in situ* par capteur électrochimique, soit déduit de rapports redox comme CO/CO_2, H_2S/SO_2 ou H_2/H_2O), les fluides magmatiques étant beaucoup plus réduits que les fluides superficiels (ex. : Benhamou *et al.*, 1988).

b) Le second type d'information est fourni par la composition élémentaire des gaz. Les variations de rapports "sensibles", tels que H/C, S/C, He/C ou Cl/S, permettent de déceler un apport de fluide magmatique et de suivre son évolution en se basant sur les différences de solubilité des constituants dans le magma (*cf.* II.1.1). De telles variations ont été observées sur de nombreux volcans, par exemple au Kamchatka et au Japon (Cl/S ; Menyailov et Nikitina, 1985 ; Hirabayashi *et al.*, 1986), au Kilauea (He/C, C/S ; Thomas et Naughton, 1979), ou à White Island, Nouvelle Zélande (Giggenbach, 1987). Des augmentations significatives en sulfates et en chlorures, en

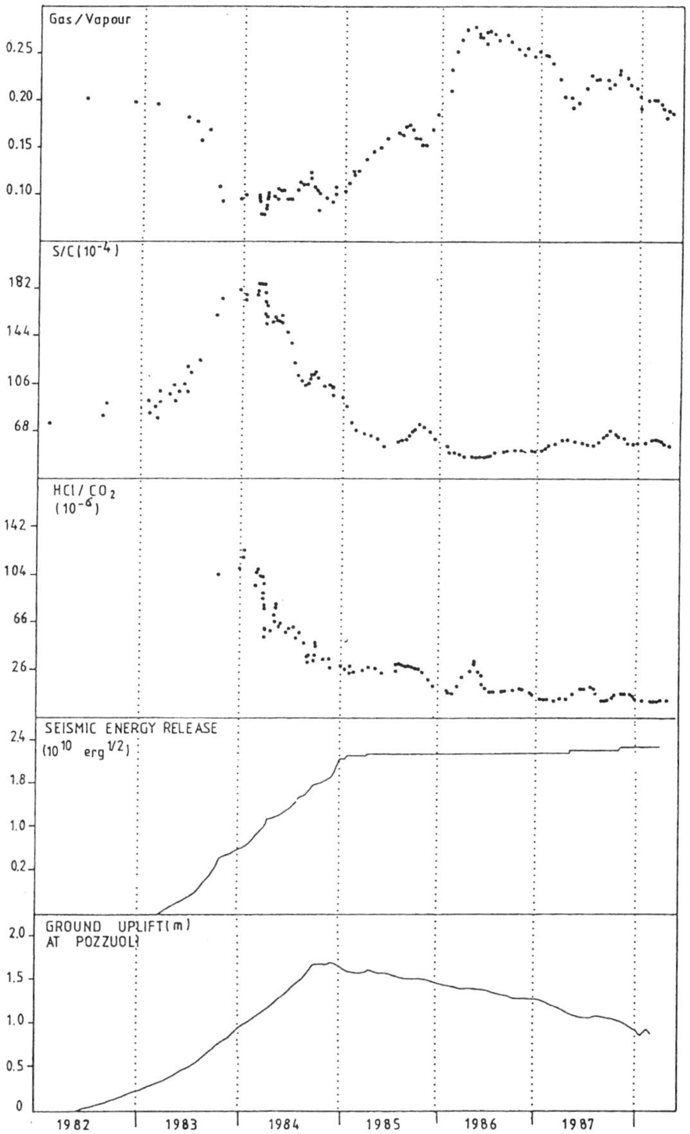

Fig. 193 - Variations des rapports gaz/vapeur, S/C et Cl/C dans les fumerolles les plus chaudes de la caldera des Champs phlégréens, Italie, lors de la crise sismo-volcanique de 1982-1984 (tiré de De Natale *et al.*, 1991). Bien que peu apparent ici, l'accroissement des proportions de vapeur d'eau et soufre dans ces fumerolles a précédé de près d'un an le début du soulèvement du sol. Le suivi géochimique intensif effectué à partir de fin 1982 montre que la tendance (y compris pour le chlore) s'inverse dès avril 1983, 6 à 9 mois avant que cessent la déformation et l'activité sismique. Le retour à la composition antérieure a été progressif ensuite. En d'autres termes, la réponse géochimique du système au processus responsable de la crise a été nettement plus rapide que la réponse géophysique. Cet exemple illustre tout l'intérêt d'une surveillance des émanations gazeuses des volcans.

relation avec une activité croissante, ont également été détectées dans les eaux thermales de nombreux volcans. Un cas exemplaire de précurseurs géochimiques est celui de la crise sismo-volcanique de 1982-1984 aux Champs phlégréens : les fumerolles les plus chaudes changèrent de composition quelques mois avant les premiers signaux physiques (séismes, ouverture de fractures, 1,7 m de soulèvement du sol au centre de la caldera), lesquels firent craindre une éruption imminente, mais surtout l'évolution géochimique s'inversa plusieurs mois également avant le déclin des mêmes signaux (fig. 193), permettant de conclure très tôt à une probabilité éruptive faible ou nulle, confirmée ensuite par les événements.

c) La composition isotopique des gaz permet de caractériser la source des constituants et ses variations. La présence de gaz d'origine magmatique peut être confirmée à partir des rapports des isotopes stables de He, H, O, C, S, N et Ar, reliés aux rapports élémentaires. Une contribution magmatique croissante pourra ainsi être confirmée ou écartée à l'aide de ces traceurs isotopiques. Les exemples incluent l'augmentation du rapport $^3He/^4He$ lors de la crise sismo-volcanique de 1978-1985 à Long Valley, USA (Rison *et al.,* 1983), la détection d'un pic de ^{18}O dans les fumerolles du Mont Usu (Japon) avant une éruption phréatique en 1977 (Matsuo *et al.,* 1982) ou, au contraire, l'absence de variations des rapports $^3He/^4He$ et $^{13}C/^{12}C$ dans les gaz des Champs phlégréens en 1982-1984 (Allard *et al.,* 1991) ou de la Soufrière de Guadeloupe en 1976-1977. Les isotopes radioactifs apportent des indications complémentaires. Par exemple, la présence de ^{14}C dans le CO_2 permet d'exclure une origine strictement magmatique de ce gaz, alors que la présence de ^{210}Po en excès par rapport au ^{222}Rn (son parent radioactif) démontre une contribution magmatique (ex. : Vulcano). Les variations d'activité du radon, quant à elles, peuvent être reliées aux variations de contraintes ou/et de la vitesse de transfert des fluides dans l'édifice.

Enfin, les variations de flux gazeux à la surface sont un paramètre important à considérer : elles apportent une contrainte massique sur le taux de dégazage, le volume potentiel, voire la proximité de la source magmatique. On peut citer comme exemples, l'enregistrement de brusques augmentations des flux de SO_2 et CO_2 avant plusieurs explosions du Mont Saint-Helens en 1980-1982 (Casadevall *et al.,* 1983), ou l'apparition d'un fort dégazage de SO_2 (3 000 t/j) dans les semaines qui ont précédé l'éruption cataclysmale du Pinatubo en 1991. Sur un volcan en activité éruptive persistante dont les conduits sont ouverts, tel l'Etna, les variations de flux gazeux du panache reflètent directement les variations de niveau ou/et d'alimentation de la colonne magmatique. Le flux lié aux émanations diffuses du sol, également, peut varier avec le degré d'activité, en synchronisme avec les émissions des cratères (Baubron *et al.,* 1991).

• Problèmes inhérents à la surveillance géochimique

Les difficultés auxquelles se heurte la surveillance géochimique, et qui expliquent son essor encore récent, sont de trois ordres :

- les difficultés d'accès aux fluides, dues à l'activité volcanique ou à la topographie ;
- les problèmes de corrosion par les gaz acides, qui limitent la durée de vie des équipements ;
- les problèmes d'interprétation des données en termes de prévision, communs aux autres disciplines, mais ici accentués par la réactivité des fluides lors de leur transfert jusqu'à la surface. Pour le géochimiste, le jeu consiste donc à discriminer les informations primaires, de ces altérations et réactions secondaires.

En réalité, la surveillance doit être adaptée à la nature des émissions, au volcan lui-même, et au type d'information recherchée. Les méthodes utilisées sont donc diverses.

• Surveillance continue

Une surveillance en continu, par capteurs autonomes, n'est encore possible que pour quelques paramètres : température (thermocouples) ; fugacité d'oxygène (au-delà de 450°C) et d'hydrogène (à moins de 450°C), à l'aide de capteurs électrochimiques, permettant de suivre l'état redox des gaz ; émanations de radon (par films sensibles ou "*track-etch*" et, mieux, par sondes à semi-conducteur, permettant une acquisition séquentielle des données ; fig. 194). Dans les gaz du sol, les proportions de CO_2, He et Rn peuvent être mesurées en continu à l'aide d'analyseurs spécifiques fonctionnant sur secteur ou batterie (spectromètre infra-rouge et spectromètre de masse, pour les deux premiers). Ce type de suivi a été expérimenté avec succès au Vésuve et à Vulcano (Toutain *et al.*, 1992 ; fig. 195). Enfin, l'activité fumerollienne au fond des lacs de cratère peut être surveillée par méthode acoustique, comme l'a démontré l'enregistrement des précurseurs de l'éruption explosive du Kelut (février 1990), en Indonésie (Vandemeulebrouck *et al.*, 1991). Le développement de ces méthodes ou de méthodes nouvelles, avec télétransmission des données, devrait progressivement hisser la surveillance géochimique au niveau de la surveillance géophysique en ce qui concerne l'acquisition des données.

• Surveillance discontinue

Elle constitue une part irremplaçable de la surveillance de nombreux volcans. Elle s'impose lorsque l'on veut suivre un grand nombre de paramètres (spectre chimique complet, analyses isotopiques) ou lorsque l'activité volcanique ou la topographie empêchent un accès permanent. Sa fréquence est adaptée au besoin d'information, à la vitesse d'évolution du volcan et aux moyens locaux en personnel et équipement.

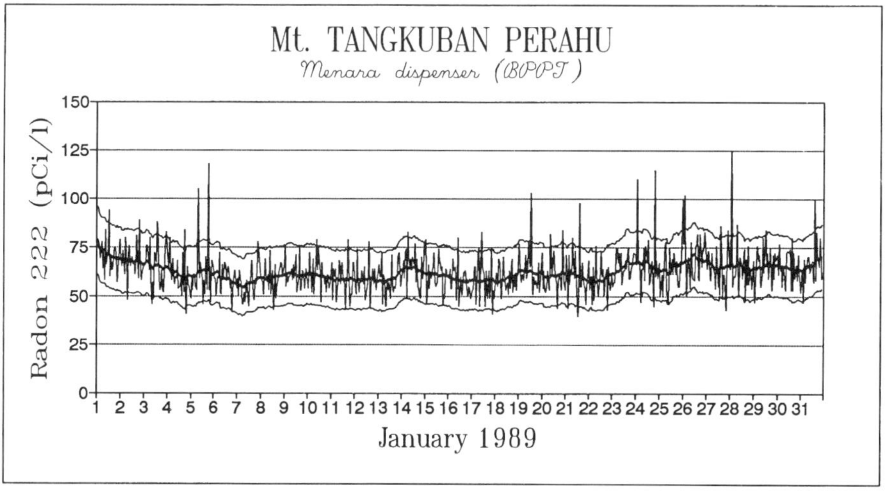

Fig. 194 - Surveillance en continu des émanations de radon-222 sur le volcan Tangkuban Perahu, Java (Indonésie), qui surplombe la ville de Bandung.
La surveillance est réalisée à l'aide d'une sonde "Barasol", à détecteur silicium et alimentée par piles. L'absence d'activité volcanique ou sismique pendant la période considérée coïncide avec une assez nette stabilité de l'activité radon (J.-C. Sabroux, 1992, données non publiées).

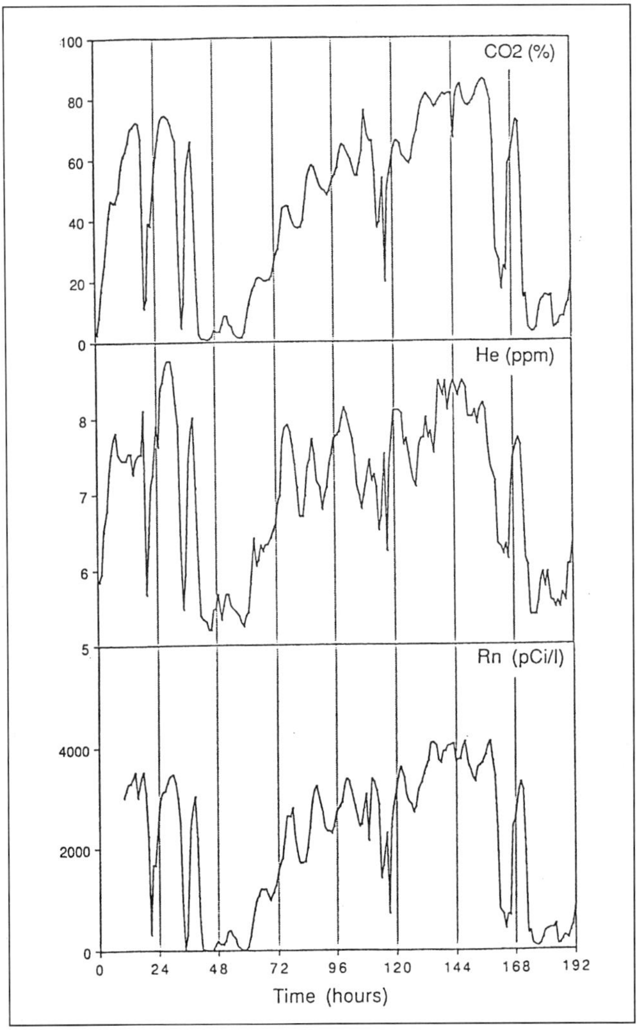

Fig. 195 - Exemple de suivi en continu des teneurs en CO_2, He et radon dans un fluide volcanique percolant au travers d'un puits, situé au pied du cône actif de Vulcano (Italie, 1989).
Les fluctuations rapides résultent d'une dilution variable du gaz (≈100 % de CO_2, 10 ppm He, et 5 000 pCi/l Rn) par de l'air (5,2 ppm He ; CO_2 et Rn ≈ 0), dues aux variations barométriques. Après lissage de cette influence externe ou en considérant seulement les rapports entre constituants, les signaux d'origine volcanique peuvent être discriminés (Toutain *et al.*, 1992).

Elle concerne en premier lieu les prélèvements routiniers et les analyses des différentes émissions (fumerolles, panaches, gaz du sol, eaux thermales). Différents modes de prélèvements sont utilisés, selon le type d'échantillon : aspiration ou balayage dans des ampoules de verre sous vide, barbotage au travers de solutions absorbantes (gaz) ; pompage au travers de filtres, secs ou imprégnés, seuls ou en série (aérosols stables et radioactifs) ; condensation et réfrigération (vapeur d'eau, éléments traces ou/et peu volatils, eaux thermales). Les analyses sont ensuite effectuées en laboratoire, à l'aide de méthodes variées : chromatographie en phase gazeuse, spectrométrie de masse, chimie aqueuse, électrochimie, chromatographie ionique, absorption atomique, activation neutronique, ICP-MS, spectrométrie alpha et béta pour les radioactifs. Toutefois, des appareils compacts, portables ou véhiculables, ont aussi été développés pour réaliser des analyses directes des gaz sur le terrain (chromatographe en phase gazeuse, spectromètre infra-rouge, spectromètre de masse, chaînes de comptage radioactif). Une approche intermédiaire, permettant des analyses différées mais rapides, consiste à installer un laboratoire à proximité immédiate du volcan (observatoires, centres opérationnels en cas de crise). Certaines analyses, cependant, nécessitent des temps de mesure importants (ex. : comptages radioactifs pour les produits à longue période), qui restreignent leur utilisation pour le diagnostic en période de crise.

La mesure des flux gazeux, par télédétection, se fait également de façon discontinue. Son principe est simple : par spectrométrie de corrélation (COSPEC), on mesure le taux d'absorption de la lumière ultra-violette par le SO_2 contenu dans une section verticale des panaches, proportionnel au produit [concentration du gaz]x[épaisseur du panache]. En multipliant ce paramètre par la vitesse de transfert du panache (vitesse du vent à l'altitude correspondante), on obtient le flux massique de SO_2. Le flux de toute autre espèce est ensuite dérivé du rapport de concentration X/SO_2. Les mesures peuvent être faites soit depuis le sol, par balayage à point fixe ou par traverse en véhicule, soit encore depuis un avion (traverses sous le panache). La fréquence des mesures dépend des conditions météorologiques, mais peut être très élevée et le traitement des données peut être immédiat. Une surveillance routinière par COSPEC est actuellement en place sur quelques volcans en activité éruptive persistante (Etna, Saint-Helens, Ruiz, Galeras, Merapi).

Un troisième et dernier type de suivi discontinu concerne les fuites gazeuses diffuses à travers les édifices. Des prospections répétées des anomalies gazeuses dans le sol, de leur distribution et de leur flux, permettent d'établir de véritables cartes géochimiques des volcans (fig. 196), utilisables pour la détection des failles actives (drains) voire potentiellement éruptives (intrusions), et permettent de suivre l'évolution structurale et géochimique des systèmes dans le temps (Baubron *et al.*, 1991). Ce type de suivi requiert un très grand nombre de mesures (le pas de prospection peut varier de 100 m à 1 m), donc étalées dans le temps, mais fournit des résultats immédiats (analyseurs spécifiques portables).

• Prospectives

La surveillance géochimique des volcans devrait connaître un essor important au cours de cette décade. Le souci croissant d'une prévention des risques volcaniques rend nécessaires les approches pluridisciplinaires. Les moyens satellitaires, notamment, devraient permettre une surveillance intensive des émissions volatiles de nombreux volcans et la détection de signaux précurseurs des éruptions (anomalies de température, augmentation des flux, apparition de nouvelles fumerolles, variations de composition des gaz) (voir aussi IV.2.7). Déjà, la télédétection satellitaire (TOMS, satellites Nimbus de la NASA) permet d'estimer à ± 30 - 40 % près les quantités de SO_2 injectées dans la haute atmosphère par les grandes éruptions (ex. : Pinatubo). D'ici peu, des flux troposphériques de quelques centaines de tonnes de SO_2/jour, caractéristiques de très nombreux volcans, devraient être

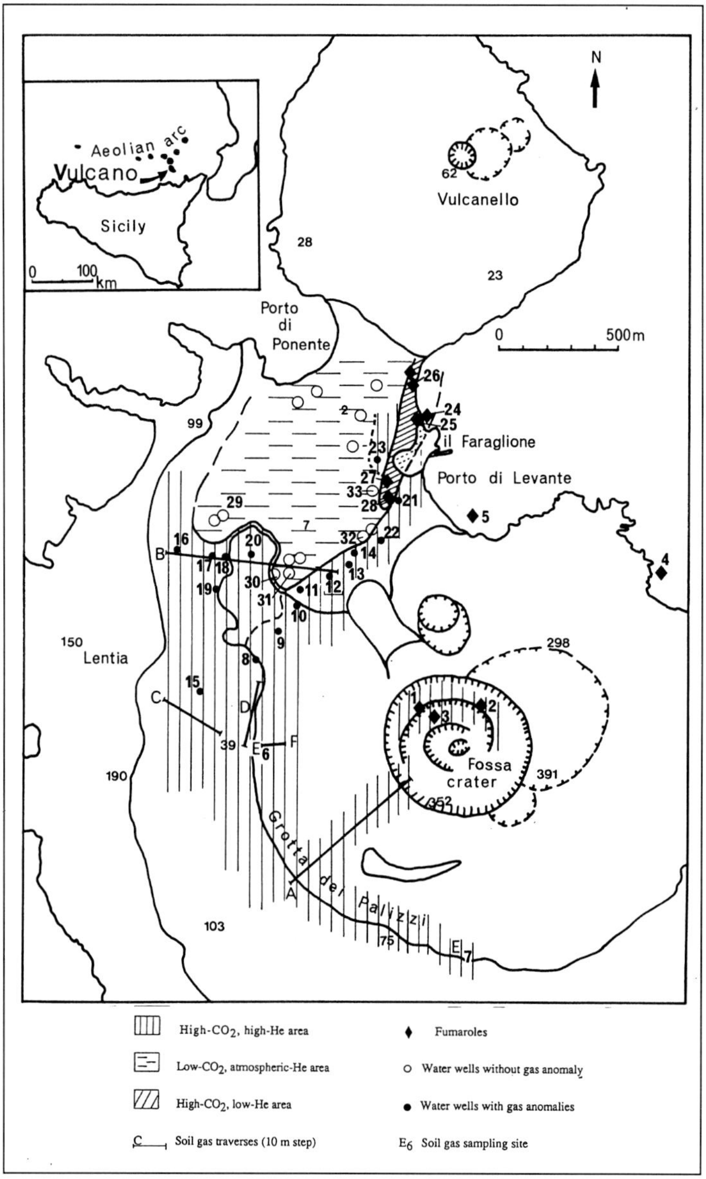

Fig. 196 - Carte géochimique de Vulcano, déduite de l'analyse des gaz du sol, de l'atmosphère des puits d'eau et des fumerolles (Baubron *et al.*, 1990).
Ce type de prospection permet de mettre en évidence trois zones distinctes : a) le cône actif (tiretés verticaux), dont les pentes se caractérisent par de fortes teneurs en CO_2 et He, dont l'origine magmatique a été démontrée ; b) une large zone au nord où aucune anomalie gazeuse n'apparaît (tiretés horizontaux), et c) une étroite bande reliant le cône actif à celui de Vulcanello (tiretés inclinés), où des anomalies hélium négatives (teneurs inférieures à celle de l'air) sont présentes.

mesurables par ce biais. Les spectromètres à laser en cours de développement (LIDAR, Lasers à électrons libres, ou *Tropospheric Emission Spectrometer* du Jet Propulsion Laboratory, Californie) permettront de suivre dans l'infra-rouge les variations de concentration d'autres espèces comme CO_2, CO, COS, H_2O, et HCl. Néanmoins, ces progrès de la télédétection ne doivent pas occulter la nécessaire complémentarité des mesures *in situ,* qui constituent une approche essentielle de la surveillance géochimique des volcans.

IV.2.7. - LA THERMOGRAPHIE INFRA ROUGE

par Jean VANDEMEULEBROUCK

• Cadre volcanologique

La télédétection aéroportée apparaît aujourd'hui comme un moyen fiable de surveillance volcanologique. Ce type de surveillance s'appuie sur le fait observé que l'introduction d'un magma à faible profondeur se traduit en surface par des anomalies thermiques mesurables.

La conductivité des roches étant faible, le transfert thermique par conduction vers la surface est lent comparé à la vitesse d'ascension du magma. Dans le cas d'un magma assez fluide et rapide, ces anomalies thermiques ne seront sûrement observées que postérieurement à l'éruption. Par contre, le transfert thermique par convection est beaucoup plus rapide parce que la chaleur se propage par les fissures à la vitesse du fluide caloporteur (eau, vapeur, gaz magmatiques). En période calme, les anomalies sont localisées aux endroits où les transferts ascendants de fluides chauds sont importants : champs fumerolliens, zone d'influence des cratères, failles actives. Avant l'éruption, on note généralement l'accroissement progressif du volume et de la température des fluides émis, ainsi que l'apparition de nouvelles zones de convection. Cette augmentation d'activité de surface se traduit sur les thermographies par une extension des surfaces à température élevée et par un accroissement des écarts de température entre ces zones et des zones de référence. Le suivi temporel des anomalies thermiques à l'échelle d'un volcan s'effectue alors par l'acquisition périodique de thermographies Infra Rouge (IR) et par l'analyse multidate de ces données.

L'approche satellitaire s'est, de plus, récemment révélée comme un moyen d'observation de volcans difficiles d'accès et donc faiblement surveillés comme l'Erta Ale, l'Erebus ou les volcans andins (Rothery *et al.*, 1988). Les données thermiques recueillies renseignent alors sur l'activité de surface de l'ensemble de l'édifice à un instant donné : extension d'un champ fumerollien, émission de produits éruptifs, existence d'un lac de lave, etc.

• Principe de la thermographie Infra Rouge

Le principe de la thermographie consiste à analyser les variations spatiales du rayonnement IR émis par la surface du sol. La quantité d'énergie rayonnée et son contenu spectral permettent de déterminer des paramètres au sol tels que la température et la surface émissive. Les capteurs utilisés pour mesurer ce rayonnement sont des radiomètres IR embarqués sur un avion ou un satellite. La télédétection satellitaire présente l'intérêt d'une acquisition instantanée de l'ensemble de la scène (synopticité), mais la résolution spatiale (taille du plus petit détail perceptible) n'est que d'une centaine de mètres actuellement. En avion, cette résolution est meilleure, de l'ordre du mètre, mais la fréquence des prises de vue est variable et le coût important. Comparée à des mesures au sol, la télédétection IR aérospatiale a l'intérêt de pouvoir conduire à une estimation du flux thermique intégré sur de larges zones, voire sur l'édifice en entier. Ce calcul global est nécessaire dans le cas assez fréquent où les anomalies thermiques se déplacent au cours du temps, ce qui rend inopérantes les mesures ponctuelles au sol. Les données thermiques sont acquises de préférence au milieu de la nuit, de manière à s'affranchir du rayonnement solaire réfléchi dans l'IR proche ainsi que du réchauffement du sol sous l'effet du rayonnement solaire.

L'énergie rayonnée par un corps noir (corps idéal) ne dépend que de sa température absolue T et s'étend sur un large domaine du spectre électro-magnétique. Les surfaces naturelles émettent, elles, une quantité d'énergie plus faible que celle rayonnée par un corps noir à même température et le rapport de ces deux énergies, noté ε ($0 < \varepsilon < 1$) représente l'émissivité de la surface. L'énergie rayonnée par une surface dépend donc à la fois de sa température absolue et de son émissivité (*cf.* III.2.2). Ainsi, les différences de rayonnement observées sur une thermographie peuvent correspondre aussi bien à des écarts de température qu'à des variations d'émissivité, ce paramètre dépendant de la structure du sol et de sa couverture végétale.

D'après la formule de Planck, plus un corps est chaud, plus son spectre d'énergie rayonnée se déplace vers les courtes longueurs d'onde et devient étroit. La longueur d'onde λ_m pour laquelle ce rayonnement est le plus énergétique est donné par la loi de Wien : $\lambda_m.T = 2\ 897$ µm Kelvin. Il est ainsi facile de déterminer le domaine de longueurs d'onde du rayonnement connaissant la température du corps. Dans la plupart des cas, quand la température intégrée sur toute la surface de la tachèle (tache élémentaire au sol) ne dépasse pas 100°C, on emploie uniquement les canaux IR thermique ($\lambda > 3{,}0$ µm). Dans les autres cas, pour une température de la surface plus élevée (de 100 °C à 1 100 °C), le corps rayonne dans l'IR proche et même dans le spectre visible (λ de 0,5 µm à 3,0 µm). De manière générale, l'utilisation conjointe de plusieurs canaux IR pour le calcul de la température n'est pas superflue ; elle permet d'évaluer soit l'absorption atmosphérique, soit l'émissivité de la surface, et de quantifier la proportion de la surface du pixel qui est à haute température.

Le calcul des températures de surface ou du flux géothermique à partir de l'énergie reçue par le satellite est un problème inverse qui nécessite des étapes successives de correction des phénomènes perturbateurs, comme l'absorption atmosphérique. Les approximations nécessaires à ce calcul et l'incertitude sur l'estimation de nombreux paramètres rendent la détermination absolue des températures difficile car trop entachée d'erreurs. Ainsi, on préfère calculer les écarts en température sur une même thermographie ; on considère alors que certains paramètres, comme l'émissivité, sont constants sur la zone étudiée. La différence de flux géothermique entre deux zones du volcan peut ensuite être estimée d'après ces écarts entre les températures de surface.

• Analyse dans l'Infra Rouge Thermique

La chaîne complète de traitement d'une thermographie part des valeurs numériques du fichier-image pour aboutir à la température du sol ou au flux géothermique. A partir des valeurs numériques issues des fichiers images IR et connaissant la réponse du radiomètre, on retrouve l'énergie reçue au niveau du satellite dans la bande de fréquence choisie. Il faut ensuite estimer l'énergie rayonnée directement par l'atmosphère vers le satellite ainsi que la part du rayonnement émis par le sol qui a été absorbée et diffusée par les composants de l'atmosphère. Pour cela, la meilleure méthode est d'utiliser des scènes acquises simultanément par les satellites météorologiques NOAA ; les valeurs radiométriques de leurs canaux IR permettent de quantifier l'absorption atmosphérique sur l'ensemble de la zone. Les effets atmosphériques retranchés, on obtient donc l'énergie rayonnée au niveau du sol puis, par inversion de la formule de Planck, la température de surface de la tachèle. Lors de ce calcul, on prend habituellement comme hypothèse que les paramètres optiques et thermiques du sol, comme l'émissivité, la diffusivité, l'inertie thermique, sont constants si les zones volcaniques étudiées sont peu recouvertes par la végétation. Si cela est possible, des mesures de température *in situ* lors du passage du satellite permettent le contrôle au sol des résultats obtenus.

Pour aboutir finalement au flux thermique d'origine volcanique, il faut estimer les autres transferts de chaleur qui interviennent à la surface du sol :

a) les flux de chaleur latente ;

b) la convection à la surface du sol par le vent ;

c) le refroidissement de la température de l'air, donc du sol, avec l'altitude ; ce gradient est d'environ 6 °C /1 000 m ;

d) le bilan radiatif d'origine solaire qui est fonction de l'orientation de la surface. Cette énergie absorbée durant l'ensoleillement est à prendre en compte si la prise de vue a lieu en plein jour ou au début de la nuit.

Les premières études thermiques menées sur des volcans actifs ont été réalisées avec des radiomètres héliportés ou aéroportés - pour une bibliographie détaillée, se reporter à Francis, 1979 ou Bonneville, 1985. Les premières thermographies ont démontré l'intérêt d'une couverture globale de l'édifice par rapport aux mesures ponctuelles de température. Ainsi, en Islande, sur le volcan Surstey en 1966, on a pu observer que des zones anormalement chaudes s'étendaient bien au-delà du cratère actif Sutur (Friedman et Williams, 1968). De même, les thermographies aériennes réalisées sur Hawaï en 1963 ont fait apparaître avec une grande précision des détails structuraux non visibles en surface (Fischer *et al.,* 1964). Les thermographies réalisées au Mont Saint-Helens en 1980 ont montré l'existence de précurseurs thermiques sur les zones des futurs bombements, quelques jours avant qu'on les observe visuellement (Kieffer *et al.,* 1981).

Les premières thermographies satellitaires ont été obtenues par des satellites météorologiques ; ceux-ci sont toujours utilisés parce que leurs radiomètres possèdent plusieurs canaux dans l'IR thermique et que leurs systèmes permettent plusieurs acquisitions de données par jour. Ceux qui ont une grande couverture spatiale mais une résolution faible servent à l'étude de la dispersion des nuages éruptifs et des panaches (Malingreau et Kaswanda, 1983). En 1977, les données thermiques du satellite NOAA2, d'une meilleure résolution spatiale (1 km), indiquèrent une augmentation de la température de surface du volcan Fernandina aux Galapagos un jour avant l'éruption (Simkin et Kreuger, 1977). Plus récemment, les satellites du même système NOAA ont été employés avec succès pour suivre l'évolution temporelle de phénomènes thermiques précurseurs de l'éruption de l'Etna en 1983 (Bonneville *et al.,* 1985). A l'heure actuelle, dans l'attente de satellites civils à haute résolution dans l'IR thermique, les données les plus précises, d'une résolution de 120 m, proviennent du radiomètre Thematic Mapper (TM) des satellites Landsat. Ce satellite peut être programmé pour une acquisition nocturne, mais possède le handicap d'une répétitivité faible, un passage tous les seize jours, ce qui constitue un délai trop important dans des zones souvent recouvertes de nuages et surtout en cas de crise éruptive.

• Analyse dans l'Infra-Rouge proche

Suivant les lois physiques du rayonnement rappelées plus haut, les thermographies dans le proche et moyen Infra Rouge concernent des surfaces volcaniques à hautes températures : coulées récentes de lave et de débris, fumerolles, lacs de lave. La méthode d'analyse des données est similaire à celle utilisée dans l'IR thermique, avec toutefois des caractéristiques spécifiques :

- Les prises de vue acquises pendant la journée sont plus facilement utilisables car le réchauffement du sol par l'ensoleillement est négligeable, compte tenu de la température déjà élevée de la surface.
- Dans ce cas, le rayonnement mesuré comprend une part de rayonnement solaire réfléchi dans ces courtes longueurs d'onde. Il convient alors d'estimer la réflectivité du sol par comparaison avec des zones proches à température normale et de retrancher le rayonnement réfléchi au rayonnement total mesuré.
- L'émissivité ε de la surface est plus facile à estimer pour ces longueurs d'onde. D'après Kirchoff, on peut déterminer ε d'après la réflectivité ρ puisque $\varepsilon = 1-\rho$.

Les observations réalisées sur des volcans actifs dans l'IR proche (Rothery *et al.*, 1988) proviennent en général du radiomètre TM des Landsat qui possède deux canaux TM5 et TM7 dans l'IR proche ainsi que quatre canaux visibles, tous avec une résolution de 30 m. Si le rayonnement propre de la surface est mesurable dans plusieurs bandes spectrales, il est intéressant d'inverser la formule de Planck dans les différents canaux et d'en tirer la proportion de la surface de la tachèle qui est émissive (Dozier, 1981 ; Matson et Dozier, 1981). On peut ainsi estimer la surface du sol réellement à haute température, comme par exemple l'extension d'un évent fumerollien, celui-ci occupant en général une surface très inférieure à la surface de la tachèle (30 m x 30 m). Une anomalie thermique de plusieurs centaines de degrés a ainsi été observée dans le cratère sommital du volcan Lascar (Chili) préliminairement à l'éruption de 1986 (Francis et Rothery, 1987). Par la même méthode, la température et l'extension des lacs de lave de l'Erta Ale et de l'Erebus ont été mesurées à partir des données du Landsat TM (Rothery *et al.*, 1988). Dans une prospective à moyen terme, le lancement de satellites d'observation d'une meilleure résolution dans l'Infra Rouge (SPOT 4, LANDSAT 7) ou d'un satellite dédié à la volcanologie devrait aboutir à l'observation multispectrale d'un plus grand nombre d'anomalies de taille décamétrique.

IV.2.8. - SURVEILLANCE DE L'ACTIVITE VOLCANIQUE : LES TECHNIQUES ET LEUR MISE EN OEUVRE

par Jean-François LENAT

La surveillance de l'activité volcanique est indispensable à l'étude des processus du volcanisme et à la prévision des éruptions. Si la prévention des risques pour les populations et les biens justifie à elle seule la surveillance des volcans, l'objectif de recherche scientifique ne peut pas être dissocié de cette démarche puisque la qualité d'une prévision dépend directement du niveau des connaissances sur le site et sur les processus volcaniques en général. C'est pourquoi il est parfois opportun d'étudier des volcans dont l'activité, même si elle ne présente pas *a priori* de risques pour l'environnement humain, est intéressante, soit en raison de la fréquence des crises, soit en raison de particularités. Les connaissances scientifiques ainsi acquises pourront en retour être exploitées dans la surveillance des sites dangereux.

• Les techniques de surveillance

Une éruption volcanique est toujours précédée ou accompagnée du transfert de quantités importantes de magma (de l'ordre de 10^6 m^3 jusqu'à plusieurs km^3) dans la lithosphère et dans l'édifice. Ce déplacement interne de matière induit un ensemble de phénomènes physiques et chimiques dont certains sont répercutés ou perceptibles en surface dans la variation de différents paramètres. Le champ des méthodes qui peuvent être appliquées à la surveillance est potentiellement vaste. Cependant, après pratiquement un siècle d'expérience (les USA et le Japon ont joué dans ce domaine un rôle de pionniers), seul un nombre restreint de méthodes ont atteint un niveau opérationnel en terme de prévision de l'activité volcanique.

La surveillance sismique est de loin la méthode la plus fiable et la plus utilisée. La surveillance des déformations du sol s'est progressivement imposée comme la seconde méthode opérationnelle pour la prévision. Toutes les autres méthodes qui ont été testées comme méthodes de prévision restent, à des degrés divers, encore expérimentales, même si dans des cas spécifiques certaines peuvent être utilisées de façon sûre. Néanmoins, il est certain que, dans l'avenir, les recherches entreprises sur les modifications des paramètres autres que la sismicité et les déformations (champ magnétique, gravité, résistivité, polarisation spontanée, température, composition ou flux des gaz ou de l'eau ...) vont progressivement aboutir à faire émerger de nouveaux outils fiables de prévision. Indépendamment de l'aspect prévisionnel, toutes ces expérimentations participent à l'étude générale des processus volcaniques et sont importantes à cet égard. De plus, la mise en oeuvre conjointe de plusieurs méthodes, même si elles n'ont pas toutes la même capacité pour la prévision, permet de mieux décrire et comprendre les phénomènes volcaniques. Nous ne revenons pas en détail ici sur les techniques des méthodes qui, pour la plupart, sont décrites plus haut.

L'objectif de la surveillance ne se limite pas à la prévision des éruptions. Il est parfois plus important de prévoir l'évolution d'une éruption que son début. Lorsqu'une éruption est en cours, l'arsenal des méthodes de surveillance est complété par les observations ou mesures sur l'activité sub-aérienne et sur les produits émis : observations phénoménologiques (c'est-à-dire la description visuelle de l'évolution de l'activité dans l'espace et dans le temps), mesure des températures, des débits, des vitesses d'avancement des coulées, suivi des panaches et prélèvements des produits. Par exemple la mesure d'avancement des coulées de lave et de leur débit d'émission peut permettre d'estimer leur extension potentielle en fonction de la topographie, ou bien la surveillance de la composition des laves au cours de l'éruption peut montrer la vidange progressive d'un réservoir ou une nouvelle alimentation de celui-ci. Comme lors de la phase pré-éruptive, la sismicité et les déformations restent, en général, les paramètres les plus importants pendant les éruptions. Le transfert de magma dans l'édifice se traduira par des déformations montrant la vidange ou la recharge du réservoir, ou bien le développement d'intrusions vers la surface. Une migration de l'activité sismique pourra traduire une migration de magma et, donc, la possibilité d'une migration de l'activité. Des variations du tremor, en amplitude ou en fréquence, indiqueront des variations du débit ou des modifications des conduits.

Rappelons aussi l'importance des données sur le comportement passé et sur la structure d'un volcan surveillé. Ces connaissances, si elles existent, permettent d'optimiser la disposition et le choix des capteurs mis en oeuvre pour la surveillance, en fonction des types d'activité potentiels et des structures actives, et constituent des références précieuses pour interpréter, avec le moins d'ambiguïté possible, les observations en termes de prévisions.

• **Mise en oeuvre de la surveillance**

Sur les quelques 600 volcans actifs, seuls quelques dizaines font l'objet d'une surveillance instrumentale. Il est, bien sûr, irréaliste, et non fondé, d'envisager d'équiper de réseaux de surveillance sophistiqués tous les volcans potentiellement actifs, car le problème de surveillance se pose différemment pour chaque site en fonction de la fréquence et de la nature de l'activité, de l'environnement humain, des problèmes de logistiques (comme par exemple l'accès), des compétences et des moyens disponibles. Nous allons décrire brièvement quatre types de mise en oeuvre de surveillance : un observatoire volcanologique "minimum", un observatoire plus sophistiqué orienté vers la prévision et la recherche, une surveillance automatique à distance et un observatoire mobile d'intervention.

Équipement adéquat minimum d'un observatoire

Il est intéressant de se référer à ce qui a été défini comme l'équipement minimum d'un observatoire (c'est-à-dire ce qui est indispensable pour obtenir des informations fiables sur l'état d'un volcan actif) par une commission du WOVO (*Word Organization of Volcano Observatories*) en 1981 (Tilling, 1981).

La condition essentielle pour une alerte rapide est de recueillir en temps réel des informations sur des paramètres surveillés en continu. Les éléments prioritaires d'un tel réseau minimum de surveillance seront : (1) trois stations sismiques qui permettront de localiser l'activité sismique ; (2) un inclinomètre permanent à deux composantes dont le fonctionnement devra être périodiquement contrôlé par des mesures de nivellement. Ces capteurs seront reliés à la station d'observation par un dispositif de télétransmission radio. Pour augmenter l'efficacité de ce réseau minimum, il est conseillé un certain nombre d'actions complémentaires telles que : réitération périodique d'un réseau de stations d'inclinaison par nivellement et d'un petit réseau de trilatération et/ou de nivellement, observations visuelles régulières. Ce type de structure peut fonctionner en routine avec un personnel de 3 à 5 personnes.

Observatoires volcanologiques de surveillance et de recherche : exemple de l'Observatoire du Piton de la Fournaise

Tous les observatoires volcanologiques ont une mission de surveillance et tous apportent une contribution scientifique à l'étude des processus volcaniques, mais certains, implantés sur des sites sélectionnés, ont une orientation plus marquée vers la recherche, c'est-à-dire que l'importance de leur équipement et des programmes entrepris dépassent le simple objectif de la prévision à court terme. Le plus célèbre des observatoires de ce type est celui d'Hawaï, installé depuis 1912, où travaillent en permanence 20 à 30 personnes. Plus récent, l'Observatoire des Cascades aux USA mérite également d'être cité puisque plusieurs dizaines de personnes y travaillent sur les différents aspects de l'activité du Mont Saint-Helens et d'autres volcans de la Chaîne des Cascades. D'autres observatoires volcanologiques importants existent aussi dans quelques pays (Japon, Italie, URSS, Islande, Papouasie-Nouvelle Guinée...).

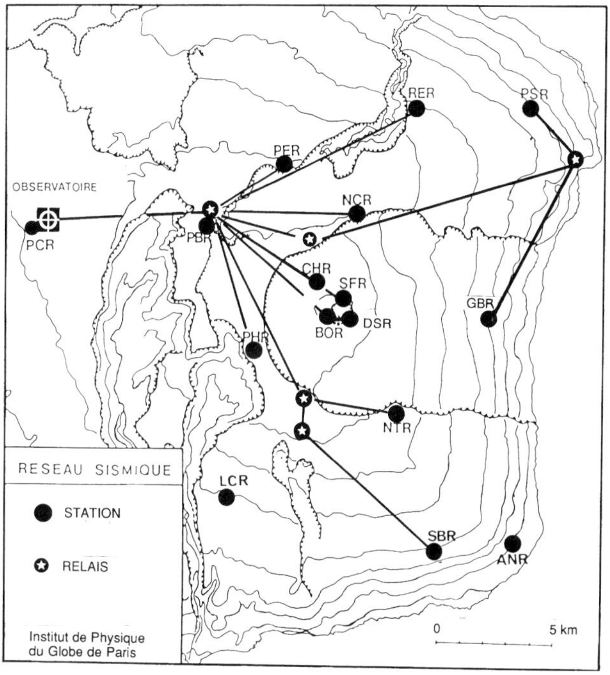

Fig. 197 - Réseau sismique permanent du Piton de la Fournaise.
Toutes les stations sont reliées par télétransmission à l'observatoire.

Une présentation de l'Observatoire volcanologique du Piton de la Fournaise (Ile de la Réunion), installé en 1980, permet d'illustrer à la fois les techniques mises en oeuvre et les problèmes pratiques de leur implantation (les informations présentées ici proviennent de documents et rapports de l'IPG de Paris qui a la responsabilité des observatoires volcanologiques français). Le bâtiment de l'Observatoire est installé assez loin (25 km de route et piste) du centre du volcan (fig. 197). Bien qu'une implantation plus proche paraisse, *à priori,* souhaitable, des considérations d'accès et d'infrastructure (eau, électricité) rendaient cette solution irréaliste. Le problème d'éloignement entre une station d'observation et le lieu d'activité volcanique se pose en fait souvent, soit pour des raisons similaires à celles évoquées ici, soit parce que le type d'activité exclut une installation trop proche. Cet inconvénient n'est pas critique pour les capteurs reliés par transmission radio à l'observatoire et il peut être, en grande partie, surmonté pour la surveillance visuelle du volcan par l'intermédiaire d'images vidéo télétransmises. L'énergie nécessaire aux différents capteurs et émetteurs disposés sur le volcan (donc en général loin des sources d'énergie conventionnelles) est fournie par des cellules photovoltaïques.

– Réseau sismique

Le réseau sismique du Piton de la Fournaise est composé de 16 stations courte période (fig. 197) reliées à l'observatoire par radio (ou par ligne téléphonique pour 2 stations). Les signaux sont enregistrés sur un support magnétique lorsqu'un événement est détecté. Leur dépouillement est effectué sur un ordinateur selon deux modes. Le premier est automatique en temps réel : un programme détermine automatiquement les temps d'arrivée des ondes aux stations et calcule les hypocentres ; en cours de crise, ce dispositif permet de disposer immédiatement de la localisation des foyers sismiques (un dispositif similaire existe à Hawaï). L'autre mode est effectué en temps différé ; il permet d'affiner les déterminations des temps d'arrivée déterminés en mode automatique, pour améliorer la localisation des foyers sismiques, et de réaliser d'autres types d'analyse des signaux. D'autre part, les traces des signaux de stations sélectionnées sont continuellement inscrites sur un enregistreur papier, ce qui permet un contrôle visuel en temps réel de l'activité sismique. Un dispositif de téléalarme permet d'alerter les personnes à leur domicile, en dehors des heures de travail, en cas d'événement anormal.

La configuration du réseau est un compromis entre une disposition idéale par rapport aux zones surveillées et les difficultés de télétransmission (reliefs) et d'accès pour la maintenance des stations.

– Réseaux de surveillance des déformations

Cinq inclinomètres, un distancemètre et un extensomètre enregistrent en permanence les mouvements du sol dans la zone centrale. Ces données, télétransmises à l'observatoire permettent de connaître, en temps réel, la dynamique des mouvements, alors que des mesures périodiques de distances et de nivellement sur le terrain permettent de décrire la géométrie des déformations sur l'ensemble de l'édifice (voir IV.2.2). Les figures 179 à 183 et la figure 198 montrent une partie des réseaux et des exemples de résultats de mesure de déformation. Plus encore que dans le cas du réseau sismique, on remarque qu'en raison des difficultés d'accès, la configuration des réseaux de déformations n'est pas idéale dans la partie est de la caldera. Il n'est pas possible de décrire ici en détail l'ensemble des réseaux de mesure des déformations mis en oeuvre au Piton de la Fournaise ; il faut retenir que la localisation, la densité et la méthodologie des mesures sont orientées par des problèmes volcano-tectoniques spécifiques du volcan : inflation/déflation de l'édifice, évolution des systèmes fissuraux, mise en place d'intrusions, effondrements, instabilité gravitaire des flancs. On pourra se reporter aux références suivantes pour des descriptions et des illustrations de ces mesures : Delorme *et al.,* 1989 ; Lénat *et al.,* 1989 a et b ; Zlotnicki *et al.,* 1989 ; Toutain *et al.,* 1992.

– Autres types de capteurs et mesures

En raison de son activité éruptive fréquente et de la qualité des réseaux de surveillance de la sismicité et des déformations qui fournissent un bon contrôle de l'activité, le Piton de la Fournaise constitue un site idéal pour l'expérimentation d'autres méthodes de surveillance. Actuellement, des réseaux expérimentaux de surveillance du champ magnétique, de l'émanation du radon, de la température du sol et de la polarisation spontanée sont installés.

Parallèlement à l'activité de l'observatoire, un ensemble de programmes de recherches est en cours à l'échelle du massif (datations, pétrologie, géochimie, études structurales, reconstitution de l'évolution etc.). On comprend donc que les données recueillies par l'Observatoire du Piton de la Fournaise s'intègrent dans un vaste programme de recherche fondamentale sur le volcanisme et dépassent le cadre strict de la surveillance.

Surveillance automatique à distance

Les deux types d'observatoires que nous venons de décrire, parce qu'ils impliquent du personnel résident, ne peuvent pas être systématiquement mis en oeuvre sur tous

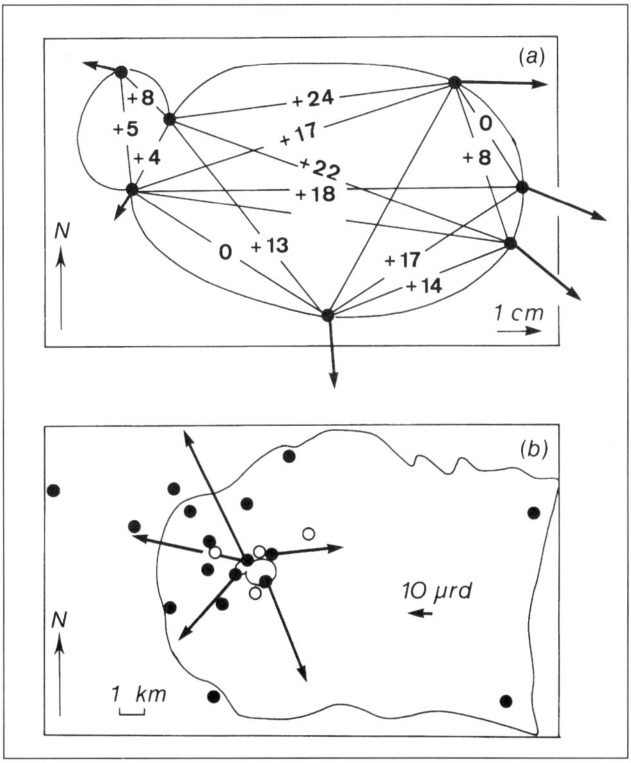

Fig. 198 - Quelques éléments du réseau de surveillance des déformations du sol au Piton de la Fournaise .
(a) détail du réseau de géodésie autour des cratères sommitaux. Les flèches sont les vecteurs de déplacement correspondant à l'inflation du sommet avant l'éruption de juin 1985. Les variations de distances entre les repères lors de cette période sont indiqués en millimètres.
(b) réseau des stations d'inclinaison par nivellement (cercles pleins) et des inclinomètres permanents (cercles vides). Les vecteurs indiquent les variations de pentes (en microradians) correspondant à l'inflation du sommet avant l'éruption de juin 1985.

les sites potentiellement actifs. L'évolution des technologies, pour les équipements et les télétransmissions, a permis récemment d'envisager la conception de stations automatiques utilisant les satellites comme relais pour la transmission de leurs données. Les perspectives de ce type de surveillance sont considérables puisqu'il devient possible d'équiper de nombreux sites (même très isolés) d'un réseau minimum de surveillance à un coût de fonctionnement très inférieur à celui d'un observatoire classique. Les données en provenance de plusieurs sites peuvent être dépouillées dans un seul centre avec un décalage faible dans le temps, en général de l'ordre de quelques heures, suivant le satellite utilisé, ce qui dans la majeure partie des cas est suffisant pour déclencher une alerte si des phénomènes anormaux apparaissent. Actuellement, un centre de collecte et de diffusion des données des équipes françaises utilisant ces techniques est implanté au centre du CNRS de Garchy.

Un premier programme de ce type a été expérimenté à partir de 1973 sur une dizaine de volcans d'Amérique centrale et d'Amérique du Nord (Ward, 1974). Les dispositifs de surveillance comportaient un ou plusieurs sismomètres et, dans certains cas, un inclinomètre biaxal. Pour des raisons de longueur de message, les données sismiques transmises étaient non pas les signaux sismiques mais les valeurs données par un compteur d'événements à quatre niveaux de détection en fonction de l'amplitude des signaux.

Plus récemment, une équipe française de l'université de Grenoble a développé des stations, utilisant le système ARGOS (*cf.* IV.2.2) pour la transmission des données, capables de détecter et transmettre les temps d'arrivée des ondes P. Dix stations de ce type sont restées en place sur l'Etna entre 1983 et 1989 (Glot *et al.,* 1984 ; Glot et Poupinet, 1987). De nouveaux développements technologiques et informatiques permettent, maintenant, de doter ce type de station sismique de dispositifs de prétraitement et donc d'émettre des messages plus pertinents et plus riches (temps d'arrivée, polarité, durée, amplitude, une partie du signal).

Citons également les succès enregistrés par une équipe française de l'université de Chambéry dans la surveillance de lacs de cratère au Kelut, Indonésie (Vandemeulebrouck *et al.,* 1990) et au Taal, Philippines (Vandemeulebrouk et Halbwachs, com. pers. 1992) où des stations, comportant des capteurs de température et des hydrophones, relayées par le système ARGOS, ont permis de détecter et d'enregistrer des crises pré-éruptives.

Il est donc désormais possible de concevoir et de mettre en oeuvre des stations autonomes extrêmement sophistiquées pour divers types de capteurs. Ce mode de surveillance va connaître un essor important, soit comme dispositif d'alerte sur des volcans non ou peu surveillés, soit pour acquérir à distance, et pour un coût relativement limité, des données dans des sites présentant des difficultés pour les transmissions terrestres, ou peu accessibles.

Observatoire mobile d'intervention

Il se produit chaque année des éruptions qui nécessitent des interventions en matériel et en personnel scientifiques, soit que ces éruptions surviennent sur des sites non surveillés, soit que le caractère de l'activité prenne une amplitude qui requiert un renforcement important de la surveillance. Plusieurs pays ou organisations internationales envisagent, ou ont déjà mis sur pied, des procédures pour réquisitionner dans des délais rapides des équipes et du matériel d'intervention. Les techniques géophysiques prioritaires restent, dans ce cas encore, la surveillance de la sismicité et des déformations. Le principal risque des interventions "à chaud" est de voir leur capacité d'évaluation limitée considérablement par le manque d'information sur le comportement passé du volcan (dans le cas de volcans peu connus) et par l'absence de ligne de base pour les mesures de surveillance géophysique (plusieurs dizaines de séismes par jour peuvent indiquer un état de calme au Kilauea et un état de crise sur beaucoup d'autres volcans).

Citons deux exemples récents et célèbres de cas où des moyens d'intervention ont dû être installés en urgence, le Mont Saint-Helens, avant l'éruption du 18 mai 1980 (Lipman *et al.,* 1981 ; Malone *et al.,* 1981), et le Pinatubo avant la crise de juin 1991 (Pinatubo Volcano Observatory Team, 1991). Dans les deux cas, les interventions ont très largement contribué à réduire le bilan des pertes humaines et, dans une moindre mesure, économiques ; sur le plan scientifique, l'apport des informations recueillies est indiscutable.

• Prévision de l'activité volcanique

Prévoir la date, le lieu et le caractère des éruptions volcaniques compte parmi les principaux objectifs de la volcanologie. La prévision de l'activité d'un volcan est basée à la fois sur une étude de son comportement passé et sur les données de surveillance. Aucune technique, prise séparément, ne peut prétendre être suffisamment fiable pour la prévision des éruptions volcaniques, et l'expérience de l'étude de l'activité d'un volcan ne peut pas toujours être utilisée directement pour prévoir l'activité d'un autre volcan.

Quelques exemples vont nous permettre d'illustrer à la fois la spécificité du comportement de chaque volcan et les points forts et les points faibles de nos capacités de prévision.

Au Kilauea, à Hawaï, plus de cycles éruptifs que sur aucun autre volcan du monde ont été étudiés en détail. On a pu établir un modèle assez précis de son fonctionnement (Decker, 1987). Entre les éruptions, le sommet du Kilauea gonfle progressivement, en réponse à l'accumulation de magma dans un réservoir magmatique situé entre 2 et 7 km de profondeur. Le transport et l'accumulation de magma sont marqués aussi par une activité sismique profonde et intermédiaire dans la lithosphère et par une activité microsismique de quelques dizaines à quelques centaines d'événements par jour au-dessus du système de stockage. Un départ de magma de celui-ci, latéralement et vers la surface, provoque en quelques heures ou quelques jours une déflation brutale du sommet (fig. 199) car le magma est soutiré beaucoup plus rapidement qu'il ne s'est accumulé. L'amorce d'une déflation, et la sismicité associée, constituent donc des éléments majeurs de prévision à court terme mais, cependant, loin d'être infaillibles car l'expérience a montré que toutes les intrusions n'atteignent pas la surface. Le réseau sismique dense du Kilauea permet de suivre le trajet souterrain de l'intrusion et de prévoir la zone probable de l'éruption, sans qu'il soit possible de prévoir si celle-ci se produira effectivement. Un

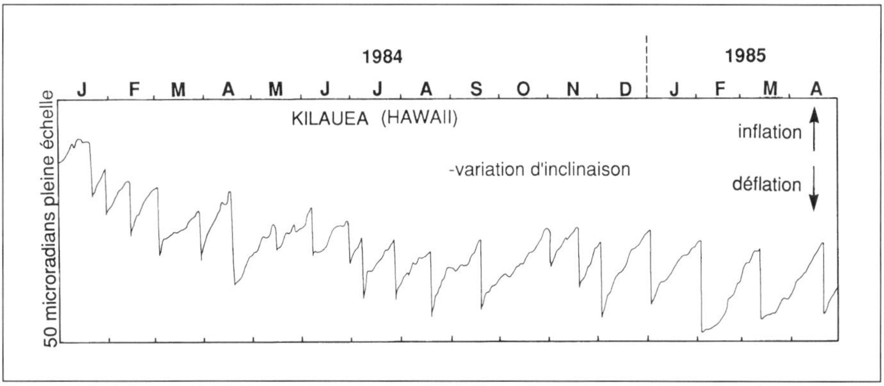

Fig. 199 - Séquence typique des cycles "inflation - déflation" du Kilauea .
La déformation est représentée ici par les variations d'inclinaison en fonction du temps. Les inflations progressives marquent l'accumulation de magma dans le réservoir magmatique superficiel, alors que les déflations brutales marquent un départ de magma du réservoir en intrusion latérale. Pour la période considérée dans cette figure, toutes les intrusions (20) se sont terminées par une éruption. Document Hawaiian Volcano Observatory.

comportement pratiquement identique a été observé au Krafla en Islande (Tryggvason, 1980), où la plupart des intrusions n'arrivent pas en surface.

Si le début d'une brusque déflation constitue un élément de prévision à court terme, un élément de prévision à plus long terme pourrait être recherché dans un niveau d'inflation critique. Malheureusement, la nature n'est pas aussi simple ; au Krafla on a effectivement observé que des déflations successives se produisent lorsqu'un niveau donné d'inflation est atteint, mais ce n'est pas systématique. Au Kilauea c'est encore plus irrégulier, une intrusion peut se déclencher à pratiquement n'importe quel niveau d'inflation.

Le Piton de la Fournaise se comporte d'une façon encore différente (Lénat, 1988 ; Delorme *et al.*, 1989). On n'observe pas, comme sur les volcans cités plus haut, de cycles systématiques d'inflation à long terme. Certaines crises ne sont précédées par aucune inflation décelable. D'autres le sont, typiquement sur des périodes de quelques semaines. Un accroissement de la sismicité, sur des périodes comparables, constitue, en général, un autre indice fiable de prévision à moyen terme. A court terme, la migration d'une intrusion vers la surface s'accompagne, dans les minutes ou les heures précédant l'éruption, d'une intense sismicité et de déformations rapides. Mais, comme au Kilauea et au Krafla, certaines intrusions n'atteignent pas la surface. On attribue le comportement spécifique du Piton de la Fournaise au mode de transfert et de stockage de magma, qui est brièvement décrit dans le chapitre I.3.1.

L'expérience en matière de prévision est encore plus réduite pour les volcans calco-alcalins car ceux-ci ont en général une fréquence d'éruption plus faible ; il faudra peut-être plusieurs siècles pour acquérir autant de connaissances sur leur comportement physique qu'il n'en a été acquis en quelques décennies sur les volcans basaltiques.

Bien que la crise du Mont Saint-Helens en 1980 ait été bien suivie, aucun élément, même analysé *a posteriori,* ne permettait de prévoir avec certitude l'éruption cataclysmale du 18 mai 1980. Alors que le gonflement de son flanc nord avait atteint plus de 100 m en deux mois, avec un rythme de l'ordre de 1,5 m/jour au début du mois de mai, aucune variation significative de l'activité sismique n'a précédé l'éruption. Par contre à partir de juin 1980, toutes les phases suivantes de l'activité du Saint-Helens (phases explosives et phases de construction du dôme de lave) ont pu être prévues, et même prédites (Swanson *et al.*, 1983) sur la base de la sismicité, des déformations et, dans une moindre mesure, du taux d'émission de SO_2 et CO_2 (fig. 200).

Plus peut-être que toutes les autres crises qui se sont produites dans la période récente, l'activité sismo-volcanique de Pouzzoles entre 1982 et 1984 a mis en évidence les limites actuelles de la volcanologie pour la prévision des éruptions (Barberi *et al.*, 1984). Sur un site bien surveillé et bien instrumenté, plusieurs centaines de milliers d'habitants se sont trouvés, pendant deux ans, sous la menace directe d'une éruption, sans que les scientifiques soient en mesure de prévoir si la crise, dont le foyer se trouvait à 3 km sous la ville, allait donner lieu à une éruption cataclysmale ou simplement se terminer sans éruption. Tous les phénomènes précurseurs habituels des éruptions étaient présents, avec une amplitude particulièrement impressionnante. Une inflation de près de 2 m s'est produite avec un taux d'inflation atteignant 5 mm/jour à certaines périodes. Une activité sismique soutenue était associée à cette déformation avec quelques événements de magnitude importante (3 à 4) et des accélérations de l'activité (250 événements en 5 heures le

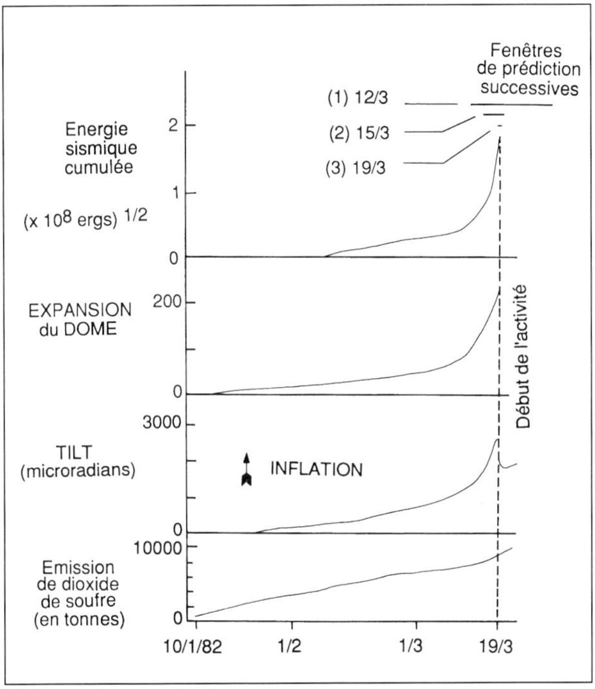

Fig. 200 - Séquence typique de la variation de certains paramètres avant les crises volcaniques (éruptions pyroclastiques ou épisodes de construction du dôme) postérieures à l'éruption du 18 mai 1980 au Mont Saint-Helens.
L'accélération de la sismicité (a) et de la déformation (b et c) avant le début des phases est remarquable. Des prédictions ont été basées sur ces critères, et les fenêtres de prédictions (indiquées en haut de la figure) affinées au cours de la crise pré-éruptive. On notera la pertinence de ces prédictions (d'après Swanson *et al.* 1984).

13 octobre 1983). Cette crise est pratiquement terminée depuis le début de 1984, ce qui n'exclut pas une reprise dans le futur. Un scénario similaire (McKee *et al.*, 1984) s'est déroulé à la même époque dans la caldera de Rabaul (Papouasie-Nouvelle Guinée).

RÉFÉRENCES BIBLIOGRAPHIQUES

AGER C.M., MILTON N.M. (1987). - Spectral reflectance of lichens and their effects on the rock substrates. *Geophysics*, **52,** pp. 898-906.

AKI K. (1977). - Three dimensional seismic velocity anomalies in the lithospheric method and summary of results. *J. Geophysics*, **43**, pp. 235-242.

AKI K., FEHLER M. et DAS S. (1977). - Source mechanism of volcanic tremor Fluid-driver crack models and their application to the 1963 Kilauea eruption. *J. Volcanol. Geotherm. Res.*, **2**, pp. 259-287.

AKI K. et KOYANAGI R. (1981). - Deep volcanic tremor and magma ascent mechanism under Kilauea, Hawai. *J. Geophys. Res.*, **86**, pp. 7095-7109.

ALLARD P. (1983). - The origin of water, carbon, sulfur, nitrogen, and rare gases in volcanic exhalations: evidence from isotope geochemistry. *In* : Forecasting Volcanic Events (Eds H. Tazieff et J.C. Sabroux), Elsevier, Amsterdam, Chap. 25, pp. 337-386.

ALLARD P. (1986). - Géochimie isotopique et origine de l'eau, du carbone et du soufre dans les gaz volcaniques : zones de rift, marges continentales et arcs insulaires. Thèse d'Etat, Université Paris 7, 340 p..

ALLARD P., CARBONNELLE J., DAJLEVIC D., LE BRONEC J., MOREL P., ROBE M.-C., MAURENAS J.-M., FAIVRE-PIERRET R., MARTIN D., SABROUX J.-C. et ZETTWOOG P. (1991). - Eruptive and diffuse emissions of CO_2 from Mount Etna. *Nature, G.B.*, **351**, pp. 387-391.

ALLARD P., DAJLEVIC D., DELARUE C. (1989). - Origin of carbon dioxide emanation from the 1979 Dieng eruption, Indonesia : implications for the origin of the 1986 Nyos catastrophe. *J. Volcanol. Geotherm. Res.*, **39**, pp. 195-206.

ALLARD P., MAIORANI A., TEDESCO D., CORTECCI G. et TURI B. (1991). - Isotopic study of the origin of sulfur and carbon in Solfatara fumaroles, Campi Flegrei caldera. *J. Volcanol. Geotherm. Res.*, **48,** pp. 139-159.

ALLÈGRE C.J. et CONDOMINES M. (1976). - Fine chronology of volcanic processes using ^{230}Th - ^{238}U systematics. *Earth and Planet. Sci. Lett.*, **28**, pp. 395-406.

ALLEN J.R.L. (1984). - Sedimentary structures, their character and physical basis. "Developments in sedimentology", 30, Elsevier Sci. Publ., 663 p.

ALVAREZ L., ALVAREZ W., ASARO F. et MICHEL H. (1980). - Extraterrestrial causes for the Cretaceous /Tertiary extinction. *Science*, **208**, 4448, pp. 1095-1108.

ANDERSON A.T. (1975). - Some basaltic and andesitic gases. *Rev. Geophys. Space Phys.*, **13**, pp. 37-55.

ANDERSON A.T. (1990). - Hourglass inclusions. Theory and application to the Bishop Rhyolitic Tuff. *Amer. Miner.*, **76**, pp. 530-548.

ANDERSON E.M. (1937). - Cone-sheets and ring-dykes : the dynamical explanation. *Bull. Volcanol.* ser. 2, **V1**, pp. 35-40.

ANDERSON T. et FLETT J.S. (1903). - Report on the eruptions of the Soufriere in St Vincent 1902, and on a visit to Montagne Pelée in Martinique, Part 1. *Phil. Trans. Roy. Soc. London*, A200, pp. 353-553.

ARAMAKI S. (1984). - Formation of the Aira caldera, Southern Kyushu, ~ 22,000 years ago. *J. Geoph. Res.*, vol. **89**, N B10, pp. 8485-8501.

ARCYANA (1987). - Rocks collected by bathyscaph and diving saucer in the FAMOUS area of the Mid-Atlantic rift valley : petrological and structural setting. *Deep-Sea Res.*, **24**, pp. 565-589.

ARMIENTI P., CALVARI S., INNOCENTI F., POMPILIO M., VILLARI L. (1989). - Petrografia chimismo delle lave dell'eruzione dell'Etna del Settembre -Ottobre 1989. *Boll. G.N.V.*, pp. 521-533.

ARMSTRONG R.L. (1981). - Radiogenic isotopes : The case for crustal recycling on a near-steady state, no-continental-growth earth. *Phil. Trans. Roy. Soc. London* A310, pp. 443-472.

ARNAUD N.O., GOURGAUD A., CAMUS G. (1992). - Sur la signification des enclaves des trachytes de la Chaîne des Puys. *C.R. Acad. Sci. Paris*, **314**, II, pp. 181-186.

ARZI A.A. (1978). - Critical phenomena in the rheology of partially melted rocks. *Tectonophysics*, **44**, pp. 173-184.

AUBERT M. (1973). - Apport de l'aéromagnétisme à la connaissance de la Chaîne des Puys et de la Limagne. *Rev. d'Auvergne*, **87**, 3, pp. 161-169.

AUBERT M. et BAUBRON J.C. (1988). - Identification of a hidden thermal fissure in a volcanic terrain using a combination of hydrothermal convection indicators and soil-atmosphere analysis. *J. Volcanol. Geotherm. Res.*, **35**, pp. 217-225.

AUBERT M., DUPIS A., LÉNAT J.F., ROUX J. et SENAUD G. (1982). - Structure of the Cantal strato-volcano, French central massif, from electric, magnetotelluric soudings and aeromagnetic data. *J. Volcanol. Geotherm. Res.*, **12**, pp. 77-99.

AUBERT M. et KIEFFER G. (1984). - Evolution d'une intrusion magmatique dans le flanc sud de l'Etna entre juin 1982 et juin 1983. Résultats de potentiel spontané (PS) et essai d'interprétation de l'éruption de 1983. *C.R. Acad. Sci. Paris*, **298**, II, pp. 379-382.

AUMENTO F. (1968). - The Mid-Atlantic Ridge near 45°N II. Basalts from the area of Confederation Peak. *Can. J. Earth Sci.*, **5**, pp. 1-21.

AUMENTO F., MELSON W. G. *et al.* (1977). - Initial Reports of the Deep Sea Drilling Project, vol. 37, Washington (U.S. Govt. Printing Office).

AURIAT S. (1957). - Etude des sondages et captages dans quelques coulées de la Chaîne des Puys (Balmet, Côme, Louchadière, Aydat, Tiretaine). *Rev. Sci. Nat. Auv.*, **23**, 3/4, pp. 97-142.

BACHÈLERY P. (1981). - Le Piton de la Fournaise (Ile de la Réunion). Etude volcanologique, structurale et pétrologique. Thèse 3° cycle, Univ. Clermont-Ferrand II, 215 p. + annexes.

BACHÈLERY P. et CHEVALIER L. (1982). - Carte volcano-tectonique du Massif de la Fournaise, 1/50 000. Ed. Observatoire Volcanologique de la Réunion, IPG Paris.

BACHÈLERY P., COUDRAY J. (1990). - La Grande Comore et son volcan actif : le Karthala. Aspects géologiques, caractéristiques et évolution de l'activité volcanique. Le Journal de la Nature - publication Univ. de la Réunion, **2**, 1, pp. 32-48.

BACHÈLERY P., MAIRINE P. (1990). - Evolution morpho-structurale du Piton de la Fournaise depuis 0,53 M.a. *In :* J.F. Lenat Ed., Le volcanisme de l'île de la Réunion-Monographie. Centre de Recherches Volcanologiques, Clermont-Ferrand, pp. 213-242.

BACHÈLERY P., MONTAGGIONI L. (1983). - Morphostructure du flanc oriental du volcan de la Fournaise, Ile de la Réunion (Océan Indien). *C.R. Acad. Sci. Paris*, **297**, pp. 81-84.

BACON C.R. (1983). - Eruptive history of Mount Mazama and Crater Lake caldera, Cascade Range, U.S.A. *J. Volcanol. Geotherm. Res.*, **18**, pp. 57-115.

BACON C.R. et DRUITT T. H. (1988). - Compositional evolution of the zoned calcalkaline magma chamber of Mount Mazama, Crater Lake, Oregon. *Contrib. Mineral. Petrol.*, **98**, pp. 224-256.

BARBERI F., BERTAGNINI A., LANDI P. et PRINCIPE C. (1990). - Phreatic eruptions and their precursors. Abstr. Intern. Volc. Congr., IAVCEI, Mayence.

BARBERI F., CORRADO G., INNOCENTI F. et LUONGO G. (1984). - Phlegraean Fields (1982-1984) : brief chronicle of a volcano emergency in a densely populated area. *Bull. Volcanol.*, **47**, pp. 175-186.

BARBERI F. et VARET J. (1972). - Carte géologique de la Chaîne volcanique de l'Erta'Ale, 1/100 000. (dépression des Danakil, Ethiopie). Ed. CNRS (France) et CNR (Italie).

BARDINTZEFF J.M. (1991). - Volcanologie. Masson éd., Paris.

BARDINTZEFF J.M. et BOUDON G. (1979). - Nuées ardentes de l'éruption d'avril-mai 1979 de la Soufrière de Saint Vincent (Antilles). *C.R. Acad. Sci. Paris*, D, **289**, pp. 891- 894.

BARNES H.A. et WALTERS K. (1985). - The yield stress myth ? *Rheol. Acta*, **24**, pp. 323-326.

BARRABÉ L. (1960). - Rapport sur les risques qui pourraient résulter de la présence du volcan de la Soufrière pour la ville de Basse-Terre, Guadeloupe. Rapport non publié, 6 p + 1 carte.

BATARD F. (1974). - Les feldspaths dans les roches différenciées du Massif central français. Thèse IIIème cycle, Univ. Clermont-Ferrand., 176 p.

BATIZA R. (1989). - Seamounts and seamount chains of the eastern Pacific. In : The Eastern Pacific Ocean and Hawaii, The Geology of North America, E.L. Winterer, D.M. Hussong and R.W. Decker Eds., Geol. Soc. Amer., Vol. N, pp. 145-159.

BATIZA R., FORNARI D.J., VANKO D., LONSDALE P. (1984). - Craters, calderas, and hyaloclastites on young Pacific seamounts. *J. Geophys. Res.*, **89**, B10, pp. 8371-8390.

BATIZA R, FOX P.F., VOGT P.R., CANDE S.C., GRINDLAY N.R., MELSON W.G., et O'HEARN T. (1989a). - Morphology, abundance, and chemistry of near-ridge seamounts in the vicinity of the Mid-Atlantic ridge 26°S. *J. Geol.*, **97**, pp. 209-220.

BATIZA R., SMITH T.L., et NIU Y. (1989b). - Geological and petrological evolution of seamounts near the EPR based on submersible and camera study. *Mar. Geophys. Res.*, **11**, pp. 169-236.

BAUBRON J.-C., ALLARD P., SABROUX J.-C., TEDESCO D. et TOUTAIN J.-P. (1991). - Soil gas emanations as precursory indicators of volcanic eruptions. *J. Geol. Soc. London*, **148**, pp. 571-576.

BAUBRON J.C. et CANTAGREL J.M. (1983). - Carte géochronologique du Massif des Monts Dore-Sancy 1/100 000. *Bull. BRGM* (4), 1.

BAUDRY D., CAMUS G. (1969). - Les faciès des projections basiques "stromboliennes" de la Chaîne des Puys. *Rev. Sci. Nat. d'Auvergne*, **35**, pp. 39-43.

BEAULIEU J.-L. DE, PONS A., REILLE M. (1982). - Recherches polleneanalytiques sur l'histoire de la végétation de la bordure nord du Massif du Cantal (Massif central, France). *Pollens et spores*, **24**, 2, pp. 251-299.

BENHAMOU G., ALLARD P., SABROUX J.-C., VITTER G., DAJLEVIC D. et CREUSOT A. (1988). - Oxygen fugacity of gases and rocks at Momotombo volcano, Nicaragua: application to volcanological monitoring. *J. Geophys. Res.*, **93,** pp. 14872-14880.

BENTOR Y.K. (1954). - La Chaîne des Puys (Massif central français). Recherches géologiques et pétrographiques (thèse). *Bull. Serv. Carte Géol. Fr.*, **242**, pp. 373-806.

BENTZ A. (1961). - Lehrbuch der Angewandten Geologie. Ferdinand Enke Verlag, Stuttgart.

BERGER E. (1985). - Hétérogénéités pétrographiques du manteau Sud-Pacifique, sous l'archipel des Australes : mise en évidence et interprétation par l'étude des enclaves ultramafiques. *Bull. Soc. Géol. Fr.*, **8**, I, pp. 207-216.

BERTHELAY J.-C., CAMUS G. (1980). - Necks à prismation en gerbe et phréatomagmatisme dans le Livradois occidental (Massif central français). *Rev. Géol. Dyn. et Géogr. Phys.*, **22**, 2, pp. 101-107.

BINARD N., HÉKINIAN R., CHEMINÉE J.L., SEARLE J.L. et STOFFERS P. (1991). - Morphological and structural studies of the Society and Austral hot spot regions, in the south Pacific. *Tectonophysics*, **186**, pp. 293-312.

BLAKE S. (1990). - Viscoplastic models of lava domes. *In :* Lava flows and domes, J.H. Fink éd., IAVCEI Proceed. in Volcanol., pp. 88-126.

BLATT H., MIDDLETON G., MURRAY R. (1980). - Origin of sedimentary rocks. Prentice-Hall inc., Englewood cliffs., 782p.

BLONG R.J. (1984). - Volcanic Hazards : a sourcebook on the effects of eruptions. Academic Press, 424 p.

BLOOMFIELD K. et VALASTRO S. (1977). - Late quaternary tephrochronology of Nevado de Toluca volcano, Central Mexico. Inst. of Geol. Sc. Research Council. *Overseas Geol. and Min. Res.*, **46**, 15 p.

BOCKRIS J. O'M., McKENZIE J.D. et KITCHENER J.A. (1955). - Viscous flow in silica and binary liquid silicates. *Faraday Soc. Trans.*, **51**, pp. 1734-1748.

BOIVIN P. (1982). - Interactions entre magmas basaltiques et manteau supérieur : arguments apportés par les enclaves basiques des basaltes alcalins. Exemples du Devès (M.C.F) et du volcanisme de la région de Carthagène (Espagne). Thèse doct. Etat, Univ. Clermont II, Ann. Univ. Clermont n° 72, 344 p.

BOIVIN P., BACHÈLERY P. et KORNPROBST J. (1990). - Pétrologie des éruptions post-1977 du Piton de la Fournaise (Ile de la Réunion). Abst., "Intraplate volcanism. The Réunion hot spot" meeting, La réunion, 12-17 November 1990, Abstract volume.

BOIVIN P., BOURDIER J-L., CAMUS G., GOER DE HERVE A. de., GOURGAUD A., KIEFFER G., MERGOIL J., VINCENT P-M., AUBY R. (1982). - Influence de la nature des magmas sur l'activité phréatomagmatique : approche volcanologique et thermodynamique. *Bull. Volcanol.*, **45**, 1, pp. 25-39.

BOIVIN P., CAMUS G. (1981). - Igneous scapolite-bearing associations in the Chaîne des Puys (France) and Atakor Hoggar (Algérie). *Contrib. Mineral. Petrol.*, **77**, pp. 365-375.

BONATTI E. et HARRISON C.G.A. (1988). - Eruption styles of basalt in oceanic spreading ridges and seamounts : Effect of magma temperature and viscosity. *J. Geophys. Res.*, **93**, pp. 2967-2980.

BONDI A. (1967). - Viscosity and molecular structure. *In :* Eirich F.R. Ed., Rheology, vol. 4, Academic Press, New-York, 1-18.

BONHOMMET N., ZAHRINGER J. (1969). - Paleomagnetism and potassium-argon age determinations of the Laschamp geomagnetic polarity event. *Earth. Planet. Sci. Lett.*, **6**, pp. 43-46.

BONIN B. (1982). - Les granites des complexes annulaires. *Manuels et méthodes* n°4, éd. BRGM.

BONNEVILLE A. (1985). - Analyse des températures de surface de deux volcans actifs : Etna et Piton de la Fournaise. Thèse de Docteur-Ingénieur, Montpellier.

BONNEVILLE A., BARRIOT J.P., BAYER R. (1988). - Evidence from geoid data of a hot spot origin for the southern Mascarene Plateau and Mascarene Islands (Indian Ocean). *J. Geophys. Res.*, **93**, B5, pp. 4199-4211.

BONNEVILLE A., LANQUETTE A.M., PEJOUX R., BAYON R. (1989). - Reconnaissance des principales unités géologiques du Piton de la Fournaise, La Réunion, à partir de SPOT 1. *Bull. Soc. géol. France*, **8**, V, 6, pp. 1101-1110.

BONNEVILLE A., VASSEUR G., KERR Y. (1985). - Satellite thermal Infrared observations of Mt. Etna after the 17th March 1981 eruption. *J. Volcanol. Geotherm. Res.*, **24**, pp. 293-313.

BOTTINGA Y. et WEILL D.F. (1972). - The viscosity of magmatic silicate liquids : a model for calculation. *Amer. J. Sci.*, **272**, pp. 438-475.

BOUDAL C. (1985). - Pétrologie d'un grand volcan andésitique mexicain : le Popocatepetl. Thèse 3ème cycle, Univ. Clermont-Ferrand, Fac. Sci., 140 p.

BOUDAL C. et ROBIN C. (1988). - Relations entre dynamismes éruptifs et réalimentation d'origine profonde au Popocatepetl. *Can. J. Earth Sci.*, **25**, pp. 955-971.

BOUDON G. (1993). - La montagne Pelée, Martinique : évolution volcanologique. *Mém. Soc. géol. Fr.*, **163**, pp. 231-238.

BOUDON G., BOURDIER J.L., GOURGAUD A. et LAJOIE J. (1990). - The May 1902 eruptions of Mount Pelée : high-velocity directed blasts or column-collapse nuées ardentes ? (Reply). *J. Volcanol. Geotherm. Res.*, **43**, pp. 359-364.

BOUDON G., DAGAIN J., SEMET M.P. et WESTERCAMP D. (1988). - Carte géologique du massif de la Soufrière de Guadeloupe (échelle : 1/20 000). Editions du BRGM.

BOUDON G. et LAJOIE J. (1989). - The 1902 Peléean deposits in the Fort Cemetery of St.Pierre, Martinique : a model for the accumulation of turbulent nuées ardentes. *J. Volcanol. Geotherm. Res.*, **38**, pp. 113-129.

BOUDON G., SEMET M., VINCENT P.-M. (1984). - Flank-failure directed blast eruption at Soufrière, Guadeloupe, FWI : A 3.000 years-old Mt St-Helens? *Geology*, **12**, pp. 350-353.

BOUDON G., SEMET M.P. et VINCENT P.M. (1987). - The evolution of La Grande Découverte (La Soufrière) volcano, Guadeloupe (F.W.I.). *In :* J.H. Latter (ed), Volcanic Hazards, IAVCEI Proceed. Volcanol., Springer-Verlag, 1, pp. 86-109.

BOUDON G., SEMET M.P. et VINCENT P.M. (1987). - Magma and hydrothermally driven sector collapses : the 3 100 and 11 500 years B.P. eruptions of La Grande Découverte volcano, Guadeloupe, French West Indies. *J. Volc. Geoth. Res.*, **33**, pp. 317-323.

BOUDON G., SEMET M.P. et VINCENT P.M. (1992). - Les éruptions à écroulement de flanc sur le volcan de la Grande Découverte (La Soufrière) de Guadeloupe : implications sur le risque volcanique. *Bull. Soc. Géol. Fr.*, **163**, 2, pp. 159-167.

BOUGAULT H. *et al.* (1985). - Local versus regional mantle heterogeneities : evidence from hygromagmaphile elements. in Bougault H., Cande S.C. et al., Initial Reports of the Deep Sea Drilling Project, vol. 82, Washington (U.S. Govt. Printing Office), pp. 459-482.

BOUGAULT H. et CANDE S.C. (1985). - Background, objectives and summary of principal results : Deep Sea Drilling Project sites 556 56. in Bougault H., Cande S.C. et al., Initial Reports of the Deep Sea Drilling Project, vol. 82, Washington (U.S. Govt. Printing Office), pp. 5-16.

BOUGAULT H. et TREUIL M. (1980). - Mid-Atlantic Ridge : zero-age geochemical variations between Azores and 22°N. *Nature, G.B.*, **286**, pp. 209-212 .

BOUGAULT H. *et al.* (1988). - Mantle heterogeneity from trace elements : MAR triple junction near 14°N. *Earth Planet. Sci. Letters*, **88**, pp. 27-36.

BOURDIER J.L. (1987). - Dynamique des écoulements pyroclastiques de petit volume : exemple des nuées ardentes de la Montagne Pelée, 1902 et 1929. Thèse Doc. Etat, Clermont-Ferrand.

BOURDIER J.L., BOUDON G., GOURGAUD A. (1989). - Stratigraphy of the 1902 and 1929 nuées ardentes deposits, Mt. Pelée, Martinique. *J. Volcanol. Geotherm. Res.*, **38**, pp. 77-96.

BOURDIER J.L., GOURGAUD A. et VINCENT P.M. (1985). - Magma mixing in a main stage of formation of Montagne Pelée: the Saint Vincent-type scoria flow sequence (Martinique FWI). *J. Volcanol. Geotherm. Res.*, **25**, pp. 309-332.

BOWEN N.L. (1928). - The evolution of the igneous rocks. Princeton Univ. Press., Princeton, 332 p.

BRANDSDOTTIR B. et ERNASSON P. (1979). - Seismic activity associated with the September 1977 deflation of the Krafla central volcano in Northeastern Iceland. *J. Volcanol. Geotherm. Res.*, **6**, pp. 197-212.

BRAZIER S., DAVIS A.N., SIGURDSSON H., SPARKS R.S.J. (1982). - Fall-out and deposition of volcanic ash during the 1979 explosive eruption of the Soufriere of St. Vincent. *J. Volcanol. Geotherm. Res.*, **14**, pp. 335-359.

BRGM (1975). - Notes d'orientation pour l'établissement de la carte géologique à 1/50 000- 2e éd., pp. 97-122.

BRIOLE P., NUNNARI G., PUGLISI G. et MURRAY J. (1990). - L'éruption de Septembre Octobre 1989, Etna (Italie), Quelques informations quantitatives fournies par la géodésie et l'inclinométrie. *C.R. Acad. Sci. Paris*, **310**, pp. 1747-1754.

BROUSSE R. (1971). - Magmatologie du volcanisme néogène et quaternaire du Massif Central Français. Symposium J. Jung, Clermont-Ferrand., pp. 377-478.

BROUSSE R., DELIBRIAS G., LABEYRIE J., RUDEL A. (1969). - Eléments de chronologie de la Chaîne des Puys. *Bull. Soc. géol. Fr.*, **7**, XI, pp. 776-793.

BROUSSE R., RUDEL A. (1964). - Bombes de péridotites, de norites de charnockites et de granulites dans les scories du Puy Beaunit. *C.R. Acad. Sci. Paris*, **259**, pp. 185-188.

BRUNO N., BUDETTA G., CALTABIANO T., CARA M., ROMANO R. (1989). - Misure di flusso di SO_2 dall' Etna e volcano. *Boll.GNV*, pp. 127-137.

BRYAN W.B. et MOORE J.G. (1977). - Compositional variations of young basalts in the Mid-Atlantic rift valley near 36°49'N. *Geol. Soc. Amer. Bull.*, **66**, pp. 556-570.

BUAT-MÉNARD P. et ARNOLD M. (1978). - The heavy metal chemistry of atmospheric particulate matter emitted by Mt. Etna volcano. *Geophys. Res. Lett.*, **5**, 4, pp. 245-248.

BUCHANAN D.J. (1974). - A model for fuel-coolant interaction. *J. Phys. D. Appl. Phys.*, **7**, pp. 1441-1457.

BULAU J.R., WAFF H. et TYBURCZY J.A. (1979). - Mechanical and thermodynamic constraints of fluid distribution in partial melts. *J. Geophys. Res.*, **84**, pp. 6102-6108.

BUNSEN R. (1851). - Uber die prozesse der volkanishchen Gesteinbildungen Islands. *Ann. Phys. Chem.*, **83**, pp. 197-272.

BURNHAM C.W. (1964). - Viscosity of a water rich pegmatite melt at high pressure (abs). *Geol. Soc. Amer. Special paper*, **76**, p. 26.

BURNHAM C.W. (1975). - Water and magmas : a mixing model. *Geochim. Cosmochim. Acta*, **39**, pp. 1077-1084.

BURNHAM C.W. (1979). - The importance of volatile constituents. *In :* The Evolution of Igneous Rocks, H.S. Yoder ed., Princeton University Press, Princeton, N.J., pp. 439-482.

BUTTERWORTH D. et HEWITT G.F. (1977). - Two-phase flow and heat transfer. Oxford Univ. Press, London, 514 pp.

CAMERON W.E., McCULLOCH M.T., WALKER D.A. (1983). - Boninite petrogenesis: chemical and Nd-Sr isotopic constraints. *Earth Planet. Sci. Let.*, **65**, pp. 75-89.

CAMUS G. (1974). - Une nouvelle interprétation des Puys de Pariou et de la Nugère (Chaîne des Puys, Massif central français). *C.R. Acad. Sci. Paris*, **279**, D, pp. 141-144.

CAMUS G. (1975). - La Chaîne des Puys. Etude structurale et volcanologique. Thèse Doc. Etat, Univ. Clermont-Ferrand, 321p.

CAMUS G., BOIVIN P., GOER DE HERVE A. de., GOURGAUD A., KIEFFER G., MERGOIL J., VINCENT P.-M. (1981). - Le Capelinhos (Faïal, Açores) vingt ans après son éruption : le modèle éruptif "surtseyen" et les anneaux de tufs hyaloclastiques. *Bull. Volcanol.*, **44**, 1, pp. 31-42.

CAMUS G., GOER DE HERVE A. de, KIEFFER G., MERGOIL J., VINCENT P.M. (1975). - Volcanologie de la chaîne des Puys. Carte 1/25 000 + notice explicative. Ed. Parc Naturel Régional des Volcans d'Auvergne (2e éd., 1983).

CAMUS G., ROCHE J. (1974). - Etude volcanologique du Puy de la Nugère. *Rev. d'Auvergne*, **88**, 2, pp. 193-201.

CAMUS G., VINCENT P.-M. (1974). - Le Chuquet Genestoux et les projections palagonitiques d'Enval. *Bull. Soc. Hist. Nat. d'Auvergne*, **39**, pp. 1-12.

CAMUS G. et VINCENT P.M. (1983). - Discussion of a new hypothesis for the Krakatau volcanic eruption of 1883. *J. Volcanol. Geotherm. Res.*, **19**, pp 167-173.

CANTAGREL J.M. et BAUBRON J.C. (1983). - Chronologie des éruptions dans le massif volcanique des Monts-Dore (méthode Potassium-Argon). Implications volcanologiques. *Géol. France*, BRGM (2), **I**, 1-2, pp. 123-142.

CANTAGREL J.M., ROBIN C. et VINCENT P.M. (1981). - Les grandes étapes d'évolution d'un volcan andésitique composite : le Nevado de Toluca (Mexique). *Bull. Volcanol.*, **44-2**, pp. 177-188.

CAPALDI G., CORTINI M., GASPARINI P., PECE R. (1976). - Short lived radioactive disequilibria in freshly erupted volcanic rocks and their implications for the pre-eruptive history of a magma. *J. Geophys. Res.*, **81**, pp. 350-358.

CARBONNELLE J., DAJLEVIC D., LEBRONEC J., MOREL P., OBERT J.-C., ZETTWOOG P. (1985). - Etna. Composantes sommitales et pariétales des émissions de CO_2. *Bull. PIRPSEV* n° 108, CNRS-INAG éd., Paris.

CAREY S.N. et SIGURDSSON H. (1985). - The May 18 eruption of Mount St Helens 2. Modelling of dynamics of the Plinian phase. *J. Geophys. Res.*, **90**, pp. 2948-2958.

CAREY S. et SIGURDSSON H. (1986). - The 1982 eruptions of El Chichon volcano, Mexico (2) : observations and numerical modelling of tephra-fall distribution. *Bull. Volcanol.*, **48**, pp. 127-142.

CAREY S.N. et SIGURDSSON H. (1989). - The intensity of Plinian eruptions. *Bull. Volcanol.*, **51**, pp. 28-40.

CAREY S. et SPARKS R.S.J. (1986). - Quantitative models of the fallout and dispersal of tephra from volcanic eruption columns. *Bull. Volcanol.*, **48**, pp. 109-125.

CARLE S.F. (1988). - Three-dimensional gravity modeling of the geological structure of Long Valley caldera. *J. Geophys. Res.*, **93**, B11, pp. 13237-13250.

CARLSON R.W. (1987). - Geochemical evolution of the crust and mantle. *Rev. Geophys.*, **25**, pp. 1011-1020.

CARRON J-P. (1968). - Recherches sur la viscosité et les phénomènes de transport des ions alcalins dans les obsidiennes granitiques. Thèse Doct. Etat, Paris.

CAS R.A.F. et WRIGHT J.V. (1987). - Volcanic successions, modern and ancient. Allen et Unwin Publ., 528 p.

CASADEVALL T., ROSE W., GERLACH T., GREENLAND L.P., EWERT J., WUNDERMAN R. et SYMONDS R. (1983). - Gas emissions and the eruptions of Mount St. Helens through 1982. *Science*, **221**, pp. 1383-1385.

CHADWICK W.W., ARCHULETA R.J. et SWANSON D.A. (1988). - The mechanics of ground deformation precursory to dome-building extrusions at Mount St. Helens 1981-1982. *J. Geophys. Res.* **93**, pp. 4351-4366.

CHARLAND A. et LAJOIE J. (1989). - Characteristics of pyroclastic deposits at the margin of Fond Canonville, Martinique, and implications for the transport of the 1902 nuées ardentes of Mt. Pelée. *J. Volcanol. Geotherm. Res.*, **38**, pp. 97-112.

CHEILLETZ A., CLARK A.H., FARRAR E., ARROYO PAUCA G., PICHAVANT M. et SANDEMAN H.A. (1992). - Volcano-stratigraphy and $^{40}Ar/^{39}Ar$ geochronology of the Macusani ignimbrite field : monitor of the Miocene geodynamic evolution of the Andes of Southeast Peru. *Tectonophysics*, **205,** pp. 307-327.

CHEN C.-Y. et FREY F.A. (1983). - Origin of Hawaiian tholeiite and alkalic basalt. *Nature, G.B.*, **302**, pp. 785-789.

CHESTER D.K., DUNCAN A.M., GUEST J.E. et KILBURN C.R.J. (1985). - Mount Etna : the anatomy of a volcano. Chapman and Hall Ltd, 404 p.

CHIVAS A.R., BARNES I., EVANS W.C., LUPTON J.E. et STONE J.O. (1987). - Liquid carbon dioxide and its role in volcanic eruptions. *Nature, G.B.*, **32**, pp. 587-589.

CHOUET B. (1985). - Excitation of a buried magmatic Pipe : A seismic source model for volcanic tremor. *J. Geophys. Res.*, **90**, pp. 1881-1893.

CHOUKROUNE P., FRANCHETEAU J. et HÉKINIAN R. (1984). - Tectonics of the East Pacific Rise near 12°50'N : A submersible study. *Earth Planet. Sci. Lett.*, **68**, pp. 115-127.

CHRÉTIEN S. (1983). - Identification et analyse des phénomènes précédant l'éruption du 8 mai 1902 de la Montagne Pelée, d'après les documents de l'époque. *Bull. PIRPSEV*, CNRS-INAG, **78**, 245p.

CLARKE G.K.C., CROSS G.M. et BENSON C.S. (1989). - Radar imaging of glaciovolcanic stratigraphy, Mount Wrangell caldera, Alaska : interpretation model and results. *J. Geophysical Research*, **94** (B6), pp. 7237-7249.

CLOCCHIATTI R. (1975). - Les inclusions vitreuses des cristaux de quartz. *Mém. Soc. géol. Fr.*, LIV, **122**, pp. 1-96.

CLOCCHIATTI R. (1978). - Glassy inclusions in plagioclase and pyroxene phenocrysts in the drilled margin of a pillow lava from Hole 417D. Deep Sea Drilling Project, Initial Reports, vol. LI, LII, LIII, pp. 1063-1067.

CLOCCHIATTI R., HAVETTE A., NATIVEL P. (1979). - Relations pétrogénétiques entre les basaltes transitionnels et les océanites du Piton de la Fournaise (Ile de la Réunion, Océan Indien) à partir de la composition des inclusions vitreuses des olivines et des spinelles. *Bull. Mineral.*, **102**, pp. 511-545.

CLOCCHIATTI R. et KRASOV N. (1979). - Cristallisation fractionnée et immiscibilité dans les liquides silicatés calco-alcalins piégés dans les phénocristaux de plagioclases des laves du volcan Karimski (Kamchatka, URSS). *C.R. Acad. Sci., Paris*, **289**, pp. 1-5.

CLOCCHIATTI R. et MASSARE D. (1985). - Experimental crystal growth in glass inclusions : the possibilities and limits of the method. *Contrib. Mineral. Petrol.*, **89**, pp. 193-204.

CLOCCHIATTI R. et MERVOYER B. (1976). - Contribution à l'étude des cristaux de quartz de la Guadeloupe. BULL. BRGM, 2, IV, 4, pp. 311-324. *Contrib. Mineral. Petrol.*, **89**, pp. 193-204.

CLOCCHIATTI R. et WEISZ J. (1989). - L'alimentation de la Bocca Nuova à l'Etna en septembre 1988. Quelques considérations à partir de la composition chimique du magma piégé par un phénocristal de clinopyroxène. *C.R. Acad. Sci., Paris*, **309**, II, pp. 253-258.

CLOUGH C. T., MAUFE H. B., BAILEY E. B. (1909). - The cauldron subsidence of Glen Coe, and the associated igneous phenomena. *Quat. J. Geol. Soc. London* , **65**, pp. 611-678.

COCHEMÉ J.J., DEMANT A., DUFFIELD W. A., GUERRERO J., SILVA L. et TILLING R.I. (1982). - L'éruption du volcan Chichonal (mars-avril 1982) dans l'Etat de Chiapas, Mexique. *C.R. Acad. Sci. Paris*, D, **295**, pp. 737-744.

COLELLA A. et HISCOTT R. (1992). - Example of topographically-controlled pyroclastic surges : the Monte Guardia sequence (Lipari, Italy) (abst.). 29th IGC Absts., vol. 2, p. 489.

COLGATE S.A., SIGURGEIRSSON T. (1973). - Dynamic mixing of water and lava. *Nature, G.B.*, **244**, pp. 552-555.

COLLINS A.H. (1991). - Thermal Infrared spectra and images of altered volcanic rocks in the Virginia range, Nevada. *Int. J. Remote Sensing*, **12**, 7, pp. 1554-1559.

CONDOMINES M., TANGUY J.C., KIEFFER G. et ALLÈGRE J.C. (1982). - Magmatic evolution of a volcano studied by ^{230}Th-^{238}U disequilibrium and trace element systematics : the Etna case. *Geochim. Cosmochim. Acta*, **46**, pp. 1397-1416.

CONDOMINES M. (1978). - Datation de la coulée à aimantation inverse d'Olby (Chaîne des Puys) par le déséquilibre radioactif ^{230}Th - ^{238}U. *C.R. somm. Soc. géol. Fr.*, **5**, pp. 254-257.

CONDOMINES M., BOUCHEZ R., MA J.L., TANGUY J.C., AMOSSE J., PIBOULE M. (1987). - Short-lived radioactive disequilibria and magma dynamics in Etna volcano. *Nature, G.B.*, **325**, pp. 607-609.

CONDOMINES M., HÉMOND C., ALLÈGRE C.J. (1988). - U-Th-Ra radioactive disequilibria and magmatic processes. *Earth Planet. Sci. Lett.*, **90**, pp. 243-262.

CONDOMINES M., MORAND P., CAMUS G., DUTHOU J.L. (1982). - Chronological and geochemical study of lavas from Chaîne des Puys, Massif Central, France : evidence for crustal contamination. *Contrib. Mineral. Petrol.*, **81**, pp. 296-303.

CONDOMINES M., TANGUY J.C., KIEFFER G., ALLÈGRE C.J. (1982). - Magmatic evolution of a volcano using ^{230}Th-^{238}U and trace elements systematics, the Etna case. *Geochim. Cosmochim. Acta*, **46**, pp. 1397-1416.

CORRADINI M.L. (1981). - Analysis and modelling of steam explosion experiments. Sandia National Laboratories, SAND 80-2131, NUREG/CR - 2072, pp. 1-114.

CORWIN R.F. et HOOVER D.B. (1979). - The self-potential method in geothermal exploration. *Geophysics*, **44**, pp. 226-245.

COTTARD F. (1979). - Pétrologie structurale et métallogénie du complexe granitique de Lovios Geres. Le modèle de mise en place de la mine de Las Sombras (Sn-W-Mo-Bi) (Sud Galice - Espagne). Thèse 3e cycle, Univ. Nancy I, 226 p.

COURTILLOT V. (1990). - Une éruption volcanique? *Pour la Science*, **158**, pp. 40-48.

COURTILLOT V., FÉRAUD G., MALUSKI H., VANDAMME D., MOREAU M.G. et BESSE J. (1988). - Deccan flood basalts and the Cretaceous/Tertiary boundary. *Nature, G.B.,* **333**, pp. 843-846.

CRAIG C.H. et SANDWELL D.T. (1988). - Global distribution of seamounts from seasat profiles. *J. Geophys. Res.*, **93**, 10, 408-10, 420.

CRANDELL D.R. (1980). - Recent eruptive history of Mount Hood, Oregon, and potential hazards from future eruptions. *U.S. Geol. Surv. Bull.,* **1492,** 81 p. + 1 carte couleur.

CRANDELL D.R. (1989). - Gigantic debris avalanche of Pleistocene age from ancestral Mount Shasta volcano, California, and debris-avalanche hazard zonation. *U.S. Geol. Surv. Bull.,* **1861,** 32 p.

CRANDELL D.R., BOOTH B., KUSUMADINATA K., SHIMOZURU D., WALKER G.P.L., et WESTERCAMP D. (1984). - Sourcebook for volcanic-hazard zonation. UNESCO, Paris, 97 p.

CRANDELL D.R. et HOBLITT R.P. (1986). - Lateral blasts at Mount St. Helens and hazard zonation. *Bull. Volcanol.*, **48**, pp. 27-37.

CRANDELL D.R. et MULLINEAUX D.R. (1978). - Potential hazards from future eruptions of Mount St. Helens volcano, Washington. *U.S. Geol. Surv. Bull.*, 1383-C, 26 p.

CRAWFORD A.J., edit. (1989). - Boninites and related rocks. Unwin Hyman, London, 465 p.

CRISWELL W.C. (1987). - Chronology and pyroclastic stratigraphy of the may 18 1980 eruption of Mt St. Helens, Washington. *J. Geophys. Res.*, **92**, B 10, pp. 10237-10266.

CUNEY M. et AUTRAN A., édit. (1987). - Echassières. Mem. Géologie Profonde de la France, T. 1, 352 p.

D'ERCOLE R. (1991). - Vulnérabilité des populations en face des risques volcaniques. Le cas de la région du Cotopaxi (Equateur). Thèse Univ. Grenoble J. Fourier, 459 p.

DAGAIN J. (1985). - Carte des risques volcaniques à 1/50 000 à la Montagne Pelée pour le plan ORSEC VOLCAN. Rapport BRGM 85 MQE 031.

DAGAIN J., PATERNE M. et WESTERCAMP D. (1981). - La mise en place du massif Madeleine-Soufrière, Basse-Terre de Guadeloupe, Antilles. *C.R. Acad. Sci. Paris*, D, **292**, pp. 921-926.

DAGAIN J. et RANÇON J. Ph. (1990). - Evaluation et zonage de l'aléa volcanique à la Soufrière de Guadeloupe (échelle : 1/25 000). Rapport BRGM n° R 31669 ANT 4S 90.

DALRYMPLE G.B. et LANPHERE M.A. (1969). - Potassium-argon dating. Principles, techniques and applications to geochronology. Freeman and Cy, San Francisco, 258 p.

DAVIDSON J.P. (1985). - Mechanisms of contamination in Lesser Antilles island arc magmas from radiogenic and oxygen isotope relationships. *Earth Planet. Sci. Lett.*, **72**, pp. 163-174.

DAVIES D.K., QUEARRY M.W., BONIS S.B. (1978). - Glowing avalanches from the 1974 eruption of the volcano Fuego, Guatemala. *Geol. Soc. Amer. Bull.*, **89**, pp. 369-384.

DAVIS P.M., JACKSON D.B., FIELD J. et STACEY F.D. (1973). - Kilauea volcano, Hawaï: A search for the volcanomagnetic effect. *Science*, **180**, pp. 73-74.

DAVIS P.M. (1976). - The computed piezomagnetic anomaly field for Kilauea volcano, Hawaï. *J. Geomagn. Geoelectr.*, **28**, pp. 113-122.

DAVIS P.M., PIERCE D.R., MC PHERNON R.L. et DZURISIN D. (1984). - A volcanomagnetic observation on Mount St Helens, Washington. *Geophys. Res. Lett.*, **11**(3), pp. 233-236.

DAWSON *et al.* (1987). - Long valley caldera symposium, Berkeley, Calif., March 17-18.

De NATALE P., PINGUE F., ALLARD P. et ZOLLO A. (1991). - Geophysical and geochemical modelling of the 1982-1984 unrest phenomena at Campi Flegrei caldera. *J. Volcanol. Geotherm. Res.*, **48**, pp. 199-222.

De PAOLO D. J. et WASSERBURG G. J. (1976). - Inferences about magma sources and mantle structure from variations of 143Nd/144Nd. *Geophysical Research Letters*, **3**, pp. 743-746.

DECKER R.W. (1987). - Dynamics of hawaiian volcanoes : an overview. *U.S. Geol. Surv. Prof. Paper*, 1350, pp. 997-1018.

DECKER R.W., CHRISTIANSEN R.L. (1984). - Explosive eruptions of Kilauea volcano, Hawaii. *In :* Studies in geophysics. Explosive volcanism : inception, evolution and hazards, National Academic Press, Washington, pp. 122-132.

DECKER R.W., WRIGHT T.L. et STAUFFER P.H.S. (1987). - Volcanism in Hawaii, Vol. 2, *U.S. Geol. Surv. Prof. Paper*, 1350, pp. 997-1018.

DEGRAFF J. M., LONG P. E. et AYDIN A. (1989). - Use of joint-growth directions and rock textures to infer thermal regimes during solidification of basaltic lava flows. *J. Volcanol. Geotherm. Res.*, **38**, pp. 309-324.

DEICHA G. (1955). - Les lacunes des cristaux et leurs inclusions fluides. Paris, Masson et Cie.

DELFOUR J. (1987). - Notes d'orientation pour l'établissement de la carte géologique à 1/50 000 : les formations volcaniques. BRGM, Orléans, Rapport 87 SGN 329 GEO, 46 p.

DELORME H., BACHÈLERY P., BLUM P.A., CHEMINÉE J.-L., DELARUE J.-F., DELMOND J.-C., HIRN A., LÉPINE J.-C., VINCENT P.M. et ZLOTNICKI J. (1989). - March 1986 eruptive episodes at Piton de la Fournaise volcano (Réunion Island). *J. Volcanol. Geotherm. Res.*, **36**, 1-3, pp. 199-209.

DEMETS C.R., GORDON G., ARGUS D.F. et STEIN S. (1990). - Current plate motions. *Geophys. J. Int.*, **101**, pp. 425-478.

DÉRUELLE B. (1969). - Tephrostratigraphie de la région sud de la Chaîne des Puys. Mem. Dipl. Et. Approfondies, Fac. Sci. Orsay.

DETRICK R.S., BUHL P., VERA E., MUTTER J., ORCUTT J., MADSEN J. et BROCHER T. (1987). - Multi-channel seismic imaging of crystal magma chamber along East Pacific Rise. *Nature, G.B.*, **326**, pp. 35-41.

DIETERICH J.H. et DECKER R.W. (1975). - Finite element modeling of surface deformations associated with volcanism. *J. Geophys. Res.*, **80**, pp. 4094-4102.

DINGWELL D.B., HARRIS D.M. et SCARFE C.M. (1984). - The solubility of H_20 in melts in the system SiO_2-Al_2O_3-Na_2O-K_2O at 1 to 2 Kbars. *J. Geol.*, **92**, pp. 385-387.

DOREL J., ESCHENBRENNER S. et FEUILLARD M. (1979). - Coupes sismiques des structures superficielles dans les Petites Antilles. I : Guadeloupe. *Pageoh*, **117**, pp. 1050-1069.

DOREL J., FEUILLARD M. (1980). - Note sur la crise sismo-volcanique à la Soufrière de la Guadeloupe 1975-1977. *Bull. Volcanol.*, **43**, pp. 419-430.

DOSSO L. *et al.* (1991). - Sr-Nd-Pb geochemical morphology between 10° and 17°N on the Mid-Atlantic Ridge : a new MORB isotope signature. *Earth Planet. Sc. Letters*, **106**, pp. 29-43.

DOZIER J. (1981). - A method for satellite identification of surface temperature fields of subpixel resolution. *Remote Sens. Env.*, **11**, pp. 221-229.

DRURY S. A. (1987). - Image Interpretation in Geology. Allen & Unwin, London.

DUFFIELD W.A., TILLING R.I., CANUL R. (1984). - Geology of El Chichon volcano, Chiapas, Mexico. *J. Volcanol. Geotherm. Res.*, **20**, pp. 117-132.

DUPIS A. et DECRIAUD J.P. (1984). - Résultats des mesures magnétotelluriques effectuées sur l'Etna pendant l'éruption de 1983. *Bull. Volcanol.*, **47-4**, pp. 1061-1070.

DUPRÉ B. et ALLÈGRE C. J. (1983). - Pb-Sr isotope variation in Indian Ocean basalts and mixing phenomena. *Nature, G.B.*, **303**, pp. 142-146.

DUPUY C., DOSTAL J., BOIVIN P. (1986). - Geochemistry of ultramafic xenoliths and their host alkali-basalts from Tallante (Southern Spain). *Mineral. Mag.*, **50**, pp. 231-239.

DUPUY C., VIDAL PH., BARSCZUS H.G. et CHAUVEL C. (1987). - Origin of basalts from the Marquesas archipelago (South central Pacific Ocean) : isotope and trace element constraints. *Earth Planet. Sci. Lett.*, **82**, pp. 145-152.

DUPUY M. et DUFOUR H.M. (1969). - La Géodésie. Ed. Que sais-je?, 1320, PUF.

DZURISIN D., ANDERSON A., EATON G.P., KOYANAGI R.Y., LIPMAN P.W., LOCKWOOD J.P., OKAMURA R.T., PUNIWAI G.S, SAKO M.K. et YAMASHITA K.M. (1980). - Geophysical observations of Kilauea volcano, Hawaii, 2. constraints on the magma supply during November 1975 - September 1977. *J. Volcanol. Geotherm. Res.*, **7**, pp. 241-269.

DZURUSIN D., KOYANAGI R. et ENGLISH T.T. (1984). - Magma supply and storage at Kilauea volcano, Hawaii, 1956-1983. *J. Volcanol. Geotherm. Res.*, **21**, pp. 177-206.

EGGERS A.A. (1983). - Temporal gravity and elevation changes at Pacaya volcano, Guatemala. *J. Volcanol. Geotherm. Res.*, **19**, pp. 223-237.

EICHELBERGER J.C. (1975). - Origin of andesite and dacite: evidence of mixing at Glass Mountain in California and at other Circum-Pacific volcanoes. *Geol. Soc. Am. Bull.*, **86**, pp. 1381-1391.

EICHELBERGER J.C. (1978). - Andesitic volcanism and crustal evolution. *Nature, G.B.*, **275**, 5675, pp. 21-27.

EICHELBERGER J.C., CARRIGAN C.R., WESTRICH H.R. et PRICE R.H. (1986). - Non-explosive silicic volcanism. *Nature, G.B.*, **323**, pp. 598-602.

EICHELBERGER J.C. et HAYES D.B. (1982) -. Magmatic model for the Mount St.Helens blast of May 18, 1980. *J. Geophys. Res.*, **87**, B9, pp. 7727-7738.

EINARSSON P. (1978). - S-wave shadows in the Krafla caldera in NE Iceland - evidence for a magma chamber in the crust. *Bull. Volcanol.*, **41**, pp. 1-9.

EL ARABI A. (1987). - Différenciation d'une série alcaline continentale : exemple du Puy de Pariou (Chaîne des Puys, Massif central français). Dipl. Et. Approfondies. Univ. de Clermont-Ferrand II, 50 p., tabl.

ELLIOTT T.R., HAWKESWORTH C.J. et GRÖNVOLD K. (1991). - Dynamic melting of the Iceland plume. *Nature, G.B.*, **351**, pp. 201-206.

ELLIS A.J. (1957). - Chemical equilibrium in magmatic gases. *Amer. J. Sci.*, **255**, pp. 416-431.

ENDO E.T., MALONE S.D., NOSON L.L. et WEAVER C.S. (1981). - Locations, magnitudes and statistics of the March 20-May 18 earthquake sequence. *In :* The 1980 Eruptions of Mount St. Helens, Washington, P.W. Lipman and D.R. Mullineaux (eds.), *Geol. Surv. Prof. Paper*, **1250**, pp. 93-107.

ENGELMANN C. (1981). - Principe, possibilité et exemples d'applications métallurgiques de la microsonde nucléaire. *Revue de Métallurgie*, pp. 639-646.

ENGELMANN C. et BARDY J. (1983). - The french AEC nuclear microprobe : description and first application exemples. Nuclear Instruments and Methods in Physics Research, **218**, pp. 209-216.

ENGLE A.E. *et al.* (1965). - Chemical characteristics of oceanic basalts and the upper mantle. *Geol. Soc. Amer. Bull.*, **76**, pp. 719-734.

EOS (1991). - Lessons from a major eruption : Mount Pinatubo, Philippines. *Trans., Amer. Geophys. Union*, vol. **72**, 49.

EVANS J.R. et ZUCCA J.J. (1988). - Active high-resolution seismic tomography of compressional wave velocity and attenuation structure at Medicine Lake volcano, Northern California Cascade Range. *J. Geophys. Res.,* **93**, pp. 15016-15036.

FAIN J., ERRAMLI H., MIALLIER D., MONTRET M., SANZELLE S. (1986). - Datation par thermoluminescence d'un appareil volcanique trachytique : le Puy de Dôme. 11ème Réunion ann. Sci. Terre, Clermont-Ferrand. Soc. Géol. Fr. Ed., 63.

FEHLER M. (1983). - Observations of volcanic tremor at Mount St Helens Volcano. *J. Geophys. Res.*, **88**, pp. 3476-3484.

FEHLER M. et CHOUET B. (1982). - Operation of a digital seismic network on Mount St Helens Volcano and observations of long period seismic events that originate under the volcano. *Geophys. Res. Letters*, **9**, pp. 1017-1020.

FERAUD G., LOBELLO P., HALL C.M., CANTAGREL J.M., YORK D. (1990). - Direct dating of plio-quaternary pumices by ^{40}Ar - ^{39}Ar step-heating and single-grain laser fusion methods : the example of the Monts Dore massif (Massif Central, France). *J. Volcanol. Geotherm. Res.*, **41**, pp. 225-251.

FERNANDEZ A. (1984). - Etude théorique et expérimentale du développement de la fabrique dans les roches magmatiques; application à l'étude structurale des granitoïdes. Thèse Doct. ès Sci. Nat., Univ. de Clermont II, 239 p.

FERNANDEZ A., VENNAT G. et VINCENT P.M. (1979). - Signification structurale du massif microgranitique de Pouzol-Servant. 7e RAST, Lyon (résumé).

FEUILLARD M. (1976). - Etudes thermiques à la Soufrière de Guadeloupe. *Bull. BRGM*, II, 4, pp. 375-380.

FEUILLARD M., ALLÈGRE C., BRANDEIS G., GAULON R., LE MOUEL J.-L., MERCIER J.-C., POZZI J.-P., SEMET M. (1983). - The 1975-1977 crisis of La Soufrière de Guadeloupe (F.W.I.). A still-born magmatic eruption. *J. Volcanol. Geotherm. Res.*, **16**, pp. 317-334.

FIERSTEIN J. et HILDRETH W. (1986). - Ejecta dispersal and dynamics of the 1912 eruptions at Novarupta, Katmai National Park, Alaska. *EOS Trans. Am. Geophys. Union* **67**, 1246.

FISCHER W.A., MOXHAM R.M., POLCYN F., LANDIS G.H. (1964). - Infra-red surveys of Hawaiian volcanoes. *Science*, **146**, pp. 733-742.

FISHER R.V. (1961). - Proposed classification of volcanoclastic sediments and rocks. *Geol. Soc. Am. Bull.*, **72**, pp. 1409-1414.

FISHER R.V. (1966). - Rocks composed of volcanic fragments and their classification. *Earth-Sci. Rev.*, **1**, pp. 287-298.

FISHER R.V. (1977). - Erosion by volcanic base-surge density currents : U-shaped channels. *Geol. Soc. Amer. Bull.*, **88**, pp. 1287-1297.

FISHER R.V. (1979). - Models for pyroclastic surges and pyroclastic flows. *J. Volcanol. Geotherm. Res.*, **6**, pp. 305-318.

FISHER R.V. (1990). - Transport and deposition of a pyroclastic surge across an area of high relief: The 18 May 1980 eruption of Mount St. Helens, Washington. *Geol. Soc. Amer. Bull.*, **102**, pp. 1038-1054.

FISHER R.V., GLICKEN H.X. et HOBLITT R.P. (1987). - May 18, 1980, Mount St. Helens deposits in South Coldwater Creek, Washington. *J. Geophys. Res.*, **92**, B10, pp. 10267-10283.

FISHER R.V. et HEIKEN G. (1982). - Mt. Pelée, Martinique : May 8 and 20, 1902, pyroclastic flows and surges. *J. Volcanol. Geotherm. Res.*, **13**, pp. 339-371.

FISHER R.V. et SCHMINCKE H.U. (1984). - Pyroclastic rocks. Springer-Verlag, Berlin, 472 p.

FISHER R.V. et SMITH G.A. (1991). - Volcanism, tectonics and sedimentation. *In :* Sedimentation in Volcanic Settings, SEPM Spec. Publ., n° 45, pp. 1-5.

FITTERMAN D.V. (1978). - Electrokinetic and magnetic anomalies associated with dilatent regions in a layered earth. *J. Geophys. Res.*, **83**, pp. 5923-5928.

FITTERMAN D.V. (1979). - Theory of electrokinetic magnetic anomalies in a faulted half space. *J. Geophys. Res.*, **84**, pp. 6031-6040.

FLOUZAT G. (1988). - Morphologie mathématique et analyse des images de télédétection. *Photo Interprétation*, **88-5**, pp. 1-16.

FORNARI D.J., RYAN W.B.F., FOX P.J. (1984). - The evolution of craters and calderas on young seamounts : Insights from Sea Marc 1 and Sea Beam sonar surveys of a small seamount group near the axis of the East Pacific Rise at 10° N. *J. Geophys. Res.*, **89**, B13, pp. 11069-11083.

FOUQUÉ F. (1879). - Santorin et ses éruptions. Masson éd., Paris, 440 p.

FOURCADE S. et ALLÈGRE C.J. (1981). - Trace elements behaviour in granite genesis : a case study, the calc-alkaline plutonic association from the Querigut complex (Pyrénées, France). *Contrib. Mineral. Petrol.*, **76**, pp. 177-195.

FOURNIER D'ALBE E.M. (1979). - Objectives of volcanic monitoring and prediction. *J. Geol. Soc. London*, **136**, pp. 321-326.

FOURY P. (1983). - Etude pétrologique et expérimentale (à une atmosphère) d'une série alcaline continentale : la série de la Chaîne des Puys (M.C.F.). Thèse IIIe cycle, Univ. Clermont II, 170 p.

FRANCHETEAU J. et BALLARD R.D. (1983). - The East Pacific Rise near 21°N, 13°N and 20°S : Inferences for along-strike variability of axial processes of the mid-ocean ridge. *Earth Planet. Sci. Lett.*, **64**, pp. 93-116.

FRANCIS P.W. (1979). - Infra-red techniques for volcano monitoring and prediction - a review. *J. Geol. Soc. Lond.*, **136**, pp. 335-359.

FRANCIS P.W. et ROTHERY D.A. (1987). - Using the Landsat TM to detect and monitor active volcanoes : An exemple from Lascar volcano, northern Chile. *Geology*, **15**, pp. 614-617.

FREUNDT A. et SCHMINCKE H.U. (1986). - Emplacement of small-volume pyroclastic flows at Laacher See (East-Eifel, Germany). *Bull. Volcanol.*, **48**, pp. 39-59.

FREY F.A. *et al.* (1968). - Rare earth abundances in some basic rocks. *J. Geophys. Res.*, **73**, pp. 6085-6089.

FREY F.A., BRYAN W.B. et THOMPSON G. (1974). - Atlantic ocean floor: geochemistry and petrology of basalts from legs 2 and 3 of the Deep Sea Drilling Project. *J. Geophys. Res.*, **79**, pp. 5507-5527.

FREY F.A. et RODEN M.F. (1987). - The mantle source for the hawaiian Islands: Constraints from the lavas and ultramafic inclusions. *In :* Mantle Metasomatism, M. Menzies Ed, pp. 423-463, Academic, New york.

FREY F.A., WISE W.S., GARCIA M.O., WEST H., KWON S.T., KENNEDY A. (1990). - Evolution of Mauna Kea volcano, Hawaii : petrologic and geochemical constraints on postshield volcanism. *J. Geophys. Res.*, **95**, B2, pp. 1271-1300.

FRIDRICH C.J. et MAHOOD G.A. (1984). - Reverse zoning in the resurgent intrusions of the Grizzly Peak cauldron, Sawatch Range, Colorado. *Geol. Soc. Amer. Bull.*, **95**, pp. 779-787.

FRIEDMAN I., LONG W., SMITH R.L. (1963). - Viscosity and water content of rhyolite glass. *J. Geophys. Res.*, **68**, pp. 6523-6535.

FRIEDMAN J.D. et WILLIAMS R.S. (1968). - Infrared sensing of active geologic process. Proc. 5th Symp. on Remote Sensing of Environment, Ann Arbor, Michigan, pp. 787-815.

FUDALI R.F. et MELSON W.G. (1972). - Ejecta velocities, magma chamber pressure and kinetic energy associated with the 1968 eruption of Arenal volcano. *Bull. Volc.*, **35**, pp. 383-401.

GADDIS L., MOUGINIS MARK P., SINGER R., KAUPP V. (1989). - Geologic analyses of Shuttle Imaging Radar (SIR-B) data of Kilauea Volcano, Hawaii. *Geol. Soc. Amer. Bull.*, **101**, pp. 317-322.

GALLÉ C. (1986). - Etude de la propagation des ondes sismiques sous la Chaîne des Puys. Dipl. Et. Approfondies, Université de Clermont-Ferrand II, 127 p.

GAST P.W. (1968). - Trace element fractionation and the origin of tholeiitic and alkaline magma types. *Geoch. Cosmoch. Acta*, **32**, pp. 1057-1086.

GAST P.W. *et al.* (1964). - Isotopic composition of lead and strontium from Ascension and Gough islands. *Science*, **145**, pp. 1181-1185.

GERBE M.C. (1989). - Evolution d´une chambre magmatique zonée en système clos : exemple de l´éruption de 1982-1983 du Galunggung (Java, Indonésie). Thèse de l´Université Blaise Pascal, Clermont-Ferrand, 301 p.

GERBE M.C., GOURGAUD A., BOUDAL C. et PRATOMO I. (1988). - Téphrostratigraphie de l'éruption de 1982-1983 du Galunggung (Java, Indonésie). *C.R. Acad. Sci. Paris*, D, **307**, pp. 89-94.

GERBE M.C., GOURGAUD A., SIGMARSSON O., HARMON R.S., JORON J.L. et PROVOST A. (1992). - Mineralogical and geochemical evolution of the 1982-1983 Galunggung eruption (Indonesia). *Bull. Volcanol.*, **54**, pp. 284-298.

GERLACH T.M. (1982). - Interpretation of volcanic gas data from tholeiitic and alkaline mafic lavas. *Bull. Volcanol.*, **45**, 3, pp. 235-246.

GERLACH T.M. (1983). - Intrinsic chemical variations in high-temperature volcanic gases from basic lavas. *In :* Forecasting Volcanic Events (Eds H. Tazieff et J.C. Sabroux), Elsevier, Amsterdam, Chap. 24, pp. 323-336.

GERLACH T.M. (1991). - Etna's greenhouse pump. *Nature, G.B.*, **351**, pp. 352-353.

GERLACH T.M. et CASADEVALL T.J. (1986). - Fumarole emissions at Mount St. Helens volcano, June 1980 to October 1981: degassing of a magma-hydrothermal system. *J. Volcanol. Geotherm. Res.*, **28**, pp. 141-160.

GERLACH T.M. et GRAEBER E. (1985). - Volatile budget of Kilauea volcano. *Nature, G.B.*, **313**, pp. 273-277.

GEYH M.A., MERKT J., MULLER H., STREIF H. (1974). - Reconstitutions paléoclimatiques et paléoécologiques à partir des sédiments lacustres de l'Allemagne méridionale. *Soc. Hydrotech. France*, pp. 1-7.

GEYH M.A. et SCHLEICHER H. (1990). - Absolute age determination ; physical and chemical dating methods and their application. Springer Verlag, 503 p.

GIGGENBACH W.F. (1987). - Redox processes governing the chemistry of fumarolic gas discharges from White Island, New Zealand. *Appl. Geochem.*, **2**, pp. 143-161.

GIGGENBACH W.F., MARTINI M. et CORAZZA E. (1986). - The effects of hydrothermal processes on the chemistry of some recent volcanic gas discharges. *Period. Mineral.*, **55**, pp. 15-28.

GIGGENBACH W.F., SANO Y., SCHMINCKE H.U. (1991). - CO_2-rich gases from Lake Nyos and Monoun, Cameroon ; Laacher See, Germany ; Dieng, Indonesia, and Mt. Gambier, Australia - variations on a common theme. *J. Volcanol. Geotherm. Res.*, **45**, pp. 311-323.

GILLOT P.Y. et CORNETTE Y. (1991). - The Cassignol technique for Potassium argon dating, precision and accuracy : examples from the late pleistocene to recent volcanics from southern Italy. *Chemical Geology* (Isotope Geoscience section) (sous presse).

GILLOT P.Y., NATIVEL P. (1982). - K-Ar chronology of the ultimate activity of Piton des Neiges volcano - Reunion Island - Indian Ocean. *J. Volcanol. Geotherm. Res.*, **13**, pp. 131-146.

GILLOT P.Y., NATIVEL P. (1989). - Eruptive history of the Piton de la Fournaise volcano, Reunion island, Indian Ocean. *J. Volcanol. Geotherm. Res.*, **36**, pp. 53-65.

GLANGEAUD P. (1913). - Les régions volcaniques du Puy-de-Dôme. II - La Chaîne des Puys et la Petite Chaîne des Puys. *Bull. Serv. Carte Géol. Fr.*, **135**, XXII, pp. 241-496.

GLOT J.-P., GRESTA S., PATANE G et POUPINET G. (1984). - Earthquake during the 1983 Etna eruption. *Bull. Volcanol.*, **47-4** (2), pp. 953-963.

GLOT J.-P. et POUPINET G. (1987). - ARGOS and seismic monitoring of volcanoes. ARGOS *Newsletter*, **30**, pp. 4-7.

GOER DE HERVE A. de. (1984). - L'âge des éruptions de la Chaîne des Puys : vingt-cinq ans de mesures radiochronométriques. *Rev. Sci. Nat. d'Auvergne*, **50**, pp. 167-177.

GOER DE HERVE A., BOIVIN P., CAMUS G., GOURGAUD A., KIEFFER G., MERGOIL J., VINCENT P. (1991). - Volcanologie de la Chaîne des Puys. Parc naturel régional des volcans d'Auvergne. Imprimerie moderne Aurillac, 127 p.

GOER DE HERVE A. de, CAMUS G., BOIVIN P., GOURGAUD A., KIEFFER G., MERGOIL J., VINCENT (1991). - Volcanologie de la Chaîne des Puys. Carte au 1/25 000 avec notice (3° éd.), 127 p. Ed. Parc Naturel Régional des Volcans d'Auvergne.

GOER DE HERVE A. de, MERGOIL J. (1971). - Structure et dynamisme des édifices volcaniques tertiaires et quaternaires. Symp. J. Jung : géologie, géomorphologie et structure profonde du Massif central français. Ed. Plein-Air service, Clermont-Ferrand.

GOGUEL J. (1953). - Le régime thermique de l'eau souterraine. *Ann. des Mines, Paris*, **10**, pp. 3-32.

GOGUEL J. (1975). - La Géothermie. Doin éd., Paris, 171 p.

GOGUEL J. (1977). - Le mécanisme des éruptions phréatiques dans l'activité volcanique. *C. R. somm. Soc. géol. Fr.*, **5**, pp. 277-279.

GONZALES-FERRAN O. (1990). - Huaynaputina volcano : the biggest historical dacitic eruption in the central Andes of South America, on February 19, 1600. Abstracts, Intern. Volcanol. Congress IAVCEI, Mainz (FRG).

GORSHKOV G.S. (1963). - Directed volcanic blasts. *Bull. Volcanol.*, **26**, pp. 83-88.

GOURGAUD A. (1985). - Mélanges de magmas dans les séries alcalines et calco-alcalines: leur rôle dans la genèse des laves intermédiaires et leur influence sur les mécanismes éruptifs. Thèse Doct. Etat. Univ. Clermont-Ferrand 2, 522 p.

GOURGAUD A. et BOURDIER J.L. (1985). - Les dépôts des éruptions de 1902 et 1929 de la Montagne Pelée : mélanges de magmas et déclenchement des éruptions péléennes. *Bull. PIRPSEV, CNRS-INAG*, **106**.

GOURGAUD A. et CAMUS G. (1984). - Magma mixing at La Nugère volcano (Chaîne des Puys, Massif Central, France). Role in trachyandesite genesis. *Bull. Volc.*, **47**, 4, pp. 781-805.

GOURGAUD A., FICHAUT M. et JORON J.L. (1989). - Magmatology of Mt Pelée (Martinique, F.W.I.). I : magma mixing and triggering of the 1902 and 1929 pelean nuées ardentes. *J. Volcanol. Geotherm. Res.*, **38**, pp. 143-169.

GOURGAUD A. et THOURET J.C. (1990). - Magma mixing and petrogenesis of the 13 November 1985 eruptive products at Nevado del Ruiz (Colombia). *J. Volcanol. Geotherm. Res.*, **41**, pp. 79-96.

GRAYSON K.D. et SHEETS D.P. (1981). -Volcanic activity and human ecology. Academic Press, 632 p

GREEN J. et SHORT N.M. (1971). - Volcanic landforms and surface features. Springer Verlag, 519 p.

GUENET P. (1986). - Datation par l'analyse pollinique de l'explosion des volcans du groupe Pavin (Besse-en-Chandesse, Puy de Dôme, France). 11e Réun. Ann. Sci. Terre, Clermont-Ferrand. Soc. Géol. Fr. Ed., 85.

GUÉRIN G. (1983). - La thermoluminescence des plagioclases, méthode de datation du volcanisme. Applications au domaine volcanique français : Chaîne des Puys, Mont-Dore et Cézallier. Thèse Doct. d'Etat, Univ. P. et M. Curie, Paris, 253 p.

HALL M. et CERESIS GROUP (1989). - The 1985 Nevado del Ruiz eruption : scientific, social, and governmental interaction prior to eruption. IAVCEI Abstracts, Santa Fe, New Mexico Bureau of Mines, USA, p. 118.

HAMAGUCHI H. (1983). - Seismological evidence for magma intrusion during the 1981-1982 Nyamuragura eruption. Volcanoes Nyiragongo and Nyamuragira : Geophysical Aspects. Tohoku University, Sendai, Japan.

HARJONO H., DIAMENT M., NOUAILI L. et DUBOIS J. (1989). - Detection of magma bodies beneath Krakatau volcano (Indonesia) from anomalous shear waves. *J. Volcanol. Geotherm. Res.*, **39**, pp. 335-348.

HART S.R. (1984). - A large scale isotope anomaly in the Southern Hemisphere mantle. *Nature*, **309**, pp. 753-757.

HART S.R., SCHILLING J.G. et POWELL J.L. (1973). - Basalts from Iceland and along the Reykjanes Ridge : strontium isotope geochemistry. *Nature Phys. Sci.*, **246**, pp. 104-107.

HAWKESWORTH C.J. et NORRY M.J. edits. (1983). - Continental basalts and mantle xenoliths. Shiva geology series, UK. 272 p.

HAY R.L. (1959). - Formation of the crystal rich glowing avalanche deposits of Saint Vincent, British West Indies. *J. Geol.*, **67**, pp. 540-562.

HEAD J.W. et WILSON L. (1986). - Volcanic processes and landforms on Venus : theory, predictions, and observations. *J. Geophys. Res.*, **91**, B9, pp. 9407-9446.

HEIKEN G.H., CROWE B., MC GETCHIN T., WEST F., EICHELBERGER J., BARTRAM D., PETERSON R., WOHLETZ K. (1980). - Phreatic eruption clouds : the activity of la Soufrière de Guadeloupe, F.W.I., August-November 1976. *Bull. Volcanol.*, **43**, 2, pp. 383-395.

HÉKINIAN R., BIDEAU D., CANNAT M., FRANCHETEAU J., et HÉBERT R. (1992). - Volcanic activity and crust-mantle exposure in the ultrafast Garrett transform fault near 13°28'S, in the Pacific. *Earth Planet. Sci. Lett.*, **108**, pp. 259-275.

HERVIG R.L., DUNBAR N., WESTRICH H.R. et KYLE P.R. (1989). - Pre-eruptive water content of rhyolite magmas as determined by ion microprobe analyses of melt inclusions in phenocrysts. *J. Volcanol. Geotherm. Res.*, **36**, pp. 293-302.

HICKEY R.L. et FREY F.A. (1982). - Geochemical characteristics of boninite series volcanics: implications for their source. *Geochim. Cosmochim. Acta*, **46**, pp. 2099-2115.

HILDE T.W.C., ISEZAKI N. et WAGEMAN J.U. (1976). - Mesozoic sea floor spreading in the north Pacific. *AGU Monograph*, **19**, pp. 205-226.

HILDRETH W. (1981). - Gradients in silicic magma chambers : implications for lithospheric magmatism. *J. Geophys. Res.*, **86**, pp. 10153-10192.

HILDRETH W. (1983). - The compositionally zoned eruption of 1912 in the Valley of Ten Thousand Smokes, Katmai National Park, Alaska. *J. Volcanol. Geotherm. Res.*, **18**, pp. 1-56.

HILDRETH W. et DRAKE R.E. (1992). - Volcan Quizapu, Chilean Andes. *Bull. Volcanol.*, **54**, pp. 93-125.

HILDRETH W. et MAHOOD G.A. (1986). - Ring-fracture eruption of the Bishop Tuff. *Geol. Soc. Amer. Bull.*, **97**, pp. 396-403.

HILL D.P. (1976). - Structure of Long Valley caldera, California from a seismic refraction experiment. *J. Geophys. Res.*, **81**, pp. 745-753.

HILL D.P., BAILEY R.A. et RYALL A.S. (1985). - Active tectonic and magmatic processes beneath Long Valley caldera, Eastern California : an overview. *J. Geophys. Res.*, **90**, B13, pp. 11111-11120.

HIRABAYAHI J., OSSAKA J. et OZAWA T. (1986). - Geochemical study on volcanic gases from Sakurajima volcano, Japan. *J. Geophys. Res.*, **91**, pp. 12167-12176.

HIRN A. et MICHEL B. (1979). - Evidence of migration of main shocks during major seismovolcanic crisis of La Soufrière (Guadeloupe, Lesser Antilles) in 1976. *J. Volcanol. Geotherm. Res.*, **6**, pp. 295-304.

HIRN A., MICHEL B. (1979). - Evidence of migration of main shocks during major seismo-volcanic crisis of la Soufrière (Guadeloupe, Lesser Antilles) in 1976. *J. Volcanol. Geotherm. Res.*, **6**, pp. 295-304.

HOBLITT R.P. (1986). - Observations of the eruptions of July 22 and August 7, 1980, at Mount St. Helens, Washington. *U.S. Geol. Surv. Prof. Paper*, **1335**, 44 p.

HOBLITT R.P. et MILLER C.D. (1984). - Mount St. Helens 1980 and Mount Pelée 1902 - Flow or surge? Comment. *Geology*, **12**, pp. 692-693.

HOBLITT R.P., MILLER C.D. et VALLANCE J.W. (1981). - The 1980 eruptions of Mount St. Helens, Washington. Origin and stratigraphy of the deposits produced by the May 18 directed blast. *U.S. Geol. Surv. Prof. Paper*, **1250**, pp. 401-419.

HOSKULDSSON A., ROBIN C. et CANTAGREL J.M. (1990). - Repetitive debris avalanche events at Volcan Pico de Orizaba, Mexico, and their applications for future hazard zones. IAVCEI Int. volcanol. Congress, Mainz 1990.

HOWARD A.H. et STOLPER E. (1981). - Experimental crystallization of boninites from the Mariana trench. *EOS, Trans. Amer. Geophys. Union*, **62**, 45, p. 1091.

HSÜ K.J. (1975). - Catastrophic debris streams (Struzstroms) generated by rockfalls. *Geol. Soc. Amer. Bull.*, **86**, pp. 129-140.

HULME G. (1974). - The interpretation of lava flow morphology. *Geophys. J. Roy. Astr. Soc.*, **39**, pp. 361-383.

HUPPERT H.E. et SPARKS R.S.J. (1988). - Melting the roof of a chamber containing a hot turbulently convecting fluid. *J. Fluid Mechan.*, **188**, pp. 107-131.

HUXTABLE J., AITKEN M.J., BONHOMMET N. (1978). - Thermoluminescence dating of sediments baked by lava flows of the Chaîne des Puys. *Nature, G.B.*, **275**, 5.677, pp. 207-209.

IIDA K., HAYAKAWA M. et KATAYOSE K. (1952). - Gravity survey of Mihara volcano, Oosima island, and changes in gravity caused by eruption. Geological Survey of Japan, Report n° 152.

IIJAMA J.T. (1954). - Présence de scapolite dans les projections volcaniques du Chuquet Genestou (Puy de Dôme). *Bull. Soc. Fr. Miner. Cristal.*, **LXXVII**, pp. 95-96.

INGEOMINAS (Collectif), 7 Octobre 1985. Mapa preliminar de riesgos volcanicos potenciales del Nevado del Ruiz (1/100 000 a color). Texto explicativo, 18 p. y Memoria explicativa, Noviembre de 1985, 26 p., Informes internos, Bogota.

JACHENS K.C. et EATON G.P. (1980). - Geophysical observations of Kilauea volcano, Hawaii, I. Temporal gravity variations related to the 29 November, M=7.2 earthquake and associated summit collapse. *J. Volcanol. Geotherm. Res.*, **7**, pp. 225-240.

JAMES D.E. (1981). - The combined use of oxygen and radiogenic isotopes as indicators of crustal contamination. *Ann. Rev. Earth. Planet. Sci.*, **9**, pp. 311-344.

JANDA R.J. (1991). - Debris flows at Mount Redoubt. in Special Issue, *J. Volcanol. Geotherm. Res.*, ed. B. Voight, in prep.

JAUPART C. et ALLÈGRE C.J. (1991). - Gas content, eruption rate and instabilities of eruption regime in silicic volcanoes. *Earth Planet. Sci. Lett.*, **102**, pp. 413-429.

JAUPART C. et TAIT S.R. (1990). - Dynamics of Eruptive Phenomena. *In :* Modern Methods of Igneous Petrology: Understanding Magmatic Processes, J. Nicholls & J.K. Russell eds., Reviews in Mineralogy vol. 24, *Mineral. Soc. Am.*, pp. 213-238.

JAUPART C. et VERGNIOLLE S. (1988). - Laboratory models of Hawaiian and Strombolian eruptions. *Nature, G.B.*, **331**, pp. 58-60.

JAUPART C. et VERGNIOLLE S. (1989). - The generation and collapse of a foam layer at the roof of a basaltic magma chamber. *J. Fluid Mech.*, **203**, pp. 347-380.

JEFFREY D.J. et ACRIVOS A. (1976). - The rheological properties of suspensions of rigid particles. *Am. Inst. Chem. Eng. J.*, **22**, pp. 417-432.

JOLIVET J. (1958). - La crise volcanique de 1956 à la Soufrière de la Guadeloupe. *Ann. Géophys.*, **14**, 3, pp. 305-322.

JOHNSON A.M. et POLLARD D.D. (1973). - Mechanics of growth of some laccolithic intrusions in the Henry Mountains, Utah, I. *Tectonophysics*, **18**, pp. 261-309.

JOHNSTON M.J.S. et STACEY F.D. (1969). - Volcano-magnetic effect observed on Mt Ruapehu, New Zealand. *J. Geophys. Res.*, **74**, pp. 6541-6544.

JOHNSTON M.J.S., MUELLER R.J. et DVORAK J. (1981). - Volcano-magnetic observations during eruptions May-August 1980. *U.S. Geol. Surv. Prof. Pap.*, **1250**, pp. 183-189.

JORON J.L. et TREUIL M. (1984). - Etude géochimique et pétrogénétique des laves de l'Etna, Sicile, Italie. *Bull. Volcanol.*, **47-4**, (2), pp. 1125-1144.

JUREWICZ S.R. et WATSON E.B. (1985). - The distribution of partial melt in a granitic system: the application of liquid phase sintering theory. *Geochim. Cosmochim. Acta*, **49**, pp. 1109-1121.

JUVIGNÉ E. (1991). - Distribution de vastes retombées volcaniques originaires de l'Eifel et du Massif central aux temps post-glaciaires dans le NE de la France et les régions voisines. *C. R. Acad. Sci. Paris*, **312**, II, pp. 415-420.

JUVIGNÉ E., GEWELT M. (1987). - La narse d'Ampoix comme téphrostratotype dans la Chaîne des Puys méridionale (France). *Bull. Ass. Fr. Et. Quater.*, **1**, pp. 37-49.

JUVIGNÉ E. et GILOT E. (1986). - Ages et zones de dispersion de téphra émises par les volcans du Montcineyre et du lac Pavin (Massif Central, France). *Z. dt. Geol. Ges.*, **137**, pp. 1-11.

KAHLE A.B. (1987). - Surface emittance, temperature, and thermal inertia derived from Thermal Infrared Multispectral Scanner (T.I.M.S.) data for Death Valley, California. *Geophysics*, **52**, 7, pp. 858-874.

KARPENKO S.F., SHARAS'KIN A.YA., BALASHOV A., LYALIKOV A.V., SPIRIDONOV V.G. (1985). - Isotopic and geochemical criteria for the origin of boninites. *Geochem Intern.*, **22**, pp. 3-12.

KASSER M., LÉPINE J.-C., RUEGG J.-C. et TARANTOLA A. (1980). - Nouvelles mesures géométriques sur le rift d'Asal-Ghoubbet. *Bull. Soc. géol. Fr.*, (7), **XXII**, 6, pp. 823-824.

KATILI J.A. et SUDRADJAT A. (1984). - Galunggung. The 1982-1983 eruption. Volc. Surv. Indonesia, Dir. Gen. Geol. Miner. Res., 102 p.

KELLER G.V. et RAPOLLA A. (1974). - Physical Volcanology. Elsevier Sc. Publishing Co, pp. 133-166.

KIEFFER G. (1968). - Contribution à l'étude de l'altération des laves à caractères basaltiques. *Rev. Auv.*, **82**, 1, pp. 27-49.

KIEFFER G. (1969). - Caractères des coulées de lave à entablement de "faux prismes". *C. R. Acad. Sci., Paris*, D, **269**, pp. 2178-2181.

KIEFFER G. (1971). - Aperçu sur la morphologie des régions volcaniques du Massif Central. Symp. Jung : Géologie, géomorphologie et structure profonde du Massif Central français. Clermont-Ferrand, Plein Air Service, pp. 479-510.

KIEFFER G. (1975). - Pillows and hyaloclastites associated to subaerial lavas at the South West of the base of Mount Etna (Sicily, Italy). *Géol. Méd.*, **2**, 4, pp. 179-184.

KIEFFER G. (1977). - Diaclasation et prismation dans les laves. 5 e RAST, Rennes, 288.

KIEFFER G. (1979). - Pahoehoe et aa : problèmes de morphologie superficielle des coulées volcaniques fraîches. *Publ. Inst. Géogr. Clermont-Ferrand*, **57**, pp. 27-40.

KIEFFER G. (1985). - Evolution structurale et dynamique d'un grand volcan polygénique : stades d'édification et activité actuelle de l'Etna (Sicile). *Ann. Sci. Univ. Clermont-Ferrand*, **84**, 497 p.

KIEFFER G. (1990). - Evolution dynamique et structurale récente ("Phase IV") du Piton des Neiges (Ile de la Réunion, Océan Indien). *In :* Volcanisme de la Réunion. Monographie. C R V, Clermont-Ferrand, pp. 163-185.

KIEFFER H.H., FRANCK D., FRIEDMAN J.D. (1981). -Thermal infrared surveys at Mount St Helens. Observations prior to the eruption of May 18. in the 1980 eruptions of Mount St Helens, Washington.*U.S. Geol. Surv. Prof. Paper*, **1250**, pp. 257-277.

KIEFFER S.W. (1981). - The 1980 eruptions of Mount St.Helens, Washington. Fluid dynamics of the May 18 blast at Mount St.Helens. *U.S. Geol. Surv. Prof. Paper*, **1250**, pp. 379-400.

KIEFFER S.W. et STURTEVANT B. (1988). - Erosional furrows formed during the lateral blast at Mount St. Helens, May 18, 1980. *J. Geophys. Res.*, **93**, B12, pp. 14793-14816.

KIENLE J., KYLE P.R., SELF S., MOTYKA R.J. et LORENZ V. (1980). - Ukinrek maars, Alaska, I. April 1977 eruption sequence, petrology and tectonic setting. *J. Volcanol. Geotherm. Res.*, **7**, pp. 11-37.

KLEIN F.W., KOYANAGI R.Y., NAKATA J.S. et TANIGAWA W.R. (1987). - The seismicity of Kilauea's magma system. *U.S. Geol. Surv. Prof. Pap.*, **1350**, vol. 2, pp. 1019-1186.

KLEIN J., LERMAN J.C., DAMON P.E. et RALPH E.K. (1982). - Calibration of radiocarbon dates : tables based on the consensus data of the Workshop on calibrating the radiocarbon time scale. *Radiocarbon*, **24**, 2, pp. 103-150.

KLING G.W., TUTTLE M.L., EVANS W.C. (1989). - The evolution of thermal structure and water chemistry in lake Nyos. *J. Volcanol. Geotherm. Res.*, **39**, 2-3, pp. 151-166.

KOKELAAR B.P. (1983). - The mechanism of surtseyan volcanism. *J. Geol. Soc. Lond.*, **140**, pp. 939-944.

KORNPROBST J. édit. (1984). - Proceed. "Third Intern. Kimberlite Conf.". Developments in petrology, Elsevier, Vol. 11A-11B.

KOUCHI A. et SUNAGAWA I. (1983). - Mixing basaltic and dacitic magmas by forced convection. *Nature, G.B.*, **304**, pp. 527-528.

KOUCHI A. et SUNAGAWA I. (1985). - A model for mixing basaltic and dacitic magmas as deduced from experimental data. *Contrib. Mineral. Petrol*, **89**, pp. 17-23.

KOVALENKO V.I., HERVIG R.L. et SHERIDAN M.F. (1988). - Ion microprobe analyses of trace elements in anorthoclase, hedenbergite, aenigmatite, quartz, apatite and glass in pantellerite : evidence for high water content in pantellerite melt. *Amer. Mineral.* **73**, pp. 1038-1045.

KOYAGUCHI T. (1985). - Magma mixing in a conduit. *J. Volcanol. Geotherm. Res.*, **25**, pp. 365-369.

KOYAGUCHI T. (1987). - Magma mixing in a squeezed conduit. *Earth Planet. Sci. Lett.,* **84**, pp. 339-344.

KOYAGUCHI T. et BLAKE S. (1989). - The dynamics of magma mixing in a rising magma batch. *Bull. Volcano*l., **52**, pp. 127-137.

KOYANAGI R.Y., UNGER J.T., ENDO E.T. et OKAMURA A.T. (1976). - Shallow earthquakes associated with inflation episodes at the summit of Kilauea volcano, Hawaii. *Bull. Volcanol.,* **39**, pp. 621-631.

KROENKE L.W. et NEMOTO K. (1982). - Marine geology of the Hess Rise 2 : Basement morphology, sediment thickness, and structural geology. *J. Geophys. Res.*, **88**, pp. 9259-9278.

KUNTZ M.A., ROWLEY P.D., MACLEOD L.S., REYNOLDS R.L., MACBROOME L.A., KAPLAN A.M. et LIDKE (1981). - Petrography and particle size distribution of pyroclastic flow, ash cloud and surge deposits. *In :* Lipman and 40.

KURETH C.L. et REA D.K. (1981). - Large-scale oblique features in an active transform faults, the Wilkes Fracture Zone near 9°S on the East Pacific Rise. *Mar. Geophys. Res.,* **5**, pp. 119-137.

KURODA N. et SHIRAKI K. (1975). - Boninite and related rocks of Chichi-jima, Bonin Islands, Japan. *Rep. Fac. Sci. Shizuoka Univ.,* **10**, pp. 145-155.

KURZ M.D., JENKINS W.J., HART S.R. et CLAGUE D.A. (1983). - Helium isotopic variations in volcanic rocks from Loihi seamount and the island of Hawaii. *Earth Planet. Sci. Lett.,* **66**, pp. 388-406.

KUSAKABE M., OHSUMI T., ARAMAKI S. (1989). - The lake Nyos gas disaster: chemical and isotopic evidence in waters and dissolved gases from three cameroonian crater lakes: Nyos, Monoun, and Wum. *J. Volcanol. Geotherm. Res.*, **39**, 2-3, pp. 167-186.

KUSHIRO I. (1969). - The system forsterite-diopside-silica with and without water at high pressures. *Amer. J. Sc.*, **267A**, pp. 269-294.

KUSHIRO I. (1972). - Effect of water on the composition of magmas formed at high pressures. *J. Petrol.*, **13**, pp. 311-334.

LACROIX A. (1904). - La Montagne Pelée et ses éruptions. Masson, Paris, 662 p.

LAJOIE J., BOUDON G. et BOURDIER J.L. (1989). - Depositional mechanics of the 1902 pyroclastic nuée-ardente deposits of Mt. Pelée, Martinique. *J. Volcanol. Geotherm. Res.*, **38**, pp. 131-142.

LAMBERT G., LE CLOAREC M.F., ARDOUIN B., LE ROULEY J.C. (1985-1986). - Volcanic emission of radionuclides and magma dynamics. *Earth Planet. Sci. Lett.*, **76**, pp. 185-192.

LANGMUIR C.H. *et al.* (1977). - Petrogenesis of basalts from the FAMOUS area : Mid-Atlantic Ridge. *Earth Planet. Sci. Letters*, **36**, pp. 133-156.

LANGMUIR C.H., BENDER J.F. et BATIZA R. (1986). - Petrological and tectonic segmentation of the East Pacific Rise, 5°30°N-14°304N. *Nature, G.B.,* **322**, pp. 422-427.

LAPORTE D. et WATSON B. (sous presse). - Experimental and theoretical constraints on melt distribution in crustal sources. *Phys. Earth Planet. Int.*

LATTER J.H. (1981). - Volcanic earthquakes and their relationship to eruptions at Ruapehu and Ngauruhoe Volcanoes. *J. Volcanol. Geotherm. Res.*, **9**, pp. 293-309.

LE CLOAREC M.F., LAMBERT G., LE GUERN F., ARDOUIN B. (1984). - Echanges de matériaux volatils entre phases solide, liquide et gazeuse au cours de l'éruption de l'Etna de 1983. *C.R. Acad. Sci. Paris*, **298**, II, pp. 805-808.

LE CLOAREC M.F., LAMBERT G., LE ROULEY J.C., ARDOUIN B. (1986). - Long-lived radon decay products in Mt. St. Helens emissions : an estimation of the magma reservoir volume. *J. Volcanol. Geotherm. Res.*, **28**, pp. 85-89.

LE GALL B. (1985). - Etude pétrographique et structurale des granitoïdes hercyniens tardifs de la région de Tempio (Sardaigne septentrionale). Thèse 3e cycle, Univ. Lyon I, 326 p.

LE GALL B., ORSINI J.B., FERNANDEZ A., GHEZZO CL. (1985). - Signification tectonique des structures internes du massif granitique de Tempio (Sardaigne septentrionale). *C.R. Acad. Sci. Paris*, t. **300**, Sér. II, 20, pp. 1013-1018.

LE GUERN F., TAZIEFF H., FAIVRE PIERRET R. (1982). - An example of health hazard: People killed by gas during a phreatic eruption: Diëng plateau (Java, Indonesia), February 20th 1979. *Bull. Volcanol.*, **45**, 2, pp. 153-156.

LE MAITRE R.W. (ed.) (1989). - A classification of igneous rocks and glossary of terms. Recommendations of the International Union of Geological Sciences Subcommission on the Systematics of Igneous Rocks. Blackwell Sci. Publ., Oxford, 193 p.

LÉNAT J.-F. (1988). - Patterns of volcanic activity of Piton de la Fournaise (Réunion Island, Indian Ocean). A synthesis based on monitoring data between 1980 and July 1985, and on historic records since 1930. Proceed. Volcanol., Springer-Verlag Ed., **1**, pp. 312-338

LÉNAT J.-F. et BACHÈLERY P. (1988). - Dynamics of magma transfers at Piton de la Fournaise volcano (Réunion Island, Indian Ocean). Earth Evol. Sci. issue "Modeling of volcanic processes", Chi-Yu et R. Scarpa Eds, Friedr. Vieweg and Sohn, Braunschweig Wiesbaden, pp. 57-72.

LÉNAT J.-F. et BACHÈLERY P. (1990). - Structure et fonctionnement de la zone centrale du Piton de la Fournaise. *In :* Le volcanisme de l'île de la Réunion - Monographie, J. -F. Lénat éd., Publ. CRV, Clermont-Ferrand, pp. 257-296.

LÉNAT J.-F., BACHÈLERY P., BONNEVILLE A., GALDÉANO A., LABAZUY P., ROUSSET D. et VINCENT P.M. (1990). - Structure and morphology of the submarine flank of an active basaltic volcano : Piton de la Fournaise (Réunion Island, Indian Ocean). *Oceanologica Acta*, **vol. spéc.10**, pp. 211-213.

LÉNAT J.-F., BACHÈLERY P., BONNEVILLE A. et HIRN A. (1989b). - The beginning of the 1985-1987 eruptive cycle at Piton de la Fournaise (La Réunion) ; new insights in the magmatic and volcano-tectonic systems. *J. Volcanol. Geotherm. Res.*, **36**, pp. 209-232.

LÉNAT J.-F., BACHÈLERY P., BONNEVILLE A., TARITS P., CHEMINÉE J.L. et DELORME H. (1989a). - The December 4, 1983 to February 18, 1984 eruption of Piton de la Fournaise (La Réunion, Indian Ocean) : description and interpretation. *J. Volcanol. Geotherm. Res.*, **36**, pp. 87-112.

LÉNAT J.F., LABAZUY P. (1990). - Morphologies et structures sous-marines de la Réunion. *In :* J.F. Lénat Ed., Le volcanisme de l'île de la Réunion-Monographie.- Centre de Recherches Volcanologiques, Clermont-Ferrand, pp. 43-74.

LÉNAT J.F., VINCENT P.M., BACHELERY P. (1989). - The off-shore continuation of an active basaltic shield volcano : Piton de la Fournaise (Réunion Island, Indian Ocean); structural and geomorphological interpretation from Sea-Beam mapping. *J. Volcanol. Geotherm. Res.*, **36**, 1-3, pp. 1-36.

LEROY H. (1981). - Etude magnétique des pyroclastites de la chaîne des Puys. Note IOPG n° 59, Obs. Univ. Clermont-Ferrand, 31 p.

LIN QI X. et CLOCCHIATTI R. (1985). - A new classification of silicate melt inclusions. *Kexue Tonbao*, **30**, 4, pp. 488-492.

LIPMAN P.W. (1984). - The Roots of Ash-Flow Calderas in Western North America : Windows into the tops of granitic batholiths. *J. Geophys. Res.*, **89**, B 10, pp. 8801-8841.

LIPMAN P.W., LOCKWOOD J.P., OKAMURA R.T., SWANSON D.A., YAMASHITA K.M. (1985). - Ground deformation associated with the 1975 Magnitude-7.2 earthquake and resulting changes in activity of Kilauea volcano, Hawaii. *U.S. Geol. Surv. Prof. Paper* n° 1276.

LIPMAN P.W., MOORE J.G. et SWANSON D.A. (1981). - The 1980 eruptions of Mount St Helens, Washington. Buldging of the north flank before the may 18 eruption ; geodetic data. *U.S. Geol. Surv. Prof. Paper*, **1250**, pp. 143-155.

LIPMAN P.W., NORTON D.R., TAGGART J.E., BRANDT E.L. et ENGELMAN E.E. (1981). - Compositional variations in 1980 magmatic deposits. In Lipman and Mullineaux eds The 1980 eruptions of Mount St Helens, Washington. *U.S. Geol. Surv. Prof. Paper,* **1250**, pp. 631-639.

LIPMAN P.W., SELF S. et HEIKEN G. (1984). - Introduction to Calderas Special Issue. *J. Geophys. Res.*, **89**, B 10, pp. 8219-8221.

LONDSDALE P., SPIESS F.N. (1979). - A pair of young cratered volcanoes on the East Pacific Rise. *J. Geol.*, **87**, pp. 157-173.

LONSDALE P. (1983). - Overlapping Rift Zones at the 5.5°S : Offset of the East Pacific Rise. *J. Geophys. Res.*, **88**, pp. 9393-9406.

LORENZ V. (1973). - On the formation of maars. *Bull. Volcanol.*, **37**, pp. 183-204.

LORENZ V. (1974). - Vesiculated tuffs and associated features. *Sedimentology,* **21**, pp. 273-291.

LUHR J.F. et CARMICHAEL I.S.E. (1980). - The Colima volcanic complex, Mexico. Part I : post-caldera andesites from volcan Colima. *Contr. Mineral. Petrol.*, **71**, pp. 343-372.

LUPTON J.E. (1983). - Terrestrial inert gases: isotope tracers and clues to primordial components in the mantle. *Ann. Rev. Earth Planet. Sci.*, **11**, pp. 371-414.

LUYENDYK B.P., CANN J.R. *et al.* (1978). - Initial Reports of the Deep Sea Drilling Project, vol. **49**, Washington (U.S. Govt. Printing Office).

LY M.H., BOIVIN P., CAMUS G., de GOER DE HERVÉ A., KIEFFER G., MERGOIL J. et VINCENT P.M. (1979). - Pillow lavas associés aux basaltes continentaux cénozoïques du Massif Central français. 7 e RAST Lyon, 301.

MACDONALD G. A. (1953). - Pahoehoe, aa and block lava. *Amer. J. Sci.*, **251**, pp. 169-191.

MACDONALD G.A. (1972). - Volcanoes. Englewood Cliffs, New Jersey, Prentice-Hall, 510 p.

MACDONALD G.A. et ABOTT A.T. (1970). - Volcanoes in the sea. The geology of Hawaii. Univ. Hawaii Press, Honolulu, 441p.

MACDONALD G.A., ABBOTT A.T. et PETERSON F.L. (1986). - Volcanoes in the sea. The geology of Hawaii. Univ. Hawaii Press. Honolulu (2e ed.), 517 p.

MACDONALD G.A., KATSURA T. (1964). - Chemical composition of Hawaiian lavas, *J. Petrology* , **5**, pp. 82-133.

MACDONALD G.A. et KATSURA T. (1965). - Eruption of Lassen Peak, Cascade Range, California, in 1915 ; example of mixed magmas. *Geol. Soc. Amer. Bull.*, **76**, pp. 475-482.

MACDONALD K.C. (1988). - A new view of the Mid-Ocean Ridge from the behavior of ridge-axis discontinuities. *Nature, G.B.,* **335**, pp. 217-225.

MACDONALD K.C., HAYMON R. et SHOR A. (1989). - A 220 km^2 recently erupted lava field on the East Pacific Rise near lat. 8°S. *Geology*, **17**, pp. 212-216.

MACDOUGALL I. (1971). - The geochronology and evolution of the young volcanic island of Reunion, Indian Ocean. *Geochim. Cosmochim. Acta*, **36**, pp. 261-288.

MACDOUGALl I. et HARRISON T.M. (1988). - Geochronology and thermochronology by the ^{40}Ar - ^{39}Ar method. Oxford Univ. Press, 212 p.

MACDOUGALL J.D. edit. (1988). - Continental flood basalts. Kluwer Academic Publishers.

MAHONEY J.J. (1988). - Deccan traps. *In :* Macdougall ed., Continental flood basalts, Kluwer Acad. Pub., pp. 151-194.

MAJOR J.J. et NEWHALL C.G. (1989). - Snow and ice perturbations during historical volcanic eruptions and the formation of lahars and floods. *Bull. Volcanol.*, **52**, pp. 1-27.

MALAHOFF A. (1987). - Geology and Volcanism of the summit of Loihi submarine volcano. *U.S. Geol. Surv. Prof. Paper,* **1350**, pp. 133-144.

MALAHOFF A., Mc MURTRY G.M., WILTSHIRE J.C., YEH H.W. (1982). - Geology and chemistry of Hydrothermal deposits from active submarine volcano Loihi, Hawaii. *Nature, G.B.,* **298**, pp. 234-239.

MALIN M.C. et SHERIDAN M.F. (1982). - Computed-assisted mapping of pyroclastic surges. *Science*, **217**, pp. 637-640.

MALINGREAU J.P., KASWANDA (1986). - Monitoring volcanic eruptions in Indonesia using weather satellite data : the Colo eruption of July 28, 1983. *J. Volcanol. Geotherm. Res.*, **27**, pp. 179-194,.

MALONE S.D., ELLIOT T.E., WEAVER C.S. et RAMEY J.W. (1981). - Seismic monitoring for eruption prediction. *In :* The 1980 Eruption of Mount St. Helens, Washington, P.W. Lipman and D.R. Mullineaux (eds), *Geol. Surv. Prof. Paper*, **1250**, pp. 803-813.

MALONE S.D., ENDO E.T., CRAIG S.W. et RAMEY J.W. (1981). - The 1980 eruptions of Mount St. Helens, Washington. Seismic monitoring for eruption prediction. *U.S. Geol. Surv. Prof. Paper*, **1250**, pp. 803-813.

MARINELLI G. (1974). - L'énergie géothermique. *La Recherche*, **49**, pp. 827-836.

MATSON M. et DOZIER J. (1981). - Identification of subresolution high temperature sources using a thermal i r. sensor. *Photogrammetric Engineering and Remote Sensing*, **47**, pp. 1311-1318.

MATSUO S., OSSAKA J., HIRABAYASHI J., OZAWA T. et KIMISHIMA K. (1982). - Chemical nature of volcanic gases of Usu volcano, Japan. *Bull. Volcanol.*, **45**, pp. 261-264.

MATSUO S., OSSAKA J., HIRABAYASHI J., OZAWA T. et KIMISHIMA K. (1982). - Chemical nature of volcanic gases of Usu volcano, Japan. *Bull. Volcanol.*, **45**, pp. 261-264.

MAURY R. (1976). - Contamination (par l'encaissant et les enclaves) et cristallisation fractionnée de séries volcaniques alcalines, continentales (M.C.F.) et océanique (Pacifique central). L'origine des laves acides. Thèse Doc. Etat, Univ. Paris-Sud, Orsay, 455 p.

MAURY R., BROUSSE R., VILLEMANT B., JORON J.L., JAFFREZIC H., TREUIL M. (1980). - Cristallisation fractionnée d'un magma basaltique alcalin : la série de la Chaîne des Puys (Massif Central, France). I : Pétrologie. *Bull. Minéral.*, **103**, pp. 250-266.

McBIRNEY A.R. (1984). - Igneous petrology. Freeman, Cooper and Co, San Francisco.

McBIRNEY A.R. (1989). - The Skaergaard layered series : I. Structure and average composition. *J. Petrol.*, **30**, 2, pp. 363-397.

McBIRNEY A.R. (1990). - An historical note on the origin of calderas. *J. Volcanol. Geotherm. Res.*, **42**, pp. 303-306.

McBIRNEY A.R., BAKER B.H. et NILSON R.H. (1985). - Liquid fractionation Part I : Basic principles and experimental simulations. *J. Volcanol. Geotherm. Res.*, **24**, pp. 1-24.

McBIRNEY A.R. et WILLIAMS H. (1969). - Geology and petrology of the Galapagos Islands. *Geol. Soc. Amer., Mem.*, **118**, 197 p.

McGETCHIN T.R., SETTLE M., CHOUET B.H. (1974). - Cinder cone growth modeled after Northeast crater, Mt. Etna, Sicily. *J. Geophys. Res.*, **79**, pp. 3257-3272.

McGUIRE W.J. (1982). - Evolution of the Etna volcano: information from the southern wall of the Valle del Bove caldera. *J. Volcanol. Geotherm. Res.*, **13**, pp. 241-271.

McKEE C.O., LOWENSTEIN P. L., DE SAINT OURS P., TALAI B., ITIKARAI I. et MOR J.J. (1984). - Seismic and ground deformation crises at Rabaul caldera : prelude to an eruption ? *Bull. Volcanol.*, **47**, 2, pp. 397-411.

McKENZIE D. (1984). - The generation and compaction of partially molten rock. *J. Petrol.*, **25**, pp. 713-765.

MECHLER P. (1982). - Les méthodes de la géophysique. Ed. Dunod Université, Paris.

MELSON W.G., JAROSEWICH E., CIFELLI R. et THOMPSON G. (1967). - Alkali olivine basalt dredged near St. Paul's Rocks, Mid-Atlantic Ridge. *Nature, G.B.*, **215**, pp. 381-382.

MELSON W.G., RABINOWITZ P.D. *et al.* (1979). - Initial Reports of the Deep Sea Drilling Project, vol. 45, Washington (U.S. Govt. Printing Office).

MENDEZ R., ROBIN C. et THOURET J.C. (1990). - Holocene eruptive activity at Galeras volcano, Colombia. IAVCEI Int. Cong., Mainz. 1990.

MENYAILOV I.A., NIKITINA L.P. et SHAPAR V.N. (1985). - Geochemical monitoring of some active volcanoes in Kamchatka and the Kurile Islands (USSR). *Period. Mineral.*, **55**, pp. 55-74.

METRICH N. (1985). - Mécanismes d'évolution à l'origine des roches potassiques d'Italie centrale et méridionale. Exemples du Mt Somma Vesuvio, des Champs Phlégréens et de l'Ile de Ventotène. Thèse doctorat, Orsay, 336 p.

METRICH N. et CLOCCHIATTI R. (1989). - Melt inclusion investigation of the volatiles behavior in historic alkaline magmas of Etna. *Bull. Volcanol.*, **51**, pp. 185-198.

METRICH M. et MOSBAH M. (1988). - Détermination des teneurs en carbone de quelques verres basaltiques ; analyses par réactions nucléaires. *Bull. Minéral.*, **111**, pp. 511-522.

MIALLIER D. (1982). - L'usage des détecteurs solides de traces dans le cadre de la datation par thermoluminescence. Thèse 3e cycle, Univ. Clermont II, 107 p.

MICHAEL P.J. et SCHILLING J.G. (1989). - Chlorine in mid oceanic ridge magmas : evidence for assimilation of seawater influenced components. *Geochim. Cosmochim. Acta*, **59**, pp. 3131-3143.

MILLER C.D. (1981). - Potential hazards from future eruptions in the vicinity of Mount Shasta volcano, northern California. *U.S. Geol. Surv. Bull.*, **1503**, 43 p.

MILLER C.D. (1989). - Potential hazards from future volcanic eruptions in California. *U.S. Geol. Surv. Bull.*, **1847**, 17 p. (2 documents h.-t).

MILLER C.D., MULLINEAUX D.R., CRANDELL D.R. (1981). - Hazards assessments at Mount St. Helens. *In* : P.W. Lipman, D.R. Mullineaux (eds), The 1980 eruptions of Mount St. Helens, Washington, pp. 789-802, *U.S. Geol. Surv. Prof. Paper,* **1250**, pp. 789-802.

MINAKAMI T. (1959). - The study of eruptions and earthquakes originating from volcanoes. *Bull. Volcanol. Soc. Japan,* **4**, pp. 104-130.

MINAKAMI T. (1960). - The study of eruption and earthquakes originating from volcanoes. *Bull. Volcanol. Soc. Japan,* **4**, pp. 131-151.

MITZUTANI H., ISHIDO T., YOKOKURA T. et OHNISHI S. (1976a). - Electrokinetic phenomena associated with earthquakes. *Geophys. Res. Lett.*, **3**, 7, pp. 365-368.

MITZUTANI H. et ISHIDO T. (1976b). - A new interpretation of magnetic field variation associated with the Matsushiro earthquakes. *J. Geomagn. Geoelectr.*, **28**, pp. 179-188.

MOGI K. (1958). - Relation between the eruptions of various volcanoes and the deformations of the ground surfaces around them. *Bull. Earth. Res. Inst. Univ. Tokyo,* **36**, pp. 99-134.

MOORE J.G. (1967). - Base surge in recent volcanic eruptions. *Bull. Volc.*, **30**, pp. 337-363.

MOORE J.G. (1975). - Mechanism of formation of pillow lava. *Amer. Sci.*, **63**, pp. 269-277.

MOORE J.G. et ALBEE W.C. (1981). - The 1980 eruptions of Mount St.Helens, Washington. Topographic and structural changes, March-July 1980 - photogrammetric data. U.S. *Geol. Surv. Prof. Paper,* **1250,** pp. 123-134.

MOORE J.G. et AULT W.U. (1965). - Historic littoral cones in Hawaii. *Pacific Sci.*, **19**, 1, pp. 3-11.

MOORE J.G., CLAGUE D.A., HOLCOMB R.T., LIPMAN P.W., NORMARK W.R., TORRESAN M.E. (1989). - Prodigious submarine landslides on the Hawaiian ridge. *J. Geophys. Res.*, **94**, B 12, pp. 17465-17484.

MOORE J.G., CLAGUE D.A., NORMARK W.R. (1982). - Diverse basalt types from Loihi seamount, Hawaii. *Geology*, **10**, pp. 88-92.

MOORE J.G. et MELSON W.G. (1969). - Nuées ardentes of the 1968 eruption of Mayon Volcano, Philippines. *Bull. Volc.*, **33**, pp. 600-620.

MOORE J.G., NAKAMURA K. et ALCARAZ A. (1966). - The 1965 eruption of Taal volcano. *Science*, **151**, pp. 955-960.

MOORE J.G. et SISSON T.W. (1981). - The 1980 eruptions of Mount St.Helens, Washington. Deposits and effects of the May 18 pyroclastic surge. *U.S. Geol. Surv. Prof. Paper*, **1250**, pp. 421-438.

MOREL J.M. et HÉKINIAN R. (1980). - Compositional variations of volcanics along segments of recent spreading ridges. *Contrib. Miner. Petrol.*, **72**, pp. 425-436.

MORGAN J. (1971). - Convection plume in the lower mantle. *Nature, G.B.*, **230**, pp. 42-43.

MORGAN J. (1981). - Hotspot tracks and the opening of the Atlantic and Indian Oceans. *In :* The Sea, C. Emiliani Ed., Wiley and Sons, New York, vol. **7**, pp. 443-487.

MOSBAH M. (1988). - Contribution à l'application de la microsonde nucléaire en géochimie. Microanalyse du carbone et de l'azote dans des verres et des minéraux. Rapport CEA-R-5456, pp. 1-210.

MOSBAH M., CLOCCHIATTI R., TIRIRA J., GOSSET J., MASSIOT P. et TROCELLIER P. (1991). - Study of hydrogen in melt inclusions trapped in quartz with a nuclear microprobe. *Nuclear Instruments and Methods in Physics Res.*, **B54**, pp. 298-303.

MOSBAH M., METRICH N. et MASSIOT P. - PIGME fluorine determination using a nuclear microprobe with application to glass inclusions. *Nuclear Instruments and Methods in Physics Res.* (sous presse).

MOSSAND P., CANTAGREL J.-M. et VINCENT P.M. (1982). - La caldera de Haute-Dordogne : âge et limites (Massif des Monts-Dore, France). *Bull. Soc. géol. Fr.*, **7**, t. XXIV, 4, pp. 727-738.

MULLINEAUX D.R., PETERSON D.W. et CRANDELL D.R. (1987). - Volcanic hazards in the Hawaïan Islands. *In :* R.W. Decker, T.L. Wright, and P.H. Stauffer, Volcanism in Hawaï, pp. 599-621, *U.S. Geol. Surv. Prof. Paper*, **1350**, pp. 599-621.

MURASE T. (1962). - Viscosity and related properties of volcanic rocks at 800 to 1 400°C. *J. Fac. Sci., Hokkaïdo Univ.*, **VII**, V, 1, pp. 487-584.

MURASE T. et McBIRNEY A.R. (1973). - Properties of some common igneous rocks and their melts at high temperatures. *Geol. Soc. Am. Bull.*, **84**, pp. 3563-3592.

NAGATA T. (1970). - Effects of uniaxial compression on remanent magnetization of igneous rocks. *Pure Appl. Geophys.*, **78**, 100.

NAIRN I.A. et SELF S. (1978). - Explosive eruptions and pyroclastic avalanches from Ngauruhoe in February 1975. *J. Volcanol. Geotherm. Res.*, **3**, pp. 39-60.

NEALL V.E. (1976). - Lahars - global occurrence and annoted bibliography. Publ. of Geol. Dept., Victoria University of Wellington, n° 5, pp. 1-18, New Zealand.

NELSON L.S., DUDA P.M. (1981). - Steam explosion experiments with single drops of CO^2 laser-melted iron oxide. *Trans. Amer. Nucl. Soc.*, **38**, pp. 453-454.

NELSON S.A. (1980). - Geology and petrology of volcan Ceboruco, Nayarit, Mexico. *Geol. Soc. Am. Bull.*, **91**, pp. 2290-2331.

NERCESSIAN A., HIRN A. et TARANTOLA A. (1984). - Three dimensional seismic transmission prospecting of the Mont Dore. *Geophys. J.R. astr. Soc.*, **76**, pp. 307-315.

NEWHALL C. G. (1982). - A method for estimating intermediate- and long-term risks from volcanic activity, with an example from Mount St. Helens, Washington. Open-File Report 82-396, U.S. Geol. Surv., 49 p.

NEWHALL C.G. (1984). - Semi-quantitative assessment of changing volcanic risk at Mount St. Helens, Washington. Open-File Report 84-272, U.S. Geol. Surv., 29 p.

NEWHALL C.G. et SELF S. (1982). - The volcanic explosivity index (VEI) : an estimate of explosive magnitude for historical volcanism. *J. Geophys. Res.*, **87** (C2), pp. 1231-1238.

NEWMAN S., EPSTEIN S. et STOLPER T. (1988). - Water, carbon dioxyde and hydrogen isotopes in glasses from the ca. 1340 A.D. eruption of the Mono Craters, California : constraints on degassing phenomena and initial volatile content. *J. Volcanol. Geotherm. Res.*, **35**, pp. 75-96.

NICOLAS A. et JACKSON M. (1982). - High temperature dikes in peridotites: origin by hydraulic fracturing. *J. Petrol.*, **23**, pp. 568-582.

NILSON R.H., MCBIRNEY A.R. et BAKER B.H. (1985). - Liquid fractionation Part II : Fluid dynamics and quantitative implications for magmatic systems. *J. Volcanol. Geotherm. Res.*, **24**, pp. 25-54.

NIXON P.H. (1987). - Mantle xenoliths. J. Wiley & Sons Ltd, 844 p.

NOBLE D.C., VOGEL T.A., PETERSON P.S., LANDIS G.P., GRANT N.K., JEZEK P. et McKEE E.H. (1984). - Rare-element enriched, S-type ash-flow tuffs containing phenocrysts of muscovite, andalusite and sillimanite, southeastern Peru. *Geology*, **12**, pp. 35-39.

NORTON D., TAYLOR H.P. et BIRD D.K. (1984). - The geometry and high-temperature brittle deformation of the Skaergaard intrusion. *J. Geophys. Res.*, **89**, B12, pp. 10178-10192.

NOURBEHECHT B. (1963). - Irreversible thermodynamic effects in inhomogeneous media and their applications in certain geoelectric problems. Ph. D. Thesis, Mass. Inst. of Techn., Cambridge.

NRIAGU J.O. (1989). - A global assessment of natural sources of atmospheric trace metals. *Nature, G.B.*, **338**, pp. 47-49.

O'CONNOR J.M. et DUNCAN R.A. (1990). - Evolution of the Walvis Ridge-Rio Grande hot spot system : Implication for south american plate motions over plumes. *J. Geophys. Res.*, **95**, 17, 475-17, 502.

OFFICER C.B., HALLAM A., DRAKE C.L. et DEVINE J.D. (1987). - Late Cretaceous and Cretaceous /Tertiary extinctions. *Nature, G.B.*, **326**, pp. 143-149.

OKADA Y. (1985). - Surface deformation due to shear and tensile faults in a half space. *Bull. Seismol. Soc. Amer.*, **75**, n° 4, pp. 1135-1154.

OLLIER C. (1969). - A volcanoes introduction to systematic geomorphology (Vol. 6). The MIT Press, Cambridge, Mass., U.S.A. and London, England.

O'NIONS R.K. *et al.* (1977). - Variations in $^{143}Nd/^{144}Nd$ and $^{87}Sr/^{86}Sr$ ratios in oceanic basalts. *Earth Planet. Sci. Letters*, **34**, pp. 13-22.
O'NIONS R.K. et PANKHURST R.J. (1974). - Nature and development of basalt magma sources beneath Iceland and the Reykjanes Ridge. *J. Petrol.*, **17**, pp. 315-338.
OVERHAUSER A.W. (1953). - Paramagnetic relaxation in metals. *Phys. Rev.*, **89**, pp. 689-700.
PAQUET J., FRANÇOIS Ph., NEDELEC A. (1981). - Effect of partial melting on rock deformation: experimental and natural evidences on rocks of granitic compositions. *Tectonophysics*, **78**, pp. 545-565.
PARRA E., CEPEDA H. et THOURET J.C. (1986). - Mapa de amenazas volcanicas potenciales del Nevado del Ruiz (1/100 000, color y texto explicativo). Ingeominas, Bogota.
PAUL A., GRATIER J.P. et BOUDON J.A. (1987). - A numerical model for simulating deformation of Mount St Helens. *J. Geophys. Res.*, **92**, pp. 10299-10312.
PECK D., WRIGHT T., DECKER R. (1984). - Les lacs de lave du Kilauea. *In :* "Les Volcans". Pour la Science, Belin éd., Paris, pp. 48-57.
PECKOVER R.S. *et al.* (1973). - Fuel-coolant interactions in submarine volcanism, 1973. *Nature, G.B.*, **245**, pp. 307-308.
PELLETIER H., DELIBRIAS G., LABEYRIE J., PERQUIS M-T., RUDEL A. (1959). - Mesure de l'âge d'une des coulées volcaniques issues du Puy de la Vache (Puy de Dôme) par la méthode du carbone [14]. *C.R. Acad. Sci. Paris*, **214**, D, 2221.
PERRET F.A. (1935). - The eruption of Mt. Pelée 1929-1932. Carnegie Inst. Washington Publ. **458**, 126 p.
PERRIER G., RUEGG J.-C. (1973). - Structure profonde du Massif central français. *Ann. Géophys.*, **29**, 4, pp. 435-502.
PETERSON D.W. et MOORE R.B. (1987). - Geologic history and evolution of geologic concepts, island of Hawaii. *U.S. Geol. Surv. Prof. Pap.*, **1350**, pp. 149-189.
PICCIRILLO E.M. *et al.* (1988). - Continental flood volcanism from the Parana Basin (Brazil). *In :* MacDougall ed., Continental flood basalts, Kluwer Acad. Pub., pp. 195-238.
PICHAVANT M. (1993). - Anatexie crustale et volcanisme. *Rev. Soc. géol. Fr.* **163**, pp. 139-146.
PICHAVANT M., KONTAK D.J., BRIQUEU L., VALENCIA HERRERA J. et CLARK A.H. (1988b). - The Macusani Volcanics, SE Peru II. Geochemistry and origin of a felsic peraluminous magma. *Contrib. Mineral. Petrol.*, **100**, pp. 325-338.
PICHAVANT M., KONTAK D.J., VALENCIA HERRERA J. et CLARK A.H. (1988a). - The Macusani Volcanics, SE Peru I. Mineralogy and magmatic evolution of a two-mica aluminosilicate-bearing ignimbrite suite. *Contrib. Mineral. Petrol.*, **100**, pp. 300-324.
PICHAVANT M., VALENCIA HERRERA J., BOULMIER S., BRIQUEU L., JORON J.L., JUTEAU M., MARIN L., MICHARD A., SHEPPARD S.M.F., TREUIL M. et VERNET M. (1987). - The Macusani glasses, SE Peru : evidence of chemical fractionation in peraluminous magmas. *In :* Magmatic Processes, Physicochemical Principles (Mysen B.O., ed.). The Geochemical Society Special Publication 1, pp. 359-373.
PIERSON T.C., JANDA R.J., THOURET J.C. et BORRERO C.A. (1990). - Perturbation and melting of snow and ice by the 13 November eruption of Nevado del Ruiz, Colombia, and consequent mobilization, flow, and deposition of lahars. *In :* S.N. Williams (Ed.), Nevado del Ruiz I, *J. Volcanol. Geotherm. Res.*, **41**, pp. 17-66.
PIERSON T.C. et SCOTT K.M. (1985). - Downstream dilution of a lahar: transition from debris flow to hyperconcentrated streamflow. *Water Resources Res.*, **21**, pp. 1511-1524.

Pinatubo Volcano Observatory Team (1991). - Lessons from a major eruption : Mt Pinatubo, Philippines. *EOS*, **72**, pp. 545-555.

PINKERTON H. et SPARKS R.S.J. (1976). - The subterminal lavas, Mount Etna : a case history of the formation of a compound lava field. *J. Volcanol. Geotherm. Res.*, **1**, pp. 167-182.

PODVIN P., BERGER E.T., VANNIER M. (1985). - Interactions géochimiques liées à la mise en place de dykes pyroxéniques et gabbroïques dans des harzburgites ophiolitiques. Exemple du massif du Humboldt (Nouvelle-Calédonie). *Bull. Minéral.*, **108**, pp. 45-62.

POSTMA G., NEMEC W. et KLEINSPEHN K.L. (1988). - Large floating clasts in turbidites : a mechanism for their emplacement. *Sediment. Geol.*, **58**, pp. 47-61

POTY B., LEROY J. et JACHIMOWICZ L. (1976). - Measuring temperature under the microscope : the chaixmeca microthermometry apparatus. *Bull. Soc. Fr. Mineral. Cristal.*, **99**, pp. 182-186.

POZZI J.P. (1973). - Effets de pression en magnétisme des roches. Thèse, Univ. Paris 6, 190 p.

POZZI J.P., LE MOUEL J.L., ROSSIGNOL J.C. et ZLOTNICKI J. (1979). - Magnetic observations made on La Soufrière Volcano (Guadeloupe) during the 1976-1977 crisis. *J. Volcanol. Geotherm. Res.*, **5**, pp. 217-237.

POZZI J.P., PHILIPPE C., LE MOUEL J.L., ZLOTNICKI J. et ROSSIGNOL J.C. (1983). - Anomalies magnétiques et déformations associées à l'activité de volcans andésitiques: Exemple de la Soufrière de Guadeloupe. *Bull. Progr. Inter. Rech. Prév. Surv. Erupt. Volc.*, **79**, 31 p.

PRATOMO I., BOURDIER J.L. et VINCENT P.M. (1991). - L'éruption de février 1990 au volcan Kelut (Java Est, Indonésie). Données préliminaires. *C.R. Acad. Sci. Paris*, **312**, II, pp. 777-783.

PRINZHOFER A. *et al.* (1989). - Stochastic melting of the marble cake mantle : evidence from local study of the East Pacific Rise at 12°50'N. *Earth Planet. Sci. Letters*, **92**, pp. 189-206.

PROY C. (1986). - Intégration du relief au traitement d'image de télédétection. Thèse de Docteur-Ingénieur, INP Toulouse.

PUNONGBAYAN R.S. et TILLING R.I. (1989). - Some recent case histories. *In :* R.I. Tilling (ed.), Volcanic Hazards. *Amer. Geophys. Union, Short Course in Geology*, vol. **1**, pp. 81-101.

PYLE D.M. (1989). - The thickness, volume and grainsize of tephra fall deposits. *Bull. Volcanol.*, **51**, pp. 1-15.

RAMBERG H. (1972). - Mantle diapirism and its tectonic and magma genetic consequences. *Phys. Earth Planet. Int.*, **5**, pp. 45-60.

RANÇON J. Ph., BASILE I. et SEDAN O. (1993). - Use of a volcanic phenomena data base for eruption prevention and management, Mount Pelée, Martinique (F.W.I.). Abst. IAVCEI General Assembly, Canberra.

RANÇON J.P., LEREBOUR P., AUGE T. (1989). - The Grand Brulé exploration drilling : New data on the deep framework of the Piton de la Fournaise volcano. Part 1 : Lithostratigraphic units and volcanostructural implications. *J. Volcanol. Geotherm. Res.*, **36**, 1-3, pp. 113-127.

REIDEL S.R. et HOOPER P.R., eds. (1989). - Volcanism and tectonism in the Columbia River flood basalt province. *Geol. Soc. Amer. Special Paper,* **239**.

RICHARD P. *et al.* (1976). - $^{143}Nd/^{146}Nd$, a natural tracer : an application to oceanic basalts. *Earth Planet. Sci. Letters*, **31**, pp. 269-278.

RICHARDS A.F. (1959). - Geology of the Islas Revillagigedo, Mexico 1. Birth and development of Volcan Barcena, Isla San Benedicto. *Bull. Volc.*, **22**, pp. 73-123 + 5 pl. h.t.

RICHEY J.E. (1961). - Scotland : the tertiary volcanic district (3rd edition). British regional geology, Geol. Surv. and Museum, Edinburgh, 119 p.

RICHTER D.H., EATON J.P., MURATA K.J., AULT W.U. et KRIVOY H.L. (1970). - Chronological narrative of the 1959-1960 eruption of Kilauea volcano, Hawaii. U.S. *Geol. Surv. Prof. Paper,* **537E**, 73 pp

RISON W., WELHAN J.A., POREDA R. et CRAIG H. (1983). - Long Valley: increase in the $^3He/^4He$ ratio from 1978 to 1983. *EOS, Trans. Am. Geophys. Union*, **64**, p. 891.

RIKITAKE T. (1951). - Changes in magnetic dip that accompanied the activities of Volcano Mihara. *Bull. Earthq. Res. Inst. Tokyo*, **29**, pp. 499-502.

RITCHEY J.L. (1980). - Divergent magmas at Crater Lake, Oregon : products of fractional crystallization and vertical zoning in a shallow, water-undersaturated chamber. *J. Volcanol. Geotherm. Res.*, **7**, pp. 373-386.

ROBIN C. (1981). - Relations volcanologie-magmatologie-géodynamique: application au passage entre volcanismes alcalin et andésitique dans le sud mexicain (Axe trans-mexicain et Province alcaline orientale). Thèse Doct. Etat, Publ. Ann. Univ. Clermont-Ferrand, 2e ser., 31, 70, 503 p.

ROBIN C. et BOUDAL C. (1984). - Une éruption remarquable par son volume : l'événement de type Saint Helens du Popocatepetl (Mexique). *C.R. Acad. Sci. Paris*, **299**, 2, 13, pp. 881-886.

ROBIN C. et BOUDAL C. (1987). - A gigantic Bezymianny-type event at the beginning of modern volcan Popocatepetl. *J. Volcanol. Geotherm. Res.*, **31**, pp. 115-130.

ROBIN C., CAMUS G. et GOURGAUD A. (1991). - Eruptive and magmatic cycles at Fuego de Colima volcano. *J. Volcanol. Geotherm. Res.*, **45**, pp. 209-225.

ROBIN C., KOMOROWSKI J.C., BOUDAL C. et MOSSAND P. (1990). - Mixed-magma pyroclastic surge deposits associated with debris avalanche deposits at Colima volcanoes, Mexico. *Bull. Volcanol.*, **52**, 5, pp. 391-403.

ROBIN C., MOSSAND P., CAMUS G., CANTAGREL J.M., GOURGAUD A. et VINCENT P.M. (1987). - Eruptive history of the Colima volcanic complex. *J. Volc. Geoth. Res.* **31**, pp. 99-114.

ROBINSON H.H. (1913). - The San Franciscan volcanic field, Arizona. *U.S. Geol. Surv. Prof. Paper*, **76**, 213 p.

RODEN M.F., FREY F.A. et CLAGUE D.A. (1984). - Geochemistry of tholeiitic and alkalic lavas from the Koolau range, Oahu Hawaii: implications for hawaiian volcanism. *Earth Planet. Sci. Lett.*, **69**, pp. 141-158.

RODGERS J., OSTROM J.H., ORVILLE P.M., BERNER R.A. edits. (1980). - The Jackson Volume. *Amer. J. Sci.,* **280**-A, part 2, 868 p.

ROEDDER E. (1984). - Fluid inclusions. Review in Mineral, 12, Mineralogical Society of America, P.H. Ribbe ed.

ROMANO R., STURIALE C., LENTINI F. (1976). - Carte géologique del Monte Etna, 1/50 000. Istituto Internationale di Vulcanologia, Catania, CNR (Italie).

ROSCOE R. (1952). - The viscosity of suspensions of rigid spheres. *British J. Appl. Physics*, **3**, pp. 267-269.

ROSE W.I., STOIBER R.E., MALINCONICO L.L. (1982). - Eruptive gas composition and fluxes of explosive volcanoes: budget of S and Cl emitted from Fuego volcano, Guatemala. *In :* Andesites, R.S. Thorpe edit., John Wiley and sons.

ROSS C.S. et SMITH R.L. (1961). - Ash-flow tuffs : their origin, geologic relations and identification. *U.S. Geol. Surv. Prof. Paper*, **366**, 54 p.

ROTH E. et POTY B. (Eds) (1985). - Méthodes de datation par les phénomènes nucléaires naturels, applications. Collection CEA, série scientifique, Masson éd., Paris, 631 p.

ROTHERY D.A., FRANCIS P.W., WOOD C.A. (1988). - Volcano monitoring using short wavelength infrared data from satellites. *J. Geophys. Res.*, **93**, B7, pp. 7993-8008.

ROTHERY D.A., LEFEBVRE R.H. (1985). - The causes of age dependent changes in the spectral response of lavas, Crater of the Moon, Idaho, U.S.A.. *Int. J. Remote Sensing*, **6(8)**, pp. 1483-1489.

ROUSSET D., LESQUER A., BONNEVILLE A., LENAT J.F. (1989). - Complete gravity study of Piton de la Fournaise, Reunion Island. *J. Volcanol. Geotherm. Res.*, **36**, 1-3, pp. 37-52.

ROWLAND S.K. et WALKER G.P.L. (1990). - Pahoehoe and aa in Hawaii : volumetric flow rate controls the lava structure. *Bull. Volcanol.*, **52**, 8, pp. 615-628.

ROWLEY P.D., KUNTZ M.A., et MACLEOD N.S. (1981). - Pyroclastic flow deposits in the 1980 eruption of Mount St. Helens, Washington. *U.S. Geol. Surv. Prof. Paper*, **1250**, pp. 489-512.

ROWLEY P.D., MACLEOD N.S., KUNTZ M.A., et KAPLAN A.M. (1985). - Proximal bedded deposits related to pyroclastic flows of may 18, 1980 Mount St. Helens, Washington. *Geol. Soc. Amer. Bull.*, **96**, pp. 1376-1383.

RUEGG J.C., LÉPINE J.C., TARANTOLA A. et KASSER M. (1979). - Geodetic measurements of rifting associated with a seismo-tectonic crisis in Afar. *Geophys. Res. Lett.*, **6**, n° 11, pp. 817-820.

RYAN M.P. (1988). - The mechanics and three-dimensional internal structure of active magma systems: Kilauea volcano, Hawaii. *J. Geophys. Res.*, **93**, pp. 4213-4248.

RYAN M.P., BLEVINS J.Y.K., OKAMURA A.T. et KOYANAGI R.Y. (1983). - Magma subsidence mechanics : theoretical summary and application to Kilauea volcano, Hawaii. *J. Geophys. Res.*, **88**, pp. 4147-4181.

RYAN M.P., KOYANAGI R.Y. et FISKE R.S. (1981). - Modeling the three-dimensional structure of macroscopic magma transport systems : application to Kilauea volcano, Hawaii. *J. Geophys. Res.*, **88**, B8, pp. 7111-7129.

RYMER H. et BROWN G.C. (1986). - Gravity fields and the interpretation of volcanic structures : geological discrimination and temporal evolution. *J. Volcanol. Geotherm. Res.*, **27**, pp. 229-254.

SABROUX J.-C. (1983). - Volcano energetics : volcanic gases and vapours as geothermometers and geobarometers. *In :* Forecasting Volcanic Events (éds. H. Tazieff et J.-C. Sabroux), Elsevier, Amsterdam, Chap. 3, pp. 17-26.

SABROUX J.-C., ZETWOOG P. (1977). - Aide apportée à la Prévention Civile par les méthodes thermodynamiques lors de la crise de la Soufrière en 1976. Inst. de Protection et Sureté Nucléaire, CEA.

SANDERS C.O. (1984). - Location and configuration of magma bodies beneath Long Valley, California, determined from anomalous earthquake signals. *J. Geophys. Res.*, **89**, pp. 8287-8302.

SANDERSON T.J.O., BERRINO G., CORRADO G. et GRIMALDI M. (1983). - Ground deformation and gravity changes accompanying the March 1981 eruption of Mt. Etna. *J. Volcanol. Geotherm. Res.*, **16**, pp. 299-315.

SANTACROCE R., ed. (1987). - Somma-Vesuvius. Quaderni de la Ricerca Scientifica, 250 p., Consiglio Nazionale delle Ricerche.

SARNA-WOJCICKI A.M., SHIPLEY S., WAITT R.B.,. DZURISIN D., WOOD S.H. (1981). - Areal distribution, thickness, mass, volume, and grain-size of air-fall ash from the six major eruptions of 1980. *In*: P.W. Lipman and D.R. Mullineaux (eds.), The 1980 eruptions of Mount St. Helens, Washington. *U.S. Geol. Surv. Prof. Paper*, **1250**, pp. 577-600.

SASAI Y., SHIMOMURA T., HAMANO Y., UTADA H., YOSHINO T., KOYAMA S., ISHIKAWA Y., NAKAGAWA I., YOKOYAMA Y., OHNO M., WATANABE H., YUKUTAKE T.,TANAKA Y., YAMAMOTO Y., NAKAYA K., TSUNOMURA S.,

MUROMATSU F. et MURAKAMI R. (1990). - Volcanomagnetic effect observed during the 1986 eruption of Izu-Oshima volcano. *J. Geomagn. Geoelectr.*, **42**, pp. 291-317.

SASAI Y. (1991). - Piezomagnetic field associated with the Mogi model revisted : analytic solution for finite spherical source. *J. Geomagn. Geoelectr.*, **43**, pp. 21-64.

SCANDONE R. (1990). - Chaotic collapse of calderas. *J. Volcanol. Geotherm. Res.*, **42**, pp. 285-302.

SCHICK R., CONSENTINO M., LOMBARDO G. et PATANE G. (1982). - Volcanic tremor at Mount Etna. A brief description. *Mem. Soc. Geol. Italia, Rome*, **23**, pp. 159-202.

SCHILLING J.G. (1973). - Iceland mantle plumes : geochemical evidence along the Reykjanes Ridge. *Nature, G.B.*, **242**, pp. 565-571.

SCHILLING J.G. (1975). - Azores mantle plume : rare earth evidence. *Earth Planet. Sci. Letters*, **25**, pp. 103-115.

SCHMID R. (1981). - Descriptive nomenclature and classification of pyroclastic deposits and fragments : recommendations of the IUGS Subcommission on the Systematics of Igneous Rocks. *Geology*, **9**, pp. 41-43.

SCHNEITZLER C.C. et PHILPOTTS J.A. (1970). - Partition coefficients of rare earth elements between igneous matrix material and rock forming mineral phenocrysts. *Geoch. Cosmoch. Acta*, **34**, pp. 331-340.

SCOTT K.M. (1988). - Lahars and lahar-runout flows in the Toutle-Cowlitz River system, Mount St. Helens, Washington, magnitude and frequency. *U.S. Geol. Prof. Paper*, 1447-B, 74 p.

SCOTT W.E. (1989a). - Volcanic and related hazards. In: R. Tilling Ed., Volcanic Hazards, Short Course in Geology. *Amer. Geophys. Union, Wash.*, pp. 9-23.

SCOTT W.E. (1989b). - Volcanic-hazards zonation and long-term forecasts. In: R. Tilling Ed., Volcanic Hazards, Short Course in Geology. *Amer. Geophys. Union, Wash.*, pp. 25-49.

SEIDL D., SHICK R. et RIUSCETTI M. (1981). - Volcanic tremors at Etna : a model for hydraulic origin. *Bull. Volcanol.*, **44-1**, pp. 43-56.

SEKIYA S. et KIKUCHI Y. (1889). - The eruption of Bandaï-san. *J. Coll. Sci., Imp. Univ., Japan*, **3, 2,** pp. 91-172, pp. XV-XXIV.

SELF S., KIENLE J. et HUOT J.P. (1980). - Ukinrek maars, Alaska, II. Deposits and formation of the 1977 craters. *J. Volcanol. Geotherm. Res.*, **7**, pp. 39-65.

SELF S., WILSON L., NAIRN I.A. (1979). - Vulcanian eruption mechanisms. *Nature, G.B.*, **277**, pp. 440-443.

SEMET M.P., VATIN-PÉRIGNON N., VINCENT P.M. et JORON J.L. (1981). - L'éruption du XVIe siècle de la Soufrière de Guadeloupe. Mélanges de magmas et dynamismes éruptifs. *Bull. PIRPSEV*, CNRS, INAG, **60**, 42 p.

SERRA F. (1984). - Image analysis and mathematical morphology. Academic Press, New-York.

SHARMA P.V. (1978). - Geophysical methods in geology. Elsevier.

SHARP A.D.L. (1982). - Deep seismic sounding of Mount Etna. A review. *Mem. Soc. Geol. Ital.*, **XXIII**, pp. 197-205.

SHAW H.R. (1963). - Obsidian-H_2O viscosities at 1000 and 2000 bars in the temperature range 700° to 900°C. *J. Geophys. Res.*, **68**, pp. 6337-6342.

SHAW H.R. (1965). - Comments on viscosity, cristal settling, and convection in granitic magmas. *Amer. J. Sci.*, **263**, pp. 120-152.

SHAW H.R. (1972). - Viscosities of magmatic silicate liquids: an empirical method of prediction. *Amer. J. Sci.*, **272**, pp. 870-893.

SHAW H.R., PECK D.L., OKAMURA R. (1968). - The viscosity of basaltic magma: an analysis of field measurements. *Amer J. Sci.*, **266**, pp. 120-152.

SHAW H.R., WRIGHT T.L., PECK D.L., OKAMURA R. (1968). - The viscosity of basaltic magma: an analysis of field measurements in Makaopuhi lava lake, Hawaii. *Amer. J. Sci.*, **266**, pp. 255-264.

SHEPHERD J.B., ASPINALL W.P., ROWLEY K.C., PEREIRA J.A., SIGURDSSON H., FISKE R.S. et TOMBLIN J.F. (1979). - The eruption of Soufrière volcano, St. Vincent, april-june 1979. *Nature, G.B.*, **282**, pp. 24-28.

SHEPHERD J.B. et SIGURDSSON H. (1982). - Mechanism of the 1979 explosive eruption of Soufriere Volcano, St.Vincent. *J. Volcanol. Geotherm. Res.*, **13**, pp. 119-130.

SHERIDAN M.F. (1980). - Pyroclastic block-flow from the september 1976 eruption of la Soufrière volcano, Guadeloupe. *Bull. Volcanol.*, **43**, pp. 397-402.

SHERIDAN M.F., WOHLETZ K.H. (1983). - Hydrovolcanism : basic considerations and review. *J. Volcanol. Geotherm. Res.*, **17**, pp. 1-29.

SHIRAKI K. et KURODA N. (1977). - The boninite revisited. *J. Geol. Soc. Japan*, **86**, pp. 34-50.

SHIRAKI K., MARUYAMA S., KURODA N., URANO H. (1981). - Origin and differenciation of boninite magma in the Bonin Islands. 1981 IAVCEI Symposium - Arc Volcanism - (Abstracts), pp. 338-339.

SIEBERT L., GLICKEN H. et UI T. (1987). - Volcanic hazards from Bezymianny- and Bandaï-type eruptions. *Bull. Volcanol.*, **49**, pp. 435-459.

SIGMARSSON O., CONDOMINES M., MORRIS J.D. et HARMON R.S. (1990). - Uranium and ^{10}Be enrichments by fluids in Andean arc magmas. *Nature, G.B.*, **346**, pp. 163-165.

SIGURDSSON H., CAREY S.N. et ESPINDOLA J.M. (1984). - The 1982 eruptions of El Chichon volcano, Mexico : stratigraphy of pyroclastic deposits. *J. Volcanol. Geotherm. Res.*, **23**, pp. 11-37.

SIGURDSSON H., CAREY S.N. et FISHER R.V. (1987). - The 1982 eruptions of El Chichon volcano, Mexico (3) : Physical properties of pyroclastic surges. *Bull. Volcanol.*, **49**, pp. 467-488.

SIGURDSSON H., DEVINE J.D., TCHOUA F.M., PRESSER T.S., PRINGLE M.K.W., EVANS W.C. (1987). - Origin of the lethal gas burst from lake Monoun, Cameroon. *J. Volcanol. Geotherm. Res.*, **31**, pp. 1-16.

SIGURGEIRSSON T. (1970). - A continuously operating proton precession magnetometer for geomagnetic measurements. *Scienta Islanda,* **2**, pp. 64-67.

SIGVALDASSON G. (1989). - International conference on lake Nyos disaster, Yaoundé, Cameroon 16-20 March, 1987: Conclusions and recommendations. *J. Volcanol. Geotherm. Res.*, **39**, 2-3, pp. 97-107.

SIMKIN T. et HOWARD K.A. (1970). - Caldera collapse in the Galapagos Islands, 1968. *Science,* **169**, pp. 429-437.

SIMKIN T. et KREUGER A. F. (1977). - Skylab 4 observations of volcanoes. Part B. Summit eruption of Fernandina caldera, Galapagos Islands, Ecuador. *In :* "Skylab explores the Earth.", NASA Spec. Publ. No 380, pp. 171-172.

SIMKIN T. et SIEBERT L. (1984). - Explosive eruptions in space and time : duration, intervals, and a comparison of the world's active volcanic belts. *In :* Explosive Volcanism : Inception, Evolution and Hazards. Geophysics Study Committee, Nat. Res. Council, Nat. Acad. Press, Wash., pp. 110-121.

SIMKIN T., SIEBERT L., MCCLELLAND L., BRIDGE D., NEWHALL C. et LATTER J.H. (1981). - Volcanoes of the world : a regional directory, gazetteer, and chronology of volcanism during the last 10,000 years. Hutchinson Ross, 232 p.

SMITH C.S. (1964). - Some elementary principles of polycrystalline microstructure. *Metallurgicals Reviews*, **9**, pp. 1-47.

SMITH R.L., BAILEY R.A. (1968). - Resurgent cauldrons. *In :* Studies in volcanology. Howell Williams Memoir. *Geol. Soc. Amer. Mem.*, **116**, pp. 613-662.

SMOOT N.S. (1982). - Guyots in the Mid-Emperor chain mapped with multibeam sonar. *Marine Geol.*, **47**, pp. 153-163.

SOBOLEV V.S. et KOSTYUK V.P. (1975). - Magmatic crystallization as based on the study of melt inclusions. *Nanka Siberian Branch,* **1**, 232.

SOO S.H. (1967). - Fluid dynamics of multiphase systems. Waltham, Blaisdell Pub. Co.

SPARKS R.S.J. (1976). - Grain size variations in ignimbrites and implications for the transport of pyroclastic flows. *Sedimentology*, **23**, pp. 147-188.

SPARKS R.S.J. (1978). - The dynamics of bubble formation and growth in magmas : a review and analysis. *J. Volcanol. Geotherm. Res.*, **3**, pp. 1-37.

SPARKS R.S.J. (1978b). - Gas release rates from pyroclastic flows : an assessment of the role of fluidisation in their emplacement. *Bull. Volc.*, **41**, pp. 1-9.

SPARKS R.S.J. (1986). - The dimensions and dynamics of volcanic eruption columns. *Bull. Volcanol.*, **48**, pp. 3-15.

SPARKS R.J.S., PINKERTON H., HULME G. (1976). - Classification and formation of lava levees on Mount Etna. *Geology*, **4**, pp. 269-271.

SPARKS R.S.J., PINKERTON H., MCDONALD R. (1977). - The transport of xenoliths in magmas. *Earth Planet. Sci. Letters*, **35**, pp. 234-238.

SPARKS R.S.J., SELF S. et WALKER G.P.L. (1973). - Products of ignimbrite eruptions. *Geology*, **1**, pp. 115-118.

SPARKS R.S.J., SIGURDSSON H., WILSON L. (1977). - Magma mixing : a mechanism for triggering acid explosive eruptions. *Nature, G.B.*, **267**, pp. 315-318.

SPARKS R.S.J. et WALKER G.P.L. (1973). - The ground surge deposit : a third type of pyroclastic rock. *Nature, G.B.,* **241**, 107, pp. 62-64.

SPARKS R.S.J. et WILSON L. (1976). - A model for the formation of ignimbrite by gravitational column collapse. *J. geol. Soc. Lond.*, **132**, pp. 441-451.

SPARKS R.S.J., WILSON L., HULME G. (1978). - Theoretical modelling of the generation, movement and emplacement of pyroclastic flows by column collapse. *J. Geophys. Res.*, **83**, pp. 1727-1739.

SPERA F.J. (1977). - Aspects of the thermodynamic and transport behavior of basic magma. Ph.D., Univ. Californie, Berkeley.

SPERA F.J. (1984). - Some numerical experiments on the withdrawal of magma from crustal reservoirs. *J. Geophys. Res.*, **89**, pp. 8222-8236.

SPERA F.J. et CRISP J.A. (1981). - Eruption volume, periodicity, and caldera area : relationships and inferences on development of compositional zonation in silicic magma chambers. *J. Volcanol. Geotherm. Res.*, **11**, pp. 169-187.

SPRY A. (1962). - The origin of columnar jointing, particularly in basalt flows. *J. Geol. Soc. Austr.*, **8**, pp. 191-216.

STACEY F.D. et BANERJEE S.K. (1974). - The physical principles of rocks magnetism. Elsevier.

STACEY F.D., BARR K.G. et ROBSON G.R. (1965). - The volcanomagnetic effect. *Pure Appl. Geophys.*, **62**, pp. 96-104.

STACEY F.D. et JOHNSTON M.J.S. (1972). - Theory of piezomagnetic effect in titanomagnetite-bearing rocks. *Pure Appl. Geophys.*, **97**, pp. 146-155.

STAUBER D.A., GREEN S.M. et IYER H.M. (1988). - Three-dimensional P velocity structure of the crust below Newberry volcano, Oregon. *J. Geophys. Res.*, **93**, pp. 10095-10107.

STAUDIGEL H., SCHMINCKE H.U. (1984). - The Pliocene seamount series of La Palma/ Canary Island. *J. Geophys. Res.*, **89**, B13, pp. 11195-11215.

STEEPLES D.W. et IYER H.M. (1976). - Low velocity zone under Long Valley as determined from teleseismic events. *J. Geophys. Res.*, **81**, pp. 849-860.

STEPHENSON P.J. et GRIFFIN T.J. (1976). - Some long basaltic lava flows in North Queensland. *In :* Volcanism in Australia, Johnson R. W. ed., Elsevier, pp. 41-51.

STERN R.J., MORIS J., BLOOMER S.H. et HAWKINS J.W. (1991). - The source of the subduction component in convergent margin magmas: trace element and radiogenic isotope evidence from Eocene boninites, Mariana fore arc. *Geochim. Cosmochim. Acta.*, **55**, pp. 1467-1481.

STIELTJES L. (1990). - Evaluation des risques naturels au Piton de la Fournaise. In : Le volcanisme de l'île de la Réunion - Monographie, J.-F. Lénat éd., Publ. CRV, Clermont-Ferrand, pp. 357-379.

STILLE P., UNRUH D.M. et TATSUMOTO M. (1983). - Pb, Sr, Nd and Hf isotopic evidence of multiple sources for Oahu, Hawaii basalts. *Nature, G.B.*, **304**, pp. 25-29.

STOIBER R.E., WILLIAMS S.N. et HUEBERT B. (1987). - Annual contribution of sulfur dioxide to the atmosphere by volcanoes. *J. Volcanol. Geotherm. Res.*, **33**, pp. 1-8.

STOLPER E. et HOLLOWAY J.R. (1988). - Experimental determination of the solubility of carbon dioxide in molten basalt at low pressure. *Earth Planet. Sci. Lett.*, **87**, pp. 397-408.

SUN S.S. (1973). - Lead isotope studies of young volcanic rocks from oceanic islands, mid-ocean ridges and island arcs. Ph. D. Dissert., Columbia University, New York.

SUN S.S. et JAHN B. (1975). - Lead and Strontium isotopes in post glacial basalts from Iceland. *Nature, G.B.*, **255**, pp. 527-530.

SUN S.S. *et al.* (1979). - Geochemical characteristics of mid-ocean ridge basalts. *Earth Planet. Sci. Letters*, **44**, pp. 119-138.

SWANSON D.A. (1972). - Magma supply rate at Kilauea volcano, 1952-1971. *Science*, **1975**, pp. 169-170.

SWANSON D.A., CASADEVALL T.J., DZURISIN D., HOLCOMB R.T., NEWHALL S.D., MALONE S.D. et WEAVER C.J.S. (1984). - Forecasts and predictions of eruptive activity at Mount St. Helens, USA : 1975-1984. *J. Geodynamics*, 3, **3/4**, pp. 397-423.

SWANSON D.A., CASADEVALL T.J., DZURISIN D., MALONE S.D., NEWHALL C.G. et WEAVER C.S. (1983). - Predicting eruptions at Mount St. Helens, June 1980 through December 1982. *Science*, **221**, pp. 1369-1376.

SWANSON D.A., DUFFIELD W.A., FISKE R.S. (1976). - Displacement of the south flank of Kilauea volcano: the result of forceful intrusion of magma into the rift-zones. *U.S. Geol. Surv. Prof. Paper*, **963**.

SWANSON D.A., DZURISIN D., HOLCOMB R.T., IWATSUBO E.Y., CHADWICK W.W., CASADEVALL T.J., EWERT J.W. et HELIKER C.C. (1987). - Growth of the lava dome at Mount St. Helens, Washington (USA) 1981-1983. *Geol. Soc. Amer. Spec. Paper*, **212**, pp. 1-16.

SWANSON D.A., WRIGHT T.L. et HELZ R.T. (1975). - Linear vent systems and estimated rates of magma production and eruption for the Yakima basalt on the Columbia plateau. *Amer. J. Sci.*, **275**, pp. 877-905.

SYMONDS R.B., ROSE W.I. et REED M.H. (1988). - Contribution of Cl- and F-bearing gases to the atmosphere by volcanoes. *Nature, G.B.*, **334**, pp. 415-418.

SYMONDS R.B., ROSE W.I., REED M.H., LITCHE F.E. et FINNEGAN D.L. (1987). - Volatilization, transport and sublimation of metallic and non-metallic elements in high temperature gases at Merapi volcano, Indonesia. *Geochim. Cosmochim. Acta*, **51**, pp. 2083-2101.

TAIT S., JAUPART C. et VERGNIOLLE S. (1989). - Pressure, gas content and eruption periodicity of a shallow, crystallizing magma chamber. *Earth Planet. Sci. Lett.*, **92**, pp. 107-123.

TANGUY J.-C. (1980). - L'Etna. Etude pétrologique et paléomagnétique. Implications volcanologiques. Thèse Doct., Univ. Paris 6, 618 p.

TANGUY J.C. et CLOCCHIATTI R. (1984). - The etnean lavas, 1977-1983. Petrology and mineralogy. *Bull. Volcanol.*, **47-4**, (2), pp. 879-894.

TARAN Y.A., ROZKHOV A.M., SERAFIMOVA E.K. et ESIKOV A.D. (1991). - Chemical and isotopic composition of magmatic gases from the 1988 eruption of Klyuchevskoy volcano, Kamchatka. *J. Volcanol. Geotherm. Res.*, **46**, pp. 255-263.

TARANTOLA A. et NERCESSIAN A. (1984). - Three-dimensional inversion without blocks. *Geophys. J.R. astr. Soc.*, **76**, pp. 299-306.

TARANTOLA A., RUEGG J.-C. et LÉPINE J.-C. (1980). - Interprétation des données géodésiques obtenues à Djibouti après la crise de novembre 1978, en termes de *rifting* : un modèle numérique. *Bull. Soc. géol. Fr.*, (7), **XXII**, 6, pp. 985-986.

TATSUMI Y. (1981). - Melting experiments on a high-magnesian andesite. *Earth Planet. Sci. Let.*, **54**, pp. 357-365.

TATSUMI Y. (1982). - Origin of high-magnesian andesites in the Setouchi volcanic belt, Southwest Japan, II. Melting phase relations at high pressures. *Earth. Planet. Sci. Let.*, **60**, pp. 305-317.

TATSUMI Y. (1991). - Origin of subduction zone magmas based on experimental petrology. *In :* "Physical chemistry of magmas", Perchuk, L.L. and Kushiro, I., edts., Springer-Verlag New-York Inc., 341 p.

TATSUMOTO M. (1978). - Isotopic composition of lead in oceanic basalts and its implication to Mantle evolution. *Earth Planet. Sci. Letters*, **38**, pp. 63-88.

TATSUMOTO M. *et al.* (1965). - Potassium, Rubidium, strontium-87 to strontium-86 in oceanic tholeiite basalts. *Science*, **150**, pp. 886-888.

TAUBENECK W.H. (1967). - Notes on the Glen Coe cauldron subsidence, Argylshire, Scotland. *Geol. Soc. Amer. Bull.*, **78**, pp. 1295-1316.

TAYLOR B., FUJIOKA K. (1990). - Proc. ODP, Init. Repts, 126, College Station TX (Ocean Drilling Program).

TAYLOR B.E. (1986). - Magmatic volatiles: isotopic variation of H, C, and S. *In :* Stable Isotopes in high temperature Geological Processes (eds J.W. Valley, H.P. Taylor et J.R. O'Neil), *Reviews in Mineralogy*, **16**, Chap. 7, pp. 185-220.

TAZIEFF H. (1989). - Mechanisms of the Nyos carbon dioxide disaster and of so-called phreatic eruptions. *J. Volcanol. Geotherm. Res.*, **39**, 2-3, pp. 109-116.

TAZIEFF H. et SABROUX (1983). - Forecasting volcanic events. *Elsevier, Developments in Volcanology*, **I**, 635 p.

TAZIEFF H., TONANI F. (1963). - Fluctuations rapides et importantes de la phase gazeuse éruptive. *C.R. Acad. Sci. Paris*, **257**, pp. 3985-3987.

TERA F., BROWN L., MORRIS J., SACKS I., KLEIN J. et MIDDLETON R. (1986). - Sediment incorporation in island arc magmas : inferences from Be-10. *Geochim. Cosmochim. Acta*, **50**, pp. 636-660.

THOMAS D.M. et NAUGHTON J.J. (1979). - Helium/carbon dioxide ratios as premonitors of volcanic activity. *Science*, **204**, pp. 1195-1196.

THORARINSSON S. (1953). - The crater groups in Iceland. *Bull. Volc.*, **14**, pp. 3-44.

THORARINSSON S. (1970). - The Lakagigar eruption of 1783. *Bull. Volc.*, **33**, pp. 910-929.

THORARINSSON S., EINARSSON T., SIGVALDASON G.S.E. et ELISSON G. (1964). - The submarine eruption of the Vestmann Islands 1963-1964, a preliminary report. *Bull. Volc.*, **27**, pp. 1-11.

THORNTON C.P. et TUTTLE O.F. (1960). - Chemistry of igneous rocks. I : differentiation index. *Amer. J. Sci.*, **258**, pp. 664-684

THOURET J.C. (1988). - La Cordillère Centrale des Andes de Colombie et ses bordures : morphogénèse plio-quaternaire et géodynamique actuelle et récente d'une cordillère volcanique englacée. Thèse doctorat d'Etat, Univ. Grenoble, 3 t., 628 p.

THOURET J.C. (1990a). - Effects of the 13 November 1985 eruption on the Nevado del Ruiz ice cap. *In :* S.N. Williams, Ed., Nevado del Ruiz I. *J. Volcanol. Geotherm. Res.*, **41**, pp. 177-202.

THOURET J.C. (1990b). - Contribution à la définition des formes et formations issues des interactions volcaniques et glaciaires. "Mélanges offerts à M. Derruau", Publ. Fac. Lettres, Univ. Blaise Pascal, Clermont-Ferrand, **32**, pp. 221-236.

TILLING R. (1982). - Working group on "adequate minimum" volcano observatory. *J. Volcanol. Geotherm. Res.*, **12**, pp. 183-184.

TILLING R.I. (1989a). - Volcanic hazards and their mitigation : progress and problems. *Review of Geophysics*, **27**, 2, pp. 237-269.

TILLING R.I. (editor) (1989b). - Volcanic Hazards. Short Course in Geology. Volume I. *Amer. Geophys. Union, Wash.*, 123 p.

TILLING R.I. et PUNONGBAYAN R.S. (1989). - Scientific and public response. *In :* R.I. Tilling (ed.), Volcanic Hazards. *Amer. Geophys. Union, Short course in Geology*, vol. **1**, pp. 103-106.

TIRIRA J. (1990). - Contribution à l'étude de la collision hélion-4 proton et à la spectrométrie de recul élastique. Rapport CEA-R-5529, pp. 1-129.

TIRIRA J., TROCELLIER P., MOSBAH M. et METRICH N. (1991). - Study of hydrogen content in solids by ERDA and radiation induced damage. Nuclear Instruments and Methods in Physics Res., B56/57, pp. 839-842.

TOKAREV P.I. (1966). - Eruptions and seismic regime of the Kyvchevskaya group volcanoes. *Nauka, Moscow,* 118 p. (en russe).

TOLAN T.L., REIDEL S.P., BEESON M.H., ANDERSON J.L., FECHT K.R., SWANSON D.A. (1989). - Revision to the estimates of the areal extent and volume of the Columbia River Basalt Group. *Geol. Soc. Amer. Spec. Paper*, **239**, pp. 1-20.

TOMKEIEFF S. I. (1940). - Basalt lavas of the Giant's Causeway. *Bull. Volc.*, **6**, pp. 89-143.

TOURET J. et BOTTINGA Y. (1979). - Equation d'état pour le CO_2 : application aux inclusions carboniques. *Bull. Minéral.*, **102**, pp. 577-583.

TOUTAIN J.-P., BACHELERY P., BLUM P.-A., CHEMINÉE J.-L., DELORME H., FONTAINE L., KOWALSKI P. et TAOCHY P. (1992). - Real time monitoring of vertical ground deformation during eruptions at Piton de la Fournaise. *Geophys. Res. Letters*, **19**, pp. 553-556.

TOUTAIN J.-P., BAUBRON J.-C., LE BRONEC J., ALLARD P., BRIOLE P., MARTY B., MIELE G., TEDESCO D. et LUONGO G. (1992). - Continuous monitoring of distal gas emanations at Vulcano, Southern Italy. *Bull. Volcanol.*, **54**, pp. 147-155.

TRAINEAU H. (1982). - Contribution à l'étude géologique de la Montagne Pelée, Martinique. Evolution de l'activité éruptive récente. Thèse 3e cycle, Université de Paris Sud - Orsay, 209 p.

TRAINEAU H. et RANÇON J. Ph. (1991). - Evaluation et zonage de l'aléa volcanique à la Montagne Pelée, Martinique (échelle : 1/25 000). Rapport BRGM n° R 32173 ANT 4S 91.

TRAINEAU H., WESTERCAMP D., BARDINTZEFF J.M. , MISKOVSKY J.C. (1989). - The recent pumice eruptions of Mt. Pelée volcano. Part I : Depositional sequences, description of pumiceous deposits. *In :* G. Boudon and A. Gourgaud editors, Mount Pelée - *J. Volc. Geoth. Res.*, **38**, pp. 17-33.

TRANNE C.A., ROSSI P.L., LANZAFAME J., LAJOIE J. et BOUDON G. (1990). - An alternative model for hydromagmatic-surge deposits from the Island of Linosa, Italia. *IAVCEI Int. Volcanol. Congr., Mainz, Abst. Vol.*

TREUIL M. (1973). - Critères pétrologiques, géochimiques et structuraux de la génèse et de la différenciation des magmas basaltiques, Orléans, France.

TRIAL A.F. et SPERA F.J. (1990). - Mechanisms for the generation of compositional heterogeneities in magma chambers. *Geol. Soc. Amer. Bull.*, **102**, pp. 353-367.

TRYGGVASON E. (1980). - Subsidence events in the Krafla area, North Iceland, 1975-1979. *J. Geophys.*, **47**, pp. 141-153.

TULLIS J. et YUND R.A. (1977). - Experimental deformation of dry Westerly granite. *J. Geophys. Res.*, **82**, pp. 5705-5718.

UPTON B.G.J. (1982). - Oceanic Islands. *In :* The Oceans Basins and Margins- Vol. **6**, Plenum Publishing Corporation

URANO H., SHIRAKI K., KURODA N. (1981). - Fluorine, chlorine and rubidium in boninites from Bonin Islands. 1981 IAVCEI Symposium - Arc Volcanism - (Abstracts), pp. 396-397.

VALENCIA HERRERA J., PICHAVANT M. et ESTEYRIES C. (1984). - Le volcanisme ignimbritique peralumineux plio-quaternaire de la région de Macusani, Pérou. *C.R. Acad. Sci. Paris,* **298**, pp. 77-82.

VANDEMEULEBROUCK J., DE PARSCAU J. (1989). - Utilisation du LANDSAT TM et d'un Modèle Numérique de Terrain pour une analyse spectrale des laves de l'Etna. *Bull. SFPT*, **115**, pp. 43-47.

VANDEMEULEBROUK J., HALBWACHS M., SABROUX J.-C. et TJETJEP W.S. (1990).- Evidence of acoustic precursors prior to the 1990 eruption of Kelut volcano (Java). Abst. IAVCEI Intern. Cong., Mainz.

VANDEMEULEBROUK J., HALBWACHS M. et SURONO (1990). - Variations de l'activité acoustique, sismique et thermique du volcan Kelut (Indonésie) durant sa récente crise éruptive (Nov. 1989-Fev. 1990). 13e RST, Grenoble, Soc. Géol. Fr. édit.

VAN DER MOLEN I. et PATERSON M.S. (1979). - Experimental deformation of partially melted granite. *Contr. Mineral. Petrol.*, **70**, pp. 299-318.

VAN DRIEL J.N. et DAVIES J.C. (eds) (1989). - Digital geologic and geographic information systems. Short course in geology, **10**, A.G.U., Washington D.C.

VANICEK P. et KRAKIWSKY E. (1987). - Geodesy, the concepts. Ed. North Holland.

VAREKAMP J.C., LUHR J.F. et PRESTEGAARD K.L. (1984). - The 1982 eruptions of El Chichon Volcano (Chiapas, Mexico) : character of the eruptions, ash-fall deposits, and gasphase. *J. Volcanol. Geotherm. Res.*, **23**, pp. 39-68.

VELLUTINI P. (1977). - Le magmatisme permien de la Corse du nord-ouest. Thèse Doct. Etat, Marseille.

VERBEECK R.D.M. (1886). - Krakatau (French edit.). Imprimerie de l'Etat, Batavia, 495 p.

VERGNIOLLE S. et JAUPART C. (1986). - Separated two-phase flow and basaltic eruptions. *J. Geophys. Res.*, **91**, pp. 12841-12860.

VERGNIOLLE S. et JAUPART C. (1990). - Dynamics of degassing at Kilauea volcano, Hawaii. *J. Geophys. Res.* **95**, pp. 2793-2809.

VIDAL Ph., CHAUVEL C. et BROUSSE R. (1984). - Large mantle heterogeneity beneath French Polynesia. *Nature, G.B.*, **307**, 5951, pp. 536-538.

VIDAL Ph., DUPUY C., BARSCZUS H.G. et CHAUVEL C. (1987). - Hétérogénéités du manteau et origine des basaltes des Marquises (Polynésie). *Bull. Soc. géol. Fr.*, **8**, 4, pp. 633-642.

VIDAL Ph., LE GUEN DE KERNEIZON M., MAURY R.C., DUPRÉ B. et WHITE W.M. (1991). - Large role of sediments in the genesis of some Lesser Antilles andesites and dacites (Soufriere, St Lucia) : Isotopic constraints. *Bull. Soc. géol. Fr.,* **162**, 6, pp. 993-1002.

VILLEMANT B. (1979). - Etude géochimique des éléments en traces dans les séries volcaniques du Massif central. Thèse IIIe cycle, Univ. P. et M. Curie, Paris, 347 p.

VILLEMANT B., JAFFREZIC H., JORON J.L., TREUIL M. (1981). - Distribution coefficients of major and trace elements ; fractional crystallization in the alkali basalt series of Chaîne des Puys (Massif central, France). *Geochim. Cosmochim. Acta*, **45**, pp. 1997-2016.

VILLEMANT B., JORON J.L., JAFFREZIC H., TREUIL M., MAURY R., BROUSSE R. (1980). - Cristallisation fractionnée d'un magma basaltique alcalin : la série de la Chaîne des Puys (Massif central, France). II : Géochimie. *Bull. Minéral.*, **103**, pp. 267-286.

VINCENT P.M. (1963). - Les volcans tertiaires et quaternaires du Tibesti occidental et central (Sahara du Tchad). *Mém. BRGM*, n° 23, 307 p.

VINCENT P.M. (1986). - Signification possible des granites d'Echassières. 11e RST, Clermont-Fd, Soc. Géol. France édit. (abstract).

VINCENT P.M. (1989). - The importance of up-doming in the formation of collapse calderas : should Von Buch be rehabilited ? IAVCEI General Assembly, Santa-Fé, New Mexico Bureau of Mines & Mineral Resources, Bull. 131 (abstract).

VINCENT P.M. (1993). - La déstabilisation des volcans : une reconsidération de quelques événements cataclysmiques après l'éruption du Mont St. Helens, USA. *Mém. Soc. géol. Fr.*, **163**, APBG, n° spéc., pp. 167-176.

VINCENT P.M., BOURDIER J.L. et BOUDON G. (1989). - The primitive volcano of Mount Pelée : its construction and partial destruction by flank collapse. *J. Volcanol. Geotherm. Res.*, **38**, pp. 1-15.

VINCENT P.M., BOURDIER J.L. et BOUDON G. (1990). - Le flanc sud de la montagne Pelée est-il stable ?. Réunion sur le volcanisme des Petites Antilles. Section de Volcanologie, Soc. géol. Fr., 1er février 1990, Résumé.

VINCENT P.M. et CAMUS G. (1986). - Origin of the 1883 Krakatau by P.W. Francis : discussion. *J. Volcanol. Geotherm. Res.*, **30**, pp. 169-177.

VINCENT P.M., CAMUS G., CANTAGREL J.M., MOSSAND P., ROBIN C. et GOURGAUD A. (1983). - Gigantic debris flow and blast deposits from Colima volcano (Mexico). 2nd E.U.G. Meeting, Strasbourg, Sp. Issue Terra Cognita 3, 154.

VINCENT P.M., KIEFFER G. (1978). - Hypothèses sur la structure et l'évolution du Piton de la Fournaise (Ile de la Réunion) après les éruptions de 1977. 6e Réun. Ann. Sci. Terre, Résumé.

VINCENT P.-M., VATIN-PÉRIGNON N., SEMET M., CHEMINÉE J.L. (1979). - Le dôme de la Soufrière (Guadeloupe) : son âge et son mode de mise en place. *C.R. Acad. Sci. Paris*, **288**, D, pp. 51-54.

VOGT P.R., SMOOT N.C. (1984). - The Geisha guyots: Multibeam bathymetry and morphometric interpretation. *J. Geophys. Res.*, **89**, B13, pp. 11085-11107.

VOIGHT B. (1990). - The 1985 Nevado del Ruiz volcano catastrophe : anatomy and retrospection. *In* : S.N. Williams (ed.), Nevado del Ruiz volcano, Colombia, II. *J. Volcanol. Geoth. Res.*, **42**, 1-2, pp. 151-188.

WADGE G., GUEST J.E. (1981). - Steady-state magma discharge at Etna 1971-1981. *Nature, G.B.*, **294**, pp. 548-550.

WAFF H. et BULAU J.R. (1979). - Equilibrium fluid distribution in an ultramafic partial melt under hydrostatic stress conditions. *J. Geophys. Res.*, **84**, pp. 6109-6114.

WAGER L.R. (1968). - Rythmic and cryptic layering in mafic and ultramafic plutons. In : Hess H.H. et Poldervaart A. (éds), Basalts. The Poldervaart treatise on rocks of basaltic composition. *Interscience Publ.*, vol. **2**, pp. 573-662.

WAITT R.B. Jr. (1981). - The 1980 eruptions of Mount St.Helens, Washington. Devastating pyroclastic density flow and attendant air fall of May 18-Stratigraphy and sedimentology of deposits. *U.S. Geol. Surv. Prof. Paper*, **1250**, pp. 439-458.

WAITT R.B. Jr. (1984). - Mount St.Helens 1980 and Mount Pelée 1902 - Flow or surge? Comment. *Geology*, **12**, 693.

WALKER G.P.L. (1973). - Explosive volcanic eruptions - a new classification scheme. *Geol Rundsch.*, **62**, pp. 431-446.

WALKER G.P.L. (1973). - Lengths of lava flow. *Philos. Trans. Roy. Soc. London*, **274**, pp. 107-118.

WALKER G.P.L. (1981a). - Plinian eruptions and their products. *Bull. Volcanol.*, **44**, pp. 223-240.

WALKER G.P.L. (1981b). - Generation and dispersal of fine ash and dust by volcanic eruptions. *J. Volcanol. Geotherm. Res.*, **11**, pp. 81-92.

WALKER G.P.L. (1983). - Ignimbrite types and ignimbrite problems. *J. Volcanol. Geotherm. Res.*, **17**, pp. 65-88.

WALKER G.P.L. (1984) - Downsag calderas, ring faults, caldera sizes and incremental caldera growth. *J. Geophys. Res.*, **89**, B10, pp. 8407-8416.

WALKER G.P.L. (1987). - The dike complex of Koolau volcano, Oahu : Internal structure of a hawaiian rift zone. *U.S. Geol. Surv. Prof. Pap.*, **1350**, vol. 2, pp. 961-993.

WALKER G.P.L., HEMING R.F. et WILSON C.J.N. (1980). - Low-aspect ratio ignimbrites. *Nature, G.B.*, **283**, pp. 286-287.

WALKER G.P.L., SELF S.et FROGATT P.C. (1981). - The ground layer of the Taupo ignimbrite : a striking example of sedimentation from a pyroclastic flow. *J. Volcanol. Geotherm. Res.*, **10**, pp. 1-11.

WALLIS G.B. (1969). - One-dimensional two-phase flow. McGraw-Hill, New York, 408 pp.

WALTER L.S., SALISBURY J.W. (1989). - Spectral characterization of Igneous Rocks in the 8- to 12- mm region. *J. Geophys. Res.*, **94**, pp. 9203-9213.

WARD P. L. (1974). - A prototype global volcano surveillance system and identification of a volcano-tectonic fault in Central America. *Bull. volcanol.*, **37**, 3, pp. 438-442.

WATERS A.C. et FISHER R.V. (1971). - Base surges and their deposits : Capelinhos and Taal volcanoes. *J. Geophys. Res.*, **76**, pp. 5596-5614.

WATSON E.B. (1982). - Melt infiltration and magma evolution. *Geology*, **10**, pp. 236-240.

WELLS *et al.* (1986). - Guide to GPS Positioning. Ed. Canadian GPS Associate, Fredericton, New Brunswick.

WESTER K., LUNDEN B. (1985). - Laboratory measurements of spectral reflectance (0.4 - 2.3 mm) of basalts. Proc. 3rd Int. Symp. on spectral signatures of object in Remote Sensing, ESA SP 247, pp. 523-526.

WESTERCAMP D. (1977). - Levés géologiques, évaluation et zonation des risques volcaniques à la Soufrière de Guadeloupe, F.W.I. Rapport BRGM 77 ANT 29.

WESTERCAMP D. (1980a). - Les risques volcaniques. *In :* J. Goguel (éd.), Géologie de l'environnement, Ecologie appliquée et sciences de l'environnement. Masson, pp. 45-66.

WESTERCAMP D. (1980b). - Une méthode d'évaluation et de zonation des risques volcaniques : la Soufrière de Guadeloupe, Antilles Françaises. *Bull. Volc.*, **43**, pp. 431-452.

WESTERCAMP D. (1981). - Assessment of volcanic hazards at Soufrière de Guadeloupe, F.W.I. *Bull. BRGM*, section IV, n° 2, pp. 187-192.

WESTERCAMP D. (1982). - Evaluation et zonation des risques volcaniques à la Montagne Pelée et à la Soufrière de Guadeloupe, Antilles françaises. Rapport BRGM inédit, 174 p.

WESTERCAMP D. (1984). - Evaluation et zonation des risques volcaniques à la Montagne Pelée, Martinique et à la Soufrière de Guadeloupe, Antilles françaises. Rapport BRGM-DSCMI, 174 p.

WESTERCAMP D. (1985). - La prévision générale des risques volcaniques. Méthodologie. Application à la Montagne Pelée, Martinique. Rapport BRGM 85 SGN 421 IRG, 60 p.

WESTERCAMP D. (1986). - La prévision des éruptions volcaniques. *La Recherche*, **17**, pp. 281-287.

WESTERCAMP D. (1986). - Zonation of volcanic hazards at Mount Pelée, Martinique, F. W. I. *Bull. Geol. Soc. Hong Kong Bull.*, n° 3, pp. 413-441.

WESTERCAMP D. (1987). - L'éruption de la Montagne Pelée. *La Recherche*, vol. **18**, pp. 914-923.

WESTERCAMP D. et TRAINEAU H. (1981). - 14,000 years of volcanic activity at Mt Pelée, Martinique (FWI) : implication for assessment and zonation of hazards. IAVCEI Symp., Tokyo, abst.

WESTERCAMP D. et TRAINEAU H. (1983). - Carte géologique de la Montagne Pelée (Martinique), 1/20 000. Ed. BRGM, Orléans.

WESTERCAMP D. et TRAINEAU H. (1983). - The past 5000 years of volcanic activity at Mt Pelée, Martinique (F.W.I.) : implications for assessment of volcanic hazards. *J. Volcanol. Geotherm. Res.*, **17**, pp. 159-185.

WESTERCAMP D. et TRAINEAU H. (1985). - La prévision générale des risques volcaniques : méthodologie et application à la Montagne Pelée. Rapport BRGM, 85 SGN 421 IRG, 60 p.

WESTRICH H.R., STOCKMAN H.W. et EICHELBERGER J.C. (1988). - Degassing of rhyolitic magma during ascent and emplacement. *J. Geophys. Res.*, **93**, pp. 6503-6511.

WHITE D.E. et WARING G.A. (1963). - Volcanic Emanations. U.S.G.S. Professional Paper, 440-K, Data of Geochemistry, sixth edition, Washington, pp. 1-29.

WHITE R.S. (1989). - Igneous outbursts and mass extinctions. *EOS, AGU Pub.*, **70**, 46

WHITE R.S. et McKENZIE D. (1989). - Magmatism at rift zones : the generation of volcanic continental margins and flood basalts. *J. Geophys. Res.*, **94**, B6, pp. 7685-7729.

WHITE W.M. et DUPRÉ B. (1986). - Sediment subduction and magma genesis in the Lesser Antilles : isotopic and trace element constraints. *J. Geophys. Res.*, **91**, pp. 5927-5941.

WHITE W.M., DUPRÉ B. et VIDAL Ph. (1985). - Isotope and trace element geochemistry of sediments from the Barbados Ridge - Demerara Plain region Atlantic Ocean. *Geochim. Cosmochim. Acta.*, **49**, pp. 1875-1886.

WHITE W.M. *et al.* (1976). - Evidence for the Azores mantle plume from strontium isotope geochemistry of the Central North Atlantic. *Nature, G.B.*, **263**.

WHITE W.M. et HOFMANN A.W. (1982). - Sr and Nd isotope geochemistry of mantle evolution. *Nature, G.B.*, **296**, pp. 821-825.

WHITE W.M. et SCHILLING J.G. (1978). - The nature and origin of geochemical variation in Mid-Atlantic ridge basalts from the Central North Atlantic. *Geochim. Cosmochim. Acta*, **42**, pp. 1501-1516.

WILDEMUTH C.R. et WILLIAMS M.C. (1985). - A new interpretation of viscosity and yield stress in dense slurries : coal and other irregular particles. *Rheol. Acta*, **24**, pp. 75-91.

WILLIAMS H. (1942). - Geology of Crater Lake National Park, Oregon, Carnegie Inst. *Wash, Pub.*, **540**, 162 p.

WILLIAMS H. (1950). - Volcanoes of the Paricutin region, Mexico. *U.S. Geol. Surv. Bull.*, **965-b**, pp. 165-274.

WILLIAMS H. et McBIRNEY A.R. (1979). - Volcanology. Freeman, Cooper and Co, San Francisco, 397 p.

WILLIAMS R.W., GILL J.B., BRULAND K.W. (1986). - Ra-Th disequilibria systematics : timescale of carbonatite magma formation at Oldoinyo Lengai, Tanzania. *Geochim. Cosmochim. Acta*, **50**, pp. 1249-1259.

WILLIAMS S.N. (ed.) (1990). - Nevado del Ruiz volcano, Colombia I. *J. Volcanol. Geotherm. Res.*, **41**, 1-4, 377 p.

WILSON C.J.N. (1984). - The role of fluidisation in the emplacement of pyroclastic flows, 2 : experimental results and their interpretation. *J. Volcanol. Geotherm. Res.*, **20**, pp. 55-84.

WILSON C.J.N. (1985). - The Taupo eruption, New Zealand. II.The Taupo ignimbrite. *Phil. Trans. Roy. Soc. London*, **314**, pp. 229-310.

WILSON E. (1922). - On the susceptibilty of feebly magnetic bodies as affected by compression. *Proc. R. Soc. London, Ser. A*, **101**, pp. 445-452.

WILSON J.T. (1963). - Continental drift. *Sci. Amer.*, **208**, pp. 86-100.

WILSON L. (1976). - Explosive volcanic eruptions - III. Plinian eruption columns. *Geophys. J.R. Astr. Soc.*, **45**, pp. 543-556.

WILSON L. (1980). - Relationships between pressure, volatile content and ejecta velocity in three types of eruptions. *J. Volcanol. Geotherm. Res.*, **8**, pp. 297-313.

WILSON L. et HEAD J.W. (1981). - The 1980 eruptions of Mount St. Helens, Washington. Morphology and rheology of pyroclastic flows and their deposits, and guidelines for future observations. *U.S. Geol. Surv. Prof. Paper*, **1250**, pp. 513-524.

WILSON L. et HEAD J.W. (1981). - Ascent and eruption of basaltic magma on the Earth and Moon. *J. Geophys. Res.* **86**, pp. 2971-3001.

WILSON L., SPARKS R.S.J., HUANG T.C. et WATKINS N.D. (1978). - The control of eruption column heights by eruption energetics and dynamics. *J. Geophys. Res.*, **83**, pp. 1829-1836.

WILSON L., SPARKS R.S.J. et WALKER G.P.L. (1978). - Explosive volcanic eruptions - IV. The control of magma properties and conduit geometry on eruption column behaviour. Geophys. *J.R. astr. Soc.*, **63**, pp. 117-148.

WILSON L. et WALKER G.P.L. (1987). - Explosive volcanic eruptions - VI. Ejecta dispersal in plinian eruptions : the control of eruption conditions and atmospheric properties. *Geophys. J.R. astr. Soc.*, **87**, pp. 657-679.

WOHLETZ K.H., McQUEEN R.G. (1984). - Experimental studies in hydromagmatic volcanism. *In :* Studies in Geophysics, Explosive volcanism: inception, evolution and hazards. National Academy Press., Washington D.C., pp. 158-170.

WOHLETZ K.H. et SHERIDAN M.F. (1979). - A model of pyroclastic surge. *Geol. Soc. Amer. Spec. Paper*, **180**, pp. 177-194.

WOOD C.A. (1984). - Calderas : a planetary perspective. *J. Geophys. Res.*, **89**, B 10, pp. 8391-8406.

WYLLIE P.J. (1983). - Experimental studies on biotite and muscovite granites and some crustal magmatic sources. *In :* Atherton et Gribble (eds.), Migmatites, melting and metamorphism, Shiva, 326 p.

WYLLIE P.J. (1988). - Solidus curves, mantle plume, and magma generation beneath Hawaii. *J. Geophys. Res.*, **93**, pp. 4171-4181.

YOKOYAMA I. (1956). - Energetics in active volcanoes. 1st paper. Tokyo Univ. *Bull. Earth. Res. Inst.*, **34**, pp. 190-195.

YOKOYAMA I. (1957). - Geomagnetic studies of Volcano Mihara. The 8th paper (continuous observations in geomagnetic declination during the period 1955-1956). *Bull. Earth. Res. Inst. Tokyo,* **35**, pp. 567-572.

YOKOYAMA I. (1963). - Structure of caldera and gravity anomaly. *Bull. Volcanol.,* ser. 2, 26, pp. 62-72.

YOKOYAMA I., TILLING R.I. et SCARPA R. (1984). - International mobile early-warning system(s) for volcanic eruptions and related seismic activities. Rep. FP/2106-82-01, 102 p., UNESCO, Paris.

ZABLOCKI C.J. (1976). - Mapping thermal anomalies on an active volcano by the self-potential method, Kilauea, Hawaii. Proceed. 2nd. U.N. Symp. on the Development and Use of Geothermal Resources, San Francisco, Calif., 2 , pp. 1299-1309.

ZEN M.T., ALZWAR (1982). - Hydrothermal explosion at Sinila crater, Dieng volcanic complex (Central Java). *Bull. Dept. Teknik Geol., ITB*, **II**, pp. 1-19.

ZIMANOWSKI B., FRÖHLICH G., LORENZ V. (1991). - Quantitative experiments on phreatomagmatic eruptions. *J. Volcanol. Geotherm. Res.*, **48**, pp. 341-358.

ZINDLER A. *et al.* (1984). - Isotope and trace element geochemistry of young Pacific Seamounts : implications for the scale of the upper mantle heterogeneity. *Earth Planet. Sci. Letters*, **70**, pp. 175-195.

ZLOTNICKI J.(1986). - Magnetic measurements on La Soufrière Volcano, Guadeloupe (Lesser Antilles), 1976-1984 : A re-examination of the volcanomagnetic effects observed during the volcanic crisis of 1976-1977. *J. Volcanol. Geotherm. Res.*, **91**, pp. 709-718.

ZLOTNICKI J. et LE MOUEL J.L. (1988). - Volcanomagnetic effects observed on Piton de la Fournaise Volcano (Réunion island) : 1985-1987. *J. Geophys. Res.*, **93**, 8, pp. 9157-9171.

ZLOTNICKI J. et LE MOUEL J.L. (1990). - Possible electrokinetic origin of large magnetic variations at La Fournaise volcano. *Nature, G.B.*, pp. 633-636.

ZLOTNICKI J., MOREAU M.G. et VIODÉ J.P. (1987). - Volcanomagnetic variations related to the seismic crisis that occurred from December 1985 through May 1986 on the Montagne Pelée, Martinique (Lesser Antilles). *J. Geomagn. Geoelectr.*, **39**, pp. 487-500.

ZLOTNICKI J., POZZI J.P. et CORNET F.H. (1981). - Investigation on induced magnetization variations caused by triaxial stresses. *J. Geophys. Res.*, **86**, pp. 11899-11909.

ZLOTNICKI J., RUEGG J.-C., BACHÈLERY P. et BLUM P.A. (1989). - Eruptive mechanisms on Piton de la Fournaise volcano associated with December 4, 1983, and January 18, 1984 eruptions from ground level deformation monitoring and photogrametric surveys. *J. Volcanol. Geotherm. Res.*, **40**, pp. 197-217.

LISTE DES FIGURES

LISTE DES TABLEAUX

DANS LA MÊME COLLECTION

N° 1 - (épuisé).

N° 2 - Manuel du prospecteur minier, par J.-B. CHAUSSIER et J. MORER.

N° 3 - (épuisé).

N° 4 - Les granites des complexes annulaires, par B. BONIN.

N° 5 - Guide de prospection des matériaux de carrière, par Y. BERTON et P. LE BERRE.

N° 6 - Étude mécanique des déformations géologiques, par J. GOGUEL.

N° 7 - (épuisé).

N° 8 - (épuisé).

N° 9 - La pratique des pompages d'essai en hydrogéologie, par B. GENETIER.

N° 10 - Géoécriture ou l'art d'écrire la géologie, par L. DAVID.

N° 11 - Canevas de Schmidt basculés de 2 en 2 degrés. Traitement graphique des données structurales, par G. BEAUFILS, J.-P. BRETON et M. VIARGUES.

N° 12 - Sondage de reconnaissance hydrogéologique. Méthode du marteau fond-de-trou, par H. PLOTE.

N° 13 - Paléoaltérites et paléosols. L'empreinte du continent dans les séries sédimentaires, par R. MEYER.

N° 14 - La construction économique sur sols gonflants, par P. MOUROUX, P. MARGRON et J.-C. PINTE.

N° 15 - Les structures tectoniques, par M. GIDON.

N° 16 - La thermomécanique des roches, coordination assurée par P. BEREST et P. WEBER.

N° 17 - Eaux souterraines et pompes à chaleur. Guide pour l'utilisation de l'eau souterraine à des fins thermiques, par F. JAUDIN.

N° **18 - Initiation à la géologie et à la topographie à l'usage des aides-techniciens géologues, techniciens de chantier et d'exploitation minière,** par J.-B. CHAUSSIER.

N° 19 - Guide méthodologique d'établissement des périmètres de protection des captages d'eau souterraine destinée à la consommation humaine, par A. LALLEMAND-BARRÈS et J.-C. ROUX.

N° 20 - Dictionnaire des roches d'origine magmatique, par F.D. DE LA ROUZIÈRE

Cet ouvrage s'adresse à tous ceux qui, intéressés par les roches d'origine magmatique, qu'elles soient grenues ou volcaniques, veulent retrouver rapidement la définition des termes pétrographiques qui les désignent. Outre le pétrotype et l'éthymologie, les altérations sémantiques sont indiquées, ce qui permet une utilisation rigoureuse de chacun des noms, seule méthode permettant aux pétrographes de se comprendre. Ce dictionnaire s'avère un outil indispensable pour établir des liens, en particulier génétiques, entre les différentes roches magmatiques.

N° 21 - Méthodes actuelles de séparation de phases minérales en laboratoire, par P. JEZEQUEL

L'étude des propriétés et caractéristiques des minéraux nécessite des phases pures de ces minéraux, ce qui implique des techniques de séparation performantes. Cet ouvrage s'adresse à tous les utilisateurs de phases pures et des techniques de séparation : laborantins, géologues, étudiants, chercheurs et industriels soucieux de vérifier la qualité d'un produit minéral, etc.

N° 22 - Terminologie et classification des roches sédimentaires formées de silices, silicates, carbonates et phosphates, par M. SLANSKY

Cet ouvrage présente une «Terminologie et classification des roches sédimentaires» visant à améliorer la logique et la précision du langage pétrographique usuel et à réduire les possibilités de confusion entre le vocabulaire descriptif et le vocabulaire génétique.
Ce livre s'adresse à tous ceux qui ont affaire aux roches sédimentaires (enseignants, étudiants, cartographes, chercheurs, exploitants...).

N° 23 - Pollution des eaux souterraines en France, sous la direction de C. GUILLEMIN et J.-C. ROUX

Cet ouvrage permet enfin de comprendre tout ce qui concerne le bien le plus précieux et le plus fragile de notre patrimoine naturel : **l'eau.**
Il nous prouve aussi que des moyens efficaces peuvent et doivent être mis en œuvre pour éviter, avant qu'il ne soit trop tard, une catastrophe écologique irrémédiable et rendre la pérennité aux eaux pures et naturelles pour nos enfants et les générations à venir...

N° 24 - Télédétection aérospatiale et informations géologiques, par J.-Y. SCANVIC

Ce livre est destiné : aux ingénieurs géologues qui ont besoin de connaître les possibilités d'utilisation des techniques de télédétection qu'ils sont appelés à intégrer dans leur démarche méthodologique ; aux professeurs pour enrichir leur présentation aux étudiants par des études en conditions opérationnelles ; enfin, à un public soucieux de l'espace et soucieux de savoir à quoi servent les satellites d'observation de la Terre.

Achevé d'imprimer en juillet 1994 sur les presses de l'imprimerie SODEXIC 28000 Chartres